建筑施工百问系列丛书

混凝土结构工程

北京建工培训中心　组织编写

中国建筑工业出版社

图书在版编目（CIP）数据

混凝土结构工程/北京建工培训中心组织编写．—北京：中国建筑工业出版社，2011.11
（建筑施工百问系列丛书）
ISBN 978-7-112-13550-9

Ⅰ．①混…　Ⅱ．①北…　Ⅲ．①混凝土结构-建筑工程-工程施工-问题解答　Ⅳ．①TU755-44

中国版本图书馆 CIP 数据核字（2011）第 186699 号

建筑施工百问系列丛书
混凝土结构工程
北京建工培训中心　组织编写
*
中国建筑工业出版社出版、发行（北京西郊百万庄）
各地新华书店、建筑书店经销
霸州市顺浩图文科技发展有限公司制版
北京市密东印刷有限公司印刷
*
开本：850×1168 毫米　1/32　印张：18½　字数：495 千字
2012 年 1 月第一版　　2013 年 1 月第二次印刷
定价：**43.00** 元
ISBN 978-7-112-13550-9
（21305）

本书是“建筑施工百问系列丛书”之一。作者以混凝土结构工程为专题，采用一问一答的形式，对工程中所涉及的各类问题作了详细解答。主要内容有：模板工程、钢筋工程、混凝土工程、预应力混凝土工程和冬期、高温、雨期施工以及环境保护。语言力求通俗易懂、图文并茂，便于基层技术、管理人员和操作人员掌握，起到自学辅导用书的作用，同时也可作为技术培训参考用书。

* * *

责任编辑：周世明

责任设计：张　虹

责任校对：张　颖　关　健

北京建工培训中心
《建筑施工百问系列丛书》
编写委员会

前　言

根据国内建筑市场的发展需要，为了使广大从事建筑施工的人员能对当前新材料、新工艺、新技术的飞速发展，以及对国家和行业规范规程不断更新的现状有一个比较深入全面的了解与掌握，北京建工培训中心在多年从事建筑施工人员岗位培训的基础上，邀请组织集团资深技术人员和顾问专家编写《建筑施工百问系列丛书》。该系列分：建筑地基和基础工程、砌筑工程、混凝土结构工程（包括模板、钢筋、预应力、混凝土工程）、钢结构工程、防水工程（包括地下、屋面、楼层防水）、装饰装修工程、给排水及建筑设备安装工程、建筑电气安装工程、建筑节能技术、测量工程等。

这次组织编写的内容，采取一问一答的形式，力求所答的内容做到“新”即符合新标准，属于新技术；“详”即问题回答详细，通俗易懂，目的是既便于基层技术管理人员掌握，也使操作人员能看懂，起到继续再教育的作用。

本系列丛书在编写中正处国家行业标准大量修订中，本书编写尽量采用新标准。另外，由于编写者水平限制，难免存在挂一漏万和错误，恳请广大读者指正。

目　录

一、模板工程施工

1-1 现有模板体系有哪几种？常用的有哪几种？

（1）我国目前用于现浇混凝土结构施工的模板共有三大系列，即组合式模板，工具式模板和永久式模板。

1）组合式模板

组合式模板，在现代模板技术中具有通用性强、装拆方便、周转使用次数多的特点，是一种新型模板，用它进行现浇混凝土结构施工。可事先按设计要求组拼成梁、柱、墙、楼板的大型模板，整体吊装就位，也可采用散支散拆方法。

① 55 型组合钢模板

又称小钢模，是目前使用较广泛的一种通用性组合模板。主要包括平面模板、阴角模板、阳角模板、连续模板等。

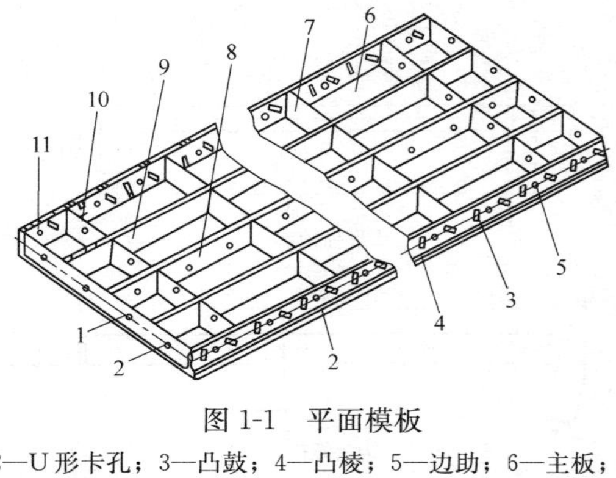

图 1-1 平面模板

1—插销孔；2—U 形卡孔；3—凸鼓；4—凸棱；5—边肋；6—主板；7—无孔横肋；8—有孔纵肋；9—无孔纵肋；10—有孔横肋；11—端肋

平面模板由面板和肋条组成，采用 Q235 钢板制成，面板厚 2.5mm，对于不小于 40mm 宽面钢模板的钢板厚度采用 2.75mm 或 3.0mm 钢板。肋条上设有 U 形卡孔（图 1-1）。平面模板利用 U 形卡和 L 形插销等可拼装成大块模板。U 形卡孔两边设凸鼓，以增加 U 形卡的夹紧力。边肋倾角处有 0.3mm 的凸棱，可增强模板的刚度，并使拼缝严密。

平面模板的规格，宽度 100～600mm（以 50mm 晋级）；长度 450～1800mm（以 150mm 晋级，长度超过 900mm 时以 300mm 晋级）。

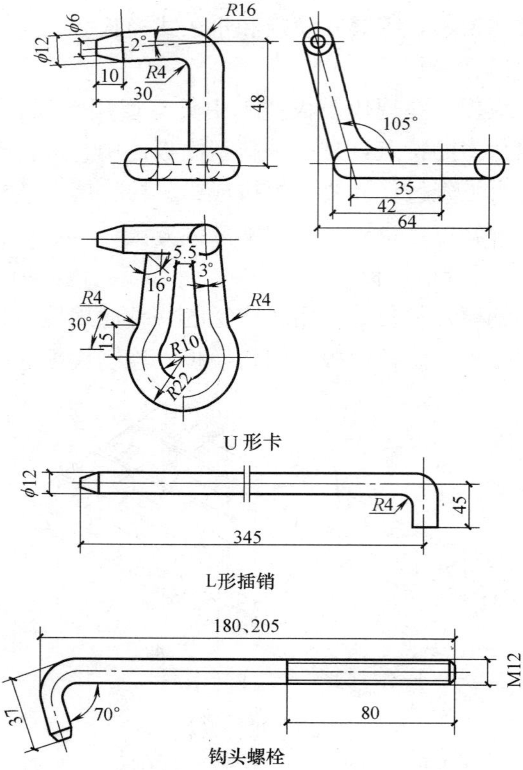

图 1-2　连接件

组合钢模板连接件有U形卡、L形插销、钩头螺栓（图1-2）、对拉螺栓、紧固螺栓、拉杆、碟形（或弓形）扣件等；支承件有支承钢楞、钢管支柱、钢撑、可调桁架等。

② 钢框木（竹）胶合板模板

钢框木（竹）胶合板模板的钢框构造与组合钢模板基本相同，钢框结构有明框、暗框两种（图1-3），肋高 55 ～ 90mm，板宽150mm、200mm、250mm、300mm、450mm、600mm，板长 900mm、1200mm、1500mm、1800mm、2100mm、2400mm；面板采用12mm厚覆膜木胶合板或9mm厚竹胶合板。连接件及支承件与组合钢模板基本相同。

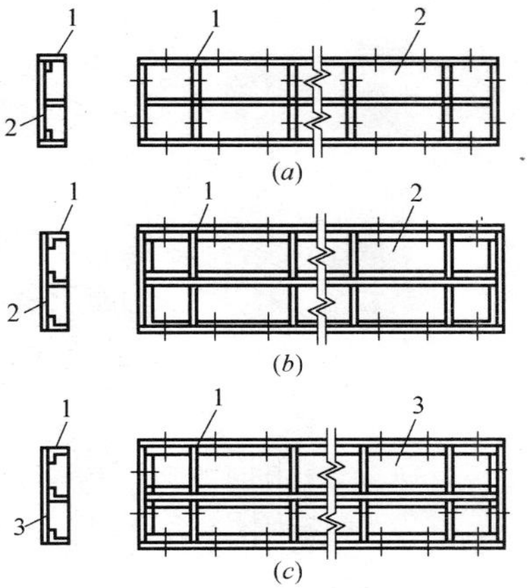

图 1-3　钢框木（竹）胶合板模板

（*a*）明框型钢框胶合板模板；（*b*）暗框型胶合板模板；（*c*）钢框竹胶合板模板

1—钢框；2—覆膜木胶合板；3—竹胶合板

2）工具式模板

工具式模板，是指针对现浇混凝土结构的墙体、柱、楼板等构件的构造及规格尺寸，加工制成的定型化模板，做到整支整拆，多次周转，实行工业化施工。

① 大模板

大模板，是大型模板或大块模板的简称。它的单块模板面积较大，通常是以一面现浇混凝土墙体为一块模板。大模板是采用定型化的设计和工业化加工制作而成的一种工具式模板，施工时配以相应的吊装和运输机械，用于现浇钢筋混凝土墙体。它具有安装和拆除简便、尺寸准确和板面平整等特点。

大模板由面板、支撑系统和操作平台组成（图1-4）。面板

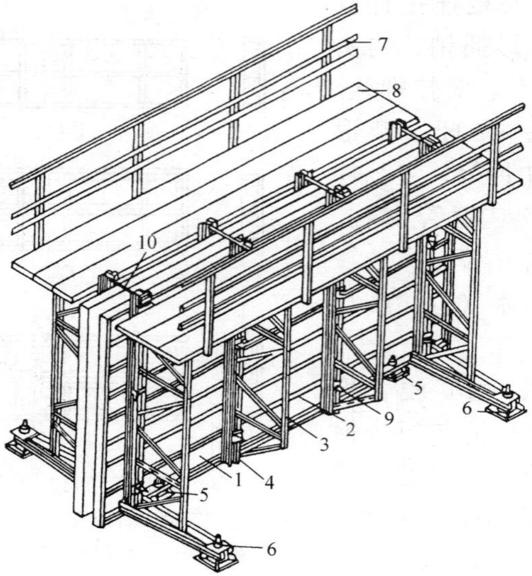

图 1-4　大模板

1—面板；2—水平助；3—支撑桁架；4—竖肋；5—水平调整装置；6—垂直调整装置；7—栏杆；8—脚手板；9—穿墙螺栓；10—固定卡具

材料可采用钢板、木（竹）胶合板等，支撑系统可采用拼装式。

大模板多用于现浇混凝土剪力墙结构、高层建筑施工。施工方法可采用内、外墙体均用大模板浇筑墙体混凝土，亦可采用内纵横墙采用大模板现浇，而外墙采用预制吊装的方法。

② 滑动模板

滑动模板主要由高 1.2m 的模板、液压提升设备、操作平台系统组成（图 1-5），是一种适用于高度较大的等截面或截面变化不大的房屋建筑墙体和水塔、烟囱筒壁混凝土结构，连续施工的工业化模板。

整个结构施工，只用一套液压滑动模板和提升设备来完成，滑升过程中不用再支模、拆模、搭设脚手和运输等工作，混凝土

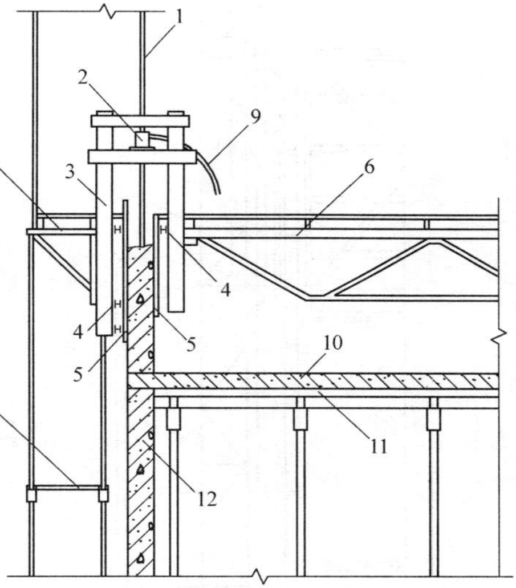

图 1-5　液压滑动模板装置

1—支承杆；2—千斤顶；3—提升架；4—围圈；5—模板；6—操作平台及桁架；7—外挑架；8—吊脚手架；9—油管；10—现浇楼板；11—楼板模板；12—墙体

保持连续浇筑，施工速度快。用于房屋建筑施工时，要采取措施，处理好楼板等水平结构的施工问题。

③ 爬升模板

爬升模板（即爬模），是一种适用于现浇钢筋混凝土竖向结构的模板工艺，如墙体、电梯井、桥梁、塔柱等。模板多用于建筑外墙内外侧和电梯井筒内侧无楼板阻隔的现浇混凝土竖向结构。形成整体爬模工艺。

爬升模板是综合大模板与滑动模板工艺的特点的一种模板工艺，即模板上楼支设后，不需拆卸再落地存放，可逐层提升直至结构施工完毕，不占用施工场地；它装有操作脚手架，施工安全可靠；模板垂直度和平整度易于调整和控制；不会出现墙面被拉裂现象。

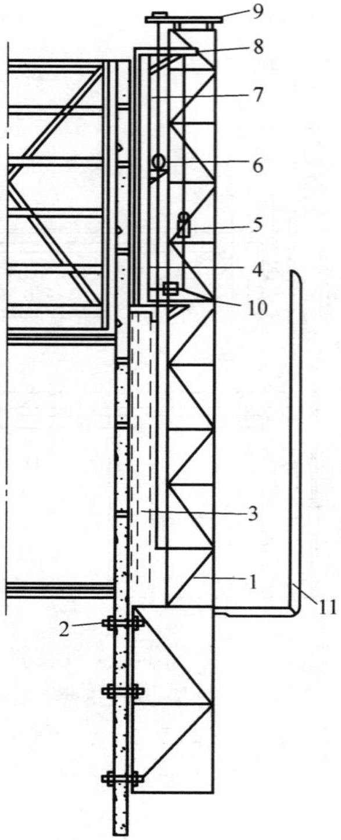

图 1-6　爬模的组成与构造

1—爬升支架；2—螺栓；3—预留爬架孔；
4—爬模；5、6—爬升千斤顶；7—爬杆；
8—模板挑横梁；9—爬架挑横梁；
10—脱模千斤顶；11—吊挂脚手架

爬升模板由大模板、爬升支架和爬升设备三部分组成（图1-6），模板提升不用塔式起重机吊运，其工艺原理是以建筑物的钢筋混凝土墙体为支承主体，通过附着于已完成的钢筋混凝土墙体的爬升支架或大模板，利用连续爬升支架与大模板的爬升设备，使一方固定，另一方做相对运动，交替向上爬升，以完成模板的爬升、下降、就位和校正等工作（图1-7）。

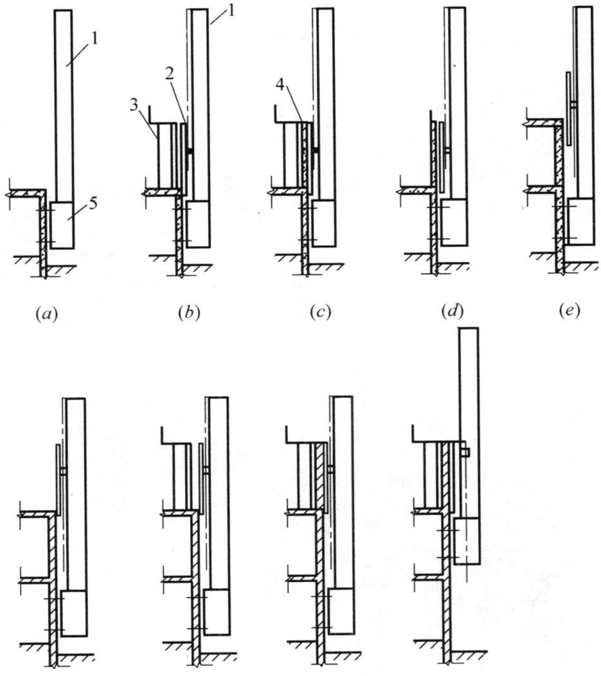

图 1-7　爬升模板施工程序图

（a）头层墙完成后安装爬升支架；（b）安装外模板悬挂于爬架上，绑扎钢筋，悬挂内模；（c）浇筑第二层墙体混凝土；（d）拆除内模板；（e）第三层楼板施工；（f）爬升外模板并校正，固定于上一层；（g）绑扎第三层墙体钢筋，安装内模板；（h）浇筑第三层墙体混凝土；（i）爬升底座，将底座固定于第二层墙体

1—爬升支架；2—外模板；3—内模板；4—墙体混凝土；5—底座

④ 飞（台）模

飞模是一种大型工具式模板，因其外形如桌，故又称桌模或台模。由于它可以借助起重机械从已浇筑完混凝土的楼板下吊运飞出转移到上层重复使用，故称飞模。使用时将每一楼层柱网楼

板划分为若干“单元”组成台模，每一台模采取现场整体安装，整体拆除，再吊至上层重复使用见图 1-8、图 1-9。

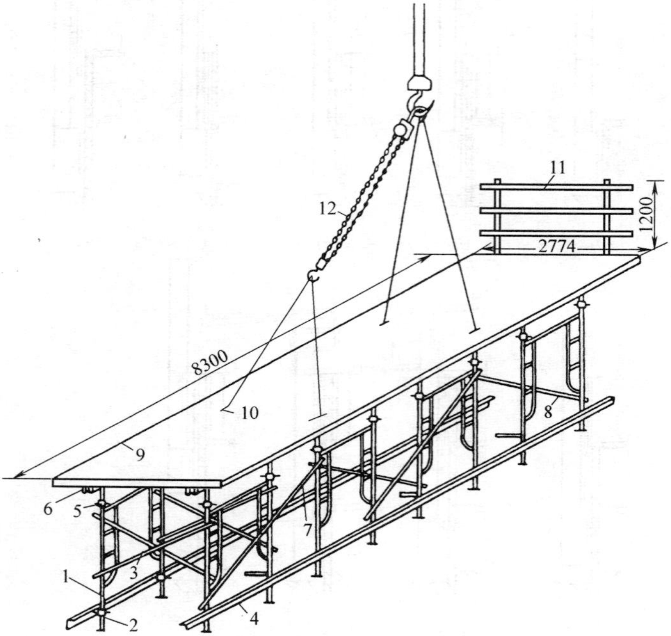

图 1-8　飞模

1—门式脚手架（下部安装连接件）；2—底托（插入门式架）；3—交叉拉杆；4—通长角铁；5—顶托；6—大龙骨；7—人字支撑；8—水平拉杆；9—面板；10—吊环；11—护身栏；12—电动环链

飞模适用于标准层次多，柱网比较规则，层高变化不大的高层建筑和板柱与剪力墙结构体系使用，特别适于柱帽尺寸一致的混凝土无梁楼盖使用。

⑤ 模壳

模壳主要用于浇筑混凝土密肋楼盖（图 1-10）。模壳可根据设计要求采用塑料或玻璃钢制成（图 1-11），其支承系统与组合式模板相同（图 1-12）。

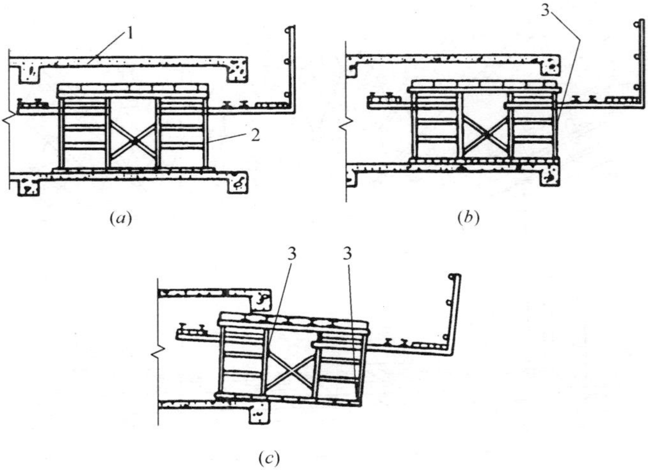

图 1-9　飞模脱模和转移过程

(a) 飞模平台下落脱模；(b) 向外滚动；(c) 飞出

1—已浇筑楼板；2—飞模；3—吊索

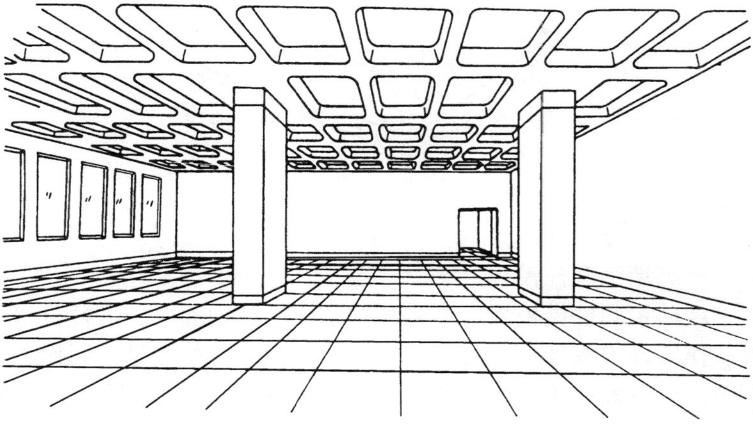

图 1-10　密肋楼盖（一）

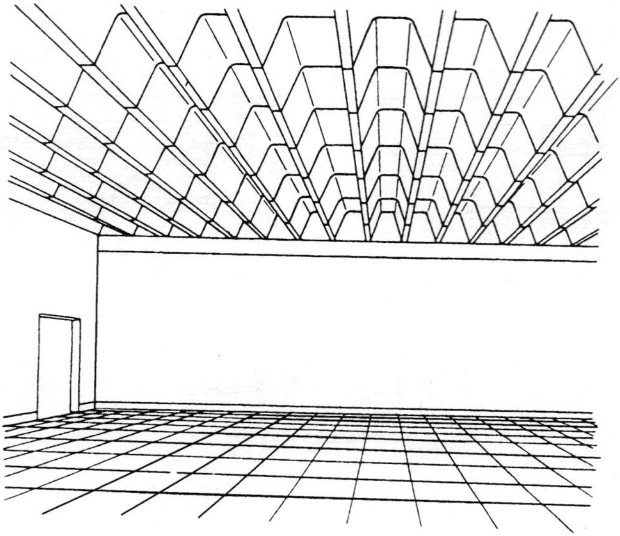

图 1-10　密肋楼盖（二）

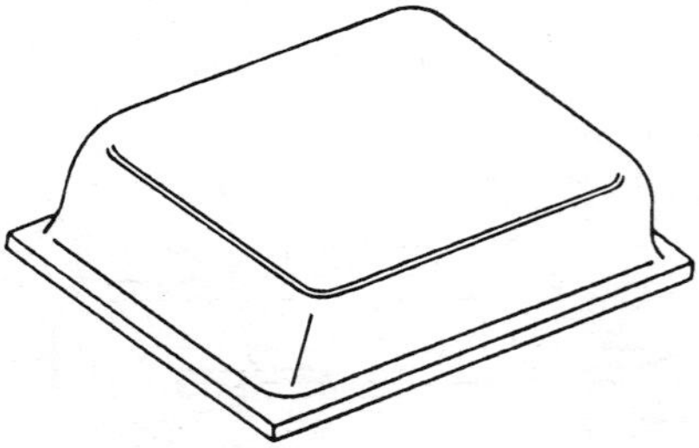

图 1-11　模壳

⑥ 柱模板

• 玻璃钢圆柱模板

玻璃钢圆柱模板采用不饱和树脂铺贴涂刷而成。这种材料除可制作圆柱模板外，还可制作柱帽模板等。其特点是：制作工艺简单，可以做成不同直径的圆柱模板和形状尺寸各异的柱帽模板，比采用木材、钢材制作圆柱、柱帽模板省工、省料，并且易于成形。见图 1-13。

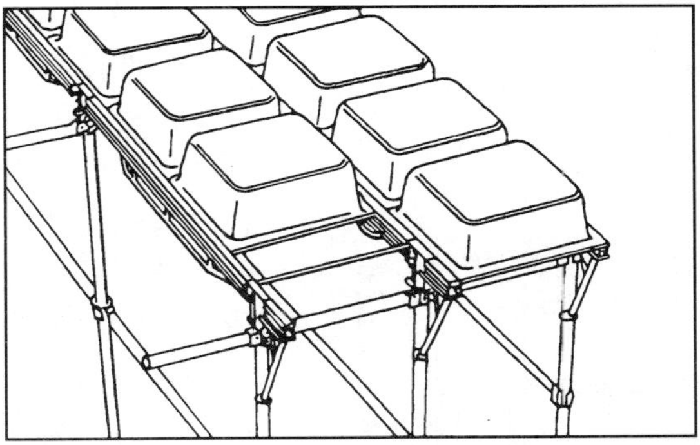

图 1-12　模壳支撑系统

图 1-13　整张卷曲式玻璃钢圆柱模板正在施工

• 钢柱模

一般圆柱模板可分两个半圆加工，现场拼装组合。见图 1-14。

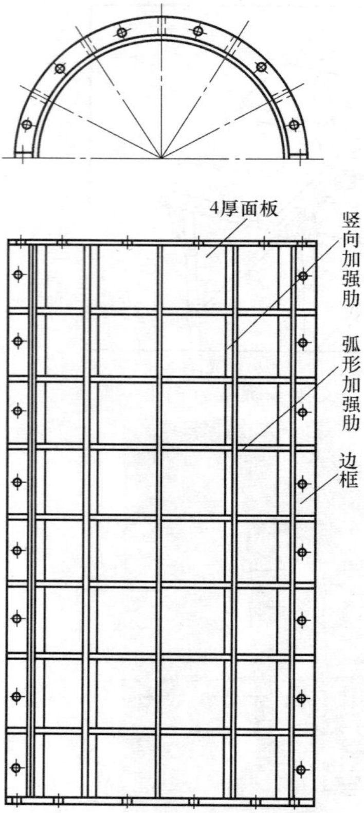

图 1-14　1/2 圆柱钢模

3）永久式模板

永久性模板，亦称一次性消耗模板，是在结构构件混凝土浇筑后模板不再拆除，并构成构件受力或非受力的组成部分。这种模板，一般广泛应用于房屋建筑的现浇钢筋混凝土楼板工程，作为楼板的永久性模板。它具有施工工序简化、操作简便、改善劳动条件、不用或少用模板支撑、模板支拆量减少和加快施工进度等优点。

① 压型钢板模板

压型钢板模板，是采用镀锌或经防腐处理的薄钢板，经成型机冷轧成具有梯波形截面的槽型钢板的一种工程模板材料。见图 1-15、图 1-16。

② 混凝土薄板

混凝土薄板，一般是在构件预制工厂的台座上生产，这种薄板主要应用于现浇钢筋混凝土楼板工程，薄板本身既是现浇楼板的永久性模板；当与楼板的现浇混凝土叠合后，又是构成楼板的受力结构部分，与楼板组成组合板，或构成楼板的非受力结构部分。其

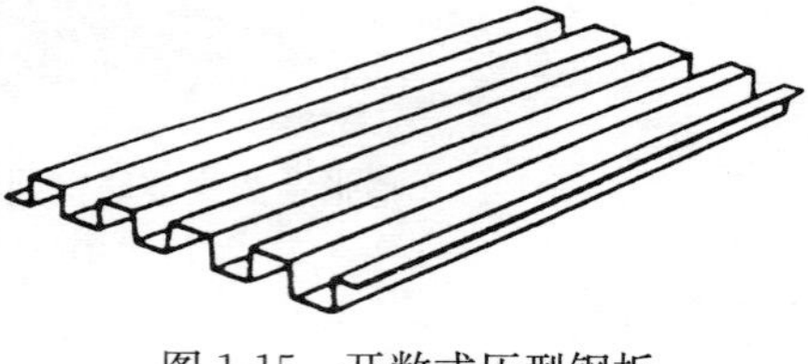
图 1-15　开敞式压型钢板

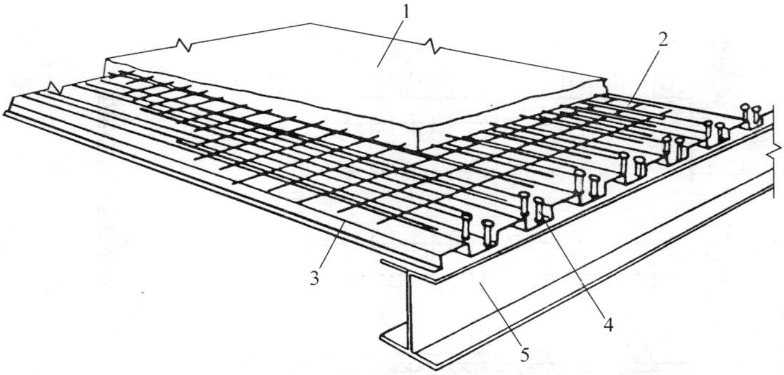

图 1-16 压型钢板组合楼板系统图

1—现浇混凝土层；2—楼板配筋；3—压型钢板；4—锚固栓钉；5—钢梁

配筋有预应力筋、双钢筋和冷轧热钢筋。见图 1-17。

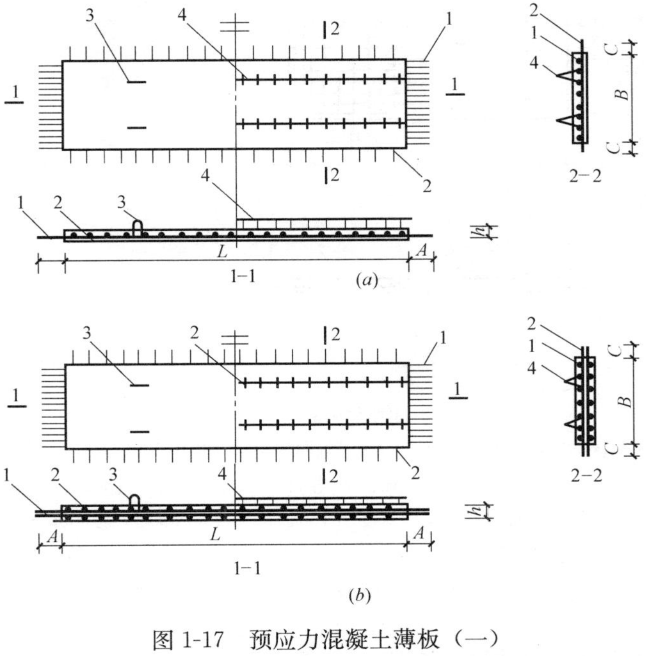

图 1-17 预应力混凝土薄板（一）

（a）有侧向伸出钢筋的单向单层预应力混凝土薄板；

（b）有侧向伸出钢筋的单向双层预应力混凝土薄板

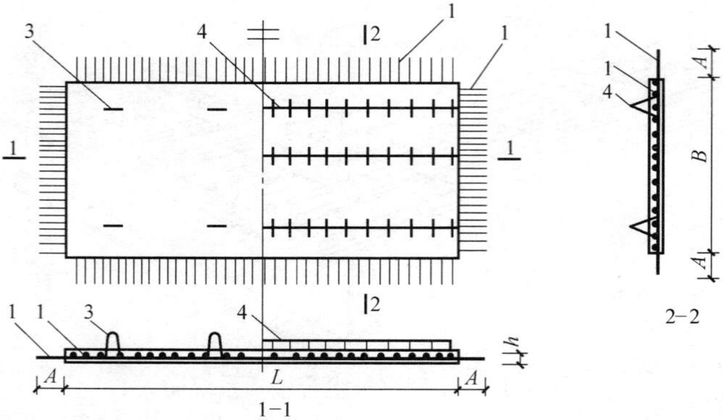

(c)

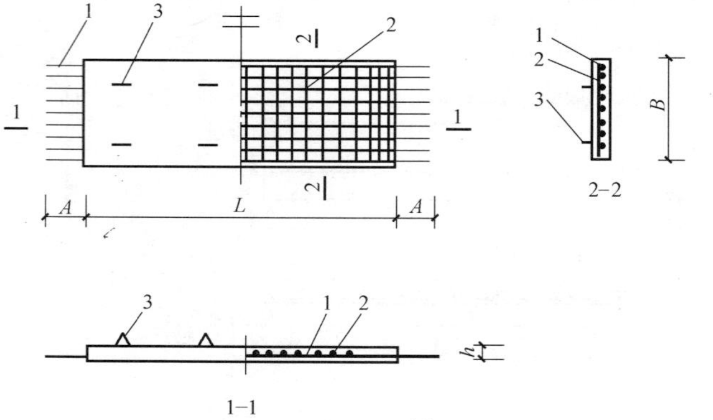

(d)

图 1-17　预应力混凝土薄板（二）

(c) 双向单层预应力混凝土薄板；(d) 无侧向伸出钢筋的单向单层预应力混凝土薄板

1—预应力钢丝；2—分布钢筋；3—吊环（$\phi8$）；4—板面抗剪焊接骨架；

A—预应力钢丝伸出长度；当支座宽度为 160、180、200mm 时，≥300mm；当支座宽度为 250mm 时，≥350mm；当支座宽度为 300mm 时，≥400mm；当支座宽度为 350mm 时，≥450mm

4）胶合板木模板

除以上介绍的三大系列模板外，采用木（竹）胶合板和木支撑作现浇混凝土墙体和楼板的模板（图 1-18、图 1-19），是目前常用的一种模板技术，它与采用组合式模板相比，可以减少混凝土外露表面的接缝，满足清水混凝土的要求，但木方的大量使用不利于保护国家有限的森林资源，应提倡“以钢代木”和使用速生林木材和竹材。

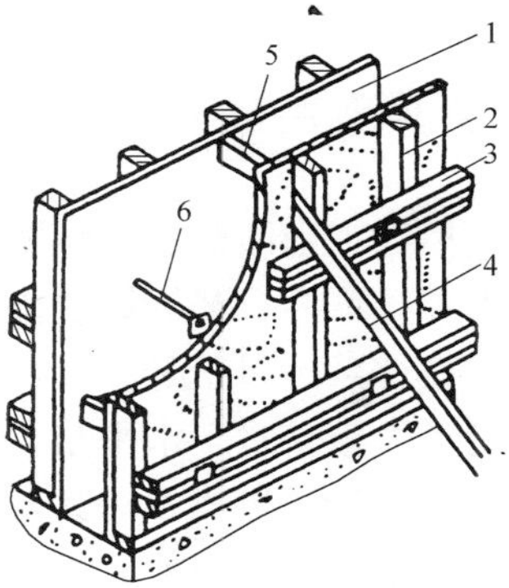

图 1-18　采用胶合板面板的墙体模板

1—胶合板；2—主挡；3—横挡；4—斜撑；5—撑头；6—穿墙螺栓

（2）目前我国在现浇混凝土结构施工中比较常用的模板是：组合式模板，工具式模板中的大模板，高层建筑电梯井常用爬升模板，高耸构筑物（如烟囱等）常用滑动模板。

另外，使用木枋作背楞，木（竹）胶合板作面板的现状，已成为主流。

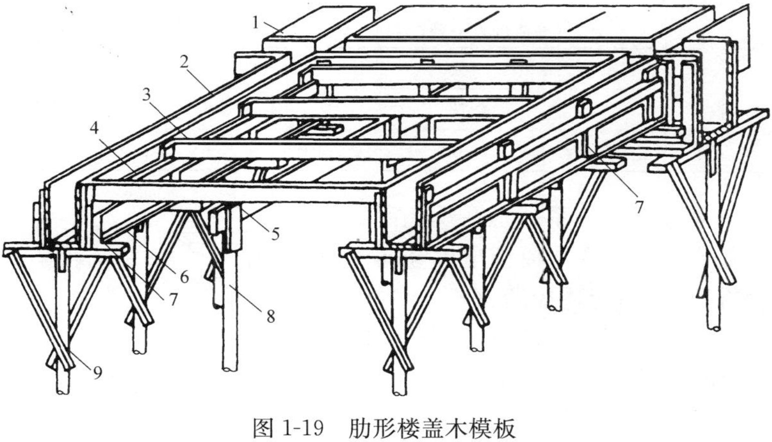

图 1-19　肋形楼盖木模板

1—楼板模板；2—梁侧模板；3—格栅；4—横档（托木）；5—牵杠；6—夹木；7—短撑木；8—牵杠撑；9—支柱（琵琶撑）

1-2 如何选用模板?

应根据工程结构的具体情况和混凝土成型工艺的要求，宜选用传力直接可靠、装拆简便快速、周转使用次数较多的工业化模板和支架体系。对于竖向结构构件，可优先选用大模板、爬升模板和滑动模板；对于水平结构构件可选用飞模，也可选用组合式模板采用早拆模板体系；支架系统可选用能实现轴心传递竖向荷载的可调钢支柱、门架、碗扣架等。

1-3 什么是早拆模板体系? 为什么要推行早拆模板体系?

按照现行《混凝土结构工程质量验收规范》（GB 50204）对现浇混凝土结构底模拆除的规定，它与结构跨度和混凝土强度有关，见表 1-1。

底模拆除时的混凝土强度要求　　　　表 1-1

构件类型	构件跨度(m)	达到设计的混凝土立方体抗压强度标准值的百分数(%)	构件类型	构件跨度(m)	达到设计的混凝土立方体抗压强度标准值的百分数(%)
板	≤2	≥50	梁、拱、壳	≤8	≥75
	>2,≤8	≥75		>8	≥100
	>8	≥100	悬臂构件	—	≥100

早拆模板体系就是在现浇混凝土楼板施工中实现“模板早拆竖向支撑后拆”，利用上述短跨（≤2m）受力状态混凝土强度达到标准强度 50%（常温 3～4d）即可拆除梁、板模板的规定，将模板支撑装上早拆柱头，用于支撑模板梁的支拆装置（图 1-20）；另外在安装模板时，将支撑立柱间距

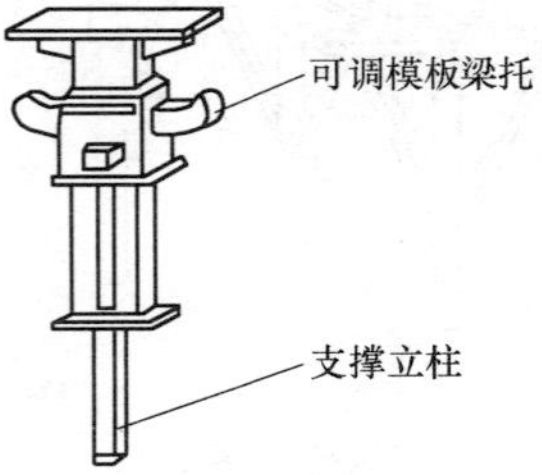

图 1-20　早拆柱头

均设立不大于 2m，使楼板跨度处于短跨受力状态。当楼板混凝土浇筑 3～4d 后（常温），混凝土强度达到设计强度 50%以上时，即可将梁托用锤子敲击下落，模板也随之下落，此时便可先拆除模板，而柱头顶板仍保持支撑状态（图 1-21）。当混凝土强度增长到足以在全跨条件下承受全部荷载（自重和施工荷载）时，再拆除全部支撑。

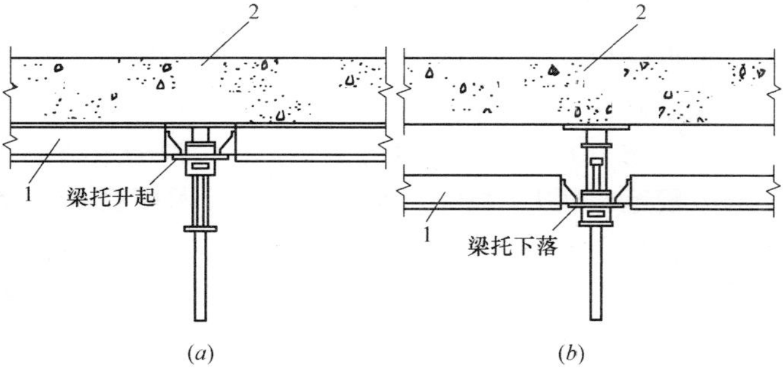

图 1-21　早期拆模原理

(*a*) 支模；(*b*) 拆模

1—模板主梁；2—现浇楼板

推行早拆模板体系可以加快模板的周转，从而可以大大减少模板和支撑的一次投入量。据统计，推行早拆模板体系模板用量可节约 20%～30%。

1-4　为什么模板工程施工时应有施工方案?

模板工程是混凝土结构工程的重要分项工程。模板的选材、制作、安装质量，直接影响混凝土结构与构件的质量和外观的好坏；关系到混凝土工程的经济效益和施工效率。因此，如果模板工程施工时，没有模板工程施工方案，未经针对性的设计计算，只凭经验确定施工用模板及支撑系统，如果没有足够的承载力，刚度和稳定性，将导致模板变形，混凝土结构标高、轴线、层高、垂直度及截面尺寸等超过允许偏差，浪费了人力、财力，严重者模板变形坍塌，造成质量和安全事故。

因此，为了确保混凝土结构的质量和安全施工，模板工程施工前应编制施工方案，并应经过审批后执行。施工方案应包括模板和支架的安装和拆除方案（包括施工顺序、进度计划、人员安装、工艺要点、安全防护、质量标准等）及结构设计计算。属于水平混凝土构件模板支架系统高度超过 8m 或跨度超过 18m，施工总荷载大于 $10kN/m^2$ 或集中线荷载大于 15kN/m 的模板支架系统，应根据建设部（2004）213 号文《危险性较大工程安全专项施工方案编制及专家论证审查办法》的规定，经专家评审。

模板工程施工方案的编制尚应满足现行《混凝土结构工程施工质量验收规范》（GB 50204）及专项行业技术规程的要求。

模板工程施工方案中的模板结构设计计算内容，应根据工程结构形式、荷载大小、地基土类别、施工设备和材料供应等条件进行全面考虑。模板设计的内容主要包括选型、选材、配板、荷载计算、结构设计和绘制模板施工图等，各项设计的内容和详尽程度，可根据工程的具体情况和施工条件确定。

模板工程施工方案一般由项目部项目工程师组织编制，并按企业内部管理制度上报企业技术部门审批后执行。重要的、复杂的模板工程应由企业技术部门组织编制，经企业总工程师审批后组织实施。

1-5 编制模板工程施工方案的原则有哪些？

（1）实用性：主要应保证混凝土结构的质量。具体要求为模板接缝严密不漏浆；保证构件的外形尺寸和相互位置的准确；模板构件构造简单，支拆方便，并便于钢筋绑扎安装和混凝土浇筑养护。

（2）安全性：应具有足够的承载能力、刚度和稳定性，能可靠地承受新浇筑混凝土的自重和侧压力，以及在施工过程中所遇到的风荷载和其他荷载，保证在施工过程中模板和支架不变形、不倒塌。

（3）经济性：针对工程结构的具体情况，因地制宜，就地取材，在确保质量安全和工期的前提下，尽量减少一次性投入，增加模板周转，减少支拆用工，实现文明施工。

1-6 为什么模板工程施工方案中应有施工安全技术措施？其内容有哪些？

（1）由于模板工程工作量大，操作人员多，高空作业多。如果模板工程施工方案中没有施工安全技术措施，必将导致安全设备供应不充分，安全技术措施不落实，容易造成操作人员不遵守操作规程，忽视安全施工，频发安全事故。

（2）模板工程施工方案中的安全技术措施主要有以下几方面：

1）一般要求

① 模板工程作业高度在 2m 及其以上时，要根据高空作业安全技术规范的要求进行操作和防护，要有可靠安全的操作架子，4m 以上或二层以上周围应围设安全网、防护栏杆。

② 操作人员严禁攀登模板或脚手架上下通行，严禁在墙顶、独立梁及其他狭窄又无防护栏的模板面上行走。

③ 高处作业支架、平台一般不宜堆放模板料，必须短时间堆放时，一定要码放平稳，不能堆得过高，必须控制在架子或平台的允许荷载范围内。

④ 高处支模工人所用工具在不用时应放在工具袋内，不能随意将工具、模板零件放在脚手架上，以免坠落伤人。

⑤ 模板支撑不能固定在脚手架或门窗上，避免发生倒塌或模板位移。

⑥ 雨期施工，高空作业应有避雷设施，其接地电阻应不大于 10Ω。夜间施工，必须有足够的照明，照明电源电压不得超过 36V；冬期施工，操作地点和人行通道的冰雪应事先清除干净，

避免人员滑倒摔伤；遇 6 级以上大风时，应暂停室外高处作业。

⑦ 架空输电线路下进行模板施工，最好能停电作业，否则应采取保护措施。

2）模板安装安全施工技术要求

① 模板安装必须按模板工程设计方案要求进行，严禁随意变动。

② 多层建筑物模板及其支架安装时，下层楼板结构强度只有达到能承受上层模板、支架和新浇混凝土的重量时，方可进行上层模板的安装。否则，下层楼板结构的支撑体系不能拆除。

③ 当层间高度大于 5m 时，若采用多层支架支模，则在两层支架立柱间应铺设垫板，且应保持平整；上下层支柱要垂直，并应在同一垂直线上。

④ 支柱安装完毕后应及时加固。当柱高大于 4m 时，应设上下两道水平撑，并加设剪刀撑。支柱每增高 2m 再增加一道水平撑和一道剪刀撑。

⑤ 安装墙、柱模板或预拼装模板时，应边就位、边校正、边安装连接件，并随时加设稳固支撑，防止倾覆。

⑥ 预拼装模板垂直吊运时，应采取两个以上吊点，水平吊运时应采取 4 个吊点。吊点应进行受力计算，并应合理布置。吊装机械必须在模板就位并连接牢固后方可脱钩。

3）模板拆除安全施工技术措施

① 拆模必须提出申请，并根据混凝土同条件养护试件强度达到规范规定或设计要求时，方可批准拆除。

② 对于大体积混凝土，除应满足混凝土强度要求外，还应考虑保温措施。拆模之后要保证混凝土内外温度差不超过 20℃，以免发生温差裂缝。

③ 模板拆除的顺序和方法，应根据模板设计方案规定进行。一般情况下是先装后拆，后装先拆。先拆非承重的模板，后拆承重的模板和支架。

④ 拆除模板必须随拆随清理，即做到现场整洁、文明施工，

又不阻碍通行及发生坠落伤人事故。

⑤ 拆模时，下方不能有人，拆模区应设警戒线；拆除模板向下运送传递，一定要上下呼应，不能采取硬砸猛撬，致使大片塌落的方法。用起重机吊运拆除模板时，模板应堆码整齐并捆牢后方可起吊，以防散落。

⑥ 在拆模过程中，如发现结构混凝土强度未达到要求，有影响结构安全的质量问题，应暂停拆模，经妥善处理并待实际强度达到要求后，方可继续拆除。

1-7 模板及支架设计宜包括哪些内容？设计时应考虑哪些荷载及其组合？

（1）模板及支架设计应包括的内容如下：

1）模板和支架的选型及构造；

2）作用在模板及支架上的荷载，并进行荷载组合；

3）复核模板及支架的承载力、刚度和稳定性；

4）绘制模板施工图。

（2）模板和支架设计时应考虑以下荷载：

1）模板和支架自重标准值 G_1；

2）新浇混凝土自重标准值 G_2；

3）钢筋自重标准值 G_3；

4）作用在模板及支架上的施工人员及施工设备荷载标准值 Q_1；

5）新浇筑混凝土作用于模板的最大侧压力标准值 G_4；

6）施工中的振动和泵送混凝土冲击等不可预见因素产生的水平荷载标准值 Q_2；

7）风荷载标准值 Q_3。

（3）钢模板及支架的荷载设计值可乘以 0.95 予以折减，采用冷弯薄壁型钢的荷载设计值不应折减。

（4）计算模板和支架的承载力时，应采用荷载标准值乘以相应的荷载分项系数求得设计荷载，其中G_{1K}、G_{2K}、G_{3K}和G_{4K}永久荷载应分别乘以 1.2；Q_{1K}、Q_{2K}和Q_{3K}可变荷载应分别乘以 1.4。

（5）模板系统的结构计算，应根据施工过程中可能出现的最不利荷载进行组合，见表 1-2。

参与模板系统荷载效应组合的多项荷载　　　表 1-2

模板类别	参与组合的荷载	
	计算承载能力	验算刚度
混凝土水平构件(梁、板等)的底模板及支架	$G_{1K}+G_{2K}+G_{3K}+Q_{1K}$	$G_{1K}+G_{2K}+G_{3K}$
高大模板支架①	$G_{1K}+G_{2K}+G_{3K}+0.9(Q_{1K}+Q_{2K}+Q_{3K})$	$G_{1K}+G_{2K}+G_{3K}$
混凝土竖向构件的侧面模板和支架	$G_{4K}+Q_{3K}$	G_{4K}

① 见第（4）条。

（6）高层建筑施工配置模板支架时，应考虑荷载在楼层间的传递，采取连续最少的配置。

1-8　作用在模板及支架上的荷载标准值有哪些?

（1）模板和支架自重标准值G_1应根据模板施工图确定。对肋形楼板及无梁楼板的模板自重标准值可按表 1-3 采用。

楼板模板自重标准值（kN/m^2）　　　表 1-3

模板构件名称	木模板	定型组合钢模板
平板的模板及次楞	0.3	0.6
楼板模板(其中包括梁的模板)	0.5	0.75
楼板模板和支架(楼层高度为 4m 以下)	0.75	1.1

（2）新浇筑混凝土自重标准值G_2可根据混凝土实际重力密度确定，对 C50 以下的普通混凝土重力密度可取 $24kN/m^3$。对 C50 及以上的普通混凝土重力密度可取 $25kN/m^3$。

（3）钢筋自重标准值 G_3 应根据施工图纸确定。对一般楼板结构可取 1.1kN/m^3，梁可取 1.5kN/m^3。

（4）作用在模板及支架上的施工人员及施工设备荷载标准值 Q_1 可取 3.0kN/m^2 对于特殊情况应按实际确定。

（5）采用内部振捣器时，当浇筑速度小于等于 6m/h 且坍落度小于 150mm 时，新浇筑的混凝土作用于模板的最大侧压力标准值 G_4 可按式（1-1a）计算；当浇筑速度大于 6m/h 且坍落度大于 150mm 时，G_4 可按式（1-1b）计算；结果按式（1-1a）、式（1-1b）计算的结果大于按式（1-1c）计算的结果时，G_4 应取按式（1-1c）计算的结果。

$$G_4 = 0.22\gamma_c t_0 \beta_1 \beta_2 V^{\frac{1}{2}} \tag{1-1a}$$

$$G_4 = 0.3\gamma_c t_0 V^{\frac{1}{5}} \tag{1-1b}$$

$$G_4 = \gamma_c H \tag{1-1c}$$

式中 G_4——新浇筑混凝土对模板的最大侧压力（kN/m^2）；

γ_c——混凝土的重力密度（kN/m^2）；

t_0——新浇筑混凝土的初凝时间（h），可按实测确定；当缺乏试验资料时可采用 $t_0 = 200/(T+15)$ 计算（T 为混凝土的温度℃）；

V——混凝土的浇筑速度（m/h）；

H——混凝土侧压力计算位置处至新浇筑混凝土顶面的总高度（m）；

β_1——外加剂影响修正系数：不掺外加剂时取 1.0，掺具有缓凝作用的外加剂时取 1.2；

β_2——混凝土坍落度影响修正系数：当坍落度小于 50mm 时，取 0.85；当坍落度大于等于 50mm、小于 110mm 时，取 1.0；当坍落度大于等于 110mm 时，取 1.15。

［说明］ 混凝土侧压力的计算分布图形如图 1-22 所示，其

中 h 为有效压头高度，$h=G_4/\gamma_c$。

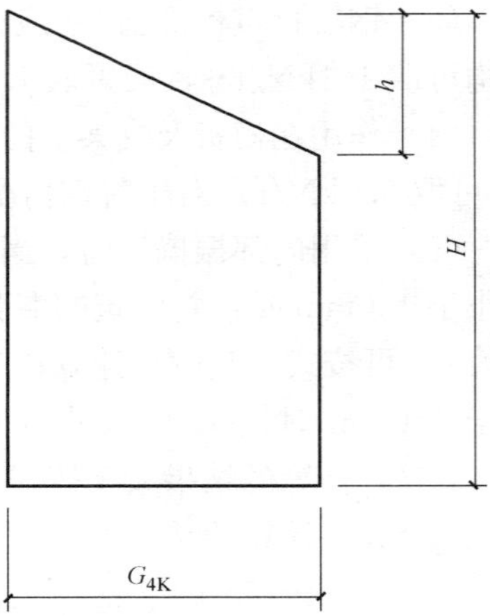

图 1-22　混凝土侧压力分布图

（6）考虑施工中的振动和泵送混凝土冲击等未预见因素产生的水平荷载标准值 Q_2，可取垂直永久荷载的 2% 作为标准值，并以每延米的形式作用在模板支架顶端边缘的水平方向上。

（7）风荷载标准值 Q_3 应按现行国家标准《建筑结构荷载规范》GB 50009 中的规定计算，其中风荷载基本值重现期可取 $n=10$ 年，风振系数可取 $\beta_z=1$。

（8）钢模板及支架的荷载设计值可乘以 0.95 予以折减，采用冷弯薄壁型钢的荷载设计值不应折减。

（9）计算模板和支架的承载力时，应采用荷载标准值乘以相应的荷载分项系数求得设计荷载，其分项系数应按表 1-4 采用。计算梁类模板构件变形（挠度）时，应采用荷载标准值。

荷载分项系数　　　　**表 1-4**

荷载类别		荷载系数
永久荷载	模板及支架自重 G_1	1.2
	新浇混凝土自重 G_2	
	钢筋自重 G_3	
	新浇混凝土对模板侧面产生的压力 G_4	
可变荷载	施工人员及施工设备荷载 Q_1	1.4
	振动或冲击水平荷载 Q_2	
	风荷载 Q_3	

1-9　模板支架的设计有哪些要求?

（1）对独立塔式的支架在满足基本高度比的基础上，除应满足垂直荷载下的承载力计算复核外，还应将振动或泵送混凝土等产生的水平荷载以线荷载形式作用于塔架顶部外边缘，对塔架进行水平荷载下的抗倾覆验算。抗倾覆验算应符合下列要求：

$$M_1 \geqslant M_0 \qquad (1\text{-}2)$$

式中　M_1——在设计荷载作用下支架结构的抗倾覆力矩（kN·m）；

M_0——在设计荷载作用下支架结构的倾覆力矩（kN·m）。

（2）当采用扣件式钢管搭设支架，并依靠顶部水平杆将垂直荷载传递给立杆时，应按偏心受压杆计算复核立杆的稳定性，还应验算顶部水平杆与立杆扣接的抗滑承载力；

（3）当采用碗扣式和承插盘扣式钢管搭设支架，应考虑顶部插入可调托座（或底部可调底座）的长度对上下层水平杆间立杆计算长度的影响，模板支架立杆的计算长度可分别按下列表达式计算的结果取最大值：

$$l_0 = \eta h \qquad (1\text{-}3a)$$

$$l_0 = h' + 2ka \qquad (1\text{-}3b)$$

式中　l_0——支架立杆计算长度；

a——模板支架立杆伸出顶层（或底层）水平杆中心线至支架可调底座（或可调托座）支架点的距离；

h——模板支架立杆中间层水平杆最大步距；

h'——模板支架立杆最顶层或最底层水平杆步距，应比最大步距减少一个盘扣的距离；

η——模板支架立杆计算长度修正系数，由试验确定。当无相应试验资料时，可取为 1.15；

k——悬臂端计算长度折减系数，由试验确定；当无相应试验资料时可取 1.0。

1-10 模板支架结构构件的长细比和模板支架的短向高宽比有哪些要求？

（1）考虑模板支架杆件为施工过程中的重要承载结构构件，失效后果严重，因此，支架杆件长细比应与现行《钢结构设计规范》（GB 50017）、《冷弯薄壁型钢结构技术规范》（GB 50018）一致；大量模板工程实例表明，模板支架杆的长细比多在100～150之间，且立杆长细比多小于100；从钢结构失稳角度看，常用的ϕ48×3.5钢管长细比小于100时，随长细比的增大其承载能力线性降低，当其长细比大于100时，随其长细比的增大，其承载能力加速降低。基于此规定立杆的长细比不大于150，其他受压杆件的容许长细比不大于200。因此，模板支架结构构件的长细比不应超过表1-5中规定的容许值。

模板支架结构构件容许长细比　　　　表 1-5

构 件 类 别	容许长细比
受压构件的支架立柱及桁架	150
受压构件的斜撑、剪刀撑	200
受拉构件的钢杆件	350

（2）为了保证在周边无结构提供有效侧向支架的条件下的独立塔状高大支模架，应有基本的宽度，防止细高形的支架整体失稳。稳定性措施包括抛撑、型钢桁架撑、揽风绳等。因此，模板支架的短向高度比不宜大于5；当高宽比大于5时，应增设稳定性措施。

1-11 模板和支架设计计算时，为什么进行强度计算外，还要进行刚度验算？

模板及其支架设计计算时，如忽略了模板及支架的刚度验算，易引起混凝土构件变形大，平整度差、偏位、沉降量大、挠度大等现象，达不到设计要求的受力状态，还可能造成构件裂缝、失稳倒塌等质量和安全事故。因此，模板设计时，对整个模板体系包括面板、围檩和支架除进行强度计算外，还应对其刚度进行验算，以确定结构构件表面的平整度。

当验算模板及支架的刚度时，可按相关标准计算，其挠度限值可按以下规定采用：

1）对结构表面外露的模板，为模板构件计算跨度的1/400。

2）对结构表面隐蔽的模板，为模板构件计算跨度的1/250。

3）支架的压缩变形值或弹性挠度，为相应的结构计算跨度的1/1000。

4）浇水混凝土模板，应按设计要求单独设计。

1-12 为什么模板工程施工前，必须进行有针对性的安全技术交底？

模板工程施工前，模板工程施工方案编制人员向现场施工技术和管理人员和施工班组进行安全、技术交底，是确保模板工程施工方案得以顺利落实的基本制度。不认真执行该制度，势必将原模板工程施工方案仅停留在纸面上，只掌握在方案编制者手中，而具体实际操作者对方案中的重点、难点、注意点了解甚少，则将造成管理和操作上的脱节，容易导致现场出现质量与安全问题。

模板工程施工安全、技术交底可分为二级进行。一级安全、技术交底由项目工程师或施工方案编制人员向专业施工技术和管理人员交底，交底内容包括：分项工程概况、引用的规范规程及要求、重点工序控制注意事项、新材料、新工艺采用时可能出现的问题、施工中发现问题的紧急处理措施以及安全技术措施等方面。

二级安全、技术交底由专业施工管理人员向施工操作人员交底。交底内容包括本项工程的模板工作量和完成任务时间，模板施工设计图内容，模板施工方法、操作程序和流水段划分，应注意的技术要求（如节点处理、预埋件、预留孔、模板拼缝措施等），模板安装质量和拆除要求安全技术措施等。使施工技术和管理人员及操作人员都能熟悉施工图和模板施工方案，以确保模板施工方案的贯彻落实。

交底方法可以是书面和会议形式相结合，但应有交底者和被交底者的签字。

1-13 为什么在浇筑混凝土前，模板板面应均匀涂刷隔离剂？

模板板面不涂刷隔离剂或隔离剂涂刷不均匀，局部漏涂，起不到良好的隔离剂要求，混凝土容易产生粘模，造成拆模板困难，也容易使混凝土表面缺陷；模板面粘附的残渣灰浆等不清除干净即涂刷隔离剂，也会造成混凝土表面出现麻面等缺陷。因此模板在浇筑混凝土前必须均匀涂刷隔离剂，其要求如下：

（1）拆模后应立即清除模板上遗留的混凝土灰浆，再涂刷隔离剂。

（2）隔离剂应选用既便于隔离又不影响混凝土表面装饰且又经济的隔离剂。

（3）隔离剂应涂刷均匀，不得流淌，一般刷二度为宜，以防漏刷；也不宜涂刷过厚，太厚反而容易剥落。

（4）隔离剂涂刷后，应在短期内及时浇筑混凝土，以防隔离层遭受破坏。

（5）平台模板等也可在模板拼装完成后，绑扎钢筋前涂刷隔离剂，但需防止污染钢筋。

1-14 为什么在浇筑混凝土前，对模板工程必须进行检查验收？

因为模板工程不仅是混凝土结构工程的成型工具，而且还是一项临时性结构工程，技术复杂，工作量大。如果没有一套严格的检查验收制度，极容易出现施工操作疏忽大意，为模板位置不准确，模板支设不牢、不稳，预埋件和预留孔洞遗漏，模板内垃圾未能清理干净等，从而严重影响混凝土结构构件的施工质量，甚至发生安全事故。因此，在浇筑混凝土前，必须对模板工程进行严格检查验收。

首先应由施工班组进行自检，然后由现场管理人员进行专项检查，最后由建设（监理）单位进行抽检，并且均需填写检查验收单，以便落实验收人和责任制，确保工程质量和安全。

模工工程在安装过程中主要应进行下列项目检查和验收：

（1）复核模板轴线位置和标志；

（2）检查模板支承着力点和结构整体稳定性，支柱、斜撑的数量和支设情况；

（3）进行模板和支架安装质量检查验收，包括施工前对组合钢模板，木模板等材料质量验收、工具式模板加工制造质量验收，连接件、支承件的规格、质量和紧固情况等；

（4）检查竖向模板的垂直度；

（5）检查预埋件和预留孔洞的规格、数量、位置及固定情况；

（6）检查有关安全措施；

（7）检查模板内垃圾杂物清理情况，木模板是否浇水湿润（但不得有积水）等。

1-15　木模板的配制有哪些要求？

（1）木模板及支撑系统所用木材，不得有脆性、严重扭曲和受潮后容易变形的木材。

（2）木模厚度：侧模一般为 20～30mm；底模一般为 40～50mm。

（3）拼制模板的木板条宽度：1）工具式模板的木板不宜大

于150mm；2）直接与混凝土接触的木板不宜大于200mm；3）梁和拱的底板，如采用整块木板，其宽度不加限制。

（4）木板条应将拼缝处刨平刨直，模板的木档也要刨直。

（5）针子长度应为木板厚度为1.5～2.5倍，每块木板与木档相叠处至少钉两个钉子。第二块板的钉子要转向第一块模板方向斜钉，使拼缝严密。

（6）混水模板正面高低差不得超过3mm；清水模板安装前应将模板正面刨干。

（7）配制好的模板应在反面编号并写明规格，分别堆放保管，以免错用。

1-16 胶合板模板的配制有哪些要求？

（1）应整张直接使用，尽量减少随意锯截，造成胶合板浪费。

（2）木胶合板常用厚度一般为12mm或18mm，竹胶合板常用厚度一般为12mm，内、外楞的间距，可随胶合板的厚度，通过设计计算进行调整。

（3）支撑系统可以选用钢管脚手架，也可采用木支撑。采用木支撑时，不得选用脆性、严重扭曲和受潮容易变形的木材。

（4）钉子长度应为胶合板厚度的1.5～2.5倍，每块胶合板与木楞相叠处至少钉2个钉子。第二块板的钉子要转向第一块模板方向斜钉，使拼缝严密。

（5）配制好的模板应在反面编号并写明规格，分别堆放保管，以免错用。

1-17 基础工程的木模板配制和安装要点有哪些？

（1）非高层建筑的混凝土基础的形式有独立式和条形式两种。独立式基础又分阶形和杯形等（图1-23）。基础模板的构造随着其形式的不同而有所不同。

（2）阶形基础模板：阶形基础模板每一台阶模板由四块侧板拼钉而成，其中两块侧板的尺寸与相应的台阶侧面尺寸相等；另两块侧板长度应比相应的台阶侧面长度大150～200mm，高度与其相等。四块侧板用木档拼成方框。上台阶模板的其中两块侧板的最下一块拼板要加长（轿杠木），以便搁置在下层台阶模板上，阶形基础模板的四周要设斜撑及平撑。斜撑及平撑一端钉在侧板的木档上；另一端顶紧在木档上（图1-24）。

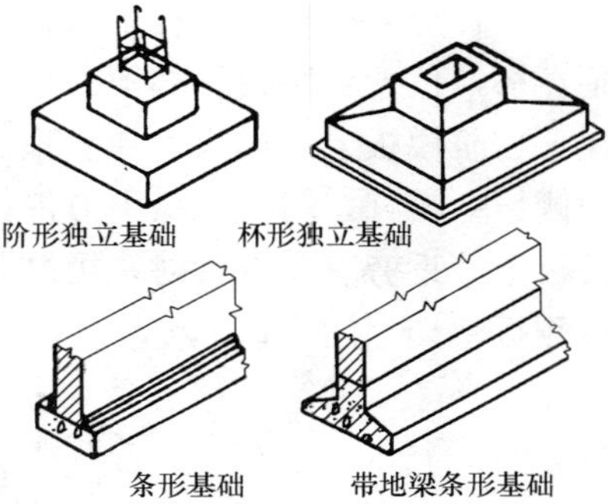

图1-23　基础形式

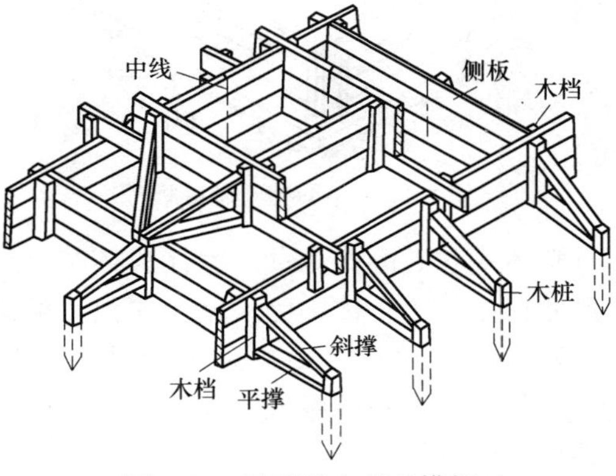

图1-24　阶形独立基础模板

模板安装时，先在侧板内侧划出中线，在基坑底弹出基础中线。把各台阶侧板拼成方框。安装时，把下台阶模板放在基坑底，两者中线互相对准，并用水平尺校正其标高，在模板周围钉上木桩。在木桩与侧板之间，用斜撑和平撑进行支撑；然后把钢筋网放入模板内。上台阶模板放在下台阶模板上的安装方法相同。

（3）杯形基础模板：杯形基础模板的构造与阶形基础相似，只是在杯口位置要装设杯芯模。杯芯模两侧钉上轿杠，以便于搁置在上台阶模板上。如果下台阶顶面带有坡度，应在上台阶模板的两侧钉上轿杠，轿杠端头下方加钉托木，以便于搁置在下层台阶模板上。近旁有基坑壁时，可贴基坑壁设垫木，用斜撑及平撑支撑侧板木档（图 1-25）。

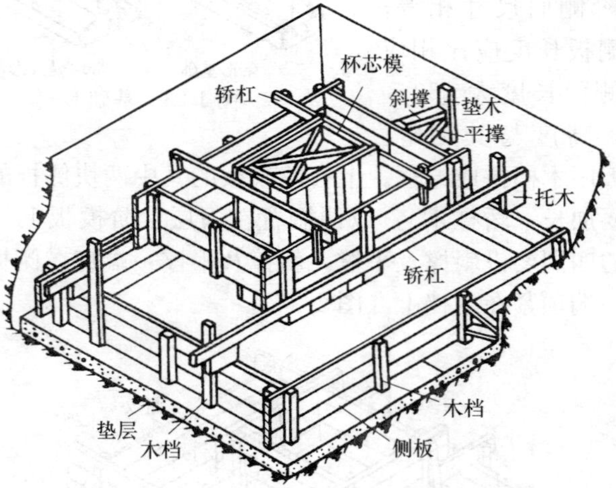

图 1-25　杯形独立基础模板

杯芯模有整体式和装配式两种。整体式杯芯模是用木板和木档根据杯口尺寸钉成一个整体，为了便于脱模，可在芯模的上口设吊环，或在底部的对角十字档穿设 8 号钢丝，以便于芯模脱模。装配式芯模是由四个角模组成，每侧设抽芯板，拆模时先抽去抽芯板，即可脱模（图 1-26）。

杯芯模的上口宽度要比柱脚宽度大 100～150mm，下口宽度要比柱脚宽度大 40～60mm，杯芯模的高度（轿杠底到下口）应比柱子插入基础杯口中的深度大 20～30mm，以便安装柱子时校正柱列轴线及调整柱底标高。

杯芯模一般不装底板，这样浇筑杯口底处混凝土比较方便，也易于振捣密实。

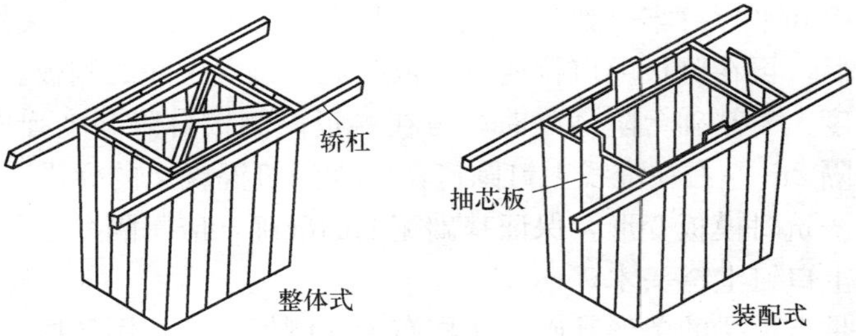

图 1-26　杯芯模

安装前，先将各部分划出中线，在基础垫层上弹出基础中线。各台阶钉成方框，杯芯模钉成整体，上台阶模板及杯芯两侧钉上轿杠。

安装时，先将下台阶模板放在垫层上，两者中心对准，四周用斜撑和平撑钉牢，再把钢筋网放入模板内，然后把上台阶模板摆上，对准中线，校正标高，最后在下台阶侧板外加木档，把轿杠的位置固定住。杯芯模应最后安装，对准中线，再将轿杠搁于上台阶模板上，并加木档予以固定。

（4）条形基础模板：一般由侧板、斜撑、平撑组成。侧板可用长条木板加钉竖向木档拼制，也可用短条木板加横向木档拼成。斜撑和平撑钉在木桩（或垫木）与木档之间（图 1-27）。

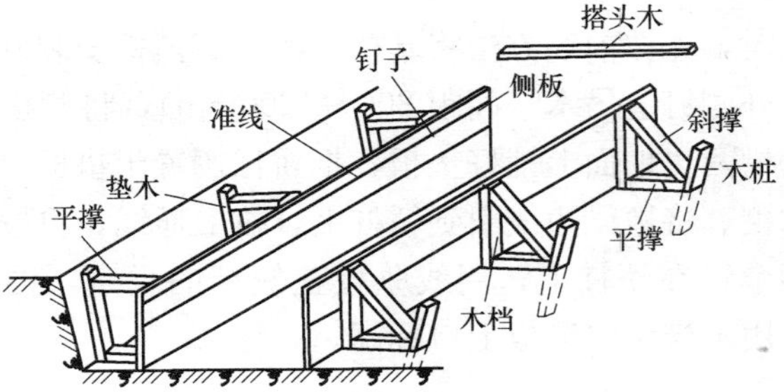

图 1-27　条形基础模板

条形基础模板安装时，先在基槽底弹出基础边线，再把侧板对准边线垂直竖立，同时用水平尺校正侧板顶面水平，无误后，用斜撑和平撑钉牢。如基础较长，则先立基础两端的两块侧板，校正后，再在侧板上口拉通线，依照通线再立中间的侧板。当侧板高度大于基础台阶高度时，可在侧板内侧按台阶高度弹准线，并每隔 2m 左右在准线上钉圆钉，作为浇筑混凝土的标志。为了防止浇筑时模板变形，保证基础宽度的准确，应每隔一定距离在侧板上口钉上搭头木。

带有地梁的条形基础，轿杠布置在侧板上口，用斜撑，吊木将侧板吊在轿杠上。在基槽两边铺设通长的垫板，将轿杠两端搁置在其上，并加垫木楔，以便调整侧板标高（图 1-28）。

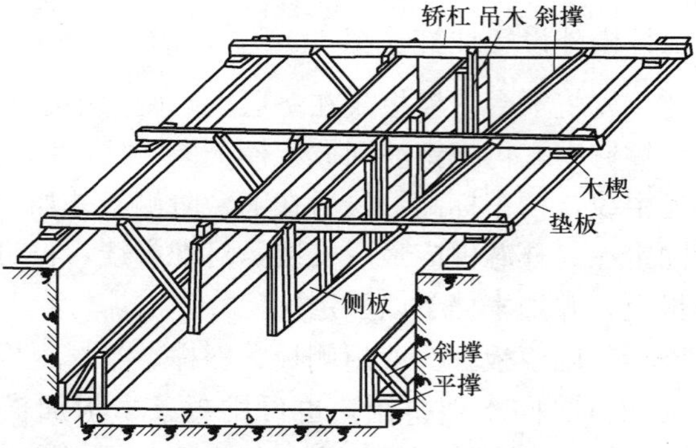

图 1-28　有地梁的条形基础模板

安装时，先按前述方法将基槽中的下部模板安装好，拼好地梁侧板，外侧钉上吊木（间距 800～1200mm），将侧板放入基槽内。在基槽两边地面上铺好垫板，把轿杠搁置于垫板上，并在两端垫上木楔。将地梁边线引到轿杠上，拉上通线，再按通线将侧板吊木逐个钉在轿杠上，用线坠校正侧板的垂直，再用斜撑固定，最后用木楔调整侧板上口标高。

1-18　柱木模板的配制和安装要点有哪些?

矩形柱的模板由四面侧板、柱箍、支撑组成。其中的两面侧板为长条板用木档纵向拼制；另两面用短板横向逐块钉上，两头要伸出纵向板边，以便于拆除，并每隔 1m 左右留出洞口，以便从洞口中浇筑混凝土。纵向侧板一般厚 40～50mm，横向侧板厚 25mm。在柱模底用小方木钉成方盘，用于固定（图 1-29）。

柱子侧模如四边都采用纵向模板，则模板横缝较少，其构造见图 1-30。

柱顶与梁交接处，要留出缺口，缺口尺寸即为梁的高及宽（梁高以扣除平板厚度计算），并在缺口两侧及口底钉上衬口档，衬口档离缺口边的距离即为梁侧板及底板的厚度（图 1-31）。

断面较大的柱模板，为了防止在混凝土浇筑时模板产生鼓胀变形，应在柱模外设置柱箍（图 1-32）。柱箍可采用木箍、钢木箍及钢箍等几种，见图 1-33 所示。

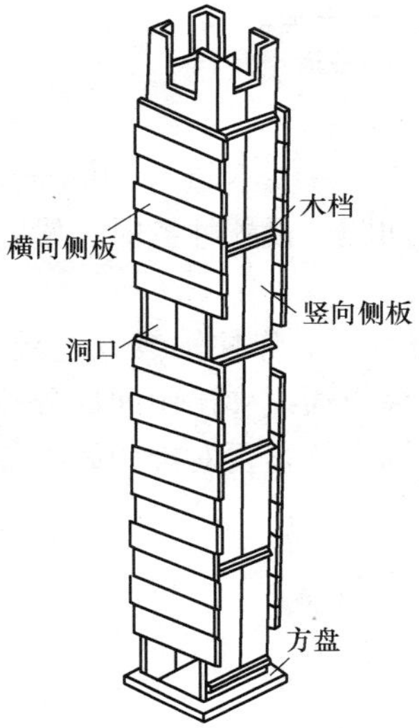

图 1-29　矩形柱模板

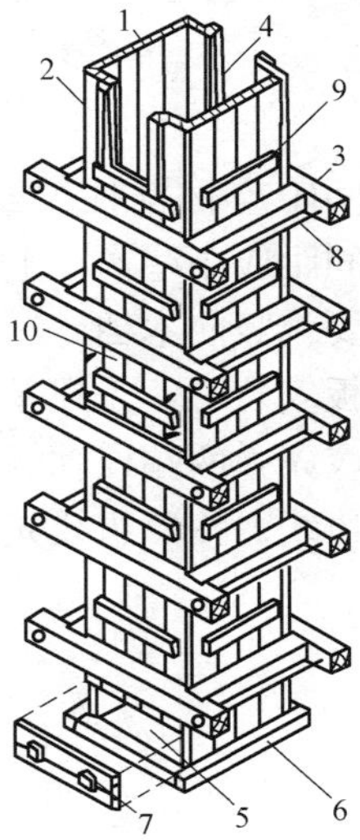

图 1-30　方形柱子的模板

1—内拼板；2—外拼板；3—柱箍；4—梁缺口；5—清理孔；6—木框；7—盖板；8—拉紧螺栓；9—拼条；10—活动板

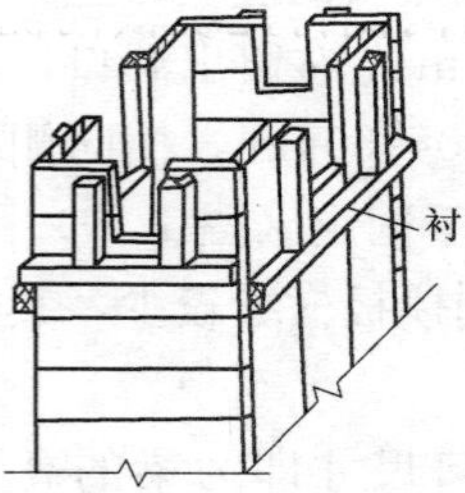

图 1-31　柱模顶处构造

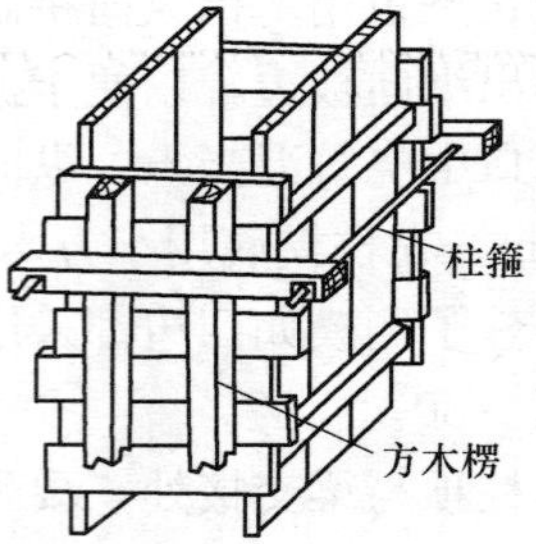

图 1-32　柱模加箍示意

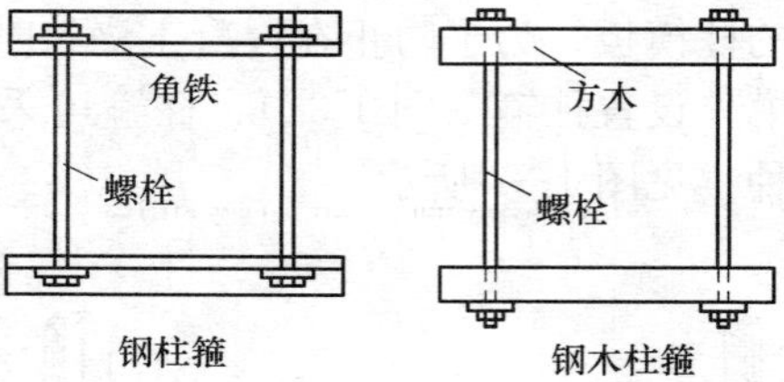

图 1-33　柱箍

柱箍间距应根据柱模断面大小确定，一般不超过 100mm，柱模下部间距应小些，往上可逐渐增大间距。设置柱箍时，横向侧板外面要设竖向木档。

柱模板安装时，先在基础面（或楼面）上弹柱轴线及边线。同一柱列应先弹两端柱轴线、边线，然后拉通线弹出中间部分柱的轴线及边线。按照边线先把底部方盘固定好，再对准边线安装

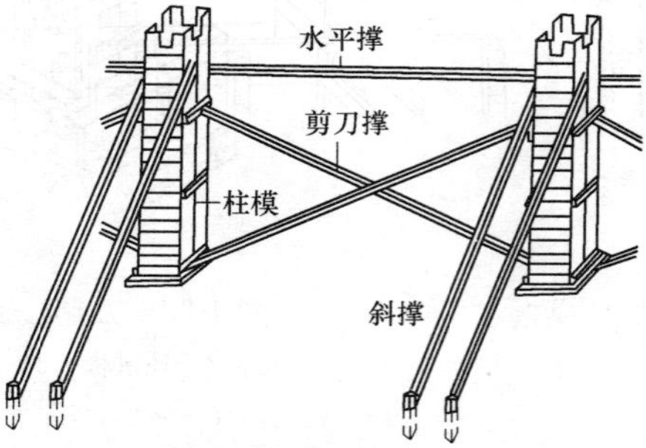

图 1-34　柱模的固定

两侧纵向侧板，用临时支撑支牢，并在另两侧钉几块横向侧板，把纵向侧板互相拉住。用线坠校正柱模垂直后，用支撑加以固定，再逐块钉上横向侧板。为了保证柱模的稳定，柱模之间要用水平撑、剪刀撑等互相拉结固定（图 1-34）。

同一柱列的模板，可采取先校正两端的柱模，在柱模顶中心拉通线，按通线校正中间部分的柱模。

1-19　梁木模板的配制和安装要点有哪些？

梁模板主要由侧板、底板、夹木、托木、梁箍、支撑等组成。侧板可用厚 25mm 的长条板加木档拼制，底板一般用厚 40～50mm 的长条板加木档拼制，或用整块板。

在梁底板下每隔一定间距支设顶撑。夹木设在梁模两侧板下方，将梁侧板与底板夹紧，并钉牢在支柱顶撑上。次梁模板，还应根据搁栅标高，在两侧板外面钉上托木。在主梁与次梁交接处，应在主梁侧板上留缺口，并钉上衬口档，次梁的侧板和底板钉在衬口档上（图 1-35）。

支承梁模的顶撑（又称琵琶撑、支柱），其立柱一般为

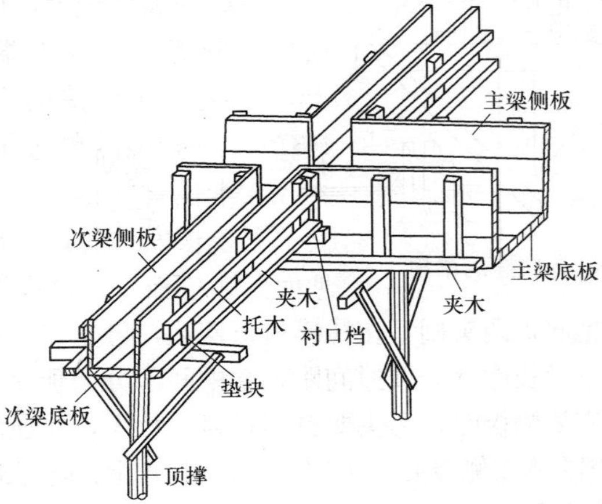

图 1-35　梁模板

100mm×100mm 的方木或直径 120mm 的原木，帽木用断面(50～100)mm×100mm 的方木，长度根据梁高决定，斜撑用断面 50mm×75mm 的方木；亦可用钢制顶撑（图 1-36）。为了调整梁模的标高，在立柱底要垫木楔。沿顶撑底在地面上应铺设垫板。垫板厚度应不小于 40mm，宽度不小于 200mm，长度不小于 600mm。新填土或土质不好的基层地面须采取夯实措施。

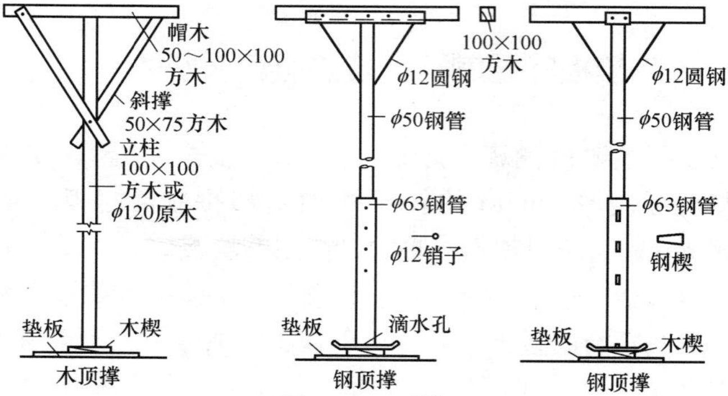

图 1-36　顶撑

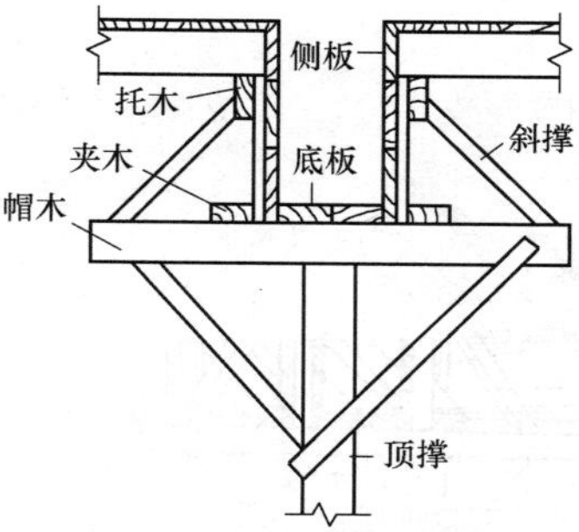

图 1-37　有斜撑的梁模

顶撑的间距要根据梁的断面大小而定，一般为 800～1200mm。

当梁的高度较大，应在侧板外面另加斜撑，斜撑上端钉在托木上，下端钉在顶撑的帽木上（图 1-37），独立梁的侧板上口用搭头木互相卡住。

梁模板安装时，应在梁模下方地面上铺垫板，在柱模缺口处钉衬口档，然后把底板两头搁置在柱模衬口档上，再立靠柱模或墙边的顶撑，并按梁模长度等分顶撑间距，立中间部分的顶撑。顶撑底应打入木楔。安放侧板时，两头要钉牢在衬口档上，并在侧板底外侧铺上夹木，用夹木将侧板夹紧并钉牢在顶撑帽木上，随即把斜撑钉牢。

次梁模板的安装，要待主梁模板安装并校正后才能进行。其底板及侧板两头是钉在主梁模板缺口处的衬口档上。次梁模板的两侧板外侧要按格栅底标高钉上托木。

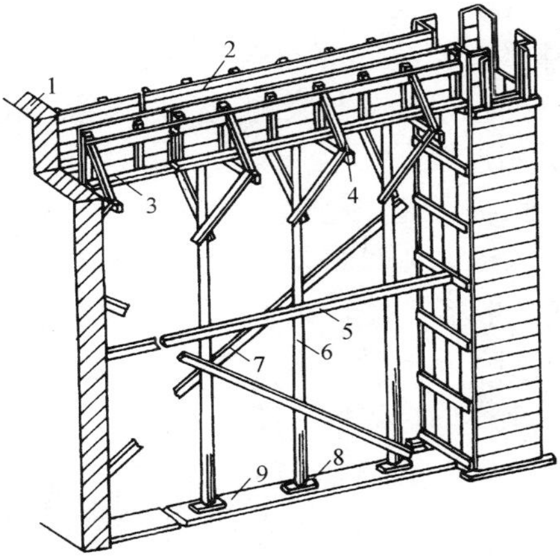

图 1-38　梁模板的安装

1—砖墙；2—侧板；3—夹木；4—斜撑；5—水平撑；6—琵琶撑；7—剪刀撑；8—木楔；9—垫板

梁模板安装后，要拉中线进行检查，复核各梁模中心位置是否对正。待平板模板安装后，检查并调整标高，将木楔钉牢在垫板上。各顶撑之间要设水平撑或剪刀撑，以保持顶撑的稳固（图 1-38）。

当梁的跨度在 4m 或 4m 以上时，在梁模的跨中要起拱，起拱高度为梁跨度的 0.2%～0.3%。

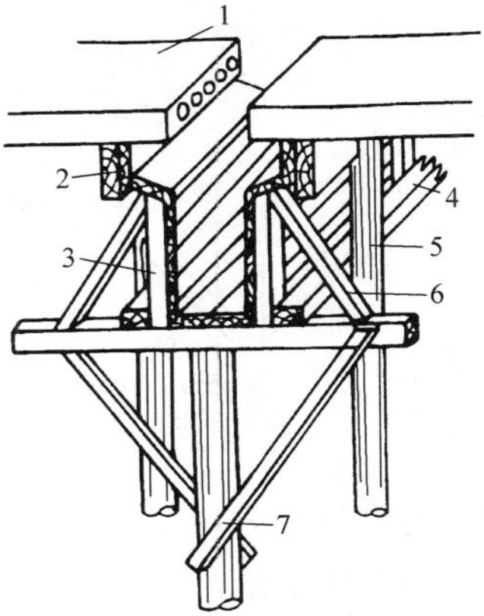

图 1-39　花篮梁模板

1—圆孔板；2—格栅；3—木档；4—夹木；5—牵杠撑；6—斜撑；7—琵琶撑

当楼板采用预制圆孔板、梁为现浇花篮梁时，应先安装梁模板，再吊装圆孔板，圆孔板的重量暂时由梁模板来承担。这样，可以加强预制板和现浇梁的连接。其模板构造如图 1-39 所示。安装时，先按前述方法将梁底板和侧板安装好，然后在侧板的外边立支撑（在支撑底部同样要垫上木楔和垫板），再在支撑上钉通长的格栅，格栅要与梁侧板上口靠紧，在支撑之间用水平撑和剪刀撑互相连接。

当梁模板下面需留施工通道，或因土质不好不宜落地支撑，且梁的跨度又不大时，则可将支撑改成倾斜支设，支设在柱子的基础面上（倾角一般不宜大于 30°），在梁底板下面用一根 50mm×75mm 或 50mm×100mm 的方木，将两根倾斜的支撑撑紧，以加强梁底板刚度和支撑的稳定性（图 1-40）。

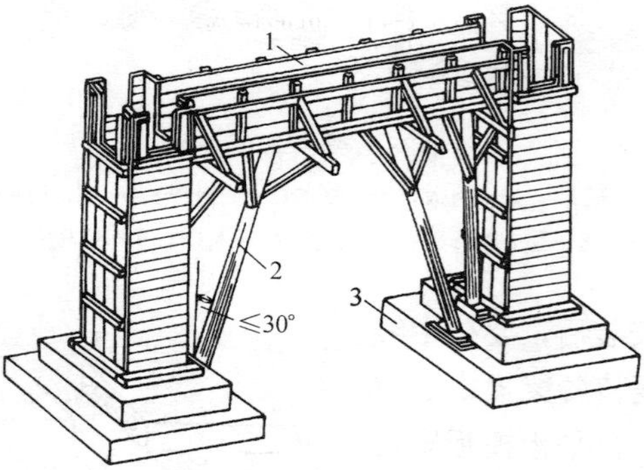

图 1-40　用支撑倾斜支模

1—侧板；2—支撑；3—柱基础

1-20　楼板木模板的配制和安装要点有哪些？

楼板模板一般用厚 20～25mm 的木板拼成，或采用定型木模块，铺设在格栅上。格栅两头搁置在托木上，格栅一般用断面 50mm×100mm 的方木，间距为 400～500mm。当格栅跨度较大时，应在格栅中间立支撑，并铺设通长的龙骨，以减小格栅的跨度。牵杠撑的断面要求与顶撑立柱一样，下面须垫木楔及垫板。

一般用 50～70mm×150mm 的方木。楼板模板应垂直于格栅方向铺钉。定型模块的规格尺寸要符合格栅间距，或适当调整格栅间距来适应定型模块的尺寸（图 1-41、图 1-42）。

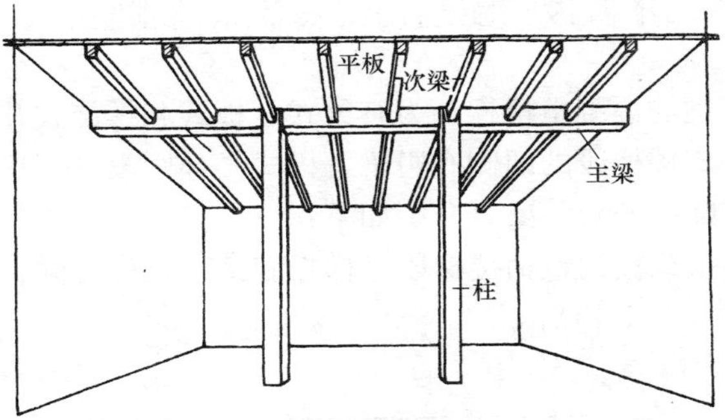

图 1-41　肋形楼盖

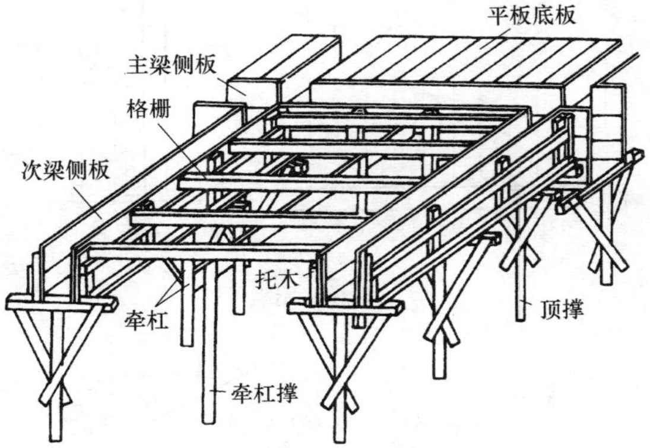

图 1-42　平板模板

楼板模板安装时，先在次梁模板的两侧板外侧弹水平线，水平线的标高应为平板底标高减去楼板模板厚度及格栅高度，然后按水平线钉上托木，托木上口与水平线相齐。再把靠梁模旁的格栅先摆上，等分格栅间距，摆中间部分的格栅。最后在格栅上铺钉楼板模板。为了便于拆模，只把模板端部或接头处钉牢，中间尽量少钉。如用定型模块则铺在格栅上即可。如中间设有牵杠撑及牵杠时，应在格栅摆放前先将牵杠撑立起，将牵杠铺平。

楼板模板铺好后，应进行模板面标高的检查工作，如有不符，应进行调整。

1-21 楼梯木模板的配制和安装要点有哪些?

现浇钢筋混凝土楼梯分为有梁式、板式和螺旋式几种结构形式，有梁式楼梯段的两侧有边梁，板式楼梯则没有。现将双跑板式楼梯的配制和安装要点介绍如下：

双跑板式楼梯包括楼梯段（梯板和踏步）梯基梁、平台梁及平台板等（图 1-43）。

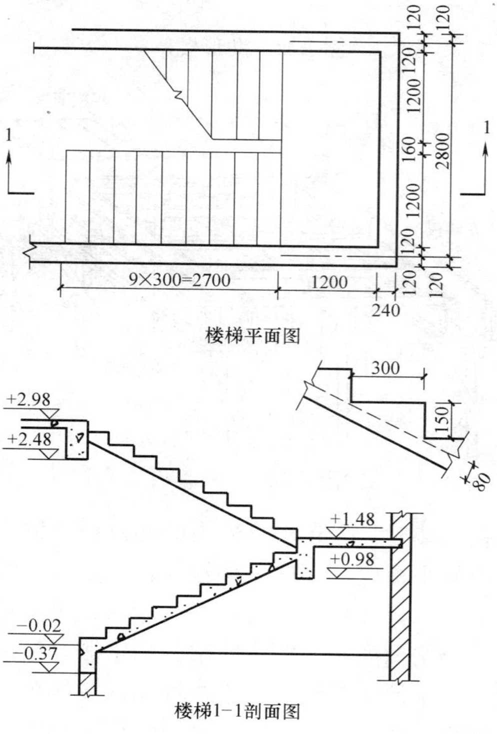

图 1-43 楼梯详图

平台梁和平台板模板的构造与肋形楼盖模板基本相同。楼梯段模板是由底模、格栅、牵杠、牵杠撑、外帮板、踏步侧板、反三角木等组成（图 1-44）。

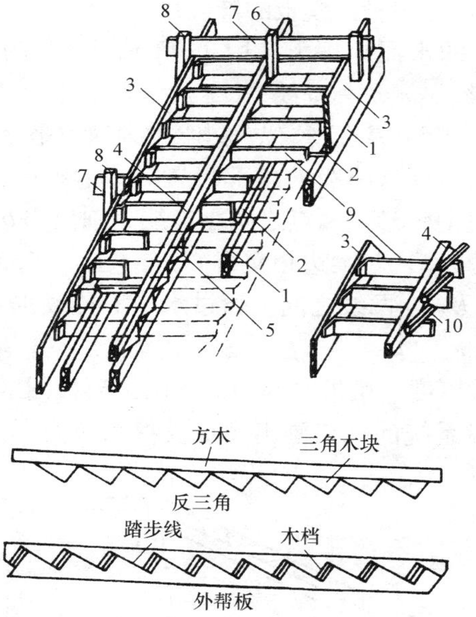

图 1-44　楼梯模板构造

1—楞木；2—底模；3—外帮板；4—反三角木；5—三角板；6—吊木；7—横楞；8—立木；9—踏步侧板；10—顶木

踏步侧板两端钉在梯段侧板（外帮板）的木档上，如先砌墙体，则靠墙的一端可钉在反三角木上。梯段侧板的宽度至少要等于梯段板厚及踏频高，板的厚度为 30mm，长度按梯段长度确定。在梯段侧板内侧划出踏步形状与尺寸，并在踏步高度线一侧留出踏步侧板厚度钉上木档，用于钉踏步侧板。反三角木是由若干三角木块钉在方木上，三角木块两直角边长分别各等于踏步的高和宽，板的厚度为 50mm，方木断面为 50mm×100mm。每一梯段反三角木至少要配一块。楼梯较宽时，可多配。反三角木用横楞及立木支吊。

（1）配制方法

1）放大样方法

楼梯模板有的部分可按楼梯详图配制，有的部分则需要放出楼梯的大样图，以便量出模板的准确尺寸。

① 在平整的水泥地坪上，用 1∶1 或 1∶2 的比例放大样。先弹出水平基线 *x-x* 及其垂线 *y-y*。

② 根据已知尺寸及标高，先画出楼梯基梁、平台梁及平台板。

③ 定出踏步首末两级的角部位置 *A*、*a* 两点，及根部位置 *B*、*b* 两点（图 1-45*a*），两点之间画连线。画出 *B-b* 线的平行线，其距离等于梯板厚，与梁边相交得 *C*、*c*（图 1-45*a*）。

④ 在 *Aa* 及 *Bb* 两线之间，通过水平等分或垂直等分画出踏步（图 1-45*a*）。

⑤ 按模板厚度于梁板底部和侧部画出模板图（图 1-45*b*）。

⑥ 按支撑系统的规格画出模板支撑系统及反三角等模板安

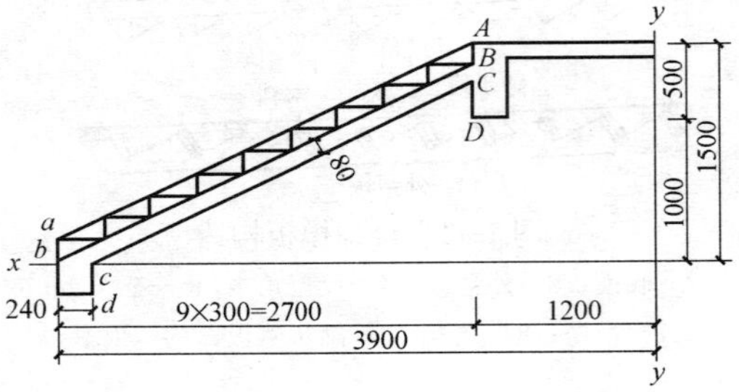

(*a*)

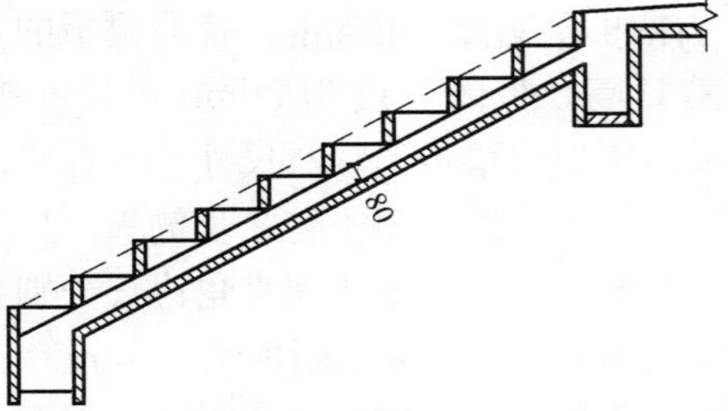

(*b*)

图 1-45　楼梯放样图

装图（图 1-46）。

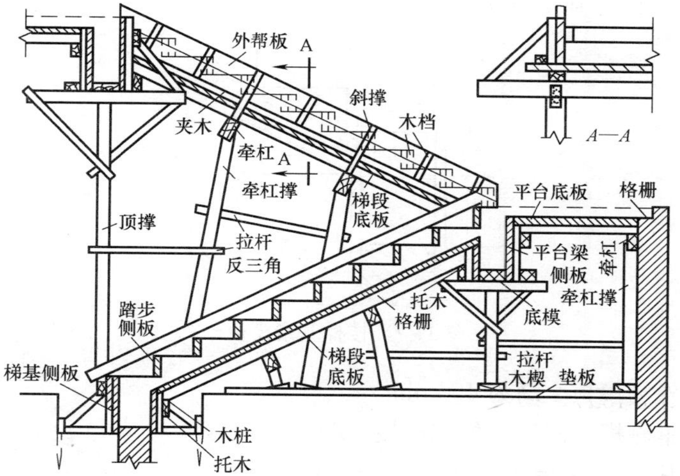

图 1-46　楼梯模板

第二梯段放样方法与第一梯段基本相同。

2）计算方法

楼梯踏步的高和宽构成的直角三角形与梯段和水平线构成的直角三角形都是相似三角形（对应边平行），因此，踏步的坡度和坡度系数即为梯段的坡度和坡度系数。通过已知踏步的高和宽可以得出楼梯的坡度和坡度系数，所以楼梯模板各倾斜部分都可利用楼梯的坡度值和坡度系数，进行各部分尺寸的计算。

以图 1-43 为例：踏步高＝150mm

踏步宽＝300mm

$$踏步斜边长=\sqrt{150^2+300^2}=335.4\text{mm}$$

$$坡度=\frac{短边}{长边}=\frac{150}{300}=0.5$$

$$坡度系数=\frac{斜边}{长边}=\frac{335}{300}=1.118$$

根据已知的坡度和坡度系数，可进行楼梯模板各部分尺寸的计算：

① 楼梯基梁里侧模的计算（图 1-47）

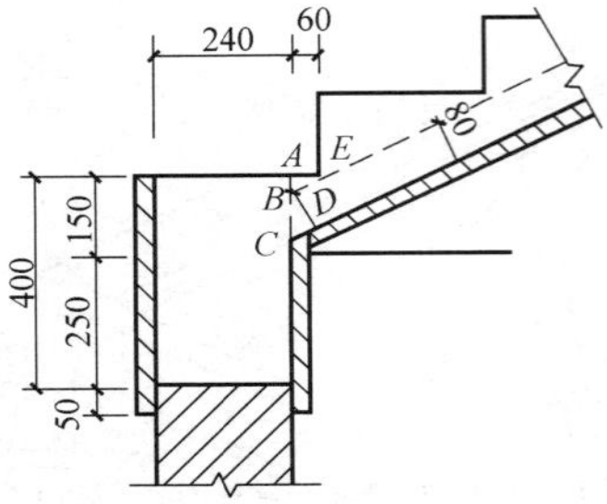

图 1-47　楼梯基梁模板

外侧模板全高为 450mm

里侧模板高度＝外侧模板－AC

其中：$AC=AB+BC$

$AB=60\times0.5=30$mm

$BC=80\times1.118=90$mm

$AC=30+90=120$mm

所以：里侧模板高＝450－120＝330mm；

侧模板厚取 30mm，坡度已知为 0.5；

又：　模板倒斜口高度＝30×0.5＝15mm；

里侧板接上梯度，模板外边应高 15mm；

则：　楼梯基梁里侧模高应取 330＋15＝345mm。

② 平台梁里侧模的计算（图 1-48）

里侧模的高度：由于平台梁与下梯段相接部分以及与上梯段相接部分的高度不相同，模板上口倒斜口的方向也不相同；另外，两梯段之间平台梁未与梯段相接部分一小段模板的高度为全高。因此：

里侧模全高＝420＋80＋50＝550mm（图 1-48）；

平台梁与梯段相接部分高度 BC 为 80×1.118＝90mm

踏步高　AB＝150mm；

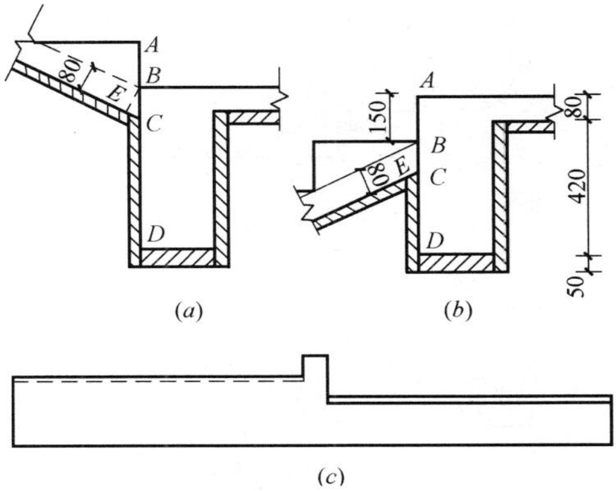

图 1-48　平台梁模板

则：与下梯段连接的里侧模高＝550－150－90＝310mm；

与上梯段连接的里侧模高＝550－90＝460mm（图 1-48*a*）。

又：侧模上口倒斜口高度＝30×0.5＝15mm；

下梯段侧模外边倒口 15mm，高度仍为 310mm；

上梯段侧模里边倒口 15mm，高度应为 460＋15＝475mm；

平台板里侧模见图 1-48（*c*）。

③ 梯段板底模长度计算

梯段板底模长度为底模水平投影长乘以坡度系数（以图 1-45 为例）。

底模水平投影长度＝2700－240（梁宽）－(30＋30)(梁侧模板厚)＝2400mm；

底模斜长＝2400×1.118＝2683mm。

④ 梯段侧模计算（图 1-49）。

踏步侧板厚为 20mm，木档宽为 40mm

则：$AB=300+20+40=360\text{mm}$

$AC=360\times0.5=180\text{mm}$

$AD=180\div1.118=160\text{mm}$

侧模宽度＝160＋80＝240mm（图 1-49*a*）。

侧模长度约为梯段斜长加侧模宽度与坡度的乘积（图1-49

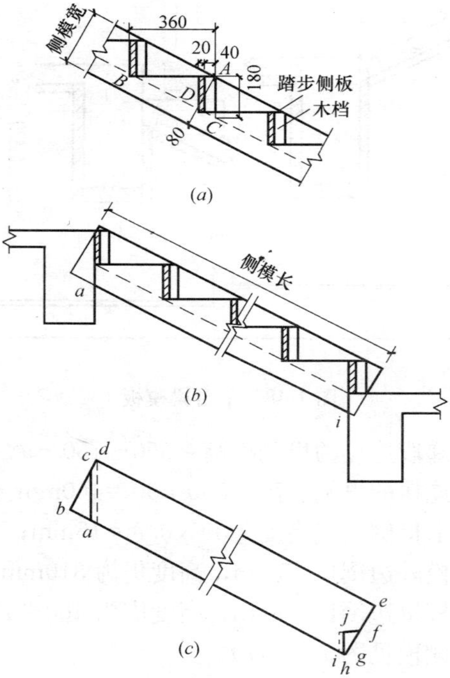

图 1-49　梯段侧模

(*a*) 踏步尺寸；(*b*) 侧模长；(*c*) 侧模成型

b)，即侧模长度 $L=2700\times1.118+240\times0.5=3139$mm

侧模割锯部分的尺寸计算，见图 1-49（*c*）。

模板四角编号为 *bDeg*，*bD* 端锯去△*abc*，△*abc* 为与楼梯坡度相同的直角三角形，*ac*＝踏步高＋梯板厚×坡度系数＝150＋80×1.118＝240mm；*bc*＝240÷1.118＝214mm；*ab*＝214×0.5＝107mm。

eg 端锯去△*fjh*，△*fjh* 为与楼梯坡度相同的直角三角形，*fj*＝踏步侧板厚＋木档宽＝20＋40＝60mm，*ai* 与 *ji* 交于 *i* 点，*ji* 必须等于梯板厚×坡度系数，*ai* 必须等于梯板底的斜长。

模板的长度如有误差，在满足以上两个条件下，可以平移

j_i，进行调整。

虚线部分为最后按梁侧模板厚度锯去的部分。

（2）安装要点

现以先砌墙体后浇楼梯的施工方法介绍楼梯模板安装步骤。

先立平台梁、平台板的模板以及梯基的侧板。在平台梁和柱基侧板上钉托木，将格栅支于托木上，格栅的间距为400～500mm，断面为50mm×100mm。格栅下立牵杠及牵杠撑，牵杠断面为50mm×150mm，牵杠撑间距为1～1.2m，其下垫通长垫板。牵杠应与格栅相垂直。牵杠撑之间应用拉杆相互拉结。然后在格栅上铺梯段底板，底板厚为25～30mm。底板纵向应与格栅相垂直。在底板上划梯段宽度线，依线立外帮板，外帮板可用夹木或斜撑固定。再在靠墙的一面立反三角木，反三角木的两端与平台梁和梯基的侧板钉牢。然后在反三角木与外帮板之间逐块钉踏步侧板，踏步侧板一头钉在外帮板的木档上，另一头钉在反三角木的侧面上。如果梯形较宽，应在梯段中间再加设反三角木。

如果是先浇楼梯后砌墙体时，则梯段两侧都应设外帮板，梯段中间加设反三角木，其余安装步骤与先砌墙体做法相同。

1-22 组合钢模板的配制原则有哪些？

（1）要保证构件的形状尺寸及相互位置的正确。

（2）要使模板具有足够的强度、刚度和稳定性，能够承受新浇筑混凝土的重量和侧压力，以及各种施工荷载。

（3）力求构造简单，装拆方便，不妨碍钢筋绑扎，保证混凝土浇筑时不漏浆。

（4）配制的模板，应优先选用通用、大块模板，使其种类和块数量小，木模镶拼量最少。设置对拉螺栓的模板，为了减少钢模板的钻孔损耗，可在螺栓部位改用55mm×100mm刨光方木代替。

（5）模板长向拼接宜采用错开布置，以增加模板的整体刚度。

(6) 模板的支承系统应根据模板的荷载和部件的刚度进行布置。

(7) 模板的配板设计应绘制配板图，标出钢模板的位置、规格型号和数量。预组装大模板，应标绘出其分界线。预埋件和预留孔洞的位置，在配板图上标明，并注明固定方法。

1-23 基础工程组合钢模板的配制要点有哪些?

混凝土基础中箱基、筏基等是由厚大的底板、墙、柱和顶板所组成，可以参照柱、墙、楼板的模板进行配板设计。下面，介绍条形基础、独立基础的配板设计。

(1) 基础模板的配制有以下特点:

1) 一般配模为竖向，且配板高度可以高出混凝土浇筑表面，所以有较大的灵活性。

2) 模板高度方向如用两块以上模板组拼时，一般应用竖向钢楞连固，其接缝齐平布置时，竖楞间距一般宜为750mm；当接缝错开布置时，竖楞间距最大可为1200mm。

3) 基础模板由于可以在基槽设置锚固桩作支撑，所以可以不用或少用对拉螺栓。

4) 高度在1400mm以内的侧模，其竖楞的拉筋或支撑，可按最大侧压力和竖楞间距计算竖楞上的总荷载布置，竖楞可采用$\phi48\times3.5$钢管。高度在1500mm以上的侧模，可按墙体模板进行设计配模。

(2) 条形基础

条形基础模板两边侧模，一般可横向配置，模板下端外侧用通长横楞连固，并与预先埋设的锚固件楔紧。竖楞用$\phi48\times3.5$钢管，用U形钩与模板固连。竖楞上端可对拉固定（图1-50）。阶形基础，可分次支模。当基础大放脚不厚时，可采用斜撑（图1-50*b*）；当基础大放脚较厚时，应按计算设置对拉螺

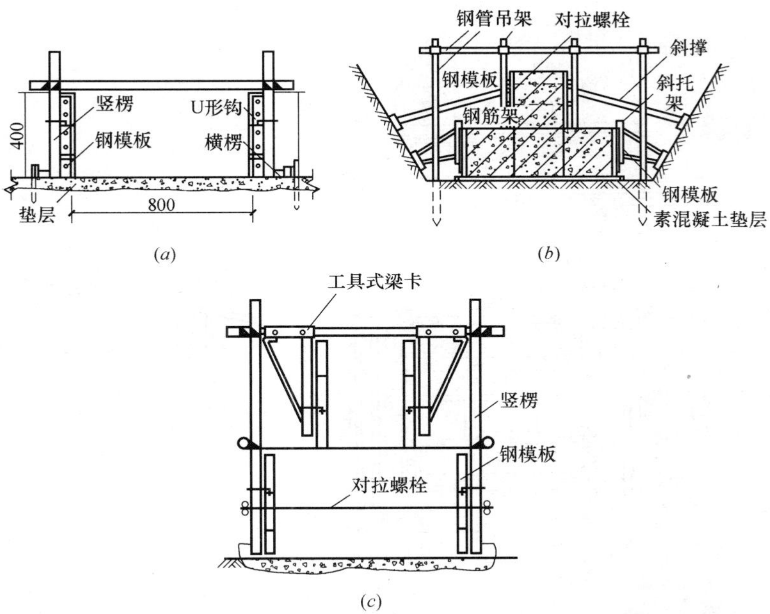

图 1-50　条（阶）形基础支模示意图

(*a*) 竖楞上端对拉固定；(*b*) 斜撑；(*c*) 对拉螺栓

栓（图1-50*c*），上部模板可用工具式梁卡固定，亦可用钢管吊架固定。

（3）独立基础

独立基础为各自分开的基础，有的带地梁，有的不带地梁，多数为台阶式（图 1-51）。其模板布置与单阶基础基本相同。但是，上阶模板应搁置在下阶模板上，各阶模板的相对位置要固定结实，以免浇筑混凝土时模板位移。杯形基础的芯模可用楔形木条与钢模板组合。

1）各台阶的模板用角模连接成方框，模板宜横排，不足部分改用竖排组拼。

2）竖楞间距可根据最大侧压力经计算选定。竖楞可采用 $\phi48\times3.5$ 钢管。

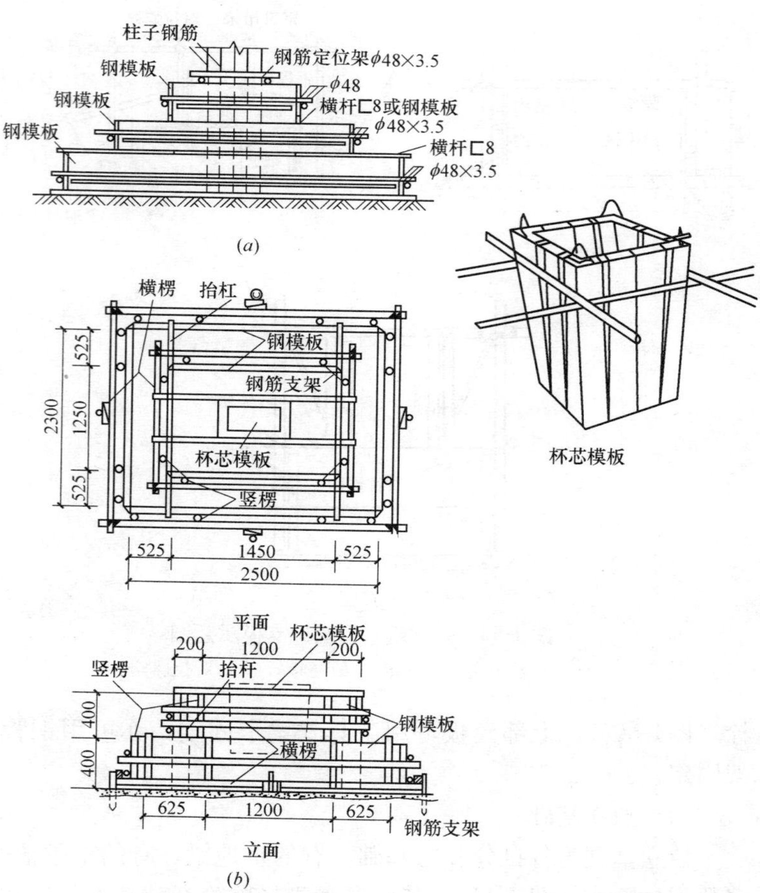

图 1-51　独立基础支模示意图

(a) 现浇柱独立基础；(b) 杯形基础

3）横楞可采用 φ48×3.5 钢管，四角交点用钢管扣件连接固定。

4）上台阶的模板可用抬杠固定在下台阶模板上，抬杠可用钢楞。

5）最下一层台阶模板，最好在基底上设锚固桩支撑。

1-24 柱、墙、梁和楼板组合钢模板的配制要点有哪些？

（1）柱模板

首先应按单位工程中不同断面尺寸和长度的柱，所需配制模板的数量作出统计，并编号、列表。然后，再进行每一种规格的柱模板的施工设计，其具体步骤如下：

1）依照断面尺寸选用宽度方向的模板规格组配方案并选用长（高）度方向的模板规格进行组配；

2）根据施工条件，确定浇筑混凝土的最大侧压力；

3）通过计算，选用柱箍、背楞的规格和间距；

4）按结构构造配置柱间水平撑和斜撑。

（2）墙模板

按图纸，统计所有配模平面的尺寸并进行编号，然后对每一种平面进行配板设计，其具体步骤如下：

1）根据墙的平面尺寸，若采用横排原则，则先确定长度方向模板的配板组合，再确定宽度方向模板的配板组合，然后计算模板块数和需镶拼木模的面积；

2）根据墙的平面尺寸，若采用竖排原则，可确定长度和宽度方向模板的配板组合，并计算模板块数和拼木模面积；

对于上述横、竖排的方案进行比较，择优选用；

3）计算新浇筑混凝土的最大侧压力；

4）计算确定内、外钢楞的规格、型号和数量；

5）确定对拉螺栓的规格、型号和数量；

6）对需配模板、钢楞、对拉螺栓的规格型号和数量进行统计、列表，以便备料。

（3）梁模板

梁模板往往与柱、墙、楼板相交接，故配板比较复杂。另外，梁模板既需承受混凝土的侧压力，又承受垂直荷载，故支承布置也比较特殊。因此，梁模板的施工设计有它的独特情况。

梁模板的配板，宜沿梁的长度方向横排，端缝一般都可错开，配板长度虽为梁的净跨长度，但配板的长度和高度要根据与柱、墙和楼板的交接情况而定。

正确的方法是在柱、墙或大梁的模板上，用角模和不同规格的钢模板作嵌补模板拼出梁口（图 1-52），其配板长度为梁净跨减去嵌补模板的宽度。或在梁口用木方镶拼（图 1-53），不使梁口处的板块边肋与柱混凝土接触，在柱身梁底位置设柱箍或槽钢，用以搁置梁模。

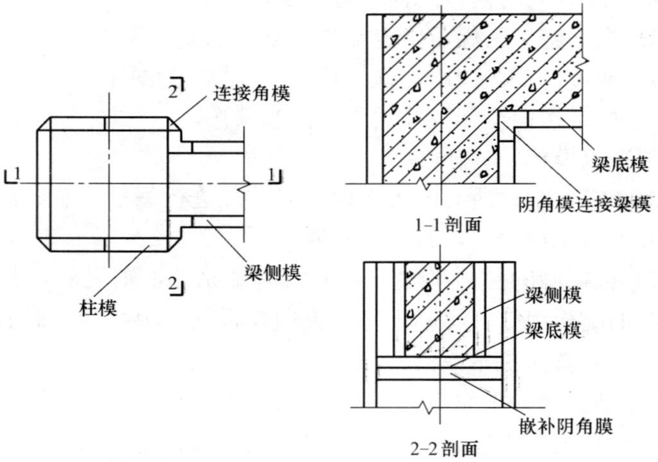

图 1-52　柱顶梁口采用嵌补模板

梁模板与楼板模板交接，可采用阴角模板或木材拼镶（图 1-54）。

梁模板侧模的纵、横楞布置，主要与梁的模板高度和混凝土侧压力有关，应通过计算确定。

直接支承梁底模板的横楞或梁夹具，其间距尽量与梁侧模板的纵楞间距相适应，并照顾楼板模板的支承布置情况。在横楞或梁夹具下面，沿梁长度方向布置纵楞或桁架，由支柱加以支撑。纵楞的截面和支柱的间距，通过计算确定。

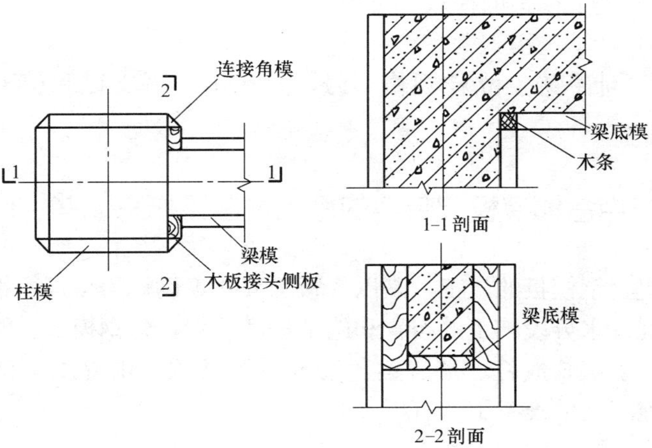

图 1-53　柱顶梁口用方木镶拼

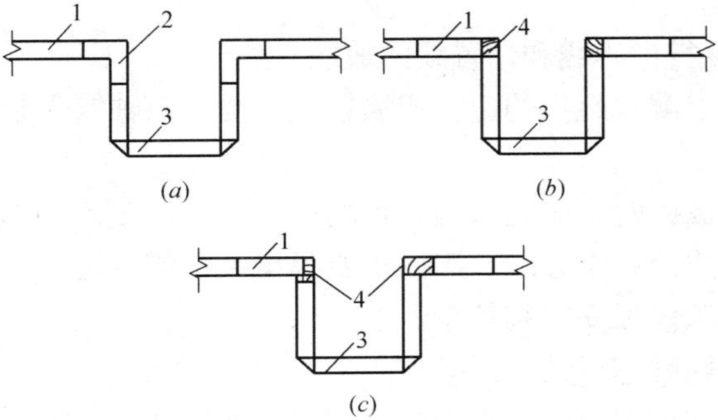

图 1-54　梁模板与楼板模板交接

(*a*) 阴角模连接；(*b*)、(*c*) 木材拼镶

1—楼板模板；2—阴角模板；3—梁模板；4—木材

(4) 楼板模板

楼板模板一般采用散支散拆或预拼装两种方法。配板设计可在编号后，对每一平面进行设计。其步骤如下：

1) 可沿长边配板或沿短边配板，然后计算模板块数及拼镶木模的面积，通过比较作出选择。

2）确定模板的荷载，选用钢楞。

3）计算选用钢楞。

4）计算确定立柱规格型号，并作出水平支撑和剪力撑的布置。

1-25 组合钢模板安装前的施工准备工作有哪些？

组合钢模板的施工，是以模板工程施工设计为依据，根据结构工程流水分段施工的布置和施工进度计划，将钢模板、配件和支承系统组装成柱、墙、梁、板等模板结构，供混凝土浇筑使用。施工前的准备工作有以下几方面：

（1）模板的定位基准工作

组合钢模板在安装前，要做好模板的定位基准工作，其工作步骤是：

1）进行中心线和位置线的放线

首先引测建筑物的边柱或墙轴线，并以该轴线为起点，引出每条轴线。

模板放线时，应先清理好现场，然后根据施工图用墨线弹出模板的内边线和中心线，墙模板要弹出模板的内边线和外侧控制线，以便于模板安装和校正。

2）做好标高量测工作

用水准仪把建筑物水平标高根据实际标高的要求，直接引测到模板安装位置。在无法直接引测时，也可以采取间接引测的方法，即用水准仪将水平标高先引测到过渡引测点，作为上层结构构件模板的基准点，用来测量和复核其标高位置。

3）进行找平工作

模板承垫底部应预先找平，以保证模板位置正确，防止模板底部漏浆。常用的找平方法是沿模板内边线用 1∶3 水泥砂浆抹找平层（图 1-55*a*）。另外，在外墙、外柱部位，继续安装模板前，要设置模板承垫条带（图 1-55*b*），并校正其平直。

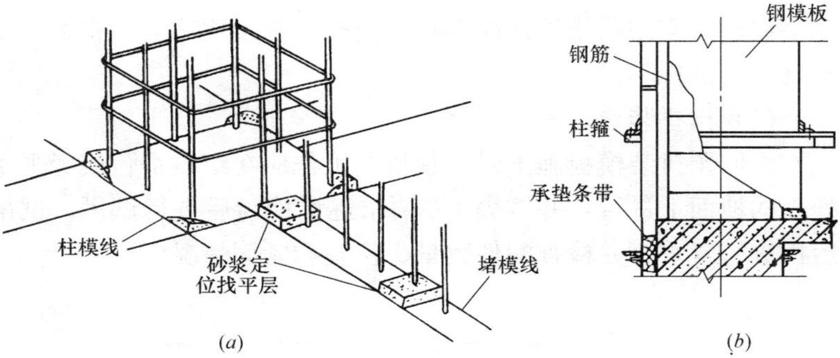

图 1-55　墙、柱模板找平
（a）砂浆找平层；（b）外柱外模板设承垫条带

4）设置模板定位基准

传统做法是，按照构件的断面尺寸，先用同强度等级的细石混凝土浇筑 50～100mm 的短柱或导墙，作为模板定位基准。

另一种做法是采用钢筋定位：墙体模板可根据构件断面尺寸切割一定长度的钢筋焊成定位梯子支撑筋（钢筋端头刷防锈漆），绑（焊）在墙体两根竖筋上（图 1-56*a*），起到支撑作用，间距 1200mm 左右；柱模板，可在基础和柱模上口用钢筋焊成井字形套箍撑位模板并固定竖向钢筋，也可在竖向钢筋靠模板一侧焊一短截钢筋，以保持钢筋与模板的位置（图 1-56*b*）。

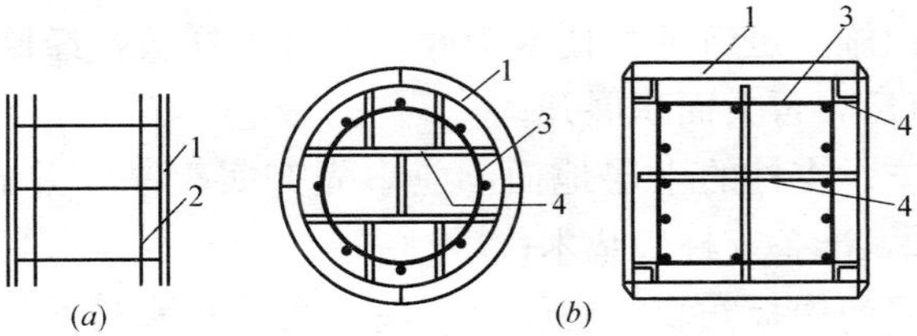

图 1-56　钢筋定位示意图
（a）墙体梯子支撑筋；（b）柱井字套箍支撑筋
1—模板；2—梯形筋；3—箍筋；4—井字支撑筋

（2）模板及配件的检查

按施工需用的模板及配件对其规格、数量逐项清点检查，未经修复的部件不得使用。

（3）预拼装

采取预拼装模板施工时，预拼装工作应在组装平台或经平整处理的地面上进行，并按表 1-6 要求逐块检验后进行试吊，试吊后再进行复查，并检查配件数量、位置和紧固情况。

表 1-6

项　　目	允许偏差(mm)
两块模板之间拼接缝隙	≤2.0
相邻模板面的高低差	≤2.0
组装模板板面平整度	≤2.0(用 2m 平尺检查)
组装模板板面的长宽尺寸	≤长度和宽度的 1/1000,最大取 4.0
组装模板对角线长度差值	≤7.0(≤对角线长度的 1/1000)

（4）模板堆放与运输

经检查合格的模板，应按照安装程序进行堆放或装车运输。重叠平放时，每层之间应加垫木，模板与垫木均应上下对齐，底层模板应垫离地面小于 20cm。

运输时，应避免碰撞，防止倾倒，采取措施，保证稳固。

（5）安装前的准备工作

模板安装前，应做好下列准备工作：

1）向施工班组进行技术交底，并且做样板，经监理、有关人员认可后，再大面积展开；

2）支承支柱的土层地面，应事先夯实整平，并做好防水、排水设置，准备支柱底垫木；

3）竖向模板安装的底面应平整坚实，并采取可靠的定位措施，按施工设计要求预埋支承锚固件；

4）模板应涂刷隔离剂。结构表面需作处理的工程，严禁在模板上涂刷废机油或其他油类。

1-26 组合钢模板支设安装要求有哪些?

(1) 模板的支设安装，应遵守下列规定：

1) 按配板设计循序拼装，以保证模板系统的整体稳定；

2) 配件必须装插牢固。支柱和斜撑下的支承面应平整垫实，要有足够的受压面积。支承件应着力于外钢楞；

3) 预埋件与预留孔洞必须位置准确，安设牢固；

4) 基础模板必须支撑牢固，防止变形，侧模斜撑的底部应加设垫木；

5) 墙和柱子模板的底面应找平，下端应与事先做好的定位基准靠紧垫平，在墙、柱子上继续安装模板时，模板应有可靠的支承点，其平直度应进行校正；

6) 楼板模板支模时，应先完成一个格构的水平支撑及斜撑安装，再逐渐向外扩展，以保持支撑系统的稳定性；

7) 预组装墙模板吊装就位后，下端应垫平，紧靠定位基准；两侧模板均应利用斜撑调整和固定其垂直度；

8) 支柱所设的水平撑与剪刀撑，应按构造与整体稳定性布置；

9) 多层支设的支柱，上下应设置在同一竖向中心线上，下层楼板应具有承受上层荷载的承载能力或加设支架支撑。下层支架的立柱应铺设垫板。

(2) 模板安装时，应符合下列要求：

1) 同一条拼缝上的 U 形卡，不宜向同一方向卡紧；

2) 墙模板的对拉螺栓孔应平直相对，穿插螺栓不得斜拉硬顶。钻孔应采用机具，严禁采用电、气焊灼孔；

3) 钢楞宜采用整根杆件，接头应错开设置，搭接长度不应小于 200mm。

(3) 对现浇混凝土梁、板，当跨度不小于 4m 时，模板应按设计要求起拱；当设计无具体要求时，起拱高度宜为跨度的

1/1000～3/1000。

（4）曲面结构可用双曲可调模板，采用平面模板组装时，应使模板面与设计曲面的最大差值不得超过设计的允许值。

1-27 柱组合钢模板有哪几种支设方法？安装时应注意哪些事项？

（1）模板的支设方法基本有两种，即单块就位组拼和预组拼，后者又可分为分片组拼和整体组拼。

1）单块就位组拼：先将柱子第一节四面模板就位用连接角模组拼好，角模宜高出平模。校正调好对角线，并用柱箍固定。然后以第一节模板上依附高出的角模连接件为基准，用同样的方法组拼第二节模板，直到柱高。各节组拼时，要用U形卡正反交替连接水平接头和竖向接头，在安装到一定高度时，要进行支撑和拉结，以防倾倒。

2）单片预组拼的方法：先将预组拼的单片模板，经检查其对角线、板边平直度和外形尺寸合格后，吊装就位并做临时支撑，随即进行第二片模板吊装就位，用U形卡与第一片模板组合成L形，同时做好支撑。如此再完成第三、第四片的模板吊装就位、组拼。模板就位组拼后，随即检查其移位、垂直度、对角线情况，经校正无误后，立即自下而上地安装柱箍。

3）整体预组拼法：在吊装前，要先检查已经整体预组拼的模板上、下口对角线的偏差及连接件、柱箍等的牢固程度，并用铅丝将柱顶钢筋先绑扎在一起，以利柱模从顶部套入。待整体预组拼的模板吊装就位后，立即用四根支撑或有花篮螺栓的缆风绳与柱顶四角拉结，并校正其中心线和偏斜，全面检查合格后，再群体固定。

（2）安装注意事项

1）保证柱模的长度符合模数，不符合部分放到节点部位处理；或以梁底标高为准，由上往下配模，不符合模数部分放到柱根部位处理；高度在4m或4m以上时，一般应四面支撑。当柱高超过6m时，不宜单根柱支撑，宜几根柱同时支撑连成构架。

2）柱模根部要用水泥砂浆堵严，防止跑浆；柱模的浇筑口和清扫口，在配模时应一并考虑留出。

3）梁、柱模板分两次支设时，在柱子混凝土达到拆模强度时，最上一段柱模先保留不拆，以便于与梁横板连接。

4）柱模的清渣口应留置在柱脚一侧，如果柱子断面较大，为了便于清理，亦可两面留设。清理完毕，立即封闭。

5）柱模安装就位后，立即用四根支撑或有张紧器花篮螺栓的缆风绳与柱顶四角拉结，与地面呈45°夹角，并校正其中心线和偏斜（图1-57），全面检查合格后，再群体固定。

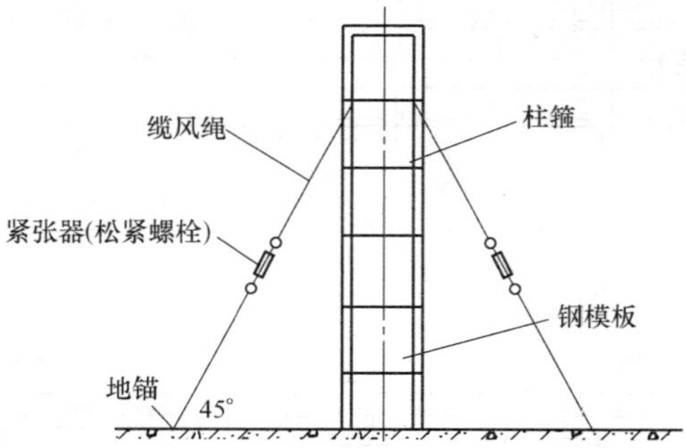

图1-57　校正柱模板

1-28　梁组合钢模板支设方法有哪几种？安装时应注意哪些事项？

（1）支设方法

1）单块就位组拼，在复核梁底标高、校正轴线位置无误后，搭设和调平模板支架，固定钢楞或梁卡具，再在横楞上铺放梁底板，拉线找直，并用钩头螺栓与钢楞固定，拼接角模。在绑扎钢筋后，安装并固定两侧模板。按设计要求起拱（一般跨度大于4m时，起拱0.1%～0.3%）。

2）单片预组拼：在检查预组拼的梁底模和两侧模板的尺寸、对角线、平整度及钢楞连续以后，先把梁底模吊装就位并与支架

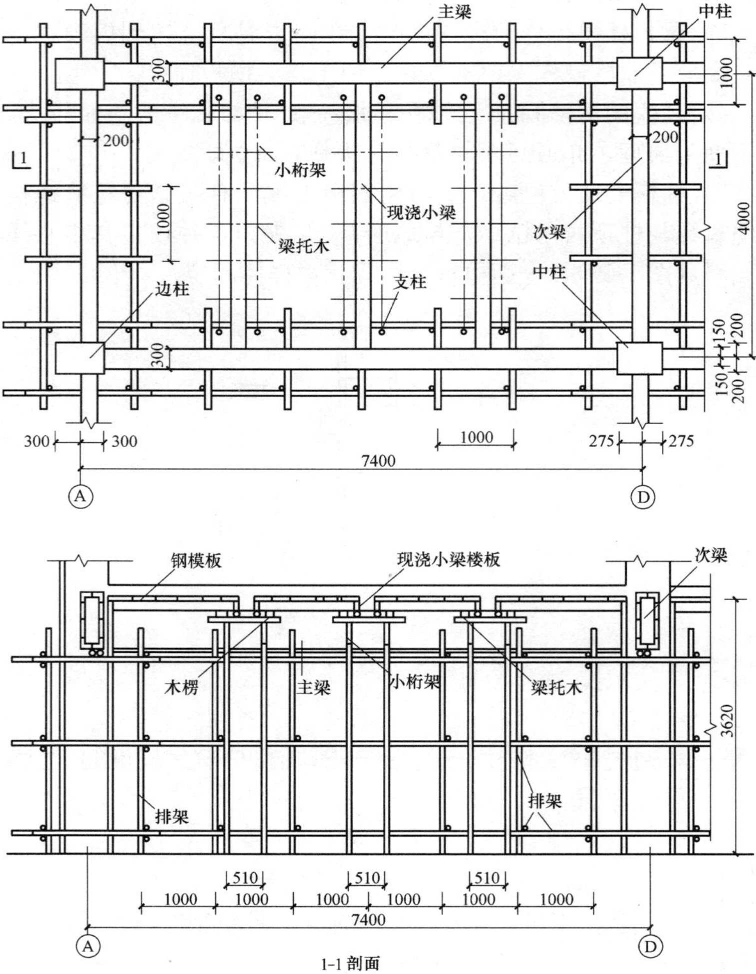

图 1-58　框架梁、柱模板采用钢管脚手架支设

固定，再分别吊装两侧模板与底模拼接后设斜撑固定，然后按设计要求起拱。

3）整体预拼：当采用支架支模时，在整体梁模板吊装就位并校正后，进行模板底部与支架的固定，侧面用斜撑固定；当采用桁架支模时，可将梁卡具、梁底桁架全部先固定在梁模上。安装就位时，梁模两端准确安放在立柱上。

（2）安装注意事项

1）梁柱接头模板的连接特别重要，一般可按图1-52和图1-53处理；或用专门加工的梁柱接头模板。

2）梁模支柱的设置，应经模板设计计算决定，一般情况下采用双支柱时，间距以60～100cm为宜。

3）模板支柱纵、横方向水平拉杆、剪刀撑等，均应按设计要求布置；当设计无规定时，支柱间距一般不大于2m，纵横方向的水平拉杆的上下间距不大于1.5m，纵横方向的垂直剪刀撑间距不大于6m。

4）单片预组拼和整体预拼的梁模板，在吊装就位拉结支撑稳固后，方可脱钩。5级以上大风时，停止吊装。

5）采用扣件钢管脚手作支架时，扣件要拧紧，要抽查扣件的扭力矩。横杆的步距要按设计要求设置（图1-58）。采用桁架支模时，要按事先设计的要求设置，桁架的上下弦要设水平连续，拼接桁架的螺栓要拧紧，数量要满足要求。

6）由于空调等各种设备管道安装的要求，需要在模板上预留孔洞时，应尽量使穿梁管道孔分散，穿梁管道孔的位置应设置在梁中（图1-59），以防削减梁的截面，影响梁的承载能力。

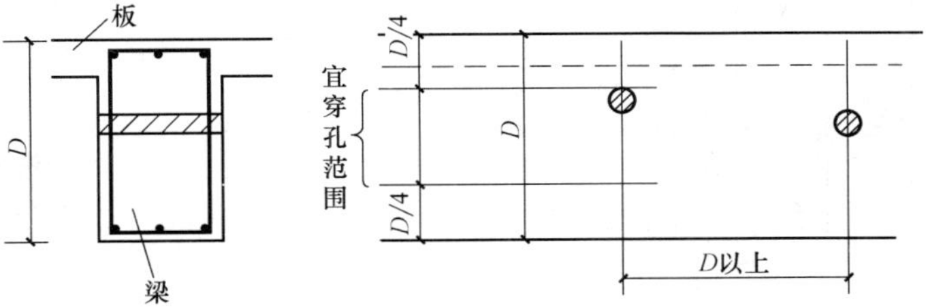

图1-59　穿梁管道孔设置的高度范围

1-29　墙组合钢模板安装及注意事项有哪些?

（1）按位置线安装门洞口模板，放预埋件或木砖；

（2）清扫墙内杂物，再安装另一侧模板，调整斜撑（或拉杆）使模板垂直后，拧紧穿墙螺栓。

（3）单块就位组拼时，应从墙角模开始，向互相垂直的两个方向组拼，这样可以减少临时支撑设置。否则，要随时注意拆换支撑或增加支撑，以保证墙模处于稳定状态。

（4）当完成第一步单块就位组拼模板后，可安装内钢楞，内钢楞与模板肋用钩头螺栓紧固，其间距不大于600mm。当钢楞长度不够需要接长时，接头处要增加同样数量的钢楞。

（5）预组拼模板安装时，应边就位、边校正，并随即安装各种连接件、支承件或加设临时支撑。必须待模板支撑稳固后，才能脱钩。当墙面较大，模板需分几块预拼安装时，模板之间应按设计要求增加纵横附加钢楞。当设计无规定时，连接处的钢楞数量和位置应与预组拼模板上的钢楞数量和位置等同。附加钢楞的位置在接缝处两边，与预组拼模板上钢楞的搭接长度，一般为预组拼模板全长（宽）的15%～20%。

（6）在组装模板时，要使两侧穿孔的模板对称放置，以使穿墙螺栓与墙模保持垂直。

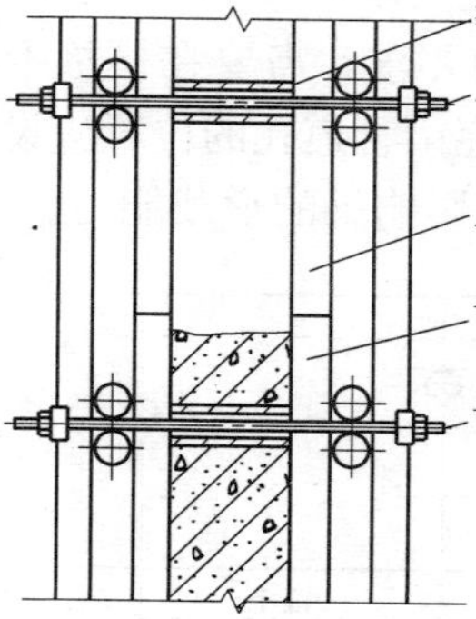

图1-60　下层模板不拆做支承图

（7）相邻模板边肋用U形卡连接的间距，不得大于300mm，预组拼模板接缝处宜满上。U形卡要反正交替安装。

（8）上下层墙模板接槎的处理，当采用单块就位组拼时，可在下层模板上端设一道穿墙螺栓，拆模时该层模板暂不拆除，在支上层模板时，作为上层模板的支承面（图1-60）。当采取预组拼模板时，可在下层混凝土墙上端往下200mm左右处，设置水平螺栓，紧固一道通长的角钢作为上层模板的支承（图1-61）。

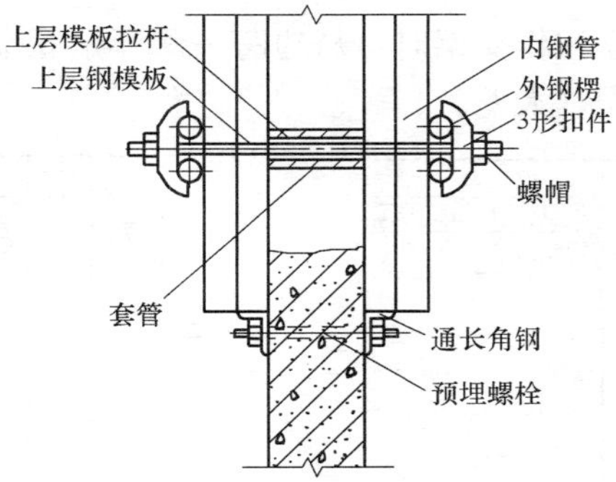

图1-61　角钢支承图

（9）预留门窗洞口的模板，应有锥度，安装要牢固，既不变形，又便于拆除。

（10）对拉螺栓的设置，应根据不同的对拉螺栓采用不同的做法：

组合式对拉螺栓——要注意内部杆拧入尼龙帽有7～8个丝扣；

通长螺栓——要套硬塑料管，以确保螺栓或拉杆回收使用。塑料管长度应比墙厚小2～3mm。

（11）墙模板的门子板，一般应留设在浇捣的一侧。设置方法同柱模板。门子板的水平间距一般为2.5m。

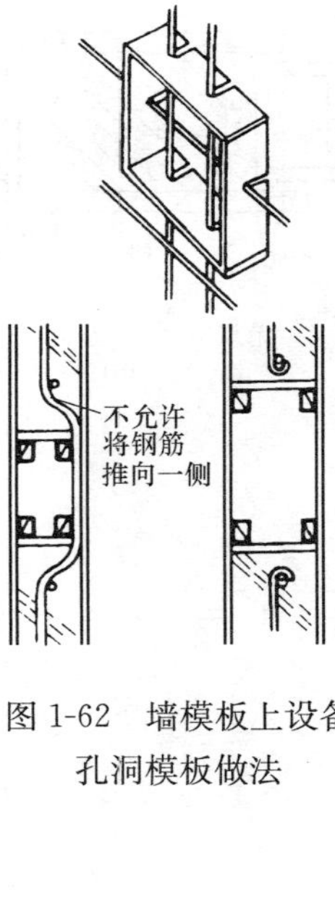

图1-62　墙模板上设备孔洞模板做法

（12）墙模板上预留的小型设

备孔洞，当遇到钢筋时，应设法确保钢筋位置正确，不得将钢筋移向一侧（图 1-62）。

1-30 楼板组合钢模板安装及注意事项有哪些？

（1）采用立柱作支架时，从边跨一侧开始逐排安装立柱，并同时安装外钢楞（大龙骨）。

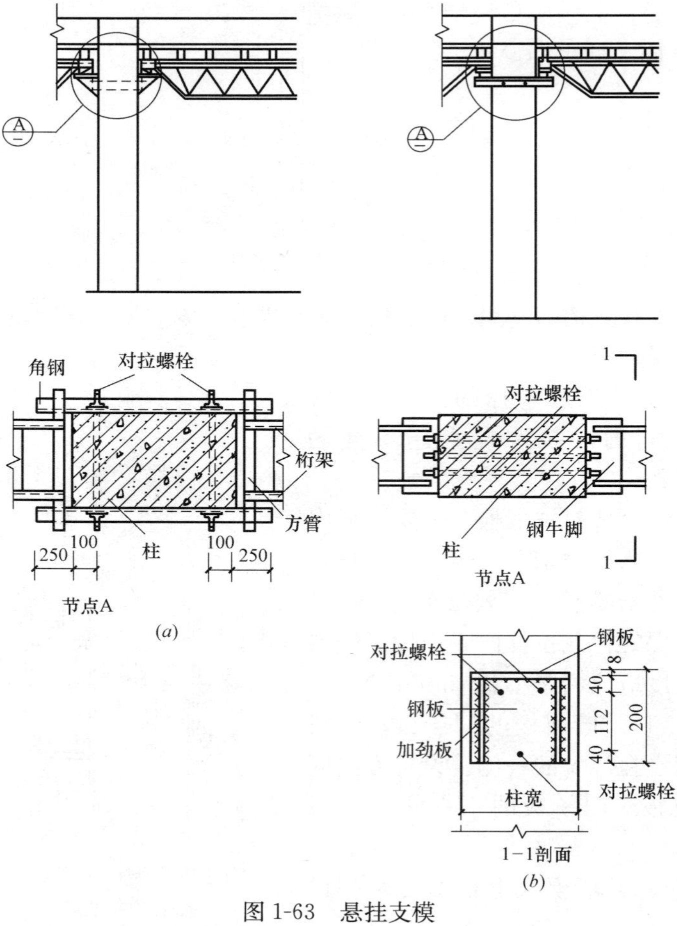

图 1-63 悬挂支模

立柱和钢楞（龙骨）的间距，根据模板设计规定，一般情况下立柱与外钢楞间距为 600～1200mm，内钢楞（小龙骨）间距为 400～600mm。调平后即可铺设模板。

在模板铺设完标高校正后，立柱之间应加设水平拉杆，其道数根据立柱高度决定。一般情况下离地面 200～300mm 处设一道，往上纵横方向每隔 1.6m 左右设一道。

（2）采用桁架作支承结构时，一般应预先支好梁、墙模板，然后将桁架按模板设计要求支设在梁侧模通长的型钢或方木上，调平固定后再铺设模板。

（3）当墙、柱已先行施工，可利用已施工的墙、柱作垂直支撑（图 1-63），采用悬挂支模。

（4）楼板模板当采用单块就位组拼时，宜以每个节间从四周先用阴角模板与墙、梁模板连接，然后向中央铺设。相邻模板边

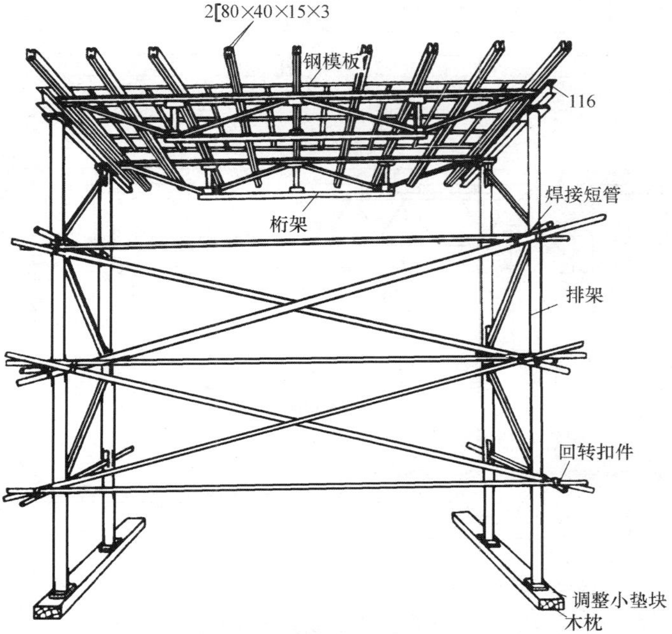

图 1-64　桁架支设楼板模板

肋应按设计要求用 U 形卡连接，也可用钩头螺栓与钢楞连接。亦可采用 U 形卡预拼大块再吊装铺设。

（5）底层地面应夯实，并垫通长脚手板，楼层地面立支柱（包括钢管脚手架作支撑）也应垫通长脚手板。采用多层支架模板时，上下层支柱应在同一竖向中心线上。

（6）桁架支模时，要注意桁架与支点的连接，防止滑动，桁架应支承在通长的型钢上，使支点形成一直线。

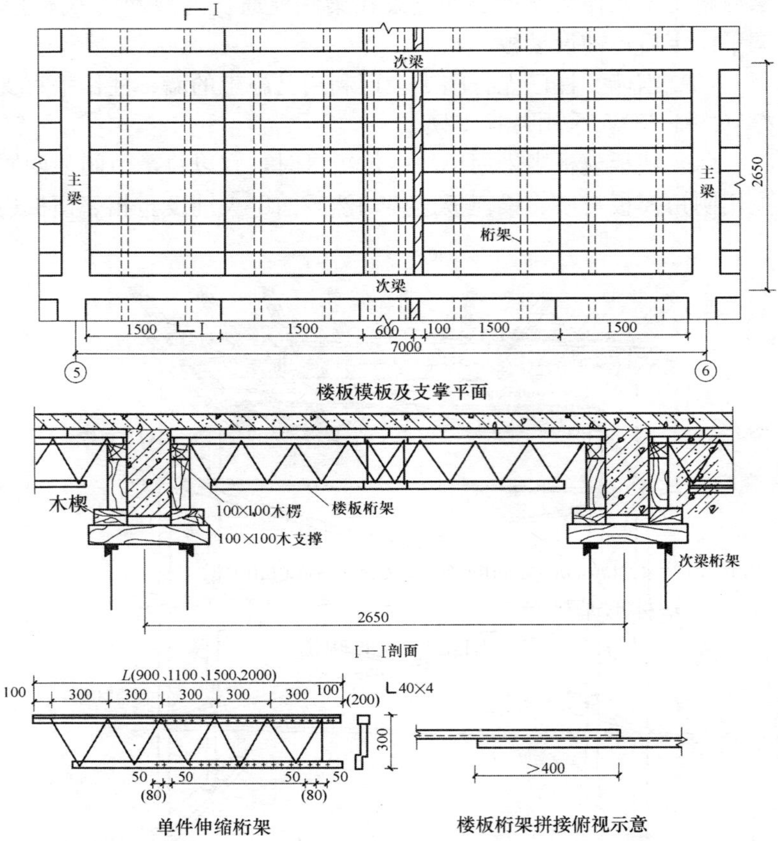

图 1-65 梁和楼板桁架支模

（7）预组拼模板块较大时，应加钢楞再吊装，以增加板块的刚度。

（8）预组拼模板在吊运前应检查模板的尺寸、对角线、平整度以及预埋件和预留孔洞的位置。安装就位后，立即用角模与梁、墙模板连接。

（9）采用钢管脚手架作支撑时，在支柱高度方向每隔 1.2～1.3m 设一道双向水平拉杆。

楼板模板支设方法，见图 1-64、图 1-65。

1-31　基础组合钢模板安装及注意事项有哪些？

（1）条形基础

根据基础边线就地组拼模板。将基槽土壁修整后用短木方将钢模板支撑在土壁上。然后在基槽两侧地坪上打入钢管锚固桩，搭钢管吊架，使吊架保持水平，用线锤将基础中心引测到水平杆上，按中心线安装模板，用钢管、扣件将模板固定在吊架上，用支撑拉紧模板（图 1-50*b*），亦可采用工具式梁卡支模（图 1-50*c*）。

施工注意事项：

① 模板支撑于土壁时，必须将松土清除修平，并加设垫板；

② 为了保证基础宽度，防止两侧模板位移，宜在两侧模板间相隔一定距离加设临时木条支撑，浇筑混凝土时拆除。

（2）杯形基础

第一层台阶模板可用角模将四侧模板连成整体，四周用短木方撑于土壁上；第二层台阶模板可直接搁置在混凝土垫块（图 1-66）上，也可参照条形基础采用钢管支架吊设。

杯口模板可采用在杯口钢模板四角加设四根有一定锥度的方木，或在四角阴角模与平模间嵌上一块楔形木条，使杯口模形成锥度（图 1-51*b*）。

施工注意事项：

① 侧模斜撑与侧模夹角不宜小于45°；

② 为了防止浇筑混凝土时杯口模板上浮和杯口落入混凝土，宜在杯口模板上加设压重，并将杯口临时遮盖。

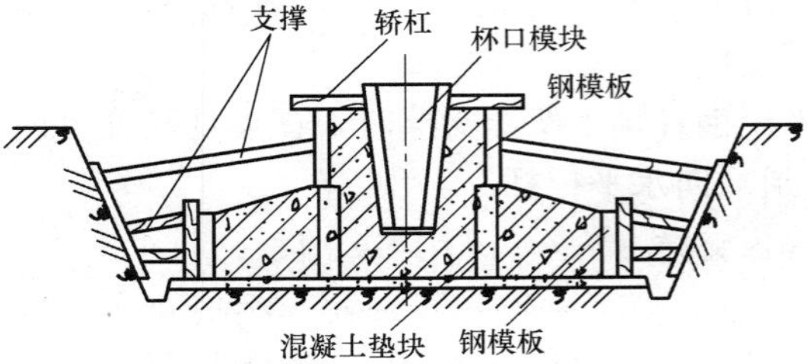

图1-66 杯形基础模板

（3）独立基础

就地拼装各侧模板，并用支撑撑于土壁上。搭设柱模井字架，使立杆下端固定在基础模板外侧，用水平仪找平井字架水平杆后，先将第一块柱模用扣件固定在水平杆上，同时搁置在混凝土垫块上。然后按单块柱模组拼方法组拼柱模，直至柱顶（图1-67）。

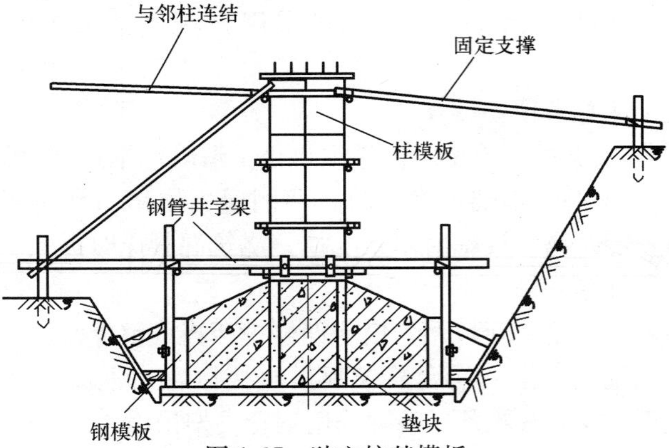

图1-67 独立柱基模板

施工注意事项：

① 基础短柱顶伸出的钢筋间距，更符合上段柱子的要求；

② 柱模板之间要用水平撑和斜撑连成整体；

③ 基础短柱模板的 U 形卡不要一次上满，要等校正后固定后再上满；安装过程中要随时检查对角线，防止柱模扭转。

1-32　楼梯组合钢模板安装及注意事项有哪些?

楼梯模板一般比较复杂，常见的有板式和梁式楼梯，其支模工艺基本相同。

施工前应根据实际层高放样，先安装休息平台梁模板，再安装楼梯模板斜楞，然后铺设楼梯底模。安装外帮侧模和踏步模板。安装模板时要特别注意斜向支柱（斜撑）的固定，防止浇筑混凝土时模板移动。

楼梯段模板组装示意，见图 1-68 所示。

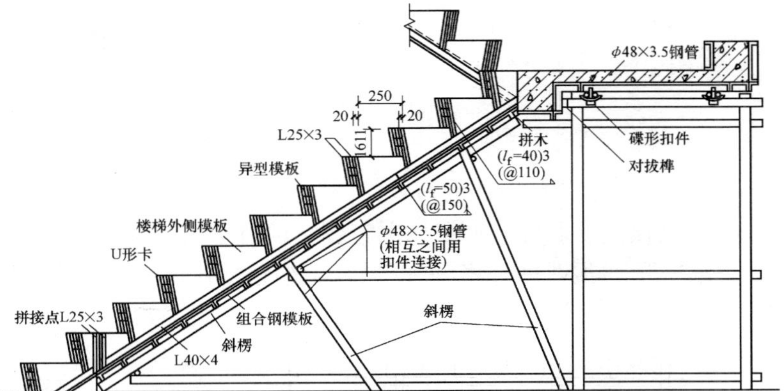

图 1-68　楼梯模板支设示意

1-33　组合钢模板施工时预埋件和预留孔洞的设置方法有哪些?

（1）竖向构件预埋件的留置

① 焊接固定。焊接时先将预埋件外露面紧贴钢模板，锚脚

与钢筋骨架焊接（图 1-69）。当钢筋骨架刚度较小时，可将锚脚加长，顶紧对面的钢筋，焊接不得咬伤钢筋。但此方法严禁与预应力筋焊接。

② 绑扎固定。用钢丝将预埋件锚脚与钢筋骨架绑扎在一起（图 1-70）。为了防止预埋件位移，锚脚应尽量长一些。

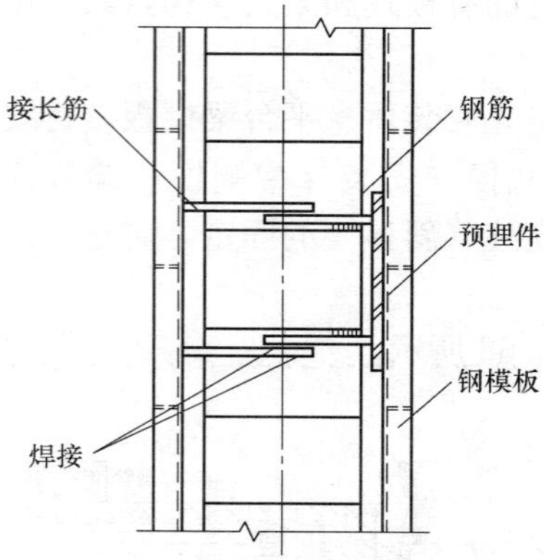

图 1-69 焊接固定预埋件

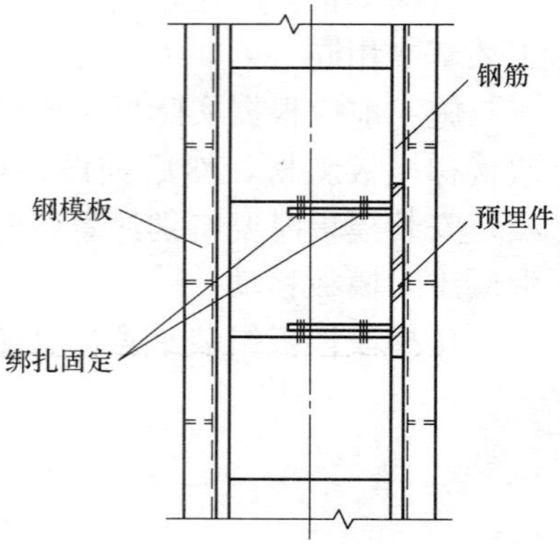

图 1-70 绑扎固定预埋件

（2）水平构件预埋件的留置

① 梁顶面预埋件。可采用圆钉固定的方法（图 1-71）。

② 板顶面预埋件。将预埋件锚脚做成八字形，与楼板钢筋焊接。用改变锚脚的角度，调整预埋件标高（图 1-72）。

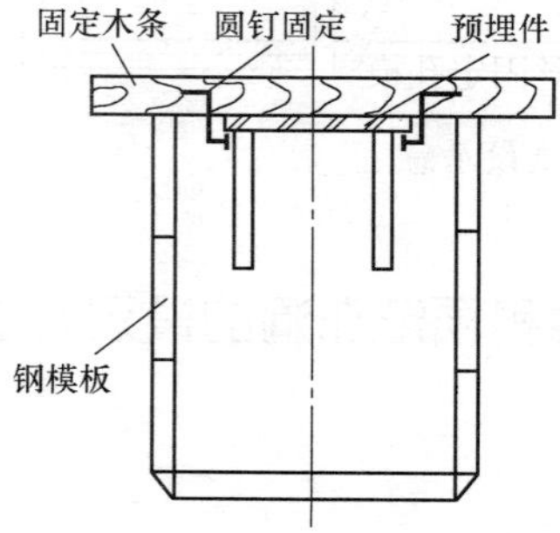

图 1-71 梁顶面圆钉固定预埋件

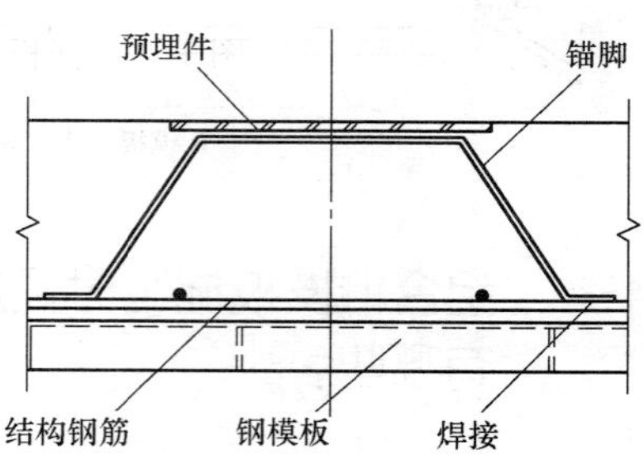

图 1-72 板顶面固定预埋件

（3）预留孔洞的位置。

① 梁、墙侧面。采用钢筋焊成的井字架卡住孔模（图 1-73），井字架与钢筋焊牢。

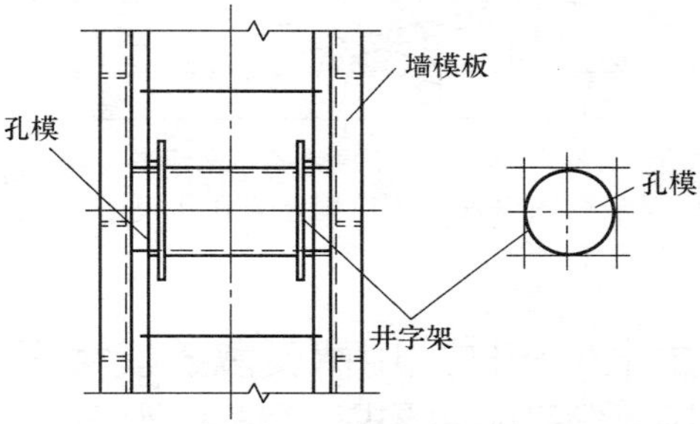

图 1-73　井字架固定孔模

② 板底面。可采用在底模上钻孔，用铁丝固定在定位木块上，孔模与定位木块之间用木楔塞紧（图 1-74）；亦可在模板上钻孔，用木螺钉固定木块，将孔模套上固定（图 1-75）。

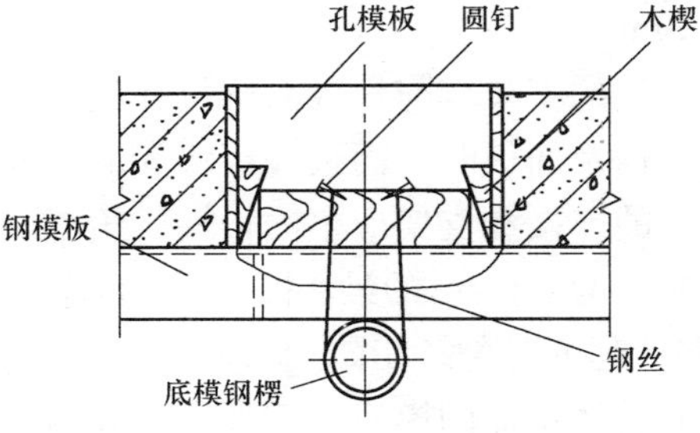

图 1-74　楼板用钢丝固定孔模

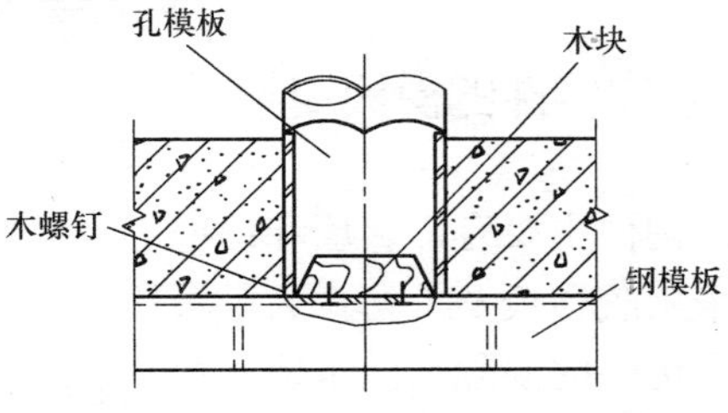

图 1-75　楼板用木螺钉固定孔模

当楼板板面上留设较大孔洞时，留孔处留出模板空位，用斜撑将孔模支于孔边上（图 1-76）。

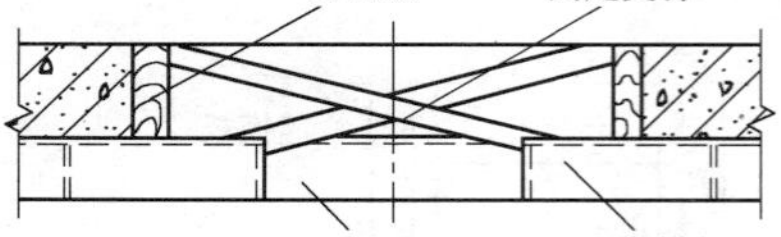

图 1-76　支撑固定方孔孔模

1-34　混凝土水平构件采用散支散拆模板工艺的模板支架安装，有哪些要求?

（1）模板支架安装在地基土上时，地基土应夯实并有排水措施，应在支架立杆下设置垫板。对湿陷性黄土基层，应有防水措施；对冻胀性土基层，应有防冻胀措施。模板支架下基础沉降变形量不应大于 3mm；

（2）模板支架的安装应与模板系统设计施工图一致；

（3）安装次楞及面板时，面板和板块间的拼缝应严密，不得漏浆；梁板模板的连接和支架应牢固，转折角度应准确；

（4）跨度等于或大于 4m 的梁、板底、模板应按设计要求起拱。当设计无要求时，起拱高度宜为梁、板跨度的 1/1000～3/1000；

（5）梁、板后浇带处的模板及支架宜与其两侧的模板及支架分开支设。

1-35　混凝土竖向构件的模板支架系统安装有哪些要求?

混凝土竖向构件主要有柱、墙和筒壁等。房屋建筑工程的竖向构件模板多采用胶合板及木枋作为模板体系，也采用定型的钢模板体系。竖向构件的混凝土浇筑速度快；混凝土侧压力大，模板的拼缝和墙体与楼面交界部位，均应采取可靠的防止漏浆和烂根措施，以保证混凝土的密实性和成型质量。

（1）模板体系安装时，应在安装基层面上测量放线，标示出结构柱、墙体的模板安装线，并应采取定位措施保证模板位置准确；

（2）面板及次楞组拼时，模板块间的拼缝应有防止漏浆的可靠措施；

（3）模板及支架安装时应有临时稳固措施，位于高空的模板安装应有可靠的防风措施；

（4）楼面上墙体与楼板一次性浇筑时，应在悬吊墙模的底部加设 200～300mm 宽度的压盖模板；

（5）应考虑一次浇筑高度和浇筑速度的影响，合理采取竖向模板抗侧移、抗倾覆措施。

1-36 为什么钢筋混凝土屋架或大梁模板支模时要起拱？

钢筋混凝土结构不仅要求各构件断面尺寸要符合设计要求，而且竖向构件（如柱、墙等）还必须保证其垂直度和平整度符合要求；水平构件（如梁、板、屋架等）要求水平度符合要求。

钢筋混凝土梁、屋架之类的构件的模板在施工过程中受到多种荷载，如模板和支架的自重、新浇混凝土的自重、钢筋及埋件的自重、施工人员及施工设备的自重、振捣混凝土的振动荷载、倾倒混凝土的冲击力等等。在这些荷载的作用下模板将产生变形，这就要求模板和支架（指模板的支撑系统）必须具有足够的刚度。钢筋混凝土梁或屋架皆属于结构表面外露构件，跨中模板及支架要求最大变形值不大于其跨度的 1/400，有些结构表面隐蔽的模板，跨中变形值不大于其跨度的 1/250，为减少或避免模板变形值，一般常将模板（底模）向上预先提起一段距离称为“起拱”。

钢筋混凝土梁、屋架起拱的另一个原因是考虑混凝土的“徐变”，即混凝土拆模之后，在其自重及其他外荷载的作用下，随着时间的延续混凝土本身将产生压缩变形，混凝土的“徐变”使梁或屋架产生微弱下垂，为此对模板“起拱”以弥补将会产生的下垂量。

根据规范要求，对于跨度等于或大于 4m 的现浇钢筋混凝土梁、板、底模板应按设计要求起拱，当设计无具体要求时，起拱高度宜为跨度的 1/1000～3/1000。模板安装应按使用不同模板的情况决定具体起拱高度，使用钢模板可取 1/1000～2/1000，使用木模板时可取 1.5/1000～3/1000。采用木模时应尽量不采用易变形的黄花松木等材料制作。木模在浇筑混凝土前应浇水湿润，模板厚度要一致，搁栅用料应有足够的强度和刚度，搁栅面要平整，梁、板支架应有足够强度，前后左右之间应连接牢固、稳定并应支撑在坚硬的地面上。模板及支架均应经过结构设计计算，核算其强度和挠度在规范允许范围之内。

1-37 采用大模板施工的安装及注意事项有哪些?

采用大模板施工的剪力墙结构，其结构施工方法有：内浇外板、内浇外砌和内外墙全现浇三种。

（1）内浇外板：房屋建筑的内墙采用现浇混凝土，外墙采用预制外墙板吊装。

1）工艺流程

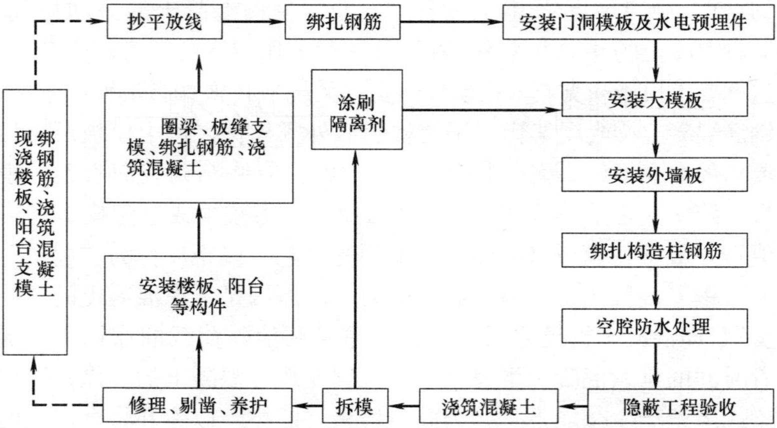

2）内墙大模板的安装

① 安装大模板之前，内墙钢筋必须绑扎完毕，水电预埋管件必须安装完毕。外砌内浇工程安装大模板之前，外墙砌砖及内墙钢筋和水电预埋管件等工序也必须完成。

② 大模板安装前，必须做好抄平放线工作，并在大模板下部抹好找平层砂浆，依据放线位置进行大模板的安装就位。

③ 安装大模板时，必须按施工组织设计中的安排，对号入座吊装就位。先从第二间开始，安装一侧横墙模板靠吊垂直，并放入穿墙螺栓和塑料套管后，再安装另一侧的模板，经靠吊垂直后，旋紧穿墙螺栓。横墙模板安装后，再安装纵墙模板。安装一间，固定一间。

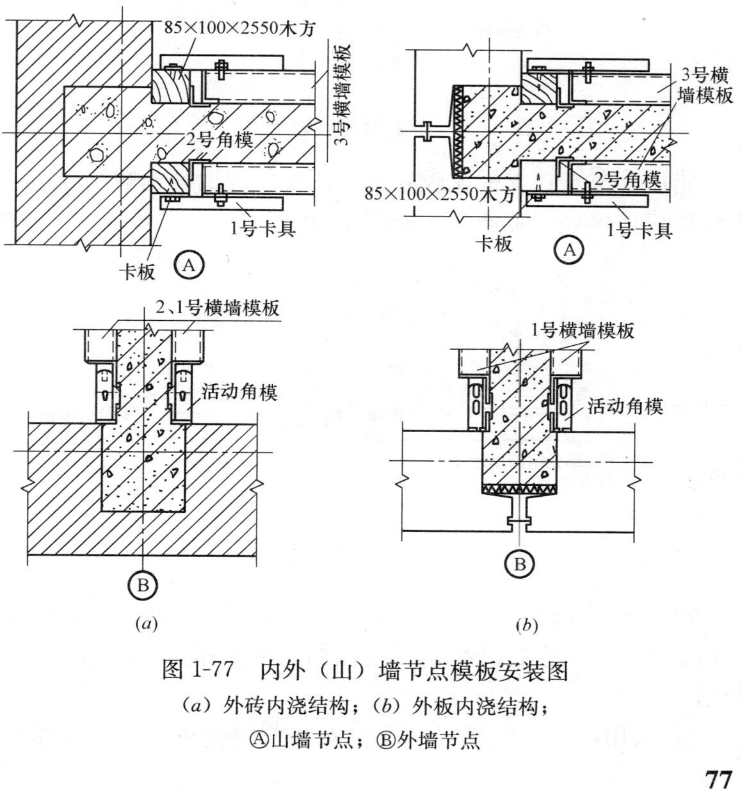

图 1-77　内外（山）墙节点模板安装图

（*a*）外砖内浇结构；（*b*）外板内浇结构；

Ⓐ山墙节点；Ⓑ外墙节点

④ 在安装模板时，关键要做好各个节点部位的处理。采用组合式大模板时，几个建筑节点部位的模板安装处理方法如下：

外（山）墙节点：外墙节点用活动角模，山墙节点用 85mm×100mm 木方解决组合柱的支模问题，如图 1-77 所示。

十字形内墙节点：用纵、横墙大模板直接连为一体，如图 1-78 所示。

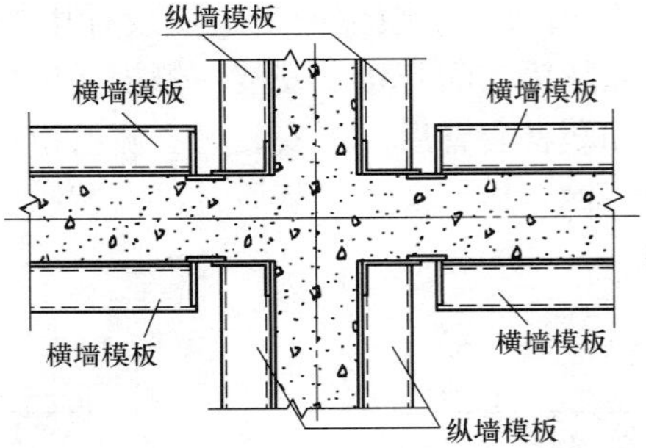

图 1-78　十字形节点模板安装图

错墙处节点：支模比较复杂，既要使穿墙螺栓顺利固定，又要使模板连接处缝隙严实，如图 1-79 所示。

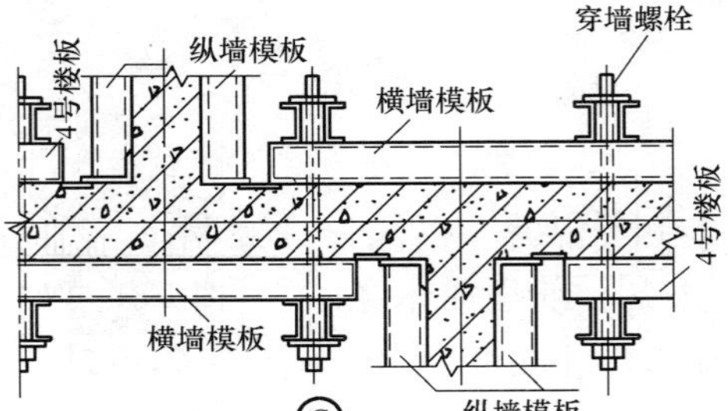

图 1-79　错墙处节点模板安装图

流水段分段处：前一流水段在纵墙外端采用木方作堵头模板，在后一流水段纵墙支模时用木方作补模，如图 1-80 所示。

⑤ 采用拼装式大模板时，在安装前要检查各个连接螺栓是

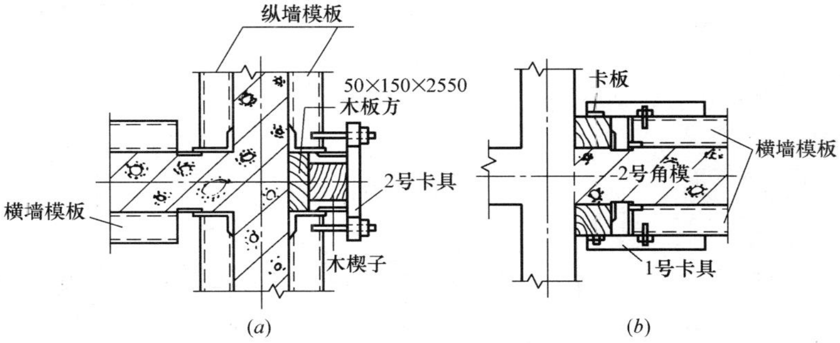

图 1-80　流水段分段处模板安装图

(*a*) 前流水段；(*b*) 后流水段

否拧紧，保证模板的整体不变形。

⑥ 模板的安装必须保证位置准确，立面垂直。安装的模板可用双十字靠尺在模板背面靠吊垂直度（图 1-81）。发现不垂直时，通过支架下的地脚螺栓进行调整。模板的横向应水平一致，发现不平时，亦可通过模板下部的地脚螺栓进行调整。

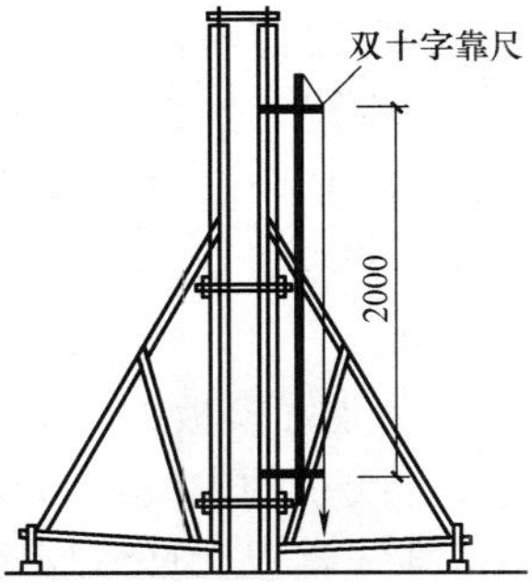

图 1-81　双十字靠尺

⑦ 模板安装后接缝部位必须严密，防止漏浆。底部若有空隙，应用聚氯酯泡沫条、纸袋或木条塞严，以防漏浆。但不可将纸袋、木条塞入墙体内，以免影响墙体的断面尺寸。

⑧ 每面墙体大模板就位后，要拉通线进行调直，然后进行连接固定。紧固对拉螺栓时要用力得当，不得使模板板面产生变形。

（2）内、外墙全现：内、外墙全部采用现浇混凝土。

1）工艺流程

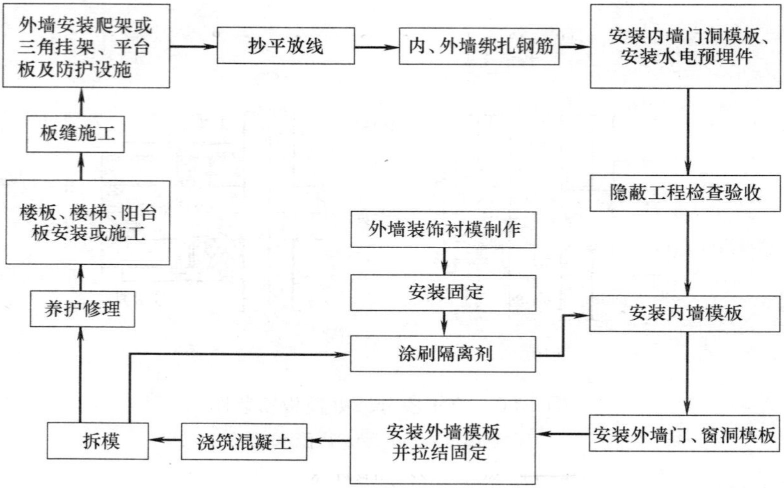

2）外墙大模板安装

① 安装外墙大模板前，必须先安装三角挂架和平台板，利用外墙上的穿墙螺栓孔，插入“L”形连接螺栓，在外墙内侧放好垫板，旋紧螺母，然后将三角架挂在“L”形螺栓上，再安装平台板。也可将平台板与三角挂架连为一体，整拆整装。见图 1-82。

“L”形螺栓如从门窗洞口上侧穿过时，应防止碰坏新浇筑的混凝土。

② 要放好模板的位置线，保证大模板就位准确。应把下层竖向装饰线条的中线，引至外侧模板下口，作为安装该层竖向补模的基准线，以保证该层竖向线条的顺直。

在外侧在模板底面 10cm 处的外墙上，弹出楼层的水平线，作为内外墙模板安装以及楼梯、阳台、楼板等预制构件的安装依据。防止因楼板、阳台板出现较大的竖向偏差，造成内外侧大模板难以合模，以及阳台处外墙水平装饰线条发生错台和门窗洞口错位等现象。

③ 当安装外侧大模板时，应先使大模板的滑动轨道（图 1-83）搁置在支撑挂架的轨枕上，要先用木楔将滑动轨道与前后轨枕固定牢，在后轨枕上放入防止模板向前倾覆的横栓，方可摘

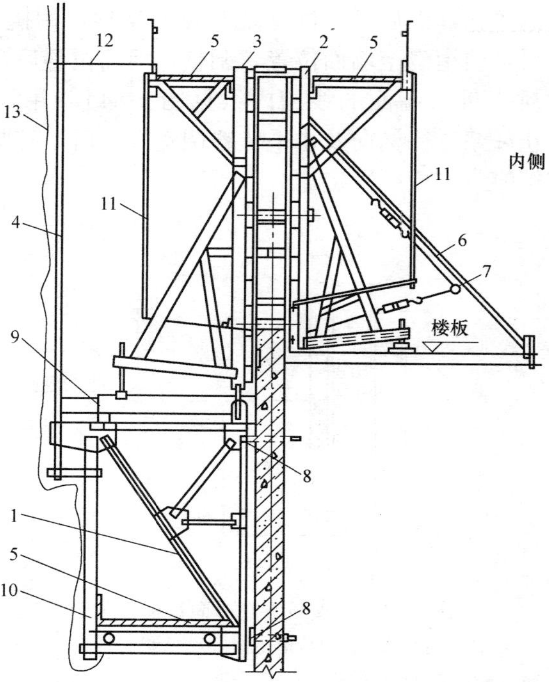

图 1-82　三角挂架平台

1—三角挂架；2—外墙内侧大模板；3—外墙外侧大模板；4—护身栏；5—下层操作平台；6—防侧移撑杆；7—防侧移拉接花篮螺栓；8—“L”形螺栓挂钩；9—模板支承滑道；10—下层吊笼吊杆；11—上人爬梯；12—临时拉杆；13—安全网

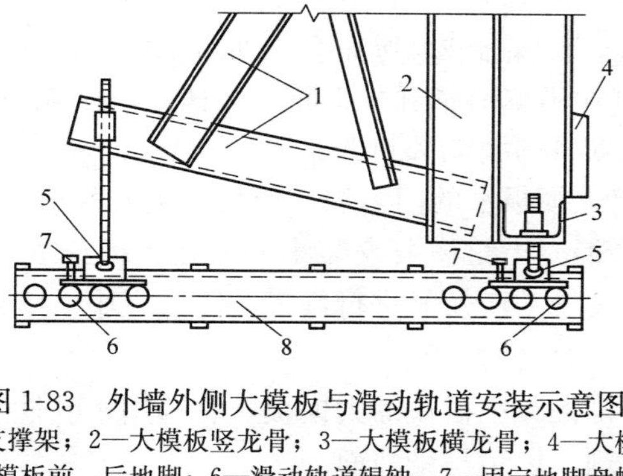

图 1-83　外墙外侧大模板与滑动轨道安装示意图

1—大模板三角支撑架；2—大模板竖龙骨；3—大模板横龙骨；4—大模板下端横向腰线衬模；5—大模板前、后地脚；6—滑动轨道辊轴；7—固定地脚盘螺栓；8—轨道除塔吊的吊钩。然后松开固定地脚盘的螺栓，用撬棍拨动模板，使其沿滑动轨道滑至墙面位置，调整好标高位置后，使模板下端的横向衬模进入墙面的线槽内（见图 1-84），并紧贴下层外墙面，防止漏浆。待横向及水平位置调整好以后，拧紧滑动轨道上的固定螺钉，将模板固定。

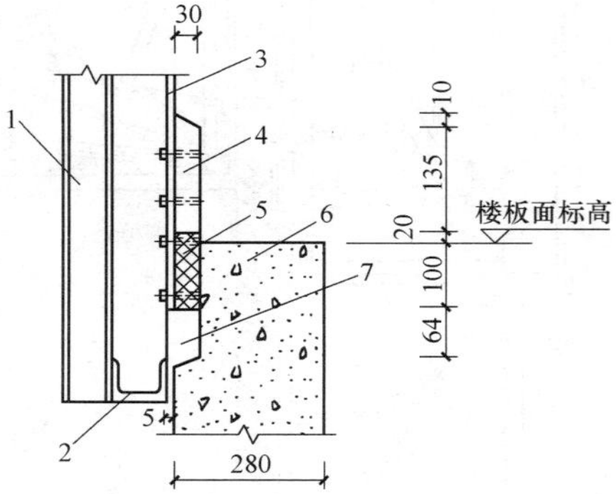

图 1-84 大模板下端横向衬模安装示意图

1—大模板竖龙骨；2—大模板横龙骨；3—大模板板面；4—硬塑料衬模；5—橡胶板导向和密封衬模；6—已浇筑外墙；7—已形成的外墙横向线槽

④ 外侧大模板经校正固定后，以外侧模板为准，安装内侧大模板。为了防止模板位移，必须与内墙模板进行拉结固定。其拉结点应设置在穿墙螺栓位置处，使作用力通过穿墙螺栓传递到外侧大模板，防止拉结点位置不当而造成模板位移。

⑤ 当外墙采取后浇混凝土时，应在内墙外端留好连接钢筋，并用堵头模板将内墙端部封严。

⑥ 外墙大模板上的门窗洞口模板必须安装牢固，垂直方正。

⑦ 装饰混凝土衬模要安装牢固，在大模板安装前要认真进行检查，发现松动应及时进行修理，防止在施工中发生位移和变形，防止拆模时将衬模拔出。

镶有装饰混凝土衬模的大模板，宜选用水乳性隔离剂，不宜用油性隔离剂，以免污染墙面。

3）内墙大模板安装与“内浇外板”相同

（3）内浇外砌：内墙采用大模板现浇混凝土施工，外墙采用砌筑工艺。

1）工艺流程

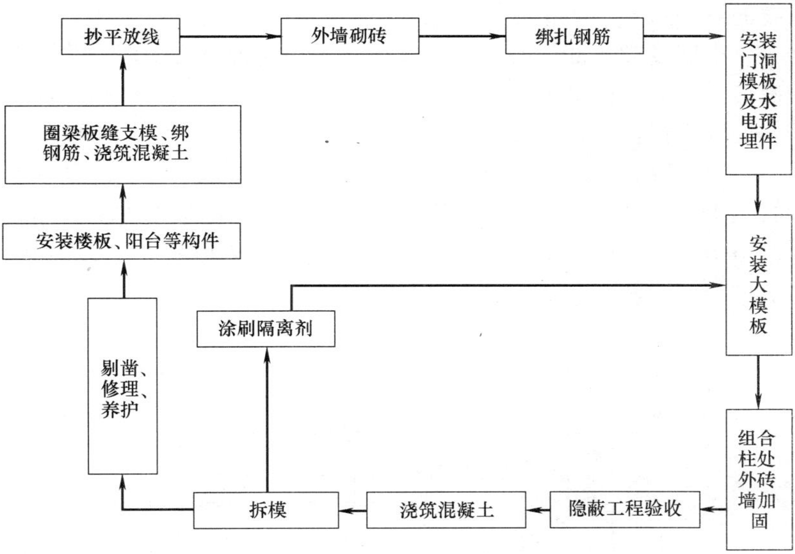

2）内墙大模板安装与“内浇外板”相同

（4）门窗洞口模板安装

墙体门窗洞口有两种做法：一种是先立口，即把门窗框在支模时预先留置在墙体的钢筋上，在浇筑混凝土时浇筑于墙内。做法是用方木或型钢做成带有斜度的（约 1～2cm）门框套模，夹住安装就位的门框，然后用大模板将套模夹紧，用螺栓固定牢固。门框的横向用水平横撑加固，防止浇捣混凝土时发生变形、位移。如果采用标准设计，门窗洞口位置不变时，可以设计成定型门窗框模板，固定在大模板上，这样既方便施工，也有利于保证门窗框安装位置的质量。

另一种是后立口，即用门窗洞口模板和大模板把门窗洞口预留好，然后再安装门窗框。随着钻孔机械和粘结材料的发展，现在采用后立口的做法较为普遍。

(5) 外墙组合柱模板安装

1) 预制外墙板与现浇内墙相交处的组合柱模板，不需要单独支模，一般借助内墙大模板的角模，但必须将角模与外墙板之间的缝隙封严，防止出现漏浆。

山墙及大角部位的组合柱模板，需另配钢模或木模，并设立模板支架或操作平台，以利于浇筑混凝土。对这一部位的模板必须加强支撑，保证缝隙严密，不走形，不漏浆。

2) 外砖内模工程的组合柱支模时，为了防止在浇筑混凝土时将组合柱外侧砖墙挤坏，应在组合柱砖墙外侧加以支护。办法是沿组合柱外墙上下放置模板，并用螺栓与大模板拉结在一起，拆模时再一起拆除。如图 1-85 所示。

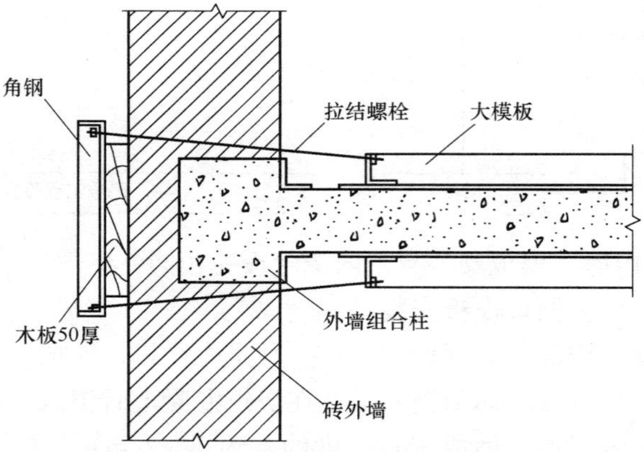

图 1-85　外砌内浇工程组合柱支护示意

(6) 楼梯间模板的安装

楼梯间内由于两个休息平台板之间的高差较大，所以支模比较困难；另外，由于楼梯间墙体未被楼板分割，上下层墙体如有不平或错台，极易暴露。这些，均要在支模时，采取措施妥善处理。

1) 支模的方法

① 利用支模平台（图 1-86）安放大模板。将支模平台安设

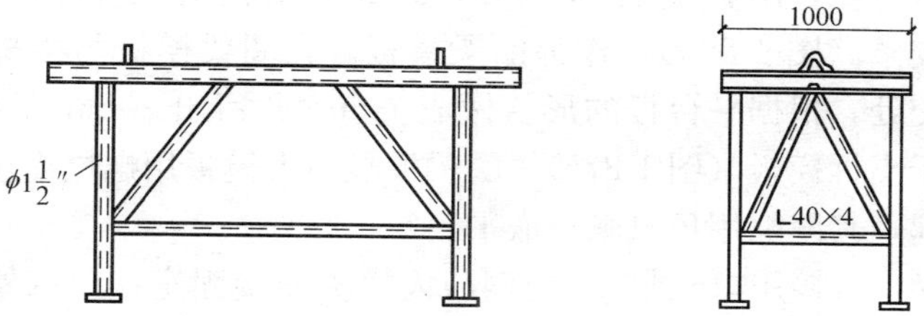

图 1-86　支模平台

在休息平台板上，以保持大模板底面的水平一致，如有不平，可用木楔调平。

② 解决墙面错台和漏浆的措施：楼梯间墙体由于放线误差或模板位移，容易出现错台，影响结构质量，也给装修造成困难。另外，由于模板下部封闭不严，常常出现漏浆现象，所以，必须在支设模板时采取措施，解决这一质量通病。方法是：

（*a*）把墙体大模板与圈梁模板连接为一体，同时浇筑混凝土。具体做法是：针对圈梁的高度，把一根 24 号槽钢切割成 140mm 和 100mm 高的两根，长度可根据休息平台至外墙的净空尺寸决定，然后将切割后的槽钢搭接 30mm 对焊在一起。在槽

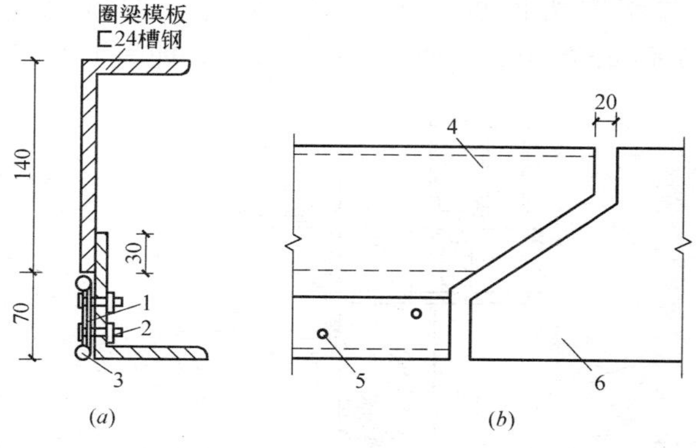

图 1-87　楼梯间圈梁模板做法之一

1—压胶条的扁钢，3mm×50mm；2—ϕ6 螺栓；3—b 字形橡胶条；4—[24 圈梁模板，长度按楼梯段定；5—ϕ6.5 螺孔，间距 150；6—楼梯平台板

钢下侧打孔，用$\phi 6$螺栓和3mm×50mm的扁钢固定两道b字形的橡皮条（图1-87*a*），作为圈梁模板。在圈梁模板与楼梯平台的相交处，根据平台板的形状做成企口，并留出20mm的空隙，以便于支拆模板（图1-87*b*）。圈梁模板与大模板用螺栓连接固定在一起，其缝隙用环氧腻子嵌平。

（*b*）直接用⊏16或⊏20槽钢与大模板连接固定，槽钢外侧用扁钢固定b字形橡皮条，如图1-88所示。

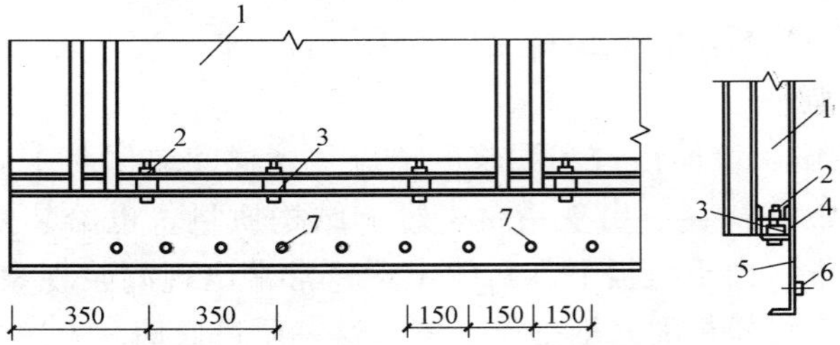

图1-88　楼梯间圈梁模板做法之二

1—大模板；2—连接螺栓（$\phi 18$）；3—螺母垫；4—模板角钢；5—圈梁模板；6—橡皮压板（3mm×30mm）；7—橡皮条连接螺孔

支模板时，必须保证模板位置的准确和垂直度。先安装一侧的模板，并将圈梁模板与下层墙体贴紧，靠吊垂直度，用100mm×100mm的土方将两侧大模板撑牢，如图1-89所示。

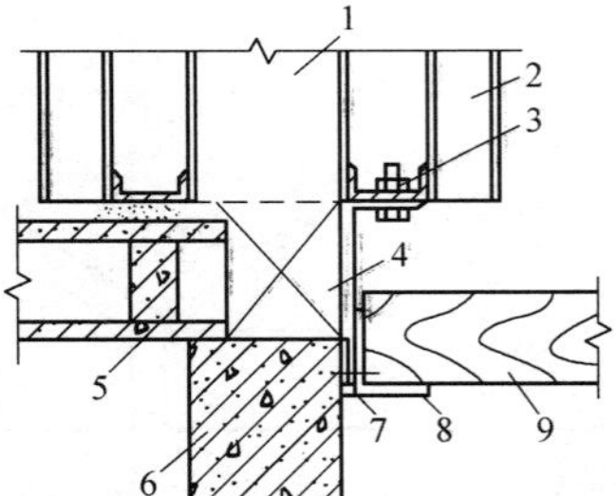

图1-89　楼梯间支模示意图

1—上层拟浇筑墙体；2—大模板；3—连接螺栓；4—圈梁；5—圆孔楼板；6—下层墙体；7—橡皮条；8—圈梁模板；9—木横撑

安装楼梯踏步段模板前，先进行放线定位。然后安装休息平台模板，再安装楼梯斜底模，最后安装楼梯外侧模板和踢脚挡板。施工时注意控制好楼梯上下平台标高和踏步尺寸。

2）利用导墙支模

楼梯间墙的上部设置导墙（在模板设计一节中已介绍），楼梯间墙大模板的高度与外墙大模板相同，将大模板下端紧贴于导墙上，下部用螺旋钢支柱和木方支撑大模板。两面楼梯间墙用数道螺旋钢支柱做横撑，支顶两侧的大模板。大模板下部用泡沫条塞封，防止漏浆。如图 1-90 所示。

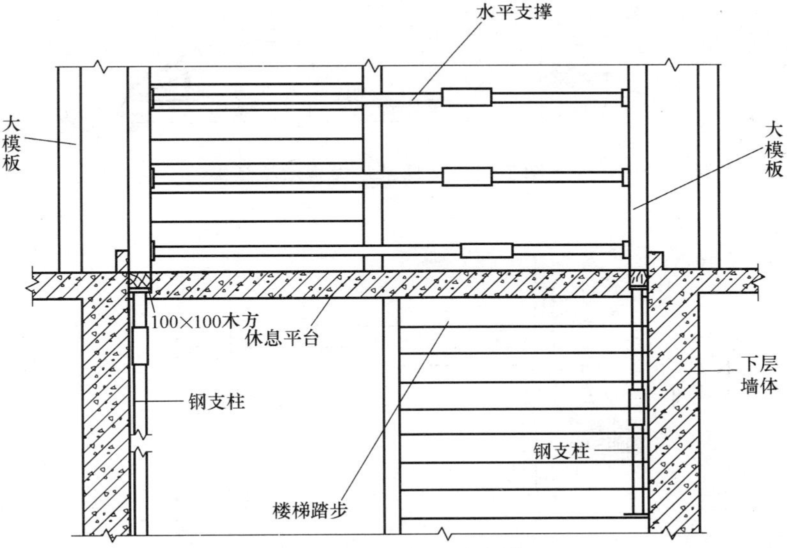

图 1-90　楼梯间导墙支模

3）楼梯踏步段支模

在全现浇大模板工程中，楼梯踏步段往往与墙体同时浇筑施工。楼梯模板支撑采用碗扣支架或螺旋钢支柱。底模用竹胶合板，侧模用⊏16 槽钢，依照踏步尺寸，在槽钢上焊 12mm 厚三角形钢板，踢面挡板用 6mm 厚钢板做成，各踢脚挡板用⊏12 槽钢做斜支撑进行固定，如图 1-91 所示。

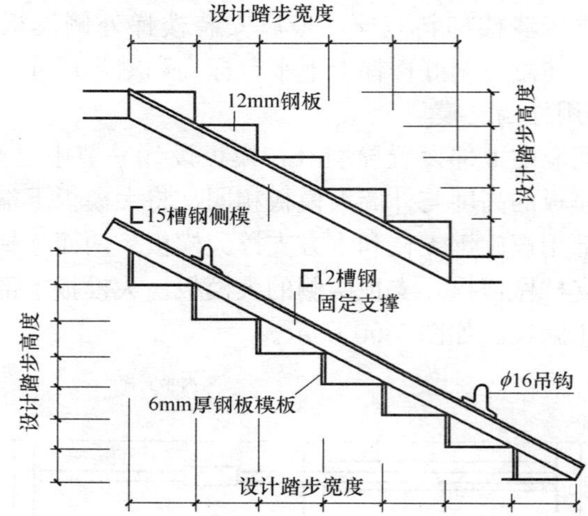

图 1-91　楼梯踏步模板示意图

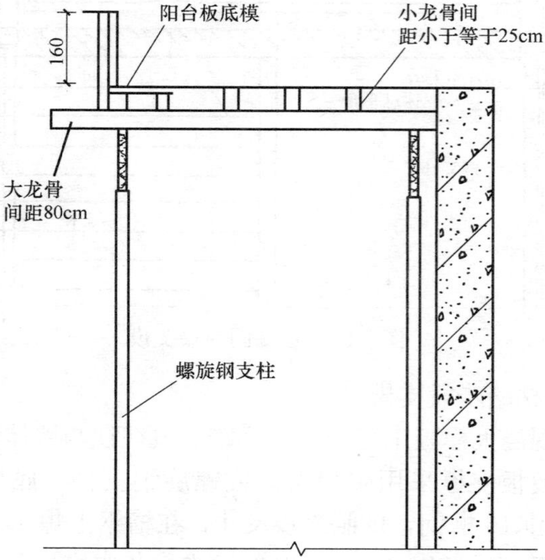

图 1-92　阳台底板支模

（7）现浇阳台底板支模

大模板全现浇工程中的阳台板往往与结构同时施工，因此也必然涉及阳台的支模问题。

阳台板模板可做成定型的钢模板，一次吊装就位，也可采用散支散拆的办法。支撑系统采用螺旋钢支柱，下铺 5cm 厚木板。钢支柱横向要用钢管及扣件连接，保持稳定。散支散拆时，立柱上方放置 10cm×10cm 方木做龙骨，然后铺 5cm×10cm 小龙骨，间距 25cm，面板和侧模可采用竹胶合板或木胶合板。阳台模的外端要比根部高 5mm。如图 1-92 所示。

在阳台模板外侧 3cm 处，可用小木条固定“U”形塑料条，以使浇筑成滴水线。

1-38 支拆模板时的施工安全技术主要有哪些？

（1）木模板工程施工安全技术，见表 1-7。

木模板工程施工安全技术 **表 1-7**

项目	说明
选材	（1）木模板的材质应符合《木结构工程施工质量验收规范》（GB 50206—2002）中的承重结构选材标准，材质不低于Ⅲ等材。 （2）木模板及其支架严禁使用脆性、过分潮湿、易于变形和弯扭不直的木材。 （3）支撑木杆应用松木或杉木，不得采用杨木、柳木、桦木、椴木等易变形开裂的木材。 （4）木料上的节疤、缺口等疵病部位，应放在模板的背面或截去。模板用钉，其长度应为模板厚度的 2～2.5 倍
模板安装	（1）模板安装必须按模板的施工方案设计进行，严禁任意变动设计。 （2）作业人员必须戴好安全帽，高处作业人员必须佩戴安全带，系牢后，高挂低用。作业前，检查使用的工具是否牢固，钉子必须放在工具袋内。 （3）高处、复杂结构模板安装，事先应有可靠的安全措施。模板及其支撑系统安装时，必须设临时固定设施，严防倾覆。 （4）两人抬运模板时，应相互配合，协同工作。传递模板、工具时，应用运输工具或绳索系牢后升降，不得乱抛。

续表

项目	说　明
模板安装	(5)当模板高度大于5m以上时,应搭脚手架,设防护栏,禁止上、下在同一垂直面操作。 (6)模板支撑、牵杠等不得搭在门窗框或脚手架上。通路中间的斜撑、拉杆等应设在1.8m以上。 (7)支柱装完,应沿横向、纵向加设水平撑和垂直剪刀撑,并与支柱固定牢。当支柱高度大于4m时,水平撑应设上下两道,中间加设剪刀撑,支柱每增高2m,再加一道水平撑,其间再加一道剪刀撑。 (8)支模过程中,如中途停歇,应将支撑,搭头、柱头板等钉牢。 (9)在构筑物安装上层模板及其支架时,下层结构强度达到承受上层模板、支撑和浇筑混凝土重量时,方可进行上层支模作业;否则,下层结构支撑不得拆除;同时,上、下支柱应在同一垂直线上。 (10)模板顶撑排列必须符合施工荷载要求,遇地下室吊装,地下室顶模板等,支撑应考虑大型机械行走因素。每平方米支撑数,必须符合荷载要求。 (11)支承3m以上立柱模板和梁模板时,应搭设工作台;3m以下的,可用马凳脚手。 (12)不准站在柱模板上作业和在梁底模上行走,不得用拉杆、支撑攀登上下。不得在脚手架上堆放大量模板材料。 (13)遇6级以上大风或雨、雪等恶劣天气时,应停止室外高处作业。雨、雪、霜后,应先清扫施工现场,略干不滑时,方可进行作业
模板拆除	(1)作业人员必须戴好安全帽,高处作业人员必须系好安全带,高挂低用。作业前,检查使用的工具是否牢固,工具应系挂身上。 (2)高处、复杂结构模板的拆除,应有切实可靠的安全措施。拆除现场应标出作业禁区,有专人指挥。作业区内,禁止非操作人员入内。 (3)拆除模板一般用长撬杠,禁止作业人员站在正拆除的模板上。拆模时,临时脚手架必须牢固,不得用拆下的模板作脚手架。 (4)拆除楼板模板时,应注意整块模板掉下,尤其是用定型模板作平台模板时,拆模人员应站在门窗口外拉支撑,防止模板突然全部掉落伤人。 (5)拆基础及地下工程模板时,应先检查基坑土壁状况,如有不安全因素,必须采取安全措施后,方可作业。拆除的模板和支撑件不得在基坑上口1m以内堆放,应随拆随运走。 (6)拆除高而窄的预制构件模板时,应随时加设支撑将构件支稳,防止构件倾倒伤人。 (7)拆模时,应逐块拆卸,不得成片松动、撬落或拉到,严禁作业人员在同一垂直面上同时操作。严禁站在悬臂结构上敲拆底模。

续表

项目	说　　明
模板拆除	(8)混凝土板有预留孔洞时，拆模后，应随时在其周围做好安全护栏，或用板将孔洞盖住。 (9)拆模必须一次性拆清，不得留有无撑模板。已拆除的模板、拉杆、支撑等应及时运走或堆放整齐，防止钉子扎脚和人员因扶空、踏空而坠落。 (10)拆模间歇时，应将已活动的模板、拉杆、支撑等固定牢，防止其突然掉落伤人。 (11)拆4m以上模板时，应搭脚手架或工作台，并设防护栏杆。 (12)遇6级以上大风，或雨、雪等恶劣天气时，应停止室外高处作业。在雨、雪、霜天气后，应先清扫现场，不滑时方可作业

注：本表内容适用于胶合板模板安装、拆除安全要求。

（2）组合钢模板施工安全技术，见表1-8。

组合钢模板施工安全技术　　表1-8

项目	说　　明
模板安装	(1)在高处安装模板，必须遵守高处作业的有关规定，作业应站在操作平台上进行，支模高度不足3m的，可使用马凳操作。工具应随手放入工具袋中。禁止站在柱模及模板支撑系统的水平杆件上作业。 (2)不得在模板支撑系统构架和模板安装作业层上集中堆放模板及支撑材料等，模板及支撑材料应分散堆放并码平放稳，且不得堆放过高，不得堆放在通道、楼层及作业层临边和临近预留洞口处临时搭设的操作平台上不宜堆放模板及支撑材料，应随用随拿 (3)两人抬运材料，应步伐一致；遇有拐弯、上下坡时，应放慢速度，前后照应。上下传递模板及支撑材料等，应有稳固的立脚点。上方与下方的作业人员不得在同一垂直方向上。用绳索捆扎、吊运模板、支撑材料时，应检查绳索及绳扣的强度。 (4)上、下作业层和在作业层上行走及搬运材料等应走安全通道，不得在支撑系统的水平杆件及梁底模上行走，禁止攀登模板支撑系统架体和水平拉杆上下。 (5)模板支撑系统的基础处理必须符合模板工程的专项安全施工组织设计(或方案)的要求，搭设模板支撑系统的场地必须平整坚实，回填土地面必须分层回填，逐层夯实，并做好排水，经验收达到设计要求后方可进行下一道工序的作业。当模板支撑系统搭设在结构的楼面、挑台上时，应对楼面或挑台等结构进行承载力验算。 (6)采用木支撑系统支模时应遵守下列规定：

续表

项目	说　明
模板安装	①模板支撑材料的材质和规格，应符合设计的要求，不得使用腐朽、扭裂、劈裂的材料。 ②支撑立杆应当垂直，底端应平整坚实。立杆下必须设置符合设计要求的垫板。调整立杆高度的木楔必须钉牢，严禁支垫砖块等脆性材料。 ③如支撑立杆需接长使用时，接长部位不得设在立杆下部，每根立杆接头不得超过一次；在同一平面上的立杆接头数不得超过立杆总数的25%且不得集中设置。每个接头搭接木不少于两根，搭接处必须平整、严密。 ④支撑系统的纵、横水平拉杆和水平、垂直剪刀撑的设置必须符合模板工程的专项安全施工组织设计（或方案）及安全技术书面交底的要求。 （7）采用扣件式钢管脚手架、碗扣式钢管脚手架或门式钢管脚手架作模板支撑时应遵守下列规定： ①支撑系统的搭设必须符合模板工程专项安全施工组织设计（或方案）的要求并符合《建筑施工扣件式钢管脚手架安全技术规范》（JGJ 130—2011）、《建筑施工碗扣式钢管脚手架安全技术规范》（JGJ 166—2008）、《建筑施工门式钢管脚手架安全技术规范》（JGJ 128—2000）的有关规定，经验收合格后，方可进行下一道工序的作业。 ②应严格按照模板工程专项安全施工组织设计（或方案）及《建筑施工扣件式钢管脚手架安全技术规范》（JGJ 130—2011）、《建筑施工碗扣式钢管脚手架安全技术规范》（JGJ 166—2008）、《建筑施工门式钢管脚手架安全技术规范》（JGJ 128—2000）的有关规定，对所使用的构配件进行严格检查，严禁不合格的构配件投入使用 ③扣件安装除应符合设计的要求外，并应符合《建筑施工扣件式钢管脚手架安全技术规范》（JGJ 130—2011）的有关规定，连接扣件和防滑扣件应检查其螺栓扭力矩是否符合设计要求。 ④支撑系统搭设完毕，施工负责人必须组织有关人员对模板支撑系统进行验收，合格后方可进入下一道工序。 （8）采用桁架支模应遵守下列规定： ①应对桁架进行严格检查，发现严重变形、螺栓松动等应及时修复或向有关负责人报告。 ②桁架的搁置长度不得少于120mm，桁架间应设水平拉条；梁下设置单桁架时，应与毗邻的桁架拉连稳固。 （9）采用其他支模系统支模，应严格遵守模板工程专项安全施工组织设计（或方案）、支模工程的安全技术书面交底及有关的标准、规范，严禁违章作业。 （10）模板的支撑系统不得与外脚手架或门、窗框等连接。 （11）模板安装应按工序自下而上进行，模板就位后应及时连接固定，同一道墙（梁）两侧模板应同时组合，以确保模板安装时的稳定。连接钢模的“U”形卡，应正反交替安装。模板未固定前不得进行下道工序。 （12）模板安装作业过程中，如需中途休息或因故暂停作业，应将模板、支撑及木楞等固定牢靠

续表

项目	说明
模板拆除	(1)拆除模板作业应在有关拆模的安全防护措施已经落实并履行模板拆除申请审批手续后方可进行。 (2)在高处进行拆除模板作业,必须遵守高处作业及有关标准、规范的有关规定。拆除3m以上模板时,必须搭设符合要求的脚手架或操作平台,并设防护栏杆。 (3)拆除模板作业时应按顺序分段进行,严禁猛撬、硬砸或大面积撬落和拉倒。钢模板拆除时,"U"形卡和"L"形插销应逐个拆卸,模板应单块拆除。 (4)休息或下班时,不得留下松动和悬挂着的模板。拆下的模板应及时传递至地面,并运送到指定地点集中堆放,木模板应拔除钉子,防止钉子扎脚。 (5)严禁上下同时进行模板拆除作业。严禁站在悬臂结构上敲拆底模。拆除临边处的柱、梁、墙板时,使用橇杠严禁向外用力。 (6)拆除薄腹梁、吊车梁、桁架等预制构件模板,应随拆随加顶撑支牢,防止构件倾倒

(3) 大模板施工安全技术,见表1-9。

大模板施工安全技术　　表1-9

项目	说明
基本要求	(1)在编制施工组织设计时,必须针对大模板施工的特点制定行之有效的安全措施,并层层进行安全技术交底,经常进行检查,加强安全施工的宣传教育工作。 (2)大模板和预制构件的堆放场地,必须坚实平整。 (3)吊装大模板和预制构件,必须采用自锁卡环,防止脱钩。 (4)吊装作业要建立统一的指挥信号。吊装工要经过培训,当大模板等吊件就位或落地时,要防止摇晃碰人或碰坏墙体。 (5)要按规定支搭好安全网,在建筑物的出入口,必须搭设安全防护棚。 (6)电梯井内和楼板洞口要设置防护板,电梯井口及楼梯处要设置护栏,电梯井内每层都要设立一道安全网
安装、拆除、堆放	(1)大模板的存放应满足自稳角的要求,并进行面对面堆放,长期堆放时,应用杉槁通过吊环把各块大模板连在一起。 没有支架或自稳角不足的大模板,要存放在专用的插放架上,不得靠在其他物体上,防止滑移倾倒。 (2)在楼层上放置大模板时,必须采取可靠的防倾倒措施,防止碰撞,造成坠落。遇有大风天气,应将大模板与建筑物固定。

续表

项目	说　明
安装、拆除、堆放	(3)在拼装式大模板进行组装时，场地要坚实平整，骨架要组装牢固，然后由下而上逐块组装。组装一块立即用连接螺栓固定一块，防止滑脱。整块模板组装以后，应转运至专用堆放场地放置。 (4)大模板上必须有操作平台、上人梯道、护身栏杆等附属设施；如有损坏，应及时修补。 (5)在大模板上固定衬模时，必须将模板卧放在支架上，下部留出可供操作用的空间。 (6)起吊大模板前，应将吊装机械位置调整适当，稳起稳落，就位准确，严禁大幅度摆动。 (7)安装和拆除大模板，吊车司机与安装人员应经常检查索具，密切配合，做到稳起、稳落、稳就位，防止大模板大幅度摆动，碰撞其他物体，造成倒塌事故。 (8)模板安装和拆除时，指挥、挂钩和安装人员应经常检查吊环。起吊时应用卡环和安全吊钩，不得斜牵起吊。严禁操作人员随模板起落。 (9)大模板安装时，应先内后外对号就位。单面模板就位后，用钢筋三角支架插入板面螺栓眼上支撑牢固。双面模板就位后，用拉杆和螺栓固定。未就位固定前不得摘钩。 (10)有平台的大模板起吊时，平台上禁止存放任何物体。里外角模和临时摘、挂的板面与大模板必须连接牢固，防止脱开和断裂、坠落。 (11)外板内浇工程大模板安装就位后，应及时用穿墙螺栓将模板连成整体，并用花篮螺栓与外墙板固定，以防倾斜。 (12)全现浇大模板工程安装外侧大模板时，必须确保三角挂架、平台板的安装牢固，及时绑好护栏和安全网。大模板安装后，应立即拧紧穿墙螺栓。安装三角挂架和外侧大模板的操作人员必须系好安全带。 (13)大模板安装就位后，要采取防止触电的保护措施，将大模板加以串联，并同避雷网接通，防止漏电伤人。 (14)安装或拆除大模板时，操作人员和指挥必须站在安全可靠的地方，防止意外伤人。 (15)分开浇筑纵横墙混凝土时，可在两道横墙的模板平台上搭设临时走道或其他安全措施。禁止操作人员在外墙上行走。 (16)拆模后起吊模板时，应检查所有穿墙螺栓和连接件是否全都拆除，在确认无遗漏、模板与墙体完全脱离后，方准起吊。待起吊高度超过障碍物后，方准转臂行车。 (17)在楼层或地面临时堆放的大模板，都应面对面放置，中间留出60cm宽的人行道，以便清理和涂刷隔离剂。 (18)大模板放置时，下面不得压有电线和气焊(割)管线。采用电热法养护混凝土时，必须将模板串联并与避雷网接通，防止漏电。 (19)在电梯间进行模板施工作业，必须逐层搭好安全防护平台，并检查平台支腿伸入墙内的尺寸是否符合安全规定。拆除平台时，先挂好吊钩，操作人员退到安全地带后，方可起吊

1-39 模板结构的挠度要求有哪些?

模板结构除必须保证足够的承载能力外，还应保证有足够的刚度。因此，应验算模板及其支架的挠度，其最大变形值不得超过下列允许值：

（1）对结构表面外露（不做装修）的模板，为模板构件计算跨度的1/400；

（2）对结构表面隐蔽（做装修）的模板，为模板构件计算跨度的1/250；

（3）支架的压缩变形值或弹性挠度，为相应的结构计算跨度的1/1000；

（4）浇水混凝土模板，应按设计要求单独设计。

另外，采用组合钢模板、钢框胶合板模板时，亦可参照现行《组合钢模板技术规范》（GB 50214）、《钢框胶合板模板技术规程》（JGJ 96）的有关规定执行。

1-40 采用扣件式钢管脚手架搭设高大支模架时，有哪些要求?

（1）每根立杆上的每步水平杆必须双向设置，搭设时双向水平杆应与立杆扣接，支架架体必须构造完整；

（2）架体中设计的垂直剪刀撑和水平层剪刀撑应与支架同步搭设，支架架体应与周边已有一定强度的混凝土结构顶紧或拉结；

（3）对大尺寸混凝土构件下的支架，其立杆顶部宜插入可调托座形成轴心受压传递荷载；当支架顶部采用水平杆与立杆扣接传递荷载时，顶层的双向水平杆与立杆扣接的扣件螺栓拧紧力矩应全数检查，拧紧力矩应满足40～65N·m的要求；

（4）立杆的纵、横向间距应满足设计要求，立杆上的上、下层水平杆间距（立杆步距）不应大于1.8m，顶层立杆步距不应大于1.5m；支架立杆的搭设垂直偏差不宜大于5/1000，且不应大于50mm；

（5）垂直剪刀撑宜设置在架体四周及中间区域的大尺寸梁轴线下；水平剪刀撑宜不大于4个立杆步距设置；支架顶层应设置水平剪刀撑。

1-41 采用碗扣式和承插盘扣式钢管搭设高大支模架时，有哪些要求？

（1）碗扣架或盘扣架的水平杆与立杆的扣接必须牢靠，不应滑脱；

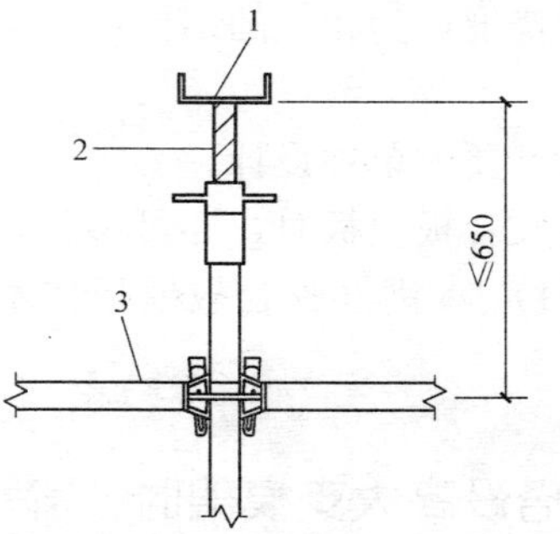

图1-93 立杆带可调托座伸出顶层水平杆的悬臂长度

1—可调托座；2—立杆悬臂端；3—碗扣或盘扣架顶层水平杆

（2）立杆上的上、下层水平杆间距（立杆步距）不应大于1.8m；

（3）模板支架应严格控制立杆上可调托座伸出顶层水平杆的悬臂长度（图1-93），悬臂长度不应超过650mm。架体最顶层的水平杆步距应比标准步距缩小一个定尺的碗扣或盘扣间距；

（4）立杆间应设置专用斜杆或扣件钢管斜杆，在垂直向和水平向将模板支架加强成几何稳定的具有一定抗扭能力的受力结构。

1-42 采用门式钢管架搭设高大支模架时，有哪些要求？

（1）宜采用主立杆钢管直径大于48mm并有横杆加强杆的门架搭设高大支模架；

（2）应采用将可调托座插入门架主立杆直接传递荷载的安装

方式，交叉支架应在每列门架两侧设置，并应采用锁销与门架立杆锁牢，施工期间不得随意拆除，水平架应每步设置；

（3）水平加固杆应在满堂支架的周边顶层、底层及中间每5列、5排通长连续设置，并应采用扣件与门架立杆扣牢。剪刀撑应在满堂支架外侧周边和内部每隔15m间距设置，剪刀撑宽度不应大于4个跨距或间距，斜杆与地面倾角宜为40°～60°。

1-43 为什么现浇混凝土结构不能过早拆模？

现浇混凝土结构的拆模时间必须根据混凝土的强度增长情况来确定。因为混凝土强度的增长速度与水泥品种和强度等级、水灰比、气温、养护条件以及外加剂的使用有着密切的关系。若混凝土强度过低而过早拆模，易引起下列问题：

（1）混凝土强度过低，不能承受自重及施工荷载，因混凝土抗拉强度低，易在受拉区出现裂缝，甚至受压区破坏，造成安全事故，这将是很危险的。

（2）过早拆模，将会加大混凝土的徐变量。混凝土长期受有外力，其变形具有随着时间的延续而不断增加的特性，即混凝土的“徐变”。而且这种变形是塑性变形，即变形是不可恢复的，尤其在混凝土的早期强度阶段，徐变量很大，以梁、板为例，过早拆模后，在自重及施工荷载的作用下，混凝土受压区徐变量增加，将导致较大的结构变形（挠度值增加），有时可增至理论变形的2～3倍，这在结构上是不能允许的。

（3）过早拆模由于混凝土强度低，在拆模过程中易产生混凝土缺棱掉角或局部坍塌现象，削弱构件断面，影响承载能力和外观质量。

（4）因混凝土强度低，混凝土与钢筋共同工作能力差，在构件自重、施工荷载和其他振动作用下，易引起钢筋在混凝土内的滑动，从而降低了钢筋的握裹力。

（5）过早拆模，因混凝土强度低，不能克服混凝土与模板表面的粘结力，会造成混凝土表面剥落，常称作“粘模”现象，严重影响混凝土的外观质量。

所以，在不同的施工季节，确定拆模日期和拆模方法，提供拆模混凝土试块的拆模强度，都是非常重要的，决不可只片面强调工期紧，工序多而掉以轻心。若确实需提前拆模，可掺用早期外加剂，使用早强水泥，或只拆侧模，拆模后应做临时支顶和加固，尤其对悬挑构件或敏感性部位的拆模更应给予高度重视。因此，应在施工组织设计、施工方案中明确施工工序安排、施工进度计划和模板周转计划，一般梁、板等承重底模板及其支架须配备 3～4 层，梁、柱、墙等非承重侧模板宜配 1～2 层，不能因为模板周转数量少而影响施工工期或提早拆模。

模板及其支架拆除时，混凝土的抗压强度应符合设计要求，当设计无具体要求时，侧模拆除应在混凝土强度能保证其表面及棱角不因拆除模板而受损坏，方可拆除；底模拆除应符合表1-10的规定。

底模拆除时的混凝土强度要求　　　　表 1-10

构件类型	构件跨度/m	达到设计的混凝土立方体抗压强度标准值的百分率(%)
板	≤2	≥50
	>2,≤8	≥75
	>8	≥100
梁、拱、壳	≤8	≥75
	>8	≥100
悬臂构件	>2	≥100

1-44　为什么模板的拆除应在施工方案中规定拆模顺序和有关具体要求？

模板拆除方案中，如果未规定拆模顺序和具体要求，就会导致模板拆除顺序颠倒，甚至硬砸猛撬，损坏模板设备和构件外形，往往会造成损伤构件质量和人身安全事故。

（1）要坚持执行合理的拆模顺序。

1）拆除模板时必须确保混凝土结构安全和外观质量。拆模顺序一般情况下是先装后拆，后装先拆。先拆除承重较小部位的模板及其支架，然后拆除其他部位的模板及支架。

① 普通模板：一般先拆非承重模板，后拆承重模板；先拆侧模，后拆底模。

② 大型结构模板：必须按预先制订的施工技术方案进行。

③ 框架模板：一般是先拆柱模，再拆楼模板，然后拆梁侧模，最后拆梁底模。

④ 楼梯模板：顺序是梯级板→梯级侧板→梯板侧板→梯板底板。

2）柱模板的拆除，当单块组拼时，应先拆除钢楞、柱箍和对拉螺栓等连接件、支撑件，再由上而下逐步拆除；预组拼模板则应先拆除两个对角的卡件，并作临时支撑后，再拆除另两个对角的卡件，待吊钩挂好，拆除临时支撑，方能脱钩起吊。

3）墙模板的拆除，当为单块组拼时，在拆除对拉螺栓、大小钢楞和连接件后，从上而下逐步拆除；预组拼模板应在挂好吊钩，检查所有连接件拆除后，方能拆除临时支撑脱模起吊。

4）梁、板模板拆除时，应先拆梁侧模，再拆楼板底模，最后拆除梁底模。拆除跨度较大的梁下支柱时，应先从跨中开始分别拆向两端。

5）多层楼板模板和支柱的拆除，应按下列要求进行：上层楼板正在浇筑混凝土时，下一层楼板的模板支柱不得拆除，再下一层楼板模板的支柱，仅可拆除一部分，跨度 4m 及其以上的梁下均应保留支柱，其间距不得大于 3m。

（2）模板拆除过程中要有安全技术措施

模板及其支架配件种类多，工作量大，且多为人工操作，又为高空作业，因此，如果拆模前无具体的安全技术交底，拆模过程中无一定的针对性安全措施，极易发生安全事故。因此：

1）拆模板施工前，现场施工员应按照模板施工方案中关于模板拆除施工安全技术措施结合现场具体情况向操作班组作详细的安全技术交底以及注意事项和自我保护措施。

2）现场应严格落实模板施工方案中的安全设施，如登高设施、拆模脚手架、设警戒标志等。

3）拆模必须提出申请，并根据混凝土同条件养护试件强度达到规定时，方可批准拆除。

4）模板拆除顺序和方法，应按照模板施工方案的规定进行，遵循先支后拆，先非承重部位、后承重部位以及自上而下的原则。

5）拆模板必须有稳固的登高工具，高度超过 3.5m 时必须搭设脚手架。脚手架应有防护栏杆和安全网。拆模过程中，除操作人员外下面不得站人。在高处作业的操作人员应挂安全带，必要时下面要设警戒标志。

6）支承件和连接件应逐件拆卸，模板应逐块拆卸传递。模板拆除，上下应有人接应，随拆随运，不得堆放在脚手板上，严禁抛掷踩撞。拆模时，所有支承连接的活动件必须拆卸完毕，或者将活动件固定后才能停歇。拆除承重模板时，必要时应先设临时支撑，然后进行拆除，防止模板整体塌落。

1-45 为什么大模板的安装拆除和存放应有针对性的安全技术措施？

大模板安装就位后如未及时用穿墙螺栓、花篮螺栓等将全部模板连接成整体，大模板极易倾倒造成安全事故。大模板拆除起吊前，如未检查所有穿墙螺栓全部拆除后就起吊，容易造成个别穿墙螺栓遗忘拆除，起吊后拉裂墙体或拉断吊钩，造成工程质量和安全事故。大模板存放时如未能满足自稳角的要求，极容易在大风或其他物体碰撞时倾倒，造成安全事故。由此，必须要有针对性的安全技术措施。

（1）大模板安装

1）大模板必须有操作平台、上人梯道、防护栏杆等附属设施。如有损坏，应及时补修。

2）大模板起吊前，应先调整好吊装机械的位置，以便于稳起稳落，就位准确，避免大幅度摆动。

3）大模板安装就位后，应及时用穿墙螺栓、花篮螺栓将全部模板联接成整体，防止倾倒。

4）全现浇大模板工程在安装外墙外侧模板时，必须确保三角挂架、平台等安装牢固（见图1-82）。外侧模板安装后，应立即穿好锁杆，紧固螺栓。

5）大模板安装就位后，要采取防止触电保护措施，将大模板串联起来，并同避雷网接通，防止漏电伤人。

（2）大模板拆除和存放

1）大模板拆除起吊前，应检查所有穿墙螺栓是否全部拆除。在确无遗漏、模板与墙体完全脱离后，方准起吊。拆除外墙模板时，应先挂好吊钩，绷紧吊索，门、窗洞口模板拆除后，再行起吊。待起吊高度越过障碍物后，方准行车转臂。

2）大模板拆除后，要加以临时固定，面对面放置，中间留出600mm宽的人行通道，以便清理和涂刷隔离剂。大模板的存放应满足自稳角的要求，并采取面对面存放。长期存放应将模板连成整体。没有支架或自稳角不足的大模板，要存放在专用的插放架上，或平卧堆放，不得靠在其他物体上，防止滑移倾倒。

在楼层内存放大模板时，必须采取可靠的防倾倒措施。遇有大风天气，应将大模板与建筑物固定。

3）冬期施工时，操作人员不得靠在堆放的大模板边避风、晒太阳休息，以免大模板倾倒伤人。

1-46 为什么刚拆除模板和支撑的混凝土梁、板上要控制承受施工荷载？

现场施工中各工种交叉作业，各种材料和设备往往临时堆放在刚拆除模板及支撑的混凝土梁、板上，这些施工荷载变化大，堆放时常伴有振动，如控制不严，很容易产生施工荷载在某一部位集中且过大，超过所能承受的使用荷载，造成混凝土梁、板裂缝甚至破坏。

所以混凝土梁、板模板及支撑拆除时，其混凝土强度必须满足设计或规范要求。并合理安排好各工种的交叉作业，控制施工荷载不超量。拆下的钢模板、钢管脚手等不宜堆放在梁、板上，应随拆随运走；砖、钢筋、设备等宜分散堆放，施工前应认真核算施工荷载，必要时在施工荷载较大的梁、板下加设临时支撑。

1-47 采用快拆支模体系和多层连续支架模板及其支架的拆除有哪些要求？

（1）采用快拆支架体系时，且立柱间距不大于 2m，板底模板可在混凝土强度达到设计混凝土强度等级值的 50％时，保留支架体系并拆除模板块；梁底模板应在混凝土强度达到设计混凝土强度等级值的 75％时，保留支架体系并拆除模板块。

（2）多高层建筑施工中，配置了多层（常为两层或三层）模板支架或二次支撑，它的拆除要求与单层不同。如图 1-94 所示，支架或二次支撑把板 2 和板 1 连成整体。浇筑板 3 混凝土时，处于最不利的受荷状态，施工活荷载 W 与板 3 自重 Q 及模板系统自重等全部荷载由板 2 和板 1 共同分担。如果施工循环周期为每两周施工一个楼层，则板 2 的混凝土龄期为 14d，板 1 的龄期为 28d，板 1 能承受 100％的使用荷载，板 2 只能承受 50％。当上部传来的全部荷载小于板 1 和板 2 按实际混凝土强度折算的合计承载力时，该施工状态是安全的。在浇筑板 3 混凝土并养护一定时间后，可拆去板 2 下的模板支架或二次支撑。因此，多楼层连续支模及拆除应符合以下要求：

1）位于楼层间连续支模层的底层支架拆除时间，应根据各支架层已浇混凝土强度的增长情况以及顶部支模层的施工荷载在连续支模层及楼层间的荷载传递计算确定。

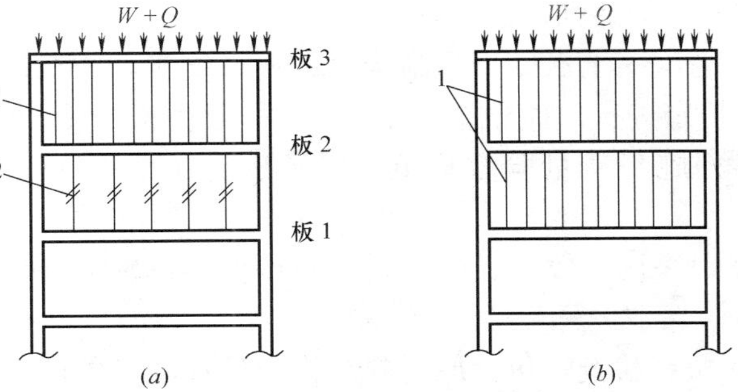

图 1-94　多层模板支架的受力状态

(a) 有二次支撑；(b) 无二次支撑

1—支架；2—二次支撑

2）当模板支架层拆除后，采用二次支撑回顶以增加连续支模层数时，必须采用具有高度可调的钢支柱等支架形式，回顶以略顶紧为宜。

1-48　为什么要了解和掌握混凝土结构工程的分项工程、检验批质量验收内容和合格标准?

在形成混凝土结构的整个施工过程中，不同工序对施工质量的影响并不相同，有些影响比较轻微，有些则是决定性的。因此，若对检验批验收内容和合格标准不了解不掌握，就会分不清哪些工序影响是轻微的，哪些工序是决定性的，将会造成混凝土结构主要性能、安全、功能得不到保证，对后续工序造成隐患。

1-49　混凝土结构分项工程的质量验收内容和合格标准有哪些?

（1）检验批质量验收内容

1）实物检查

① 对原材料、构配件和器具等产品的进场复验，应按进场

的批次和产品的抽样检验方案执行。

② 对混凝土强度、预制构件结构性能等，应按国家现行有关标准规定进行，抽样检验方案、取样方法和数量按照《混凝土结构工程施工质量验收规范》（GB 50204—2002）有关条文规定。

③ 对采用计数检验的项目，应按抽查点数的合格点率进行检查。

2）资料检查。包括原材料、构配件和器具等的产品合格证（中文质量合格证明文件、规格、型号及性能检测报告等）及进场复验报告。施工过程中重要工序的自检和交接检记录、抽样检验报告、见证检测报告、隐蔽工程验收记录等。

（2）检验批质量验收合格标准

1）主控项目的质量经抽样检验合格。

2）一般项目的质量经抽样检验合格；当采用计数检验时，除有专门要求外，一般项目的合格点率应达到80%及以上，且不得有严重缺陷和超过允许偏差值1.5倍的尺寸偏差；梁类、板类构件受力钢筋保护层厚度和预应力筋束形控制点的竖向位置偏差合格点率应达到90%及以上，且不得有超过1.5倍允许偏差值的尺寸偏差。

3）具有完整的施工操作依据和质量验收记录。

4）对验收合格的检验批，宜做出合格标志。

1-50 为什么混凝土结构分项工程施工时，必须建立严格的质量检查验收制度?

混凝土结构子分部工程施工时，如果没有一套严格的检查验收制度，容易出现偷工减料、操作不精心等现象，从而严重地影响混凝土结构工程的施工质量。

因此，对混凝土结构分项工程施工的各道工序均应建立一套完整的自检、交接检和专职人员检查的“三检”制度，并应有完整的检查记录。每道工序完成后，应经监理单位（建设单位）进行检查验收，即在操作人员自检合格的基础上，进行工序之间的交接检和专职质量人员的专检，检查结果应有完整的记录，然后再经监理单位（或建设单位）进行检查验收，合格后方可进行下道工序的施工，以达到消除质量隐患的目的。

1-51 模板分项工程质量验收的一般规定有哪些？

（1）模板及其支架应根据工程结构形式、荷载大小、地基土类别、施工设备和材料供应等条件进行设计。模板及其支架应具有足够的承载能力、刚度和稳定性，能可靠地承受浇筑混凝土的质量、侧压力以及施工荷载。

本条为强制性条文，是对模板安装的基本要求。

（2）在浇筑混凝土前，应对模板工程进行验收。

由于在浇筑混凝土时，在混凝土重力、侧压力及施工荷载作用下，模板及支架极易发生胀模（变形）、跑模（位移），甚至坍塌。因此，必须在浇筑混凝土前，对模板工程进行验收。

（3）模板及其支架拆除的顺序及安全措施应按施工技术方案执行。

1-52 模板安装工程质量验收的主控项目有哪些？

1. 主控项目

（1）安装现浇结构的上层模板及其支架时，下层楼板应具有承受上层荷载的承载能力，或加设支架；下、下层支架的立柱应对准，并铺设垫板。

检验方法：对照模板设计文件和施工技术方案观察。

检查数量：全数检查。

(2) 在涂刷模板隔离剂时，不得沾污钢筋和混凝土接缝处。

检查数量：全数检查。

检查方法：观察。

2. 一般项目

(1) 模板安装应满足下列要求：

1) 模板的接缝不应漏浆；在浇筑混凝土前，木模板应浇水湿润，但模板内不应有积水；

2) 模板与混凝土的接触面应清理干净并涂刷隔离剂，但不得采用影响结构性能或妨碍装饰工程施工的隔离剂；

3) 浇筑混凝土前，模板内的杂物应清理干净；

4) 对清水混凝土工程及装饰混凝土工程，应使用能达到设计效果的模板。

检查数量：全数检查。

检验方法：观察。

(2) 用作模板的地坪、胎模等应平整光洁，不得产生影响构件质量的下沉、裂缝、起砂或超鼓。

检查数量：全数检查。

检验方法：观察。

(3) 对跨度不小于 4m 的现浇钢筋混凝土梁、板，其模板应按设计要求起拱；当设计无具体要求时，起拱高度宜为跨度的 1/1000～3/1000。

检查数量：在同一检验批内，对梁，应抽查构件数量的 10%，且不小于 3 件；对板，应按有代表性的自然间抽查 10%，且不小于 3 间；对大空间结构，板可按纵、横轴线划分检查面，抽查 10%，且不小于 3 面。

检验方法：水准仪或拉线、钢尺检查。

(4) 固定在模板上的预埋件、预留孔和预留洞均不得遗漏，且应安装牢固，其偏差应符合表 1-11 的规定。

检查数量：在同一检验批内，对梁、柱和独立基础，应抽查构件数量的 10%，且不小于 3 件；对墙和板，应按有代表性的自然间抽查 10%，且不小于 3 间；对大空间结构，墙可按相邻轴线间高度 5m 左右划分检查面，板可按纵横轴线划分检查面，抽查 10%，且均不小于 3 面。

检验方法：钢尺检查。

预埋件和预留孔洞的允许偏差　　表 1-11

项　　目		允许偏差(mm)
预埋钢板中心线位置		3
预埋管、预留孔中心线位置		3
插筋	中心线位置	5
	外露长度	+10
预埋螺栓	中心线位置	2
	外露长度	+10
预留洞	中心线位置	10
	尺寸	+10

注：检查中心线位置时，应沿纵、横两个方向量测，并取其中的较大值。

(5) 现浇结构模板安装的偏差应符合表 1-12 的规定。

检查数量：在同一检验批内，对梁、柱和独立基础，应抽查构件数量的 10%，且不小于 3 件；对墙和板，应按有代表性的自然间抽查 10%，且不小于 3 间；对大空间结构，墙可按相邻轴线间高度 5m 左右划分检查面，板可按纵、横轴线划分检查面，抽查 10%，且均不小于 3 面。

现浇结构模板安装的允许偏差及检验方法　　表 1-12

项　　目		允许偏差(mm)	检 验 方 法
轴线位置		5	钢尺检查
底模上表面标高		±5	水准仪或拉线、钢尺检查
截面内部尺寸	基础	±10	钢尺检查
	柱、墙、梁	+4，−5	钢尺检查
层高垂直度	不大于 5m	6	经纬仪或吊线、钢尺检查
	大于 5m	8	经纬仪或吊线、钢尺检查
相邻两板表面高低差		2	钢尺检查
表面平整度		5	2m 靠尺和塞尺检查

注：检查轴线位置时，应沿纵、横两个方向量测，并取其中的较大值。

(6) 预制构件模板安装的偏差应符合表1-13的规定。

检查数量：首次使用及大修后的模板应全数检查；使用中的模板应定期检查，并根据使用情况不定期抽查。

预制构件模板安装的允许偏差及检验方法　　表1-13

项　目		允许偏差(mm)	检验方法
长度	板、梁	±5	钢尺量两角边，取其中较大值
	薄腹梁、桁架	±10	
	柱	0，−10	
	墙板	0，−5	
宽度	板、墙板	0，−5	钢尺量一端及中部，取其中较大值
	梁、薄腹梁、桁架、柱	+2，−5	
高(厚)度	板	+2，−3	钢尺量一端及中部，取其中较大值
	墙板	0，−5	
	梁、薄腹梁、桁架、柱	+2，−5	
侧向弯曲	梁、板、柱	l/1000且≤15	拉线、钢尺量最大弯曲处
	墙板、薄腹梁、桁架	l/1500且≤15	
板的表面平整度		3	2m靠尺和塞尺检查
相邻两板表面高低差		1	钢尺检查
对角线差	板	7	钢尺量两个对角线
	墙板	5	
翘曲	板、墙板	l/1500	调平尺在两端量测
设计起拱	薄腹梁、桁架、梁	±3	拉线、钢尺量跨中

注：l为构件长度（mm）。

1-53 模板拆除工程质量验收的主控项目有哪些?

1. 主控项目

(1) 底模及其支架拆除时的混凝土强度应符合设计要求；当设计无具体要求时，混凝土强度应符合表1-7的规定。

检验方法：检查同条件养护试件强度试验报告。

检查数量：全数检查。

（2）对后张法预应力混凝土结构构件，侧模宜在预应力张拉前拆除；底模支架的拆除应按施工技术方案执行，当无具体要求时，不应在结构构件建立预应力前拆除。

检验方法：观察。

检查数量：全数检查。

（3）后浇带模板的拆除和支设应按施工技术方案执行。

检验方法：观察。

检查数量：全数检查。

2. 一般项目

（1）侧模拆除时的混凝土强度应能保证其表面及棱角不受损伤。

检查数量：全数检查。

检验方法：观察。

（2）模板拆除时，不应对楼层形成冲击荷载。拆除的模板和支架宜分散堆放并及时清运。

检查数量：全数检查。

检验方法：观察。

1-54 对现浇结构模板安装的允许偏差及检验方法有哪些规定？

现浇结构模板安装的允许偏差及检验方法按表 1-14 执行：

现浇结构模板安装的允许偏差及检验方法　　表 1-14

项　目		允许偏差/mm	检验方法
轴线位置		5	钢尺检查
底模上表面标高		±5	水准仪或拉线、钢尺检查
截面内部尺寸	基础	±10	钢尺检查
	柱、墙、梁	+4，-5	钢尺检查

续表

项目		允许偏差/mm	检验方法
层高垂直度	不大于 5m	6	经纬仪或吊线、钢尺检查
	大于 5m	8	经纬仪或吊线、钢尺检查
相邻两板表面高低差		2	钢尺检查
表面平整度		5	2m 靠尺和塞尺检查

注：检查轴线位置时，应沿纵横两个方向测量，并取其中较大值。

检查数量：在同一检验批内，对梁、柱和独立基础，应抽查构件数量的10%，且不少于3件；对墙和板，应按有代表性的自然间抽查10%，且不少于3间；对大空间结构，墙可按相邻轴线间高度5m左右划分检查面，板可按纵横轴线划分检查面，抽查10%，且不小于3面。

二、钢筋工程施工

2-1 建筑工程用钢筋有哪些种类?

（1）按生产工艺分

1）热轧钢筋

由轧钢厂经过热轧成材供应，钢筋直径为6mm至50mm。直径较小的（6mm至8mm）需以圆盘条的形式供应；直径较大的（8mm至14mm）可以圆盘条或直条形式供应；直径很大的（大于14mm）需以直条形式供应。

以圆盘条形式供应的钢筋称为“低碳钢热轧圆盘条”（低碳钢塑性性能较好，才可以制成圆盘条），俗称“盘圆钢筋”。若以圆盘条形式供应直径大于9mm的钢筋，应由供需双方协商，并有足够大的盘径。

2）冷轧钢筋

用低碳钢或普通低合金钢热轧圆盘条作为母材，经冷轧或冷拔减径后在其表面冷轧成具有三面或二面月牙形横肋的钢筋，这就是冷轧带肋钢筋。另外，还有一种冷轧扭钢筋，它是利用低碳钢热轧圆盘条经专用钢筋冷轧扭机调直、冷轧并冷扭一次成型的，这种钢筋是用特殊设备制作的，工艺比较复杂，钢筋被轧、扭后的形状也很特别。

3）冷拔钢丝

① 冷拔低碳钢丝

这种钢筋（因为直径很小，称为钢丝）是将直径为6～10mm的低碳钢钢筋在常温下通过拔丝模多次强力拉拔而成。经过冷拔的钢丝与原来的（低碳钢钢筋）对比，强度提高了，而直径较小。

② 高强度钢丝

由高碳钢钢筋拔制而成。因为高强度钢丝的材质要求高，所以它们都是由专门钢厂生产的。

4）冷拉钢筋

冷拉钢筋是将热轧钢筋在常温下进行强力拉伸，使它强度提高的一种钢筋。这种冷拉操作都在施工工地进行。

5）余热处理钢筋

余热处理钢筋是利用一种制钢特殊工艺生产的，这种工艺是：热轧后立即穿水，进行表面控制冷却，然后利用芯部余热自身完成回火处理。

6）热处理钢筋

热处理钢筋是由中碳钢制成普通低合金钢钢筋经淬火和回火的调质热处理而得。

7）其他

用压痕方法将钢丝加工成刻痕钢丝（以改善它与混凝土之间的结合）；用捻制方法将钢丝集束成钢绞线（使钢丝集中受拉，加强整体工作）。

（2）按化学成分分

1）碳素钢钢筋

碳素钢除了含有铁元素之外，还含有少量的碳、硅、锰等元素。其中碳对钢材性能的影响最大，在所有元素之中含量变化引起性能波动最敏感。

① 低碳钢钢筋

低碳钢属于“普通碳素结构钢”，它的含碳量低于0.25%。用低碳钢热轧制成的低碳钢钢筋的截面呈圆形，实际上就是一种表面光滑的钢条。

相对于其他钢筋，低碳钢钢筋的强度较低，但是塑性性能较好。

在钢筋混凝土结构中，只应用一种牌号为“Q235”的低碳钢钢筋，其中Q为“屈服点”，235为屈服点数值。

低碳钢钢筋仅用于普通钢筋混凝土，或作为非预应力钢筋用于预应力混凝土中。

② 高碳钢钢筋

高碳钢属于“优质碳素结构钢”，它的含碳量为0.7%～1.4%，而用于钢筋混凝土中的钢筋通常采用70、75、80、85号钢（钢号的数值约为含碳量的万分数，例如70号钢的含碳量为万分之70），它们的含碳量为0.7%～0.9%。

高碳钢钢筋的强度较高，并且制成的钢筋较细（直径为3mm至9mm），故通常称为“碳素钢丝”或“高强度钢丝”。

高碳钢钢筋仅用于预应力混凝土。

2）普通低合金钢钢筋

在碳素钢中，含碳量为0.25%～0.7%的称为中碳钢（含碳量为0.7%的也可以归于高碳钢）。在低碳钢或中碳钢（含碳量0.2%～0.6%）的成分中加入少量合金元素，如钛、钒等热轧而成的钢筋称为普通低合金钢钢筋。加入合金元素后可以相应地改善钢筋的综合性能，如提高强度、增强可焊性等。

常用的普通低合金钢钢筋有“20锰硅”（20MnSi）、“45硅锰钒”（45SiMnV）、“20锰铌半”（20MnNbb）、（“半”是半镇静钢的意思，半镇静是炼钢工艺的一种特征）等。

（3）按强度等级分

1）热轧钢筋

热轧钢筋的强度等级由原来的Ⅰ级、Ⅱ级、Ⅲ级和Ⅳ级更改为按照屈服强度分为HPB300、HRB335级、HRB400级、HRB500级。

根据《混凝土结构设计规范》（GB 50010—2010）规定：普通钢筋宜采用热轧带肋钢筋HRB400级和HRB335，也可采用热轧光圆钢筋HPB300和余热处理钢筋RRB400级；并提倡用HRB400级（即新Ⅲ级）钢筋作为我国钢筋混凝土结构的主要钢种。

热轧钢筋分为热轧光圆钢筋和热轧带肋钢筋两种。热轧光圆钢筋应符合现行国家标准《钢筋混凝土用钢第 1 部分：热轧光圆钢筋》（GB 1499.1）的规定。热轧带肋钢筋应符合现行国家标准《钢筋混凝土用钢第 2 部分：热轧带肋钢筋》（GB 1499.2）的规定。

2）钢筋焊接网

钢筋焊接网是由纵向钢筋和横向钢筋分别以一定间距排列且互成直角，全部交叉点均用电阻点焊在一起的钢筋网件。

现行国家标准《钢筋混凝土用钢筋焊接网》（GB/T 1499.3）和住房和城乡建设部行业标准《钢筋焊接网混凝土结构技术规程》（JGJ 114—2003）已颁布实施。钢筋焊接网已列入我国建筑业重点推广项目，具有较大的发展前景。

钢筋焊接网宜采用 CRB550 级冷轧带肋钢筋或 HRB400 级热轧带肋钢筋制作，也可采用 CPB550 级冷拔光面钢筋制作。

（4）按轧制外形分

主要分为光圆钢筋和带肋钢筋。带肋钢筋按肋的形状又分为：月牙肋形、人字纹形和螺旋纹形（如冷轧扭钢筋）。

2-2 什么是热轧带肋钢筋？

热轧钢筋分为热轧光圆钢筋（牌号 HPB）和热轧带肋钢筋（牌号 HRB），均为普通混凝土结构工程常用钢筋。

热轧带肋钢筋的外形见图 2-1。热轧带肋钢筋的横肋与钢筋轴线夹角 β 不应小于 45°，当该夹角不大于 70°时，钢筋相对面上横肋的方向应相反，横肋的间距不得大于钢筋公称直径的 0.7 倍。横肋侧面与钢筋表面的夹角 α 不得小于 45°。钢筋相邻两面上横肋末端之间的间隙（包括纵肋宽度）总和不应大于钢筋公称周长的 20％。

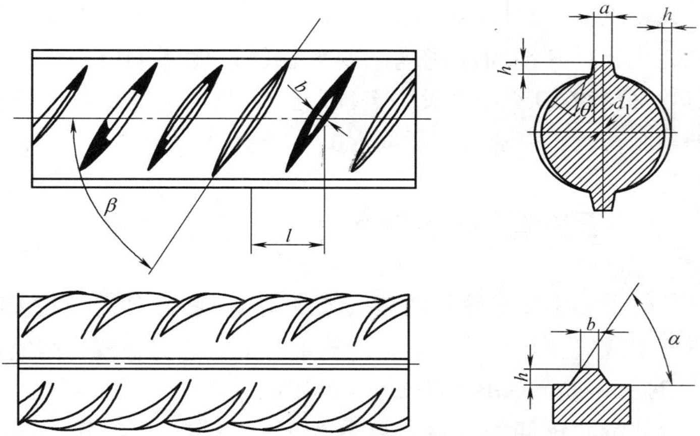

图 2-1　月牙肋钢筋表面及截面形状

d_1—钢筋内径；α—横肋斜角；h—横肋高度；β—横肋与轴线夹角；h_1—纵肋高度；θ—纵肋斜角；a—纵肋顶宽；l—横肋间距；b—横肋顶宽

2-3　什么是冷轧扭钢筋？

冷轧扭钢筋是用低碳钢热轧圆盘条经专用钢筋冷轧扭机调直、冷轧并冷扭（或冷滚）一次成型具有规定截面形式和相应节距的连续螺旋状钢筋（图 2-2）。

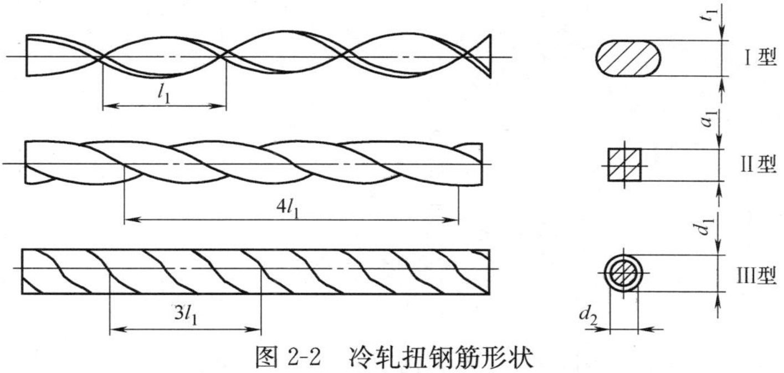

图 2-2　冷轧扭钢筋形状

l_1—节距；t_1—轧扁厚度；a_1—截面近似正方形时的边长；d_1—带螺旋状纵肋Ⅲ型冷轧扭钢筋的外圆直径；d_2—带螺旋状纵肋Ⅲ型冷轧扭钢筋纵向肋根底的内接圆直径

这种钢筋具有较高的强度，而且有足够的塑性，与混凝土粘结性能优异，其锚固性能优于变形钢筋。代替 HPB300 级钢筋可节约钢材约 30%。一般用于预制钢筋混凝土圆孔板、叠合板中的预制薄板，以及现浇钢筋混凝土楼板等。

2-4 什么是冷轧带肋钢筋?

冷轧带肋钢筋是热轧圆盘条经冷轧或冷拔减径后在其表面冷轧成三面或二面有肋的钢筋，冷轧带肋钢筋应符合现行国家标准《冷轧带肋钢筋》（GB 13788—2008）的规定。

冷轧带肋钢筋的强度，可分为五种等级：550 级、650 级、800 级、970 级及 1170 级，550 级为普通钢筋混凝土用钢筋，其他牌号为预应力混凝土用钢筋。其中，550 级钢筋宜用于钢筋混凝土结构构件中的受力钢筋、架立筋、箍筋及构造钢筋；650 级和 800 级钢筋宜用于中小型预应力混凝土构件中的受力主筋。

冷轧带肋钢筋的外形见图 2-3、图 2-4。横肋呈月牙形，沿

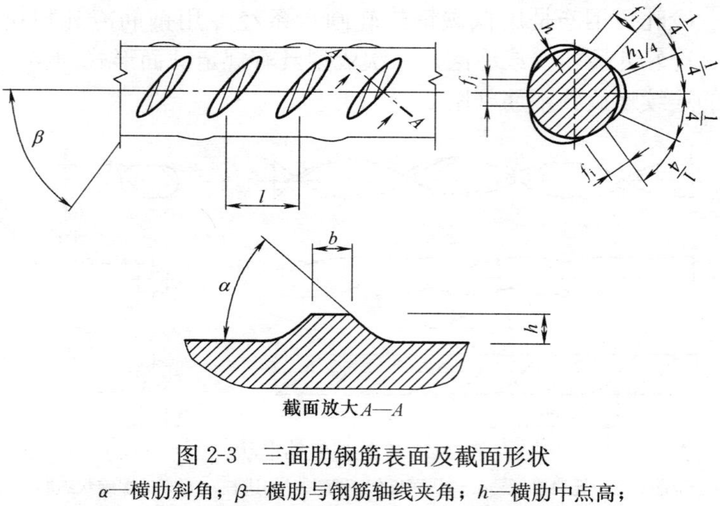

图 2-3 三面肋钢筋表面及截面形状

α—横肋斜角；β—横肋与钢筋轴线夹角；h—横肋中点高；l—横肋间距；b—横肋顶宽；f_i—横肋间隙

钢筋横截面周圈上均匀分布，其中三面肋钢筋有一面肋的倾角必须与另两面反向，二面肋钢筋一面肋的倾角必须与另一面反向。横肋的中心线和钢筋纵轴线夹角 β 为 40°～60°。横肋两侧面和钢筋表面斜角 α 不得小于 45°，横肋与钢筋表面呈弧形相交。横肋间隙的总和应不大于公称周长的 20%。

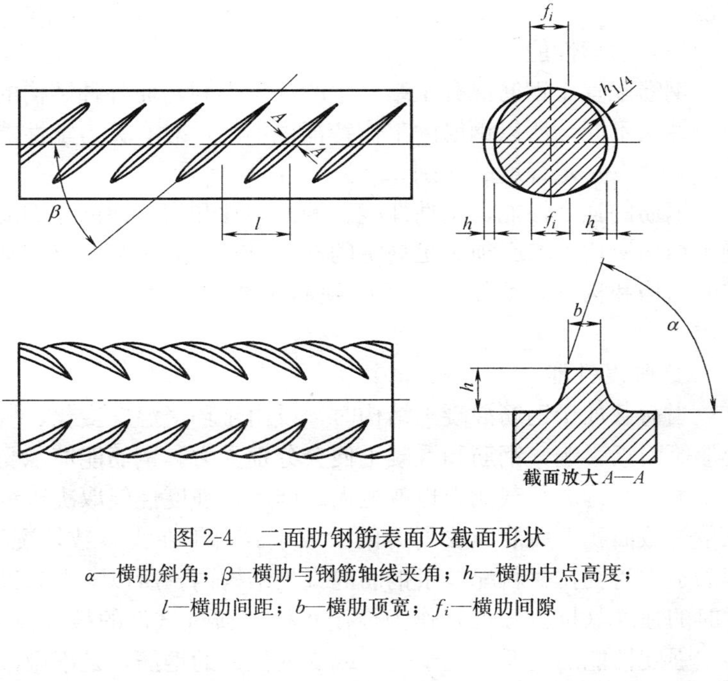

图 2-4 二面肋钢筋表面及截面形状

α—横肋斜角；β—横肋与钢筋轴线夹角；h—横肋中点高度；l—横肋间距；b—横肋顶宽；f_i—横肋间隙

2-5 常用热轧带肋钢筋有哪些牌号？各种钢筋表面的轧制标志是什么？

（1）HRB（热轧带肋钢筋）、HRBF（细晶粒钢筋）、RRB（余热处理钢筋）为三种常用带肋钢筋牌号。

（2）各种钢筋表面的轧制标志各不相同，HRB335、HRB400、HRB500 分别为 3、4、5；HRBF335、HRBF400、HRBF500 分别为 C3、C4、C5；RRB400 为 K3。对于牌号带“E”的钢筋，轧制

标志上也带“E”，HRB335E为3E，HRBF400E为C4E。

2-6 钢筋的性能包括哪些内容？

钢筋的性能包括力学性能、冷弯性能、焊接性能和锚固性能。

(1) 力学性能

钢筋配置于钢筋混凝土结构中的部位不同，而各种结构的受力条件又不同，所以钢筋的工作特征也不同，对有关力学性能的要求必然有一定程度的区别。

钢筋的强度性能、塑性性能、冲击韧性和疲劳性能是钢筋混凝土结构所用钢筋必须满足规定的性能要求，对于某些有特殊要求的结构和构件，所用钢筋还必须满足冲击韧性和疲劳性能的要求。

① 强度性能

当荷载加于钢筋混凝土结构时，或由于环境温度变化、构件变形等因素影响，钢筋和混凝土便会分别受力。钢筋能够承受的力愈大，结构的承载能力也就愈大。因此，强度性能取决于钢筋在单位截面积上所能承受的力的大或小。由于在大多数情况下，钢筋是作为受拉材料配置于钢筋混凝土结构内，所以，它只以受拉时的强度（抗拉强度）作为控制指标，通过试件的拉伸试验，确定强度性能的高低。至于受压或受其他力的钢筋，是不做试验的，这是由于受拉强度性能好的钢筋，受其他力的强度性能也好；如果受拉性能差，受其他力的强度性能也差。

钢筋混凝土构件中需用什么样的钢筋、用多少，是经过设计计算确定的。钢筋所具有的强度性能（强度有多大）必须满足设计要求才行，在钢筋的材质技术标准中都有规定。

② 塑性性能

钢筋受拉到一定程度，卸去荷载，就不再恢复原状，留下的残余变形叫做塑性变形。钢筋的塑性变形显著，就认为它的塑性性能好，可以在外力作用下产生较大的永久塑性变形而不至于破断。

塑性性能好、差直接关系到所属结构使用的安全，一般表现为以下几点：

• 钢筋成型加工时，由于弯曲处受拉力较大，如果产生塑性变形，就会因塑性性能差而导致钢筋断裂。

• 在钢筋混凝土构件中，如果配置塑性性能良好的钢筋，虽然构件产生较大挠度，还不至于折断；反之，当结构物受到意外的超荷载时，就可能发生没有预兆的猝然破坏。

• 在寒冷地区以及受动荷载作用的条件下，因低温或荷载的反复交替，有可能使某些品种的钢筋塑性性能变差，或导致钢筋来不及发挥它的全部塑性性能而破坏。

鉴定钢筋塑性性能好、差的具体做法，是看它在被拉断时伸长值是多少，并取试件加以弯曲，看看弯曲部位的情况怎样。

③ 冲击韧性

钢筋受到动荷载冲击作用时，产生一种与静荷载作用下截然不同的力，冲击韧性就是钢筋抵抗冲击作用能力强弱的指标。

冲击韧性受温度的影响很大，某些钢筋在0℃以上的条件下并不显脆性，而在低温条件下（通常指－20℃至－40℃。而以－40℃为主）则发生脆断。因此，为了确定它们在低温条件下由塑性状态朝脆性状态转化的倾向，应在低温条件下测定冲击韧性。冲击韧性要利用专门的冲击试验机进行测定。

一般钢筋混凝土结构所用的钢筋并不需要提供冲击韧性指标，但在某些有特殊要求的重级工作制吊车行走的吊车梁中，或在北方寒冷地区对某些露天作业的受动荷载作用的构件（如露天栈桥的行车梁），则需要对钢筋进行冲击韧性鉴定。

④ 疲劳性能

对于承受反复荷载的构件，相当于钢筋反复被拉伸、放松，经常这样工作，钢筋所受的应力忽大忽小，对材料性质的影响甚大，产生很不利的条件。

受多次反复荷载作用的钢筋混凝土结构，即使其中钢筋所受的应力远远低于抗拉强度，也有可能发生破坏，而且往往是脆性破坏。这种强度降低现象认为是材料“疲劳”所致。疲劳性能不好的钢筋相对地强度降低得多。

（2）冷弯性能

将钢筋进行弯曲是鉴定它的塑性性能的一种方法，主要是从加工工艺方面考虑的。

1）冷弯

冷弯是考核热轧钢筋力学性能的一项重要指标。这种方法是在常温下将钢筋弯曲至达到某规定角度，弯曲后检查试件弯曲处的外周及侧面，如无裂纹或起层等缺陷，就算冷弯合格。除了“弯曲角度”这一因素外，还得根据钢筋种类规定“弯心直径”大小来控制。试件出现裂纹之前的弯曲角度愈大，所使用的弯心直径对钢筋直径的比值愈小，就表示钢筋能承受弯曲的性能愈好。

对不同品种和规格的钢筋，所采用弯心直径和要求的弯曲角度不尽相同，弯心直径等于钢筋直径或3～6倍钢筋直径不等；弯曲角度规定采用180°或90°。

2）反复弯曲

反复弯曲是针对钢丝进行测定的指标。这种方法是在规定室温下将钢丝一端夹紧，然后绕着规定半径的圆柱形表面将它弯曲90°，再按相反方向反复弯曲，连续进行到该钢丝技术标准要求所规定的弯曲次数或试件折断为止，根据所记录的弯曲次数确定反复弯曲指标（试件折断时的最后一次弯曲不计）。

3）平面反向弯曲

对较高质量热轧带肋钢筋要进行“平面反向弯曲”试验。这种方法是在规定室温下，钢筋平面经规定角度弯曲后，在弯曲部位上再承受规定角度的反向弯曲。试件经正向和反向弯曲后，应对试件弯曲变形区内外两侧进行检查，确认表面完好（无裂纹）的为合格。

低强的热轧钢筋冷弯性能较好，强度较高的稍差，冷加工钢筋的冷弯性能最差。

冷轧扭钢筋因截面的方向性，只能在扁平方向弯折一次，限制了它的施工适应性。

（3）钢筋的焊接性能

钢材的可焊性系指被焊钢材在采用一定焊接材料、焊接工艺条件下，获得优质焊接接头的难易程度，也就是钢材对焊接加工的适应性。

钢材的可焊性常用碳当量（C_{eq}）来估计，计算公式如下：

$$C_{eq}=C+\frac{Mn}{6}+\frac{Cr+Mo+V}{5}+\frac{Ni+Cu}{15}(\%) \qquad (2\text{-}1)$$

式中　元素符号表示钢材化学成分中的元素含量（%）。C—碳；Mn—锰；Cr—铬；Mo—钼；V—钒；Ni—镍；Cu—铜。

焊接性能随碳当量百分比的增高而降低。国际标准规定不大于0.55%，认为是可焊的。根据我国经验，碳钢或低合金钢，当$C_{eq}<0.40\%$时，焊接性能优良；$C_{eq}=0.40\%\sim0.55\%$时，需预热和控制焊接工艺；$C_{eq}>0.55\%$时，难焊。

（4）钢筋的锚固性能

钢筋在混凝土中的粘结锚固作用有：胶结力——即接触面上的化学吸附作用，但其影响不大；摩阻力——它与接触面的粗糙程度及侧压力有关，且随滑移发展其作用逐渐减小；咬合力——这是带肋钢筋横肋对肋前混凝土挤压而产生的，为带肋钢筋锚固力的主要来源；机械锚固力——这是指弯钩、弯折及附加锚固等措施（如焊锚板、贴焊钢筋等）提供的锚固作用。

钢筋基本锚固长度，取决于钢筋强度及混凝土抗拉强度，并与钢筋外形有关。《混凝土结构设计规范》（GB 50010—2010）中受拉钢筋的锚固长度l_{ab}。计算公式如下：

$$l_{ab}=\alpha\frac{f_y}{f_t}d \qquad (2\text{-}2)$$

式中　l_{ab}——受拉钢筋的基本锚固长度；

f_y——普通钢筋的抗拉强度设计值（MPa）；

f_t——混凝土轴心抗拉强度设计值（MPa）；当混凝土强度等级高于 C60 时，按 C60 取值；

α——钢筋外形系数，光面钢筋为 0.16，带肋钢筋 0.14，螺旋肋钢丝 0.13；

d——钢筋的公称直径（mm）。

上式应用时，应将计算所得的基本锚固长度乘以对应于不同锚固条件的修正系数。

基本锚固长度的计算结果如表 2-1。

纵向受拉钢筋的最小锚固长度 l_a（mm）　　表 2-1

钢筋类型	混凝土强度等级			
	C15	C20～C25	C30～C35	≥C40
HPB 300 级	40d	30d	25d	20d
HRB 335 级	50d	40d	30d	25d
HRB 400 与 RRB 400 级	—	45d	35d	30d

注：1. 圆钢筋末端应做 180°弯钩，弯后平直段长度不应小于 3d；
2. 在任何情况下，纵向受拉钢筋的锚固长度不应小于 250d；
3. d—钢筋公称直径。

2-7　常用钢筋的力学性能有哪些？

（1）热轧钢筋、余热处理钢筋的力学性能基本要求，见表 2-2。

热轧钢筋、余热处理钢筋的力学性能基本要求　　表 2-2

牌号	公称直径范围（mm）	屈服强度（f_{yk}）不小于（MPa）	抗拉强度（f_{stk}）不小于（MPa）	断后伸长率（A）不小于（%）	最大力下总伸长率（A_{gt}）不小于（%）
HPB235	6～22	235	370	25.0	20.0
HPB300	6～22	300	420	25.0	10.0
HRB335 HRBF335	6～50	335	455	17.0	7.5
HRB400 HRBF400	6～50	400	540	16.0	7.5

续表

牌号	公称直径范围（mm）	屈服强度（f_{yk}）不小于（MPa）	抗拉强度（f_{stk}）不小于（MPa）	断后伸长率（A）不小于（%）	最大力下总伸长率（A_{gt}）不小于（%）
HRB500 HRBF500	6～50	500	530	15.0	7.5
RRB400	8～40	400	600	14.0	7.5

注：1. 断后伸长率 A 的量测标距为 5 倍钢筋公称直径；
2. 根据供需双方协议，伸长率可从 A 或 A_{gt} 中选定；如果伸长率类型未经协议确定，则伸长率采用 A，仲裁试验时采用 A_{gt}；
3. RRB400 钢筋是指现行国家标准《钢筋混凝土用余热处理钢筋》GB 13014 中的 KL400 钢筋，并应按标准生产；
4. 牌号带“E”的 HRB335E、HRBF335、HRB400E、HRBF400E、HRB500E、HRBF500E 钢筋的基本性能要求与本表不带“E”的牌号钢筋要求相同，另应符合本章第 3 条的要求；
5. 表中屈服强度的符号 f_{yk} 在相关钢筋产品标准中表达为 R_{eL}，抗拉强度的符号 f_{stk} 在相关钢筋产品标准中表达为 R_m。

（2）冷轧带肋钢筋的力学性能和工艺性能，见表 2-3 和表 2-4。

冷轧带肋钢筋的力学性能和工艺性能　　表 2-3

牌号	σ_b（MPa）不小于	伸长率（%）不小于		弯曲试验 180°	反复弯曲次数	松弛率 初始应力 $\sigma_{con}=0.7\sigma_b$	
		δ_{10}	δ_{100}			1000h（%）不大于	10h（%）不大于
CRB 550	550	8.0	—	$D=3d$	—	—	—
CRB 650	650	—	4.0	—	3	8	5
CRB 800	800	—	4.0	—	3	8	5
CRB 970	970	—	4.0	—	3	8	5
CRB 1170	1170	—	4.0	—	3	8	5

注：1. 抗拉强度按公称直径 d 计算；
2. 表中 D 为弯心直径，d 为钢筋公称直径；钢筋受弯曲部位表面不得产生裂纹；
3. 当钢筋的公称直径为 4mm、5mm、6mm 时，反复弯曲试验的弯曲半径分别为 10mm、15mm、15mm。
4. 对成盘供应的各牌号钢筋，经调直后的抗拉强度仍应符合表中的规定。

反复弯曲试验的弯曲半径（mm） **表 2-4**

钢筋公称直径	4	5	6
弯曲半径	10	15	15

钢筋的规定非比例伸长应力 $\sigma_{p0.2}$ 值应不小于公称抗拉强度 σ_b 的 80%，$\sigma_b/\sigma_{p0.2}$ 比值应不小于 1.05。当进行冷弯试验时，弯曲部位表面不得产生裂纹。

（3）冷轧扭钢筋的力学性能，见表 2-5。

冷轧扭钢筋强度标准值、抗拉（压）强度设计值和弹性模量（MPa） **表 2-5**

强度级别	型号	符号	标志直径 d(mm)	强度标准值 f_{yk} 或 f_{ptk}	抗拉(压)强度设计值 f_y(f'_y) 或 f_{py}(f'_{py})	弹性模量 E_s
CTB 550	Ⅰ	ϕ^T	6.5、8、10、12	550	360	1.9×10^5
	Ⅱ		6.5、8、10、12	550	360	1.9×10^5
	Ⅲ		6.5、8、10	550	360	1.9×10^5
CTB 650	Ⅲ		6.5、8、10	650	430	1.9×10^5

2-8 什么是钢筋焊接网？有哪些规格？

钢筋焊接网是由纵向钢筋和横向钢筋分别以一定间距排列且互成直角，全部交叉点均用电阻点焊在一起的钢筋网件。

现行国家标准《钢筋混凝土用钢筋焊接网》（GB/T 1499.3—2002）和建设部现行行业标准《钢筋焊接网混凝土结构技术规程》（JGJ 114—2003）已颁布实施。钢筋焊接网已列入我国建筑业重点推广项目。

（1）钢筋焊接网宜采用 CRB550 级冷轧带肋钢筋或 HRB400 级热轧带肋钢筋制作，也可采用 CPB550 级冷拔光面钢筋制作。

（2）钢筋焊接网可分为定型焊接网和定制焊接网两种。

1）定型焊接网在两个方向上的钢筋间距和直径可以不同，但在同一个方向上的钢筋应具有相同的直径、间距和长度。定型钢筋焊接网的型号，参见表2-6。

定型钢筋焊接网型号　　表2-6

焊接网代号	纵向钢筋			横向钢筋			重量（kg/m²）
	公称直径（mm）	间距（mm）	每延米面积（mm²/m）	公称直径（mm）	间距（mm）	每延米面积（mm²/m）	
A16	16	200	1006	12	200	566	12.34
A14	14		770	12		566	10.49
A12	12		566	12		566	8.88
A11	11		475	11		475	7.46
A10	10		393	10		393	6.16
A9	9		318	9		318	4.99
A8	8		252	8		252	3.95
A7	7		193	7		193	3.02
A6	6		142	6		142	2.22
A5	5		98	5		98	1.54
B16	16	100	2011	10	200	393	18.89
B14	14		1539	10		393	15.19
B12	12		1131	8		252	10.90
B11	11		950	8		252	9.43
B10	10		785	8		252	8.14
B9	9		635	8		252	6.97
B8	8		503	8		252	5.93
B7	7		385	7		193	4.53
B6	6		283	7		193	3.73
B5	5		196	7		193	3.05
C16	16	150	1341	12	200	566	14.98
C14	14		1027	12		566	12.51
C12	12		754	12		566	10.36
C11	11		634	11		475	8.70
C10	10		523	10		393	7.19
C9	9		423	9		318	5.82
C8	8		335	8		252	4.61
C7	7		257	7		193	3.53
C6	6		189	6		142	2.60
C5	5		131	5		98	1.80

续表

焊接网代号	纵向钢筋			横向钢筋			重量（kg/m²）
	公称直径（mm）	间距（mm）	每延米面积（mm²/m）	公称直径（mm）	间距（mm）	每延米面积（mm²/m）	
D16	16	100	2011	12	100	1131	24.68
D14	14		1539	12		1131	20.98
D12	12		1131	12		1131	17.75
D11	11		950	11		950	14.92
D10	10		785	10		785	12.33
D9	9		635	9		635	9.98
D8	8		503	8		503	7.90
D7	7		385	7		385	6.04
D6	6		283	6		283	4.44
D5	5		196	5		196	3.08
E16	16	150	1341	12	150	754	16.46
E14	14		1027	12		754	13.99
E12	12		754	12		754	11.84
E11	11		634	11		634	9.95
E10	10		523	10		523	8.22
E9	9		423	9		423	6.66
E8	8		335	8		335	5.26
E7	7		257	7		257	4.03
E6	6		189	6		189	2.96
E5	5		131	5		131	2.05

注：1. 表中焊接网的重量（kg/m²），是根据纵、横向钢筋按表中的间距均匀布置时计算的理论重量，未考虑焊接网端部钢筋伸出长度的影响；
2. 公称直径 14mm 和 16mm 的钢筋仅为热轧带肋钢筋。

2）定制焊接网的形状、尺寸应根据设计和施工要求，由供需双方协商确定。

（3）钢筋焊接网的规格，应符合下列规定：

1）钢筋直径：冷轧带肋钢筋或冷拔光面钢筋为 4～12mm，冷加工钢筋直径在 4～12mm 范围内可采用 0.5mm 晋级，受力钢筋宜采用 5～12mm；热轧带肋钢筋宜采用 6～16mn。

2）焊接网长度不宜超过 12m，宽度不宜超过 3.3m。

3）焊接网制作方向的钢筋间距宜为 100mm、150mm、200mm；与制作方向垂直的钢筋间距宜为 100～400mm，且宜为

10mm 的整倍数。焊接网的纵向、横向钢筋可以采用不同种类的钢筋。当双向板底网（或面网）采用现行《钢筋焊接网混凝土结构技术规程》(JGJ 114—2003）第 5.2.10 条规定的双层配筋时，非受力钢筋的间距不宜大于 1000mm。

2-9 什么叫强屈比？有何规定？

（1）强屈比是抗拉强度与屈服强度之比，是评价钢材使用可靠性的一个参数。强屈比愈大，钢材受力超过屈服点工作时的可靠性越大，安全性越好。但强屈比太大，钢材强度利用率偏低，浪费材料。钢材的强屈比一般应不低于 1.2。

（2）结构设计时，用于按一、二、三级抗震设计的各类框架中的纵向受力钢筋（应采用 HRB335E、HRB400E、HRB500E、HRBF335E、HRBF400E、HRBF500E），其强度实测值应符合以下要求：

1）钢筋的强屈比不应小于 1.25；

2）钢筋的屈服强度实测值与屈服强度标准值之比不应大于 1.30；

3）钢筋的最大力下总伸长率不得小于 9%。

2-10 钢筋的化学成分对钢筋材质有何影响？

钢筋所用的钢中含有各种化学成分，有的是为改善性能所必须具有的，而有的则是有害的，因为在制钢过程中难以完全去除，只好权予保留。

各种化学成分对钢筋材性的影响如下：

（1）碳（C）

碳是决定钢材性能的主要元素，含碳量增加会导致钢材强度和硬度的提高，而它的塑性、韧性则相应降低。含碳量过多会使焊接性能恶化，使焊缝附近热影响区组织和性能产生不良变化，引起局部硬化脆裂。

（2）硫（S）

硫使钢在高温时变脆，即出现“热脆现象”。热脆现象会导致钢的韧性、塑性降低，疲劳强度也相应地降低，因此，对于承受冲击荷载或重复荷载的钢筋是非常有害的。

（3）磷（P）

磷是钢材中的有害化学成分，它会使钢的塑性和韧性降低，特别是在低温条件下的韧性降低得更剧烈，当温度低于－20℃时，容易导致钢筋发生脆断，即出现“冷脆现象”。冷脆现象对承受冲击荷载或在负温下使用的钢筋十分有害，而焊接时焊缝金属容易产生冷裂纹并继续扩展，因此，磷是恶化钢筋焊接性能的一种化学元素。磷的危害性随含碳量的增加而增大，对于含碳量较高的钢筋，如含磷量过高，由于冷脆性能影响的塑性降低尤为显著。

（4）锰（Mn）

锰本是制钢过程中的一种主要脱氧剂，但它能够除去热脆性的硫化铁，而硫在钢中是以硫化铁的形式存在，所以能清除硫的有害作用，减轻热脆影响，有利于改善钢的焊接性能。锰含量在1.0％以下时，几乎不降低钢筋的塑性和韧性，甚至对韧性还会稍有提高；当锰含量超过1.0％时，强度提高而塑性和韧性降低，但有时为了提高钢筋强度，还是要适当增加含量；当钢中含碳量不高（0.2％以下）时，1.0％以下的锰含量对钢筋的焊接性能影响不大，但如果锰含量再予以增加，则钢筋的可焊性变差。

（5）硅（Si）

硅可显著地提高钢筋的抗拉强度，也能使屈服点略有提高；硅含量过多时，会使钢筋的塑性和韧性降低，从而导致它的可焊性变差。

（6）钒（V）

钒能有效地提高钢的强度，改善塑性和韧性；由于它对钢的强化作用较大，所以加少量钒（0.05％～0.15％）就可以适量地少加较多的锰、碳，从而进一步改善钢的性能。

（7）钛（Ti）

钢中加少量的钛（≤0.08%），就可以使强度显著提高，同时塑性稍有降低；但韧性和焊接性能则有所改善。

（8）铌（Nb）

钢中加入少量的铌以提高钢筋硬度，并使强度随着提高。

（9）铬（Cr）

铬的硬度高，抗腐蚀能力强，钢中加适量用以提高强度。

对于施工人员，因为无法鉴定钢筋中的各种化学成分的含量（也无必要），所以仅需从供料单位提供的钢筋出厂质量证明书或试验报告单上看到的化学成分含量，与技术标准的规定相对照，符合要求即可。在个别情况下，例如在操作过程中发生焊接接头质量不良、弯曲处出现裂纹等意外情况，则需要送样至试验室检验，从化学成分（主要是碳）含量高低方面寻找原因［一般情况下，如果钢筋的强度高出技术标准的规定很多，也有可能是含碳量过高所致，这样，拿到材质证明书核对见到的钢筋，也要送样检验碳的含量，以免因使用这类钢筋（特别是市场上常见的“改制”钢材）发生脆断现象］。

除了碳之外，施工人员在操作过程中发现钢筋异常情况，还要根据具体条件，有必要时需检验硫、磷这两种有害成分的含量。

2-11 为什么在同一工程中不应同时应用 HPB235 和 HPB300 两种光圆钢筋？

HPB235 和 HPB300 是两种光圆钢筋的牌号，其区别为强度等级不同。但由于光圆钢筋没有轧制标志，只能通过盘圆标牌来区分。为了保证成品钢筋在进场及施工过程中，能够做到区分不同强度等级和牌号，避免混用，因此要求上述两种光圆钢筋避免在同一工程中同时使用。

2-12　钢筋质量如何检验?

钢筋应有出厂质量证明书或试验报告单，每捆（盘）钢筋均应有标牌。进场时应按炉罐（批）号及直径分批验收。验收内容包括查对标牌，核实钢筋的规格、等级、牌号和数量，进行外观检查。

1. 主控项目

（1）钢筋进场时，应按国家现行相关标准的规定抽取试件作力学性能和重量偏差检验，检验结果必须符合有关标准的规定。

检查数量：按进场的批次和产品的抽样检验方案确定。

检验方法：检查产品合格证、出厂检验报告和进场复验报告。

（2）对有抗震设防要求的结构，其纵向受力钢筋的性能应满足设计要求；当设计无具体要求时，对按一、二、三级抗震等级设计的框架和斜撑构件（含梯段）中的纵向受力钢筋应采用HRB335E、HRB400E、HRB500E、HRBF335E、HRBF400E或HRBF500E钢筋，其强度和最大力下总伸长率的实测值应符合下列规定：

1）钢筋的抗拉强度实测值与屈服强度实测值的比值不应小于1.25；

2）钢筋的屈服强度实测值与屈服强度标准值的比值不应大于1.30；

3）钢筋的最大力下总伸长率不应小于9%。

检查数量：按进场的批次和产品的抽样检验方案确定。

检验方法：检查进场复验报告。

（3）当发现钢筋脆断、焊接性能不良或力学性能显著不正常等现象时，应对该批钢筋进行化学成分检验或其他专项检验。

检验方法：检查化学成分等专项检验报告。

2. 一般项目

钢筋应平直、无损伤，表面不得有裂纹、油污、颗粒状或片状老锈。

检查数量：进场时和使用前全数检查。

检验方法：观察。

2-13 热轧钢筋如何具体检验?

（1）检验批

热轧钢筋进场时，应按批进行检查和验收。每批由同一牌号、同一炉罐号、同一规格的钢筋组成，重量不大于60t。允许由同一牌号、同一冶炼方法、同一浇注方法的不同炉罐号组成混合批，但各炉罐号含碳量之差不得大于0.02%，含锰量之差不大于0.15%，混合批的重量不大于60t。

（2）外观检查

从每批钢筋中抽取5%进行外观检查。钢筋表面不得有裂纹、结疤和折叠。钢筋表面允许有凸块，但不得超过横肋的高度，钢筋表面上其他缺陷的深度和高度不得大于所在部位尺寸的允许偏差。

钢筋可按实际重量或理论重量交货。当钢筋按实际重量交货时，应随机抽取10根（6m长）钢筋称重，如重量偏差大于允许偏差，则应与生产厂交涉，以免损害用户利益。

（3）力学性能试验

1）试件

从每批钢筋中任选两根钢筋，每根取两个试件分别进行拉伸试验（包括屈服点、抗拉强度和伸长度）和冷弯试验。

拉伸、冷弯、反弯试验试件不允许进行车削加工。计算钢筋强度时，采用公称横截面面积。反弯试验时，经正向弯曲后的试件应在100℃温度下保温不少于30min，经自然冷却后再进行反向弯曲。当供方能保证钢筋经人工时效后的反向弯曲性能时，正向弯曲后的试件也可在室温下直接进行反向弯曲。

2）试验方法

① 拉伸试验

• 取样：所用试样的长度可取标距长度 l_0（见图 2-5）约加上 200mm，但试样长度与试验机上、下夹具间的最小距离和夹头的长度有关，可灵活掌握；同时，也应考虑到标距以外的钢筋段，须使夹头与标距端点有适当距离。

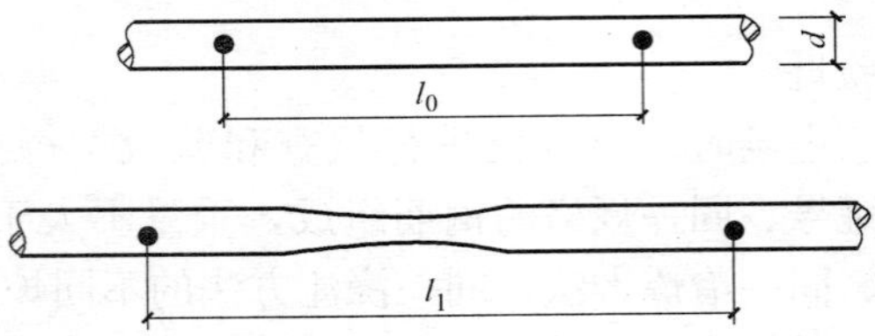

图 2-5　拉伸试验

如果受试验机性能限制，无法拉伸直径太大的钢筋，则直径为 22～40mm 的钢筋可进行机加工，制成直径为 10mm 的标准试件，如图 2-6 所示。图中 l_0、l（试件平行长度）和 L（试件总长）各值按表 2-7 取用。

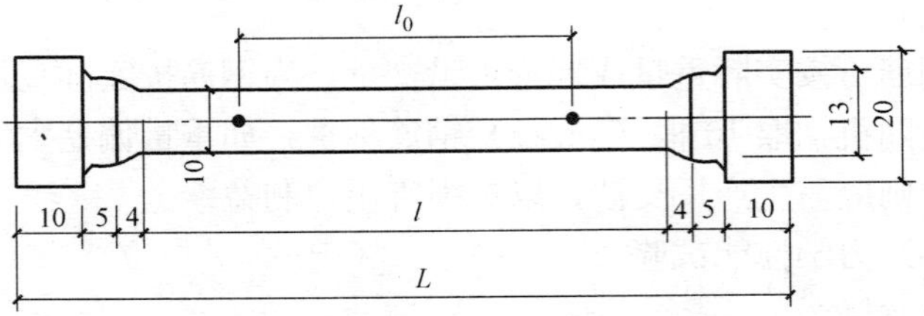

图 2-6　标准试件

标准试件的长度（mm）　　　　**表 2-7**

试件种类	l_0	l	L
短比例试件	50(5d)	60	98
长比例试件	100(10d)	110	148

• 屈服点：将试件夹在试验机的夹头内，施加受拉负荷（即拉力），在加荷过程中，当测力度盘的指针停止转动时，负荷不变，即是屈服点负荷；如指针开始回转，则第一次回转的最小负

荷值也算是屈服点负荷。当所用试验机是杠杆式的（检验低强度钢丝），就以杠杆平衡或开始明显下落时的负荷为准。

使用能够自动记录的试验机时，可以直接得到“负荷-伸长图”（或称“力-伸长图”），从图上可立即读出屈服点负荷。

按下式计算屈服点：

$$\sigma_s = \frac{F_s}{A_s} \tag{2-3}$$

式中　σ_s——屈服点（MPa）；

F_s——屈服点负荷（N）；

A_s——试件的横截面面积（mm^2）。

• 屈服强度：$\sigma_{r0.2}$表示“规定残余伸长应力”，可用“引伸计法”测定，即应用引伸计量伸长值，反复对试件施力并保持力10～12s，再卸除力，实测残余伸长值至满足规定值（残余伸长为原始标距值的0.2%），得到对应的力$F_{r0.2}$，然后按下式计算屈服强度：

$$\sigma_{r0.2} = \frac{F_{r0.2}}{A_s} \tag{2-4}$$

$\sigma_{p0.2}$表示“规定非比例伸长应力”，用“图解法”测定：利用试验机自动记录的“负荷-伸长图”，取伸长等于原始标距值的0.2%处，按应力-应变图（图 2-7）画斜虚线可得对应的力$F_{p0.2}$，然后按下式计算屈服强度：

$$\sigma_{p0.2} = \frac{F_{p0.2}}{A_s} \tag{2-5}$$

• 抗拉强度：对试件连续施加负荷直至拉断，由试验机上测力度盘或自动记录所得负荷-伸长图读出最大负荷F_b，然后按下式计算抗拉强度：

$$\sigma_b = \frac{F_b}{A_s} \tag{2-6}$$

• 伸长率：将试件拉断后的两段在拉断处紧密对接起来，尽量使其轴线位于一条直线上，量取l_1值，再按式（2-6）计算。

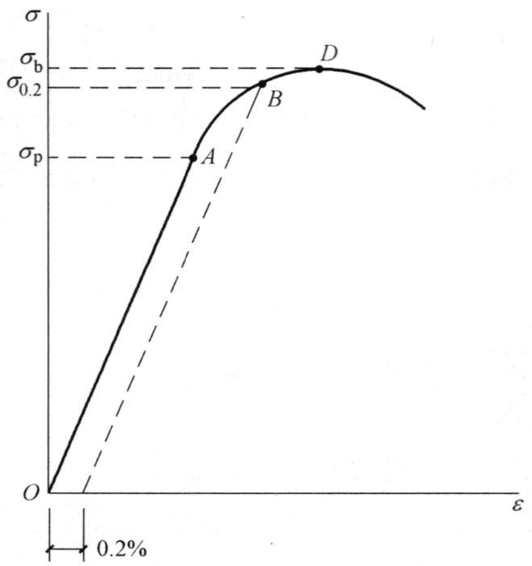

图 2-7　应力-应变图

$$\delta=\frac{l_1-l_0}{l_0}\times100\% \qquad (2\text{-}7)$$

式中（见图 2-5）　l_0——原标距长度（mm）；

l_1——拉断后标距部分长度（mm）；

δ——伸长率（%）。

② 弯曲试验

• 冷弯：所取试样长度约为 $5d+150$（mm），其中 d 为钢筋直径。将钢筋试件放在试验机的试验台上，用规定直径的弯心冲头加压至所要求的弯曲角度，见图 2-8（*a*）和图 2-8（*b*）（二图分别表示弯曲角度为 90°和 180°）。

• 反复弯曲：试件长度为 150～250mm，试验装置见图 2-9，使弯曲臂处于竖直位置，将试件由拨杆孔插入并夹紧其下端，使试件垂直于两弯曲圆柱轴线所在的平面；可适当施加拉紧力，以确保试件与弯曲圆柱在试验时能良好接触。

弯曲试验是将试件从起始位置向右（或向左）弯曲 90°后返回至起始位置，作为第一次弯曲（图 2-10*a*）；再由起始位置向左（右）弯曲 90°，试件再返回起始位置作为第二次弯曲（图 2-10*b*）；依次连续反复弯曲。试件折断时的最后一次弯曲不计。

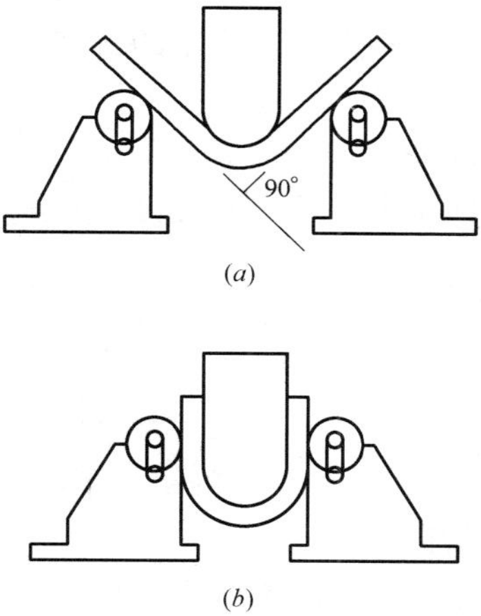

图 2-8　冷弯试验机
（a）冷弯角度 90°；
（b）冷弯角度 180°

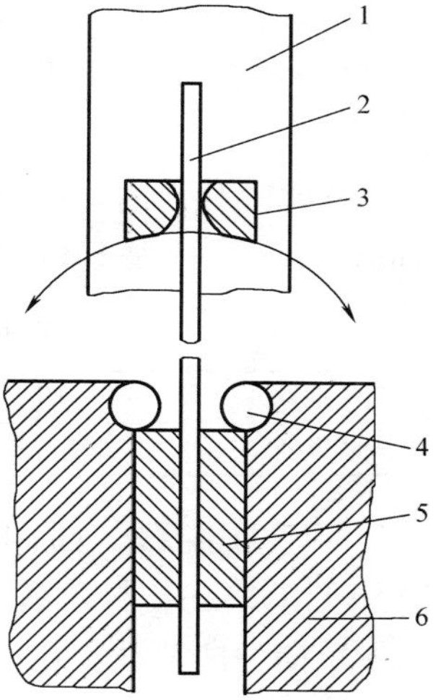

图 2-9　反复弯曲试验装置
1—变曲臂；2—试件；3—拨杆；
4—弯曲圆柱；5—夹块；6—支座

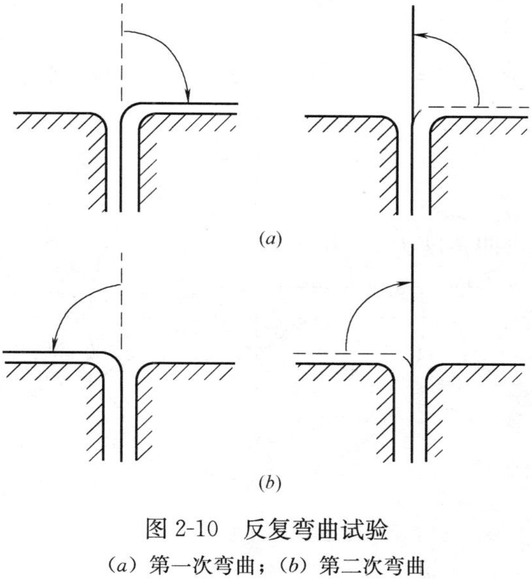

图 2-10　反复弯曲试验
（a）第一次弯曲；（b）第二次弯曲

反复弯曲试验所选用的“弯曲半径”由图 2-9 的弯曲圆柱控制，对各种钢丝都有各自的规定，个别未明确规定的可按表 2-8 选用。

表 2-8 中对于钢丝直径为 3mm 的，弯曲半径可取 7.5mm 或 10mm；对于直径为 4mm 的，弯曲半径可取 10mm 或 15mm。

弯曲半径选用（mm） **表 2-8**

钢丝直径	3	3,4	4,5
弯曲半径	7.5	10	15

反复弯曲都要求弯曲 180°，按图 2-10（a）的第二步骤至图 2-10（b）的第一步骤，钢丝就被弯曲成 180°。

• 反向弯曲：试验在电动钢筋弯曲机或其他形式试验机上进行，试样不得和冷弯试样在同一根钢筋上切取。

所试验的试件长度以满足试验要求为准，一般情况下应了解试验机操作条件再确定。先行正向弯曲，然后在做正向弯曲的同一台试验设备上、以同样弯曲速度（转盘转速控制在每分钟不大于 3.7 转）进行反向弯曲。

正向弯曲如图 2-11 所示，实际上与一般钢筋弯曲成型的操作相同。

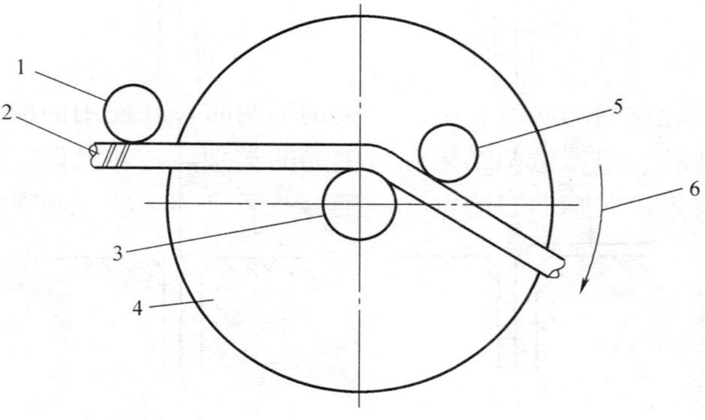

图 2-11 正向弯曲

1—支承辊；2—钢筋；3—弯心；4—转盘；5—工作辊；6—转动方向

反向弯曲如图 2-12 所示，试件在承受反向弯曲时，其中心位置应在正向弯曲最大变形区部位上进行，弯曲后试件不能出现“S”形。

正向和反向弯曲的试验角度应符合有关标准的规定。

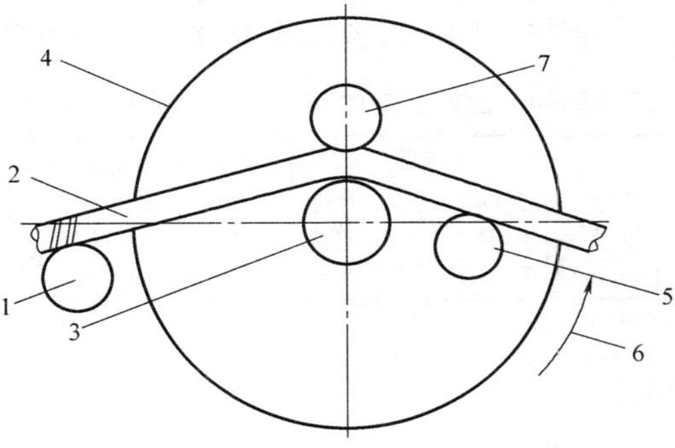

图 2-12　反向弯曲

1—支承辊；2—钢筋；3—弯心；4—转盘；

5—工作辊；6—转动方向：7—撑件

3）试验结果

如有一项试验结果不符合表 2-2 的要求，则从同一批中另取双倍数量的试件重做各项试验。如仍有 1 个试件不合格，则该批钢筋为不合格品。

对热轧钢筋的质量有疑问或类别不明时，在使用前应做拉伸和冷弯试验。根据试验结果确定钠筋的类别后，才允许使用。抽样数量应根据实际情况确定。这种钢筋不宜用于主要承重结构的重要部位。

2-14　冷轧带肋钢筋如何具体检验？

（1）检验批

冷轧带肋钢筋进场时，应按批进行检查和验收。每批应由同一厂家、同一规格、同一原材料来源、同一生产工艺轧制的钢筋组成，每批重量不大于 60t。

（2）外观检验

每批抽取 5%（但不少于 5 盘或 5 捆）进行外形尺寸、表面质量和重量偏差的检查。检查结果应符合表 2-9 的要求，如其中有一盘（捆）不合格，则应对该批钢筋逐盘或逐捆检查。

三面肋和二面肋钢筋的尺寸、重量及允许偏差　　表 2-9

公称直径 d (mm)	公称横截面积 (mm^2)	重量		横肋中点高		横肋 1/4 处高 $h_{1/4}$ (mm)	横肋顶宽 b (mm)	横肋间距		相对肋面积 f_r 不小于
		理论重量 (kg/m)	允许偏差 (%)	h (mm)	允许偏差 (mm)			l (mm)	允许偏差 (%)	
4	12.6	0.099		0.30		0.24		4.0		0.036
4.5	15.9	0.125		0.32		0.26		4.0		0.039
5	19.6	0.154		0.32		0.26		4.0		0.039
5.5	23.7	0.186		0.40		0.32		5.0		0.039
6	28.3	0.222		0.40		0.32		5.0		0.039
6.5	33.2	0.261		0.46		0.37		55.0		0.045
7	38.5	0.302		0.46		0.37		5.0		0.045
7.5	44.2	0.347		0.55		0.44		6.0		0.045
8	50.3	0.395	±4	0.55	+0.10 −0.05	0.44	0.2d	6.0	±15	0.045
8.5	56.7	0.445		0.55		0.44		7.0		0.045
9	63.6	0.499		0.75		0.60		7.0		0.052
9.5	70.8	0.556		0.75		0.60		7.0		0.052
10	78.5	0.617		0.75		0.60		7.0		0.052
10.5	86.5	0.679		0.75		0.60		7.4		0.052
11	95.0	0.746		0.85		0.68		7.4		0.056
11.5	103.8	0.815		0.95		0.76		8.4		0.056
12	113.1	0.888		0.95		0.76		8.4		0.056

（3）力学性能检验

1）强度级别 650 级及以上级别的钢筋的抗拉强度和伸长率应逐盘进行检验，从每盘任一端截去 500mm 后取 1 个试样，做拉伸试验。当检查结果有一项指标不符合表 2-9 的规定时，则判该盘钢筋不合格。反复弯曲性能按批抽样检验，每批抽取 2 个试样，检验结果如有 1 个试样不符合表 2-9 的规定，应逐盘进行检验。检验结果如有试样不符合规定，则判该盘钢筋不合格。

2）成捆供应的550级钢筋的力学性能和工艺性能应按批抽样检验。符合“（1）检验批”规定的钢筋以不大于10t为一批，从每批钢筋中随机抽取2个试样，1根做拉伸试验，1根做弯曲试验。当检查结果有一项指标不符合表2-9的规定时，应从该批钢筋中取双倍数量的试样进行复检；复检仍有1个试样不合格，则应判该批钢筋不合格。

2-15 冷轧扭钢筋成品如何验收和复检?

冷轧扭钢筋的成品规格及检验方法，应符合现行行业标准《冷轧扭钢筋》JG 190—2006的规定。

冷轧扭钢筋成品应有出厂合格证书或试验合格报告单。进入现场时应分批分规格捆扎，用垫木架空码放，并应采取防雨措施。每捆均应挂标牌，注明钢筋的规格、数量、生产日期、生产厂家，并应对标牌进行核实，分批验收。

（1）检验批

冷轧扭钢筋进场后应分批进行复检，检验批应由同一型号、同一强度等级、同一规格、同一台（套）轧机生产的钢筋组成。每批应不大于20t，不足20t应按一批计。

（2）截面参数和外形尺寸（图2-2）

截面参数和外形尺寸应符合表2-10和表2-11的规定。

（3）外观质量

钢筋表面不应有裂纹、折叠、结疤、压痕、机械损伤或其他影响使用的缺陷。采用逐根目测。

（4）力学性能检验

冷轧扭钢筋的力学性能，应符合表2-12的规定。进行力学性能复检时，应从每批冷轧扭钢筋中随机抽取3根样件，先进行外观及截面尺寸的量测，合格后再取两根进行拉伸试验，1根进

冷轧扭钢筋规格及截面参数　　　　表 2-10

强度级别	型号	标志直径 d(mm)	公称截面面积 A_s(mm^2)	等效直径 d_0(mm)	截面周长 u(mm)	理论重量 G(kg/m)
CTB 550	Ⅰ	6.5	29.50	6.1	23.40	0.232
		8	45.30	7.6	30.00	0.356
		10	68.30	9.3	36.40	0.536
		12	96.14	11.1	43.40	0.755
	Ⅱ	6.5	29.20	6.1	21.60	0.229
		8	42.30	7.3	26.02	0.332
		10	66.10	9.2	32.52	0.519
		12	92.74	10.9	38.52	0.728
	Ⅲ	6.5	29.86	6.2	19.48	0.234
		8	45.24	7.6	23.88	0.355
		10	70.69	9.5	29.95	0.555
CTB 650	预应力Ⅲ	6.5	28.20	6.0	18.82	0.221
		8	42.73	7.4	23.17	0.335
		10	66.76	9.2	28.96	0.524

注：Ⅰ型为矩形截面，Ⅱ型为方形截面，Ⅲ型为圆形截面。

冷轧扭钢筋外形尺寸　　　　表 2-11

强度级别	型号	标志直径 d(mm)	截面控制尺寸不小于(mm)				节距 l_1 不大于(mm)
			轧扁厚度 t_1	方形边长 a_1	外圆直径 d_1	内圆直径 d_2	
CTB 550	Ⅰ	6.5	3.7				75
		8	4.2				95
		10	5.3				110
		12	6.2				150
	Ⅱ	6.5		5.4			30
		8		6.5			40
		10		8.1			50
		12		9.6			80
	Ⅲ	6.5			6.17	5.67	40
		8			7.59	7.09	60
		10			9.49	8.89	70
CTB 650	预应力Ⅲ	6.5			6.00	5.50	30
		8			7.38	6.88	50
		10			9.22	8.67	70

行冷弯试验。拉伸试验应遵照现行行业标准《冷轧扭钢筋》JG 190—2006 的规定执行。当所有试样均合格时，该批冷轧扭钢筋可定为合格品。当有不合格时，应按现行行业标准《冷轧扭钢筋》JG 190—2006 的规定进行复试和判定。

在现场抽检冷轧扭钢筋过程中，发现力学性能有明显异常时，应对原材料的化学成分重新复检。

冷轧扭钢筋成品的验收和复检，详见现行《冷轧扭钢筋混凝土构件技术规程》(JGJ 115—2006)。

力学性能指标 **表 2-12**

级别	型号	抗拉强度 f_{yk} (MPa)	伸长率 A (%)	180°弯曲 (弯心直径=3d)
CTB 550	Ⅰ	≥550	$A_{11.3}$≥4.5	受弯曲部位钢筋表面不得产生裂纹
	Ⅱ	≥550	A≥10	
	Ⅲ	≥550	A≥12	
CTB 650	Ⅲ	≥650	A_{100}≥4	

注：1. d 为冷轧扭钢筋标志直径；

2. A、$A_{11.3}$分别表示以标距 5.65 $\sqrt{S_0}$或 11.3 $\sqrt{S_0}$（S_0 为试样原始截面面积）的试样拉断伸长率。A_{100}表示标距为 100mm 的试样拉断伸长率。

2-16 为什么钢筋进场后，必须按规定抽样复试才能使用?

目前，我国建筑工程应用的钢材供货渠道较多，有的从钢厂直接进货，有的钢筋从市场采购。市场供货经多次周转，混批、混钢号的现象较多。即使直接从钢厂进货亦可能混炉罐号，则钢筋成分会有差异，直接导致其性能也会产生差异。因此，钢筋进场后使用前必须取样复试，根据复试结果来取用，同时亦作为工程验收依据。如果不作复试，盲目取用，可能会造成力学性能不良的钢筋用于工程中，势必会给工程埋下事故隐患。

2-17 为什么不能使用外观质量有明显缺陷和有锈蚀的钢筋？如何防止和处理钢筋锈蚀？

（1）钢筋外观质量有明显缺陷，包括裂纹、结疤、分层、划痕、麻面、表面油污以及因严重锈蚀和机械损伤造成的钢筋截面局部减小，会影响钢筋强度，易造成构件断裂等质量事故。

（2）钢筋锈蚀分为浮锈、陈锈和老锈三种情况。浮锈：表面附有较均匀的细粉末，呈黄色或淡黄色；陈锈：锈迹粉末较粗，用手捻略有微粒感，颜色较红，有的呈红褐色；老锈：锈斑明显，有麻坑，出现起层的片状分离现象，锈斑几乎遍及整体钢筋表面，颜色变暗，深褐色，严重的接近黑色。

钢筋锈蚀后使钢筋直径减小，会影响构件质量并存在潜在的脆断危险；另外，锈蚀钢筋特别带有陈锈和老锈的钢筋，浇筑于混凝土中会使体积膨胀，直接影响与混凝土的握裹力，甚至将混凝土胀裂，使结构构件破坏。

（3）防止钢筋生锈，必须将钢筋存放在仓库或料棚内，保持地面干燥；或将钢筋用混凝土、砖或垫木垫起，使离地面200mm以上。库放期限不得过长，原则上先进库的先使用。工地临时保管钢筋原料时，应选择地势较高、地面干燥的露天场地，根据天气情况，必要时加盖苫布。场地四周要有排水措施，堆放期尽量缩短。

钢筋使用前，必须对已生锈的钢筋进行处理，方法如下：

1）浮锈：浮锈处于铁锈形成的初期，在混凝土中不影响钢筋与混凝土粘结，因此除了焊接操作时在焊点附近须擦干净之外，一般可不作处理。但有时为了防止锈迹污染，也可用麻袋布擦拭。

2）陈锈：可采用钢丝刷或麻袋布擦拭等手工方法；具备条件的工地应尽可能采用机械方法。盘条细钢筋可通过冷拉或调直过程除锈；粗钢筋采用专用除锈机除锈。

3）老锈：对有起层锈片的钢筋，应先用小锤敲击，使锈片剥落干净，再用除锈机除锈，斑点和锈皮去层后会使钢筋截面减小和损伤，所以使用前应鉴定是否降级使用或另作其他处理。

2-18 为什么发现钢筋脆断、焊接性能及冷弯性能不良或力学性能显著不正常时，必须对该批钢筋抽样进行化学成分检验?

碳素钢钢筋，主要化学成分是“碳”。而普通低合金钢钢筋，是在碳素钢的成分中加入少量合金元素，以提高钢材的强度，但塑性和韧性（耐冲击性能）则有所降低，另外合金元素对钢的焊接性能也有显著影响，一般会使焊接性能有所降低。焊接性能可以用控制含碳量的方法来调整，钢中含碳量减少，焊接性能可显著提高。所以，合理地选择化学成分，并恰当地确定它们在钢中的含量是非常重要的。如果钢筋化学成分中含碳量过高，会使钢筋塑性偏低，冷弯性能不良，钢筋加工弯折时易发生脆断。用于工程中会影响结构质量，脆断现象尤其对于抗震要求的结构危险性更大。

因此，发现钢筋出现脆断、冷弯性能及焊接性能不良或力学性能显著不正常等现象时，应根据现行国家标准进行化学成分检验或专项检验。化学成分必须符合表 2-13、表 2-14 的要求。对化学成分检验不合格的钢筋不得用于工程中，应会同供货方进行技术处理，决定是否退货或改作其他用途。

热轧带肋钢筋化学成分　　表 2-13

牌号	化学成分(质量分数)(%)					
	C	Si	Mn	P	S	C_{eq}
HRB335 HRBF335	0.25	0.80	1.60	0.045	0.045	0.52
HRB400 HRBF400						0.54
HRB500 HRBF500						0.55

冷轧带肋钢筋用盘条的参考牌号和化学成分　　表 2-14

钢筋牌号	盘条牌号	化学成分(%)					
		C	Si	Mn	V、Ti	S	P
CRB 550 CRB 650	Q215	0.09～0.15	≤0.30	0.25～0.55	—	≤0.050	≤0.045
	Q235	0.14～0.22	≤0.30	0.30～0.65	—	≤0.050	≤0.045
CRB 800	24MnTi	0.19～0.27	0.17～0.37	1.20～1.60	Ti:0.01～0.05	≤0.045	≤0.045
	20MnSi	0.17～0.25	0.40～0.870	1.20～1.60	—	≤0.045	≤0.045
CRB 970	41MnSiV	0.37～0.45	0.60～1.10	1.00～1.40	V:0.05～0.12	≤0.045	≤0.045
	60	0.57～0.65	0.17～0.37	0.50～0.80	—	≤0.035	≤0.035
CRB 1170	70Ti	0.66～0.70	0.17～0.37	0.60～1.00	Ti:0.01～0.05	≤0.045	≤0.045
	70	0.67～0.75	0.17～0.37	0.50～0.80	—	≤0.035	≤0.035

2-19　钢筋应如何保管？

（1）钢筋在运输和储存时，不得损坏标志。在施工现场必须按批分不同等级、牌号、直径、长度分别挂牌堆放整齐，并注明数量，不得混淆。

（2）钢筋应尽量堆放在仓库或料棚内，在条件不具备时，应选择地势较高、较平坦坚实的露天场地堆放。在场地或仓库周围要设排水沟，以防积水。堆放时，钢筋下面要填以垫木，离地不宜少于 200mm，也可用钢筋堆放架堆放以免钢筋锈蚀和污染。

（3）钢筋堆放，应防止与酸、盐、油等类物品存放在一起，同时堆放地点不要和产生有害气体的车间靠近，以免钢筋被油污和受到腐蚀。

(4) 已加工的钢筋成品，要分工程名称和构件名称，按号码顺序堆放，同一项工程与同一构件的钢筋要放在一起，按号牌排列，牌上注明构件名称、部位、钢筋形式、尺寸、牌号、直径、根数，不得将几项工程的钢筋叠放在一起。

2-20 什么是钢筋冷拉工艺?

在常温条件下利用冷拉装置对钢筋进行拉伸，当受拉钢筋的应力达到某值时，它便被调直或使强度有所提高，这个过程称为钢筋冷拉。

对用于普通钢筋混凝土结构中的钢筋，有的仅是以冷拉为拉直或除锈（拉伸过程中钢筋表面锈皮会掉落）的手段，与钢筋的力学性能没有什么关系。进行钢筋冷拉的另一目的是为使它的强度提高，从而相应收取技术、经济效益。

钢筋冷拉是利用冷拉装置，将热轧光圆钢筋在常温下强力拉伸至超过屈服点，并小于抗拉强度的某一应力，然后放松，由于钢筋的冷硬“强化作用”及塑性变形的产生，使屈服点提高，流幅缩短，伸长率降低，抗拉强度相应稍有提高，抗压强度不变。

2-21 混凝土保护层有哪些规定?

(1) 混凝土结构的环境类别

混凝土结构的耐久性与混凝土的保护层有关，混凝土保护层又与混凝土结构所处的环境类别和设计使用年限有关，详见表2-15。

(2) 混凝土保护层最小厚度

混凝土保护层的最小厚度取决于构件的耐久性和受力钢筋粘结锚固性能的要求。

混凝土结构的环境类别　　表 2-15

环境类别		条　件
一		室内正常环境
二	a	室内潮湿环境；非严寒和非寒冷地区的露天环境、与无侵蚀性的水或土直接接触的环境
	b	严寒和寒冷地区的露天环境、与无侵蚀性的水或土直接接触的环境
三		使用除冰盐的环境；严寒和寒冷地区冬季水位变动的环境；滨海室外环境
四		海水环境
五		受人为或自然的侵蚀性质物影响的环境

注：严寒和寒冷地区的划分应符合国家现行标准《民用建筑热工设计规程》JGJ 24 的规定。

1）从钢筋粘结锚固角度对混凝土保护层提出的要求，是为了保证钢筋与其周围混凝土能共同工作，并使钢筋充分发挥计算所需的强度。

2）根据耐久性要求的混凝土保护层最小厚度，是按照构件在 50 年内能保护钢筋不发生危及结构安全的锈蚀确定的。

① 纵向受力钢筋的混凝土保护层最小厚度（钢筋外边缘至混凝土表面的距离）不应小于钢筋的公称直径，且应符合表2-16 的规定。

纵向受力钢筋的混凝土保护层最小厚度（mm）　表 2-16

环境类别		板、墙、壳			梁			柱		
		≤C20	C25～C45	≥C50	≤C20	C25～C45	≥C50	≤C20	C25～C45	≥C50
一		20	15	15	30	25	25	30	30	30
二	a	—	20	20	—	30	30	—	30	30
	b	—	25	20	—	35	30	—	35	30
三		—	30	25	—	40	35	—	40	35

基础中纵向受力钢筋的混凝土保护层厚度不应小于 40mm；当无垫层时不应小于 70mm。

② 板、墙、壳中分布钢筋的保护层不应小于表 2-16 中相应数值减 10mm，且不应小于 10mm。梁、柱中箍筋和构造钢筋的保护层不应小于 15mm。

③ 处于一类环境且由工厂生产的预制构件，当混凝土强度等级不低于 C20 时，其保护层厚度可按表 2-16 中的数值减少 5mm，但预应力钢筋的保护层厚度不应小于 15mm；处于二类环境且由工厂生产的预制构件，当表面采取有效保护措施时，保护层厚度可按表 2-16 中一类环境数值取用。预制钢筋混凝土受弯构件钢筋端头的保护层厚度不应小于 10mm；预制肋形板主肋钢筋的保护层厚度应按梁的数值取用。

④ 当梁、柱中纵向受力钢筋的混凝土保护层厚度大于 40mm 时，应对保护层采取有效的防裂构造措施。处于二、三类环境中的悬臂板，其上表面应采取有效的保护措施。

3）特殊条件下的混凝土保护层：

① 一类环境中，设计使用年限为 100 年的结构混凝土保护层厚度应按表 2-16 的数值增加 40%；当采取有效的表面防护措施时，混凝土保护层可适当减少。

② 三类环境中的结构构件，其受力钢筋宜采用环氧树脂涂层带肋钢筋。

③ 对有防火要求的建筑物，其混凝土保护层厚度尚应符合国家现行有关标准的要求。

④ 处于四、五类环境中的建筑物，其混凝土保护层厚度尚应符合国家现行有关标准的要求。

2-22 为什么钢筋要有一定的锚固长度？

钢筋混凝土结构中，两种性能不同的材料能够共同受力是由于它们之间存在着粘结锚固作用，这种作用使接触界面两边的钢筋与混凝土之间能够实现应力传递，从而在钢筋与混凝土中建立起结构承载所必须的工作应力。

钢筋在混凝土中的粘结锚固作用有：

（1）胶结力——即接触面上的化学吸附作用，但其影响力不大；

（2）摩阻力——它与接触面的粗糙程度及侧压力有关，且随滑移发展其作用逐渐减小；

（3）咬合力——这是带肋钢筋横肋对肋前混凝土挤压而产生的，为带肋钢筋锚固力的主要来源；

（4）机械锚固力——这是指弯钩、弯折及附加锚固等措施（如焊钢筋、焊钢板等）提供的锚固作用。

影响钢筋在混凝土中的锚固作用的因素有：混凝土强度等级、保护层厚度、钢筋锚固程度、配筋情况、机械锚固（弯钩、弯折、焊箍筋、焊横筋、焊角钢、焊钢板等附加锚固措施）以及锚固区内侧向压力的约束等。

2-23 钢筋锚固有哪些规定?

（1）当计算中充分利用钢筋的抗拉强度时，受拉钢筋的锚固长度按公式（2-2）计算，不应小于表2-1规定的数值。

当符合下列条件时，表2-17的锚固长度应进行修正。

1）当HRB335、HRB400和RRB400级钢筋的直径大于25mm时，其锚固长度应乘以修正系数1.1；

2）HRB335、HRB400和RRB400级的环氧树脂涂层钢筋，其锚固长度应乘以修正系数1.25；

3）当钢筋在混凝土施工过程中易受扰动（如滑模施工）时，其锚固长度应乘以修正系数1.1；

4）当HRB335、HRB400和RRB400级钢筋在锚固区的混凝土保护层厚度大于钢筋直径的3倍且配有箍筋时，其锚固长度可乘以修正系数0.8。

经上述修正后的锚固长度，不应小于按式（2-2）计算锚固长度的0.7倍，且不应小于250mm。

（2）当计算充分利用纵向钢筋的抗压强度时，其锚固长度不应小于表 2-1 所列的受拉钢筋锚固长度的 0.7 倍。

（3）当 HRB335、HRB400 和 RRB400 级纵向受拉钢筋末端采用机械锚固措施时，包括附加锚固端头在内的锚固长度可为按式（2-2）计算的锚固长度的 0.7 倍。

机械锚固的形式和构造要求宜按图 2-13 采用。

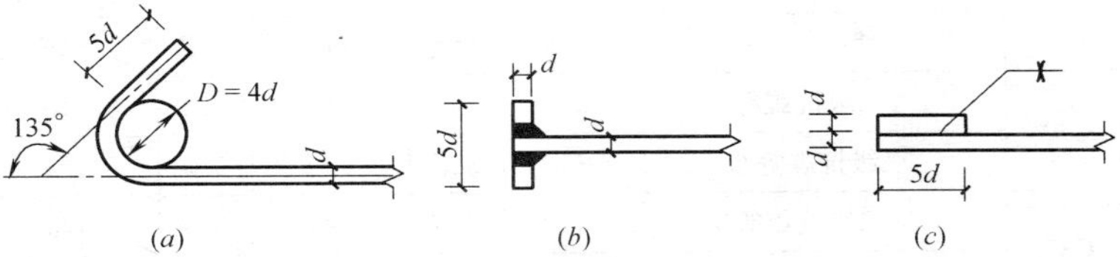

图 2-13　钢筋机械锚固的形式及构造要求

（a）末端带 135°弯钩；（b）末端与钢板穿孔塞焊；

（c）末端与短钢筋双面贴焊

采用机械锚固措施时，锚固长度范围内的箍筋不应少于 3 个，其直径不应小于纵向钢筋直径的 0.25 倍，其间距不应大于纵向钢筋直径的 5 倍。当纵向钢筋的混凝土保护层厚度不小于钢筋公称直径的 5 倍时，可不配置上述钢筋。

（4）对承受重复荷载的预制构件，应将纵向受拉钢筋的末端焊接在钢板或角钢上。钢板或角钢应可靠地锚固在混凝土中；其尺寸应按计算确定，厚度不宜小于 10mm。

（5）抗震区受拉钢筋锚固长度。纵向受拉钢筋的抗震锚同长度 l_{aE}应按下列公式计算：

一、二级抗震等级　　$l_{aE}=1.15l_a$　　（2-8）

三级抗震等级　　$l_{aE}=1.05l_a$　　（2-9）

四级抗震等级　　$l_{aE}=l_a$　　（2-10）

式中　l_{aE}——纵向受拉钢筋的抗震锚固长度；

l_a——纵向受拉钢筋的锚固长度。

由此可计算有抗震要求的纵向受拉钢筋的锚固长度，见表 2-17。

纵向受拉钢筋抗震锚固长度 l_{aE} **表 2-17**

混凝土强度 \ 钢筋强度		HPB 235	HRB 335		HRB 400	
		普通钢筋	普通钢筋	环氧树脂涂层钢筋	普通钢筋	环氧树脂涂层钢筋
C20	一、二级抗震等级	36d	44d	55d	53d	66d
	三级抗震等级	33d	41d	51d	49d	61d
C25	一、二级抗震等级	31d	38d	48d	46d	57d
	三级抗震等级	28d	35d	44d	42d	53d
C30	一、二级抗震等级	27d	34d	43d	41d	51d
	三级抗震等级	25d	31d	39d	37d	47d
C35	一、二级抗震等级	25d	31d	39d	37d	47d
	三级抗震等级	23d	29d	36d	34d	43d
≥C40	一、二级抗震等级	23d	29d	36d	34d	43d
	三级抗震等级	21d	26d	33d	31d	39d

注：1. 四级抗震等级，$l_{aE}=l_a$；
2. 弯锚时，有些部位的锚固长度为$\geqslant 0.4l_{aE}+15d$，具体见各类构件的标准构造详图；
3. 当钢筋在混凝土施工过程中易受扰动（如滑模施工）时，其锚固长度乘以修正系数 1.1；
4. 在任何情况下，锚固长度不得小于 250mm；
5. d 为纵向钢筋直径。

2-24 钢筋连接方式有哪几种？钢筋连接接头的使用有哪些规定？

（1）钢筋连接方式，可分为绑扎搭接、焊接、机械连接等。由于钢筋通过连接接头传力的性能总不如整根钢筋，因此规范规定：受力钢筋的接头宜设置在受力较小处；同一纵向受力钢筋不宜设置两个或两个以上接头；同一构件中的相邻纵向受力钢筋接头宜相互错开。接头末端至钢筋弯起点的距离不应小于钢筋公称直径的 10 倍。

（2）接头使用规定

1）直径大于 25mm 的钢筋，应优先采用焊接接头或机械连接接头。

2）当受拉钢筋的直径大于 28mm 及受压钢筋的直径大于 32mm 时，不宜采用绑扎搭接接头。

3）轴心受拉及小偏心受拉杆件（如桁架和拱的拉杆）的纵向受力钢筋不得采用绑扎搭接接头，且只能用对焊焊接。

4）直接承受动力荷载的结构构件中，其纵向受拉钢筋不得采用绑扎搭接接头。所用焊接接头和机械连接接头，应有可靠经验和相关的检验报告。

2-25 钢筋连接有哪些规定？

1. 主控项目

（1）纵向受力钢筋的连接方式应符合设计要求。

检查数量：全数检查。

检验方法：观察。

（2）在施工现场，应按国家现行标准《钢筋机械连接通用技术规程》JGJ 107、《钢筋焊接及验收规程》JGJ 18 的规定抽取钢筋机械连接接头、焊接接头试件作力学性能检验，其质量应符合有关规程的规定。

检查数量：按有关规程确定。

检验方法：检查产品合格证、接头力学性能试验报告。

2. 一般项目

（1）钢筋的接头宜设置在受力较小处。同一纵向受力钢筋不宜设置两个或两个以上接头。接头末端至钢筋弯起点的距离不应小于钢筋直径的 10 倍。

检查数量：全数检查。

检验方法：观察，钢尺检查。

（2）在施工现场，应按国家现行标准《钢筋机械连接通用技术规程》JGJ 107、《钢筋焊接及验收规程》JGJ 18 的规定对钢筋机械连接接头、焊接接头的外观进行检查，其质量应符合有关规程的规定。

检查数量：全数检查。

检验方法：观察。

（3）当受力钢筋采用机械连接接头或焊接接头时，设置在同一构件内的接头宜相互错开。

纵向受力钢筋机械连接接头及焊接接头连接区段的长度为35倍d（d为纵向受力钢筋的较大直径）且不小于500mm，凡接头中点位于该连接区段长度内的接头均属于同一连接区段。同一连接区段内，纵向受力钢筋机械连接及焊接的接头面积百分率为该区段内有接头的纵向受力钢筋截面面积与全部纵向受力钢筋截面面积的比值。

同一连接区段内，纵向受力钢筋的接头面积百分率应符合设计要求；当设计无具体要求时，应符合下列规定：

1）在受拉区不宜大于50%；

2）接头不宜设置在有抗震设防要求的框架梁端、柱端的箍筋加密区；当无法避开时，对等强度高质量机械连接接头，不应大于50%；

3）直接承受动力荷载的结构构件中，不宜采用焊接接头；当采用机械连接接头时，不应大于50%。

检查数量：在同一检验批内，对梁、柱和独立基础，应抽查构件数量的10%，且不少于3件；对墙和板，应按有代表性的自然间抽查10%，且不少于3间；对大空间结构，墙可按相邻轴线间高度5m左右划分检查面，板可按纵横轴线划分检查面，抽查10%，且均不少于3面。

检验方法：观察，钢尺检查。

（4）同一构件中相邻纵向受力钢筋的绑扎搭接接头宜相互错开。绑扎搭接接头中钢筋的横向净距不应小于钢筋直径，且不应小于25mm。

钢筋绑扎搭接接头连接区段的长度为1.3l_1（l_1为搭接长

度），凡搭接接头中点位于该连接区段长度内的搭接接头均属于同一连接区段。同一连接区段内，纵向钢筋搭接接头面积百分率为该区段内有搭接接头的纵向受力钢筋截面面积与全部纵向受力钢筋截面面积的比值（图 2-14）。

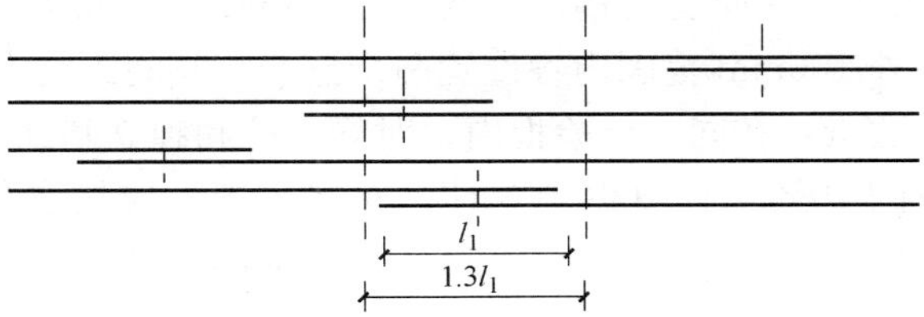

图 2-14　钢筋绑扎搭接接头连接区段及接头面积百分率

注：图中所示搭接接头同一连接区段内的搭接钢筋为两根，当各钢筋直径相同时，接头面积百分率为 50%。

同一连接区段内，纵向受拉钢筋搭接接头面积百分率应符合设计要求；当设计无具体要求时，应符合下列规定：

1）对梁类、板类及墙类构件，不宜大于 25%；

2）对柱类构件，不宜大于 50%；

3）当工程中确有必要增大接头面积百分率时，对梁类构件，不应大于 50%；对其他构件，可根据实际情况放宽。

纵向受力钢筋绑扎搭接接头的最小搭接长度应符合表 2-18 的规定。

检查数量：在同一检验批内，对梁、柱和独立基础，应抽查构件数量的 10%，且不少于 3 件；对墙和板，应按有代表性的自然间抽查 10%，且不少于 3 间；对大空间结构，墙可按相邻轴线间高度 5m 左右划分检查面，板可按纵、横轴线划分检查面，抽查 10%，且均不少于 3 面。

检验方法：观察，钢尺检查。

（5）在梁、柱类构件的纵向受力钢筋搭接长度范围内，应按设计要求配置箍筋；当设计无具体要求时，应符合下列规定：

1）箍筋直径不应小于搭接钢筋较大直径的 0.25 倍；

2）受拉搭接区段的箍筋间距不应大于搭接钢筋较小直径的5倍，且不应大于100mm；

3）受压搭接区段的箍筋间距不应大于搭接钢筋较小直径的10倍，且不应大于200mm；

4）当柱中纵向受力钢筋直径大于25mm时，应在搭接接头两个端面外100mm范围内各设置两个箍筋，其间距宜为50mm。

检查数量：在同一检验批内，对梁、柱和独立基础，应抽查构件数量的10%，且不少于3件；对墙和板，应按有代表性的自然间抽查10%，且不少于3间；对大空间结构，墙可按相邻轴线间高度5m左右划分检查面，板可按纵、横轴线划分检查面，抽查10%，且均不少于3面。

检验方法：钢尺检查。

纵向受拉钢筋的最小搭接长度　　　　表2-18

钢筋类型		混凝土强度等级			
		C15	C20～C25	C30～C35	≥C40
光面钢筋	HPB235级	$45d$	$35d$	$30d$	$25d$
带肋钢筋	HRB335级	$55d$	$45d$	$35d$	$30d$
	HRB400级、RRB400级	—	$55d$	$40d$	$35d$

注：1. 两根直径不同钢筋的搭接长度，以较细钢筋的直径计算。
2. 当纵向受拉钢筋搭接接头面积百分率大于25%，但不大于50%时，其最小搭接长度应按本表中的数值乘以系数1.2取用，当接头面积百分率大于50%时，应按本表中的数值乘以系数1.35取用。
3. 当符合下列条件时，纵向受拉钢筋的最小搭接长度应根据本表及表注2条确定后，按相应规定进行修正：
（1）当带肋钢筋的直径大于25mm时，其最小搭接长度应按相应数值乘以系数1.1取用；
（2）对环氧树脂涂层的带肋钢筋，其最小搭接长度应按相应数值乘以系数1.25取用；
（3）当在混凝土凝固过程中受力钢筋易受扰动时（如滑模施工），其最小搭接长度应按相应数值乘以系数1.1取用；
（4）末端带有弯钩的带肋钢筋，其最小搭接长度可按相应数值乘以系数0.7取用；
（5）当带肋钢筋的混凝土保护层厚度大于搭接钢筋直径的3倍时，其最小搭接长度可按相应数值乘以系数0.8取用；
（6）对有抗震要求的受力钢筋的最小搭接长度，对一、二级抗震等级应按相应数值乘以系数1.15采用；对三级抗震等级应按相应数值乘以系数1.05采用。
在任何情况下，受拉钢筋的搭接长度不应小于300mm。
4. 纵向受压钢筋搭接时，其最小搭接长度应根据本表及表注2、3条的规定确定相应数值后，乘以系数0.7取用。在任何情况下，受压钢筋的搭接长度不应小于200mm。

2-26 钢筋的机械连接和焊接有几种形式?

（1）钢筋机械连接可采用各种形式的直螺纹连接、径向挤压连接接头。

各种机械连接接头的适用范围、工艺要求、套筒材料、质量要求应符合现行行业标准《钢筋机械连接通用技术规程》JGJ 107 的有关规定。

（2）钢筋的对接焊接，可采用闪光对焊、电弧焊、电渣压力焊或气压焊。封闭焊接箍筋宜采用闪光对焊。钢筋骨架和钢筋网片的交叉焊接宜采用电阻点焊。钢筋与钢板的 T 形连接，宜采用埋弧压力焊或电弧焊。

各种焊接接头的适用范围、工艺要求、焊条及焊剂选择、质量要求应符合现行行业标准《钢筋焊接及验收规程》JGJ 18 的有关规定。

钢筋焊接接头的试验方法应符合国家现行标准《钢筋焊接接头试验方法》JGJ/T 27 的有关规定。

2-27 钢筋机械连接接头和焊接接头有哪些规定?

当受力钢筋采用机械连接接头或焊接接头时，设置在同一构件内的接头应相互错开。柱内第一个钢筋接头位置与楼地面的距离不宜小于 500mm、六分之一柱高及柱长边的较大值；连续梁、板的上部钢筋宜设置在跨中三分之一跨度范围内，下部钢筋宜设置在梁端三分之一跨度范围内。

纵向受力钢筋机械连接接头及焊接接头连接区段的长度为 35 倍 d（d 为纵向受力钢筋的较大直径）且不大于 500mm，凡接头中点位于该连接区段长度内的接头均属于同一连接区段。同一连接区段内，纵向受力钢筋机械连接及焊接的接头面积百分率为该区段内有接头的纵向受力钢筋截面面积与全部纵向受力钢筋截面面积的比值。

同一连接区段内，纵向受力钢筋的接头面积百分率应符合设计要求；当设计无具体要求时，应符合符合下列规定：

（1）在受拉区不宜超过50%；

（2）接头不宜设置在有抗震要求的框架梁端、柱端的箍筋加密区；当无法避开时，对机械连接接头，不应超过50%；

（3）直接承受动力荷载的结构构件中，不宜采用焊接接头；当采用机械连接接头时，不应大于50%。

2-28 钢筋焊接网的锚固和搭接有哪些规定?

（1）锚固

当计算中充分利用钢筋的抗拉强度，对冷拔光面钢筋焊接网，在锚固长度范围内应有不少于两根横向钢筋且较近一根横向钢筋至计算截面的距离不小于50mm（图2-15）时，钢筋的最小锚固长度 l_a 应符合表2-19的规定。

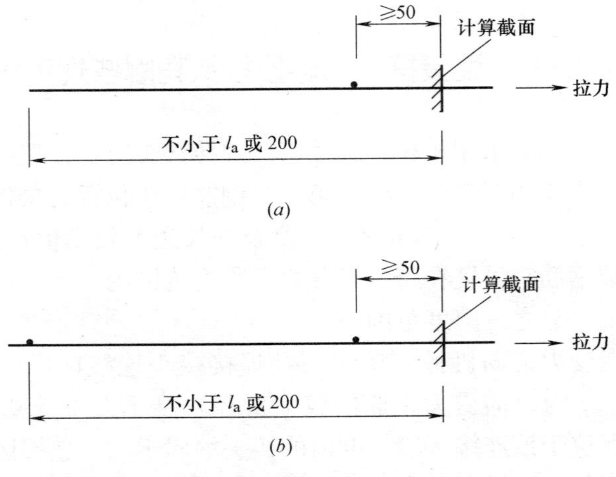

图2-15 受拉光面钢筋焊接网的锚固

（a）冷轧带肋钢筋焊接网；（b）冷拔光面钢筋焊接网

纵向受拉钢筋焊接网最小锚固长度 l_a（mm）　　表 2-19

钢筋焊接网类型		混凝土强度等级				
		C20	C25	C30	C35	≥C40
冷拔光面钢筋	冷拔光面钢筋焊接网	35d	30d	27d	25d	23d
CRB550 级钢筋焊接网	锚固长度内无横筋	40d	35d	30d	28d	25d
	锚固长度内有横筋	30d	26d	23d	21d	20d
HRB400 级钢筋焊接网	锚固长度内无横筋	45d	40d	35d	32d	30d
	锚固长度内有横筋	35d	31d	28d	25d	23d

注：1. 当焊接网中的纵向钢筋为并筋时，其锚固长度应按表中数值乘以系数 1.4 后取用；
2. 当锚固区内无横筋、焊接网的纵向钢筋净距不小于 5d（d 为纵向钢筋直径）且纵向钢筋保护层厚度不小于 3d 时，表中钢筋的锚固长度可乘以 0.8 的修正系数，但不应小于本表注 3 规定的最小锚固长度值；
3. 在任何情况下，光面钢筋焊接网的锚固长度不应小于 200mm；带肋钢筋锚固区内有横筋的焊接网的锚固长度不应小于 200mm；锚固区内无横筋时焊接网钢筋的锚固长度，对冷轧带肋钢筋不应小于 200mm，对热轧带肋钢筋不应小于 250mm；
4. d 为纵向受力钢筋直径（mm）。

（2）搭接接头

1）钢筋焊接网的搭接接头，应设置在受力较小处。钢筋焊接网在受拉方向的搭接接头可采用叠搭法或扣搭法，并应符合下列规定：

① 两片冷拉带肋钢筋焊接网末端之间钢筋搭接接头的最小搭接长度，不应小于最小锚固长度 l_a 的 1.3 倍，且不应小于 200mm；在搭接区内每张焊接网片的横向钢筋不得少于 1 根，两网片最外 1 根横向钢筋之间搭接长度不应小于 50mm（图 2-16a）。

当搭接区内两张网片中有一片无横向钢筋（采用平搭法）时，带肋钢筋焊接网的最小搭接长度应按锚固区内无横筋时的 l_a 值的 1.3 倍，且不应小于 300mm。

注：当搭接区内纵向受力钢筋的直径 d≥10mm 时，其搭接长度应按本条的计算值增加 5d 采用。

② 冷拔光面钢筋焊接网在搭接长度范围内每张网片的横向

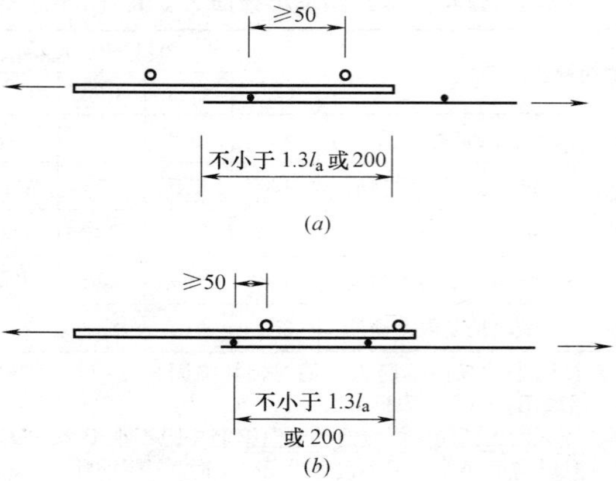

图 2-16　钢筋焊接网搭接接头

（a）冷轧带肋钢筋；（b）冷拔光面钢筋

钢筋不应少于 2 根，两片焊接网最外边横向钢筋间的搭接长度不应少于一个网格加 50mm（图 2-16*b*），也不应小于 l_a 的 1.3 倍，且不应小于 200mm。

冷拔光面钢筋焊接网的受力钢筋，当搭接区内一张网片无横向钢筋且无附加钢筋、网片或附加锚固构造措施时，不得采用搭接。

2）钢筋焊接网在受压方向的搭接长度，应取受拉钢筋搭接长度的 0.7 倍，且不应小于 150mm。

3）带肋钢筋焊接网在非受力方向的分布钢筋的搭接，当采用叠搭法（图 2-17*a*）或扣搭法（图 2-17*b*）时，在搭接范围内每个网片至少应有 1 根受力主筋，搭接长度不应小于 $20d$（d 为分布钢筋直径）且不应小于 150mm；当采用平搭法（图 2-17*c*）且一张网片在搭接区内无受力主筋时，其搭接长度不应小于 $20d$ 且不应小于 200mm。

注：当搭接区内分布钢筋的直径 $d>8$mm 时，其搭接长度应按本条的规定值增加 $5d$ 取用。

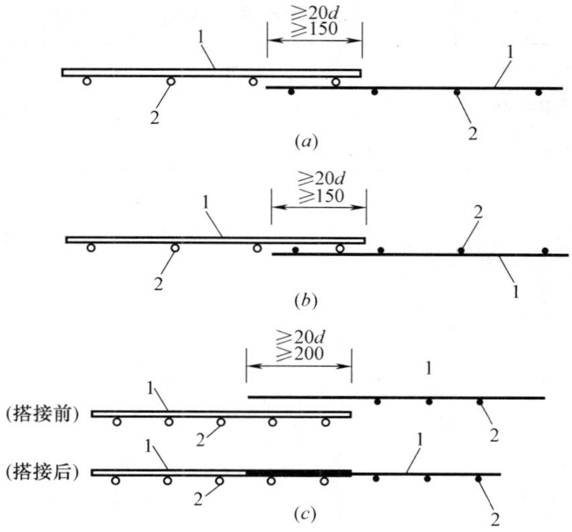

图 2-17　钢筋焊接网在非受力方向的搭接

(a) 叠搭法；(b) 扣搭法；(c) 平搭法

1—分布钢筋；2—受力钢筋

2-29　钢筋下料长度如何计算?

钢筋因弯曲或弯钩会使其长度变化，在配料中不能直接根据图样中标注的尺寸下料，必须全面了解混凝土保护层、钢筋弯曲、弯钩等规定，再根据图中尺寸计算其下料长度。

(1) 弯曲调整值

钢筋弯曲处内皮收缩、外皮延伸、轴线长度不变，弯曲处形成圆弧。钢筋的量度方法是沿直线量外包尺寸（图 2-18），因此，弯起钢筋的量度尺寸大于下料尺寸，两者之间的差值称为弯曲调整值。弯曲调整值，根据理论推算并结合实践经验，参见表 2-20。

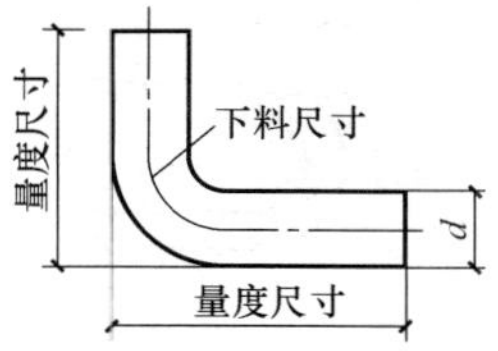

图 2-18　钢筋弯曲时的量度方法

钢筋弯曲调整值（mm）　　　　表 2-20

直径(mm) \ 角度 调整值	30°	45°	60°	90°	135°
	$0.35d_0$	$0.5d_0$	$0.85d_0$	$2d_0$	$2.5d_0$
6	—	—	—	12	15
8	—	—	—	16	20
10	3.5	5.0	8.5	20	25
12	4.0	6.0	10.0	24	30
14	5.0	7.0	12.0	28	35
16	5.5	8.0	13.5	32	40
18	6.5	9.0	15.5	36	45
20	7.0	10.0	17.0	40	50
22	8.0	11.0	19.0	44	55
25	9.0	12.5	21.5	50	62.5
28	10.0	14.0	24.0	56	70
32	11.0	16.0	27.0	64	80
35	12.5	18.0	30.5	72	90

注：d_0 为弯曲钢筋直径，表中角度是指钢筋弯曲后与水平线的夹角。

（2）弯钩增加长度

钢筋的弯钩形式有半圆弯钩、直弯钩及斜弯钩三种形式（图 2-19）。半圆弯钩是最常用的一种；直弯钩只用在柱钢筋的下部、箍筋和附加钢筋中；斜弯钩只用在直径较小的钢筋中。

光圆钢筋的弯钩增加长度，按图 2-19（弯心直径为 $2.5d$、平直部分为 $3d$）计算，对半圆弯钩为 $6.25d$，对直弯钩为 $3.5d$，对斜弯钩为 $4.9d$。由于实际弯心直径、钢筋粗细及机具等条件

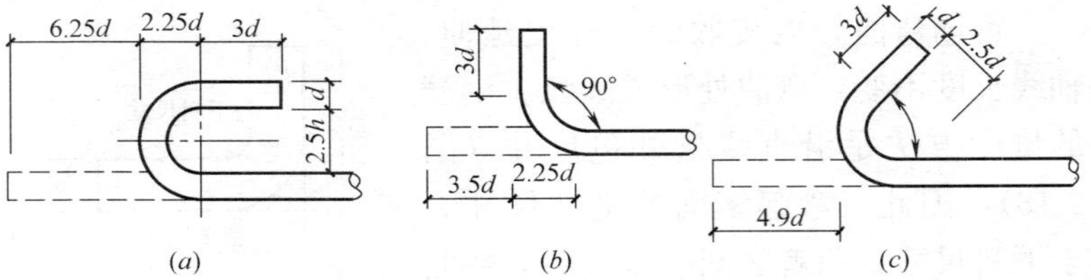

图 2-19　钢筋弯钩计算简图

（a）半圆弯钩；（b）直弯钩；（c）斜弯钩

不同而影响平直部分长度（手工弯钩时平直部分可适当加长，机械弯钩时可适当缩短），因此，在实际配料时，对弯钩增加长度常根据机具条件，采用经验数据，参见表 2-21。

半圆弯钩增加长度参考表（用机械弯制）　　表 2-21

钢筋直径(mm)	≤6	8～10	12～18	20～28	32～36
一个弯钩长度(mm)	40	$6d$	$5.5d$	$5d$	$4.5d$

(3) 弯起钢筋斜长

弯起钢筋斜长计算简图，见图 2-20。弯起钢筋斜长系数参见表 2-22。

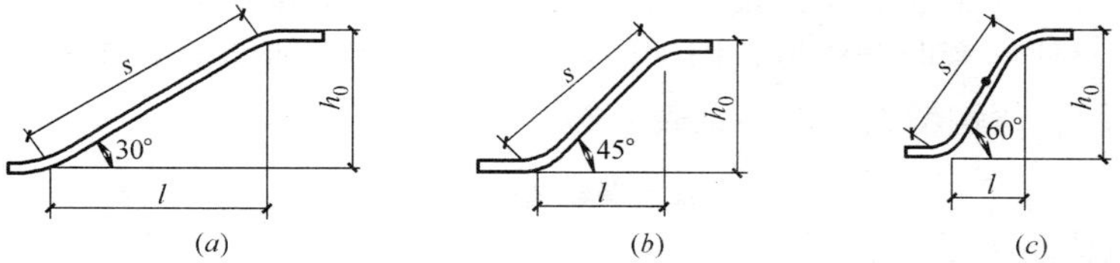

图 2-20　弯起钢筋斜长计算简图

(a) 弯起角度 30°；(b) 变起角度 45°；(c) 弯起角度 60°

弯起钢筋斜长系数　　表 2-22

弯起角度	$\alpha=30°$	$\alpha=45°$	$\alpha=60°$
斜边长度 s	$2h_0$	$1.41h_0$	$1.15h_0$
底边长度 l	$1.732h_0$	h_0	$0.575h_0$
增加长度 $s-l$	$0.268h_0$	$0.81h_0$	$0.575h_0$

注：h_0 为弯起高度。

(4) 箍筋调整值

箍筋调整值，即为弯钩增加长度和弯曲调整值两项之差或和，应根据箍筋外包尺寸或内部尺寸量度得出，见图 2-21 与表 2-23。

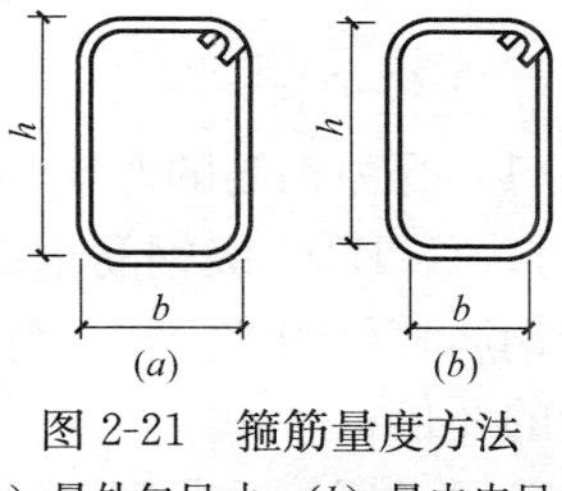

图 2-21　箍筋量度方法

(a) 量外包尺寸；(b) 量内皮尺寸

箍筋调整值 **表 2-23**

箍筋量度方法	箍筋直径/mm			
	4～5	6	8	10～12
量外包尺寸	40	50	60	70
量内皮尺寸	80	100	120	150～170

根据以上分析，钢筋下料长度一般可按以下公式计算，即：

直钢筋下料长度＝构件长度－保护层厚度＋弯钩增加长度

弯起钢筋下料长度＝直段长度＋斜度长度－弯曲调整值＋弯钩增加长度

箍筋下料长度＝箍筋周长＋箍筋调整值

上述钢筋需要搭接的话，还应增加钢筋搭接长度。

式中弯曲调整值，即钢筋弯曲角度与调整值的关系可参见表2-24。弯钩增加长度参见表2-25。

弯曲调整值参考表 **表 2-24**

钢筋弯曲角度	30°	45°	60°	90°	135°
调整值	0.35d	0.5d	0.85d	2d	2.5d

注：d 为钢筋直径。

弯钩增加长度参考表 **表 2-25**

半圆弯钩	直弯钩	斜弯钩(135°)
0.25d	3.5d	4.9d

注：1. 当弯心直径为 2.5d，平直部分为 3d 时；
2. d 为钢筋直径。

2-30 钢筋加工有哪些规定？

1. 主控项目

（1）受力钢筋的弯钩和弯折应符合下列规定：

1）HPB235 级钢筋末端应作 180°弯钩，其弯弧内直径不应小于钢筋直径的 2.5 倍，弯钩的弯后平直部分长度不应小于钢筋直径的 3 倍；

2）当设计要求钢筋末端需作 135°弯钩时，HRB335 级、

HRB400 级钢筋的弯弧内直径不应小于钢筋直径的 4 倍，弯钩的弯后平直部分长度应符合设计要求；

3）钢筋作不大于 90°的弯折时，弯折处的弯弧内直径不应小于钢筋直径的 5 倍。

检查数量：按每工作班同一类型钢筋、同一加工设备抽查不应少于 3 件。

检验方法：钢尺检查。

（2）除焊接封闭环式箍筋外，箍筋的末端应作弯钩，弯钩形式应符合设计要求；当设计无具体要求时，应符合下列规定：

1）箍筋弯钩的弯弧内直径除应满足本规范第 5.3.1 条的规定外，尚应不小于受力钢筋直径；

2）箍筋弯钩的弯折角度：对一般结构，不应小于 90°；对有抗震等要求的结构，应为 135°；

3）箍筋弯后平直部分长度：对一般结构，不宜小于箍筋直径的 5 倍；对有抗震等要求的结构，不应小于箍筋直径的 10 倍。

检查数量：按每工作班同一类型钢筋、同一加工设备抽查不应少于 3 件。

检验方法：钢尺检查。

（3）钢筋调直后应进行力学性能和重量偏差的检验，其强度应符合有关标准的规定。

盘卷钢筋和直条钢筋调直后的断后伸长率、重量负偏差应符合表 2-26 的规定。

采用无延伸功能的机械设备调直的钢筋，可不进行本条规定的检验。

检查数量：同一厂家、同一牌号、同一规格调直钢筋，重量不大于 30t 为一批；每批见证取 3 件试件。

检验方法：3 个试件先进行重量偏差检验，再取其中 2 个试件经时效处理后进行力学性能检验。检验重量偏差时，试件切口应平滑且与长度方向垂直，且长度不应小于 500mm；长度和重量的量测精度分别不应低于 1mm 和 1g。

盘卷钢筋和直条钢筋调直后的
断后伸长率、重量负偏差要求　　表 2-26

钢筋牌号	断后伸长率 A(%)	重量负偏差(%)		
		直径 6mm～12mm	直径 14mm～20mm	直径 22mm～50mm
HPB235、HPB300	≥21	≤10	—	—
HRB335、HRBF335	≥16	≤8	≤6	≤5
HRB400、HRBF400	≥15			
RRB400	≥13			
HRB500、HRBF500	≥14			

注：1. 断后伸长率 A 的量测标距为 5 倍钢筋公称直径；
2. 重量负偏差（%）按公式（W_0-W_d）/W_0×100 计算，其中 W_0 为钢筋理论重量（kg/m），W_d 为调直后钢筋的实际重量（kg/m）；
3. 对直径为 28mm～40mn 的带肋钢筋，表中断后伸长率可降低 1%；对直径大于 40mm 的带肋钢筋，表中断后伸长率可降低 2%。

2. 一般项目

（1）钢筋宜采用无延伸功能的机械设备进行调直，也可采用冷拉方法调直。当采用冷拉方法调直时，HPB235、HPB300 光圆钢筋的冷拉率不宜大于 4%；HRB335、HRB400、HRB500、HRBF335、HRBF400、HRBF500 及 RRB400 带肋钢筋的冷拉率不宜大于 1%。

检查数量：每工作班按同一类型钢筋、同一加工设备抽查不应少于 3 件。

检验方法：观察，钢尺检查。

（2）钢筋加工的形状、尺寸应符合设计要求，其偏差应符合表 2-27 的规定。

检查数量：按每工作班同一类型钢筋、同一加工设备抽查不应少于 3 件。

检验方法：钢尺检查。

钢筋加工的允许偏差　　表 2-27

项　目	允许偏差(mm)
受力钢筋顺长度方向全长的净尺寸	±10
弯起钢筋的弯折位置	±20
箍筋内净尺寸	±5

2-31 箍筋的末端弯钩形式有哪些规定？

除封闭焊接箍筋外，应符合设计要求或下列规定：

(1) 箍筋弯钩的弯弧内直径应满足第 31 条的各款规定；

(2) 箍筋弯钩的弯折角度：对一般结构，不应小于 90°；对有抗震设防要求的结构构件，应为 135°（图 2-22）；

(3) 箍筋弯折后平直部分长度：对一般结构，不应小于箍筋直径的 5 倍；对有抗震设防要求的结构构件，不应小于箍筋直径的 10 倍。箍筋弯钩长度增加值，参见表 2-28。

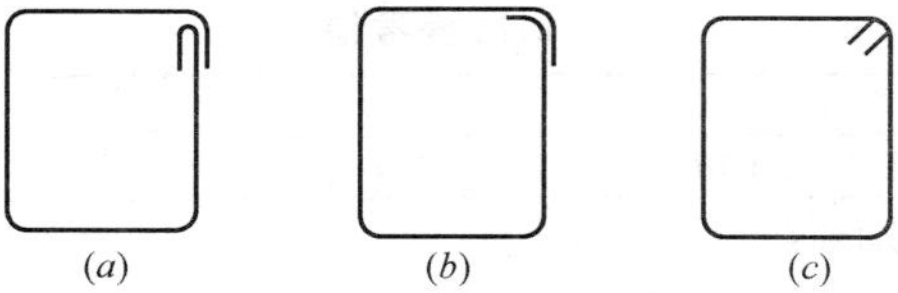

图 2-22　箍筋末端弯钩形式

(*a*) 90°/180°；(*b*) 90°/90°；(*c*) 135°/135°

箍筋弯钩长度增加值参考表　　　　表 2-28

钢筋直径 d/mm	一般结构箍筋两个弯钩增加长度/mm		抗震结构两个弯钩增加长度（$27d$）/mm
	两个弯钩均为 90°（$14d$）	一个弯钩 90°另一个弯钩 180°（$17d$）	
≤5	70	85	135
6	84	102	162
8	112	136	216
10	140	170	270
12	168	204	324

注：箍筋一般用内皮尺寸表示，每边加上 $2d$，即成为外皮尺寸，表中已计入。

对于已加工成形而发现弯钩形式不正确的箍筋（包括弯钩平直部分长度不符合要求），应作以下处理：斜弯钩可以代替半圆弯钩和直弯钩；半圆弯钩或直弯钩不能代替斜弯钩，斜弯钩误加工成半圆弯钩或直弯的应作为废品。

2-32 如何确保钢筋成形尺寸的准确?

(1) 加强钢筋配料管理工作，根据设备情况和传统操作经验，预先确定各种形状钢筋下料长度调整值，配料时事先考虑周到。为了画线简单和操作可靠，要根据实际成形条件（弯曲类型和相应的下料长度调整值、弯曲处的弯曲直径、扳距等），制定一套画线方法以及操作时搭扳子的位置备用。

(2) 扳距大小应根据钢筋弯制角度和钢筋直径确定，并结合经验取值。表 2-29 的数值可供参考。

扳距参考值　　　　表 2-29

弯制角度	45°	90°	135°	180°
扳距	(1.5～2.0)d	(2.5～3.0)d	(3.0～3.5)d	(3.5～4.0)d

注：d 为钢筋直径。

为了保证弯曲角度符合图样要求，在设备和工具不能达到准确时，可在成形台案上画出角度准线或采取打扒钉做标志的措施。

对于形状比较复杂且进行大批量成形的钢筋，最好先放出实样，预先选择合适的操作参数。

(3) 当成形钢筋部分误差超过质量标准允许值时，应根据钢筋受力和构件特征分别处理。如果存在超偏差部分对结构性能没有不良影响，应尽量用在工程上（例如弯起钢筋弯起点位置略有偏差或弯曲角度稍有不准，可经过技术鉴定确定是否可用）；对结构性能有重大影响或钢筋无法安装的，则必须返工，返工时需重新将弯折处扳直的，仅限于 HPB 235 级钢筋 1 次，并应在弯折处仔细检查表面状况，是否变形过大或出现裂纹等。

2-33 钢筋代换的原则是什么? 钢筋代换的注意事项是什么?

运到现场的钢筋品种、牌号或规格与设计要求不符时，可对钢筋进行代换使用。在代换前需征得设计人员的同意，并应办理设计变更文件，由技术负责人签发变更通知单后，才能断料加工。

（1）钢筋代换原则

1）等强度代换：当构件受强度控制时，钢筋可按强度相等原则进行代换；即不同钢号的钢筋按强度相等的原则代换，代换后的钢筋强度应大于等于代换前的钢筋强度。

2）等面积代换：当构件按最小配筋率配筋时，钢筋可按面积相等的原则进行代换。即同钢号的钢筋按钢筋面积相等的原则代换。

3）当构件受裂缝宽度或挠度控制时，代换后应进行裂缝宽度或挠度验算。

4）代换后的钢筋应满足构造要求和设计中提出的特殊要求。

（2）钢筋代换注意事项

1）钢筋代换时，必须充分了解设计意图和代换材料性能，并严格遵守现行混凝土结构设计规范的各项规定；凡重要结构中的钢筋代换，要征得设计单位同意。

2）对某些重要构件，如吊车梁、薄腹梁、桁架弦等，不宜用一级光圆钢筋代替二级带肋钢筋。

3）钢筋替换后，应满足配筋构造规定，如钢筋的最小直径、间距、根数、锚固长度等。

4）同一截面内，可同时配有不同种类和直径的代换钢筋，但每根钢筋的拉力差不应过大，以免构件受力不匀。

5）梁的纵向受力钢筋与弯起钢筋应分别代换，以保证正截面与斜截面的强度。

6）偏心受压构件（如框架梁、有吊车厂房柱、桁架上弦等）或偏心受拉构件作钢筋代换时，不取整个截面配筋量计算，应按受力面（受压、拉）分别代换。

7）当构件受裂缝宽度控制时，如以小直径钢筋代换大直径钢筋，强度等级低的钢筋代换强度等级高的钢筋，则可不作裂缝宽度验算。

8）对有抗震要求的框架，不宜以强度较高的钢筋代替原设计中的钢筋；当必须代换时，其代换的钢筋检验所得的实际强度应符合设计的要求。

9）预制构件的吊环，必须用未经冷拉的 HPB235 级，热轧钢筋制作，严禁以其他钢筋代换。

2-34 如何进行钢筋等强度代换和等面积代换?

（1）等强度代换计算

当构件受强度控制时钢筋按强度相等的原则代换。

建立代换公式的依据为：代换后的钢筋强度≥代换前的钢筋强度，表达式为：

$$A_{s2}f_{y2}n_2 \geqslant A_{s1}f_{y1}n_1 \tag{2-11}$$

$$n_2 \geqslant \frac{A_{s1}f_{y1}n_1}{A_{s2}f_{y2}} \tag{2-12}$$

即

$$n_2 \geqslant \frac{d_1^2 f_{y1}n_1}{d_2^2 f_{y2}} \tag{2-13}$$

式中 A_{s2}——代换钢筋的计算面积（mm^2）；

A_{s1}——原设计钢筋的计算面积（mm^2）；

n_2——代换钢筋根数；

n_1——原设计钢筋根数；

d_2——代换钢筋直径（mm^2）；

d_1——原设计钢筋直径（mm）；

f_{y2}——代换钢筋抗拉强度设计值（MPa）；

f_{y1}——原设计钢筋抗拉强度设计值（MPa）。

① 当代换前后钢筋牌号相同，即 $f_{y1}=f_{y2}$，而直径不同时，上式简化为：

$$n_2 \geqslant \frac{d_1^2}{d_2^2}n_1 \tag{2-14}$$

② 当代换前后钢筋直径相同，即 $d_1=d_2$，而牌号不同时，

上式简化为：

$$n_2 \geqslant \frac{f_{y1}}{f_{y2}} n_1 \tag{2-15}$$

【例 1】 设计某梁下部纵向受力筋为 2 根，直径为 18mm 的 HRB400 钢筋，而施工现场无此种钢筋，现用 HRB335 钢筋来代换。

【解】 已知 HRB400 钢筋和 HRB335 钢筋的抗拉强度设计值分别为 360MPa 和 300MPa。

1）用直径相同的钢筋代换，将已知数据代入公式（2-15）

$$n_2 \geqslant n_1 f_{y1}/f_{y2} = 2 \times 360/300 = 2.4(\text{根})\text{取}3\text{根}$$

所以可用 3 根直径为 18mm 的 HRB335 代替 2 根直径为 18mm 的 HRB400。

2）钢筋的强度代换也可用查表的方法。

先根据原设计钢筋的类别、直径及根数，由表 2-30 查得被代换钢筋的拉力（$A_s f_y$），然后根据代换钢筋的类别、直径查表确定代换钢筋的数量，使代换后钢筋的抗拉强度不小于代换前的钢筋抗拉强度。

钢筋拉力（$A_s f_y$）值表（kN）　　　　表 2-30

(1)当为 HPB235 钢筋(f_y=210MPa)时，拉力 $A_s f_y$								
钢筋直径(mm)	根数							
	1	2	3	4	5	6	7	8
6	5.94	11.8	17.74	23.77	29.71	35.4	41.43	47.54
8	10.55	21.10	31.65	42.20	52.75	63.30	73.85	84.40
10	16.49	32.97	49.47	69.54	86.03	98.94	115.43	131.88
12	23.75	47.5	71.25	95.00	118.75	142.50	166.25	190.00
14	32.32	64.64	96.96	129.28	161.60	193.92	226.24	258.25
16	42.23	84.46	126.69	168.92	211.15	253.38	295.61	337.85
18	53.45	106.89	160.35	213.78	267.25	320.70	374.15	427.56
20	65.98	131.96	197.94	263.93	329.90	395.88	461.86	527.86
22	79.82	159.64	239.46	319.28	399.10	478.92	558.74	638.56
25	103.09	206.18	309.27	412.36	515.45	618.54	721.63	824.71
28	129.21	258.42	387.63	516.84	646.05	775.26	904.47	1033.68
32	168.90	337.81	506.71	675.62	844.52	1013.42	1182.32	1351.22

续表

(2)当为 HRB335 钢筋(f_y=300MPa)时,拉力 $A_s f_y$								
钢筋直径(mm)	根数							
	1	2	3	4	5	6	7	8
10	23.56	47.12	70.69	94.25	117.81	141.37	164.93	188.50
12	33.93	67.86	101.79	135.72	169.65	203.57	237.50	271.44
14	46.18	92.36	138.54	184.73	230.91	277.09	323.27	369.45
16	60.32	120.64	180.96	241.27	301.59	361.91	422.23	482.55
18	76.34	152.68	229.02	305.36	381.70	458.04	534.38	610.73
20	94.25	188.50	282.74	376.99	471.24	565.49	659.73	753.98
22	114.04	228.08	342.12	456.16	570.20	684.24	798.28	912.32
25	147.26	294.52	441.79	589.05	736.31	883.57	1030.83	1178.10
28	184.72	369.45	554.18	738.90	923.63	1108.35	1293.08	1477.80
32	241.27	482.55	723.82	956.10	1206.37	1447.64	1688.92	1930.19

(3)当为 HRB400 钢筋(f_y=360MPa)时,拉力 $A_s f_y$								
钢筋直径(mm)	根数							
	1	2	3	4	5	6	7	8
10	28.27	56.55	84.82	113.10	141.37	169.64	197.92	226.19
12	40.72	81.43	122.15	162.86	203.58	244.29	285.00	325.72
14	55.42	110.84	166.25	221.67	277.09	332.51	387.92	443.34
16	72.38	144.76	217.15	289.53	361.91	434.29	506.67	579.06
18	91.61	183.22	274.83	366.44	458.04	549.65	641.26	732.87
20	113.10	226.19	339.29	452.39	565.49	678.58	791.68	904.78
22	136.85	273.70	410.54	547.39	684.24	821.09	957.93	1094.78
25	176.71	353.43	530.14	706.86	883.57	1060.29	1237.00	1413.72
28	221.67	443.34	665.01	886.68	1108.35	1330.02	1551.69	1773.36
32	289.53	579.06	868.59	1158.11	1447.65	1737.18	2026.71	2316.24

【例 2】 用查表的方法解决［例 1］的钢筋代换问题。

【解】 查表 2-27（3），知 2Φ18 的拉力为 183.22kN，再查

表 2-27（2）知可用 3Φ18 或 2Φ20 来代替。

（2）等面积代换计算

对于按构造配置的钢筋，应满足最小配筋率，可按面积相等的原则代换。用公式表达为

$$A_{s2} \geqslant A_{s1} \tag{2-16}$$

式中 A_{s2}——代换钢筋的计算面积；

A_{s1}——原设计钠筋的计算面积。

【例 3】 某地下连续墙设计每米 5 根Φ14mm 钢筋，现场无此钢筋，须用Φ12mm 进行代换，问代换后每米需几根钢筋？

【解】 按等面积原则代换 $A_{s2} \geqslant A_{s1}$ 得

$$n_2 \geqslant \frac{n_1 d_1^2}{d_2^2} = \frac{5 \times 14^2}{12^2} = 6.8 \tag{2-17}$$

故每米选 7 根钢筋进行代换。

2-35 钢筋的焊接方法和适用范围有哪些？

钢筋焊接方法分类及适用范围，见表 2-31。钢筋焊接质量检验，应符合现行行业标准《钢筋焊接及验收规程》（JGJ 18）和《钢筋焊接接头试验方法标准》（JCJ/T 27）的规定。

钢筋焊接方法的适用范围　　表 2-31

焊接方法	接头形式	适用范围		
		钢筋牌号	钢筋直径(mm)	备注
电阻点焊	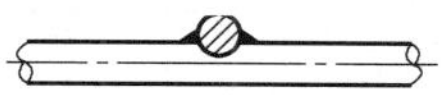	HPB 235 HRB 335 HRB 400 CRB 550	8～16 6～16 6～16 4～12	用于焊接骨架和焊接网片
闪光对焊	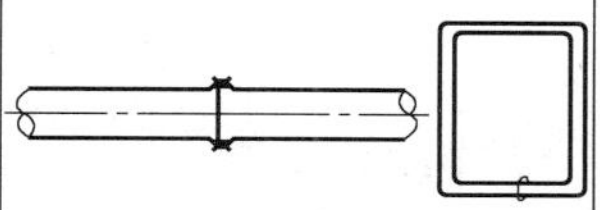	HPB 235 HRB 335 HRB 400 RRB 400 HRB 500 Q 235	8～20 6～40 6～40 10～32 10～40 6～14	用于钢筋的纵向连接

续表

焊接方法			接头形式	适用范围		
				钢筋牌号	钢筋直径(mm)	备注
电弧焊	帮条焊	双面焊	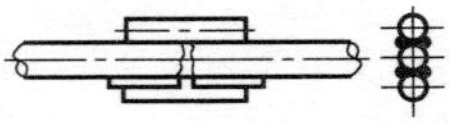	HPB 235 HRB 335 HRB 400 RRB 400	10～20 10～40 10～40 10～25	
电弧焊	帮条焊	单面焊		HPB 235 HRB 335 HRB 400 RRB 400	10～20 10～40 10～40 10～25	
电弧焊	搭接焊	双面焊	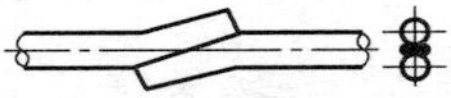	HPB 235 HRB 335 HRB 400 RRB 400	10～20 10～40 10～40 10～25	
电弧焊	搭接焊	单面焊		HPB 235 HRB 335 HRB 400 RRB 400	10～20 10～40 10～40 10～25	
电弧焊	熔槽帮条焊		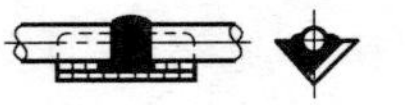	HPB 235 HRB 335 HRB 400 RRB 400	20 20～40 20～40 20～25	
电弧焊	坡口焊	平焊		HPB 235 HRB 335 HRB 400 RRB 400	18～20 18～40 18～40 18～25	
电弧焊	坡口焊	立焊		HPB 235 HRB 335 HRB 400 RRB 400	18～20 18～40 18～40 18～25	
电弧焊	钢筋与钢板搭接焊		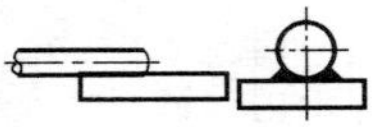	HPB 235 HRB 335 HRB 400	8～20 8～40 8～25	
电弧焊	窄间隙焊		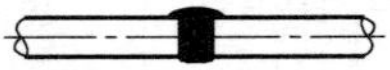	HPB 235 HRB 335 HRB 400	16～20 16～40 16～40	

续表

焊接方法			接头形式	适用范围		
				钢筋牌号	钢筋直径(mm)	备注
电弧焊	预埋件电弧焊	角焊	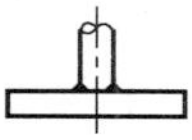	HPB 235 HRB 335 HRB 400	8～20 6～25 6～25	
		穿孔塞焊	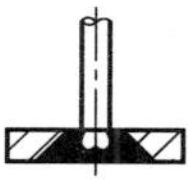	HPB 235 HRB 335 HRB 400	20 20～25 20～25	
电渣压力焊				HPB 235 HRB 335 HRB 400	14～20 14～32 14～32	用于钢筋竖向和斜向(倾斜度4∶1)焊接
气压焊			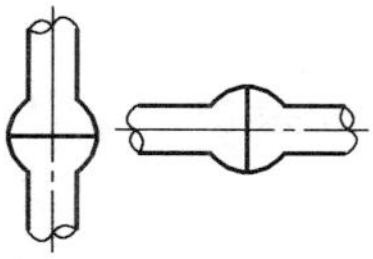	HPB 235 HRB 335 HRB 400	14～20 14～40 14～40	可用于无电源场地
预埋件钢筋埋弧压力焊			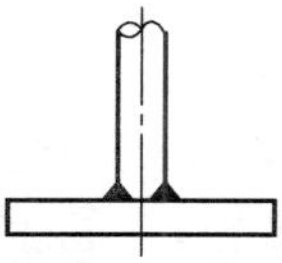	HPB 235 HRB 335 HRB 400	8～20 6～25 6～25	用于预埋件T形接头

注：1. 电阻点焊时，适用范围的钢筋直径系指2根不同直径钢筋交叉叠接中较小钢筋直径；

2. 当设计图纸规定对冷拔低碳钢丝焊接网进行电阻点焊，或对原RL540钢筋（Ⅲ级）进行闪光对焊时，可按现行《钢筋焊接及验收规程》（JGJ 18—2003）相关系数的规定实施；

3. 钢筋闪光对焊含封闭环式箍筋闪光对焊。

2-36 钢筋焊接一般有哪些规定?

（1）电渣压力焊适用于柱、墙、构筑物等现浇混凝土结构中竖向受力钢筋的连接；不得在竖向焊接后横置于梁、板等构件中作水平钢筋用。

（2）在工程开工正式焊接之前，参与该项施焊的焊工应进行现场条件下的焊接工艺试验，并经试验合格后，方可正式生产。试验结果应符合质量检验与验收时的要求。

（3）钢筋焊接施工之前，应清除钢筋、钢板焊接部位以及钢筋与电极接触处表面上的锈斑、油污、杂物等；钢筋端部当有弯折、扭曲时，应予以矫直或切除。

（4）带肋钢筋进行闪光对焊、电弧焊、电渣压力焊和气压焊时，宜将纵肋对纵肋安放和焊接。

（5）当采用低氢型碱性焊条时，应按使用说明书的要求烘焙。且宜放入保温筒内保温使用；酸性焊条若在运输或存放中受潮，使用前亦应烘焙后方能使用。

（6）焊剂应存放在干燥的库房内，当受潮时，在使用前应经250～300℃烘焙2h。

使用中回收的焊剂应清除熔渣和杂物，并应与新焊剂混合均匀后使用。

（7）在环境温度低于－5℃条件下施焊时，焊接工艺应符合下列要求：

1）闪光对焊时，宜采用预热闪光焊或闪光-预热闪光焊；可增加调伸长度，采用较低变压器级数，增加预热次数和间歇时间。

2）电弧焊时，宜增大焊接电流，减低焊接速度。

电弧帮条焊或搭接焊时，第一层焊缝应从中间引弧，向两端施焊；以后各层控温施焊，层间温度控制在150～350℃之间。多层施焊时，可采用回火焊道施焊。

3）当环境温度低于－20℃时，不宜进行各种焊接。

（8）雨天、雪天不宜在现场进行施焊；必须施焊时，应采取有效遮蔽措施。焊后未冷却接头不得碰到冰雪。

在现场进行闪光对焊或电弧焊，当风速超过7.9m/s时，应采取挡风措施。进行气压焊，当风速超过5.4m/s时，应采取挡风措施。

（9）进行电阻点焊、闪光对焊、电渣压力焊、埋弧压力焊时，应随时观察电源电压的波动情况，当电源电压下降大于5%、小于8%，应采取提高焊接变压器级数的措施；当大于或等于8%时，不得进行焊接。

（10）焊机应经常维护保养和定期检修，确保正常使用。

（11）对从事钢筋焊接施工的班组及有关人员应经常进行安全生产教育，执行现行国家标准《焊接与切割安全》GB 9448中有关规定，对氧、乙炔、液化石油气等易燃、易爆材料，应妥善管理，注意周边环境，制定和实施各项安全技术措施，加强焊工的劳动保护，防止发生烧伤、触电、火灾、爆炸以及烧坏焊接设备等事故。

2-37 什么是钢筋闪光对焊？其工艺要点和适用条件有哪些？

（1）闪光对焊广泛用于钢筋接长及预应力钢筋与螺栓端杆的焊接。热轧钢筋的接长应优先用闪光对焊。钢筋闪光对焊的原理是利用对焊机使两端钢筋接触，通过低电压的强电流，待钢筋被加热到一定温度变软后，进行轴向加压顶锻，形成对焊接头。

（2）钢筋闪光对焊的焊接工艺可分为连续闪光焊、预热闪光焊和闪光-预热闪光焊等，根据钢筋品种、直径、焊机功率、施焊部位等因素选用。见表2-32。

钢筋闪光对焊工艺过程及适用条件　　　　表2-32

工艺名称	工艺及适用条件	操作方法
连续闪光焊	连续闪光顶锻 适用于直径18mm以下的HPB 235、HRB 335、HRB 400级钢筋	1. 先闭合一次电路，使两钢筋端面轻微接触，促使钢筋间隙中产生闪光，接着徐徐移动钢筋，使两钢筋端面仍保持轻微接触，形成连续闪光过程 2. 当闪光达到规定程度后（烧平端面，闪掉杂质，热至熔化），即以适当压力迅速进行顶锻挤压

续表

工艺名称	工艺及适用条件	操作方法
预热闪光焊	预热、连续闪光顶锻 适于直径 20mm 以上的 HPB 235、HRB 335、HRB 400 级钢筋	1. 在连续闪光前增加一次预热过程，以扩大焊接热影响区 2. 闪光与顶锻过程同连续闪光焊
闪光-预热-闪光焊	一次闪光、预热 二次闪光、顶锻 适用于直径 20mm 以上的 HPB 235、HRB 335、HRB 400 级钢筋及 HRB 500 级钢筋	1. 一次闪光：将钢筋端面闪平 2. 预热：使两钢筋端面交替地轻微接触和分开，使其间隙发生断续闪光来实现预热，或使两钢筋端面一直紧密接触用脉冲电流或交替紧密接触与分开，产生电阻热（不闪光）来实现预锻 3. 二次闪光与顶锻过程同连续闪光焊
通电热处理	闪光-预热-闪光，通电热处理，适用于 HRB 500 级钢筋	1. 焊毕松开夹具，放大钳口距，再夹紧钢筋 2. 焊后停歇 30～60s，待接头温度降至暗黑色时，采取低频脉冲通电加热（频率0.5～1.5 次/s，通电时间 5～7s） 3. 当加热至 550～600℃呈暗红色或橘红色时，通电结束松开夹具

2-38 什么是钢筋电弧焊？其一般要求有哪些？如何选用焊条？

（1）电弧焊是利用弧焊机使焊条与焊件之间产生高温电弧，使焊条和电弧燃烧范围内的焊件熔化，待其凝固便形成焊缝或接头。电弧焊广泛用于钢筋接头、钢筋骨架焊接、装配式结构接头的焊接、钢筋与钢板的焊接及各种钢结构焊接。

（2）钢筋电弧焊包括帮条焊、搭接焊、坡口焊和熔槽帮条焊等接头形式。焊接时应符合下列要求：

1）应根据钢筋牌号、直径、接头形式和焊接位置，选择焊条、焊接工艺和焊接参数；

2）焊接时，引弧应在垫板、帮条或形成焊缝的部位进行，不得烧伤主筋；

3）焊接地线与钢筋应接触紧密；

4）焊接过程中应及时清渣，焊缝表面应光滑，焊缝余高应平缓过渡，弧坑应填满。

（3）电弧焊所采用的焊条，其性能应符合现行国家标准《碳钢焊条》（GB 5117）或《低合金钢焊条》（GB 5118）的规定，其型号应根据设计确定。如设计无规定，可按表 2-33 选用。在电渣压力焊和埋弧压力焊中所用的焊剂，可采用 HJ431 焊剂。

钢筋电弧焊焊条型号　　　　表 2-33

钢筋牌号	电弧焊接头形式			
	帮条焊 搭接焊	坡口焊 熔槽帮条焊 预埋件穿孔塞焊	钢筋与钢 板搭接焊 预埋件 T 形角焊	窄间 隙焊
HPB 235	E 4303	E 4303	E 4303	E 4316　E 4315
HRB 335	E 4303	E 5003	E 4303	E 5016　E 5015
HRB 400	E 5003	E 5503	E 5003	E 601 6　E6015
RRB 400	E 5003	E 5503	—	—

注：1. 钢筋施工所用的焊条按熔敷金属的抗压强度分为：E43 系列（即 420MPa），E50 系列（即 490MPa）和 E55 系列（即 540MPa）；

2. 焊条型号以“E××××”表示，“E”表示焊条；后接前两位数字表示熔敷金属抗拉强度最小值；第三位数字表示焊条的焊接位置，“0”及“1”表示焊条适用于全位置焊接（平焊、立焊、仰焊、横焊），“2”表示焊条适用于平焊及平角焊，“4”表示焊条适用于向下立焊；第三位和第四位数字组合时表示焊接电流种类及药皮类型。

2-39　什么是电渣压力焊？其焊接工艺要点有哪些？

（1）电渣压力焊是将钢筋的待焊端部置于焊剂的包围之中，通过引燃电弧加热，最后在断电的同时，迅速将钢筋进行顶压，使上、下钢筋焊接成一体的一种焊接方法（图 2-23）。

这种焊接方法比电弧焊节省钢材、工效高、成本低，适用于现浇钢筋混凝土结构中竖向或斜向（倾斜度在 4：1 的范围内）

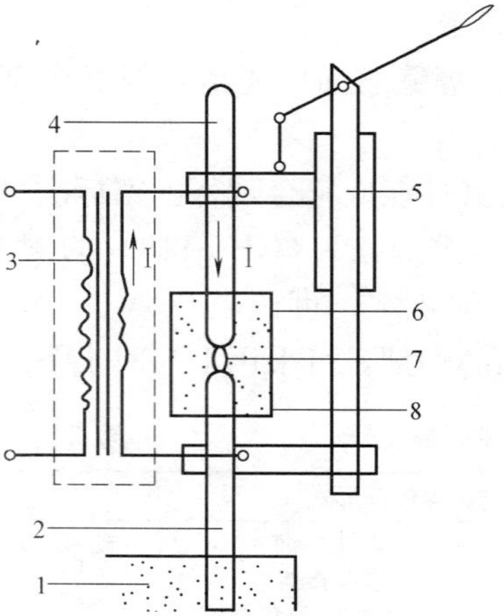

图 2-23 钢筋电渣压力焊焊接原理示意图

1—混凝土；2—下钢筋；3—焊接电源；4—上钢筋；5—焊接夹具；6—焊剂盒；7—铁丝球；8—焊剂

钢筋的接长，但不宜用于轧后经余热处理的钢筋。

电渣压力焊属于熔化压力焊范畴，适用于直径 14～40mm 的 HPB 235、HRB 335、HRB 400 级竖向钢筋的连接，但直径 28mm 以上钢筋的焊接技术难度较大。最近试制成功的全自动电渣压力焊机，可排除人为因素干扰，使钢筋的焊接质量更有保障。电渣压力焊不适用于水平钢筋或倾斜钢筋（斜度大于 4∶1）的连接，也不适用于可焊性差的钢筋。对焊工水平低、供电条件差（电压不稳等）、雨期或防火要求高的场合应慎用。

（2）焊接工艺

1）工艺过程

焊接工艺一般分为引弧、电弧、电渣和顶压等四个过程（图 2-24）。

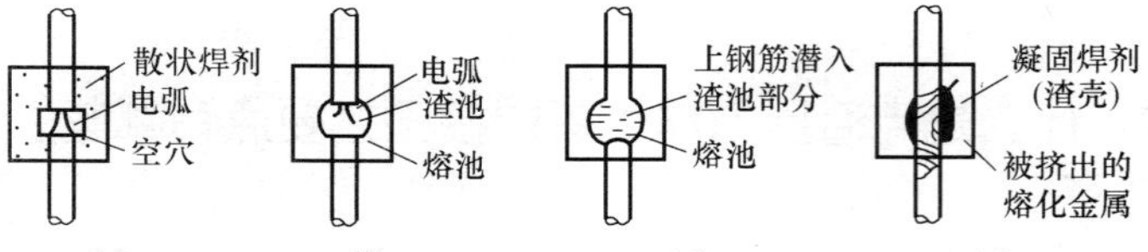

图 2-24 竖向钢筋电渣压力焊工艺过程示意图

（*a*）引弧过程；（*b*）电弧过程；（*c*）电渣过程；（*d*）顶压过程

2）焊接参数

竖向钢筋电渣压力焊的焊接参数包括：焊接电流、焊接电压和焊接通电时间等（表 2-34）。不同直径钢筋焊接时，应按较小直径钢筋选择焊接参数，焊接通电时间可适当延长。

电渣压力焊焊接参数表 **表 2-34**

钢筋直径(mm)	焊接电流(A)	焊接电压(V)		焊接通电时间(s)	
		电弧过程 $U_{2.1}$	电渣过程 $U_{2.2}$	电弧过程 t_1	电渣过程 t_2
14	200～220	34～45	18～22	12	3
16	200～250			14	4
18	250～300			15	5
20	300～350			17	5
22	350～400			18	6
25	400～450			21	6
28	500～550			24	6
32	600～650			27	7

3）工艺要点

① 焊接夹具的上、下钳口应夹紧于上、下待焊接的钢筋上，钢筋一经夹紧，不得晃动。

② 宜采用铁丝球或焊条头引弧法，亦可采用直接引弧法。

③ 引燃电弧后，应先进行电弧过程，然后，加快上钢筋的下送速度，使钢筋端面与液态渣池接触，转变为电渣过程，最后，在断电的同时，迅速下压钢筋，挤出熔化金属和熔渣。

④ 焊接完毕，应在停歇断电后，方可回收焊剂和卸下焊接夹具，并敲去渣壳。焊缝四周的焊包应均匀，凸出钢筋面的高度应大于或等于 4mm。

2-40 什么是气压焊？其工艺要点有哪些？

（1）钢筋气压焊连接技术，是利用一定比例的氧气和乙炔火焰为热源，对两根待连接的钢筋端头进行加热，使其达到塑性状态时，对钢筋施加足够的轴向顶锻压力（30～40MPa），使两根钢筋牢固地对接在一起的施工方法。其连接原理：由于加热和加压使钢筋接合面附近的金属受到镦锻式压延，产生强烈的塑性变形，促使接合面接近到原子间的距离，实现原子间的互相嵌入扩散与键合，完成晶粒重新组合的再结晶，使两根钢筋形成牢固地对接。

气压焊可用于钢筋在垂直位置、水平位置或倾斜位置的对接焊接。当两钢筋直径不同时，其两直径之差不得大于7mm。

钢筋气压焊接设备主要由供气装置（氧气和乙炔）、环管加热器、加压器和钢筋夹具等组成（图2-25）。

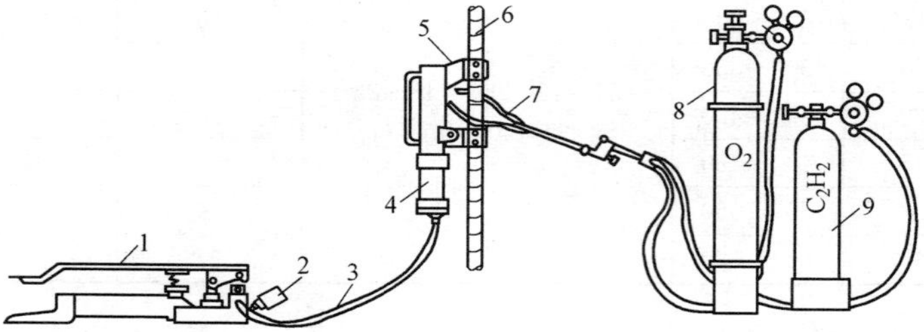

图2-25　钢筋气压焊接设备组成示意图

1—液压泵；2—压力表；3—液压胶管；4—液压缸；5—钢筋夹具；6—待焊接钢筋；7—环管加热器；8—氧气瓶；9—乙炔瓶

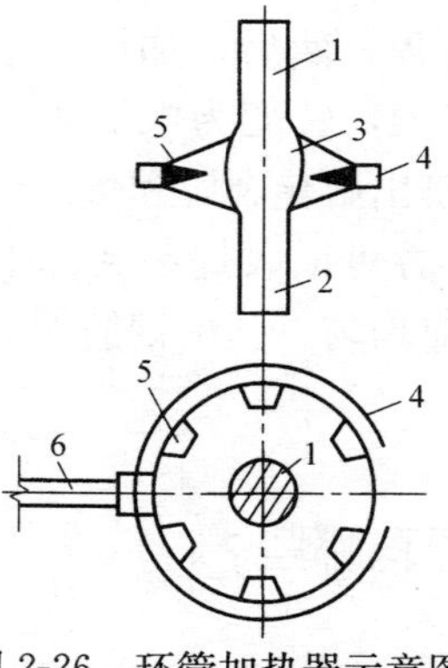

图2-26　环管加热器示意图

1—上钢筋；2—下钢筋；3—焊接点；4—环形管；5—喷嘴；6—混合气管

其中环管加热器（又称为多嘴环管焊炬）是加热钢筋的工具。由混合气管、环形管及喷嘴等组成（图2-26）。环管加热器是混合乙炔和氧气，经喷嘴喷射后，形成多束火焰对钢筋进行气压焊接的专用加热器具。为了使钢筋接头焊接点加热均匀，加热器设计为环形钳状，并要求多束火焰燃烧均匀、调整方便。环管加热器的喷嘴数为6、8、10、12、14个不等，按待焊钢筋的直径选用。其基本关系参数见表2-35。

加热器与钢筋参数表 **表 2-35**

加热器编号	喷嘴数(个)	焊接钢筋直径(mm)	焰芯长度(mm)
1	6～8	22～25	≥7
2	8～10	25～32	
3	10～14	32～40	

(2) 工艺要点

1) 钢筋端部加工

① 钢筋端面应切平，并应考虑接头的压缩量（一般为0.6～1.0d）。端面与钢筋轴线应垂直，周边毛刺应去掉。端部弯折、扭曲部分应矫正或切除。切割钢筋应用砂轮锯，不得用切断机。

② 钢筋端部的锈污应清除打磨干净，使其露出金属光泽，不得有氧化现象，清除长度一般为两倍钢筋的直径。

③ 钢筋接头应布置在直线区段内，弯曲段内不得布置接头。当有多根钢筋焊接接头时，接头位置应按国家现行标准《混凝土结构工程施工质量验收规范》(GB 50204) 的有关规定错开。

④ 安装焊接夹具和钢筋时，应将两根钢筋分别夹紧，并使两根钢筋的轴线对正。钢筋安装后，应对钢筋轴向施加 5～10MPa 的初压力顶紧，两根钢筋之间的缝隙不得大于 3mm，压接面的形状要求见图 2-27。

2) 焊接加热与加压

① 气压焊的开始阶段，宜采用碳化焰（表 2-36）对准两根钢筋的接缝处集中加热，并使其内焰包住缝隙，防止钢筋端面产生氧化。当压力表针大幅度下降时，随即进行三次加压法的 1 次低压加压，对钢筋施加轴向压力，直到焊口缝隙完全闭合。

② 在确认两根钢筋的焊口缝隙完全密合后，应改用中性焰（表 2-36）宽幅加热，以压焊面为中心，在两侧各 1～2 倍钢筋直径的长度范围内，均匀摆动，往复加热，使其达到要求的压接温度（1150～1300℃）。当钢筋端部表面变为炽白色，且氧化物变成灰白色球状物，继而聚集成泡沫状，并开始随加热器的摆动方

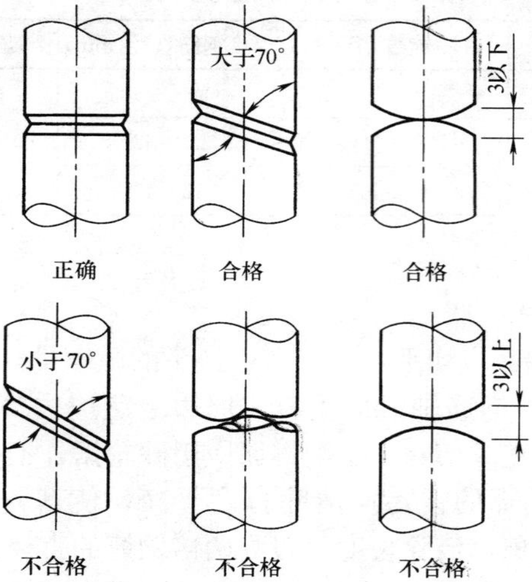

图 2-27　钢筋气压焊压接面示意图

焊接火焰的标准参考表　　　　**表 2-36**

名　　称	示　意　图	O_2 : C_2H_2
碳化焰 （乙炔过剩焰）	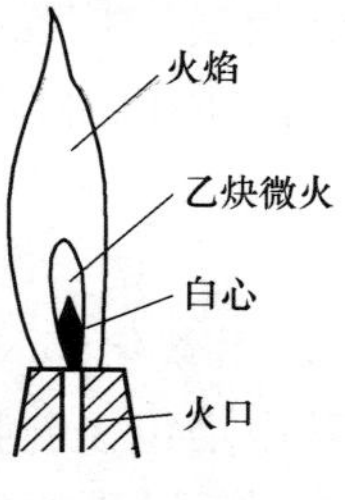	0.85 : 1～0.95 : 1
中性焰 （标准焰）	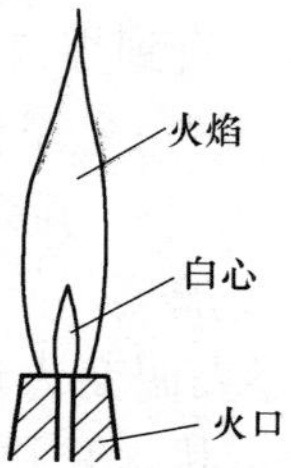	1 : 1

向移动时，则可边加热边进行 2、3 次高压加压。高压加压时，对钢筋施加的轴向力应达到 30～40MPa，使接缝处镦粗的直径为母材直径的 1.4～1.6 倍，镦粗的长度为母材直径的 1.2～1.5 倍。在高压加压过程中，应采用中性焰宽幅加热。

③ 压接后，当钢筋温度降至 600～650℃ 时（钢筋火红消失），才能拆除压接器的钢筋夹具，过早拆除夹具容易产生弯曲变形。气压焊接加热、压接操作步骤示意见图 2-28。

④ 在合理选用火焰的基础上，气压焊接时间可参考表 2-37。

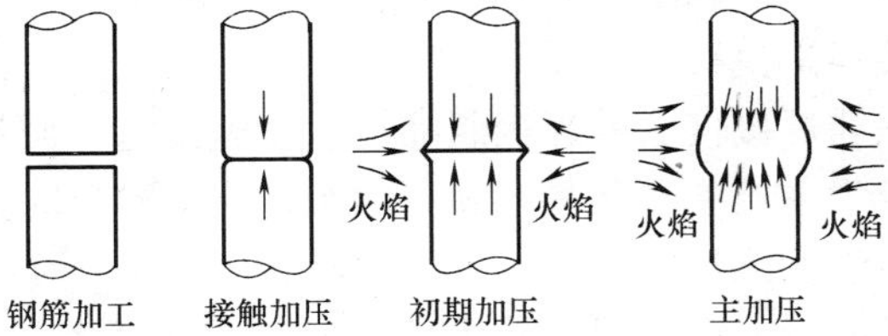

图 2-28　加热、压接步骤示意图

气压焊接时间参考表　　　　**表 2-37**

钢筋直径(mm)	加热器喷嘴数(个)	配用焊把	加热时间(s)
16～22	6～8	H01-20	60～90
25	8～10	H01-20	90～120
28	8～10	H01-20	120～150
32	8～12	H01-20	150～180
40	12～14	YQH-40	180～240
50	16～18	YQH-40	270～420

注：喷嘴前端距钢筋表面 25～30mm。

2-41　焊接骨架和焊接网的焊点有哪些要求?

焊接网和焊接骨架的焊点，应符合设计要求；当设计无具体要求时，应按下列规定进行焊接：

（1）焊接骨架的所有钢筋相交点必须焊接；

（2）当焊接网片只有一个方向受力时，受力主筋与两端边缘的两根锚固横向钢筋的全部相交点必须焊接；当焊接网两个方向受力时，则四周边缘的两根钢筋的全部相交点均应焊接；其余的相交点可间隔焊接。

2-42 钢筋焊接质量检验与验收的一般规定有哪些？

（1）钢筋焊接接头或焊接制品（焊接骨架、焊接网）质量检验与验收应按现行国家标准《混凝土结构工程施工质量验收规范》（GB 50204）中的基本规定和《钢筋焊接及验收规程》（JGJ 18）的有关规定执行。

（2）钢筋焊接接头或焊接制品应按检验批进行质量检验与验收，并划分为主控项目和一般项目两类。质量检验时，应包括外观检查和力学性能检验。

（3）纵向受力钢筋焊接接头，包括闪光对焊接头、电弧焊接头、电渣压力焊接头、气压焊接头的连接方式检查和接头的力学性能检验规定为主控项目。

接头连接方式应符合设计要求，并应全数检查，检验方法为观察。

接头试件进行力学性能检验时，其质量和检查数量应符合本手册中有关规定；检验方法包括：检验钢筋出厂质量证明书、钢筋进场复验报告、各项焊接材料产品合格证、接头试件力学性能试验报告等。

焊接接头的外观质量检查规定为一般项目。

（4）非纵向受力钢筋焊接接头，包括交叉钢筋电阻点焊焊点、封闭环式箍筋闪光对焊接头、钢筋与钢板电弧搭接焊接头、预埋件钢筋电弧焊接头、预埋件钢筋埋弧压力焊接头的质量检验与验收，规定为一般项目。

（5）焊接接头外观检查时，首先应由焊工对所焊接头或制品进行自检；然后由施工单位专业质量检查员检验；监理（建设）单位进行验收记录。

纵向受力钢筋焊接接头外观检查时，每一检验批中应随机抽取10%的焊接接头。检查结果，当外观质量各小项不合格数均小于或等于抽检数的10%，则该批焊接接头外观质量评为合格。

当某一小项不合格数超过抽检数的10%时，应对该批焊接接头的该小项逐个进行复检，并剔出不合格接头；对外观检查不合格接头采取修整或焊补措施后，可提交二次验收。

（6）力学性能检验时，应在接头外观检查合格后随机抽取试件进行试验。试验方法应按现行行业标准《钢筋焊接接头试验方法标准》JGJ/T 27 有关规定执行。试验报告应包括下列内容：

① 工程名称、取样部位；

② 批号、批量；

③ 钢筋牌号、规格；

④ 焊接方法；

⑤ 焊工姓名及考试合格证编号；

⑥ 施工单位；

⑦ 力学性能试验结果。

（7）钢筋闪光对焊接头、电弧焊接头、电渣压力焊接头、气压焊接头拉伸试验结果均应符合下列要求：

① 3 个热轧钢筋接头试件的抗拉强度均不得小于该牌号钢筋规定的抗拉强度；RRB 400 钢筋接头试件的抗拉强度均不得小于 570MPa。

② 至少应有 2 个试件断于焊缝之外，并应呈延性断裂。

当达到上述 2 项要求时，应评定该批接头为抗拉强度合格。

当试验结果有 2 个试件抗拉强度小于钢筋规定的抗拉强度，或 3 个试件均在焊缝或热影响区发生脆性断裂时，则一次判定该批接头为不合格品。

当试验结果有 1 个试件的抗拉强度小于规定值，或 2 个试件在焊缝或热影响区发生脆性断裂，其抗拉强度均小于钢筋规定抗拉强度的 1.10 倍时，应进行复验。

复验时，应再切取 6 个试件。复验结果，当仍有 1 个试件的抗拉强度小于规定值，或有3个试件断于焊缝或热影响区，呈脆性断裂，其抗拉强度小于钢筋规定抗拉强度的1.10倍时，应判定该批接头为不合格品。

注：当接头试件虽断于焊缝或热影响区，呈脆性断裂，但其抗拉强度大于或等于钢筋规定抗拉强度的1.10倍时，可按断于焊缝或热影响区之外，呈延性断裂同等对待。

（8）闪光对焊接头、气压焊接头进行弯曲试验时，应将受压面的金属毛刺和镦粗凸起部分消除，且应与钢筋的外表齐平。

弯曲试验可在万能试验机、手动或电动液压弯曲试验器上进行，焊缝应处于弯曲中心点，弯心直径和弯曲角应符合表2-38的规定。

接头弯曲试验指标　　　表2-38

钢筋牌号	弯心直径	弯曲角(°)
HPB 235	$2d$	90
HRB 335	$4d$	90
HRB 400、RRB 400	$5d$	90
HRB 500	$7d$	90

注：1. d 为钢筋直径（mm）；
2. 直径大于25mm的钢筋焊接接头，弯心直径应增加1倍钢筋直径。

当试验结果，弯至90°，有2个或3个试件外侧（含焊缝和热影响区）未发生破裂，应评定该批接头弯曲试验合格。

当3个试件均发生破裂，则一次判定该批接头为不合格品。

当有2个试件发生破裂，应进行复验。

复验时，应再切取6个试件。复验结果，当有3个试件发生破裂时，应判定该批接头为不合格品。

注；当试件外侧横向裂纹宽度达到0.5mm时，应认定已经破裂。

（9）钢筋焊接接头或焊接制品质量验收时，应在施工单位自行质量评定合格的基础上，由监理（建设）单位对检验批有关资料进行核查，组织项目专业质量检查员等进行验收，对焊接接头合格与否做出结论。

2-43 钢筋闪光对焊接头质量检验有哪些规定?

(1) 取样

闪光对焊接头的质量检验，应分批进行外观检查和力学性能检验，并应按下列规定作为一个检验批：

1) 在同一台班内，由同一焊工完成的 300 个同牌号、同直径钢筋焊接接头应作为一批。当同一台班内焊接的接头数量较少，可在一周之内累计计算；累计仍不足 300 个接头时，应按一批计算；

2) 力学性能检验时，应从每批接头中随机切取 6 个接头，其中 3 个做拉伸试验，3 个做弯曲试验；

3) 焊接等长的预应力钢筋（包括螺钉端杆与钢筋）时，可按生产时同等条件制作模拟试件；

4) 螺钉端杆接头可只做拉伸试验；

5) 封闭环式箍筋闪光对焊接头，以 600 个同牌号、同规格的接头作为一批，只做拉伸试验。

(2) 外观检查

钢筋闪光对焊接头的外观检查，应符合下列要求：

1) 接头处不得有横向裂纹；

2) 与电极接触处的钢筋表面，不得有明显的烧伤；

3) 接头处的弯折，不得大于 3°；

4) 接头处的钢筋轴线偏移 a，不得大于钢筋直径的 0.1 倍，且不得大于 2mm；其测量方法见图 2-29。

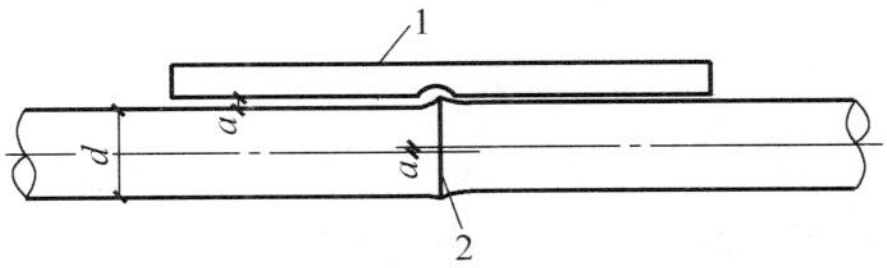

图 2-29 对焊接头轴线偏移测量方法

1—测量尺；2—对焊接头

当有1个接头不符合要求时，应对全部接头进行检查，剔出不合格接头，切除热影区后重新焊接。

（3）拉伸试验

钢筋对焊接头拉伸试验时，应符合下列要求：

1）3个试件的抗拉强度均不得低于该牌号钢筋的抗拉强度标准值；

2）至少有两个试样断于焊缝之外，并呈塑性断裂。

当检验结果有1个试件的抗拉强度低于规定指标，或有两个试件在焊缝或热影响区产生脆性断裂时，应取双倍数量的试件进行复验。复验结果，若仍有1个试件的抗拉强度低于规定指标，或有3个试件呈脆性断裂，则该批接头即为不合格品。

模拟试件的检验结果不符合要求时，复验应从成品中切取试件，其数量和要求与初试时相同。

（4）弯曲试验

钢筋闪光对焊接头弯曲试验时，应将受压面的金属毛刺和镦粗变形部分去掉，与母材的外表齐平。

弯曲试验可在万能试验机、手动或电动液压弯曲机上进行，焊缝应处于弯曲的中点，弯心直径参见表5-1-25，弯曲至90°时，至少有2个试件不得发生破断。

当试验结果，有2个试件发生破断时，应再取6个试件进行复验。复验结果，当仍有3个试件发生破断，应确认该批接头为不合格品。

2-44　钢筋电弧焊接头质量检验有哪些规定？

（1）取样

电弧焊接头的质量检验，应分批进行外观检查和力学性能检验，并应按下列规定作为一个检验批：

1）在现浇混凝土结构中，应以300个同牌号钢筋、同形式接头作为一批；在房屋结构中，应在不超过二楼层中300个同牌号钢筋、同形式接头作为一批。每批随机切取3个接头，做拉伸试验。

2）在装配式结构中，可按生产条件制作模拟试件，每批3个，做拉伸试验。

3）钢筋与钢板电弧搭接焊接头可只进行外观检查。

注：在同一批中若有几种不同直径的钢筋焊接接头，应在最大直径钢筋接头中切取3个试件。以下电渣压力焊接头、气压焊接头取样均同。

（2）外观检查

钢筋电弧焊接头外观检查结果，应符合下列要求：

1）焊缝表面应平整，不得有凹陷或焊瘤；

2）焊接接头区域不得有肉眼可见的裂纹；

3）咬边深度、气孔、夹渣等缺陷允许值及接头尺寸的允许偏差，应符合表2-39的规定；

钢筋电弧焊接头尺寸偏差及缺陷允许值　　表2-39

名称		单位	接头形式		
			帮条焊	搭接焊 钢筋与钢板搭接焊	坡口焊 窄间隙焊 熔槽帮条焊
帮条沿接头中心线的纵向偏移		mm	$0.3d$	—	—
接头处弯折角		°	3	3	3
接头处钢筋轴线的偏移		mm	$0.1d$	$0.1d$	$0.1d$
焊缝厚度		mm	$^{+0.05d}_{0}$	$^{+0.05d}_{0}$	—
焊缝宽度		mm	$^{+0.1d}_{0}$	$^{+0.1d}_{0}$	—
焊缝长度		mm	$-0.3d$	$-0.3d$	—
横向咬边深度		mm	0.5	0.5	0.5
在长 $2d$ 焊缝表面上的气孔及夹渣	数量	个	2	2	—
	面积	mm^2	6	6	—
在全部焊缝表面上的气孔及夹渣	数量	个	—	—	2
	面积	mm^2	—	—	6

注：d 为钢筋直径（mm）。

4）坡口焊、熔槽帮条焊和窄间隙焊接头的焊缝余高不得大于3mm。

外观检查不合格的接头，经修整或补强后，可提交二次验收。

（3）拉伸试验

钢筋电弧焊接头拉伸试验结果，应符合下列要求：

1）3个热轧钢筋接头试件的抗拉强度均不得小于该牌号钢筋规定的抗拉强度；

2）3个接头试件均应断于焊缝之外，并应至少有2个试件呈延性断裂。

当试验结果，有1个试件的抗拉强度小于规定值，或有1个试件断于焊缝，或有2个试件发生脆性断裂时，应再取6个试件进行复验。复验结果当有1个试件抗拉强度小于规定值，或有1个试件断于焊缝，或有3个试件呈脆性断裂时，应确认该批接头为不合格品。

当模拟试件试验结果不符合要求时，应进行复验。复验应从现场焊接接头中切取，其数量和要求与初始试验时相同。

2-45 钢筋焊接骨架和焊接网质量检验有哪些规定？

（1）取样

焊接骨架和焊接网的质量检验应包括外观检查和力学性能检验，并应按下列规定抽取试件：

1）凡钢筋牌号、直径及尺寸相同的焊接骨架和焊接网应视为同一类型制品，且每300件作为一批，一周内不足300件的亦应按一批计算。

2）外观检查应按同一类型制品分批检查，每批抽查5%，且不得少于5件。

3）力学性能检验的试件，应从每批成品中切取；切取过试件的制品，应补焊同牌号、同直径的钢筋，其每边的搭接长度不应小于 2 个孔格的长度。

当焊接骨架所切取试件的尺寸小于规定的试件尺寸，或受力钢筋直径大于 8mm 时，可在生产过程中制作模拟焊接试验网片（图 2-30*a*），从中切取试件。

4）由几种直径钢筋组合的焊接骨架或焊接网，应对每种组合的焊点做力学性能检验。

5）热轧钢筋的焊点应做剪切试验，试件应为 3 件；冷轧带肋钢筋焊点除做剪切试验外，尚应对纵向和横向冷轧带肋钢筋做拉伸试验，试件应各为 1 件。剪切试件纵筋长度应大于或等于 290mm，横筋长度应大于或等于 50mm（图 2-30*b*）；拉伸试件纵筋长度应大于或等于 300mm（图 2-30*c*）。

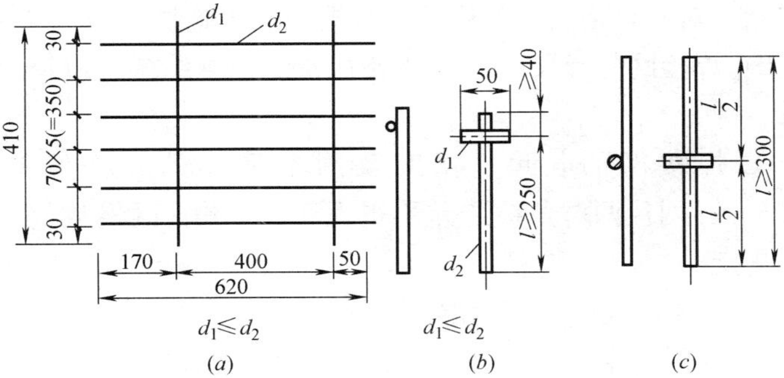

图 2-30　钢筋模拟焊接试验网片与试件

（*a*）模拟焊接试验网片简图；（*b*）钢筋焊点剪切试件；（*c*）钢筋焊点拉伸试件

6）焊接网剪切试件应沿同一横向钢筋随机切取。

7）切取剪切试件时，应使制品中的纵向钢筋成为试件的受拉钢筋。

（2）外观检查

1）焊接骨架外观质量检查结果，应符合下列要求：

① 每件制品的焊点脱落、漏焊数量不得超过焊点总数的 4％，且相邻两焊点不得有漏焊及脱落；

② 应量测焊接骨架的长度和宽度，并应抽查纵、横方向3～5个网格的尺寸，其允许偏差应符合表2-40的规定。

焊接骨架的允许偏差 **表2-40**

项目		允许偏差(mm)
焊接骨架	长度	±10
	宽度	±5
	高度	±5
骨架箍筋间距		±10
受力主筋	间距	±15
	排距	±5

当外观检查结果不符合上述要求时，应逐件检查，并剔出不合格品。对不合格品经整修后，可提交二次验收。

2）焊接网外形尺寸检查和外观质量检查结果，应符合下列要求：

① 焊接网的长度、宽度及网格尺寸的允许偏差均为±10mm；网片两对角线之差不得大于10mm；网格数量应符合设计规定；

② 焊接网交叉点开焊数量不得大于整个网片交叉点总数的1%，并且任1根横筋上开焊点数不得大于该根横筋交叉点总数的1/2；焊接网最外边钢筋上的交叉点不得开焊；

③ 焊接网组成的钢筋表面不得有裂纹、折叠、结疤、凹坑、油污及其他影响使用的缺陷；但焊点处可有不大的毛刺和表面浮锈。

（3）力学性能试验

1）剪切试验时应采用能悬挂于试验机上专用的剪切试验夹具（图2-31）；或采用现行行业标准《钢筋焊接接头试验方法标准》JGJ/T 27中规定的夹具。

2）钢筋焊接骨架、焊接网焊点剪切试验结果，3个试件抗剪力平均值应符合下式要求：

$$F \geqslant 0.3A_0\sigma_s \tag{2-18}$$

式中 F——抗剪力（N）；

A_0——纵向钢筋的横截面面积（mm^2）；

σ_s——纵向钢筋规定的屈服强度（MPa）。

注：冷轧带肋钢筋的屈服强度按 440MPa 计算。

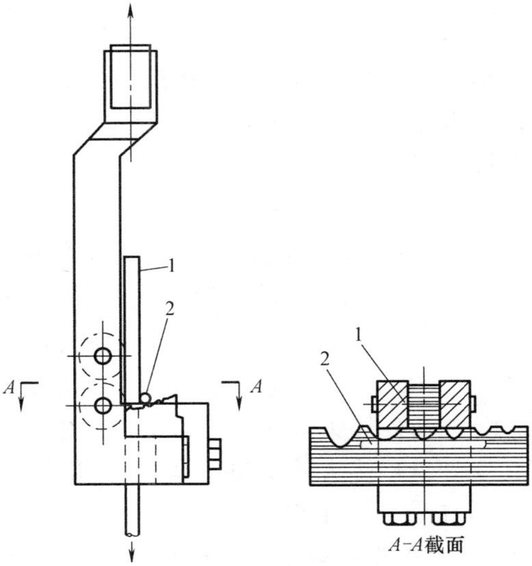

图 2-31 焊点抗剪切试验夹具

1—纵筋；2—横筋

3）冷轧带肋钢筋试件拉伸试验结果，其抗拉强度不得小于 550MPa。

4）拉伸试验与弯曲试验方法，与常规方法相同。

当拉伸试验结果不合格时，应再切取双倍数量试件进行复检；复验结果均合格时，应评定该批焊接制品焊点拉伸试验合格。

当剪切试验结果不合格时，应从该批制品中再切取 6 个试件进行复验；当全部试件平均值达到要求时，应评定该批焊接制品焊点剪切试验合格。

2-46 钢筋电渣压力焊接头质量检验有哪些规定?

（1）取样

电渣压力焊接头的质量检验，应分批进行外观检查和力学性能检验，并应按下列规定作为一个检验批：

在现浇钢筋混凝土结构中，应以 300 个同牌号钢筋接头作为一批；在房屋结构中，应在不超过二楼层中 300 个同牌号钢筋接头作为一批；当不足 300 个接头时，仍应作为一批。每批随机切取 3 个接头做拉伸试验。

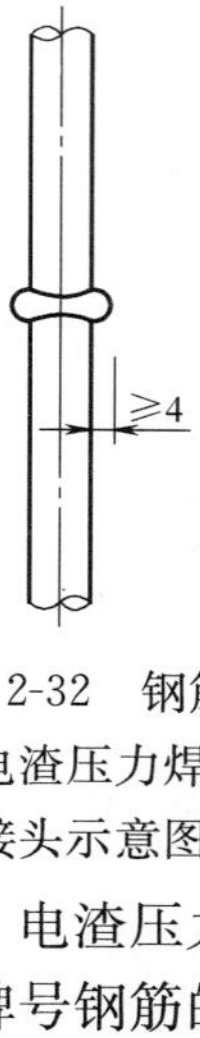

图 2-32 钢筋电渣压力焊接头示意图

（2）外观检查

电渣压力焊钢筋接头外观检查应符合下列要求：

1）焊缝四周的焊包应均匀，凸出钢筋表面的高度应大于或等于 4mm（图 2-32）。

2）钢筋与电极接触处，应无烧伤缺陷。

3）接头处的弯折角不得大于 3°。

4）接头处的轴线偏移不得大于钢筋直径的 0.1 倍，且不得大于 2mm。

外观检查不合格的接头应切除重焊，或采取补强焊接措施。

（3）拉伸试验

电渣压力焊钢筋接头的拉伸试验结果，3 个试样均不得低于该牌号钢筋的抗拉强度标准值。当有 1 个试样的抗拉强度低于规定数值时，应取双倍数量的试样进行复验。如复验结果仍有 1 个试样的强度达不到规定要求，则该批接头为不合格品。

2-47 钢筋气压焊接头质量检验有哪些规定?

（1）取样

气压焊接头的质量检验，应分批进行外观检查和力学性能检验，并应按下列规定作为一个检验批：

在现浇钢筋混凝土结构中，应以 300 个同牌号钢筋接头作为一批；在房屋结构中，应在不超过二楼层中 300 个同牌号钢筋接头作为一批；当不足 300 个接头时，仍应作为一批。

在柱、墙的竖向钢筋连接中，应从每批接头中随机切取 3 个接头做拉伸试验；在梁、板的水平钢筋连接中，应另切取 3 个接头做弯曲试验。

（2）外观检查

气压焊接头外观检查结果，应符合下列要求：

1）接头处的轴线偏移 e 不得大于钢筋直径的 0.15 倍，且不得大于 4mm（图 2-33*a*）；当不同直径钢筋焊接时，应按较小钢筋直径计算；当大于上述规定值，但在钢筋直径的 0.30 倍以下时，可加热矫正；当大于 0.30 倍时，应切除重焊；

2）接头处的弯折角不得大于 3°；当大于规定值时，应重新加热矫正；

3）镦粗直径 d_c 不得小于钢筋直径的 1.4 倍（图 2-33*b*），当小于上述规定值时，应重新加热镦粗；

4）镦粗长度 L_c 不得小于钢筋直径的 1.0 倍，且凸起部分平缓圆滑（图 2-33*c*）；当小于上述规定值时，应重新加热镦长。

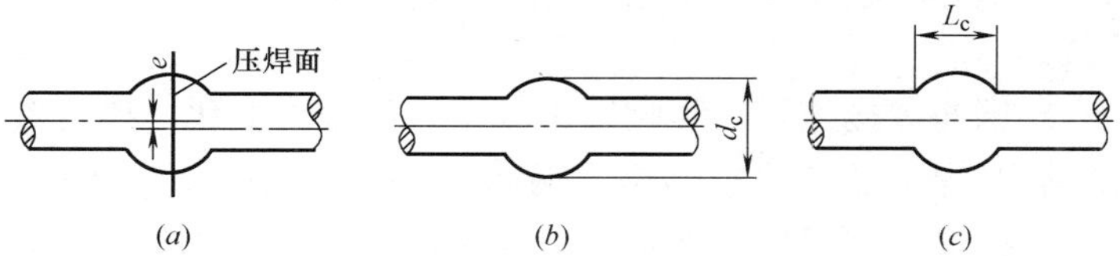

图 2-33　钢筋气压焊接头外观质量图解

（*a*）轴线偏移；（*b*）镦粗直径；（*c*）镦粗长度

（3）力学试验

1）拉伸试验

气压焊接头拉伸试验结果，3 个试件的抗拉强度均不得小于该牌号钢筋规定的抗拉强度，并应断于压焊面之外，呈延性断裂。

当有1个试件不符合要求时，应切取6个试件进行复验；复验结果，当仍有1个试件不符合要求，应确认该批接头为不合格品。

2）弯曲试验

气压焊接头进行弯曲试验时，应将试件受压面的凸起部分消除，并应与钢筋外表面齐平。弯心直径应符合表2-41的规定。

气压焊接头弯曲试验弯心直径表　　表2-41

钢筋等级	弯心直径	
	$d \leqslant 25mm$	$d > 25mm$
HPB 235	$2d$	$3d$
HRB 335	$4d$	$5d$
HRB 400、RRB 400	$5d$	$6d$

注：d为钢筋直径（mm）。

弯曲试验可在万能试验机、手动或电动液压弯曲试验器上进行；压焊面应处在弯曲中心点，弯至90°时，3个试件均不得在压焊面发生破断。

当试验结果有1个试件不符合要求时，应再切取6个试件进行复验。复验结果，如仍有1个试件不符合要求，应确认该批接头为不合格品。

2-48　钢筋焊接为什么要试焊？如何试焊？

（1）钢筋焊接施工，影响因素较多，如温度变化、风力大小以及气温对焊工操作的影响等，钢筋在施焊前如果不进行试焊，焊工对焊接参数、焊接性能不了解或对焊接参数不作调整，盲目进行大批量焊接生产，可能会造成焊接接头质量不合格，致使出现质量问题而返工。

（2）钢筋焊接前必须根据当时的施工条件、气温状况进行试焊。试焊时先根据气温状况调整焊接参数及确定焊接工艺。试件施焊后，先对施焊的试件进行外观检查，当外观满足要求后，再将焊接力学性能试件送试验室试验，试验合格后方可进行批量焊接。

焊接试件应遵照以下规定：

1）闪光对焊应焊接6个试件，其中3个做拉伸试验，3个做弯曲试验。全部合格后，该试焊工艺参数即为正式生产工艺参数。其中有一项指标未通过，再重新调整参数重新焊接试件试验，直到合格为止。

2）电弧焊、电渣压力焊应焊接3个试件做拉伸试验，试验合格后，该试焊工艺参数即为正式生产工艺参数。如有一个试件不合格，再重新调整参数重焊试件，试验直到合格为止。

3）电弧焊的试焊试件应采用和生产条件相同级别的钢筋和焊条进行焊接。

如焊条牌号改变应重新进行试焊确定参数。

4）国内生产的建筑用钢筋一般不作化学成分分析复试，但如在试焊中发现焊接性能不良，仍应进行化学成分检验，并按其试验结果进行处理。

2-49 为什么钢筋电弧焊时，不得随意在非焊接部位引燃电弧？应注意哪些？

随意引燃电弧或不小心将焊条、焊把与钢筋非焊接部位接触，短暂地引起电弧后，都会将钢筋表面烧伤，使钢筋表面形成凹坑、缺肉或产生淬硬组织，造成钢筋容易脆断。

因此，操作时应注意以下几点：

（1）操作时不得随意在非焊接部位引燃电弧，焊接时引弧应在垫板、帮条或形成焊缝的部位进行，不得烧伤主筋。

（2）精心操作，避免带电金属与钢筋相碰引起电弧。

（3）随时检查地线与钢筋接触应良好、可靠。

2-50 如何防止钢筋电渣压力焊焊包不均？

钢筋端部倾斜过大、引弧钢丝圈安放偏移、焊剂填装不均、焊接熔化量过小均会造成在加压时金属在接头四周分布不匀，形成焊缝厚薄不匀，凸出钢筋表面的金属一面很多，而另一面金属高度不足 2mm，是造成焊包不匀的主要原因，也会导致焊接接头的抗拉强度不合格。

防治措施如下：

（1）当钢筋端部倾斜过大时，应将倾斜部分事先切除，端面力求平整，同时将钢筋端部 120mm 范围内的铁锈、杂质清除干净。

（2）焊剂盒内径为 80～100mm，须与所焊钢筋的直径相适应，并置于钢筋接头正中部位，四周焊剂尽量填充均匀。焊剂宜采用 HJ431 型，使用前必须在 250℃温度烘烤 2h，以保证焊剂容易熔化，形成渣池。

（3）采用钢丝圈引弧时，钢丝圈应置于钢筋端部中心，不得偏移；焊接时应增大电焊电流、延长焊接时间，适当加大熔化量，保证钢筋端面均匀熔化，避免未熔合和焊包不匀。

（4）外观检查四周焊包凸出钢筋表面的高度小于 4mm 的应切除重焊，或采取补强焊接措施。

2-51 粗直径钢筋机械连接技术有哪几种？常用的是哪几种？

目前，我国已经推广应用的粗钢筋机械连接技术主要有：套筒挤压钢筋连接技术、锥螺纹钢筋连接技术、直螺纹钢筋连接技术。并且已经颁布了《钢筋机械连接通用技术规程》（JGJ 107—2003）、《带肋钢筋套筒挤压连接技术规程》（JGJ 108—96）、《钢筋锥螺纹接头技术规程》（JGJ 109—96）、《镦粗直螺纹钢筋接头》（JG 171—2005）、《滚轧直螺纹钢筋连接接头》（JG 163—2004）等国家技术规程和行业标准。其中《钢筋机械连接通用技术规程》（JGJ 107—2003）和《滚轧直螺纹钢筋连接接头》（JG 163—2004）根据抗拉强度以及高应力和大变形条件下反复拉压性能的差异，将钢筋接头分为三个等级：

Ⅰ级：接头抗拉强度不小于被连接钢筋实际抗拉强度或1.10倍钢筋抗拉强度标准值，并具有高延性及反复拉压性能。

Ⅱ级：接头抗拉强度不小于被连接钢筋抗拉强度标准值，并具有高延性及反复拉压性能。

Ⅲ级：接头抗拉强度不小于被连接钢筋屈服强度标准值的1.35倍，并具有一定的延性及反复拉压性能。

Ⅰ级、Ⅱ级、Ⅲ级接头的抗拉强度、变形性能应符合表2-42、表2-43的规定。

接头的抗拉强度　　表 2-42

接头等级	Ⅰ级	Ⅱ级	Ⅲ级
抗拉强度	$f_{mst}^0 \geqslant f_{st}^0$ 或 $\geqslant 1.10 f_{uk}$	$f_{mst}^0 \geqslant f_{uk}$	$f_{mst}^0 \geqslant 1.35 f_{yk}$

注：f_{mst}^0——接头试件实际抗拉强度；
f_{st}^0——接头试件中钢筋抗拉强度实测值；
f_{uk}——钢筋抗拉强度标准值；
f_{yk}——钢筋屈服强度标准值。

接头的变形性能　　表 2-43

接头等级		Ⅰ级、Ⅱ级	Ⅲ级
单向拉伸	非弹性变形(mm)	$u \leqslant 0.10 (d \leqslant 32)$ $u \leqslant 0.15 (d > 32)$	$u \leqslant 0.10 (d \leqslant 32)$ $u \leqslant 0.15 (d > 32)$
	总伸长率(%)	$\delta_{sgt} \geqslant 4.0$	$\delta_{sgt} \geqslant 2.0$
高应力反复拉压	残余变形(mm)	$u_{20} \leqslant 0.3$	$u_{20} \leqslant 0.3$
大变形反复拉压	残余变形(mm)	$u_4 \leqslant 0.3$ $u_8 \leqslant 0.6$	$u_4 \leqslant 0.6$

注：u——接头的非弹性变形；
u_{20}——接头经高应力反复拉压20次后的残余变形；
u_4——接头经大变形反复拉压4次后的残余变形；
u_8——接头经大变形反复拉压8次后的残余变形；
δ_{sgt}——接头试件总伸长率。

(1) 带肋钢筋套筒挤压连接技术

1) 套筒径向挤压钢筋连接技术

钢筋径向挤压连接，是将两根待接钢筋的端部插入钢套筒内，然后用便携式钢筋挤压机沿径向挤压钢套筒，使之产生塑性变形后，咬住钢筋的横肋，将两根钢筋和钢套筒连接成一体的机械连接方法。其接头纵剖面见图 2-34。

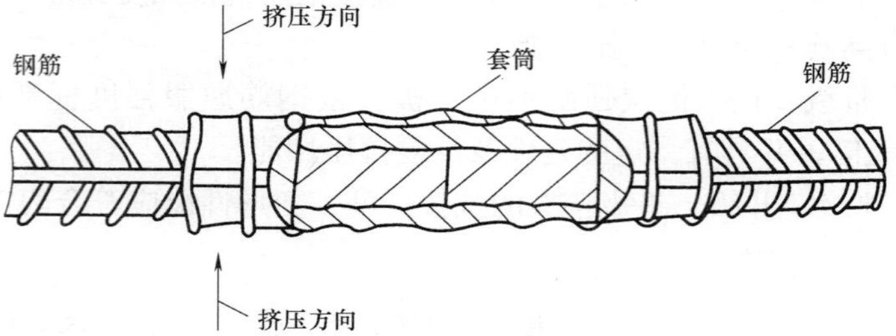

图 2-34 钢筋径向挤压接头纵剖面示意图

2）套筒轴向挤压连接技术

套筒轴向挤压钢筋连接技术，是采用专用挤压机和压模对钢套筒连同插入套筒内的两根对接的钢筋，沿其轴向方向进行挤压，使套筒被挤压变形后，与钢筋紧密咬合成一体（图 2-35）。

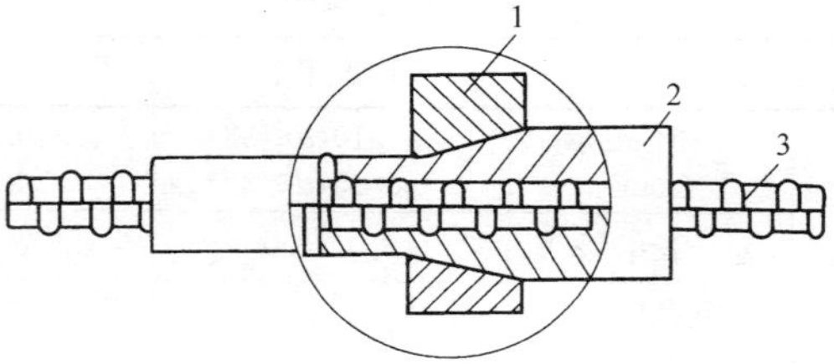

图 2-35 钢筋轴向挤压示意图

1—压模；2—钢套筒；3—钢筋

（2）钢筋锥螺纹连接技术

钢筋锥螺纹连接技术是指将两根钢筋的连接端先加工成锥形外螺纹，再通过加工有锥形内螺纹的钢连接套筒，把两根钢筋按规定的力矩拧紧后，连接成一体的钢筋接头。

钢筋锥螺纹连接技术按施工工艺的不同，目前可分为普通型、镦粗型和 GK 型三种。

1）普通型锥螺纹钢筋连接技术

锥螺纹钢筋接头是利用锥形螺纹能承受轴向力和水平力以及密封性能较好的原理，依靠机械力将钢筋连接在一起。

普通型锥螺纹接头性能一般仅能满足现行标准《钢筋机械连接通用技术规程》JGJ 107、J257 规定的Ⅲ级要求（图 2-36）。

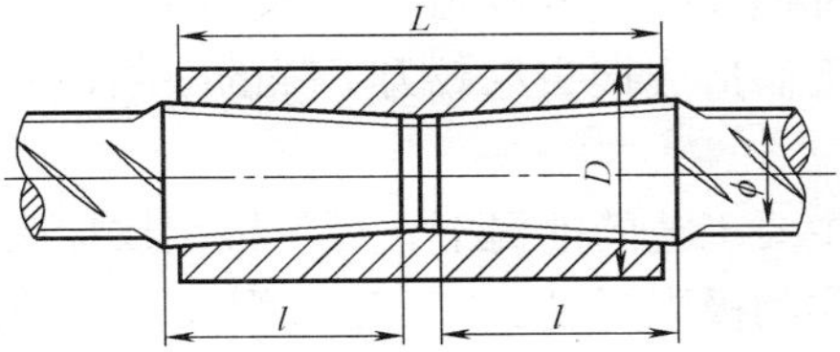

图 2-36　钢筋锥螺纹连接示意图

L—套筒长度；*l*—钢筋锥螺纹长度

2）镦粗型锥螺纹连接技术

在加工锥螺纹之前，先对钢筋的连接端部进行冷镦粗，然后，将冷镦粗段加工成锥螺纹丝头，再将钢筋丝头穿入已加工有锥形内螺纹的连接套筒，最后，采用力矩扳手将钢筋与连接套筒拧紧成为一体。冷镦粗后的钢筋接头，不仅截面尺寸大于母材，而且接头强度也大于相应钢筋母材的强度。镦粗型锥螺纹接头的锥坡为 1∶10，其接头性能可满足 A 级要求。

注：按照《钢筋锥螺纹接头技术规程》（JGJ 109—96）接头划分为 A、B 两个性能等级，此规程与《钢筋机械连接通用技术规程》（JGJ 107—96）配套使用。其中：

A 级：接头抗拉强度达到或超过母材抗拉强度标准值，并具有高延性及反复拉压性能。

B 级：接头抗拉强度达到或超过母材屈服强度标准值的 1.35 倍，具有一定的延性及反复拉压性能。

C 级：接头仅能承受压力。

3）GK 型锥螺纹连接技术

GK 型锥螺纹接头是在钢筋连接端加工前，先对钢筋连接端部沿径向通过压模施加压力，使其产生塑性变形，形成一个圆锥体，然后，按普通型锥螺纹工艺，将预压后的圆锥体加工成锥形外螺纹，再穿入带锥形内螺纹的钢套筒，用力矩扳手拧紧，即可完成钢筋的连接。

由于钢筋端部在预压塑性变形过程中，根据冷作硬化的原理，预压变形后的钢筋端部材料强度比钢筋母材可提高 10%～20%，因而使锥螺纹的强度也相应得到提高，弥补了因加工锥螺纹减小钢筋截面而造成接头承载力下降的缺陷，从而可提高锥螺纹接头的强度。

在不改变主要工艺的前提下，可使锥螺纹接头部位的强度大于钢筋母材的实测极限强度。GK 型锥螺纹接头性能可满足现行《钢筋机械连接通用技术规程》（JGJ 107—2003）规定的Ⅱ级以上要求。

（3）钢筋直螺纹连接技术

1）钢筋镦粗直螺纹连接技术

镦粗直螺纹钢筋接头是通过冷镦粗设备，先将钢筋连接端头冷镦粗，再在镦粗端加工成直螺纹丝头，然后，将两根已镦粗套丝的钢筋连接端穿入配套加工的连接套筒，旋紧后，即成为一个完整的接头。

该接头的钢筋端部经冷镦后不仅直径增大，使加工后的丝头螺纹底部最小直径不小于钢筋母材的直径；而且钢材冷镦后，还可提高接头部位的强度。因此，该接头可与钢筋母材等强，其性能相当于表 2-40 和表 2-41 中的Ⅰ、Ⅱ级。该项技术由中国建筑科学研究院于 1995 年研制开发，1997 年通过建设部鉴定，被建设部列为国家级科技成果推广项目，并于 1999 年批准和颁布了国家建筑工业行业标准，现行标准为《镦粗直螺纹钢筋接头》（JG 171—2005）。

由于镦粗直螺纹钢筋接头的性能指标可达到表 2-40 中Ⅰ、Ⅱ级标准，因此，适用于一切抗震和非抗震设防工程中的任何部位。必要时，在同一连接范围内钢筋接头的百分率，可以不受限制。如：钢筋笼的钢筋对接；伸缩缝或新老结构连接部位钢筋的对接以及滑模施工的筒体或墙体同以后施工的水平结构（如梁）的钢筋连接等。

2）直接滚轧（压）直螺纹连接技术

直接滚轧（又称为滚压）直螺纹钢筋连接接头是将钢筋连接端头采用专用滚轧设备和工艺，通过滚丝轮直接将钢筋端头滚轧成直螺纹，并用相应的连接套筒将两根待接钢筋连接成一体的钢筋接头。

在钢筋待接端头直接滚轧加工过程中，由于滚丝轮的滚轧作用，使钢筋端部产生塑性变形，根据冷作硬化的原理，滚轧变形后的钢筋端头可比钢筋母材抗拉面积增加 2.5%，抗拉强度可提高 6%～8%，从而可使滚轧直螺纹钢筋接头部位的强度大于钢筋母材的实测极限强度。

这种接头的优点：设备投资少、螺纹加工简单（一次装卡即可直接完成滚轧直螺纹的加工）、接头强度高、连接速度快、生产效率高、现场施工方便、适应性强等。

不足之处：螺纹加工精度差、滚丝轮磨损快寿命短、对钢筋直径公差适应能力差、钢筋直径为正公差滚轧加工时钢筋端部易产生扭转变形。另外，钢筋母材的纵横肋经滚轧后，易出现两层皮现象，有可能影响螺纹的强度与寿命。

3）挤压肋滚轧（压）直螺纹钢筋连接技术

挤压肋滚轧（又称滚压）直螺纹钢筋连接技术，是先利用专用挤压设备，将钢筋端头待连接部位的纵肋和横肋挤压成圆柱状，然后，再利用滚丝机将圆柱状的钢筋端头滚轧成直螺纹。在钢筋端部挤压肋和滚丝加工过程中，由于局部塑性变形冷作硬化的原理，使钢筋端部强度得到提高。因此，可使钢筋接头的强度等于或大于钢筋母材的强度。其接头性能可达到《钢筋机械连接通用技术规程》（JGJ 107—2003）规定的标准，且具有优良的抗疲劳性能及抗低温性能。

这种连接技术的优点是：除具有直接滚轧直螺纹钢筋连接技术的各项优点外，其螺纹精度比直接滚轧也有提高，滚丝轮的寿命也可延长。不足之处是：加工螺纹时，需要两种设备和两道工序才能完成。另外，钢筋端部的纵、横肋被挤压成圆柱形的过程中，有可能形成两层皮现象。

4）剥肋滚轧（压）直螺纹钢筋连接技术

剥肋滚轧（又称滚压）直螺纹钢筋连接技术，是利用专用剥肋滚轧直螺纹加工设备，先将钢筋端头待接部位的纵、横肋剥成同一直径的圆柱体，再利用同一台设备继续滚压成直螺纹。其加工过程为：将钢筋端部夹紧在专用设备的夹钳上，扳动进给装置，对钢筋端部先进行剥肋，然后，继续滚轧成直螺纹，滚轧到位后，自动停机回车，一次装卡即可完成剥肋和滚轧直螺纹两道工序的加工。

滚轧直螺纹加工过程中，在滚丝轮的作用下，使钢筋端部产生塑性变形，不仅直螺纹的外径比钢筋母材略有增大；而且根据冷作硬化原理，塑性变形后的钢筋端头，其强度比母材也有提高。因此，可使接头性能达到《钢筋机械连接通用技术规程》（JGJ 107—2003）的标准。

该项技术与其他滚轧直螺纹连接技术相比具有以下特点：

① 螺纹牙型好、精度高、牙齿表面光滑。

② 螺纹直径大小一致，连接质量稳定。

③ 滚丝轮寿命长，接头附加成本低。一组滚丝轮约可加工5000～8000个丝头，比直接滚轧工艺寿命约可提高8～10倍。

④ 设备投资少，操作简单。

⑤ 接头通过200万次疲劳试验无破坏，具有优良的抗疲劳性能。

⑥ 抗低温性能好，在零下40℃低温下试验，接头仍能达到与母材等强度连接。

该项技术由中国建筑科学研究院建筑机械化分院研制开发，于1999年12月通过建设部组织的鉴定，2000年被建设部列为科技成果推广项目。

按照行业标准《钢筋机械连接通用技术规程》（JGJ 107）的

要求，对 HRB 335 和 HRB 400 钢筋进行型式检验及抗疲劳试验，接头性能完全达到剥肋标准 A 级的性能要求，且具有较好的抗疲劳性能。因此，该连接技术适用于直径 16～50mm 的 HRB 335、HRB 400 钢筋在任意方向的同、异径的连接。不仅可应用于要求充分发挥钢筋强度或对接头延性要求高的混凝土结构；而且，还可应用于对疲劳性能要求高的混凝土结构，如机场、桥梁、隧道、电视塔、核电站和水电站等。

目前常用的主要有：钢筋径向套筒连接技术和钢筋直螺纹连接技术。

2-52 采用钢筋径向挤压连接时，对套筒的质量有何要求?

钢筋径向挤压连接技术适用于连接 HRB335、HRB400 直径 20～40mm 的变形钢筋，也适用于连接其性能与之相似的各种进口变形钢筋。在连接不同牌号钢筋时，要选择与之相匹配的钢套筒。

（1）钢套筒型号、规格尺寸见表 2-44。

钢套筒型号、规格尺寸表　　表 2-44

钢套筒型号	钢套筒尺寸(mm)			压接标志道数	单个钢套筒理论重量(kg)
	外径	壁厚	长度		
G40	70	12	260	8×2	4.46
G36	63.5	11	230	7×2	3.28
G32	57	10	210	6×2	2.43
G28	50	8	200	5×2	1.66
G25	45	7.5	180	4×2	1.25
G22	40	6.5	150	3×2	0.81
G20	36	6	140	3×2	0.62

（2）钢套筒的尺寸偏差宜符合表 2-45 要求。

（3）对 HRB335、HRB400 带肋钢筋挤压接头所用套筒材料，应选用适于压延加工的钢材，其实测力学性能应符合表2-46 的要求。

钢套筒尺寸允许偏差表（mm） **表 2-45**

套筒外径 D	外径允许偏差	壁厚(t)允许偏差	长度允许偏差
≤50	±0.5	$+0.12t$ $-0.10t$	±2
>50	$\pm0.01D$	$+0.12t$ $-0.10t$	±2

钢套筒材料力学性能表 **表 2-46**

项　　目	力学性能指标	项　　目	力学性能指标
屈服强度(MPa)	225～350	硬度(HRB)	60～80
抗拉强度(MPa)	375～500	或(HB)	102～133
延伸率 δ_s(%)	≥20		

(4) 套筒在运输和贮存中，应按不同规格分别堆放整齐，不得露天堆放，防止锈蚀和沾污。

2-53 钢筋径向挤压连接接头如何进行质量检验?

钢筋径向挤压连接应符合现行《带肋钢筋套筒挤压连接技术规程》(JGJ 108) 中各项规定。

(1) 型式检验

工程中应用带肋钢筋套筒挤压接头时，应由该技术的提供单位提交有效的型式检验报告。型式检验应符合现行《钢筋机械连接通用技术规程》(JGJ 107) 中有关规定。

(2) 工艺检验

钢筋连接工程开始前及施工过程中，应对每批进场钢筋进行挤压连接工艺检验。工艺检验应符合下列要求：

① 每种规格钢筋的接头试件不应少于 3 根。

② 接头试件的钢筋母材应进行抗拉强度试验。

③ 3 根接头试件的抗拉强度均应符合现行行业标准《钢筋机械连接通用技术规程》(JGJ 107) 的强度要求。计算实际抗拉强度时，应采用钢筋的实际横截面面积。

（3）现场单向拉伸试验

钢筋径向挤压接头的现场检验按验收批进行。同一施工条件下采用同一批材料的同等级、同型式和同规格接头，以 500 个为一个验收批进行检查和验收，不足 500 个也作为一个验收批。

对每一验收批，均应按设计的接头性能等级要求，在工程中随机抽取 3 个试件做单向拉伸试验。按行业标准《带肋钢筋套筒挤压连接技术规程》（JGJ 108）的要求，做出评定。

当 3 个试件检验结果均符合现行行业标准《钢筋机械连接通用技术规程》（JGJ 107）的强度要求时，该验收批为合格。

当有 1 个试件的抗拉强度不符合要求时，应再取 6 个试件进行复检，复检中如仍有 1 个试件检验结果不符合要求，则该验收批单向拉伸检验为不合格。

在现场连续检验 10 个验收批，全部单向拉伸试验一次抽样均合格时，验收批接头数量可扩大一倍。

（4）现场外观检查

钢筋径向挤压接头的外观质量检查应符合下列要求：

① 外形尺寸：挤压后的套筒长度，应为原套筒长度的 1.10～1.15 倍。或压痕处套筒的外径波动范围为原套筒外径的 0.8～0.9 倍。

② 挤压接头的压痕道数，应符合型式检验确定的道数。

③ 接头处弯折不得大于 4°。

④ 挤压后的套筒不得有肉眼可见裂缝。

每一验收批中，应随机抽取 10％的挤压接头做外观质量检验，如外观质量不合格数少于抽检数的 10％，则该批挤压接头外观质量评为合格。当不合格数超过抽检数的 10％时，应对该批挤压接头逐个进行复检。对外观不合格的挤压接头采取补救措施，不能补救的挤压接头应做标记。在外观不合格的接头中，抽取 6 个试件做抗拉强度试验，如有 1 个试件的抗拉强度低于规定值，则该批外观不合格的挤压接头，应会同设计单位商定处理，并记录存档。

2-54 采用剥肋滚轧（压）直螺纹钢筋连接技术的施工要求和质量检验有哪些？

（1）材料要求

1）用于剥肋滚轧直螺纹钢筋接头的钢筋，应符合《钢筋混凝土用钢第2部分：热轧带肋钢筋》(GB 1499.2）及《钢筋机械连接通用技术规程》(JGJ 107）等国家现行标准的有关规定。

2）钢筋接头所用的连接套筒，应采用优质碳素结构钢或其他经型式检验确定符合要求的钢材。

设计连接套筒时，套筒的承载力应符合要求。

（2）使用要求

1）剥肋滚轧直螺纹接头，适用于要求充分发挥钢筋强度或对接头延性要求较高的各类混凝土结构。

2）滚轧直螺纹接头的混凝土保护层厚度，宜满足现行国家标准《混凝土结构设计规范》(GB 50010—2002）中钢筋保护层最小厚度的要求，且不得小于15mm。

3）受力钢筋滚轧直螺纹接头的位置应相互错开。在任一接头中心至长度为钢筋直径的35倍区段范围内，有接头的受力钢筋截面面积占钢筋总截面面积的百分率，应符合下列规定：

① 受拉区的受力钢筋接头百分率不宜超过50%。

② 在受拉区的钢筋受力小的部位，接头百分率可不受限制。

③ 接头宜避开有抗震设防要求的框架梁端和柱端的箍筋加密区；当无法避开时，接头的百分率不应超过50%。

④ 受压区和装配式构件中钢筋受力较小部位，接头百分率可不受限制。

4）滚轧直螺纹接头可用于不同直径钢筋的连接。

（3）机具设备

1）剥肋滚轧直螺纹机：其技术参数见表2-47。

钢筋剥肋滚轧直螺纹机技术参数表　　表 2-47

设备型号	CHG 50 型	CHG 40 型
滚丝头型号	50 型	40 型
可加工钢筋范围(mm)	直径 25～50	直径 16～40
整机重量(kg)	600	550
设备功率(kW)	4	3

注：摘自中国建筑科学研究院建筑机械化研究分院工法。

2）QGL-40 型钢筋剥肋滚轧直螺纹机床：该机床主要由床身、钢筋夹持钳、工作头、动力传动机构、电气控制系统等部件组成。工作头中有一个可更换的滚轮盒，是该机床滚轧螺纹的专门部件，只要事先换好相应规格的滚轧盒，即可滚轧出所要求的螺纹，操作者不需现场调节。每台机床配备滚轧螺距 3mm 和 2.5mm 的两个滚轮盒，每个滚轮盒各配备 3 副不同直径的滚轮。更换滚轧盒和盒中的滚轮，即可滚轧出连接直径 18～32mm 钢筋的 M18.5×2.5～M32.5×3 等 6 种直螺纹。制作连接直径 36、40mm 钢筋的直螺纹时，需另配加大机头。

QGL-40 型钢筋剥肋滚轧直螺纹机床主要技术参数：

① 加工钢筋直径　　18～40mm

② 加工的直螺纹　　M18.5×2.5～M40.5～3.5

③ 加工的最大螺纹长度　　90mm

④ 主电机功率　　4kW

⑤ 机床自重　　500kg

3）辅助工具

砂轮切割机（用于钢筋端面平头）。

（4）检验工具

1）螺纹环规（用于检验钢筋丝头）：包括通端螺纹环规和止端螺纹环规（图 2-37）。

2）力矩扳手（性能为 100～350N·m）。

3）卡尺。

4）螺纹塞规（用于检验套筒），包括通端螺纹塞规和止端螺纹塞规（图 2-38）。

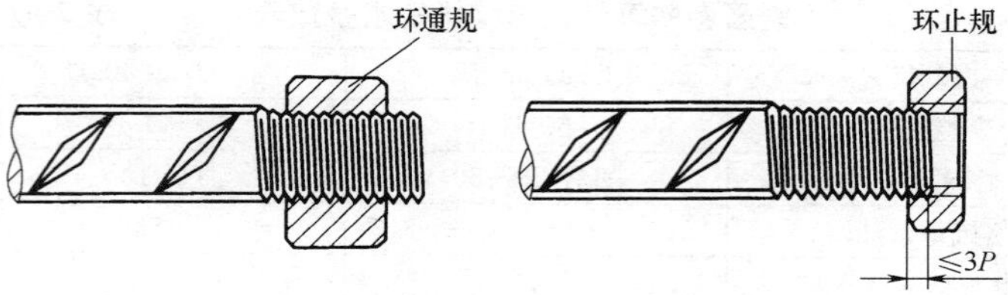

图 2-37　丝头质量检验示意图

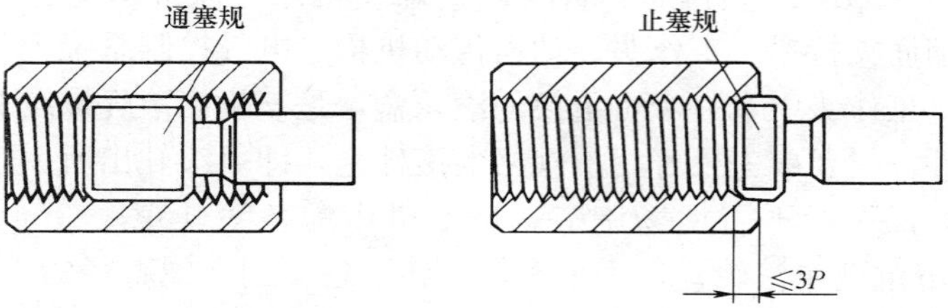

图 2-38　套筒质量检验示意图

（5）工艺要点

1）工艺流程

① 钢筋丝头加工（在现场）

钢筋端面平头→剥肋滚轧螺纹→丝头质量检验→防护帽保护→丝头质量抽检→存放待用。

② 连接套筒加工（在工厂）

套筒加工→螺纹质量检验→加防护塞→装箱待用。

③ 钢筋连接（在现场）

钢筋和套筒就位→去掉丝头和套筒的防护帽（塞）→将套筒与丝头配套连接→用力矩扳手拧紧接头→做标记→施工现场检验→完成。

2）制造工艺要求

① 钢筋丝头

• 钢筋端面平头：宜采用砂轮切割机或其他专用设备切割钢筋端头，严禁气割。要求钢筋端头切割面与母材轴线垂直；

• 剥肋滚压直螺纹：利用剥肋滚压直螺纹机，将端面平头后的待接钢筋端头剥肋滚压成直螺纹；

• 丝头质量自检：在加工丝头的过程中，操作者对加工的每一个丝头都必须先进行质量自检，质量合格者方可作为成品，否则需切掉重新加工；

• 防护帽保护：对加工合格的丝头成品，应采用专用防护帽套好丝头进行保护，以防丝头被磕碰或被污染；

• 丝头质量抽验：对自检合格的丝头成品，按规定应再进行抽样检验。抽验合格的丝头成品，方可出厂和在工程中应用；

• 存放待用：检验合格的丝头成品，应按规格型号进行分类存放备用。

钢筋丝头剥肋滚轧加工参考尺寸见表 2-48、表 2-49。

钢筋丝头剥肋滚轧加工参考尺寸表（一）　　表 2-48

钢筋规格（mm）	剥肋直径（mm）	螺纹规格（mm）	丝头长度（mm）	完整丝扣数
16	15.1±0.2	M16.5×2	20～22.5	≥8
18	16.9±0.2	M19×2.5	25～27.5	≥7
20	18.8±0.2	M21×2.5	27～30	≥8
22	20.8±0.2	M23×2.5	29.5～32.5	≥9
25	23.7±0.2	M26×3	32～35	≥9
28	26.6±0.2	M29×3	37～40	≥10
32	30.5±0.2	M33×3	42～45	≥11
36	34.5±0.2	M37×3.5	46～49	≥9
40	38.1±0.2	M41×3.5	49～52.5	≥10

注：摘自中国建筑科学研究院企业标准 Q/JY 16—1999。

钢筋丝头剥肋滚轧加工参考尺寸表（二）　　表 2-49

钢筋直径(mm)	剥肋直径(mm)	螺纹规格(mm)	剥肋长度(mm)
16	15.0	M16.5×2	18
18	16.9	M18.5×2.5	21
20	18.8	M20.5×2.5	22

续表

钢筋直径(mm)	剥肋直径(mm)	螺纹规格(mm)	剥肋长度(mm)
22	20.8	M22.5×2.5	24
25	23.5	M25.5×3	28
28	26.6	M28.5×3	31
32	30.4	M32.5×3	35
36	31.4	M36.5×3.5	40
40	38.0	M40.5×3.5	43

注：摘自中国建筑科学研究院结构研究所和建硕钢筋连接工程有限公司企业标准 Q/JS 02—2001。

② 连接套筒

• 套筒的几何参考尺寸应符合表 2-50、表 2-51 的规定（摘自中国建筑科学研究院企业标准 Q/JY 16—1999）。

标准型套筒几何参考尺寸表　　表 2-50

钢筋直径(mm)	螺纹规格(mm)	套筒外径(mm)	套筒长度(mm)
16	M16.5×2	25	43
18	M19×2.5	29	55
20	M21×2.5	31	60
22	M23×2.5	33	65
25	M26×3	39	70
28	M29×3	44	80
32	M33×3	49	90
36	M37×3.5	54	98
40	M41×3.5	59	105

异径型套筒几何参考尺寸表　　表 2-51

套筒规格(mm)	外径(mm)	小端螺纹(mm)	大端螺纹(mm)	套筒总长(mm)
16～18	29	M16.5×2	M19×2.5	50
16～20	31	M16.5×2	M21×2.5	53

续表

套筒规格 (mm)	外径 (mm)	小端螺纹 (mm)	大端螺纹 (mm)	套筒总长 (mm)
18～20	31	M19×2.5	M21×2.5	58
18～22	33	M19×2.5	M23×2.5	60
20～22	33	M21×2.5	M23×2.5	63
20～25	39	M21×2.5	M26×3	65
22～25	39	M23×2.5	M26×3	68
22～28	44	M23×2.5	M29×3	73
25～28	44	M26×3	M29×3	75
25～32	49	M26×3	M33×3	80
28～32	49	M29×3	M33×3	85
28～36	54	M29×3	M37×3.5	89
32～36	54	M33×3	M37×3.5	94
32～40	59	M33×3	M41×3.5	98
36～40	59	M37×3.5	M41×3.5	102

• 套筒尺寸的偏差应符合表 2-52 的规定。

套筒尺寸允许偏差表　　　表 2-52

套筒外径 D(mm)	外径允许偏差(mm)	长度允许偏差(mm)
≤50	±0.5	±2
>50	±0.01D	±2

③ 钢筋连接

• 钢筋就位：将丝头检验合格的钢筋搬运至待连接位置，检查钢筋与套筒的规格型号是否一致、丝扣是否完好无损。

• 接头拧紧：使用力矩扳手等工具将连接接头拧紧，力矩扳手的精度为±5。接头拧紧力矩应符合表 2-53 的规定。

滚轧直螺纹钢筋接头拧紧力矩值　　　表 2-53

钢筋直径(mm)	≤16	18～20	22～25	28～32	36～40
拧紧力矩(N·m)	80	160	230	300	360

注：当不同直径的钢筋连接时，拧紧力矩值按较小直径钢筋的相应值取用。

·作标记：对已经拧紧的接头应做出标记，单边外露丝扣的长度不应超过 $2P$。

·施工检验：对已经施工完的接头，应按规定进行质量检验。

（6）质量检验

1）接头的型式检验

剥肋滚轮直螺纹接头的型式检验应符合《钢筋机械连接通用技术规程》（JGJ 107—2003）的规定。具体做法见“镦粗直螺纹钢筋连接技术”。

2）型式检验报告

工程中应用剥肋滚轧直螺纹接头时，技术提供单位应提交有效的型式检验报告。

3）丝头加工现场检验项目与要求

丝头加工的现场检验项目和要求见表 2-54。

4）套筒出厂质量检验项目和要求

套筒的出厂质量检验项目和要求见表 2-55。

丝头质量检验要求 **表 2-54**

序号	检验项目	量具名称	检验要求
1	外观质量	目测	牙形饱满，牙顶宽度超过 $0.25P$ 的秃牙部分，其累计长度不宜超过一个螺纹周长
2	丝头长度	专用量具	丝头长度应满足设计要求，标准型接头的丝头长度公差为 $+1P$
3	螺纹中径	通端螺纹环规	能顺利旋入螺纹并达到旋合长度
		止端螺纹环规	允许环规与端部螺纹部分旋合，旋入量不应超过 $3P$（P 为螺距）

5）接头的现场检验

① 钢筋连接作业开始前及施工过程中，应对每批进场钢筋进行接头连接工艺检验，工艺检验应符合下列要求：

·每种规格钢筋的接头试件不应少于 3 根；

套筒出厂检验项目表　　表 2-55

序号	检验项目	量具名称	检验要求
1	外观质量	目测	无裂纹或其他肉眼可见缺陷
2	外形尺寸	游标卡尺或专用量具	长度及外径尺寸符合设计要求
3	螺纹小径	光面塞规	通端量规应能通过螺纹的小径，而止端量规则不应通过螺纹小径
4	螺纹中径	通端螺纹塞规	能顺利旋入连接套筒两端并达到旋合长度
		止端螺纹塞规	塞规不能通过套筒内螺纹，但允许从套筒两端部分旋合，旋入量不应超过 3P（P 为螺距）

• 接头试件的钢筋母材应进行抗拉强度试验；

• 3 根接头试件的抗拉强度均不应小于该牌号钢筋抗拉强度的标准值，同时尚应不小于 0.9 倍钢筋母材的实际抗拉强度。计算钢筋实际抗拉强度时，应采用钢筋的实际横截面面积。

② 现场检验应进行拧紧力矩检验和单向拉伸强度试验。对接头有特殊要求的结构，应在设计图纸中另行注明相应的检验项目。

③ 用力矩扳手按规定的拧紧力矩值抽检接头的施工质量。抽检数量为：梁、柱构件按接头数的 15%，且每个构件的接头抽检数不得少于 1 个接头；基础、墙、板构件，每 100 个接头作为一个验收批，不足 100 个也作为一个验收批，每批抽检 3 个接头。抽检的接头应全部合格，如有 1 个接头不合格，则该验收批应逐个检查，对查出的不合格接头应进行补强。

④ 剥肋滚轧直螺纹接头的单向拉伸强度试验按验收批进行。同一施工条件下采用同一批材料的同等级、同型式、同规格接头，以 500 个为一个验收批进行检验和验收，不足 500 个也作为一个验收批。

⑤ 对每一验收批均应按《钢筋机械连接通用技术规程》（JGJ 107—2003）中接头的性能指标进行检验与验收，在工程结

构中随机抽取 3 个试件做单向拉伸试验。当 3 个试件抗拉强度均不小于该牌号钢筋抗拉强度的标准值时，该验收批判定为合格。如有 1 个试件的抗拉强度不符合要求，应再取 6 个试件进行复检。复检中仍有 1 个试件不符合要求，则该验收批判定为不合格。

2-55 采用钢筋锥螺纹和直螺纹机械连接的接头，加工后应如何进行保护?

（1）对连接套筒和已套丝的钢筋丝扣用塑料套进行保护，不得损坏丝扣，丝扣上不得粘有水泥浆等污物。

（2）已连接的半接头钢筋半成品，要用垫木垫好，分规格码放整齐。

（3）套筒在运输和储存过程中，要有明显的规格标记，并应分类包装存放，不得混淆和遭受锈蚀。

2-56 钢筋除锈可采用什么方法? 应注意哪些事项?

钢筋除锈的方法可采用除锈机、风砂枪等机械方法，当钢筋数量较少时，也可采用人工除锈。除锈后的钢筋不应长期存放，应尽快使用。除锈后如发现有严重的钢筋表面缺陷，如麻坑、斑点等，可能会影响到钢筋力学性能及其他应用性能，应对该批钢筋按相关标准规定重新检验性能指标，并根据检验结果处理该批钢筋。

2-57 钢筋调直有哪些要求?

（1）调直后钢筋应平直，无局部弯折；

（2）调直后的钢筋表面不应有削弱钢筋截面的伤痕；

（3）带肋钢筋宜应用机械设备进行调直，调直过程中应避免损伤钢筋横肋；

（4）当采用冷拉方法调直钢筋时，光圆钢筋的伸长率不应大于4%，带肋钢筋的伸长率不应大于1%。

2-58 为什么要做好钢筋绑扎和安装前的施工准备工作?

现浇钢筋混凝土结构工程中的钢筋工程数量大、规格品种多、构造尺寸形状各异，因此必须按照设计图纸要求，加工成形，安装对号入座；必须根据规范、规程的要求绑扎、安装到位，否则将会造成极大的浪费，甚至发生严重的质量事故。因此，做好钢筋绑扎和安装前的各项施工准备工作，是确保混凝土结构工程施工质量的关键之一，十分重要。

2-59 如何做好钢筋工程绑扎、安装前的准备工作?

（1）熟悉施工图纸

钢筋绑扎前，应熟悉施工图纸，核对钢筋配料表和料牌，核对成品钢筋的钢种、直径、形状、尺寸和数量，如有错漏，应纠正增补。具体内容为下：

1）熟悉施工图

了解所属工程的概况，检查钢筋施工图纸各编号是不是齐全，详读施工图总说明及设计变更通知单，记住每一个构件中各钢筋网或钢筋骨架之间的相互关系，通晓钢筋施工与本工程有关的模板、结构安装、管道配置等多方面联系，必要时能简单勾画出各处钢筋细部的详图构造，确定在本施工图范围内完成任务的可能实现工期等。

2）审查内容

① 构件各部分尺寸是不是有遗漏、互相抵触或错误处；每个构件中所有钢筋形式和式样是不是符合构件外形（对照模板

图）的需要。

② 钢筋的配置是不是有与设计构造规范或施工和验收规范要求不适应的情况。

③ 配筋构造有没有明显超越设计和施工规范要求的指标而造成浪费的。

（2）安排用料顺序

所谓“料”，是指每号钢筋。要根据工程施工进度的实际情况，确定在现场的某一区段需用哪一号钢筋多少根，要做到无论在绑扎场地或模板附近处，绑扎人员需要用到的钢筋随时都能取到。

安排用料顺序要落实到钢筋所在位置和所需钢筋编号的根数。在一般情况下，对较复杂的工程或钢筋用量较多的工程，需预先按安装顺序填写用料表，以便将它作为提取用料的依据，并且参看这份表进行安装。

表 2-56 所示为钢筋用料表的参考格式，它是根据施工进度要求编制的，所需钢筋编号的根数并不是图纸上写明的钢筋材料表上那号钢筋的总根数。例如某工程有 L-2 梁 5 根，每根梁上有 4 根 6 号钢筋，那么 6 号钢筋总共需 20 根，而第一次在工程某区段只安装 L-2 梁 2 根，所以只需提取 8 根 6 号钢筋，而不是 20 根。

钢筋用料表　　表 2-56

工程名称	用料顺序							
	1				2			
	用料部位	用料时间	钢筋编号	需用根数	用料部位	用料时间	钢筋编号	需用根数
××小区×号楼	东一单元基础	×月×日上午	4	16	东二单元L-2梁	×月×日下午	1	3
			6	20			2	2
			7-1	14			3	26
			7-2	14			4	8
			7-3	14			5	4
			7-4	14			6	6
			9-1	12			…	…
			9-2	12			…	…
			9-3	24			…	…
			…	…			…	…

有的长钢筋限于原材料长度不足，需由多段钢筋接长，因此，对于被分段的钢筋，应进行补充编号。例如有 1 根编号为 7 号的钢筋，是要分成几段另立分号的，在编制钢筋材料表时已由有关人员处理，因此钢筋绑扎安装准备的用料表中必须与原材料表核对，都要写明，如 7-1、7-2、7-3、……但是，各段钢筋长度不同，它们应该配套成组安装，所以在钢筋用料表中要做上记号，如 7-1 与 7-2、7-3 与 7-4 和 7-5、……配套成组，可勾画连在一起。

为了便于迅速查取所要安装的各号钢筋，对于工程量很大的施工现场，也可以拟制内容更为详细的表格，例如构件数量、该编号钢筋的形状或特征等。

（3）了解施工条件

施工条件所包括的范围很广，例如从钢筋加工地点运至现场的各种编号钢筋应沿哪条路线走、到现场之后应堆置在工地的哪一角落等。

在一个工程中往往有多个工种同时或先后进行作业，必须先同其他有关工种配合联系，并检查前一工序的进展情况。例如在基础工程中，了解混凝土垫层浇捣和平整状况；板、梁的模板清扫和滑润状况以及坚固程度；与其他工种的必要配合顺序如何协调（例如在高层建筑的基础底板内要穿过各种管道，这些管道安装与钢筋骨架的先后操作怎样安排）。前一工序（或平行作业的工序）完成相应的作业是钢筋施工条件必备的前提。

（4）核对实物

施工图（包括设计变更通知单）和钢筋用料表只是书面上的资料，做施工准备时，还要对实际成型的钢筋加以落实，看看它们到底是不是已经准备好，放在仓库或场地的哪一处，钢筋的规格、根数和式样等是不是与书面资料符合（也可以按料牌进行核对）。在现场，绑扎、安装前必须着重检查钢筋锈蚀状况，确定有无必要进行除锈；对钢筋表面的任何污染（如油渍、粘附的泥土）都应事先清除干净。

绑扎复杂的结构部位时，应研究好钢筋穿插就位的顺序及与模板等其他专业的配合先后次序，以减少绑扎困难。

（5）施工用具和材料的准备

必要的施工用具（如绑扎用的铁钩、撬棍、绑扎架、扳子等）以及材料（如垫出混凝土保护层的砂浆垫块、绑扎用的铁丝等）都必须预先准备就绪。

根据钢筋骨架的具体形状和处于混凝土中的位置，有时需要设置一些撑脚、支架、挂钩等，以供固定或维持其处于准确位置。这些物件都需提前准备好，而有的必须经过计算以确定具体尺寸，较复杂的支撑件形状还要经过专门设计。

钢筋绑扎用的铁丝，可采用 20～22 号铁丝，其中 22 号铁丝只用于绑扎直径 12mm 以下的钢筋。铁丝长度可参考表 2-57 的数值采用；因铁丝是成盘供应的，故习惯上是按每盘铁丝周长的几分之一来切断。

钢筋绑扎铁丝长度参考表（mm）　　表 2-57

钢筋直径	3～5	6～8	10～12	14～16	18～20	22	25	28	32
3～5	120	130							
6～8		150	150	170	190	250	270	290	320
10～12			170	190	220	270	290	310	340
14～16			190	220	250	290	310	330	360
18～20				250	270	310	330	350	380
22					290	330	350	370	400

准备控制混凝土保护层用的水泥砂浆垫块。水泥砂浆垫块的厚度，应等于保护层厚度。垫块的平面尺寸：当保护层厚度等于或小于 20mm 时为 30mm×30mm，大于 20mm 时，为 50mm×50mm。当在垂直方向使用垫块时，可在垫块中埋入 20 号铁丝。

（6）钢筋接头的位置设置

应根据来料规格，结合结构设计说明有关规定，使其错开，在模板上画线。

2-60 绑扎钢筋前，钢筋位置线如何画定？

（1）画线处

为了便于绑扎钢筋时确定它们的相应位置，操作时需要在该位置上事先用粉笔画上标志（一般称为“画线”），例如图 2-39 所示是 1 根梁的纵筋，长 5950mm，按箍筋间距的要求，可在纵筋上画线。

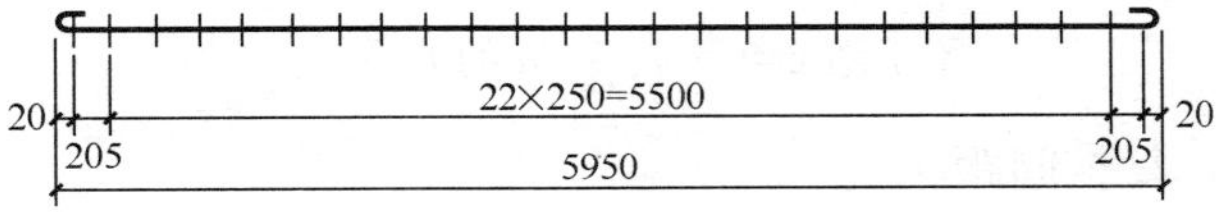

图 2-39 画线

一般情况下，梁的箍筋位置画在纵向钢筋上；平板或墙板钢筋画在模板上；柱的箍筋画在两根对角线纵向钢筋上；基础的钢筋：每个方向的两端各取 1 根画点，或画在垫层上。

（2）根数和间距计算

图纸上经常标明不一致：有的施工图上仅写出钢筋间距，就必须将所用根数算出来；有的施工图上仅写出钢筋根数，又必须将它们的间距算出来。

有关计算工作应在钢筋安装之前事先做好。所用的基本公式按以下二式进行计算：

$$n=\frac{s}{a}+1 \tag{2-19}$$

$$a=\frac{s}{n-1} \tag{2-20}$$

式中 n——钢筋根数；

s——配筋范围的长度；

a——钢筋间距。

n、s、a 之间的关系可从图 2-40 看出，其中配筋范围的长度是指首根钢筋至末根钢筋之间的范围；n 根钢筋实际上有 $n-1$ 个间距。

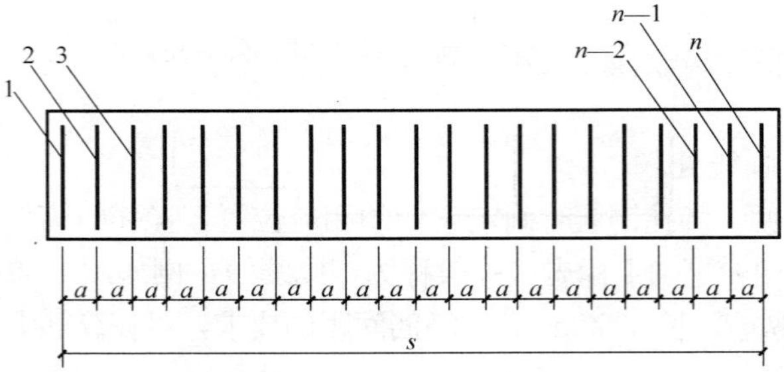

图 2-40　n、s、a 的关系

（3）复核间距

施工图上标明的钢筋间距通常是整数的，只是近似值，遇到这种情况，应先算出实际需用的根数，再加以复核，以确定实际间距。计算方法是：先根据式（2-19）算出根数，再按式（2-20）复核间距。

【例 4】 确定图 2-41 各号钢筋的间距。

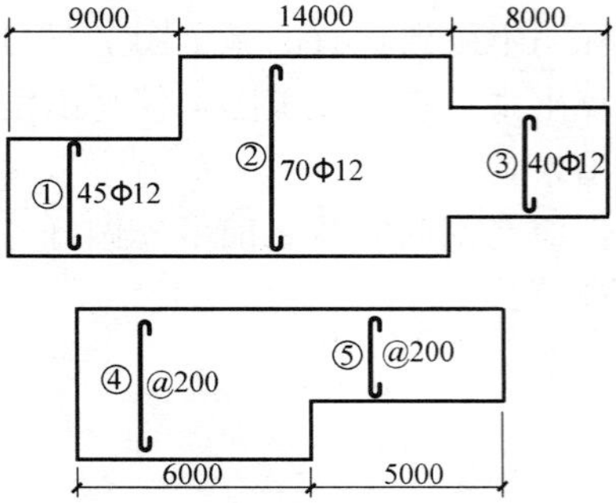

图 2-41　计算钢筋间距

【解】 设靠近模板边线的那根钢筋离模板边线为 50mm，那么，它们的画线位置应如图 2-42 所示。根据式（2-20），2 号钢筋的间距应为

$$a=\frac{14000-50-50}{70-1}=201\text{mm}$$

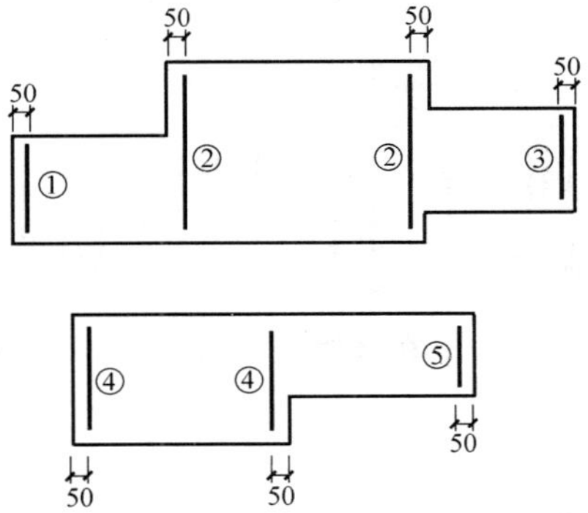

图 2-42　画钢筋位置线

实际上，计算所得有尾数之差，69 个间距 201mm 应为 $69\times201=13869$mm；$s=14000-50-50=13900$mm；$13900-13869=31$mm，因此，69 个间距中得有 31 个 202mm 的和 38 个 201mm 的，画线时使两种间距适当间隔错开。

计算 1 号钢筋时取 $s=9000-50+50=9000$mm，$n=45+1=46$，代入式（2-19）得

$$a=\frac{9000}{46-1}=200\text{mm}$$

计算 3 号钢筋时取 $s=8000-50+50=8000$mm，$n=40+1=41$，代入式（2-19）得

$$a=\frac{8000}{41-1}=200\text{mm}$$

4 号钢筋的根数根据（2-18）式求得为

$$n=\frac{6000-50-50}{200}+1=30.5,\text{用31根}$$

由于钢筋根数较计算值多用 0.5 根，所以画线的实际间距应予以复核，根据式（2-19）：

$$a=\frac{6000-50-50}{31-1}=197\text{mm}$$

考虑尾数差，30 个间距 197mm 应为 $30\times197=5910$mm；

s＝6000－50－50＝5900mm；5910－5900＝10mm，因此，30 个间距中得有 10 个 196mm 的和 20 个 197mm 的，画线时使两种间距适当间隔错开。

5 号钢筋的根数根据（2-18）式求得为

$$n=\frac{5000-50+50}{200}+1-1=25\text{根}$$

（式中“－1”是由于在计算中引用 1 根 4 号钢筋，将它扣除之故）

根据计算结果，5 号钢筋的间距按根数为 25 根计，正好为 200mm，故不必予以复核。

【例 5】 图 2-43 梁的施工图上写明箍筋间距是 250mm，试确定实际画线间距。

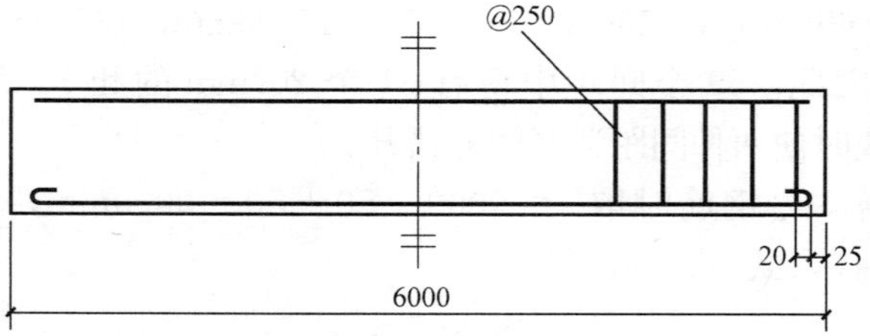

图 2-43　画梁上箍筋间距

【解】 箍筋的配筋范围的长度为

$$s=6000-2\times(25+20)=5910\text{mm}$$

根据式（2-18）　$s=\frac{5910}{250}+1=24.6$，用25个

根据式（2-19）得实际间距应为

$$a=\frac{5910}{25-1}=246\text{mm}$$

考虑尾数差，24 个间距 246mm 应为 24×246＝5904mm；5910－5904＝6mm，因此，24 个间距中得有 6 个 247mm 的和 18 个 246mm 的。

因为箍筋个数是奇数，按对称布置，在梁的跨度中点放 1 个，便布置画线点如图 2-44（a）所示；为方便起见，也可以不去再复核间距，而按这样画线绑扎：先画纵向钢筋中点那条线，再按 250mm 的间距往两边分，这样，最后 1 个间距比较小，如图 2-44（*b*）所示。

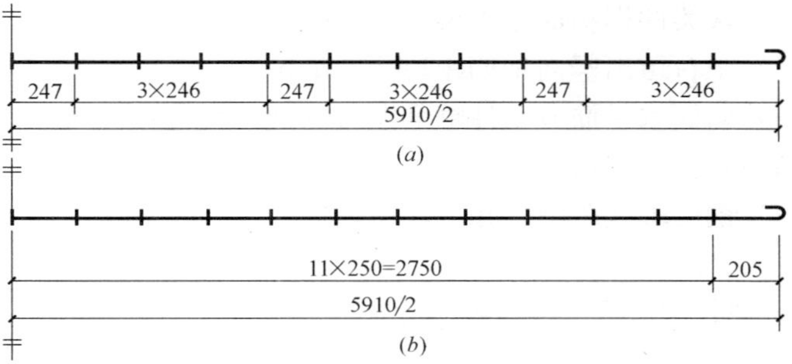

图 2-44　画线方法

本例也可以多放 1 个箍筋，成为 26 个。

2-61　梁、柱类构件受力钢筋搭接长度内的箍筋设置有哪些要求？

在梁、柱类构件的纵向受力钢筋搭接长度范围内，应按设计要求配置箍筋。当设计无具体要求时，应符合下列规定：

（1）箍筋直径不应小于搭接钢筋较大直径的 0.25 倍；

（2）受拉搭接区段，箍筋间距不应大于搭接钢筋较小直径的 5 倍，且不应大于 100mm；

（3）受压搭接区段，箍筋间距不应大于搭接钢筋较小直径的 10 倍，且不应大于 200mm；

（4）当柱中纵向受力钢筋直径大于 25mm 时，应在搭接接头两个端面外 100mm 范围内各设置二个箍筋，其间距宜为 50mm。

2-62　钢筋绑扎的细部构造有哪些要求？

钢筋绑扎的细部构造要求应符合下列规定：

（1）过梁箍筋应有一根在暗柱内，且距暗柱边 50mm；

（2）楼板的纵横钢筋距墙边（或梁边）50mm；

（3）梁、柱接头处的箍筋距柱边 50mm；

（4）次梁两端箍筋距主梁 50mm；

（5）阳台留出竖向钢筋距墙边 50mm；

（6）墙面水平筋或暗柱箍筋距楼（地）面 30～50mm；墙面纵向筋距暗柱、门口边 50mm；

（7）钢筋绑扎时的绑扣应朝向内侧。

2-63 绑扎钢筋有哪些要求？

钢筋的绑扎应符合下列规定：

（1）钢筋的交叉点应采用铁丝扎牢；

（2）板和墙的钢筋网，除靠近外围两行钢筋的相交点全部扎牢外，中间部分交叉点可间隔交错扎牢，但应保证受力钢筋不产生位置偏移；双向受力的钢筋，必须全部扎牢；

（3）梁和柱的箍筋，除设计有特殊要求外，应与受力钢筋垂直设置；箍筋弯钩叠合处，应沿受力钢筋方向错开设置；

（4）在柱中竖向钢筋搭接时，柱子角部钢筋的弯钩平面与模板面的夹角，对矩形柱应为 45°角，对多边形柱应为模板内角的平分角；对圆形柱钢筋的弯钩平面应与模板的切平面垂直；中间钢筋的弯钩平面应与模板面垂直；当采用插入式振捣器浇筑小型截面柱时，弯钩平面与模板面的夹角不得小于 15°；

（5）为确保柱、墙、板等钢筋位置准确，要求绑扎钢筋模板。

2-64 钢筋的绑扣式样有哪些？其适用范围？

（1）钢筋绑扎工具

钢筋绑扎工具以铁钩（图 2-45）为主。铁钩直径可为 12～16mm，长约 150～180mm。

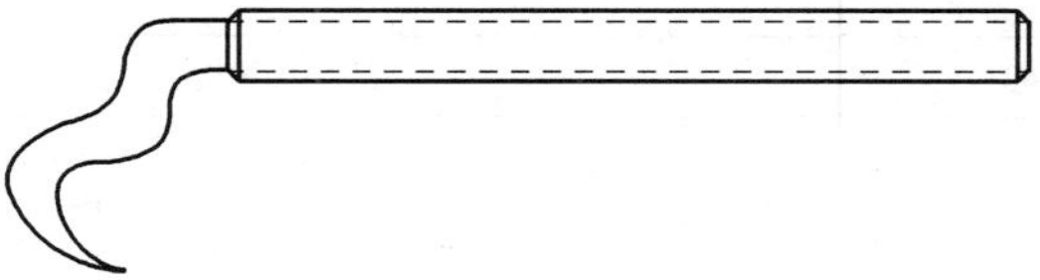

图 2-45　铁钩

（2）绑扣式样参见表 2-58，其适用范围如下：

扣样　　　　　　　　　　**表 2-58**

名　称	绑　法
一面顺扣	
十字花扣	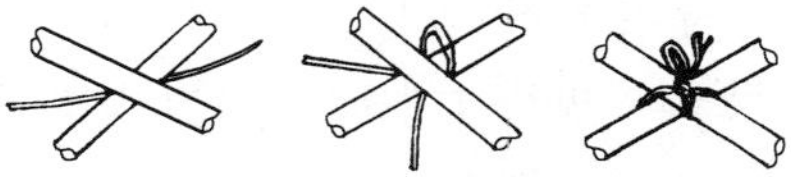
反十字花扣	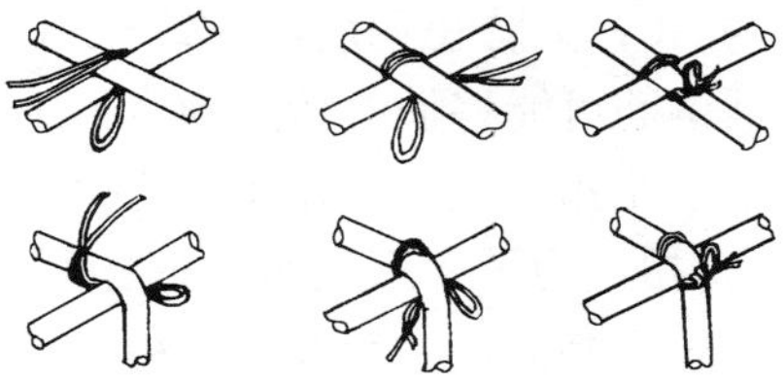
兜扣	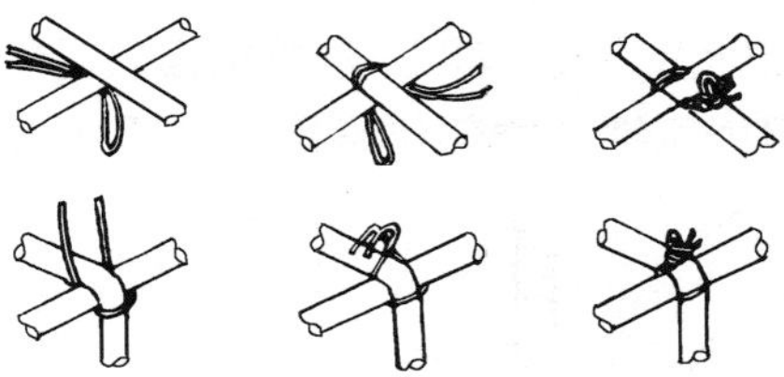
缠扣	

续表

名　称	绑　法
反十字缠扣	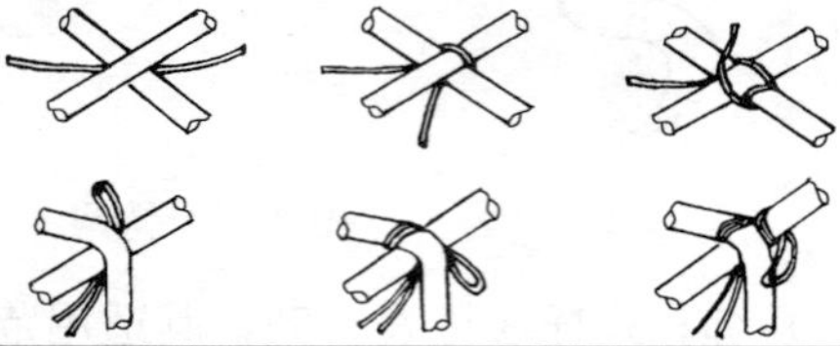
套扣	

1）一面顺扣：用于平面上扣量很多，不易移动的构件，如底板、墙壁等。

2）十字花扣和反十字花扣：用于要求比较牢固结实的地方。

3）兜扣：可用于平面，也可用于直筋与钢筋弯曲处的交接，如梁的箍筋转角处与纵向钢筋的连接。

4）缠扣：为防止钢筋滑动或脱落，可在扎结时加缠，缠绕方向根据钢筋可能移动的情况确定，缠绕一次或两次均可。缠扣可结合十字花扣、反十字花扣、兜扣等实现。

5）套扣：为了利用废料，绑扎用的铁丝也有用废钢丝绳烧软破出股丝代替的，这种股丝较粗，可预先弯折，绑扎时往钢筋交叉点插套即可，这就是套扣。

实际上，表 2-58 所列的扣样只是一些基本形式，方法的选择要根据所绑扎的部位确定，灵活变通。例如表 2-58 所画缠扣

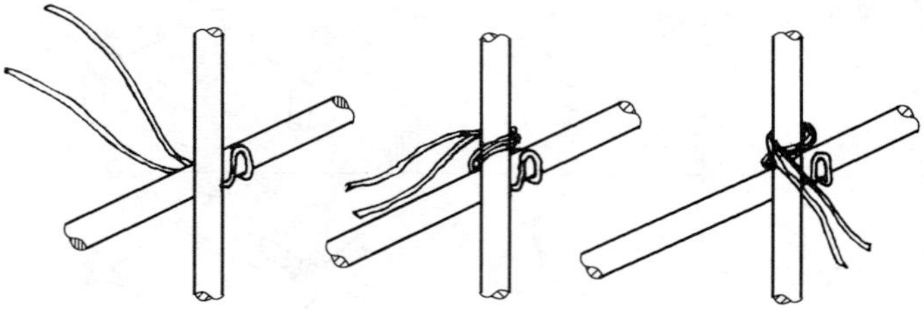

图 2-46　立柱的缠扣绑扎

表示平板的绑扎，如果改为立柱，就可如图 2-46 所示。

又如在柱或墙的转角处，可按图 2-47 所示绑扣，用兜扣和反十字花扣；也可以采用其他扣样施绑。

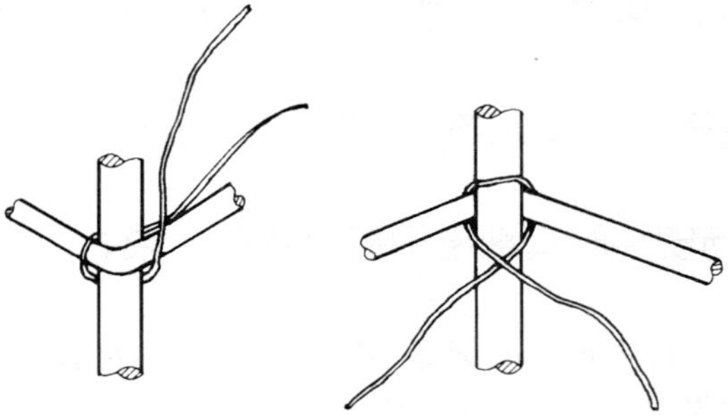

图 2-47　柱或墙角处的绑扎

2-65　为什么在混凝土保护层内，钢筋定位件不应采用金属件？

钢筋安装应设置固定钢筋位置的定位件，定位件的数量、间距和固定方式应能保证钢筋位置准确。定位件宜采用专用定位件。混凝土保护层内，不宜采用金属定位件。

钢筋定位件主要分为塑料材质的专用钢筋定位件、水泥砂浆制成的垫块、金属马凳、梯子筋等。从耐久性角度出发，不应在混凝土保护层内使用金属定位件。

2-66　复合箍筋的安装有哪些要求？

复合箍筋的安装应符合下列规定：

(1) 复合箍筋的外围应选用封闭箍筋。梁类构件复合箍筋宜尽量选用封闭箍筋，单数肢也可采用拉筋；柱类构件复合箍筋可全部采用拉筋；

(2) 复合箍筋的局部重叠不宜多于 2 层。当构件两个方向均采用复合箍筋时，外围封闭箍筋应位于两个方向的内部箍筋（或拉筋）中间。当拉筋设置在复合箍筋内部不对称的一边时，沿构件周线方向相邻箍筋应交错布置；

（3）当采用拉筋时，拉筋的弯钩形式要求应符合相关规范的规定；

（4）拉筋宜紧靠封闭箍筋，并勾住纵向钢筋。

2-67 钢筋安装时其细部构造有哪些要求？

混凝土构件中钢筋的细部构造应符合设计要求。当设计无要求时，应优先保证柱子、主梁钢筋的位置，构件中应优先保证主要受力方向钢筋的位置。

梁钢筋宜放到柱子主筋内侧，次梁钢筋宜放到主梁钢筋内侧。剪力墙中横向钢筋宜放在外部。对于因躲避钢筋而造成钢筋移位较大的混凝土构件，尚应核算构件承载能力。

2-68 基础工程钢筋绑扎要点有哪些？

（1）钢筋网的绑扎。四周两行钢筋交叉点应每点扎牢，中间部分交叉点可相隔交错扎牢，但必须保证受力钢筋不位移。双向主筋的钢筋网，则须将全部钢筋交叉点扎牢。绑扎时应注意相邻绑扎点的铁丝扣要扎成八字形，以免网片歪斜变形。

（2）基础底板采用双层钢筋网时，在上层钢筋网下面，应设置钢筋撑脚或混凝土撑脚，以保证钢筋位置正确。

钢筋撑脚每隔 1m 放置一个。其直径选用：当板厚 $h \leqslant 30$cm 时为 8～10mm；当板厚 $h=30 \sim 50$cm 时为 12～14mm；当板厚 $h>50$cm 时为16～18mm。

大型基础底板或设备基础，应用 ϕ16～25mm 钢筋或型钢焊成的支架来支持上层钢筋网，支架间距为 0.8～1.5m。

（3）钢筋的弯钩应朝上，不要倒向一边；双层钢筋网的上层钢筋弯钩应朝下。

（4）独立柱基础为双向弯曲，其底面短边的钢筋应放在长边钢筋的上面。

（5）现浇柱与基础连接用的插筋，其箍筋应比柱的箍筋缩小一个柱筋直径，以便连接。插筋位置一定要固定牢靠，以免造成柱轴线偏移。

（6）对厚筏板基础上部钢筋网片，可采用钢管临时支撑体系（图 2-48）。图 2-48（*a*）示出绑扎上部钢筋网片用的钢管支撑。在上部钢筋网片绑扎完毕后，需置换出水平钢管；为此另取一些垂直钢管通过直角扣件与上部钢筋网片的下层钢筋连接起来，替换了原支撑体系，见图 2-48（*b*）。在混凝土浇筑过程中，逐步抽出垂直钢管，见图 2-48（*c*）。此时，上部荷载可由附近的钢管及上下端均与钢筋网焊接的多个拉结筋来承受。由于混凝土不断浇筑与凝固，拉结筋细长比减少，提高了承载力。

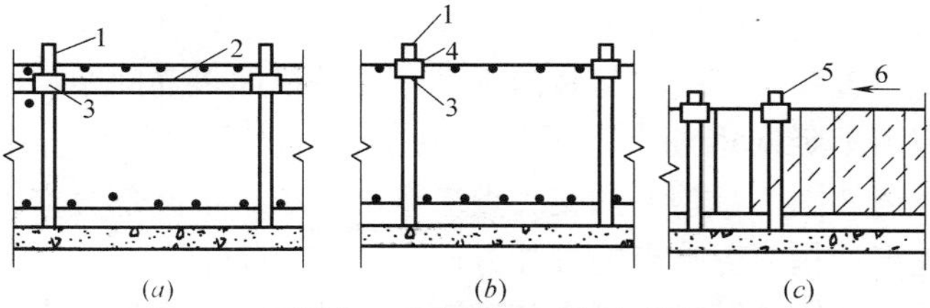

图 2-48　厚筏板上部钢筋网片的钢管临时支撑

（*a*）绑扎上部钢筋网片时；（*b*）浇筑混凝土前；（*c*）浇筑混凝土时

1—垂直钢管；2—水平钢管；3—直角扣件；4—下层水平钢筋；

5—待拔钢管；6—混凝土浇筑方向

2-69　柱子钢筋绑扎要点有哪些？

（1）绑扎柱钢筋骨架，应先立起竖向受力钢筋，与基础插筋绑牢，沿竖向钢筋按箍筋间距画线，把所用箍筋套入竖向钢筋中，从上到下逐个将箍筋画线与竖向钢筋扎牢。

（2）柱钢筋的绑扎，应在模板安装前进行。

（3）柱中的竖向钢筋搭接时，角部钢筋的弯钩应与模板成45°（多边形柱为模板内角的平分角，圆形柱应与模板切线垂直），中间钢筋的弯钩应与模板成90°。如果用插入式振捣器浇筑小型截面柱时，弯钩与模板的角度不得小于15°。

（4）箍筋的接头应交错布置在四角纵向钢筋上；箍筋转角与纵向钢筋交叉点均应扎牢，绑扎箍筋时绑扎扣相互应成八字形。

（5）下层柱的钢筋露出楼面部分，宜用工具式柱箍将其收进一个柱箍直径，以利上层柱的钢筋搭接。当柱截面有变化时，其下层柱钢筋的露出部分，必须在绑扎梁的钢筋之前，先行收缩准确。

（6）框架梁、牛腿及柱帽等钢筋，应放在柱的纵向钢筋内侧。

2-70　墙体钢筋绑扎要点有哪些？

（1）绑扎墙体钢筋网，宜先支设一侧模板，在模板上画出竖向钢筋位置线，依线立起竖向钢筋，再按横向钢筋间距，把横向钢筋绑牢于竖向钢筋上，可先绑两端的扎点，再依次绑中间扎点，靠近外围两行钢筋的交叉点应全部扎牢，中间部分交叉点可间隔扎牢，相邻绑扎点的绑扎方向应八字交错。

（2）墙体的钢筋，可在基础钢筋绑扎之后浇筑混凝土前插入基础内。

（3）墙体的垂直钢筋每段长度不宜超过4m（钢筋直径≤12mm）或6m（钢筋直径>12mm），水平钢筋每段长度不宜超过8m，以利绑扎。

（4）墙体钢筋网之间应绑扎ϕ6～10mm钢筋制成的撑铁，间距约为1m，相互错开排列，以保持双排钢筋间距正确（图2-49）。

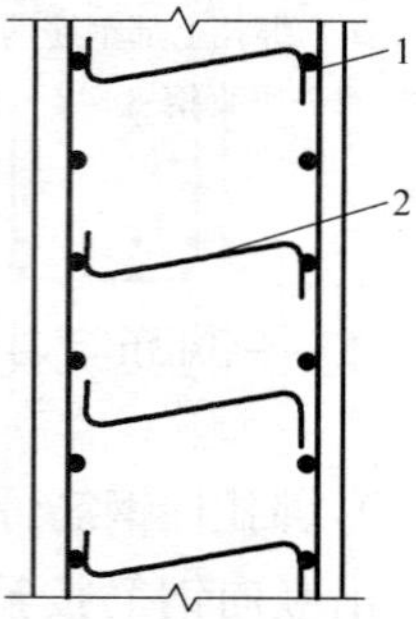

图2-49　墙体钢筋的撑铁
1—钢筋网；2—撑铁

2-71 梁、板工程钢筋绑扎要点有哪些？

（1）绑扎单向板钢筋网，应先在模板上画出受力钢筋位置线，依线摆放好受力钢筋，再按分布钢筋间距，在受力钢筋上面摆放好分布钢筋，受力钢筋与分布钢筋交叉点，除靠近外围两行钢筋的交叉点全部扎牢外，中间部分交叉点可间隔扎牢，相邻绑扎点的绑扎方向应八字交错。

绑扎双向板钢筋网，应先在模板上画出短向钢筋位置线，依线摆放好短向钢筋，再按长向钢筋间距，在短向钢筋上面摆放好长向钢筋，长向钢筋与短向钢筋的交叉点必须全部扎牢，相邻绑扎点的绑扎方向应八字交错。

（2）板、次梁与主梁交叉处，板的钢筋在上，次梁的钢筋居中，主梁的钢筋在下（图 2-50）；当有圈梁或垫梁时，主梁的钢筋应放在圈梁上（图 2-51）。主筋两端的搁置长度应保持均匀一致。框架梁、牛腿及柱帽等钢筋，应放在柱的纵向钢筋内侧，同时要注意梁顶面主筋间的净距要有 30mm，以利浇筑混凝土。

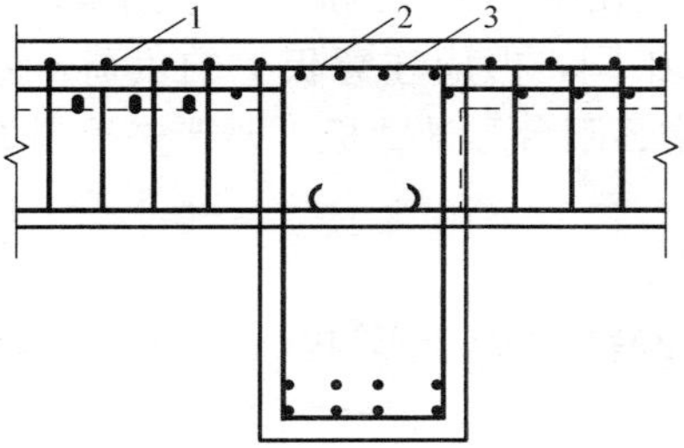

图 2-50 板、次梁与主梁交叉处钢筋
1—板的钢筋；2—次梁钢筋；3—主梁钢筋

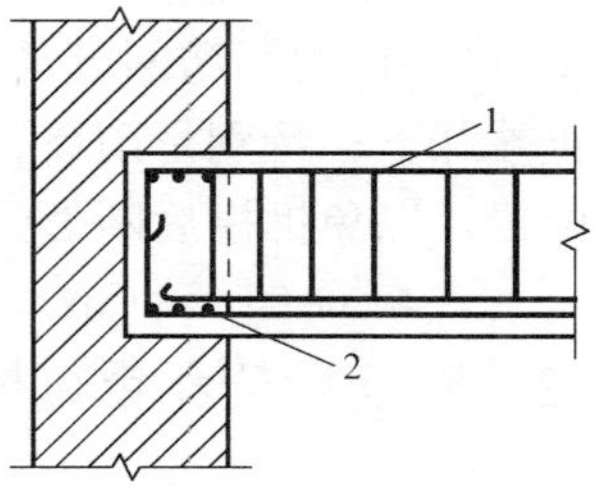

图 2-51 主梁与垫梁交叉处钢筋
1—主梁钢筋；2—垫梁钢筋

（3）梁与板纵向受力钢筋采用双层排列时，两排钢筋之间应垫以直径 25mm 或 25mm 以上的短钢筋，以保持其设计距离正确。

（4）柱、梁箍筋应与主筋垂直，箍筋的接头应交错布置在四角纵向钢筋上，箍筋转角与纵向钢筋的交叉点均应扎牢。箍筋平直部分与纵向交叉点可间隔扎牢，以防骨架歪斜。

（5）梁钢筋的绑扎与模板安装之间的配合关系：

1）梁的高度较小时，梁的钢筋架空在梁顶上绑扎，然后再落位；

2）梁的高度较大（≥1.0m）时，梁的钢筋宜在梁底模上绑扎，其侧模或一侧模后装。

（6）梁、板钢筋绑扎时应防止水电管线将钢筋抬起或压下。

（7）预制柱、梁、屋架等构件常采取底模上就地绑扎，应先排好箍筋，再穿入受力筋等，然后绑扎牛腿和节点部位钢筋，以减少绑扎的困难和复杂性。

（8）混凝土保护层的水泥砂浆垫块或塑料卡，每隔 600～900mm 设置 1 个，钢筋网的四角处必须设置。

（9）钢筋网弯钩方向。板钢筋的弯钩，钢筋在板下部时弯钩向上；钢筋在板上部时弯钩向下。对柱、墙钢筋弯钩应向柱、墙里侧；柱角钢筋弯钩应为 45°角。

（10）箍筋的接头应交错布置在两根架立钢筋上，其余同柱。

（11）板的钢筋网绑扎与基础同，但应注意板上的负荷，要防止被踩下；特别是雨篷、挑檐、阳台等悬臂板，要严格控制负筋位置，以免拆模后断裂。

2-72　钢筋骨架和钢筋网的安装要点有哪些？

（1）绑扎钢筋骨架（网）的安装

1）预制钢筋绑扎网与钢筋绑扎骨架，一般宜分块或分段绑扎，应根据结构配筋特点及起重运输能力而定，网片分块面积以 6～20m^2 为宜，骨架分段长度以 8～12m 为宜，安装时再予以焊接或绑扎。为防止运输安装中歪斜变形，在斜向应用钢筋拉结临时加固（图 2-52），大型钢筋网或骨架应设钢筋桁架或型钢加固。

2）钢筋网与钢筋骨架的吊点应根据其尺寸、重量和刚度确定。宽度大于1m的水平钢筋网宜采用4点起吊，跨度小于6m的钢筋骨架宜采用两点起吊，跨度大、刚度差的钢筋骨架宜采用横吊梁4点起吊。为防止吊点处钢筋受力变形，可采取兜底或用短筋加强。

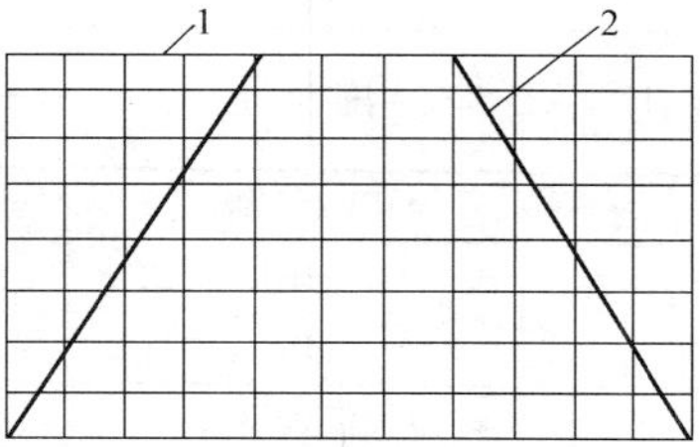

图 2-52　绑扎钢筋网的临时加固
1—钢筋网；2—加固筋

3）对较大型预制构件，为避免模内绑扎困难，常在模外或模上部位绑扎成整体骨架，再用吊车或设三木搭接捯链缓慢放入模内。

4）绑扎钢筋骨架和钢筋网片的交接处做法与钢筋的现场绑扎相同。

（2）焊接钢筋骨架（网）的安装

1）钢筋焊接网运输时应捆扎整齐、牢固，每捆重量不应超过2t，必要时应加刚性支撑或支架。

2）进场的钢筋焊接网宜按施工要求堆放，并应有明确的标志。

3）对两端须插入梁内锚固的焊接网，当网片纵向钢筋较细时，可利用网片的弯曲变形性能，先将焊接网中部向上弯曲，使两端能先后插入梁内，然后铺平网片；当钢筋较粗，焊接网不能弯曲时，可将焊接网的一端少焊1～2根横向钢筋，先插入该端，然后退插另一端，必要时可采用绑扎方法补回所减少的横向钢筋。

4）两张网片搭接时，在搭接区中心及两端应采用铁丝绑扎牢固。在附加钢筋与焊接网连接的每个节点处应采用铁丝绑扎。

5）焊接网与焊接骨架沿受力钢筋方向的搭接接头宜位于受力小的部位，如承受均布荷载的简支受弯构件，接头宜放在跨度两端各1/4跨长范围内，其搭接长度应符合表2-59规定。

焊接网和受拉焊接骨架绑扎接头的搭接长度　　表 2-59

项目	钢筋类型		混凝土强度等级		
			C20	C25	≥C30
1	HPB235 级		30d	25d	20d
2	月牙肋	HRB335 级	40d	35d	30d
		HRB400 级	45d	40d	35d
3	冷拔低碳钢丝		250mm		

注：1. d 为受力钢筋直径。当混凝土强度等级低于 C20 时，对 HPB235 级钢筋最小搭接长度不得小于 40d；表中 HRB335 级钢筋不得小于 50d；HRB400 级钢筋不宜采用。

2. 搭接长度除应符合本表要求外，在受拉区不得小于 250mm，在受压区不得小于 200mm。

3. 当月牙肋钢筋直径 d>25mm 时，其搭接长度应按表中数值增加 5d 采用；当月牙肋钢筋直径 d≤25mm 时，其搭接长度应按表中数值减小 5d 采用。

4. 轻骨料混凝土的焊接骨架和焊接网绑扎接头的搭接长度，应按普通混凝土搭接长度增加 5d，对冷拔低碳钢丝，增加 50mm。

5. 当混凝土在凝固过程中受力钢筋易受扰动时，其搭接长度宜适当增加。

6. 当有抗震要求时，对一、二级抗震等级搭接长度应增加 5d。

6）在梁中焊接骨架的搭接长度内应配置箍筋或短的槽形焊接网。箍筋或网中的横向钢筋间距不得大于 5d。轴心受压或偏心受压构件中的搭接长度内，箍筋或横向钢筋的间距不得大于 10d。

7）在构件宽度内有若干焊接网或焊接骨架时，其接头位置应错开，在同一截面内搭接的受力钢筋的总截面面积不得大于构件截面中受力钢筋全部截面面积的 50%；在轴心受拉及小偏心受拉构件（板和墙除外）中，不得采用搭接接头。

8）焊接网在非受力方向的搭接长度宜为 100mm。当受力钢筋直径不小于 16mm 时，焊接网沿分布钢筋方向的接头宜辅以附加钢筋网，其每边的搭接长度为 15d。

9）钢筋焊接网安装时，下部网片应设置与保护层厚度相当的水泥砂浆垫块或塑料卡；板的上部网片应在短向钢筋两端，沿长向钢筋方向每隔 600～900mm 设一钢筋支墩。

2-73 混凝土保护层的设置有哪些要求？

（1）受力钢筋的混凝土保护层厚度允许偏差见表2-60。

混凝土保护层厚度的允许偏差　　　　表2-60

构件名称	板、墙、壳	梁、柱	基础
允许偏差(mm)	±3	±5	±10

（2）混凝土保护层利用水泥砂浆块加垫而成（垫于模板和钢筋骨架之间）。一般情况下，当保护层厚度在20mm以下时，垫块平面尺寸约为30mm见方，厚度在20mm以上时，约为50mm见方；垫块厚度即保护层厚度。砂浆应有足够的强度，使能抗得了钢筋骨架重压，不致破损。

（3）混凝土保护层砂浆垫块应根据钢筋粗细和间距垫得适量可靠。对于竖立钢筋（例如立柱、水沟壁、墙面等），可采用埋有铁丝的垫块，绑在钢筋骨架外侧；同时，为使保护层厚度准确，需用铁丝将钢筋骨架拉向模板，将垫块挤牢。图2-53的竖立钢筋是用埋有铁丝的垫块垫着的，垫块与钢筋绑在一起，但不能防止竖立钢筋向内侧倾倒，因此需用铁丝将它拉向模板，将垫块挤牢。

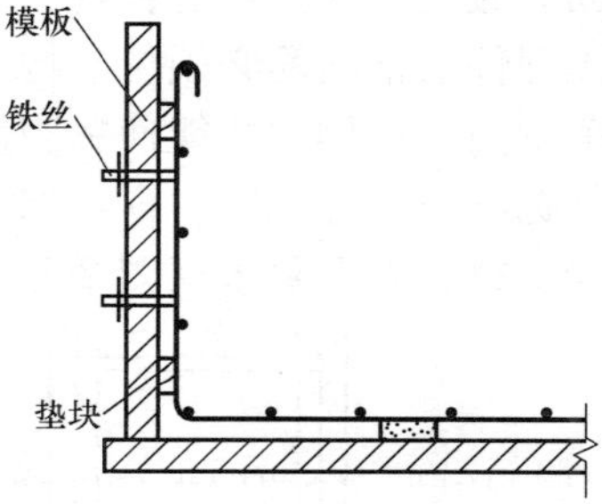

图2-53　竖立钢筋的垫块绑扎

（4）当保护层处于浇捣混凝土的位置上方时，例如板式构件反向浇捣，网片有可能随浇捣过程沉落，可用铁丝将网片绑吊在模板楞上，或按图2-54用钢筋穿过侧模作为托件以承托网片，浇捣完毕或混凝土稍硬后抽去承托钢筋。

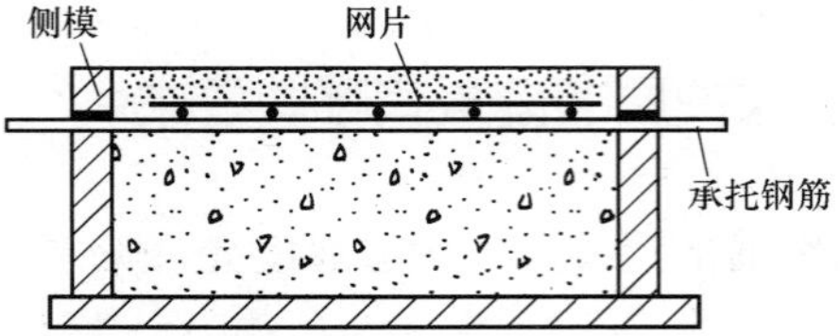

图 2-54　混凝土保护层的上方的处理方法

2-74　预埋件设置的注意事项有哪些？

（1）在审图阶段就应事先检查图纸上锚固筋的位置是不是与构件各部位钢筋的位置有抵触，还要看预埋件与其他预埋件各自的锚固筋有没有碰撞。按照设计人员一般操作顺序，画完钢筋和模板图后再添预埋件，而画预埋件的锚固筋往往不考虑构件的钢筋情况，因此，预埋件的锚固筋会与构件中的钢筋或其他预埋件的锚固筋碰到一起去，这种现象几乎是许多图纸的通病。

预埋件的锚固筋必须位于构件主筋的内侧，而不应当放在保护层范围内，这样，才能使锚固筋得到可靠的锚固。因此，如果预埋件宽度与构件宽度一样，那么，锚固筋离预埋件钢板边的距离至少要符合以下要求（图 2-55）：

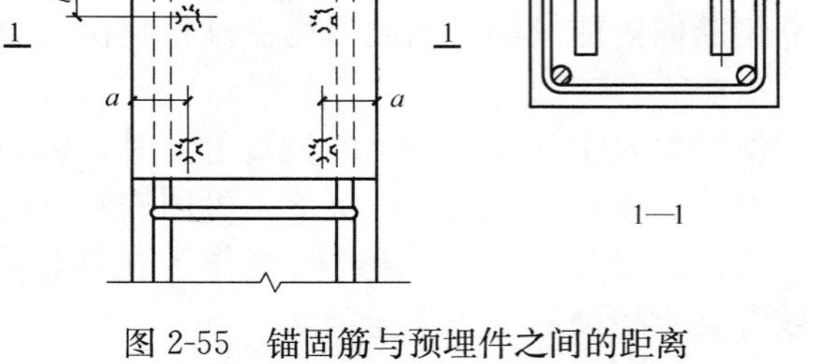

图 2-55　锚固筋与预埋件之间的距离

距离 a 等于 25mm（保护层厚度）加上主筋直径和半个锚固筋直径，另外还得考虑锚固筋位置的制作误差。如果按主筋直径为 20mm、锚固筋直径为 16mm 计，a 值就应该等于 25＋20＋8＋5＝58mm（考虑制作误差 5mm）。图 2-53 中的 b 值是可以不受限制的（如果锚固筋碰到箍筋，箍筋可稍作挪动）。

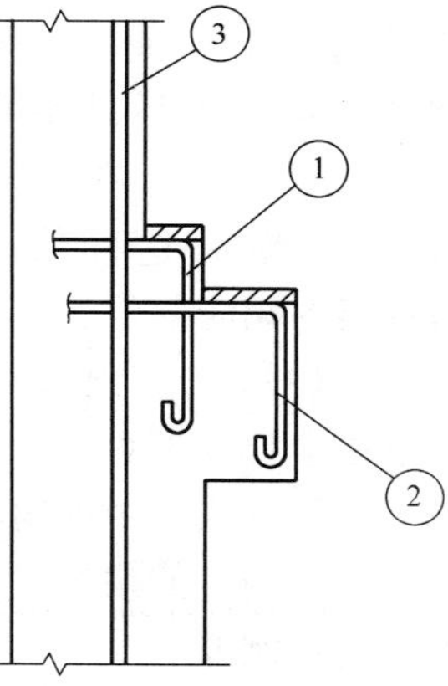

图 2-56 框架结构中钢筋保护层的设置

作为示例，按图 2-56，在框架结构中，当梁、柱是依靠牛腿处焊接预制构件联系时，图上那样的双层牛腿中，①号和②号锚固筋需与各自牛腿面上的钢板焊接。在这里，如果两个牛腿和柱身的①号、②号和③号钢筋采用同样的混凝土保护层厚度，必然在同一位置上发生冲突。一般情况下，设计人员几乎都不会去考虑这 3 根钢筋的交叉关系，这样，按图施工就会产生严重的不良后果：因为①号和②号钢筋都是预先焊在钢板上的，若不是使这三种编号钢筋预先算好合适的位置尺寸再焊，则钢筋安装不下，就得返工。在这种情况下，一般应使柱中钢筋（③号）保持规定位置（保护层厚度为 25mm），然后使牛腿中钢筋（①号和②号）贴③号钢筋内侧错开。

（2）安装构件钢筋时，必须考虑预埋件的构造，互相配合。例如对于截面中对面有钢板的预埋件（工业厂房柱上用于焊斜撑的预埋件就是这样），这类预埋件一般为两种形式，一种是用锚固件（锚固筋或锚固角钢）将两块钢板焊成整体的，有如图2-57所画的那样，这种形式的预埋件通常用在受力较大或截面较窄处（指两块钢板之间的距离较小，锚固件长度受到限制的情况），遇到这样的预埋件，必须在安装构件钢筋时同时考虑预埋件的安装顺序，看看在钢筋骨架绑好后再放进预埋件有没有困难；而在一般情况下，当钢筋骨架绑好后就很难将它放进骨架内了，因此，在绑扎钢筋骨架之前，必须先将这种预埋件安置在钢筋骨架的相应部位。

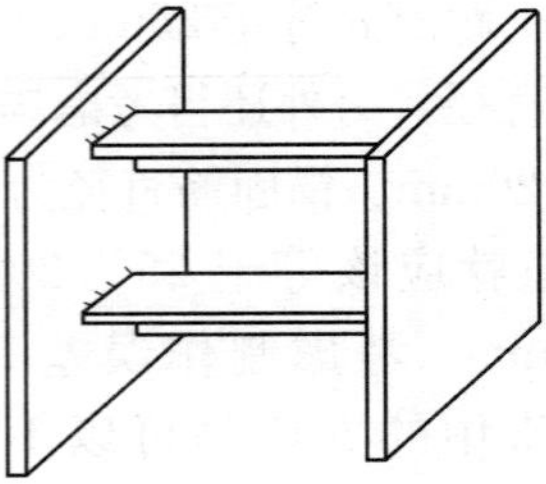

图 2-57　锚固件将两块钢板焊接

另一种形式的预埋件是使两块钢板单独布置（不焊成整体）。当采用整体预埋件安装有困难时，可采用这种形式。对面钢板的锚固筋若布置对称而一致（即两块钢板用同一编号的预埋件），安装时这两块预埋件的锚固筋就会碰到一起，例如图 2-58 所示。

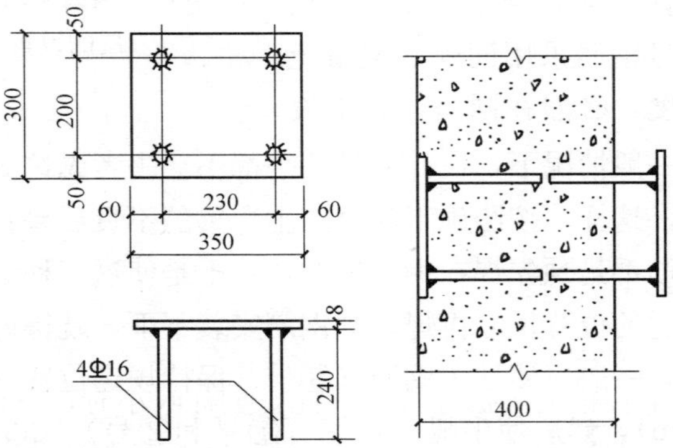

图 2-58　预埋件的锚固筋相碰

为使这样的预埋件仍使用同一编号，可采用锚固筋错开布置的方法，如图 2-59 所示，锚固筋离钢板上下边缘的距离不同（分别为 40mm 和 80mm）。这样，安装时可以一颠一倒地布置，两块预埋件既可以为同一编号，安装时锚固筋又互不冲突。

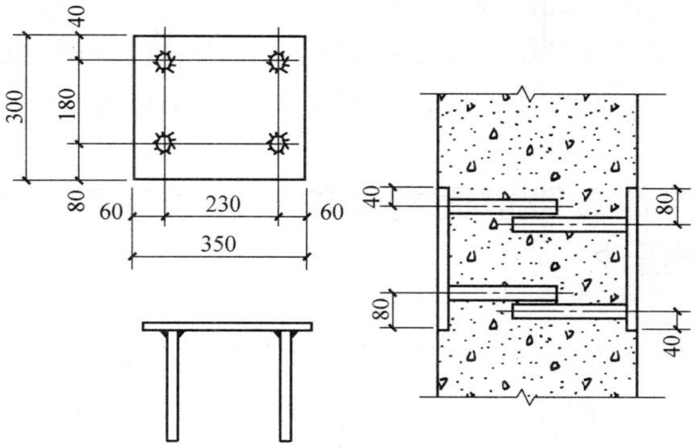

图 2-59　锚固筋错开布置

2-75　为什么柱子受力钢筋外伸部位必须准确？

（1）由于浇筑混凝土的倒料、振动，以及钢筋与模板之间固定不力，或者因与箍筋绑扎不牢的缘故，柱的钢筋骨架和其中的单根钢筋极易移位，影响外伸处的准确，所以，在露出混凝土面的外伸部位（一般称为“柱根”），要用焊接的工具式箍筋（或角钢焊成、木板制成的框式样板）套紧纵向钢筋，再固定于旁侧模板或可靠的物件上。

（2）由于上柱截面收小时，下柱伸出柱顶钢筋未弯曲到位等原因，使上柱钢筋无法连接。因此，上柱收小时，下柱钢筋应预先弯好，弯曲角度正确，弯折度不超过 1/6，也可设置插筋或将上柱钢筋锚在下柱内。采用上柱钢筋插入下柱时，应保证其锚固长度并应保持上柱钢筋顺直。

在上柱钢筋靠紧下柱钢筋搭接不可能时，上柱钢筋仍应保持设计位置，其间隙可用垫筋焊接联系；对错位严重的外伸钢筋（甚至超出上柱模板范围），应采取专门措施处理，例如加大柱截面、设置附加箍筋以联系上下柱钢筋等，具体方案视实际情况由有关技术部门确定，并征得设计单位意见后实施。

另外，在浇筑柱混凝土时，严禁拆除柱顶的固定框架及临时箍筋，注意浇筑操作，尽量不碰钢筋，浇筑过程中设钢筋看护工随时检查，发现有偏移应在混凝土初凝前予以校正。

2-76 为什么等截面构件的安装应注意钢筋的设置情况？

对于等截面构件，如钢筋网或钢筋骨架的形状不对称，有可能误将方向放错或上下颠倒，应特别注意，或在模板上加以标注。例如图 2-60 的两种预制构件，构件外形没有什么特征，那么，构件制成后便分辨不清应怎样安装才是正确的，在图 2-60 中，图（*a*）所示的平板和矩形梁有可能安装错误成图（*b*）那样，因此，钢筋安装的内部情况应做好记录，然后在构件表面画标志为记号，使不至于安反。

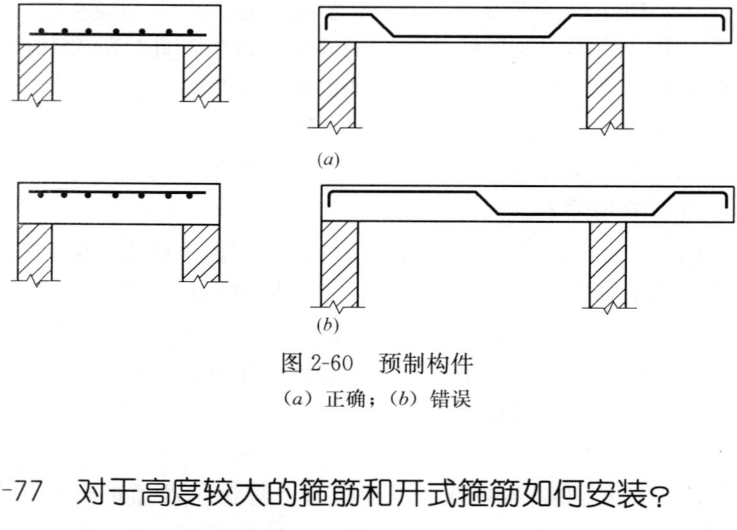

图 2-60　预制构件

（*a*）正确；（*b*）错误

2-77 对于高度较大的箍筋和开式箍筋如何安装？

对于高度较大的箍筋或开式箍筋，应沿箍筋高度适当放几根纵向构造钢筋，再用拉筋联系；或用拉筋钩住梁的架立钢筋联系，如

图 2-61 所示（其中右图拉筋一端弯成半圆弯钩，另一端做成略小于直角的直钩，绑扎时先把半圆弯钩挂上，再将另一端直钩钩住扎牢）。拉筋一般用 $\phi6$ 或 $\phi8$ 钢筋制作，根据具体情况确定间距。

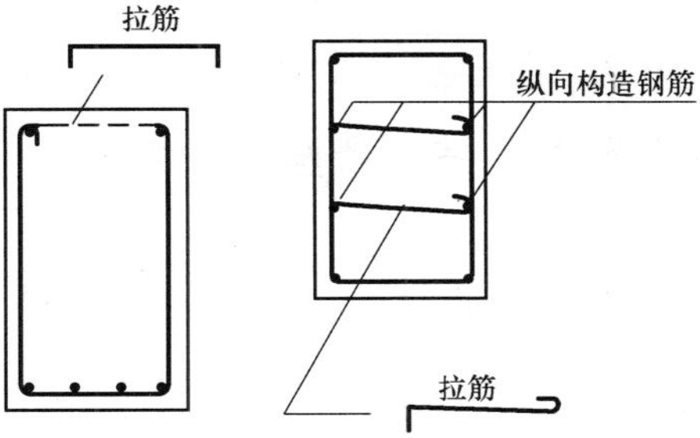

图 2-61　用拉筋联系

2-78　不同位置的楼板钢筋安装应注意的问题是什么？

钢筋安装之前，要对整个工程情况有一个轮廓式印象的概念，以便考虑施工条件，安排各号钢筋的安排顺序，防止别的钢筋安装后，有的钢筋却穿不过去。例如钢筋比较密集的柱身与牛腿交接处的箍筋，有的得先套进主筋的某个部位，这样，在邻近钢筋绑好后就可以接着绑；而如果邻近钢筋先绑好，这几个箍筋有可能套不进去。钢筋工程中类似这种情况是普遍存在的，例如图 2-62 所示的楼面板，由于施工条件（场地）限制，在①号、

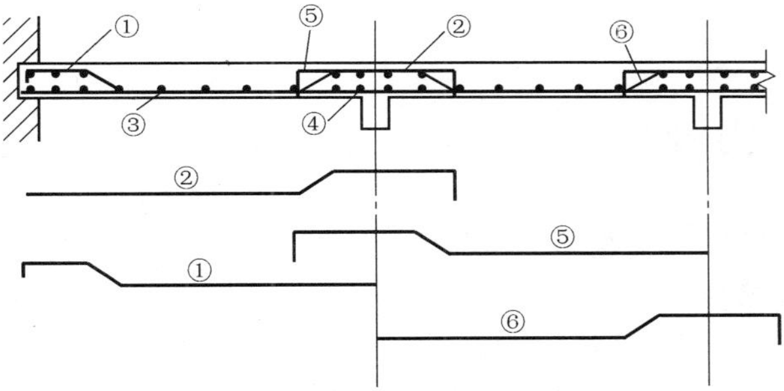

图 2-62　楼面板钢筋绑扎

②号和③号钢筋绑完后，要穿进④号钢筋就难了。

遇到这种情况，应先将④号钢筋放进①号和②号钢筋弯起部分的下面，再取③号钢筋与①号、②号钢筋绑扎，然后绑④号钢筋。

2-79 安装复合箍筋应注意哪些事项?

在构件中使用复合箍筋（一个截面的箍筋由几个分件组成的，叫做复合箍筋）时，在安装时要注意使复合起来的箍筋外形尺寸符合构件截面尺寸相应要求（即维持规定的保护层厚度）。例如图 2-63 那样的四肢箍筋，显然，组成复合箍筋的两个分件（两个窄箍筋）很容易左右移动而导致整个复合箍筋宽度忽大忽小，因此，在绑扎骨架前需按应有的宽度定位（或专门附加几个符合应有宽度的单独双肢箍筋绑上纵向钢筋以定位），然后在骨架绑扎过程中要随时检查四肢箍筋宽度的准确度，防止两个分件左右窜动，如发现偏差应及时纠正。

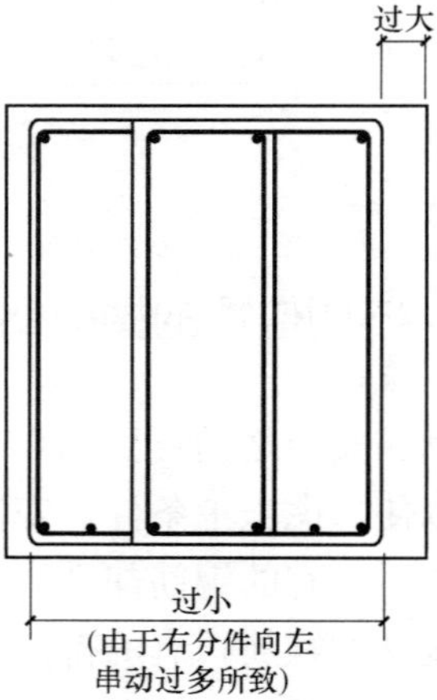

图 2-63 四肢箍筋的绑扎

2-80 挑出构件的钢筋如何安装?

在构件挑出支座部分（有挑出支座部分的构件如悬臂梁、雨篷板和挑檐板等），由于它在受荷载弯曲时是向下凹变形的［像图 2-64 上面那根挑梁（悬臂梁）弯曲形状］，主筋应配置在构件上部，以承受拉力（梁弯下来，上部受拉）。因此，对于这类构件，安装钢筋时要特别注意，必须按设计图纸施工（像图 2-64 下面那个图），避免将主筋放反了，错误地将它放在构件下部。

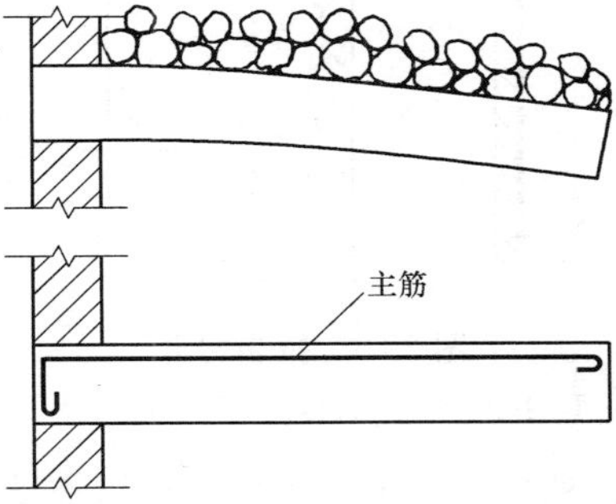

图 2-64 挑出支座的构件

2-81 框架结构柱中的填充墙拉筋如何留置?

在框架结构中，由于抗震需要，当采用砌体填充墙时，要求沿柱高每隔 500mm 配置 2ϕ6 拉筋，外伸 700mm 以上。这种拉筋设置一般做法有三种：

（1）模板钻眼，让拉筋伸出模板。这种方法破坏了模板表面；并且堵眼麻烦，容易漏浆，又不容易清理孔眼附近砂浆残渣；由于钢筋伸出很长，施工场地利用率低，操作又极不方便。

（2）拉筋弯折贴模安装。见图 2-65，将拉筋弯折，紧贴模板，到脱模后，将弯折处扳直。

采用这种方法时，拉筋只是依靠与箍筋绑扎固定，如果用木模，还可以用钉子钉在模板上（钉在拉筋侧边，再弯过来压住），用钢模就无法钉在模板上了。浇捣混凝土必然使拉筋移位，这样，在脱模后有时找拉筋的位置都找不到，常常是将柱面凿得很乱，如果拉筋移位深入柱身，再凿也凿不出来了。

（3）用预埋钢板焊接拉筋。这种方法比较可靠，但要多一道焊接工序，见图 2-66，制作许多预埋件，在脱模后露在混凝土

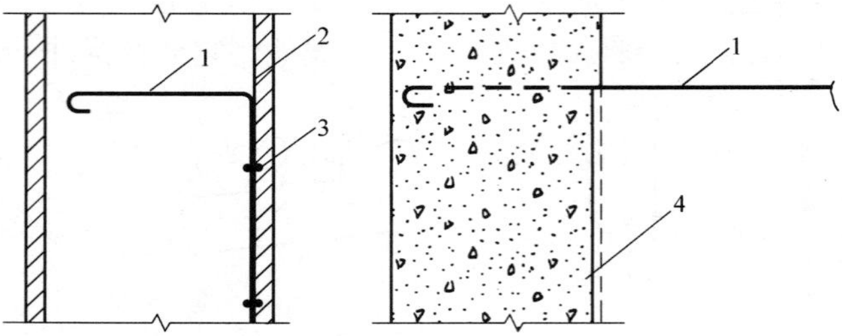

图 2-65　拉筋弯折

1—拉筋；2—模板；3—钉子；4—柱

面上的只是钢板，然后在钢板上焊拉筋供填充墙联系用。预埋件的安装方法按常规，采用木模时可用钉子，采用钢模时忌在模上钻眼，只好通过预埋件的锚固筋与柱中箍筋做点焊固定。

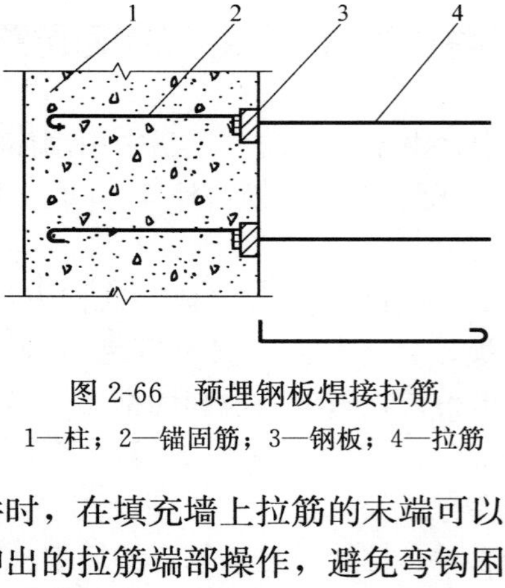

图 2-66　预埋钢板焊接拉筋

1—柱；2—锚固筋；3—钢板；4—拉筋

采用预埋件时，在填充墙上拉筋的末端可以预先做弯钩，而不需在从柱身伸出的拉筋端部操作，避免弯钩困难。

拉筋的作用只有在结构受到偶然荷载时，或在发生地震时才能发挥，也才能体验到它的重要性。有的人认为拉筋无关紧要，而在采用预埋钢板焊接拉筋的方法时，忽视预埋件的锚固筋必须有足够长度，并应深入构件（柱）本体的基本常规要求。例如有的工地采用用钢筋将预埋件钢板焊成一排（图 2-67），再将整排预埋件贴模板安装。这种预埋件的锚固筋位于柱纵筋的保护层内，谈不上“锚固”，因此，它的工作极不可靠；虽然某些工地也想在锚固筋与箍筋交叉处进行点焊以加固，但也不能解决锚固长度问题，还容易将箍筋烧损；此外，当预埋件钢板贴住模板时，箍筋与预埋件的锚固筋并不能靠紧，两者无法直接焊接。所以，不应采用图 2-67 那样的预埋件，以免当结构受到偶然荷载或在地震时出现不良后果。

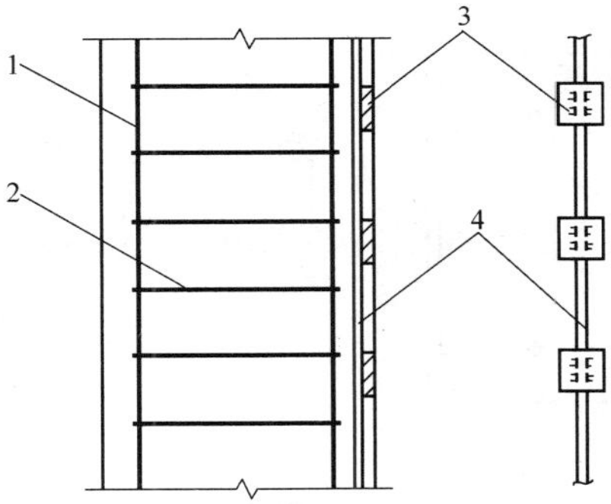

图 2-67　预埋件钢板焊成一排

1—柱纵筋；2—箍筋；3—钢板；4—锚固筋

2-82　如何防止楼板上部钢筋受踩弯？

对于楼面板上的上部钢筋（一般称为“负筋”——它承受负弯矩），安装完后最容易被施工人员踩倒，或因放置工具、振动器等物件压松绑扣致变形。安装这种钢筋除了加强撑脚布置之外，还得与其他工种相互配合，最好在模板上架设供行人走动的跳板，避免施工人员直接在钢筋上行走。

2-83　梁的上部钢筋如何稳固安装？

在框架结构中，梁的上、下部分通常都配置通长钢筋，在安装绑扎好的钢筋骨架中，最容易变位的是上部二层钢筋（图

2-68 的①号钢筋）。一般情况下，是用铁丝将它吊挂在模板的横木方上或上面的钢筋上，有时在浇筑混凝土时会碰松或碰断铁丝，以致这钢筋下落或下垂。如果考虑加强固定措施，可弯制一些类似开式箍筋的钢筋（图 2-68 的②号钢筋），将它们兜起来，必要时还可以加一些钩筋（图 2-67 的③号钢筋）以供悬挂。

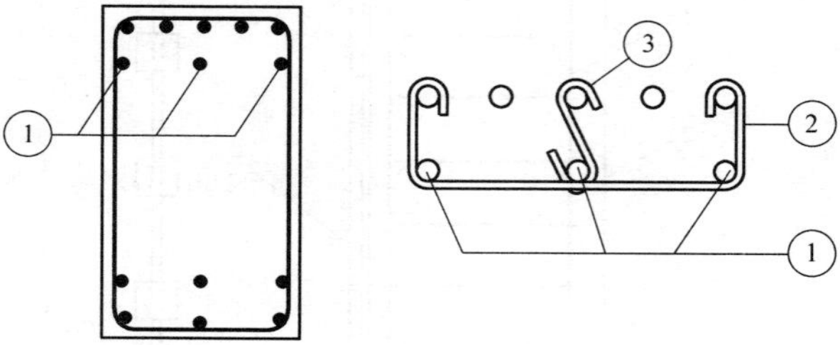

图 2-68　梁的钢筋绑扎

2-84　要求起拱的水平构件，钢筋安装如何处置？

有关起拱：屋架和跨度较长的梁，一般要求在跨度中点起拱。根据施工对模板工程的规定，对现浇钢筋混凝土梁、板，当跨度等于或大于 4m 时，模板应起拱，如果设计无具体要求，起拱高度宜为全跨长度的$\frac{1}{1000}$至$\frac{3}{1000}$；对预制构件也有类似的要求，例如跨度为 15m 的屋面梁，一般起拱 50mm。

一般情况下，梁起拱只针对下缘边线，而上缘边线则保持不变，因此便出现两个钢筋需予以调整的问题，一是箍筋高度要按缩尺处理，二是梁下部纵向钢筋是保持原直线形状，还是随着梁起拱后的下缘边线弯折，这都要在安装前（甚至钢筋成型前）首先注意到（通常应通过设计部门核定）。

2-85 梁的箍筋间距不均匀和与纵筋不垂直有何危害？如何防治？

（1）危害性

1）梁内箍筋若间距偏大，超出了设计要求，则该区域削弱了梁的受剪能力，特别是弯起钢筋部分的箍筋分布太稀或钢筋接头处箍筋没有加密，对防止斜裂缝的发生极为不利，可能导致梁的脆性破坏。

2）柱内箍筋对柱的纵筋有防止压屈、增强柱混凝土抗压能力及约束纵筋不向外凸出的套箍作用，若箍筋间距偏大则套箍作用被削弱。

3）梁、柱箍筋与纵筋不垂直，箍筋歪斜将造成骨架变形。

（2）防治措施

1）箍筋要通过计算确定只数与间距，有时也可以按图纸要求的间距，从梁的中心点向两端画线排列，两头箍筋间距在规范允许偏差之内即可。若间距偏差较大，则将两只间距偏差较大的箍筋放到梁中心部位附近，因为梁跨中所受剪力比支座附近小得多，箍筋间距稍稍超过规范规定的允许偏差值并不影响梁的受力条件。

2）梁、柱纵向钢筋搭接处的箍筋间距应加密，当搭接钢筋为受拉时，不应大于 $5d$（d 为受力钢筋中的最小直径）且不应大于 100mm，当搭接钢筋为受压时，不应大于 $10d$，且不应大于 200mm。

3）扎箍筋时应先在通长纵筋上画线，然后按线距摆开绑扎，梁支座处的箍筋应从梁边（或墙边）50mm 处开始设置，梁中箍筋按计算间距或设计间距绑扎，当箍筋间距有变化时，应事先交底清楚。

2-86 如何确保梁中弯起钢筋的长度？

由于分段尺寸与总尺寸不相适应，造成钢筋总长过大而下不去模板，或在安装时发现保护层厚度过大的现象。对于梁中的弯起钢筋，图上有时仅给分段尺寸，应在审图时复核水平长度（图 2-69 的 l_h），以与梁长相对照。

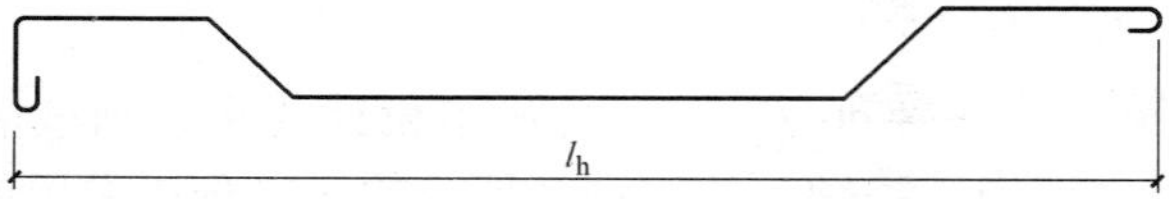

图 2-69　复核钢筋水平长度

2-87　如何处理柱箍筋接头同向？

由于绑扎柱钢筋骨架时疏忽，使柱箍筋接头（即弯钩交搭处）位置方向相同，重复交搭于一根或两根纵筋上（图 2-70），造成浇捣混凝土时，绑扣容易松脱，箍筋开口下滑，钢筋移位，影响构件的受力性能。因此：

（1）安装操作时互相提醒，应按图 2-70 将接头位置错开绑扎。

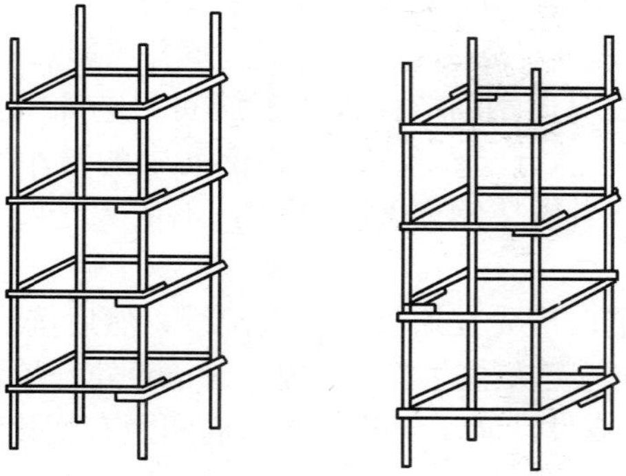

(*a*)　　(*b*)

图 2-70　柱箍筋接头位置

(*a*) 错误；(*b*) 正确

（2）当检查发现箍筋接头位置同向时，应相应解开几个箍筋，转过方向，重新绑扎，力求上下接头互相错开。

2-88 如何防止钢筋安装入模后移位和变形？

钢筋安装入模后，一直到混凝土浇筑完毕的整个过程中，都必须始终注意保护和修理工作。安装后的保护工作主要是防止移位和变形，因此要随时检查钢筋的绑扣和固定是不是牢固，并且要防止钢筋网和钢筋骨架受重物负荷，也需尽量避免行人在其上走动，特别要注意上部钢筋别被踩弯下垂，如果发现移位和变形，应及时根据具体情况予以修理、矫正。对于已安装好的钢筋网和钢筋骨架，如果暂时不浇灌混凝土，还应采取加盖或其他措施预防钢筋生锈。

2-89 后浇带部位的主筋能否断开？断开后如何进行增强处理？

后浇带可做成平直缝或斜缝，但结构的主筋不宜在缝中断开。如必须断开时，则主筋的搭接长度应大于 45 倍主筋直径，并应按设计要求加设附加钢筋进行增强处理。

2-90 如何确保预埋件锚筋的锚固长度？

预埋件的锚筋如果锚固长度不够，将会削弱锚固能力。因此：

（1）在工业与民用建筑及临时工程中，广泛地应用预埋铁件作为钢筋混凝土结构连接件或支承件，其预埋件的面板及锚固筋的截面应经计算确定。

（2）预埋件的受拉锚筋和弯折锚筋的锚固长度应符合规范关于受拉钢筋最小锚固长度的规定，且不应小于 $30d$；受剪和受压直锚筋的锚固长度不应小于 $15d$。弯折锚筋与面板间的夹角，一般不小于 $15°$，且不大于 $45°$。

（3）当受拉锚筋的长度受限制时，可采取在锚筋端头加焊小锚板，或设直钩加焊短钢筋等办法，使锚筋具有足够的锚固能力，小锚板厚度可为10～16mm，大小约为30～60mm见方，锚固筋伸入混凝土内使小锚板抵达对侧混凝土保护层处（即位于对侧主筋的位置）。

2-91 钢筋进场时应进行哪些质量检查？

（1）检查生产企业的生产许可证证书及钢筋的产品合格证、出厂检验报告；

（2）按相关国家标准的有关规定抽样检验屈服强度、抗拉强度、伸长率，其性能应符合表2-2相关规定；对热轧带肋钢筋，尚应补充检验钢筋的重量偏差，其实际重量与理论重量的偏差应符合表2-61的规定；

钢筋实际重量与理论重量的偏差要求　　表2-61

公称直径(mm)	实际重量与理论重量的偏差(%)
≤12	±7
14～20	±5
≥20	±4

（3）通过产品认证的或连续多批检验合格的钢筋，可扩大检验批或减少抽检频次；

（4）钢筋的表面质量应符合相关国家标准的有关规定；

（5）当无法准确判断钢筋牌号时，应增加化学成分、钢筋强度等检验项目。

2-92 成型钢筋进场时应进行哪些质量检查？

成型钢筋进场时，应检查成型钢筋的产品合格证、出厂检验报告及成型钢筋所用材料的检验合格报告，并按相关标准的规定抽样检验成型钢筋的屈服强度、抗拉强度、伸长率。

检验批量可由合同约定，且同一工程、同一原材料来源、同一组生产设备生产的成型钢筋，检验批量不应大于100t。

2-93 加工后的钢筋应进行哪些质量检查？

钢筋加工后应按表2-62的规定检查尺寸偏差。钢筋机械连接接头、封闭焊接箍筋的加工尺寸偏差应符合国家现行标准的有关规定。

钢筋加工的允许偏差　　表2-62

项　目	允许偏差(mm)
受力钢筋全长的净尺寸	±10(钢筋长度小于等于5m) ±20(钢筋长度大于5m)
弯起钢筋的弯折位置	±20
箍筋内净尺寸	±5

2-94 焊接网及焊接骨架加工后应进行哪些质量检查？

焊接网及焊接骨架加工后应按表2-63的规定检查尺寸偏差。

焊接网及焊接骨架的允许偏差(mm)　　表2-63

项　目		允 许 偏 差
网的长、宽		±10
网眼的尺寸		±10
骨架的宽及高		±5
骨架的长		±10
箍筋间距		±10
受力钢筋	间距	±10
	排距	±5

2-95 在施工现场进行钢筋焊接或机械连接应进行哪些质量检查?

在施工现场,应按国家现行标准《钢筋机械连接通用技术规程》JGJ 107、《钢筋焊接及验收规程》JGJ 18 的规定抽取钢筋机械连接接头、焊接接头试件做力学性能检验,其质量应符合有关规程的规定。

对于直接承受动力荷载的结构,采用机械连接、焊接接头时应检查相应的专项试验报告。

2-96 钢筋安装应进行哪些质量检查?

1. 主控项目

钢筋安装时,受力钢筋的品种、级别、规格和数量必须符合设计要求。

安装钢筋时,配置的钢筋牌号、规格和数量应符合设计要求。绑扎或焊接的钢筋网和钢筋骨架,不得有变形、松脱和开焊检验方法:观察、钢尺检查。检查数量:全数检查。

2. 一般规定

钢筋安装位置的偏差应符合表 2-64 的规定。

钢筋安装位置的允许偏差和检验方法　　表 2-64

项目		允许偏差(mm)	检验方法
绑扎钢筋网	长、宽	±10	钢尺检查
	网眼尺寸	±20	钢尺量连续三档,取最大值
绑扎钢筋骨架	长	±10	钢尺检查
	宽、高	±5	钢尺检查
受力钢筋	间距	±10	钢尺量两端、中间各一点,取最大值
	排距	±5	

续表

项目			允许偏差(mm)	检验方法
受力钢筋	保护层厚度	基础	±10	钢尺检查
		柱、梁	±5	钢尺检查
		板、墙、壳	±3	钢尺检查
绑扎箍筋、横向钢筋间距			±20	钢尺量连续三档，取最大值
钢筋弯起点位置			20	钢尺检查
预埋件	中心线位置		5	钢尺检查
	水平高差		+3、0	钢尺和塞尺检查

注：1. 检查预埋件中心线位置时，应沿纵横两个方向量测，并取其中的较大值；
2. 表中梁类、板类构件上部纵向受力钢筋保护层厚度的合格点率应达到90%以上，且不得有超过表中数值1.5倍的尺寸偏差。

检查数量：在同一检验批内，对梁、柱和独立基础，应抽查构件数量的10%，且不少于3件；对墙和板，应按有代表性的自然间抽查10%，且不少于3间；对大空间结构，墙可按相邻轴线间高度5m左右划分检查面，板可按纵横轴线划分检查面抽查10%，且均不少于3面。

2-97 钢筋品种、规格发生变更时应如何处理？

当钢筋的品种、级别或规格需作变更时，应办理设计变更文件。

2-98 在浇筑混凝土前，如何进行钢筋工程隐蔽验收？

在浇筑混凝土之前，应进行钢筋隐藏工程验收，其内容包括：

1. 纵向受力钢筋的品种、规格、数量、位置等；
2. 钢筋的连接方式、接头位置、接头数量、接头面积百分率等；
3. 箍筋、横向钢筋的品种、规格、数量、间距等；
4. 预埋件的规格、数量、位置等。

三、混凝土工程施工

3-1　通用硅酸盐水泥有哪几种？他们各有什么特点？什么是水泥的强度等级？

我国规定的六种通用水泥是硅酸盐水泥、普通硅酸盐水泥、矿渣硅酸盐水泥、火山灰质硅酸盐水泥、粉煤灰硅酸盐水泥和复合硅酸盐水泥。其特点见表 3-1。

通用硅酸盐水泥特性比较　　表 3-1

<table>
<tr><th>编号</th><th>项目</th><th>硅酸盐水泥、普通硅酸盐水泥</th><th>矿渣硅酸盐水泥、火山灰质硅酸盐水泥、粉煤灰硅酸盐水泥</th><th>复合硅酸盐水泥</th></tr>
<tr><td>1</td><td>水化热</td><td>高</td><td>低</td><td rowspan="7">复合硅酸盐水泥介于普通水泥与火山灰水泥、矿渣水泥以及粉煤灰水泥性能之间，当复掺混合材料较少（小于20%）时，它的性能与普通水泥相似，随着混合材料复掺量的增加，性能也趋向所掺混合材料的水泥</td></tr>
<tr><td>2</td><td>凝结时间</td><td>较快</td><td>较慢，低温下更突出</td></tr>
<tr><td>3</td><td>保水性</td><td>较好</td><td>矿渣水泥较差，其他较好</td></tr>
<tr><td>4</td><td>干缩性</td><td>小</td><td>粉煤灰水泥较小，其他较大</td></tr>
<tr><td>5</td><td>强度发展</td><td>早期强度高</td><td>早期强度低，但后期强度增长率较大</td></tr>
<tr><td>6</td><td>抗硫酸盐侵蚀性</td><td>较弱</td><td>较强</td></tr>
<tr><td>7</td><td>抗冻性</td><td>较好</td><td>矿渣水泥</td></tr>
</table>

除上述几种不同品种的水泥外，还有其他特种水泥如矾土水泥、膨胀水泥、白水泥等。各种水泥因矿物组成和各矿物质的含量不同，具有不同的化学物理性能。

为了与国际接轨，国家从 2001 年 4 月 1 日起对通用水泥实施新标准，新标准将原标准的“水泥标号”改为“强度等级”。2007 年又制定了“通用硅酸盐水泥”标准，普通水泥强度等级中取消了 32.5 和 32.5R，其中硅酸盐水泥为 42.5、42.5（R）、52.5、52.5（R）、62.5、62.5（R）6 个等级；普通硅酸盐水泥为 42.5、42.5（R）、52.5、52.5（R）4 个等级；其他四大水泥为 32.5、32.5（R）42.5、42.5（R）52.5、52.5（R）6 个等级。

强度等级的数值与水泥 28d 抗压强度指标的最低值相同，单位为 MPa 由它与老标准的水泥标号间存在着对应关系，如老标准 425（R）级与新标准的 32.5（R）对应相等，525（R）级与新标准的 42.5（R）对应相等，略有误差，其他标号与强度等级也一一对应。

3-2 什么是混凝土强度等级？为什么标养龄期为 28d？

混凝土的强度等级采用符号“C”表示，它是根据混凝土的正立方体的抗压强度标准值来划分的。混凝土的正立方体抗压强度标准值是用它的标准试块：长×宽×高＝15cm×15cm×15cm，在标准条件下养护 28d（称为龄期），采用标准的试验方法，测得的抗压强度总体分布的平均值，减去 1.645 倍标准差，以 N/mm^2 表示。过去的混凝土标号所定义的强度是以 kg/cm^2 来表示，且以标养试块强度总体分布的平均值减一倍的标准差，其保证率近似为 85％，现为减 1.645 倍标准差，保证率提高到 95％。混凝土的强度等级共分为 19 个等级即：C10、C15、C20、C25、C30、C35、C40、C45、C50、C55、C60、C65、C70、C75、C80、C85、C90、C95、C100。目前 C10 已很少使用，随着高强混凝土的应用，C60 以上混凝土得到较快的发展。

混凝土的强度等级不同于过去的混凝土标号，两者相差约为 $20kgf/cm^2$，用法定计量单位时约差 $2N/mm^2$，如混凝土强度等级为 C20 的混凝土，相当于 $220kgf/cm^2$ 的混凝土。

混凝土强度增长的过程，实质是胶结材料水泥水化反应的结果，水泥颗粒遇水后由表及里水化反应逐渐向水泥颗粒核心渗透，这个渗透过程开始较快，逐渐缓慢下来，这是因为水泥颗粒周围被已形成的晶体和凝胶所包裹，阻止了水继续向矿物颗粒内部渗透的结果，实践证实若完成水泥水解水化的全过程需要几年甚至几十年的时间。但试验表明，完成这个过程的基本部分，只需要 28d。如普通水泥拌制的混凝土，标准养护 3d 后的强度，约为标准强度的 40%，5d 约为 50%，7d 约达到 60%，10d 接近 70%，15d 约达 80%，28d 可达到标准强度，其后期强度增长极为缓慢，增长数值很小，实际上并无多大实用价值，可忽略不计，所以人们统一规定标准龄期为 28d。而工程实践中常控制混凝土的 3d（早期强度）、7d 强度（拆模参考强度）和 28d 标准强度，作为受力和构件吊装等依据。对于大体积混凝土，有时配合比中活性掺合料掺量较大，28d 后强度仍有较大幅度增长，设计时可以利用 60d 或 90d 后期强度。

3-3 水泥进场如何验收和保管?

水泥进场时应对其品种、级别、包装或散装仓号、出厂日期等进行检查，并应对水泥的强度、安定性及其他必要指标进行复验，其质量必须符合现行国家标准《通用硅酸盐水泥》（GB 175—2007/XG1—2009）规定。

当在使用中对水泥质量有怀疑或水泥出厂超过三个月，（快硬硅酸盐水泥超过一个月）时，应进行复验，并按复验结果使用。

钢筋混凝土结构、预应力混凝土结构中，严禁使用含氯化物的水泥。

检查数量：按同一生产厂家、同一等级、同一品种、同一批号且连续进场的水泥，袋装不超过 200t 为一批，散装不超过 500t 为一批，每批抽样不少于一次。

检验方法：检查产品合格证、出厂检验报告和进场复验报告。为能及时得知水泥强度，可按《水泥强度快速检验方法》(JC/T 738—2004）预测水泥28d强度。

入库的水泥应按品种、强度等级、出厂日期分别堆放，并树立标志。做到先到先用，并防止混掺使用。

为了防止水泥受潮，现场仓库应尽量密闭。包装水泥存放时，应垫起离地约30cm，离墙亦应在30cm以上。堆放高度一般不要超过10包。临时露天暂存水泥也应用防雨篷布盖严，底板要垫高，并采取防潮措施。

水泥不得和石灰石、石膏、白亚等粉状物料混放在一起。

3-4 过期水泥能否使用？受潮水泥如何处理？

水泥贮存时间不宜过长，以免结块降低强度。常用水泥在正常环境中存放三个月，强度将降低10%～20%；存放六个月，强度将降低15%～30%。为此，水泥存放时间按出厂日期起算，超过三个月应视为过期水泥，使用时必须重新复验，并按复验结果，判断强度等级，是否可以使用，以及可以使用在哪些部位。

受潮水泥经鉴定后，根据受潮程度应区别，如有松散块状小球或硬块时，可以先将块物捻成粉末，并过筛，再经检验后，确定强度等级，按实际强度等级使用。凡受潮的和过期的水泥不宜用于强度等级高的混凝土或主要工程结构部位。

3-5 水泥凝结时间和安定性是如何规定的？

应按《水泥标准稠度用水量、凝结时间、安定性检验方法》(GB/T 1346—2001）检测水泥标准稠度用水量、凝结时间、安定性。

(1) 国家标准规定硅酸盐水泥初凝时间不小于45min，终凝时间不大于390min。普通硅酸盐水泥、矿渣硅酸盐水泥、火山灰质硅酸盐水泥、粉煤灰硅酸盐水泥和复合硅酸盐水泥初凝时间不小于 45min，终凝时间不大于 600min。

（2）测试方法是在水泥中加入标准稠度的用水量，制成净浆试模，由加水时起，至凝结时间以测定仪的试针沉入净浆中距底板 4mm±1mm 的时间为初凝时间，至试针沉入净浆中不超过 0.5min 的时间为终凝时间。

（3）安定性检验时，应在取样之日起 10d 以内完成。凡氧化镁、三氧化硫、氯离子、不溶物、烧失量凝结时间、安定性、强度中任一项不符合相应产品标准规定时，均为不合格。如水泥中氧化镁的含量（质量分子）大于 6.0%，需进行水泥压蒸安定性试验，判断是否合格。

3-6 不同品种的水泥为什么不能混合使用?

工程中经常使用的水泥有：硅酸盐水泥、普通硅酸盐水泥，矿渣硅酸盐水泥，火山灰质硅酸盐灰水泥、粉煤灰硅酸盐水泥和复合硅酸盐水泥等。这些不同品种的水泥，所含矿物成分不同，各矿物成分在水泥中所占的比例也不相同，因而不同品种的水泥，具有不同的化学物理特性。在各类工程结构中，根据工程特点、使用要求和各种水泥的特性，对采用的水泥品种加以选择，所以在施工过程中，不应将不同品种的水泥随意换用或混合使用。如将具有不同水化热的水泥混合使用，则可能造成混凝土内部局部高温和局部低温的现象，这种温差不一致将产生不均匀的收缩变形，是形成温度裂缝的主要原因之一。所以，不能将不同品种的水泥任意混合使用，以免影响工程质量。

3-7 配制混凝土如何选择水泥?

水泥作为混凝土强度来源的主要胶凝材料，其品种和强度等级的选择对混凝土性能和结构的耐久性尤为重要，一般情况下，配制混凝土应根据工程所处环境、设计要求，同时还应兼顾混凝土施工性能。对于有抗渗、抗冻融要求的混凝土，宜选用硅酸盐水泥或普通硅酸盐水泥，水泥的碱含量不应大于0.6%。对于有抗渗、抗冻融要求的混凝土，一般都处于潮湿环境中，控制水泥的碱含量有利于提高混凝土抗碱骨料反应能力和抗腐蚀、侵蚀能力。水泥中的混合材种类较多，不同种类的混合材料及掺量对混凝土的抗渗性能和抗冻融性能均会产生不同程度的影响。

如普通硅酸盐水泥是由石灰质原料和黏土质原料，经煅烧而得到以硅酸钙为主的水泥熟料。在熟料磨细过程中，加入适量石膏和加入水泥成品质量“>5%且≤20%”的活性混合材料，即为普通硅酸盐水泥。普通硅酸盐水泥的主要物理性能是，早期强度高，凝结硬化快，抗冻性好，但水化热较高。其化学性能是抗酸、碱及硫酸盐类侵蚀能力差，所以多用于混凝土、钢筋混凝土及预应力混凝土结构；易受冻侵袭的混凝土及早期强度要求高的混凝土。不宜用于大体积混凝土工程及受化学物质侵蚀的工程。

矿渣硅酸盐水泥，是在水泥熟料的磨细过程中，加入水泥成品重量“>20%且≤70%”矿渣，并分为A型和B型。A型矿渣掺量“>20%且≤50%”，代号P.S.A；B型矿渣掺量“>50%且70%”，代号P.S.B。由于矿渣中含有相当数量的活性氧化硅和氧化铝，使矿渣硅酸盐水泥具有耐热性好，水化热低、后期强度增长快、耐腐蚀和耐水性能好等优点。但早期强度低，干缩性大，所以宜用于大体积混凝土结构、蒸养构件和混凝土、钢筋混凝土和预应力混凝土结构等。不宜用于早期强度要求高的工程。

火山灰质硅酸盐水泥，是在水泥熟料磨细工程中，加入“>20%且≤40%”火山灰质混合料及适量石膏，性能与矿渣硅酸盐水泥有些相同。其特点：如水化热低、有较好的抗腐性、抗水性，后期强度增大快。但早期强度较低，抗冻性差，干缩性和吸水性大，宜用于大体积混凝土、地下及水中混凝土、钢筋混凝土结构等。不宜用于受冰冻作用及早期强度要求高的混凝土。

3-8 混凝土用砂子怎样分级？各适用于什么场合？混凝土用砂有哪些质量要求？

砂按其产源可分为天然砂、人工砂。由自然条件作用而形成的，粒径在 5mm 以下的岩石颗粒，称为天然砂。天然砂可为河砂、湖砂、海砂和山砂。人工砂为经除土处理的机制砂、混合砂的统称。机制砂是由机械破碎、筛分制成的，粒径小于 5mm 的岩石颗粒，但不包括软质岩、风化岩石的颗粒。混合砂是由机制砂和天然砂混合制成的砂。混凝土细骨料应选用级配良好、质地坚硬、颗粒洁净的天然砂或机制砂，当使用海砂时，其质量应符合有关标准规定与设计要求。按砂的粒径可分为粗砂、中砂、细砂和特细砂，目前是以细度模数来划分粗砂、中砂和细砂，习惯上仍用平均粒径来区分，见表 3-2。

砂的分类　　表 3-2

粗细程度	细度模数 μ_f	平均粒径(mm)
粗砂	3.7～3.1	0.5 以上
中砂	3.0～2.3	0.35～0.5
细砂	2.2～1.6	0.25～0.35
特细砂	1.5～0.7	0.25 以下

一般中粗砂适用于混凝土工程，中砂适用于砌筑工程和抹灰工程，中细砂适用于装饰工程。

混凝土用砂按 0.630mm 筛孔的累计筛余量可分为三个级配区，见表 3-3。砂的颗粒级配应处于表中的任何一个区域内。

配制混凝土时宜优先选用Ⅱ区砂。当采用Ⅰ区砂时，应提高砂率，并保持足够的水泥用量，满足混凝土和易性；Ⅱ区实用于强度等级 C30～C60 及抗冻、抗渗或其他要求的混凝土；Ⅰ区宜用于强度等级大于 C60 的混凝土；Ⅲ区宜用于强度等级小于 C30 的混凝土和建筑砂浆。采用特细砂应符合相应的规定。对于泵送混凝土宜选用中砂。

砂颗粒级配区 **表 3-3**

筛孔尺寸（mm）	级　配　区		
	1 区	2 区	3 区
	累计筛余（%）		
5.00	10～0	10～0	10～0
2.50	35～5	25～0	15～0
1.25	65～35	50～10	25～0
0.63	85～71	70～41	40～16
0.315	95～80	92～70	85～55
0.16	100～90	100～90	100～90

混凝土用砂子的其他技术要求见表 3-4

混凝土用砂子的其他技术要求 **表 3-4**

<table>
<tr><th>性能</th><th colspan="2">项目</th><th colspan="2">质量指标</th><th>备注</th></tr>
<tr><td rowspan="2">砂中氯离子含量（按质量计%）</td><td colspan="2">钢筋混凝土</td><td colspan="2">≤0.06</td><td rowspan="2">此条为强制性条文</td></tr>
<tr><td colspan="2">预应力混凝土</td><td colspan="2">≤0.02</td></tr>
<tr><td rowspan="3">含泥量（按质量计%）</td><td rowspan="9">混凝土强度</td><td>≥C60</td><td colspan="2">≤2.0</td><td></td></tr>
<tr><td>C55～C30</td><td colspan="2">≤3.0</td><td></td></tr>
<tr><td><C25</td><td colspan="2">≤5.0</td><td></td></tr>
<tr><td rowspan="3">泥块含量（按质量计%）</td><td>≥C60</td><td colspan="2">≤0.5</td><td></td></tr>
<tr><td>C55～C30</td><td colspan="2">≤1.0</td><td></td></tr>
<tr><td><C25</td><td colspan="2">≤2.0</td><td></td></tr>
<tr><td rowspan="3">人工砂或混合砂石粉含量（%）</td><td>≥C60</td><td colspan="2">≤5.0(≤2.0)</td><td rowspan="3">注：()内为亚甲蓝MB值≥1.4</td></tr>
<tr><td>C55～C30</td><td colspan="2">≤7.0(≤30)</td></tr>
<tr><td><C25</td><td colspan="2">≤10.0(≤5.0)</td></tr>
<tr><td rowspan="4">有害物质限量</td><td colspan="2">云母含量(按质量计%)</td><td colspan="2">≤2.0</td><td></td></tr>
<tr><td colspan="2">轻物质含量（按质量计%）</td><td colspan="2">≤1.0</td><td></td></tr>
<tr><td colspan="2">硫化物及硫酸盐含量（SO_3 按质量计%）</td><td colspan="2">≤1.0</td><td></td></tr>
<tr><td colspan="2">有机物含量（用比色法）</td><td colspan="2">颜色不应深于标准色，抗压强度比不应低于0.95</td><td></td></tr>
<tr><td rowspan="2">坚固性</td><td rowspan="2">混凝土环境条件</td><td>严寒、寒冷潮湿或干湿交替</td><td rowspan="2">循环后重量损失</td><td>≤8</td><td rowspan="2"></td></tr>
<tr><td>其他条件</td><td>≤10</td></tr>
</table>

注：1. 对于有抗冻、抗渗或其他特殊要求的小于或等于 C25 混凝土用砂，其含泥量不应大于 3.0%，泥块含量不应大于 1.0%；

2. 人工砂总压碎值指标应小于 30%；

3. 对于有抗冻、抗渗要求的混凝土用砂，其云母含量不应大于 1.0%。

3-9 如何对混凝土用砂进行质量验收?

供货单位应提供砂子的产品合格证及质量检验报告。

进入施工现场的砂应按《普通混凝土用砂、石质量及检验方法标准》(JGJ 52—2006)验收。使用单位应按批对产品进行质量复检。在正常情况下，机械化集中生产的天然砂，以 400m^3 或 600t 为一验收批。质量稳定，进货量又较大，可以 1000t 为一验收批；人工分散生产的，以 200m^3 或 300t 为一批检验。不足上述规定者也应以一批检验。每批至少应进行颗粒级配、含泥量和泥块含量检验。对于有氯离子含量的应检验氯离子含量，如海砂。在发现砂的质量有明显变化时，应按其变化情况，随时进行取样检验。

在砂新产源开发前，应对产品按有关要求进行全面检验。

砂的质量检测报告内容应包括：委托单位，样品编号，工程名称，样品产地和名称，代表数量，检测条件，检测项目，检测结果，结论等。

砂的数量验收，可按质量或体积计算。测定质量可用汽车地量衡或船舶吃水线为依据。测定体积可按车皮或船的容积为依据。用其他小型工具运输时，可按量方确定。

砂在运输、装卸和堆放过程中，应防止离析和混入杂质，并应按产地、种类和规格分别堆放。

3-10 混凝土用石子有哪些质量要求? 如何对石子进行验收?

普通混凝土所用的石子可分为碎石和卵石。由天然岩石或卵石经破碎、筛分而得的粒径大于 5mm 的岩石颗粒，称为碎石；由自然条件作用而形成的粒径大于 5mm 的岩石颗粒，称为卵石。混凝土结构工程所用的粗骨料，应选用粒形良好、质地坚硬的洁净碎石、碎卵石或卵石。

碎石和卵石的颗粒级配，应符合表 3-5 的要求。

碎石或卵石的颗粒级配范围 **表 3-5**

级配情况	公称粒级(mm)	累计筛余按质量计(%)											
		筛孔尺寸(方孔筛)(mm)											
		2.36	4.75	9.5	16.0	19.0	26.5	31.5	37.5	53	63.0	75.0	90.0
粒级连续	5～10	95～100	80～100	0～15	0	—	—	—	—	—	—	—	—
	5～16	95～100	85～100	30～60	0～10	0	—	—	—	—	—	—	—
	5～20	95～100	90～100	40～80	—	0～10	0	—	—	—	—	—	—
	5～25	95～100	90～100	—	30～70	—	0～5	0	—	—	—	—	—
	5～31.5	95～100	90～100	70～90	—	15～45	—	0～5	0	—	—	—	—
	5～40	—	95～100	75～90	—	30～65	—	—	0～5	0	—	—	—
单粒级	10～20	—	95～100	85～100	—	0～15	0	—	—	—	—	—	—
	16～31.5	—	95～100	—	85～100	—	—	0～10	0	—	—	—	—
	20～40	—	—	95～100	—	80～100	—	—	0～10	0	—	—	—
	31.5～63	—	—	—	95～100	—	—	75～100	45～75	—	0～10	0	—
	40～80	—	—	—	—	95～100	—	—	70～100	—	30～60	0～10	0

混凝土用石应采用连续粒级。当石子颗粒级配不符合表 3-5 的要求时，应采取措施并试验证实能保证工程质量后，方可使用。

供货单位应提供产品合格证及质量检验报告。每验收批（一般为 600t 或 400m³ 为一批，小批量减半，按运输工具而定）应按《普通混凝土用砂、石质量及检验方法标准》JGJ 52—2006 检验。石子的使用单位质量检验报告内容应包括：工程名称、样品编号、样品产地、类别、代表数量、检测项目和检测结果等。

进入施工现场的石子应复验：（1）石子应质地坚硬耐久、干净，强度和级配符合要求；（2）针片状颗粒含量；（3）硫化物及硫酸盐含量（折算为 SO_3）；（4）含泥量；（5）泥块含量；（6）对于长期处于潮湿环境的结构混凝土，其石子应进行碱活性检验。当判定骨料存在潜在的碱-硅反应时，应控制混凝土中碱含量不超过 3kg/m³。具体控制性能指标见表 3-6。

石子性能指标　　表 3-6

性能	项目			质量指标	备注
针、片状颗粒含量（按质量计%）	混凝土强度等级	≥C60		≤8	
		C55～C30		≤15	
		<C25		≤25	
含泥量（按质量计%）		≥C60		≤0.5	
		C55～C30		≤1.0	
		<C25		≤2.0	
泥块含量（按质量计%）		≥C60		≤0.2	
		C55～C30		≤0.5	
		<C25		≤0.7	
碎石压碎指标(&)	混凝土强度等级	沉积岩	C60～C40	≤10	
			≤C35	≤16	
		变质岩或深层火成岩	C60～C40	≤12	
			≤C35	≤20	
		火成岩	C60～C40	≤13	
			≤C35	≤30	

续表

性能	项目			质量指标	备注
卵石压碎指标(%)	混凝土强度等级		C60～C40	≤12	
			≤C35	≤16	
坚固性	混凝土所处环境	严寒、寒冷潮湿或干湿交替	循环后质量损失(%)	≤8	
		其他条件		≤12	
有害物质限量	硫化物及硫酸盐含量(SO_3按质量计%)			≤1.0	
	有机物含量(用比色法)			颜色不应深于标准色，抗压强度比不应低于0.95	

3-11　为什么混凝土骨料要有合适的级配要求？

一般普通水泥混凝土是以水泥为胶结材料，将砂、石所构成的骨料粘结成一个整体。为此，对骨料提出以下要求：

（1）为获得高强度，砂石必须是空隙率小的密实体；

（2）为节约水泥，砂石的总表面积应是最小。因为骨料表面须由水泥浆包裹，水泥浆起粘结作用而不是填充空隙；

（3）水泥、砂、石加水所构成的拌合物有良好的工作性。

怎样才能使砂、石的空隙率最小呢？例如：把大小不同的鸡蛋堆积起来，蛋间会有较多的空隙，而若在蛋间加入黄豆，空隙就会小些，在黄豆与鸡蛋之间再加入小米，空隙率就会更小（见图 3-1）。可见空隙的大小与材料颗粒的粒径同各种粒径所占数量的比例有关。这种比例关系，叫做“级配”。

如何使各种材料颗粒的总面积最小呢？如一个立方体（见图 3-2）每边长 2cm，其表面积为 $2\times2\times6=24cm^2$。若沿纵、横、侧三面的中线各切一刀，将该立方体分成 8 个边长各为 1cm 的小立方体，其总表面积就变成 $48cm^2$，面积较之前增加了一倍。由此可见，粒径越小，表面积就越大。所以，若全用大粒径的砂、石骨

图 3-1　不同粒径与空隙率关系示意

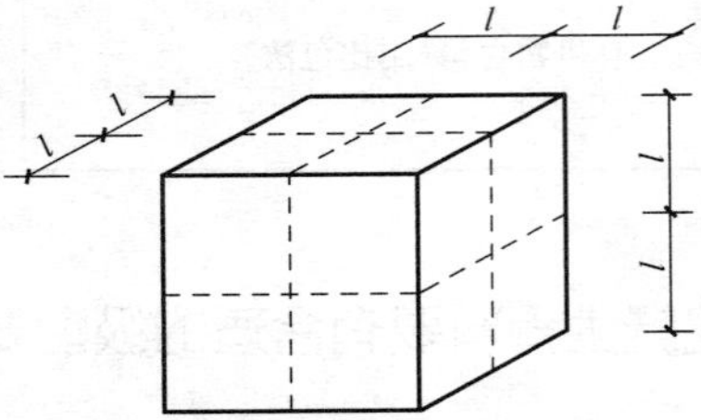

图 3-2　不同粒径表面积比较

料，表面积虽小但空隙率很大；而全用小粒径的砂、石骨料，空隙率小但表面积却很大，这就需要选择能兼顾两者的合适搭配。

合适的级配应是大石子之间由小石子填充，小石子之间由较粗的砂子填充，粗砂之间由细砂填充，以达到最大的密实度和总表面积最小。另外，为了混凝土拌合物能顺利流动填充模具、钢筋，而不产生分层离析，要求粗骨料最大公称粒径不得大于构件截面最小尺寸的1/4，且不得大于钢筋最小净间距的3/4；对混凝土实心板，骨料的最大公称粒径不宜大于板厚的1/3，且不得超过40mm。

3-12　常用混凝土掺合料有哪些？其技术要求是什么？

常用的矿物掺合料主要有粉煤灰、磨细矿渣微粉、硅粉、磨细沸石粉等。以上各种材料掺入混凝土中，对混凝土工作性和物理力学性能、耐久性所产生的作用既有共性，又不完全相同。故选择矿物掺合料时，应依据混凝土所处环境、设计要求、施工工艺要求等因素经试验确定，并应符合相关矿物掺合料应用技术规范以及相关标准的要求。

配制混凝土应根据工程的需要选用质量稳定的矿物掺合料，其品种和掺量应根据现行国家相关标准或通过试验确定。粉煤灰和粒化高炉矿渣粉、硅灰等矿物掺合料应符合现行国家标准GB/T 1596、GB/T 18046 的规定；矿物掺合料应提供出厂检验报告等质量证明文件，并应进行检验，检验项目及检验批量应符合现行国家标准 GB 50164 的规定。其技术要求见表 3-7～表 3-10。

粉煤灰技术要求　　表 3-7

项　目		技术要求		
		Ⅰ级	Ⅱ级	Ⅲ级
细度（45μm 方孔筛筛余）（%）	F类粉煤灰	≤12.0	≤25.0	≤45.0
	C类粉煤灰			
需水量比（%）	F类粉煤灰	≤95	≤105	≤115
	C类粉煤灰			
烧失量（%）	F类粉煤灰	≤5.0	≤8.0	≤15.0
	C类粉煤灰			
含水量（%）	F类粉煤灰	≤1.0		
	C类粉煤灰			
三氧化硫（%）	F类粉煤灰	≤3.0		
	C类粉煤灰			
游离氧化钙（%）	F类粉煤灰	≤1.0		
	C类粉煤灰	≤4.0		
安定性（雷氏夹沸煮后增加距离）（mm）	C类粉煤灰	≤5mm		

矿渣粉技术要求　　表 3-8

项　目	技术要求		
	S105	S95	S75
密度（g/cm^3）	≥2.8		
比表面积（m^2/kg）	≥500	≥400	≥300

续表

项　　目		技术要求		
		S105	S95	S75
活性指数	7d	≥95%	≥75%	≥55%
	28d	≥105%	≥96%	≥75%
流动度比		≥95%		
烧失量		≤3.0%		
含水量		≤1.0%		
三氧化硫		≤4.0%		
氯离子		≤0.06%		

硅灰技术要求　　表 3-9

项　目		技 术 要 求
比表面积		≥15000
SiO_2 含量		≥85%
烧失量		≤6%
Cl^- 含量		≤0.02%
需水量比		≤125%
含水率		≤3.0%
活性指数	28d	≥85%

沸石粉技术要求　　表 3-10

项　　目	技术要求		
	Ⅰ级	Ⅱ级	Ⅲ级
吸胺值(mmol/100g)	≥130	≥100	≥90
细度(80μm 方孔水筛筛余)	≤4%	≤10%	≤15%
需水量比	≤125%	≤120%	≤120%
28 天抗压强度比	≥75%	≥70%	≥62%

3-13　掺粉煤灰为什么能提高混凝土的耐久性?

混凝土除必须满足力学性能外，其耐久性是混凝土的另一项重要综合性指标，混凝土耐久性主要是指在使用过程中经受各种破坏因素的作用而能保持其使用性能的能力，常用抗冻性、抗渗性、抗蚀性等来表达，抗渗性又是评定混凝土耐久性的综合指标。混凝土结构在自然环境中遭受干湿、冷热、冻融交替、腐蚀等破坏，直接影响到正常使用，降低使用寿命甚至崩溃，即便有潜在的承载能力，终因耐久性不足而丧失功能。

为了解粉煤灰能提高混凝土耐久性的机理，应对影响混凝土耐久性的主要原因作以下分析。

（1）温度对混凝土的影响导致裂缝出现。水泥的水化作用是一个放热的化学反应，试验表明，每1kg水泥约可释放500kJ的热量，致使混凝土内部最高温度可达75℃，而混凝土材质属热传导的不良导体，内部蓄热很难短时间释放，混凝土里表构成温差，温差导致混凝土膨胀率的差异，层间出现拉应力，当拉应力超过混凝土抗拉强度时，便出现裂缝，给混凝土遭受外来侵袭埋下隐患。

（2）贯通混凝土实体的无数毛细管变成外来侵袭的通道。混凝土的拌合水，一部分是水化作用必需的水，将作为水泥晶体永存于混凝土之内，常称“化合水”（约占总水量的1/4），而绝大部分水系操作的必需的，常称“自由水”，自由水的自然蒸发形成“毛细管”，严重降低了混凝土的密实度，增加了渗透力，并给外来侵袭提供了通道。

（3）水化反应的新生物之一——氢氧化钙$Ca(OH)_2$为外来侵袭提供了可能性。氢氧化钙属质松易溶于水的物质，在长期受水冲刷条件下析出流走，在混凝土内部形成空隙，这又是降低混凝土密实度和影响耐久性的另一个原因。

（4）混凝土的矿物组份内部化学反应，导致其耐久性降低。当水泥含碱量较高（高碱水泥）碱类与骨料中的活性物质（硅酸物）起化学反应生成硅酸碱类，新生物在水泥与骨料界面产生体积膨胀造成裂缝，影响了混凝土的耐久性。

混凝土所用粉煤灰要选用含碳量低，需水量小以及细度大的Ⅰ级或Ⅱ级粉煤灰（烧失量低于5％，需水量比小于105％，细度45μm筛余量小于25％）。低水胶比的大掺量粉煤灰混凝土可以有很好的性能，虽然早期强度在常温下尚不够理想，但后期强度得到较大增长，养护温度越高，强度增长越显著。粉煤灰还会对混凝土的性能带来其他一些影响，在混凝土中掺入一定量的粉煤灰后，除了粉煤灰本身的火山灰活性作用，生成硅酸盐凝胶，作为胶凝材料的一部分起增强作用外，在混凝土用水量不变的条件下，由于粉煤灰颗粒呈球状并具有“滚珠效应”，可以起到显著改善混凝土和易性的效能。若保持混凝土拌合物原有的流动性不变，则可减少单位用水量，从而可提高混凝土的密实性和强度。由此可见，在混凝土中掺入适量的粉煤灰，不仅可满足混凝土的可泵性，而且还可以降低混凝土的水化热。一般情况下，会提高硬化混凝土的弹性模量，减小收缩和徐变，同时起到改善混凝土抗蚀性能和抑制碱—骨料反应等作用。因此说合理掺粉煤灰能提高混凝土的耐久性。

3-14 配制混凝土应如何选择外加剂？常用外加剂的技术要求？

外加剂应符合现行国家标准 GB 8076 和 GB 50119 的规定。外加剂进场应提供出厂检验报告等质量证明文件，并应进行检验，检验项目及检验批量应符合现行国家标准 GB 50164 的规定。

混凝土外加剂的选用应根据混凝土原材料、性能要求、施工工艺、结构所处环境条件、设计要求等因素通过试验确定。外加剂是混凝土组成材料的重要组份，其掺入量小，但对混凝土的性能改变却有明显影响，混凝土技术的发展与外加剂技术的发展是密不可分的。混凝土外加剂经过半个世纪的发展，其品种已由早期的 1～2 个发展到今天的 30～40 种，品种的增加使外加剂应用技术越来越复杂，因此，配制混凝土选用外加剂应根据混凝土性能、施工工艺、结构所处环境等因素综合确定。处于与水相接触或潮湿环境中的混凝土，当使用碱活性骨料时，由外加剂带入的碱含量不宜超过 0.6kg/m^3。不同品种外加剂复合使用时，应经试验确认相容性和对混凝土性能无影响后方可使用。常用外加剂的技术性能见表 3-11。

常用外加剂性能指标 **表 3-11**

项目		外加剂品种												
		高性能减水剂			高效减水剂		普通减水剂			引气减水剂	泵送剂	早强剂	缓凝剂	引气剂
		早强型	标准型	缓凝型	标准型	缓凝型	早强型	标准型	缓凝型					
减水率(%)		≥25	≥25	≥25	≥14	≥14	≥8	≥8	≥8	≥10	≥12	—	—	≥6%
泌水率(%)		≤50	≤60	≤70	≤90	≤100	≤95	≤100	≤100	≤70	≤70	≤100	≤100	≤70
含气量(%)		≤6.0	≤6.0	≤6.0	≤3.0	≤4.5	≤4.0	≤4.0	≤5.5	≥3.0	≤5.5	—	—	≥3.0
凝结时间之差(min)	初凝	−90～+90	−90～+120	>+90	−90～+120	>+90	−90～+90	−90～+120	>+90	−90～+120	—	−90～+90	>+90	−90～+120
	终凝			—		—			—			—	—	
1h经时变化量	坍落度(mm)	—	≤80	≤60	—	—	—	—	—	—	≤80	—	—	—
	含气量(%)	—	—	—						−1.5～+1.5	—			−1.5～+1.5
抗压强度比(%)	1d	≥180	≥170	—	≤140	—	≥135	—	—	—	—	≤135	—	—
	3d	≥170	≥160	—	≥130	—	≥130	≥115	—	≥115	—	≥130	—	≥95
	7d	≥145	≥150	≥140	≥125	≥125	≥110	≥115	≥110	≥110	≥115	≥110	≥100	≥95
	28d	≥130	≥140	≥130	≥120	≥120	≥100	≥110	≥110	≥100	≥110	≥100	≥100	≥90

续表

项目		外加剂品种												
		高性能减水剂			高效减水剂		普通减水剂			引气减水剂	泵送剂	早强剂	缓凝剂	引气剂
		早强型	标准型	缓凝型	标准型	缓凝型	早强型	标准型	缓凝型					
收缩率比(%)	28d	≤110	≤110	≤110	≤135	≤135	≤135	≤135	≤135	≤135	≤135	≤135	≤135	≤135
相对耐久性(200次)(%)	—	—	—	—	—	—	—	—	—	≥80	—	—	—	≥80

注：1. 除含气量和相对耐久性外，表中所列数据为掺外加剂混凝土与基准混凝土的差值或比值。

2. 凝结时间之差性能指标中的“－”号表示提前，“＋”号表示延缓。

3. 相对耐久性（200次）性能指标中的“≥80”表示将28d龄期的受检混凝土试件快速冻融循环200次后，动弹性模量保留值≥80%。

4. 1h含气量经时变化量指标中的“－”号表示含气量增加，“＋”号表示含气量减少。

5. 其他品种的外加剂是否需要测定相对耐久性指标，由供、需双方协商确定。

6. 当用户对泵送剂等产品有特殊要求时，需要进行的补充试验项目、试验方法及指标，由供需双方协商决定。

3-15　泵送用混凝土对骨料有什么要求?

泵送混凝土用骨料应符合《混凝土泵送施工技术规程》(JGJ/T 10—1995)的要求，并具备下列规定：

(1) 粗骨料应采用连续级配碎石或卵石，针、片状颗粒含量不宜大于10%；

(2) 粗骨料最大公称粒径与输送管径之比应符合下列规定：

1) 泵送高度在50m以下时，对碎石不宜大于1∶3，对卵石不宜大于1∶2.5；

2) 泵送高度在50～100m时，宜在1∶3～1∶4；

3) 泵送高度在100m以上时，宜在1∶4～1∶5。

(3) 细骨料宜采用中砂，通过0.315mm筛孔的颗粒不应少于15%。

3-16　混凝土制备原材料进场应检验哪些项目?

混凝土原材料进场应检验以下项目：

(1) 应对水泥的强度、安定性、凝结时间及其他必要指标进行检验。同一生产厂家、同一等级、同一品种、同一批号且连续进场的水泥袋装不超过200t为一检验批，散装不超过500t为一检验批。

(2) 应对粗骨料的颗粒级配、含泥量、压碎指标、针片状含量等指标进行检验；应对细骨料颗粒级配、含泥量、泥块含量、细度模数等指标进行检验。每400m^3或600t为一检验批。当骨料质量稳定、进料量连续时，可以1000t为一检验批。

注：1. 当设计文件有要求或结构处于易发生碱—骨料反应环境中时，应对粗、细骨料进行碱活性检验。

2. 抗冻等级达F100及以上的混凝土用粗、细骨料应进行坚固性检验。

(3) 应对矿物掺合料细度(比表面积)、需水量比(流动度比）、活性指数（抗压强度比）、烧失量等指标进行检验。粉煤灰、矿渣粉、沸石粉等矿物掺合料每 20t 为一检验批，硅灰每 30t 为一检验批。

（4）应按外加剂产品标准规定对其主要匀质性指标和掺外加剂混凝土性能指标进行检验。掺量大于或等于 1%的同一品种外加剂每 100t 为一检验批，掺量小于 1%的同一品种外加剂每 50t 为一检验批。

注：1. 泵送混凝土、自密实混凝土宜增加外加剂与水泥适应性检测。

2. 当有设计要求或对所用原材料有可能对环境形成污染产生怀疑时，应按有关标准规定增加原材料环境污染检测。

（5）当采用饮用水作为混凝土用水时，可不检验。当采用中水、施工现场循环用水等其他来源水作为混凝土用水时，应经检验符合现行国家标准《混凝土用水标准》（JGJ 63）的有关规定后方可用于拌制或养护混凝土。

3-17 混凝土原材料进场后，贮存与堆放应注意些什么？

混凝土原材料进场后，应按种类、批次分开贮存与堆放，标识明晰，并应满足下列要求：

（1）散装水泥、矿物掺合料等粉体材料宜采用散装罐分开储存。袋装的水泥、矿物掺合料、外加剂等应按品种、批次分开码垛堆放，并做好防雨、防潮措施，高温季节应有防晒措施。

（2）骨料应按品种、规格分别堆放，不得混入杂物，并保持洁净与颗粒级配均匀。骨料堆放场地的地面宜做硬化处理，并设必要的排水措施。

（3）液体外加剂应放置阴凉干燥处，防止日晒、受冻、污染、进水或蒸发；如有沉淀现象，应经性能检验合格后方可使用。

3-18 混凝土配合比设计应遵循哪些原则？配合比计算应满足什么要求？

混凝土配合比设计应遵循以下原则：

（1）混凝土配合比应考虑混凝土强度等级、耐久性能和施工性能等要求，在满足混凝土强度、耐久性能和施工性能要求的条件下应采用低水泥用量和低用水量的原则进行设计。

（2）对于有抗冻、抗渗、抗氯离子侵蚀和化学腐蚀等耐久性要求的混凝土配合比设计，尚应符合国家现行标准《混凝土结构耐久性设计规范》（GB/T 50476）、《普通混凝土配合比设计规程》（JGJ 55）等标准的有关规定。标准中对冻融环境、氯离子侵蚀环境等条件下的混凝土配合比设计参数均有规定。

（3）冬期施工应按照不同的负温进行配合比设计。有关参数可按《建筑工程冬期施工规程》JGJ 104 执行。

（4）配合比设计和试配所用的原材料应与施工采用的原材料一致，并应符合国家现行相关标准的要求。试配时可对原材料按照相关标准进行检测。

（5）配合比设计时的混凝土性能试验应按照现行国家标准《普通混凝土拌合物性能试验方法标准》（GB/T 50080）、《普通混凝土力学性能试验方法标准》（GB/T 50081）和《普通混凝土长期性能和耐久性能试验方法标准》（GB/T 50082）的规定进行。

混凝土配合比计算结果应满足下列要求：

（1）普通混凝土配合比应按照国家现行标准《普通混凝土配合比设计规程》（JGJ 55）进行计算。

（2）设计参数和原材料用量应满足下列要求：

1）混凝土配合比设计中的最大水胶比应符合现行国家标准《混凝土结构设计规范》GB 50010 的规定。

2）除配制 C15 及以下强度等级的混凝土外，混凝土的最小胶凝材料用量应符合表 3-12 的规定。

3）混凝土配合比设计应采用工程实际使用的原材料；配合比设计所采用的细骨料含水率应小于 0.5%，粗骨料含水率应小于 0.2%。

4）钢筋混凝土耐久性参数应符合《混凝土耐外性检验评定标准》的有关规定，其单位体积混凝土的胶凝材料用量宜控制在表 3-13。

混凝土的最小胶凝材料用量　　表 3-12

最大水胶比	最小胶凝材料用量（kg/m^3）		
	素混凝土	钢筋混凝土	预应力混凝土
0.60	250	280	300
0.55	280	300	300
0.50	320		
≤0.45	330		

单位体积混凝土的胶凝材料用量　　表 3-13

最低强度等级	最大水胶比	最小用量（kg/m^3）	最大用量（kg/m^3）
C25	0.60	250	400
C30	0.55	300	
C35	0.50	320	
C40	0.45	330	450
C45	0.40	330	
C50	0.36	320	480
≥C55	0.36	320	500

注：1. 表中数据适用于最大骨料粒径为 20mm 的情况，骨料粒径较大时宜适当降低胶凝材料用量，骨料粒径较小时可适当增加；
2. 引气混凝土的胶凝材料用量与非引气混凝土要求相同；
3. 对于强度等级达到 C60 的泵送混凝土，胶凝材料最大用量可增大至 530kg/m^3。

5）矿物掺合料在混凝土中的掺量应通过试验确定。钢筋混凝土中矿物掺合料最大掺量宜符合表 3-14 的规定；预应力钢筋混凝土中矿物掺合料最大掺量宜符合表 3-15 的规定。

钢筋混凝土中矿物掺合料最大掺量　　　　表 3-14

矿物掺合料种类	水胶比	最大掺量(%)	
		硅酸盐水泥	普通硅酸盐水泥
粉煤灰	≤0.40	45	35
	>0.40	40	30
粒化高炉矿渣粉	≤0.40	65	55
	>0.40	55	45
钢渣粉	—	30	20
磷渣粉	—	30	20
硅灰	—	10	10
复合掺合料	≤0.40	60	50
	>0.40	50	40

注：1. 采用硅酸盐水泥和普通硅酸盐水泥之外的通用硅酸盐水泥时，混凝土中水泥混合材和矿物掺合料用量之和应不大于按普通硅酸盐水泥用量 20% 计算混合材和矿物掺合料用量之和；

2. 对基础大体积混凝土，粉煤灰、粒化高炉矿渣粉和复合掺合料的最大掺量可增加 5%；

3. 复合掺合料中各组分的掺量不宜超过任一组分单掺时的最大掺量。

预应力钢筋混凝土中矿物掺合料最大掺量　　　　表 3-15

矿物掺合料种类	水胶比	最大掺量(%)	
		硅酸盐水泥	普通硅酸盐水泥
粉煤灰	≤0.40	35	30
	>0.40	25	20
粒化高炉矿渣粉	≤0.40	55	45
	>0.40	45	35
钢渣粉	—	20	10
磷渣粉	—	20	10
硅灰	—	10	10
复合掺合料	≤0.40	50	40
	>0.40	40	30

注：1. 粉煤灰应为Ⅰ级或Ⅱ级 F 类粉煤灰；

2. 在复合掺合料中，各组分的掺量不宜超过单掺时的最大掺量。

（3）混凝土拌合料应具有良好的施工和易性和适宜的坍落度。混凝土的配合比要求有较适宜的技术经济性。

1）混凝土拌合物中水溶性氯离子最大含量应符合表 3-16 的要求。混凝土拌合物中水溶性氯离子含量应按照现行行业标准《水运工程混凝土试验规程》JTJ 270 中混凝土拌合物中氯离子含量的快速测定方法进行测定。

混凝土拌合物中水溶性氯离子最大含量　　表 3-16

环境条件	水溶性氯离子最大含量（%，水泥用量的质量百分比）		
	钢筋混凝土	预应力混凝土	素混凝土
干燥环境	0.30	0.06	1.00
潮湿但不含氯离子的环境	0.20		
潮湿而含有氯离子的环境、盐渍土环境	0.10		
除冰盐等侵蚀性物质的腐蚀环境	0.06		

2）长期处于潮湿或水位变动的寒冷和严寒环境以及盐冻环境的混凝土应掺用引气剂。引气剂掺量应根据混凝土含气量要求经试验确定；掺用引气剂的混凝土最小含气量应符合表 3-17 的规定，最大宜超过 7.0%。

混凝土最小含气量　　表 3-17

粗骨料最大公称粒径（mm）	混凝土最小含气量（%）	
	潮湿或水位变动的寒冷和严寒环境	盐冻环境
40.0	4.5	5.0
25.0	5.0	5.5
20.0	5.5	6.0

注：含气量为气体占混凝土体积的百分比。

（4）对于有预防混凝土碱骨料反应设计要求的工程，混凝土中最大碱含量不应大于 3.0kg/m^3，并宜掺用适量粉煤灰等矿物掺合料；对于矿物掺合料碱含量，粉煤灰碱含量可取实测值的 1/6，粒化高炉矿渣粉碱含量可取实测值的 1/2。

3-19 混凝土强度等级小于 C60 时，如何计算出所要求的水胶比值?

混凝土强度等级小于 C60 时，混凝土水胶比宜按下式计算

$$\frac{W}{B}=\frac{\alpha_a \cdot f_b}{f_{cu,o}+\alpha_a \cdot \alpha_b \cdot f_b} \tag{3-1}$$

式中：W/B——混凝土所要求的水胶比。

α_a、α_b——回归系数；回归系数（α_a、α_b）通过试验建立的水胶比与混凝土强度关系式来确定；若无试验统计资料，回归系数可按表 3-18 选用。

回归系数 α_a、α_b 选用表　　　表 3-18

粗骨料品种 / 系数	碎石	卵石
α_a	0.53	0.49
α_b	0.20	0.13

f_b——胶凝材料 25d 胶砂抗压强度（MPa），可实测；试验方法应按国家标准《水泥胶砂强度检验方法（ISO）法》GB/T 17671 执行。当无实测值时，可按下列规定确定：

（1）当胶凝材料 25d 胶砂抗压强度值（f_b）无实测值时，可按式（3-2）计算；

$$f_b=1.1\gamma_f \cdot \gamma_s \cdot f_{ce,g} \tag{3-2}$$

式中：γ_f、γ_s——粉煤灰影响系数和粒化高炉矿渣粉影响系数，可按表 3-19 选用；

$f_{ce,g}$——水泥强度等级值（MPa）。

（2）当水泥 28d 胶砂抗压强度（f_{ce}）无实测值时，可用水泥强度等级值（$f_{ce,g}$）乘上一个水泥强度等级值的富裕系数（γ_c）确定，可按式（3-3）计算：

$$f_{ce}=\gamma_c f_{ce,g} \tag{3-3}$$

式中，γ_c——水泥强度等级值的富裕系数，可按实际统计资料确定；无资料可取时，可按表 3-20 选用；

$f_{ce,g}$——水泥强度等级值（MPa）。

粉煤灰影响系数 γ_f 和粒化高炉矿渣粉影响系数 γ_s　　表 3-19

种类 / 掺量(%)	粉煤灰影响系数 γ_f	粒化高炉矿渣粉影响系数 γ_s
0	1.00	1.00
10	0.85～0.95	1.00
20	0.75～0.85	0.95～1.00
30	0.65～0.75	0.90～1.00
40	0.55～0.65	0.80～0.90
50	—	0.70～0.85

注：1. 采用Ⅰ级或Ⅱ级粉煤灰宜取上限值；

2. 采用 S75 级粒化高炉矿渣粉宜取下限值，采用 S95 级粒化高炉矿渣粉宜取上限值，采用 S105 级粒化高炉矿渣粉可取上限值加 0.05；

3. 当超出表中的掺量时，粉煤灰和粒化高炉矿渣粉影响系数应经试验确定。

水泥强度等级值的富裕系数（γ_c）　　3-20

水泥强度等级值	32.5	42.5	52.5
富裕系数	1.12	1.16	1.10

3-20　混凝土配合比中用水量和外加剂用量如何确定？

（1）每立方米干硬性或塑性混凝土的用水量（m_{wo}）应符合下列规定：

1）混凝土水胶比在 0.40～0.80 范围时，可按表 3-21 和表 3-22 选取；

2）混凝土水胶比小于 0.40 时，可通过试验确定。

干硬性混凝土的用水量（kg/m³）　　表 3-21

拌合物稠度		卵石最大公称粒径(mm)			碎石最大粒径(mm)		
项目	指标	10.0	20.0	40.0	16.0	20.0	40.0
维勃稠度(s)	16～20	175	160	145	180	170	155
	11～15	180	165	150	185	175	160
	5～10	185	170	155	190	180	165

塑性混凝土的用水量（kg/m^3）　　表 3-22

拌合物稠度		卵石最大粒径(mm)				碎石最大粒径(mm)			
项目	指标	10.0	20.0	31.5	4.00	16.0	20.0	31.5	40.0
坍落度(mm)	10～30	190	170	160	150	200	185	175	165
	35～50	200	180	170	160	210	195	185	175
	55～70	210	190	180	170	220	205	195	185
	75～90	215	195	185	175	230	215	205	195

注：1. 本表用水量系采用中砂时的取值。采用细砂时，每立方米混凝土用水量可增加 5～10kg；采用粗砂时，可减少 5～10kg。
2. 掺用矿物掺合料和外加剂时，用水量应相应调整。

（2）掺外加剂时，每立方米流动性或大流动性混凝土的用水量（m_{wo}）可按下式计算：

$$m_{wo}=m_{wo'}(1-\beta) \tag{3-4}$$

式中：$m_{wo'}$——满足实际坍落度要求的每立方米混凝土用水量（kg），以表 3-22 中 90mm 坍落度的用水量为基础，按每增大 20mm 坍落度相应增加 5kg/m^3 用水量来计算，当坍落度增大到 180mm 时，随坍落度相应增加的用水量可减少。

β——外加剂的减水率（%），应经混凝土试验确定。

（3）每立方米混凝土中外加剂用量应按下式（3-5）计算：

$$m_{ao}=m_{bo}\beta_a \tag{3-5}$$

式中：m_{ao}——每立方米混凝土中外加剂用量（kg/m^3）；

m_{bo}——每立方米混凝土中胶凝材料用量（kg/m^3）；

β_a——外加剂掺量（%），应经混凝土试验确定。

3-21　混凝土配合比的试配、调整的步骤是什么？如何计算混凝土的试配强度（$f_{cu,0}$）？

（1）混凝土配合比的试配、调整和确定应按下列步骤进行：

1）应采用工程实际使用的原材料和计算配合比进行试配。每盘混凝土试配方量不应小于 20L。

2）应根据设计要求的混凝土强度等级，按照规定计算出配合比并进行试拌，调整计算配合比的砂率和外加剂掺量等以使拌合物性能满足所需要的工作性，提出试拌配合比。

3）应在试拌配合比的基础上，选择比试拌配合比的胶凝材料用量高和低的量，按照不少于3个配合比进行试配。每个配合比的工作性应满足施工要求，耐久性参数应满足相关标准要求。试配时应测量每个配合比混凝土的表观密度，同时制作试件并进行养护。

4）试件养护到规定龄期进行试压和耐久性试验。选定强度不低于所要求的配制强度、耐久性指标满足设计或者标准要求的配合比，作为设计配合比。

5）应结合搅拌站或者现场条件进行试生产，对设计配合比进行生产适应性调整，最终确定施工配合比。

6）对于应用条件特殊的工程，可在混凝土搅拌站或施工现场，对确定的施工配合比进行足尺试验，检验施工配合比是否满足工程要求。

（2）混凝土的试配强度计算：

1）当混凝土的设计强度等级小于C60时，配制强度应按下式计算：

$$f_{cu,0} \geqslant f_{cu,k} + 1.645\sigma \tag{3-6}$$

式中：$f_{cu,0}$——混凝土配制强度（MPa）；

$f_{cu,k}$——混凝土立方体抗压强度标准值，这里取设计混凝土强度等级值（MPa）；

σ——混凝土强度标准差（MPa）。

2）当设计强度等级大于或等于C60时，配制强度应按下式计算：

$$f_{cu,0} \geqslant 1.15 f_{cu,k} \tag{3-7}$$

（3）混凝土强度标准差应按照下列规定确定：

1）当具有近1个月～3个月的同一品种、同一强度等级混凝土的强度资料时，其混凝土强度标准差σ应按下式计算：

$$\sigma = \sqrt{\frac{\sum_{i=1}^{n} f_{cu,i}^2 - n m_{fcu}^2}{n-1}} \tag{3-8}$$

式中：$f_{cu,i}$——第 i 组的试件强度（MPa）；

m_{fcu}——n 组试件的强度平均值（MPa）；

n——试件组数，n 值应大于或者等于 30。

对于强度等级不大于 C30 的混凝土：当 σ 计算值不小于 3.0MPa 时，应按照计算结果取值；当 σ 计算值小于 3.0MPa 时，σ 应取 3.0MPa。对于强度等级大于 C30 且不大于 C60 的混凝土：当 σ 计算值不小于 4.0MPa 时，应按照计算结果取值；当 σ 计算值小于 4.0MPa 时，σ 应取 4.0MPa。

2）当没有近期的同一品种、同一强度等级混凝土强度资料时，其强度标准差 σ 可按表 3-23 取值。

标准差 σ 值（MPa） **表 3-23**

混凝土强度标准值	≤C20	C25～C45	C50～C55
σ	4.0	5.0	6.0

3-22 混凝土配合比如何计算砂率和粗、细骨料用量？

（1）砂率（β_s）应根据骨料的技术指标、混凝土拌合物性能和施工要求，参考历史资料确定。

（2）当无历史资料可参考时，混凝土砂率的确定应符合下列规定：

1）坍落度小于 10mm 的混凝土，其砂率应经试验确定。

2）坍落度为 10～60mm 的混凝土砂率，可根据粗骨料品种、最大公称粒径及水胶比按表 3-24 选取。

混凝土的砂率（%） **表 3-24**

水胶比（W/B）	卵石最大公称粒径（mm）			碎石最大粒径（mm）		
	10.0	20.0	40.0	16.0	20.0	40.0
0.40	26～32	25～31	24～30	30～35	29～34	27～32
0.50	30～35	29～34	28～33	33～38	32～37	30～35
0.60	33～38	32～37	31～36	36～41	35～40	33～38
0.70	36～41	35～40	34～39	39～44	38～43	36～41

注：1. 本表数值系中砂的选用砂率，对细砂或粗砂，可相应地减少或增大砂率；
2. 采用人工砂配制混凝土时，砂率可适当增大；
3. 只用一个单粒级粗骨料配制混凝土时，砂率应适当增大。

3）坍落度大于 60mm 的混凝土砂率，可经试验确定，也可在表 3-24 的基础上，按坍落度每增大 20mm、砂率增大 1％的幅度予以调整。

（3）当采用质量法计算粗、细骨料用量时，应按式（3-9）计算；砂率应按式（3-10）计算

$$m_{f0}+m_{c0}+m_{g0}+m_{s0}+m_{w0}=m_{cp} \tag{3-9}$$

$$\beta_s=\frac{m_{s0}}{m_{g0}+m_{s0}}\times 100\% \tag{3-10}$$

式中：m_{g0}——每立方米混凝土的粗骨料用量（kg）；

m_{s0}——每立方米混凝土的细骨料用量（kg）；

m_{w0}——每立方米混凝土的用水量（kg）；

β_s——砂率（％）；

m_{cp}——每立方米混凝土拌合物的假定质量（kg），可取 2350～2450kg。

（4）采用体积法计算粗、细滑料用量时，应按式（3-9）和式（3-11）计算：

$$\frac{m_{c0}}{\rho_c}+\frac{m_{f0}}{\rho_f}+\frac{m_{g0}}{\rho_g}+\frac{m_{s0}}{\rho_s}+\frac{m_{w0}}{\rho_w}+0.01\alpha=1 \tag{3-11}$$

式中：ρ_c——水泥密度（kg/m^3），应按《水泥密度测定方法》（GB/T 208）测定，也可取 2900～3100kg/m^3；

ρ_f——矿物掺合料密度（kg/m^3），可按现行国家标准《水泥密度测定方法》（GB/T 208）测定；

ρ_g——粗骨料的表观密度（kg/m^3），应按现行行业标准《普通混凝土用砂、石质量及检验方法标准》JGJ 52 测定；

ρ_s——细骨料的表观密度（kg/m^3），应按现行行业标准《普通混凝土用砂、石质量及检验方法标准》JGJ 52 测定；

ρ_w——水的密度（kg/m^3），可取 1000kg/m^3；

α——混凝土的含气量百分数，在不使用引气型外加剂

时，α 可取为 1。

3-23 如何计算胶凝材料、矿物掺合料和水泥用量？

（1）每立方米混凝土的胶凝材料用量（m_{bo}）应按下式（3-12）计算：

$$m_{b0}=\frac{m_{w0}}{W/B} \tag{3-12}$$

（2）每立方米混凝土的矿物掺合料用量（m_{fo}）计算应符合下列规定：

1）应按表 3-14“钢筋混凝土中矿物掺合料最大掺量”和表 3-15“预应力钢筋混凝土中矿物掺合料最大掺量”确定符合强度要求的矿物掺合料掺量 β_f；

2）矿物掺合料用量（m_{fo}）应按下式（3-13）计算：

$$m_{fo}=m_{bo}\beta_f \tag{3-13}$$

式中：m_{fo}——每立方米混凝土中矿物掺合料用量（kg）；

β_f——计算水胶比过程中确定的矿物掺合料掺量（%）。

（3）每立方米混凝土的水泥用量（m_{co}）应按下式（3-14）计算：

$$m_{co}=m_{bo}-m_{fo} \tag{3-14}$$

式中：m_{co}——每立方米混凝土中水泥用量（kg）。

3-24 抗冻混凝土是如何要求的？

（1）抗冻混凝土的原材料应符合下列规定：

1）应采用硅酸盐水泥或普通硅酸盐水泥；

2）宜选用连续级配的粗骨料，其含泥量不得大于 1.0%，泥块含量不得大于 0.5%；

3）细骨料含泥量不得大于 3.0%，泥块含量不得大于 1.0%；

4）粗、细滑料均应进行坚固性试验，并应符合现行行业标准《普通混凝土用砂、石质量及检验方法标准》（JGJ 52）的规定；

5）抗冻等级不小于 F100 的抗冻混凝土中不得掺有引气剂；

6）钢筋混凝土和预应力混凝土不应掺用含有氯盐的防冻剂；在预应力混凝土中不得掺用含有亚硝酸盐或碳酸盐的防冻剂。

（2）抗冻混凝土配合比应符合下列规定：

1）最大水胶比和最小胶凝材料用量应符合表 3-25 的规定；

2）复合矿物掺合料掺量应符合表 3-26 的规定；其他矿物掺合料掺量应符合表 3-14、表 3-15 的规定；

3）抗冻混凝土宜掺用引气剂，掺用引气剂的混凝土最小含气量应符合表 3-17 的规定。

抗冻混凝土的最大水胶比和最小胶凝材料用量　表 3-25

设计抗冻等级	最大水胶比		最小胶凝材料用量
	无引气剂时	掺引气剂时	
F50	0.55	0.60	300
F100	0.50	0.55	320
不低于 F150	—	0.50	350

抗冻混凝土中复合矿物掺合料掺量限值　表 3-26

矿物掺合料种类	水胶比	对应不同水泥品种的矿物掺合料掺量	
		硅酸盐水泥(%)	普通硅酸盐水泥(%)
复合矿物掺合料	≤0.40	≤60	≤50
	>0.40	≤50	≤40

注：1. 采用其他通用硅酸盐水泥时，可将水泥混合材掺量 20%以上的混合材量计入矿物掺合料；

2. 复合矿物掺合料中各矿物掺合料组分的掺量不宜超过表 3-14 中单掺时的限量。

3-25　发展预拌混凝土的优越性?

发展预拌混凝土和混凝土的预拌化是当今混凝土工业的发展方向。在城市与建设工程集中地区以合理的分布设置预拌混凝土工厂，具有如下优点：

1. 有利于节约原材料，提高工程质量

预拌混凝土具有一整套完善合理的生产工艺和准确的称量计

量装置，可以避免水泥、砂、石等原材料的浪费，优化配合比，减少损耗，提高建筑工程质量，合理利用资源。

2. 有利于文明施工

发展预拌混凝土有利于减少施工用地，适合闹市狭小场地的文明施工，并减轻环境污染。对施工面积大，混凝土用量多的工程，可避免施工、运输忙乱现象。对施工场地小，不能设搅拌机和砂、石骨料堆场的工程，预拌混凝土可随要随送，按时、按需供应，改变了过去砂、石到处乱堆，道路不通，尘土飞扬，泥浆四溢和下水管道堵塞等不文明脏乱施工现象。具有比较明显的社会环境效益。

3. 有利于城市环境保护

预拌混凝土工厂的砂石分离技术应用可使工业废渣和城市废混凝土（即再生混凝土）得以利用。减少城市污染，充分利用城市废料。

总之，发展预拌混凝土有利于建筑工业化的发展，提高施工机械化程度，减轻劳动强度和加快施工速度，同时节约材料、能耗及其他资源，保证混凝土质量，改善施工环境，有效利用外加剂和混凝土掺合料，有利于混凝土工程高性能化发展，有利于城市环境保护，有利于管理现代化。

3-26 采用预拌混凝土施工应注意哪些事项？

（1）施工单位应根据设计要求、工程特点及现场施工条件提供准确的技术条件委托给预拌混凝土生产厂。预拌混凝土生产厂必须认真进行配合比设计和试配，使符合设计强度和性能要求，以及施工时和易性的要求，并考虑混凝土运输距离、泵送高度的因素，不得随意套用经验配合比。

（2）严格控制配合比，保证计量准确，计量器具应经常维修、校核，每日应至少进行一次自校准。混凝土泵材料称量偏差应控制在允许偏差范围之内；根据砂、石含水率调整加水量，使水灰比和坍落度符合要求。

（3）预拌混凝土运到现场后，应及时抽查混凝土坍落度，如实测混凝土坍落超过配合比允许偏差（见表3-27），属负偏差且喂料困难时，可向搅拌筒内加入与混凝土内水灰比相同的水泥浆，经充分搅拌后再喂料，在任何情况下都不准向混凝土拌合物中任意加水以增大其坍落度；实测后属超过正偏差并有泌水、离析现象时，应将混凝土退回生产厂，由生产厂查找原因，调整配合比或加强管理以及保证供应合格的预拌混凝土。

（4）预拌混凝土搅拌站在混凝土配合比设计时应考虑到运距时混凝土坍落度损失的影响，并应随车向使用方提供混凝土配合比和质量保证资料，使用方加强对进场预拌混凝土的检查验收，核对有关技术要求，并随机抽查混凝土坍落度，符合要求后方可浇筑混凝土，并按规定留置混凝土试件。

混凝土坍落度允许误差　　　　表3-27

所需坍落度(mm)	坍落度允许误差(mm)
≤100	±20
>100	±30

3-27 为什么不能任意向混凝土里加水?

混凝土在搅拌过程中加入的水量称为拌合水，是按照配合比中的水灰比（指混凝土中水与水泥用量的重量比）计算得出的。拌合水包括两部分，一部分为化合水，另一部分为自由水。化合水是水泥进行水化作用时所必需的水，要有足够的化合水才能保证水泥颗粒的充分水解和水化，生成结晶和凝胶，但这部分用水量是较少的，一般仅占拌合水的四分之一。其余的水称为自由水，自由水完全是为了满足操作要求，即为保证混凝土的和易性、坍落度等而多加入的水分。

化合水与水泥矿物质颗粒形成晶体和凝胶，将永存于混凝土内。而自由水却随着混凝土的养护和硬化过程逐渐蒸发，在混凝土内形成空隙，从而降低了混凝土的密实度和强度。混凝土中的自由水越多，混凝土的密实度越差，强度也就越低。所以，配合比中的水灰比，应在保证必要工作度（用混凝土的坍落度进行控制）的条件下，达到最小的用水量。若为操作省力，拌制“稀软”的混凝土，搅拌时多加水或在已拌制好的混凝土内再加水，势必增加混凝土内的空隙率，影响强度。在此情况下，只有加大水泥用量，才能保证规定的水灰比，但这就造成水泥的浪费。所以，在混凝土规范里，根据混凝土所处的环境条件，规定了不能任意向混凝土里加水。

3-28 混凝土的搅拌时间如何控制?

混凝土的拌制（搅拌），就是将水、水泥、掺合料和粗细骨料进行均匀拌合及混合的过程，同时通过搅拌，还要使材料达到强化、塑化的作用。

搅拌时间：从原料全部投入搅拌机筒时起，至混凝土拌合料开始卸出时止，所经历的时间称作搅拌时间。通过充分搅拌，应使混凝土的各种组成材料混合均匀，颜色一致；高强度等级混凝土、干硬性混凝土更应严格执行。搅拌时间随搅拌机的类型及混凝土拌合料和易性的不同而异。在生产中，应根据混凝土拌合料要求的均匀性、混凝土强度增长的效果及生产效率几种因素，规定合适的搅拌时间。但混凝土搅拌的最短时间，应符合表3-28规定。

混凝土搅拌的最短时间（s）　　表 3-28

混凝土坍落度(mm)	搅拌机类型	搅拌机容积(L)		
		小于 250	250～500	大于 500
≤30	强制式	60	90	120
＞40 且＜100	强制式	60	60	90
≥100	强制式	60		

注：1. 掺有外加剂时，搅拌时间应适当延长；

2. 混凝土搅拌的最短时间系指全部材料装入搅拌筒中起，到开始卸料止的时间。

在拌合掺有掺合料（如粉煤灰等）的混凝土时，宜先以部分水、水泥及掺合料在机内拌合后，再加入砂、石及剩余水，并适当延长拌合时间。

使用外加剂时，应注意检查核对外加剂品名、生产厂名、牌号等。使用时一般宜先将外加剂溶制成外加剂溶液，并预加入拌合用水中，当采用粉状外加剂时，也可采用定量小包装外加剂另加载体的掺用方式。当用外加剂溶液时，应经常检查外加剂溶液的浓度，并应经常搅拌外加剂溶液，使溶液浓度均匀一致，防止沉淀。溶液中的水量，应包括在拌合用水量内。

混凝土用量不大，而又缺乏机械设备时，可用人工拌制。拌合要先干拌均匀，再按规定用水量随加水随湿拌至颜色一致，达到石子与水泥浆无分离现象为准。当水灰比不变时，人工拌制要比机械搅拌多耗10％～15％的搅拌时间。

3-29 什么是先拌水泥净浆法？先拌砂浆法？水泥裹砂法和水泥裹砂石法？

先拌水泥净浆法是指先将水泥和水充分搅拌成均匀的水泥净浆后，再加入砂和石搅拌成混凝土。

先拌砂浆法是指先将水泥、砂和水投入搅拌筒内进行搅拌，成为均匀的水泥砂浆后，再加入石子搅拌成均匀的混凝土。

水泥裹砂法是指先将全部砂子投入搅拌机中，并加入总拌合水量70％左右用水（包括砂子的含水量），搅拌10～15s，再投入水泥搅拌30～50s，最后投入全部石子、剩余水及外加剂，再搅拌50～70s后出罐。

水泥裹砂石法是指先将全部的石子、砂和70％拌合水投入搅拌机，拌合15s，使骨料湿润，再投入全部水泥搅拌30s左右，然后加入30％拌合水再搅拌60s左右即可。

3-30　混凝土开盘鉴定应包括什么内容?

对首次使用的配合比或配合比使用间隔时间超过三个月时应进行开盘鉴定，开盘鉴定应包括以下内容：

（1）搅拌使用的原材料应与配合比设计一致；

（2）出机混凝土工作性应符合配合比设计要求；

（3）符合混凝土配制强度要求。

开盘鉴定一般按照下列要求进行组织：施工现场拌制的混凝土，其开盘鉴定由监理工程师组织，施工单位项目技术负责人、混凝土专业工长和试验室代表等共同参加。预拌混凝土搅拌站的开盘鉴定，由预拌混凝土搅拌站总工程师组织，搅拌站技术、质量负责人和试验室代表等参加，当有合同约定时则应按照合同约定进行。

3-31　混凝土搅拌运输车运输混凝土应注意些什么?

采用混凝土搅拌运输车运输混凝土应注意：

（1）接料前，搅拌运输车应排净罐内积水。

（2）混凝土搅拌运输车在运输途中及等候卸料时，应保持罐体正常转速。

（3）卸料前，运输车罐体应快速旋转搅拌 20s 以上，方可卸料。

采用混凝土搅拌运输车运输混凝土时，接料前应用水湿润罐体，但必须排净积水；运输途中或等候卸料期间，应保持罐体正常运转，防止混凝土沉淀、离析，改变混凝土的施工性能；临卸料前先进行快速旋转，使混凝土拌合物更加均匀。

（4）采用混凝土搅拌运输车运送混凝土过程中，经事先批准，必要时可在罐内加入适量的与原配合比相同成分的减水剂。

加入量应事先由试验确定，加入的时间、数量、次数等应作出记录。加入减水剂后，混凝土罐车应快速旋转搅拌均匀，达到要求的工作性能后方可泵送或浇筑。

3-32 混凝土生产过程中的质量控制应检查什么？

混凝土在生产过程中应检查的项目有：

（1）混凝土在生产前应检查拌制混凝土所用原材料的品种、规格，在生产过程中应检查原材料用量，每一工作班至少两次；

（2）每次开盘前应检查生产设备和控制系统是否正常；

（3）每次开盘前计量设备应进行归零校核，计量精度检查每工作班至少一次；

（4）检查混凝土的稠度，每一工作班至少两次；

（5）当雨雪大气等外界影响导致混凝土骨料含水率变化时，应及时检查、调整施工配合比。

3-33 预拌混凝土生产单位应向工程施工单位提供的主要技术资料是什么？

预拌混凝土供方应提供混凝土配合比通知单、混凝土抗压强度报告、混凝土质量合格证和混凝土运输单；当需要其他资料时，供需双方应在合同中明确约定。其中混凝土抗压报告和混凝土质量合格证应在32天内补送，其他资料应在交货时提供。其他资料应在合同中约定，主要是指当工程结构有要求时，应提供混凝土氯化物和碱总量计算书、砂石碱活性试验报告等。对有抗冻、抗渗等耐久性要求的混凝土，应提供抗冻性、抗渗性等耐久性项目的试验资料。其试件留置方法和数量应按现行国家标准《混凝土结构工程施工质量验收规范》(GB 50204)执行。

3-34 混凝土拌合物工作性如何确定？混凝土拌合物稠度检验有什么要求？

（1）混凝土工作性的确定应满足下列要求：

1）混凝土的坍落度大小主要取决于施工条件和工程特点等，应根据工程结构形式、钢筋间距、运输方式和距离、浇筑方法、泵送高度、振捣能力和气候等条件决定。

2）自密实混凝土工作性目前还没有相应的国家标准。自密实混凝土的工作性指标，可根据工程特点和施工条件等要求来确定。

（2）混凝土拌合物应检验其稠度，稠度检验应符合下列要求：

1）混凝土拌合物的稠度应以坍落度或维勃稠度表示，坍落度适用于塑性和流动性混凝土拌合物，维勃稠度适用于干硬性混凝土拌合物。其检测方法应按现行国家标准《普通混凝土拌合物性能试验方法标准》（GB/T 50080）的规定进行。

2）混凝土拌合物稠度的检验频率，应遵守相关标准的规定并宜在合同中约定。预拌混凝土交货时稠度的检验频率，对于同一个配合比宜每 100m^3 至少检验一次，连续供应超过 1000m^3 时，可每 200m^3 至少检验一次。当采用搅拌运输车运输时，宜每 8～10 车至少检验一次。

3）混凝土拌合物根据其坍落度大小，可按表 3-29 分级。

4）混凝土拌合物根据其维勃稠度大小，可按表 3-30 分为 4 级。

5）坍落度、维勃稠度的允许偏差应分别符合表 3-31、表 3-32的规定。

6）当采用预拌混凝土时，应在商定的交货地点进行坍落度检查，实测的混凝土坍落度应符合要求，其允许偏差应符合表 3-33 的规定。

混凝土按坍落度的分级　　　　　　　　表 3-29

级别	名称	坍落度(mm)
T_2	塑性混凝土	50～90
T_3	流动性混凝土	100～150
T_4	大流动性混凝土	≥160

注：坍落度检测结果，在分级评定时，其表达值可取舍至临近的 10mm。

混凝土按维勃稠度的分级　　　　　　　　表 3-30

级别	名称	维勃稠度(s)
V_0	超干硬性混凝土	≥31
V_1	特干硬性混凝土	30～21
V_2	干硬性混凝土	20～11
V_3	半干硬性混凝土	10～5

坍落度允许偏差

表 3-31

坍落度(mm)	允许偏差(mm)
≤40	±10
50～90	±20
≥100	±20

维勃稠度允许偏差

表 3-32

维勃稠度(s)	允许偏差(s)
≤10	±3
11～20	±4
21～30	±6

预拌混凝土坍落度允许偏差（mm）　　　　表 3-33

要求坍落度	坍落度允许偏差(mm)	扩展度(mm)
<50	±10	不要求
50～90	±20	不要求
90～180	±30	不要求
>180	±30	≥400

3-35　掺引气型外加剂的混凝土拌合物含气量如何确定?

掺引气型外加剂的混凝土拌合物应检验其含气量，含气量应满足下列要求：

（1）掺引气型外加剂混凝土的含气量应满足设计和施工工艺的要求。根据混凝土采用粗骨料的最大公称粒径，其含气量不宜超过表 3-34 的规定。

（2）混凝土拌合物含气量应按现行国家标准《普通混凝土拌合物性能试验方法标准》（GB/T 50080）的规定进行检测。检测结果与要求值的允许偏差范围应为±1.5%。

掺引气型外加剂混凝土含气量限值　　表 3-34

粗骨料最大公称粒径(mm)	混凝土含气量限值(%)
10	7.0
15	6.0
20	5.5
25	5.0
40	4.5

3-36 现浇混凝土结构的施工方案应包括哪些内容？浇筑前应完成的主要工作是什么？

现浇混凝土结构的施工方案应包括：

（1）混凝土输送、浇筑、振捣、养护的方式和机具设备的选择；

（2）混凝土浇筑、振捣技术措施；

（3）施工缝、后浇带的留设；

（4）混凝土养护技术措施。

混凝土浇筑前应完成以下工作：

（1）对完成后无法检查的内容进行隐蔽工程验收；应对照图纸完成所浇筑结构的位置、标高、几何尺寸、预留预埋等技术复核工作；

（2）对操作人员进行技术交底；

（3）根据施工方案中的技术要求，检查并确认施工现场具备实施的条件；

（4）检查混凝土送料单，核对配合比，检查坍落度，必要时还应测定混凝土扩展度，在确认无误后方可进行混凝土浇筑；

（5）浇筑前还应根据工程实际条件完成其他的必要技术工作。

3-37 施工现场采用井架配合小车输送混凝土时应注意什么?

（1）井架和小车的配备数量应满足混凝土浇筑需要；

（2）小车宜在靠近井架的位置进行装料，运输后的混凝土宜直接装入小车进行输送；

（3）运输后的混凝土若采用先卸料，后进行小车装运的输送方式，装料点应采用硬地坪与地基土隔离，硬地坪应湿润并不得有积水。硬地坪可以是混凝土垫层，也可以用钢板铺设形成；

（4）施工作业面应合理布置小车行走路线，卸料点布置应能满足混凝土浇筑需要；

（5）不宜采用多台小车相互转载的方式输送混凝土；

（6）输送过程中散落的混凝土不得用于结构浇筑。

3-38 施工现场采用吊车配合斗容器输送混凝土时应注意什么?

（1）应根据不同结构类型以及混凝土浇筑方式选择不同的斗容器；

（2）斗容器的容量应根据混凝土浇筑量以及吊运时间确定；

（3）运输后的混凝土宜直接装入斗容器进行输送；

（4）不宜采用多台斗容器相互转载的方式输送混凝土；

（5）斗容器宜在浇筑点直接卸料；不宜先集中卸料后小车输送；当采用先集中卸料后小车输送的方式，卸料点地坪应湿润并不得有积水；

（6）输送过程中散落的混凝土不得用于结构浇筑。

3-39 混凝土输送泵选择及布置应如何要求?

（1）输送泵的选型应根据不同结构类型、输送高度、拌合物特性确定；

（2）输送泵的数量应根据混凝土浇筑量和施工条件确定，必要时宜设置备用泵；

（3）输送泵设置的位置应满足畅通；

（4）输送泵的作业范围不得有阻碍物、高压线，同时应有防范高空坠物的设施；

（5）混凝土输送泵不宜采用接力输送的方式。当采用接力泵输送混凝土时，接力泵的设置位置应使两台泵的输送能力相匹配；对设置接力泵的结构部位应进行承载力验算，必要时，应采取加固措施。

3-40 混凝土泵的输送管选择与支架的布置应如何要求?

（1）混凝土输送管应根据泵的型号、拌合物性能、总输出量、单位输出量、输送距离以及粗骨料粒径等选择；

（2）混凝土输送管最小内径宜符合表 3-35 的要求；

混凝土输送管最小内径要求　　　　表 3-35

粗骨料最大粒径(mm)	输送管最小内径(mm)
25	125
40	150

（3）根据工程需要布置安装的转向输送管路宜平缓，弯管宜有较大的转弯半径；输送管安装接头应严密，应严格按要求安装接口密封圈；

（4）用于水平输送的管路应采用支架固定；

（5）用于垂直输送的管路支架应与输送管和结构牢固连接，输送管路转向位置支架应加密，支架应通过计算确定，必要时还应对结构进行验算；

（6）混凝土输送管及其支架在使用中应经常检查、维护，确保安全输送混凝土。

3-41 混凝土输送布料杆选择和布置应如何要求?

（1）布料杆的选择应与混凝土输送泵相匹配；

（2）布料杆的输送管最小内径宜符合表 3-35 的规定；

（3）布料杆的布置数量及位置应根据布料杆工作半径、施工作业面大小以及技术要求确定；

（4）布料杆安装位置处的结构或施工设施应进行验算，必要时应采取加固措施；

（5）布料杆在使用中应经常测定弯管处壁厚，对磨损较大的弯管应及时更换；

（6）应控制布料杆出料口位置；必要时应采取防护措施，防止出料口混凝土坠落。

3-42 泵送混凝土浇筑区域划分以及浇筑顺序是什么?泵送混凝土浇筑应注意些什么?

1. 泵送混凝土浇筑区域划分以及浇筑顺序应满足下列要求：

（1）宜根据结构平、立面形状及尺寸、混凝土供应、混凝土浇筑设备、场地内外条件等划分每台泵浇筑区域及浇筑顺序；

（2）采用硬管输送混凝土时，宜由远而近浇筑；多根输送管同时浇筑时，其浇筑速度宜保持一致；

（3）宜采用先浇筑竖向结构构件后浇筑水平结构构件的顺序进行浇筑；

（4）浇筑区域结构平面有高差时，宜先浇筑低区部分再浇筑高区部分。

2. 在泵送混凝土施工中应注意下列问题：

（1）配制泵送混凝土施工配合比应注意的问题

泵送混凝土配合比设计应根据混凝土泵材料、混凝土运输距离、混凝土泵与混凝土输送管径、泵送距离、气温等具体施工条件试配。必要时应通过试泵送确定泵送混凝土的配合比。

1）水泥：应具有良好的保水性，使混凝土在泵送中不产生离析和泌水现象。为此应优先选用普通硅酸盐水泥和火山灰水泥，若选用矿渣硅酸盐水泥应加大用水量增加水泥用量，并适量掺用粉煤灰提高保水性能。其次，根据混凝土的"可泵性"，水泥用量要适当，水泥用量过小会增大摩阻力，易使混凝土离析堵管，降低泵送容积效率；水泥用量过大会增加混凝土黏性，也会增大摩阻力。

2）骨料：应优先选用卵石，不宜使用碎石，因卵石表面圆滑"可泵性"最好，卵碎石混合料稍差，碎石最差。粗骨料的粒径、级配和形状对混凝土拌合物的可泵性有着十分重要的影响。粗骨料最大粒径与输送管的管径之比有直接的关系，应符合表3-36的规定。

粗骨料的最大粒径与输送管径之比　　　　表 3-36

泵送高度(m)	<50		50～100		>100	
	碎石	卵石	碎石	卵石	碎石	卵石
粗骨料最大粒径与输送管径之比	≤1∶3.0	≤1∶2.5	≤1∶4.0	≤1∶3.0	≤1∶5.0	≤1∶4.0

细骨料宜用河砂，粒径0.25～0.3mm的中砂"可泵性"最好；根据"可泵性"要求通过试配选择最佳砂率，一般在0.4～0.5之间，砂率过小混凝土易产生离析增大摩阻力；砂率过大虽有利润滑但水泥用量增大，增加成本。

3）水灰比（水胶比）：水灰比是泵送混凝土配合比的一个主

要参数，它是根据混凝土的强度、耐久性和可泵性设计，当水灰比超出强度要求的最大限度时就须用提高水泥强度等级或掺入外加剂加以满足，泵送混凝土的水胶比不宜大于 0.60，水泥与矿物掺合料的总量不宜小于 300kg/m^3；砂率宜为 35%～45%。

4）工作性：坍落度可按国家现行标准《混凝土泵送施工技术规程》JGJ/T 10 的规定选用。对不同泵送高度，入泵时混凝土的坍落度可按表 3-37 选用。混凝土经时坍落度损失值可按表 3-38 选用。

不同泵送高度入泵时混凝土坍落度选用值　　表 3-37

泵送高度(m)	＜30	30～60	60～100	＞100
坍落度(mm)	100～140	140～160	160～180	180～200

混凝土经时坍落度损失值　　表 3-38

大气温度(℃)	10～20	20～30	30～35
混凝土经时坍落度损失值(mm) (掺粉煤灰和木钙,经时/h)	5～25	25～35	35～50

注：掺粉煤灰与其他外加剂时，坍落度经时损失值可根据施工经验确定，无施工经验时，应根据试验确定。

一般坍落度控制在 8～18cm 可泵性最好，当坍落度超过 20cm 时，应考虑使用“流态混凝土”。坍落度过大会出现：①在混凝土泵及输送管道接头不严部位跑浆。②混凝土在长距离的输送管道中，粗骨料下沉，上部析水，破坏了粗骨料在砂浆中的悬浮状态发生堵管。③ 引起混凝土温度的降低。

5）外加剂：为改善混凝土的可泵性，应使用外加剂，常用的外加剂有引气剂、减水剂、缓凝剂、泵送剂等。泵送混凝土应掺适量外加剂，其品种和掺量由试验确定，不得任意使用。掺用引气型外加剂时，其混凝土的含气量不宜大于 4%。

（2）泵送混凝土施工，混凝土泵和输送管道使用中应注意的问题：

1）混凝土泵体应布置在供料方便、距浇筑场地最近的地方，最大限度地减少劳动力及减少管壁摩阻力，且考虑使用管道弯头最少、胶管最短。混凝土输送管不应直接固定在结构钢筋或模板和预埋件上。根据管壁摩阻力计算，各类管型换算成水平管的摩阻力如表 3-39。

各类管型换算成水平管的摩阻力　　　　表 3-39

项目	规格	水平管换算长度(m)
垂直管	ϕ100mm ϕ125mm ϕ150mm	4 5 6
弯管	90° 45° 30° 15°	半径 1∶9;半径 0.5∶12 半径 1∶4.5;半径 0.5∶6 半径 1∶3;半径 0.5∶4 半径 1∶1.5;半径 0.5∶2
软管	5m 3m	30 18
锥形管	ϕ175～150mm ϕ150～125mm ϕ125～100mm	4 10 20

2）混凝土泵与输送管道的连接方式有三种：①直接连接：泵送阻力较小，但泵体受输送管道的反作用力较大（混凝土因受泵送压力的反作用力），易使泵体受到较大的振动。②U 形连接：泵送阻力大，但反作用力小。③L 形连接：泵送阻力与反作用力介于上述两者之间。U 形连接主要用于向上垂直泵送高度超过 15m 或向下泵送时，若直接连接，高处混凝土易受自重回压，造成阀箱堵塞。

3）垂直向上泵送混凝土应将垂直管道的顶部固定牢固，防止因水平反作用力将竖管推倒发生意外。

4）垂直向下泵送混凝土时，应在管道最高点设置放气阀，以防因混凝土在垂直管道内下落造成空腔发生气堵。

5）开始泵送时，应使混凝土泵先行空运行，待液压油温上升至 15℃时才能正常运行。

6）开始泵送先在料斗内加一定量的清水，以湿润输送管道，减少坍落度损失。随后再在料斗内加入适量水泥砂浆，增加润滑效果。

7）在泵送中若暂停泵送，停留时间稍长，应利用泵体的正反泵，作正反循环各两次循环；用以活动管体内的混凝土。

8）泵送工作完成后，必须严格清刷泵体和输送管道（一般可利用聚苯清洗球冲刷）。

9）冬季施工要注意泵体内清洗水系统的防冻。

10）经常检查液压油的蓄存量，当油表油面低于限值时，应随时补充液压油。

11）做好混凝土浇灌地点与混凝土泵操作地点的信号联络，尤其对输送管道较长的施工现场，以便双方发生情况时，控制停泵或开泵。

3-43　为什么混凝土的自由倾落高度不宜超过 2m？

浇筑混凝土时，常遇到自高处向低处倾倒的情况，如浇筑较深的混凝土基础、地下室垫层、由顶部浇筑的钢筋混凝土柱、墙以及钢管混凝土等工程。在这种情况下，混凝土直接从运输小车或料斗倒入模板内的自由倾落高度（自出料口至模板底的高度），不宜大于 2m。若过高，由于粗骨料与水泥砂浆的粘着力，小于水泥与细骨料之间的粘着力，混凝土中的粗骨料，有从混凝土中分离出去的风险，散落在混凝土堆的外侧或底部、或者在倾落过程中，粗骨料最先落下，而砂浆滞后，造成混凝土的分层离析。混凝土分层离析的结果，使混凝土均质性破坏，强度和耐久性受到影响，并石子挤在模板边角，易形成“蜂窝”、“麻面”、“烂根”或造成砂、石密度不均匀。若自由倾落度过高，倾倒下来的混凝土具有很大的冲击力，它将砸坏模板，砸弯钢筋，使竖向构件箍筋移位，这些都能影响构件的受力性能，过高的倾落高度，冲击力还会加大混凝土对模板的侧压力，造成模板游移变位；或者造成砂浆飞溅，玷污未浇筑部位的钢筋，降低钢筋的握裹力。所以，当自由倾落高度大于 2m 时，常采用溜槽（图 3-3）“串桶”（见图 3-4）等工具，或在柱、墙的模板上，沿其高度方向留出“门子板”，将混凝土改为侧向入模，以此缩短倾落高度。还可以在浇筑竖向结构混凝土前，底部应先垫以 50～100mm 厚与混凝土成分相同的水泥砂浆作为接浆。混凝土的水胶比与坍落度应随浇筑高度上升而酌予递减。

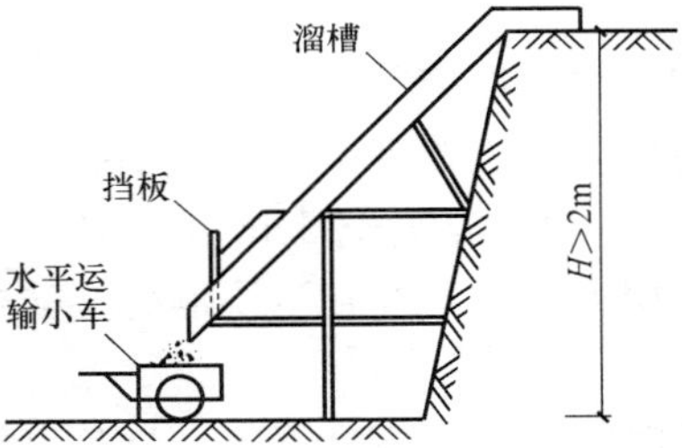

图 3-3　用溜槽输送混凝土

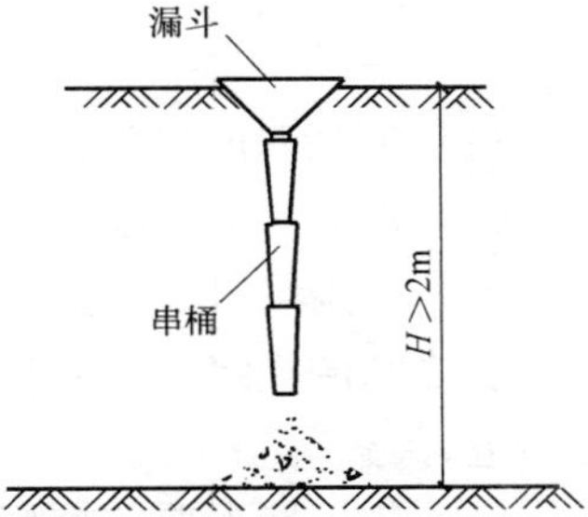

图 3-4　用漏斗浇筑混凝土

3-44　为什么混凝土要振动？使用振动器应注意哪些要点？

除自密实混凝土外，混凝土拌合物一般设计为具有一定的流动性（坍落度或工作度）。为了使拌合物有效地填充模板和包裹钢筋，流动性混凝土拌合物在振动器作用下，液化速度会加强，流动性增加，刚搅拌的混凝土，各矿物颗粒之间存在着摩擦力，称为混凝土的内摩擦。在振动情况下，各颗粒因受振而互相碰撞，产生瞬时的往复运动，同上述振动台上的物体一样，颗粒间的摩擦力也会削弱或消失。没有内摩擦的混凝土，形成悬浮状的液态，而获得流动性。骨料颗粒互相填充密实并充满模板，以达到最稳定的位置；同时，混凝土内的空气，在液相中受浮力作用而上升排出，这就是混凝土在振捣作用下，可以加强密实，提高强度的机理。

振动器（插入式、平板式或附着式等）根据其动力和频率的大小，具有一定的振动范围。混凝土只有在振动范围内，才能获得动能，所以施振间距要依据振动器和混凝土流动性的情况决定，否则将产生漏振现象。如插入式振捣器，其插点间距若按方格排列，不应超过振捣棒作用半径的 1.5 倍，若插点交错排列，则不超过 1.75 倍。

但混凝土振动应符合一定要领，其中使用插入式振动器应注意：

（1）振动器的操作，要做到“快插慢拔”。

（2）混凝土分层灌筑时，每层混凝土厚度不超过振动棒长的 1.25 倍；在振捣上一层时，应插入下层混凝土 5cm 左右，以消除两层之间的接缝，同时振捣上层混凝土，要在下层混凝土初凝之前进行。

（3）每一插点要掌握好振捣时间，过短不宜捣实，过长可能引起混凝土产生离析现象，对塑性混凝土尤其要注意。一般每点振捣时间为 20～30s，使用高频振动器时，最短不应少于 10s、但应视混凝土表面呈水平，不再显著下沉，不再出现气泡，表面泛出灰浆为准。

（4）振动器插点要均匀排列，可采用“行列式”或“交错式”的次序移动，不应混用，以免发生漏振。每次移动位置的距离不大于振动棒作用半径 R 的 1.5 倍。一般振动棒作用半径 R 为 30～40cm。

（5）振动器使用时，振动器距离模板不应大于振捣器作用半径的 0.5 倍，并不宜紧靠模板振动，尽量避免碰撞钢筋、芯管、吊环、预埋件。

使用平板式振动器应注意：

（1）平板式振动器在每一位置上应连续振动一定时间，正常情况下约为 25～40s 但以混凝土表面均匀出现浆液为准，移动时应成排依次振捣前进，前后位置和排与排间相互搭接应有 3～5cm，防止漏振。

（2）平板式振动器的有效深度，在单筋平板中约为 20cm，在双筋平板中约为 12cm。

（3）大面积混凝土地面，可采用两台振动器以同一方向安装在两条木杠上，通过木杠振动使混凝土密实。

3-45 为什么泵送混凝土的工作度用“可泵性”表示而不用坍落度?

普通混凝土的浇筑工艺，用混凝土的坍落度值表示其和易性的好坏，和易性反映着流动性及振捣和操作的难易程度。和易性较好的混凝土在运输中，应不产生离析现象；入模后应有较好的流动性、可塑性和均质性。对于泵送混凝土，其和易性的好坏，不仅与混凝土本身性质有关，还与外界因素有关，如输送泵的压力和输送管壁的摩阻力、水平和垂直输送距离等有关。仅用混凝土的和易性，不能完全表示出混凝土在泵送中的难易程度，所以用混凝土“可泵性”来表示。所谓“可泵性”，即混凝土在输送泵的压力、管壁摩阻力，弯管及管道接头的阻力等因素作用下，混凝土的产生离析程度以及泵的压力对混凝土物理性能的影响程度，如混凝土的升温、含气量减少、轻骨料吸水等。

可泵性好的混凝土应具备以下几点：

（1）混凝土与输送管道的管壁之间，具有较小的摩擦力，不致因过大摩擦力而造成压送困难。过大的管壁摩阻引起混凝土升温过高，从而产生混凝土的早凝，造成堵塞。

（2）混凝土在压送过程中，不产生离析现象（混凝土的离析，将引起粗骨料的重叠和挤塞，导致过大阻力造成输送堵塞）。

（3）保证在压送过程中，不引起混凝土性质的变化。如过大压力将引起集料的破碎和大量吸水以及混凝土内部含气量的不同。

（4）混凝土必须具有较好的流动性和足够的初凝时间。为获得混凝土较好的可泵性，必须经试验选定适宜的配合比，即适宜的坍落度（一般在 8～18cm）、适宜的水泥用量（若水泥用量过少，混凝土易离析，过多则加大黏滞作用，增加管内阻力）、适宜的砂率（降低砂率可以减少管内阻力，但砂率过低易引起混凝土离析）。此外，在泵送混凝土中，掺入适量的粉煤灰或引气剂、增塑剂等掺合料，对增加混凝土的流动性是有利的。

3-46 混凝土运输时间有何规定？

在混凝土运输过程中，应控制混凝土运至浇筑地点后，不离析、不分层、组成成分不发生变化，并能保证施工所必需的稠度。

运送混凝土的容器和管道，应不吸水、不漏浆，并保证卸料及输送通畅。容器和管道在冬夏季都要有保温或隔热措施。

混凝土应以最少的转载次数和最短的时间，从搅拌地点运至浇筑地点。混凝土从搅拌机中卸出后到浇筑完毕的延续时间应符合表 3-40 的要求。

混凝土从搅拌机中卸出到浇筑完毕的延续时间　表 3-40

气温	延续时间(min)			
	采用搅拌车		其他运输设备	
	≤C30	＞C30	≤C30	＞C30
≤25℃	120	90	90	75
＞25℃	90	60	60	45

注：掺有外加剂或采用快硬水泥时延续时间应通过试验确定。

3-47 现浇结构分次浇筑的结合面上进行混凝土浇筑应注意什么？

现浇结构分次浇筑的结合面上进行混凝土浇筑应符合下列规定：

（1）结合面应有凹凸差不小于 4mm 的粗糙面；

（2）结合面应清除浮浆和疏松石子，并清理干净；

（3）结合面上浇筑混凝土应浇水进行充分湿润，并不得有积水。

3-48 超长结构混凝土浇筑有什么要求？

超长结构混凝土浇筑应符合下列规定：

（1）超长结构可留设施工缝分仓浇筑或留设后浇带方式浇筑，分仓浇筑间隔时间不宜少于7d，后浇带封闭时间不应少于14d。

（2）主楼与裙房整体基础间调节沉降的后浇带，混凝土封闭时间应通过监测确定，当差异沉降趋于稳定后方可封闭后浇带。

3-49 型钢混凝土结构浇筑应注意些什么？

型钢混凝土结构浇筑应符合下列规定：

（1）混凝土粗骨料最大粒径不应大于型钢外侧混凝土保护层厚度的1/3，且不应大于25mm；

（2）混凝土浇筑应有充分的下料位置，且能使其充盈整个型钢结构；

（3）型钢周边混凝土浇筑应均匀上升，混凝土高差不应大于500mm，避免型钢整体位移超过允许偏差。

3-50 钢管混凝土结构浇筑应注意些什么？

钢管混凝土结构浇筑应符合下列规定：

（1）宜采用自密实混凝土，并应根据设计和施工要求进行配合比设计；

（2）混凝土应采取减少收缩的措施，减少管壁与混凝土间的间隙；

（3）在钢管底部管壁以及适当位置应留有足够的排气孔，排气孔孔径应不小于20mm；

（4）当采用粗骨料粒径小于等于25mm的大流动混凝土或

自密实混凝土时，混凝土最大倾落高度不宜大于 9m。大于 9m 时，应加设串筒、溜槽、溜管等装置浇筑；

（5）混凝土从管顶向下浇筑时应符合下列要求：

1）应保证混凝土浇筑有充分的下料位置，并能充盈整个钢管结构；

2）混凝土泵管内径或斗容器下料口内径应比钢管内径小，且每边应留有不小于 100mm 的间隙；

3）应控制浇筑速度和单次下料量，并分层逐步浇筑至设计标高；

4）混凝土浇筑时，应加强底部管壁排气孔观察，确认浆体流出和浇筑密实后方可封堵排气孔；

5）混凝土浇筑完毕后应对管口进行临时封闭。

（6）混凝土从管底顶升浇筑时应符合下列要求：

1）应在钢管底部设置进料管，进料管应设止流阀门，止流阀门可在顶升浇筑的混凝土达到终凝后拆除。

2）合理选择混凝土顶升浇筑设备，配备上下通信联络工具，有效操控混凝土的顶升或停止过程。

3）应控制混凝土顶升速度，并均衡而逐步浇筑至设计标高。

4）应采取减少混凝土收缩的措施，控制混凝土收缩量，减少管壁与混凝土的间隙。

3-51 自密实混凝土浇筑应注意些什么?

自密实混凝土浇筑应符合下列规定：

（1）自密实混凝土粗骨料最大粒径不应大于 25mm，宜选用最大粒径不大于 20mm 的粗骨料；

（2）应根据结构形状、配筋情况及噪声控制要求，选用合适的浇筑机具和浇筑速度；

（3）浇筑应能使混凝土充填到钢筋、预埋件、预埋钢构周边及模板内各角落；

（4）自密实混凝土浇筑布料点应结合拌合物特性选择适宜的间距，必要时可以通过试验确定混凝土布料点下料间距。

3-52 清水混凝土结构浇筑应注意些什么？

（1）同层或同区内混凝土构件所用材料牌号、品种、规格应一致，并应保证结构外观色泽符合要求；

（2）应根据结构特点进行构件分区，同一构件分区应采用同批混凝土浇筑；

（3）竖向构件浇筑时应严格控制分层浇筑的间隔时间，避免出现混凝土层间接缝痕迹。

3-53 基础大体积混凝土结构浇筑应注意些什么？

（1）用多台输送泵接硬管输送浇筑时，输送管布料点间距不宜大于12m，并宜由远而近浇筑；

（2）用汽车布料杆输送浇筑时，应根据布料杆工作半径确定布料点数量，各布料点浇筑速度应保持均衡；

（3）宜先浇筑深坑部分再浇筑大面积基础部分；

（4）宜采用斜面分层浇筑方法，也可采用全面分层、分块分层浇筑方法，每层混凝土浇筑应连续；

（5）混凝土分层浇筑应利用自然流淌形成斜坡，并应沿高度均匀上升，分层厚度不应大于500mm；

（6）分层浇筑间隔时间应缩短，混凝土浇筑后应及时浇筑另一层混凝土；

（7）浇筑完成应按规定进行抹面处理，抹面次数宜适当增加；

（8）应有排除积水或混凝土泌水的有效技术措施。有效技术措施是指排水沟和集水井；

（9）由于柱、墙和梁板大体积混凝土浇筑与一般柱、墙和梁板混凝土浇筑并无区别，其大体积混凝土按常规做法施工。

3-54 预应力结构混凝土浇筑如何要求?

（1）在预应力锚垫板与波纹管连接处及预应力筋连接处的管道位置，混凝土浇筑时应避免出现移位或脱落；

（2）混凝土的浇筑顺序及方法应能使结构张拉端混凝土充分密实，并可靠传递预压应力；

（3）锚固区、张拉端等配筋密集部位应采取便于混凝土浇筑密实的措施。

3-55 振动棒振捣混凝土应如何控制质量?

（1）振动棒应按浇筑层进行振捣。振动棒应垂直于混凝土表面，使其自然沉入混凝土中；振动棒的前端应插入前一次浇筑层，插入深度不应小于50mm；混凝土振捣时间以表面出现浮浆为准；

（2）振动棒应上下抽动均匀振捣，混凝土表面已平坦无明显塌陷、有水泥浆出现、不再冒气泡时拔出振动棒结束振捣。每一振捣点的振捣延续时间，应避免过振产生离析；

（3）混凝土振动棒移动的间距应符合下列规定：

1）振动棒与模板的距离不应大于振动棒作用半径的0.5倍；

2）方格型排列振捣插点间距应不大于1.4倍振动棒的作用半径见图3-5；

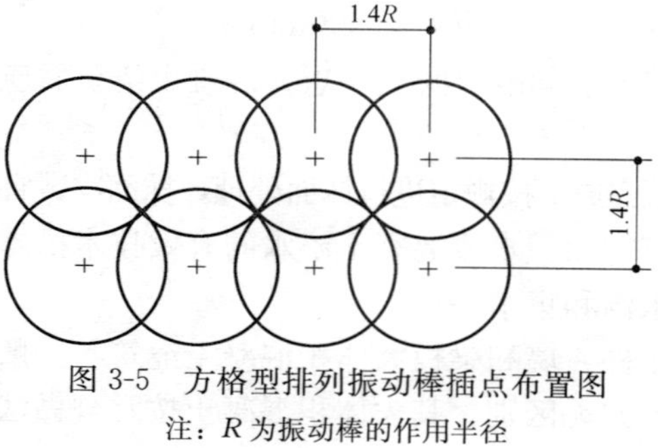

图3-5　方格型排列振动棒插点布置图

注：R为振动棒的作用半径

3）交错型排列振捣插点间距应不大于1.7倍振动棒的作用半径，见图3-6。

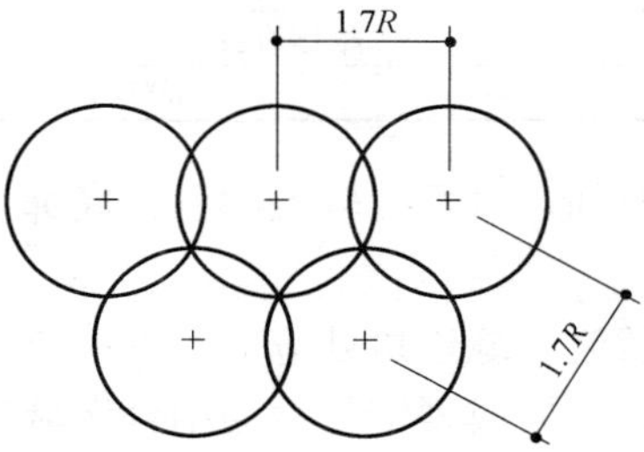

图3-6　交错型排列振动棒插点布置图

注：R为振动棒的作用半径

（4）振动棒振捣混凝土应避免碰撞模板、钢筋、钢构、预埋件等。

3-56　附着振动器振捣混凝土应如何控制质量？

（1）附着振动器应根据混凝土浇筑高度和浇筑速度，依次从下往上振捣；

（2）附着振动器应与模板紧密连接，设置间距应通过试验确定；

（3）模板上同时使用多台附着振动器时应使各振动器的频率一致，并应根据相对面的模板交错设置。

3-57　混凝土分层振捣的厚度如何划分？哪些部位应加强振捣？

混凝土分层振捣的厚度应符合表3-41的规定。

应采取技术措施加强对如下部位的振捣：

（1）宽度大于0.3m的预留洞底部区域应在洞口两侧进行振

混凝土分层振捣厚度 **表 3-41**

振捣方法	混凝土分层振捣厚度
振动棒	振动棒作用部分长度的 1.25 倍
附着振动器	根据设置方式，通过试验确定
表面振动器	200mm

捣，并延长振捣时间；对宽度较大的洞口底部，应采取特殊的技术措施；

（2）后浇带及施工缝边角处应加密振捣点、延长振捣时间；

（3）钢筋密集区域或型钢与钢筋结合区域应选择小型振动棒辅助振捣、加密振捣点、延长振捣时间；

（4）自密实混凝土浇筑宜在边角位置采用小型振动棒辅助振捣；

（5）基础大体积混凝土浇筑流淌形成的坡顶和坡脚应适时振捣，不得漏振。

3-58 混凝土浇筑过程中应注意些什么？

混凝土浇筑过程中严禁加水；在施工作业面上浇筑混凝土时应布料均衡；布料应避免集中堆放或不均匀布料造成模板和支架过大变形。应对模板和支架进行观察和维护，发生异常情况时应及时进行处理。混凝土浇筑应采取措施避免造成模板内钢筋、预埋件及其定位件移动。混凝土浇筑不应造成模板内钢筋、预埋件的定位件移动，钢筋、预埋件位移超过允许偏差时应及时纠正。

（1）混凝土浇筑过程应有效控制混凝土的均匀性和密实性；混凝土应连续浇筑使其成为连续的整体。

（2）浇筑混凝土前应清除模板内以及垫层上的杂物。表面干燥的地基土、垫层、木模板应浇水湿润，现场温度高于 35℃时宜对金属模板进行浇水降温，但不得留有积水。

（3）浇筑结构混凝土可采用一次连续浇筑，也可留设施工缝或后浇带分块连续浇筑。混凝土浇筑时间有间歇时，次层混凝土应在前层混凝土初凝之前浇筑完毕。

（4）混凝土从搅拌完成到浇筑完毕的延续时间不宜超过表3-42的规定。混凝土运输、输送、浇筑及间歇的全部时间不应超过表3-42的规定。当不满足表3-43的规定时，应临时设置施工缝，继续浇筑混凝土时应按施工缝要求进行处理。

混凝土从搅拌完成到浇筑完毕的延续时间限值（min）

表3-42

条件	混凝土强度等级	气温	
		≤25℃	>25℃
不掺外加剂	≤C30	120	90
	>C30	90	60
掺外加剂	≤C50	180	150
	>C50	150	120

混凝土运输、输送、浇筑及间歇的全部时间限值（min）

表3-43

条件	混凝土强度等级	气温	
		≤25℃	>25℃
不掺外加剂	≤C30	210	180
	>C30	180	150
掺外加剂	≤C50	270	240
	>C50	240	210

注：有特殊要求的混凝土、应根据设计与施工要求，通过试验确定允许时间。

（5）混凝土浇筑的布料点宜接近浇筑位置，应采取减缓混凝土下料冲击的措施，保证混凝土不发生离析。

（6）混凝土浇筑高度应保证混凝土不发生离析。混凝土自高处倾落的自由高度不应大于2m；柱、墙模板内的混凝土倾落高度应满足表3-44的规定；当不能满足表3-44的规定时，宜加设串筒、溜槽、溜管等装置。

（7）混凝土墙体内的预留洞底部宽度大于0.8m时，应对混凝土浇筑采取技术措施，保证预留洞底部混凝土浇筑密实。

柱、墙模板内混凝土倾落高度限值　　表 3-44

条件	混凝土倾落高度(m)
骨料粒径大于 25mm	≤3
骨料粒径小于等于 25mm	≤6

（8）混凝土浇筑后，在混凝土初凝、终凝前宜分别进行抹面处理。

（9）结构柱、墙混凝土设计强度等级高于梁、板混凝土设计强度等级时，应在交界区域采取分隔措施。分隔位置应在低强度等级的构件中，且应与高强度等级构件边缘不小于 500mm 的距离。应先浇筑高强度等级混凝土，后浇筑低强度等级混凝土。

3-59　为什么在混凝土表面会出现浆皮？为什么二次抹面的混凝土要凿除表层浆皮？

混凝土表面出现浆皮的主要原因如下：

（1）混凝土坍落度过大。对楼板一类构件一般较适宜的坍落度应是：机械振捣 3～5cm，人工振捣 5～7cm。若坍落度过大，浇捣后混凝土骨料颗粒受自重作用而沉落，迫使水泥浆液上浮，在混凝土表层形成浆皮。

（2）振捣时间过长。振捣时间的长短，与操作人员的施工经验是分不开的。振捣时间过短，混凝土达不到应有的密实度；但过长则引起粗骨料颗粒沉于混凝土底部，造成水泥浆液、砂、石分层离析，出现浮浆。所以振捣时间要恰到好处，这就需要在施工过程中，摸索出一套振捣实践经验来。

（3）使用矿渣水泥。矿渣水泥的析水性较大，和易性差。这是由于水泥本身矿物成分和粒径大小所决定的，所以对二次抹面混凝土应尽量避免使用。若必须使用时，可调整砂率，保证足够的搅拌时间或掺用外加剂，改善混凝土的和易性。

对于需要进行二次抹面的混凝土，如现浇楼板、垫层等。在抹面层前，常用大量人工凿除混凝土表面水泥浆皮。因水泥浆皮内含大量氢氧化钙，呈乳白色，质轻强度低，表面光滑不易粘结，在上面做水泥砂浆面层极易产生空鼓。

3-60 什么是施工缝？混凝土柱、梁和板的施工缝怎样留置？

在现浇钢筋混凝土结构中，由于施工技术或组织上的原因，不能连续将结构整体浇筑完成，并且间歇的时间预计将超出混凝土的初凝时间时，应预先选定适当的部位分层（或段）先后浇筑，这“层”间缝就叫施工缝。

一般施工缝的留设位置应在结构受剪力较小且方便施工的部位。留施工缝的部位应满足以下几点：

（1）单独构件（现浇或预制）的浇筑不允许留施工缝，如一根梁、一块板、一根柱等等。因为无论施工缝留在什么位置，都会形成构件的薄弱环节，影响它的受力性能和破坏其整体性。

（2）和板连成整体的大断面梁（高度大于 1m）宜留置在板面以下 20～30mm 处。板下有梁托时应留在梁托下部。

（3）单向板留置在平行于板的短边的任何位置。有主次梁的楼板，宜顺着平行次梁方向浇筑，施工缝留置在次梁跨中 1/3 跨度的范围。见图 3-7。

（4）按施工工艺过程留施工缝。某些整体结构受施工工艺限制，必须断在某些指定部位如钢筋混凝土柱（图 3-8），施工缝宜留在柱基上表面的水平位置。从受力情况看，在水平荷载作用下，该位置并非剪力小，而是剪力最大。但从施工工艺来看，必须先浇好柱基、埋好柱插筋、绑柱钢筋骨架、支柱模、浇柱混凝土。否则，若柱与柱基一次整体浇筑，就须将整个柱模架空于柱基模板上，这在施工上是非常困难的。

（5）当水平构件（梁、板）与垂直构件（柱、墙）相接时，施工缝宜留在水平构件下面 2～3cm 处（图 3-9），以避免混凝土沿不同方向（水平与垂直）的收缩而产生裂缝。

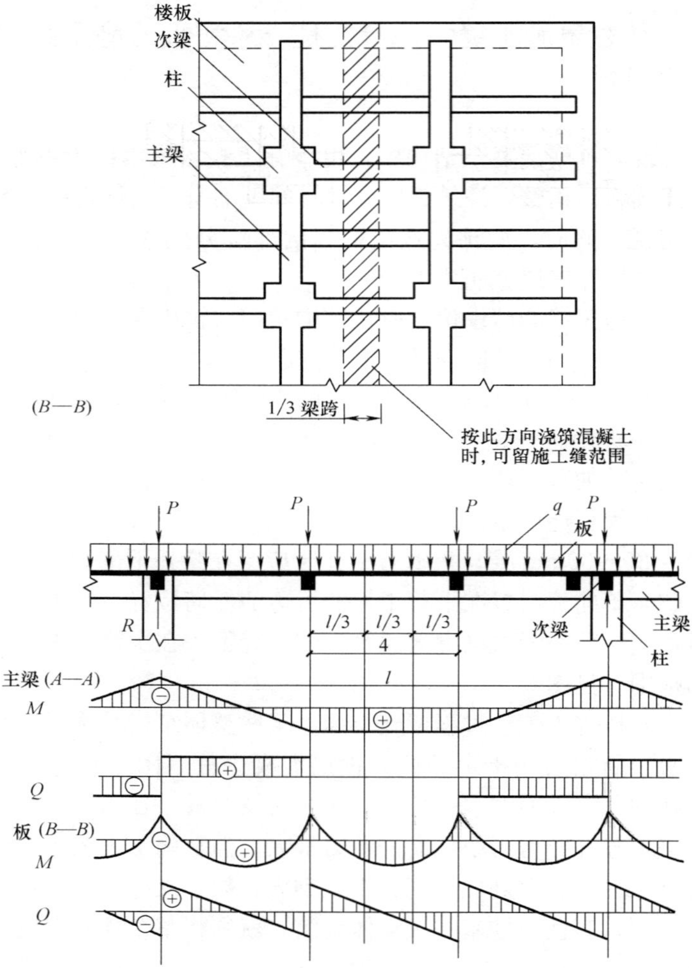

图 3-7　梁、板、柱体系施工缝范围及内力分析

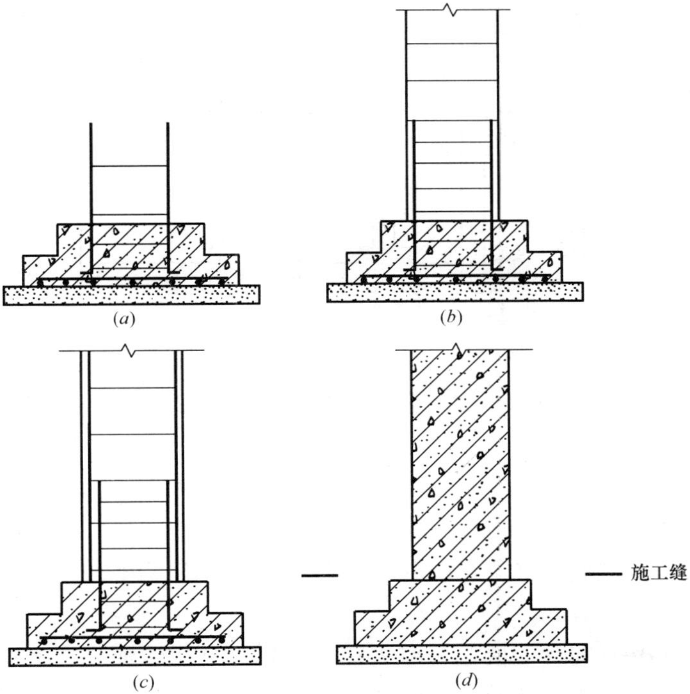

图 3-8　钢筋混凝土柱留施工缝示意

(*a*) 预留柱插筋；(*b*) 绑柱钢筋骨架；(*c*) 支柱模板；(*d*) 浇筑柱混凝土

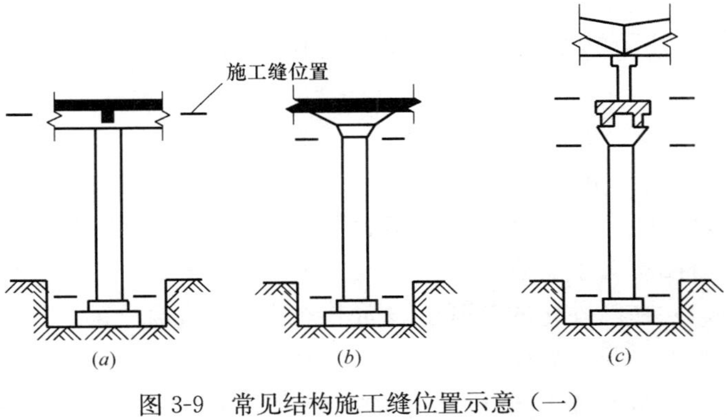

图 3-9　常见结构施工缝位置示意（一）

(*a*) 梁、板、柱体系；(*b*) 无梁楼盖；(*c*) 厂房柱

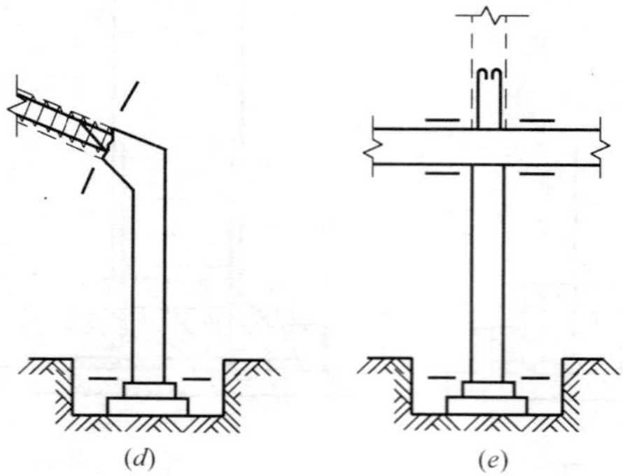

图 3-9 常见结构施工缝位置示意（二）
（d）门式框架；（e）梁柱框架

（6）为避免混凝土不均匀的温度应力和收缩变形，大体积混凝土施工缝，应留成对称形。

（7）墙施工缝留在门洞口过梁跨中 1/3 范围内，也可留在纵横墙的交接处。

（8）双向受力楼板、厚大结构、拱、穹拱、薄壳、蓄水池、斗仓、多层钢架及其他结构复杂的工程，施工缝的位置应按设计要求留置。

3-61 施工缝继续浇筑混凝土时应注意些什么？

施工缝处混凝土，应待已成型混凝土的抗压强度大于 1.2MPa 时方可进行浇筑。混凝土达到这一强度的时间决定于水泥强度等级、混凝土强度等级、气温等，可根据试块试验确定，也可查阅有关手册确定。

（1）在已硬化的混凝土表面上继续浇筑混凝土前，应清除垃圾、水泥薄膜、表面上松动砂石和软弱混凝土层，同时还应加以凿毛，用水冲洗干净并充分湿润，一般不宜少于 24h，残留在混凝土表面的积水应予清除。

（2）注意施工缝位置附近回弯钢筋时，要做到钢筋周围的混凝土不受松动和损坏。钢筋上的油污、水泥砂浆及浮锈等杂物也应清除。

（3）在浇筑前，水平施工缝宜先铺上 10～15mm 厚的水泥砂浆一层，其配合比与混凝土内的砂浆成分相同。

（4）从施工缝处开始继续浇筑时，要注意避免直接靠近缝边下料。机械振捣前，宜向施工缝处逐渐推进，并距 80～100cm 处停止振捣，但应加强对施工缝接缝的捣实工作，使其紧密结合。

（5）承受动力作用的设备基础的施工缝处理，应遵守下列规定：

1）标高不同的两个水平施工缝，其高低接合处应留成台阶形，台阶的高度比不得大于 1；

2）在水平施工缝上继续浇筑混凝土前，应对地脚螺栓进行一次观测校正；

3）垂直施工缝处应加插钢筋，其直径为 12～16mm，长度为 50～60cm，间距为 50cm。在台阶式施工缝的垂直面上亦应补插钢筋。

3-62 什么是后浇带？后浇带的设置应注意些什么？

后浇带是在现浇钢筋混凝土结构施工过程中，为克服由于温度、收缩而可能产生有害裂缝而设置的临时施工缝。该缝需根据设计要求保留一段时间后再浇筑，将整个结构连成整体。

（1）后浇带的设置距离，应考虑有效降低温差收缩应力的条件下，通过计算来获得。在正常的施工条件下，如混凝土置于室内和土中可为 30m 间距设一道；如在露天可为 20m 间距设一道。

（2）后浇带的保留时间应根据设计确定，若设计无要求时，一般至少保留 14d 以上。

（3）后浇带的宽度应考虑施工简便，避免应力集中。一般其宽度为 70～100cm。后浇带内的钢筋应完好保存。

（4）后浇带在浇筑混凝土前，必须将整个混凝土表面按照施工缝的要求进行处理。填充后浇带混凝土可采用微膨胀或无收缩水泥，也可采用普通水泥加入相应的外加剂拌制，但必须要求填筑混凝土的强度等级比原结构强度提高一级，并保持至少 14d 的湿润养护。

（5）后浇带混凝土强度等级及性能应符合设计要求；当设计未要求时，后浇带强度等级宜比两侧混凝土提高一级，并宜采用减少收缩的技术措施进行浇筑。减少收缩的技术措施包括混凝土组成材料的选择、配合比设计、浇筑方法以及养护条件等，例如，采用聚羧酸系外加剂配置的混凝土其收缩率会大幅减少。

3-63　为什么混凝土要养护?

混凝土养护是为了加强在混凝土固化过程中的湿度和温度控制，防止混凝土产生裂缝，确保混凝土物理力学性能的重要措施。

常用的混凝土养护方法有自然养护和人工养护两种。人工养护主要有蒸汽养护和蓄热、喷涂养护剂等方式。选择养护方式应考虑现场条件、环境温湿度、构件特点、技术要求、施工操作等因素。各种养护方式可单独使用，也可复合使用。其中覆盖养护是应用较多的，覆盖养护主要指使用塑料薄膜、麻袋、草帘等进行覆盖。

3-64　混凝土的养护时间是如何控制的?

（1）采用硅酸盐水泥、普通硅酸盐水泥或矿渣硅酸盐水泥配制的混凝土养护时间不得少于 7d；采用其他品种水泥时，养护应根据水泥技术性能确定；

（2）采用缓凝型外加剂、大掺量矿物掺合料配制的混凝土不得少于14d；

（3）抗渗混凝土、高强混凝土、高性能混凝土不得少于14d；

（4）地下室底层墙、柱和上部结构首层墙、柱宜适当增加养护时间，增加时间应根据技术方案确定；

（5）基础大体积混凝土养护时间应根据技术方案确定。

3-65 常用的混凝土养护方法有哪些？注意事项是什么？

浇水养护应注意事项：

（1）对养护环境温度没有特殊要求的结构构件，可采用浇水养护方式；

（2）浇水养护可采用直接浇水、覆盖麻袋或草帘浇水等方法；

（3）浇水次数应根据大气情况和周围环境确定，确保混凝土处于湿润状态；

（4）浇水养护用水与混凝土用水标准相同，混凝土养护用水可选用中水；

（5）当日平均温度低于5℃时，不得浇水。

蓄热养护应注意事项：

（1）对养护环境温度有特殊要求或浇水养护有困难的结构构件，可采用蓄热养护方式；

（2）蓄热养护可采用覆盖塑料薄膜、塑料薄膜加麻袋、塑料薄膜加草帘等方法；

（3）结构构件裸露表面的养护均应覆盖严密：覆盖物相互搭接不宜小于100mm，确保混凝土处于保温保湿状态，应及时检查含水覆盖物内是否有自由水，确保混凝土表面湿润；

（4）覆盖物的层数应按技术方案确定；

（5）尽量减少混凝土裸露时间，防止水分蒸发，减少混凝土塑性收缩。通过抹压表面，使之面层更加密实，减少塑性裂纹。

喷涂养护剂养护应注意事项：

（1）对养护环境温度没有特殊要求，外形不规则或浇水养护有困难的结构构件，可采用喷涂养护剂养护方式；

（2）养护剂应及时、均匀喷涂在结构构件表面，不得漏喷或薄喷，确保混凝土处于保湿状态；

（3）养护剂的使用应符合使用说明书的有关要求。

3-66 基础大体积混凝土如何进行养护？

基础大体积混凝土裸露表面应及时进行蓄热养护，基础大体积混凝土裸露表面应在混凝土初凝前抹压表面后进行蓄热养护，混凝土终凝前用抹子再次搓压表面，使之平整后再次蓄热养护，蓄热养护覆盖层层数应根据施工方案确定，养护时间应根据测温数据确定。基础大体积混凝土内部温度与环境温度的差值小于30℃时，可以结束蓄热养护。蓄热养护结束后宜采用浇水养护方式继续养护，必要时也可铺上麻袋或草帘进行喷水养护，蓄热养护和浇水养护时间应符合上述第 65 条规定，且不得少于 14d。

3-67 柱、墙混凝土如何进行养护？

柱、墙混凝土养护应采取的措施：

（1）地下室底层和上部结构首层柱、墙混凝土宜采用带模养护方法，带模养护时间不宜少于 3d；当混凝土达到一定强度后，可松动模板，离缝约 3～5mm，进行喷水养护，避免阳光直射。带模养护结束后应继续采用直接浇水、覆盖麻袋或草帘浇水养护等方法，必要时可采用喷涂养护剂养护方法；拆除模板后，应继续进行喷水养护；

（2）其他部位柱、墙混凝土宜采用直接浇水、覆盖麻袋或草帘浇水养护等方法，必要时可采用喷涂养护剂养护方法；

（3）带模养护和浇水养护时间或浇水养护时间应符合第 65 条规定。

3-68 如何进行混凝土覆盖浇水自然养护？

混凝土的自然养护是指在平均气温高于5℃的条件下使混凝土保持湿润状态。用覆盖物并浇水时应注意以下规定：

(1) 覆盖材料可用麻袋、草垫、草包、锯末、砂等。

(2) 覆盖养护开始时间对普通塑性混凝土应在浇筑完毕后10～12h（炎夏季节可适当缩短）内；对干硬性混凝土应在浇筑后1～2h内即进行覆盖。

(3) 浇水次数，一般气候条件下（气温为15℃左右），在浇筑后的最初3d里，白天应每隔2h浇水一次，夜间至少二次，在以后的养护期间中，每昼夜至少浇水四次，在干燥的气候条件下浇水次数应适当增加，以保证覆盖物经常保持湿润为度。

(4) 混凝土浇水养护时间，对采用硅酸盐水泥、普通硅酸盐水泥或矿渣硅酸盐水泥拌制的混凝土不得少于7d；对火山灰水泥、粉煤灰水泥拌制的混凝土及对掺用缓凝型外加剂或有抗渗要求的混凝土，不得少于14d。

(5) 对于大面积的混凝土，如地坪、楼面、平屋面、公路等，可在混凝土有一定强度后（一般经24h后），遇水不再脱皮离析时，在四周筑起临时小堤，灌水养护，蓄水深度维持在40～60mm，蒸发后应及时补充；对于池、坑结构，可待内模拆除后灌水养护。

(6) 对于竖向构件如墙、柱等，宜用麻袋、草帘等做成帘式覆盖物，贴挂在墙、柱面上，并浇水保持湿润。

(7) 混凝土的养护用水应与拌制用水相同。

(8) 当日平均气温低于5℃时，不得浇水。

在有条件的情况下，可采用不透水、气的薄膜布（如塑料薄膜布）养护。用薄膜布把混凝土表面敞露的部分全部严密地覆盖起来，保证混凝土在不失水的情况下得到充足的养护。这种养护方法的优点是不必浇水，操作方便，能重复使用，能提高混凝土的早期强度，加速模具的周转。但应该保持薄膜布内有凝结水。

3-69 什么是大体积混凝土施工？

关于大体积混凝土的定义，目前国内外尚无一个统一的规定。美国混凝土学会（ACI）规定："任何就地浇筑的大体积混凝土，其尺寸之大，必须要求采取措施解决水化热及随之引起的体积变形问题，以最大的限度减少开裂。"日本建筑学会标准（JASS5）中规定："结构断面最小尺寸在80cm以上，同时水化热引起混凝土内的最高温度与外界气温之差，预计超过25℃的混凝土，称之为大体积混凝土。"我国大体积混凝土一般指的是最小断面尺寸大于1m以上的混凝土结构，其尺寸已经大到必须采用相应技术措施妥善处理温度差值，合理解决温度应力并控制裂缝开展的混凝土结构。

由于大体积混凝土的截面尺寸较大，在混凝土硬化期间水泥水化过程中释放的水化热所产生的温度变化和混凝土收缩，以及外界约束条件的共同作用，而产生的温度应力和收缩应力，是导致大体积混凝土结构出现裂缝的主要因素。

大体积混凝土与普通钢筋混凝土相比，具有结构厚、体形大、钢筋密，混凝土数量多、工程条件复杂和施工技术要求高的特点。除了必须满足普通混凝土的强度、刚度、整体性和耐久性等要求外，主要就是如何控制温度变形裂缝的发生和开展。

3-70 为什么浇筑大体积混凝土采用"分层赶浆法"能避免施工缝？

在工业与民用建筑中，由于工程的要求，对某些大体积混凝土工程的浇筑，不允许留施工缝，必须整体现浇。如带有地锚导轨的承力基础底板、水坝、大体积工业基础等等。对这类构筑物混凝土的浇筑，常采用"分层赶浆法"，就可避免施工缝，以达到整体现浇的目的。

所谓分层赶浆法的"分层"，即沿浇筑高度分成若干浇捣层，各层高度 h，应根据振捣棒的有效棒长决定，不应大于有效棒长的 1.5 倍。而且各层按照先后浇捣次序，拉开一定距离的操作面，同时向前推进（图 3-10）。

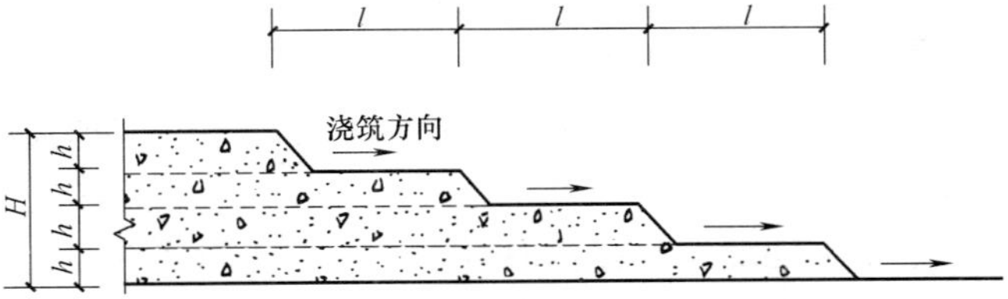

图 3-10 分层赶浆法浇筑混凝土示意

H—浇筑高度；h—分层高度；l—操作宽度

"赶浆"是指沿浇筑推进方向，在位于混凝土端部，因振捣而形成水泥砂浆，该层砂浆是在下层混凝土由于骨料的初步沉实，其表层水泥砂浆相对含量较多而形成的。

采用分层赶浆法能避免出现施工缝的原因，主要是根据各层混凝土的浇捣速度，准确计算搅拌机的混凝土输出量，以保证上下各层混凝土的衔接时间，都在混凝土的初凝时间之内。同时，在上层混凝土振捣过程中，将振捣棒插入下层混凝土表面约 3～5cm，以破坏层间冷缝，使上下层混凝土成为整体。沿混凝土全长方向连续施工，中途没有停歇。

3-71 大体积混凝土施工采取哪些措施防止裂缝的产生?

实践经验表明，现有大体积结构的裂缝，绝大多数是由温度裂缝原因而产生的，因此防止产生温度裂缝是大体积混凝土研究的重要课题。在结构工程的设计与施工中，对于大体积混凝土结构，为防止其产生温度裂缝，除需要在施工前进行认真温度计算外，还要做到在施工过程中采取一系列有效的技术措施。如控制混凝土温升、延缓混凝土降温速率、减少混凝土收缩变形、提高混凝土极限抗拉应力值、改善混凝土约束条件、完善构造设计和加强施工中的温度监测等。以上各项技术措施并不是孤立的，而是相互联系、相互制约的，设计和施工中必须结合实际、全面考虑、合理采用，才能收到良好的效果。

控制温度裂缝的主要技术措施有：

（1）合理选择混凝土配合比，宜选用水化热低的水泥，并宜掺加粉煤灰、矿粉和高效减水剂，控制水泥用量，应加强混凝土养护工作。

（2）根据不同部位大体积混凝土的特点编制施工方案，采取具有针对性的技术措施，防止有害裂缝产生。混凝土施工方案应包括以下内容：

1）原材料的技术要求，配合比的选择；

2）混凝土内部温升计算，混凝土内外温差估算；

3）混凝土运输方法；

4）混凝土浇筑、振动、养护措施；

5）混凝土测温方案；

6）裂缝控制技术措施。

（3）宜采用混凝土后期强度，减少水泥用量。基础大体积混凝土宜采用龄期为56d、60d、90d的强度等级；当柱、墙采用不小于C80强度等级的大体积混凝土时，混凝土可采用龄期为56d的强度等级；混凝土后期强度等级可作为配合比、强度评定及验收的依据；利用后期强度配制混凝土应征得设计同意。

（4）使用粗骨料，尽量选用粒径较大，级配良好的；掺加粉煤灰等掺合料、或掺加减水剂、改善和易性、降低水灰比，以达到减少水泥用量、降低水化热的目的；

（5）在厚大无筋或少筋的大体积混凝土中，掺加总量不超过20％的大石块，减少混凝土的用量。

（6）在施工中优化混凝土级配，掺加适量的外加料，以改善混凝土的特性，是大体积混凝土施工中的一项重要技术措施。混凝土中常用的外加料主要是外加剂和外掺料。

（7）选择较适宜的气温浇筑大体积混凝土，尽量避开炎热天气浇筑混凝土。夏季可采用低温水或冰水搅拌混凝土，可对骨料喷冷水雾或冷气进行预冷，或对骨料进行护盖或设置遮阳装置避免阳光直晒，运输工具如具备条件也要搭设避阳设施，以降到混凝土拌合物的入模温度。

（8）在混凝土入模时，采取措施改善和加强模内的通风，加速模内热量的散发。

（9）在混凝土浇筑之后，做好混凝土的保温保湿养护，缓缓降温，充分发挥徐变特性，减低温度应力，夏季注意避免暴晒、做好保湿，冬季应采取措施保温覆盖，以免发生急剧的温度梯度发生。

（10）采取长时间的养护，规定合理拆模时间，延缓降温时间和速度，充分发挥混凝土的"应力松弛效应"。养护时还应注意：

1）严格控制浇筑后的混凝土表面和内部温差在设计要求范围内，或控制在25℃的范围内；

2）采用覆盖养护的办法来达到保温和保湿的作用。常用的覆盖材料有塑料薄膜布、油布，此外还可用草包、炉渣和锯末等，也可用蓄水养护的方法；

3）加强测温和温度监测与管理，实行信息化控制；随时控制混凝土的温度变化，内外温差控制在25℃以内，基面温差和基底面温差均在20℃以内；及时调整保温及养护措施，使混凝土的温度梯度和湿度不至过大，以有效控制有害裂缝的出现。

（11）合理安排施工程序，控制混凝土在浇筑过程中均匀上升，避免混凝土拌合物堆积过大高差。在结构完成后及时回填土，避免其侧面长期暴露。

（12）采用分层或跳仓浇筑大体积混凝土，合理设置水平或垂直施工缝；或在适当的位置设置施工后浇带，以放松约束程度，减少每次浇筑长度的蓄热量，以防止水化热的积聚，减少温度应力。

（13）对大体积混凝土基础与岩石地基，或基础与厚大的混凝土垫层之间设置滑动层。如采用平面浇沥青胶铺砂、或刷热沥青或铺卷材在垂直面。键槽部位设置缓冲层，可用铺设30～50mm厚沥青木丝板或聚苯乙烯泡沫塑料，以消除嵌固作用，释放约束应力。

（14）混凝土最大绝热温升和内部最高温度应进行计算。大体积混凝土施工温度控制应符合下列规定：

1）入模温度宜控制在30℃以下，应控制在5℃以上；

2）绝热温升不宜大于45℃，不应大于55℃；

3）混凝土内部温度与表面温度的差值不应超过30℃；

4）混凝土降温速率不宜大于30℃/d。

3-72 基础大体积混凝土测温点如何布置?

（1）宜选择具有代表性的两个竖向剖面进行测温，竖向剖面应从中部区域开始延伸至边缘，竖向剖面的四周边缘及内部应进行测温；

（2）竖向测温点和横向测温点应从中部区域开始布置，竖向测温点布置不应少于3点，间距不宜大于0.5m；横向测温点布置不应少于4点，间距不宜大于10m；

（3）位于竖向剖面上、下、外边缘的测温点应布置在距离基础表面内50～100mm位置；

（4）基础厚度变化的位置测温点布置应根据结构特点进行调整；

（5）蓄热养护层底部的基础表面测温点宜布置在代表性剖面位置，每个剖面测温点布置不应少于3点；环境温度测温点布置不应少于2点；

（6）对基础厚度不大于1.6m，裂缝控制技术措施完善，并具有成熟经验的工程可不进行测温。

3-73 如何对大体积混凝土进行水化热温度计算?

大体积混凝土水化热温度估算方法：

（1）每立方米混凝土中的胶凝材料，按水化热折算成水泥的用量，可按式 3-15 计算：

$$W_h = W_c + k \cdot W_f \tag{3-15}$$

式中 W_h——每 m^3 混凝土中的水泥折算用量（kg/m^3）；

W_c——每 m^3 混凝土中水泥和膨胀剂的实际用量之和（kg/m^3）；

W_f——每 m^3 混凝土中粉煤灰或矿粉的实际用量（kg/m^3）；

k——水化热折减系数，粉煤灰取 0.2，矿粉取 0.4～0.6。

（2）混凝土的出机温度，可按式 3-16 计算：

$$T_0 = \frac{\sum C_i W_i T_i}{\sum C_i W_i} \tag{3-16}$$

式中 T_0——混凝土的出机温度（℃）；

W_i——分别为每 m^3 混凝土中水泥、各种矿物外加剂、砂、石、水的实际干重量（kg/m^3）；对砂、石应按含水量扣除水进行计算，并将其中所含的水按水的热容进行计算；

T_i——分别为水泥、各种矿物外加剂、砂、石、水的入罐温度（℃）；

C_i——分别为水泥、各种矿物外加剂、砂、石、水的比热［kJ/(kg・K)］；对水泥、各种矿物外加剂、砂、石一般可取 0.9kJ/(kg・K)，水的比热可取 4.2kJ/(kg・K)。

（3）混凝土的浇筑温度，可按式 3-17 计算：

$$T_j = T_0 + T_0' \tag{3-17}$$

式中 T_j——混凝土的浇筑温度（℃）；

T_0'——混凝土运输、泵送、浇筑时段的温度补偿值（℃）；当运输、泵送，浇筑所用全部时间在1h以内时，日平均气温低于15℃取 $T_0'=0$。在15～25℃之间取 $T_0'=1$℃，高于25℃取 $T_0'=2$℃。

（4）混凝土最大绝热升值，可按式3-18计算：

$$T_r=\frac{W_h Q_0}{c\rho} \tag{3-18}$$

式中 T_r——混凝土最大绝热温升值（℃）；

W_h——每 m^3 混凝土中的水泥用量（kg/m^3）；

Q_0——每kg水泥水化热总量（kJ/kg），可参考表3-45取值；

c——混凝土的比热［kJ/(kg·K)］，一般为0.92～1.0［kJ/(kg·K)］；

ρ——混凝土的密度（kg/m^3）。

水泥水化热总量 Q_0 的参考值　　表3-45

水泥品种	强度等级（MPa）	水泥水化热总量 Q_0（kJ/kg）
矿渣水泥	32.5	271～310
	42.5	285～334
普通水泥	32.5	294～377
	42.5	334～461

注：1. 采用其他水泥由试验确定。

2. 表中普通水泥32.5级是以前的试验数据。

（5）混凝土内部最高温度，可按式3-19估算：

$$T_{max}=T_j+\zeta\cdot T_r \tag{3-19}$$

式中 T_{max}——混凝土内部最高温度（℃）；

ζ——与水化热龄期、结构厚度、浇筑温度等有关的系数；混凝土内部温度达到最高值时，一般可取 $\zeta=0.60\sim0.72$，结构厚度较小、浇筑温度较低时取小值，反之取大值。

（6）保温层厚度计算方法参见表3-46和表3-47。

常用保温材料的导热系数λ［W/(m·K)］　　表3-46

材料名称	λ	材料名称	λ
木模	0.23	草袋	0.14
钢模	58.2	麻袋	0.07
砖砌体	0.81	泡沫塑料板	0.03～0.05
黏土	1.38～1.47	泡沫混凝土	0.10
干砂	0.33	棉织毯	0.06
湿砂	1.13～1.31	水	0.60
空气	0.03		

传热修正系数 a　　表3-47

序号	保温层的种类	a_1	a_2
1	保温层完全由容易透风的保温材料组成	2.00	3.00
2	保温层由容易透风的保温材料组成，但混凝土面层上铺一层不易透风的保温材料	2.00	2.30
3	保温层由容易透风的保温材料组成，并在保温层上再铺一层不透风的材料	1.60	1.90
4	保温层由容易透风的保温材料组成，而在保温层的上、下面各铺一层不易透风的材料	1.30	1.50
5	保温层完全由不易透风的保温材料组成	1.30	1.50

注：1. a_1 为风速小于4m/s（相当于3级及以下）、结构物高出地面不大于25m情况下的系数。
2. a_2 为风速和高度大于注1情况的系数。

3-74　混凝土测温工作应如何实施？

测温应按下列要求实施：

（1）宜根据每个测点被混凝土初次覆盖时的温度确定各测点部位混凝土的入模温度；

（2）结构内部测温点的测温应与混凝土浇筑、养护过程同步进行；

（3）结构表面测温点的布置应与养护层的覆盖同步进行，测温应与混凝土养护过程同步进行；

（4）基础大体积混凝土环境温度测点应距基础边一定位置，

柱、墙大体积混凝土环境温度测点应距结构边一定位置，测温应与混凝土养护过程同步进行；

（5）应按测温频率要求及时提供测温报告，测温报告应包含各测温点的温度数据、温度变化曲线、温度变化趋势分析等内容；

（6）混凝土内部温度与环境温度的差值小于 30℃时，可停止测温。

测温频率应满足下列要求：

1）第一天，每 2h 测一次；

2）第二天至第四天，每 4～6h 测一次；

3）第五天至第七天，每 8h 测一次；

4）第七天至测温结束，每 12h 测一次。

监测单位应每天提供温度监测日报，包含当日监测数据、温控指标、温度趋势分析和建议措施等。

3-75　混凝土结构的施工质量预检宜包括哪些内容?

混凝土结构的施工质量预检宜包括下列内容：

（1）模板与模板支架的安全性；

（2）模板位置、尺寸；

（3）模板的刚度和密封性；

（4）模板涂刷隔离剂及必要的表面湿润；

（5）模板内杂物清理；

（6）钢筋和预埋件（预埋管线、箱盒、预留孔洞）规格、数量、位置及安装；

（7）运输、浇筑、振捣混凝土的机具、设备和设施；

（8）混凝土试件制作准备。

3-76　混凝土结构的质量过程控制检查宜包括哪些内容?

混凝土结构的质量过程控制检查宜包括下列内容：

（1）混凝土拌合物的坍落度、扩展度、入模温度等；

（2）大体积混凝土的温度测控；

（3）施工载荷加载后，模板与模板支架的安全性；

（4）混凝土入模后，模板的位置、尺寸、变形、漏浆；

（5）混凝土浇筑过程中的振捣；

（6）混凝土浇筑过程中钢筋和预埋件（预埋管线、预留孔洞）位置；

（7）混凝土试件制作；

（8）混凝土养护；

（9）混凝土强度及其增长；

（10）混凝土结构的实体检验。

3-77 混凝土结构拆除模板后的质量检查的主要内容?

混凝土结构拆除模板后的质量检查宜包括下列内容：

（1）构件位置检查应包括轴线位置、标高；

（2）构件尺寸检查应包括截面尺寸、构件表面平整度；

（3）构件垂直度；

（4）预埋件检查应包括预埋件数量、位置；

（5）构件外观缺陷；

（6）构件连接、支承等构造做法。

3-78 混凝土构件的质量检查有哪些要求?

（1）混凝土构件的位置检查：

1）轴线位置使用钢尺量测；标高使用水准仪测量。

2）构件位置检查时，应选取构件上有代表性的部位进行。同一构件的每项参数应至少检查 2 点，取平均值为检查结果。当构件位置判定复杂时，应增加检查点数。

3）现浇板可不做轴线位置检查。

4）构件位置的允许偏差应符合设计要求和现行国家标准《混凝土结构工程施工质量验收规范》（GB 50204）的规定。

（2）混凝土构件尺寸的检查：

1）构件截面尺寸使用钢尺检查；构件表面平整度使用 2m 直靠尺或平整度尺检查。

2）构件截面尺寸和构件表面平整度的检查，应选取有代表性的部位进行。同一构件的每项参数至少应检查 2 点，取其平均值为检查结果。当构件截面尺寸判定复杂时，应增加检查点数。

3）构件截面尺寸和构件表面平整度的允许偏差应符合设计要求和现行国家标准《混凝土结构工程施工质量验收规范》（GB 50204）的规定。

（3）构件垂直度的检查：

1）当构件高度小于一个楼层或 10m 时，可使用经纬仪或线坠测量；当构件高度大于一个楼层或 10m 时，应使用经纬仪测量；测量前应在构件的可视侧面上画出竖向轴线或中线。

2）构件垂直度偏差应以其上端对于下端的偏离尺寸表示，并同时给出相对于该偏差的高度值及垂直度偏差的倾斜方向。其垂直度的允许偏差值应按现行国家标准《混凝土结构工程施工质量验收规范》（GB 50204）确定。

3）垂直度的测量精度应为 1mm。当竖向构件贯穿多个楼层时，应对每层构件的垂直度偏差进行检查，在检查结果中应注明该竖向构件每层垂直度的偏差及其变化情况，必要时应给出贯穿多个楼层的竖向构件的直线度，并用简图描述。

（4）构件表面平整度的检查：

1）使用 1m 或 2m 长度的靠尺或水平尺与塞尺测量。在需要检测表面平整度的构件表面上，移动并适当旋转靠尺或水平尺，配合塞尺得出不平整度的最大值。

2）构件表面平整度应以注明靠尺或水平尺长度的不平整度的最大值表示。

3）不平整度的允许值应按现行国家标准《混凝土结构工程施工质量验收规范》（GB 50204）确定。

4）不平整度测量精度应为1mm。在检查结果中应注明构件不平整度的检测面和位置，必要时可用简图描述。

3-79 混凝土结构的预埋件检查应如何要求？

混凝土结构的预埋件检查应包括预埋件、预留孔洞、预埋箱盒、管线、螺栓等。检查的内容、方法和要求应符合下列要求：

（1）预埋件数量应按实际计数检查。

（2）预埋件位置的检查应使用钢尺量测；每个预埋件应检查互相垂直的2个方向上的位置尺寸，取其最大偏差值为检验结果。

（3）预埋件位置的允许偏差应符合设计要求和现行国家标准《混凝土结构工程施工质量验收规范》（GB 50204）的规定。当无明确规定时，最大偏差应小于10mm。

（4）预埋件位置的测量精度应不大于2mm。当检测多个预埋件位置时，可用简图或列表描述。

3-80 混凝土结构缺陷是如何定义的？

混凝土结构缺陷可分为外观缺陷和尺寸偏差缺陷。外观缺陷可分为一般缺陷和严重缺陷，其定义应符合表3-48的规定。

当混凝土结构尺寸偏差超出相关规范规定时，但尺寸偏差对结构性能和使用功能未构成影响，应认为属于一般缺陷；而尺寸偏差对结构性能和使用功能构成影响时，应认为属于严重缺陷。

混凝土结构外观缺陷分类与定义　　　　表 3-48

名称	现象	严重缺陷	一般缺陷
露筋	构件内钢筋未被混凝土包裹而外露	纵向受力钢筋有露筋	其他钢筋有少量露筋
蜂窝	混凝土表面缺少水泥砂浆而形成石子外露	构件主要受力部位有蜂窝	其他部位有少量蜂窝
孔洞	混凝土孔穴深度和长度均超过保护层厚度	构件主要受力部位有孔洞	其他部位有少量孔洞
夹渣	混凝土中夹有杂物且深度超过保护层厚度	构件主要受力部位有夹渣	其他部位有少量夹渣
疏松	混凝土中局部不密实	构件主要受力部位有疏松	其他部位有少量疏松
裂缝	缝隙从混凝土表面延伸至混凝土内部	构件主要受力部位有影响结构性能或使用功能的裂缝	其他部位有少量不影响结构性能或使用功能的裂缝
连接部位缺陷	构件连接处混凝土缺陷及连接钢筋、连接件松动	连接部位有影响结构传力性能的缺陷	连接部位有基本不影响结构传力性能的缺陷
外形缺陷	缺棱掉角、棱角不直、翘曲不平、飞边凸肋等	清水混凝土构件有影响使用功能或装饰效果的外形缺陷	其他混凝土构件有不影响使用功能的外形缺陷
外表缺陷	构件表面麻面、掉皮、起砂、沾污等	具有重要装饰效果的清水混凝土构件有外表缺陷	其他混凝土构件有不影响使用功能的外表缺陷

注：本条从混凝土结构外表缺陷和尺寸偏差两方面定义混凝土结构缺陷，外表缺陷定义与《混凝土结构工程施工质量验收规范》相同。

3-81　混凝土结构外观严重缺陷应如何修整？

混凝土结构外观严重缺陷修整应符合下列规定：

（1）应制订专门处理方案，方案经论证审批后方可实施。对可能影响结构性能的混凝土结构外观严重缺陷，其修整方案应经原设计单位同意。

（2）露筋、蜂窝、孔洞、疏松、外表质量严重缺陷，应凿除胶结不牢固部分的混凝土至密实部位，用钢丝刷清理，支设模板，浇水湿润并用混凝土界面剂套浆后，采用比原混凝土强度等级高一级的细石混凝土浇筑并振捣密实，且养护不少于 7d。

（3）开裂严重缺陷，对于民用建筑及无腐蚀介质工业建筑的地下室、屋面、卫生间等接触水介质的构件，以及有腐蚀介质工业建筑的所有构件，均应注浆封闭处理，注浆材料可采用环氧、聚氨酯、氰凝、丙凝等；对于民用建筑及无腐蚀介质工业建筑不接触水介质的构件，可采用注浆封闭、聚合物砂浆粉刷或其他表面封闭材料进行封闭。

（4）清水混凝土及装饰混凝土的外形和外表严重缺陷，宜在水泥砂浆或细石混凝土修补后用磨尖机械磨平。

（5）钢管混凝土不密实部位，应采用钻孔压浆法进行补强，然后将钻孔补焊封固。

3-82 混凝土结构中钢筋保护层厚度有哪些规定？

（1）从钢筋粘结锚固角度，规定受力钢筋的混凝土保护层不应小于受力钢筋的直径。

（2）根据耐久性要求的混凝土保护层最小厚度，是按照构件在 50 年内能保护钢筋不发生危及结构安全的锈蚀而确定的。混凝土保护层最小厚度参考下表 3-49。

（3）基础中纵向受力钢筋的混凝土保护层厚度不应小于 40mm；当无垫层时不应小于 70mm。

混凝土保护层最小厚度（mm）　　　　表 3-49

项次	环境条件	构件类别	混凝土强度等级			箍筋和构造钢筋	分布钢筋
			≤C20	C25 及 C30	≥C35		
1	室内正常环境	板、墙、壳	15			—	10
		梁和柱	25			15	—

续表

项次	环境条件	构件类别	混凝土强度等级			箍筋和构造钢筋	分布钢筋
			≤C20	C25及C30	≥C35		
2	露天或室内高湿度环境	板、墙、壳	35	25	15	—	10
		梁和柱	45	35	25	15	—

注：1. 处于室内正常环境由工厂生产的预制构件，当混凝土强度等级不低于C20时，其保护层厚度可按表中规定减少5mm，但预制构件中的预应力钢筋（包括冷拔低碳钢丝）的保护层厚度不应小于15mm；

2. 预制钢筋混凝土受弯构件，钢筋端头的保护层厚度宜为10mm；预制的肋形板，其主肋的保护层厚度可按梁考虑。

3. 处于露天或室内高湿度环境中的结构，其混凝土强度等级不宜低于C25，当非主要承重构件的混凝土强度等级采用C20时，其保护层厚度可按表中C25的规定值取用。

3-83 由于施工因素使混凝土产生裂缝的特征有哪些？

由于施工因素使混凝土产生裂缝的因素非常多，其中由外荷载引起的裂缝，这按常规计算的主要应力引起的，主要是施工荷载与结构受力不匹配；另一种是变形应力引起的裂缝，这是由温度、收缩、膨胀、不均匀沉降等因素引起混凝土结构变形，当变形受到约束时便产生应力，当此应力超过混凝土抗拉强度时就产生裂缝。前一种在薄型构件中较为突出，后一种在大体积混凝土中较为突出。施工因素使混凝土产生裂缝的主要特征有：

（1）施工中由于人为踩压使承受负弯矩的受力筋混凝土保护层加大，使构件的有效高度减小，造成构件支承边缘产生垂直于受力筋的裂缝；

（2）水胶比过大，捣制成形后，混凝土泌水、下沉，顶部受钢筋所阻而形成沿钢筋走向的微裂缝；

（3）当混凝土振捣不密实，在结构内部会出现孔洞，使产生受力裂缝；

（4）混凝土浇筑速度过快，当梁、板与柱、墙一起浇筑时，应在柱、墙浇完后，停歇1.5～2h，使竖向构件有一个收缩和沉降的过程，否则易在交接部位产生裂缝；

（5）泵送混凝土一般为保证流动性，会增加水和水泥用量，这样一来，会造成混凝土硬化时收缩量的增加，易产生不规则网状裂缝；

（6）在混凝土养护时，当养护不能保证一定的温度和湿度条件，也会产生裂缝。如掺加缓凝剂的混凝土应保持较长时间的养护条件，否则也易产生裂缝；

（7）模板刚度不够时，或模板支撑下沉，以及过早拆模也会造成裂缝的形成。

3-84 为什么钢筋混凝土构件中会出现垂直裂缝？

垂直裂缝是指垂直于构件纵轴的裂缝。受弯构件的垂直裂缝，多发生在梁、板跨中的底部，悬挑构件或连续梁、板支座的顶部，裂缝由构件的边缘纤维向中和轴垂直延伸（图 3-11）。

产生垂直裂缝的原因，是构件在荷载（均匀荷载或集中荷载）作用下，产生内力弯矩 M，弯矩 M 引起截面内的正应力，当受拉区混凝土最外边缘纤维最大拉应力值，超过了混凝土的抗拉强度时，即出现垂直裂缝。

在施工过程中出现垂直裂缝，多属构件受有过大荷载。如梁、板上堆积过量的砖堆、砂浆、机具、预制构件等，以及塔吊吊物产生过大的冲击荷载。或预制构件起吊吊点位置及堆放时支点位置的错误，都会导致垂直裂缝的出现。

从构件本身受力性能分析，出现垂直裂缝的原因，多属最大弯矩处截面抵抗矩不足，不能满足受力要求而引起的，如混凝土强度过低，过早拆模，养护，或受拉钢筋数量、规格、位置的错误等等。

为避免垂直裂缝的出现，在施工中除按合理的混凝土工艺正确配筋外，对已浇筑的钢筋混凝土结构或已安装就位的钢筋混凝土构件，加强下面临时支顶或延长支柱及底模的拆除时间，避免过大的施工荷载和震动，都是非常必要的。

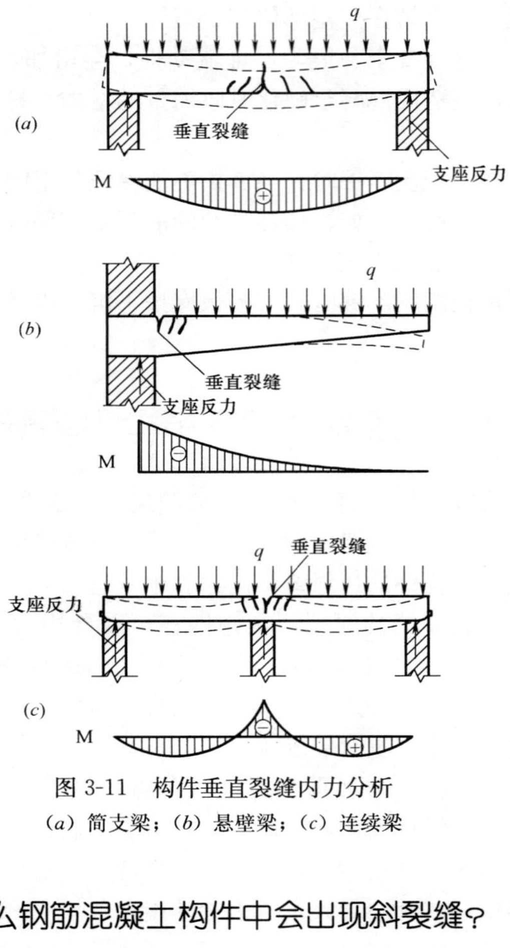

图 3-11　构件垂直裂缝内力分析
（a）简支梁；（b）悬壁梁；（c）连续梁

3-85　为什么钢筋混凝土构件中会出现斜裂缝？

斜裂缝是指与构件中和轴成一角度的裂缝。在受弯构件中，斜裂缝多发生在两端支座附近，悬臂构件的根部。裂缝由断面的中和轴向上、下斜向延伸（图 3-12）

产生斜裂缝的原因，是构件在荷载作用下，产生较大的剪应力而引起的。构件在均布荷载 q 或集中荷载 P 的作用下（见图 3-13）将产生内力弯矩 M 和剪力 V 引起截面内的剪应力点在支

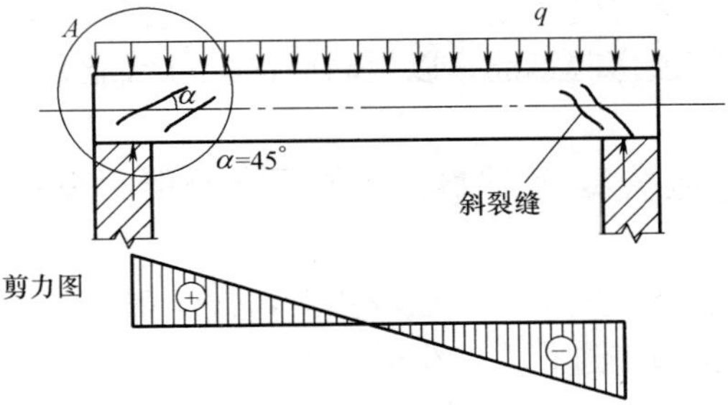

图 3-12　斜裂缝位置

座处沿截面高度取单元体用 A、B、C、D、E 示意。

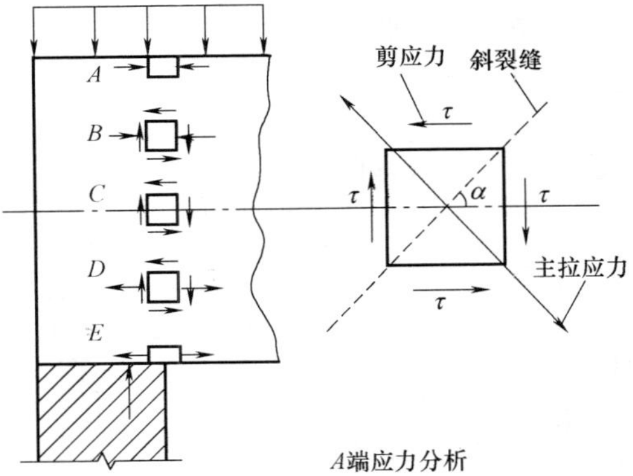

图 3-13　支座 A 斜分析

单元体 A 与 E 因位于截面的最外边缘，没有剪应力影响，只具有压、拉的单向应力，而单元体 B、D 除具有正应力外，还具有剪应力，这两种应力的合力，称为单元体的“主应力”。主应力与纵轴成一夹角，斜向 X 当主应力为拉应力时，称为“主拉应力”，当主拉应力值超出混凝土的抗拉强度时，便出现斜向裂缝。位于中和轴上的单元体 C，因不存在拉力影响，处于纯剪状态，故主拉应力与纵轴成 45°夹角，而主拉应力值最大，所以斜裂缝由此位置最先出现，并向上、下延伸，裂缝且与纵轴成 45°斜向角。

为避免斜裂缝的产生，当截面不能满足剪力要求时，配置一定数量的箍筋或弯起钢筋，以提高截面的抗剪能力。

3-86 为什么大模板混凝土墙体会出现裂缝?

在一些现浇大模板混凝土墙体上，常发现一些裂缝。有些裂缝是在混凝土施工过程中产生的，有些是在施工后期或装修过程中产生的。据调查，常见裂缝大致可分三类：

（1）门窗内口两上角位置的斜向裂缝；

（2）内外墙交接处的竖向裂缝；

（3）顶层朝阳开间横墙、靠外墙处的上方斜向裂缝。见图 3-14。

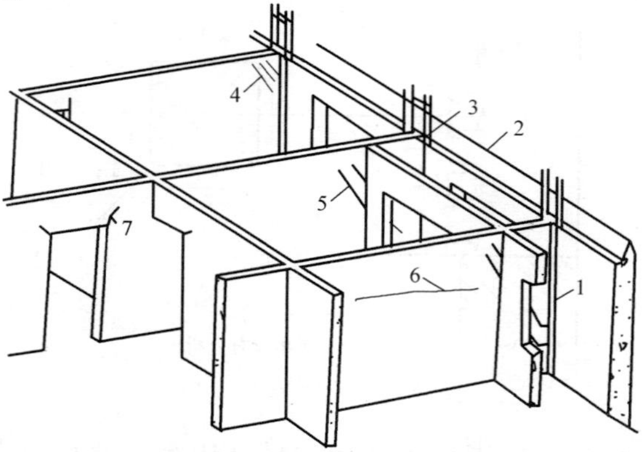

图 3-14　大模板混凝土墙的斜裂缝

1—垂直裂缝；2—预制外墙板；3—组合柱；4—顶层温度裂缝；
5—凹阳台温度裂缝；6—墙体撞击水平裂缝；7—上角斜裂缝

这些裂缝宽度一般在 0.1～0.3mm，严重者可达 0.5mm 以上。

大模板产生裂缝大致有以下几个方面的原因：

（1）混凝土拆模强度过低，这是混凝土正处于终凝后的早期硬化阶段，几乎不能经受任何外力。如拆模振动；大模起吊碰撞；水电埋管抽拔晃动；甚至过大的风荷载等，都会引起裂缝的产生。

（2）因大模设计不合理，造成拆模困难，并使混凝土受有附加应力。如大平板模宽度等于或接近房间净空尺寸，拆模没有余量，若紧贴外墙，则拆模时易将外墙顶出，致使横墙混凝土受拉，而出现裂缝。

（3）内门洞口内模若为整体式而且断面上没“拔销”，拆模时采用撬砸模板的办法，致使门洞上角混凝土产生斜裂缝。

（4）温度影响造成裂缝。这类裂缝多发生在顶层朝阳开间横墙上及顶层尽端内纵墙上，以及伸出室外部分的墙体上（如凹阳台处）。开裂原因多属顶层混凝土浇筑后，放置时间太久，屋面保温层没有及时施工，造成屋顶顶板过大的温度变形，板端已与墙顶通过灌缝整体连接而拉裂。此外，顶层外墙温度变形较大，也会影响墙体而产生裂缝。

（5）混凝土配合比设计不当。如水泥用量多、水胶比过大、砂石含土量过大等，都会引起混凝土较大的收缩而产生裂缝。

（6）混凝土养护不及时。有人认为混凝土开裂，就是因为钢筋少引起的。一般说来，墙体配筋的多少，对混凝土早期裂缝影响不大。因这时混凝土强度很低，钢筋握裹力很小，配筋率的影响不会有显著的作用。

3-87 混凝土出现了蜂窝、麻面、空洞、坍塌等质量问题怎么办?

由于混凝土的浇筑、振捣方法不对，或因模板开裂跑浆等原因，发生混凝土质量事故，如蜂窝、麻面、空洞、坍塌等等。应对工程质量负责，认真处理以防后患。首先要对发生事故的混凝土进行细致观察、并做好记录，根据混凝土断面削减情况、露筋情况、发生的部位等做全面分析。若对承载能力影响较严重者，还须研究必要的加固方案或补强措施。另外还须分析事故产生原因，总结经验教训以利改进，杜绝事故的发生。不允许擅自用混凝土或砂浆将事故部位堵抹，进行表面掩饰处理。

对于发生在混凝土浅层局部轻微的质量问题，如蜂窝、麻面、露筋、缺棱掉角之类，修补方案可选择：先将表面松动的石子剔掉，用钢丝刷子清刷干净，再用具有一定压力的自来水冲洗，将积水清干后，用1∶2水泥砂浆压抹，若抹的较厚，可分层抹实。若孔洞较深，则须用凿子将松动的混凝土剔除，露出密实混凝土新茬，并将黏附于钢筋上的砂浆和混凝土刷净，用水冲洗后，用喷射法补以高强豆石混凝土（一般按所浇筑混凝土提高一级强度等级）。当局部已成空洞，剔凿后可用斜支外模堵灌膨胀水泥混凝土的方法（图3-15）。膨胀水泥混凝土（或砂浆），能紧压于混凝土孔洞的四周，避免一般混凝土的收缩影响。对混凝土质量事故的修补应注意以下几点：

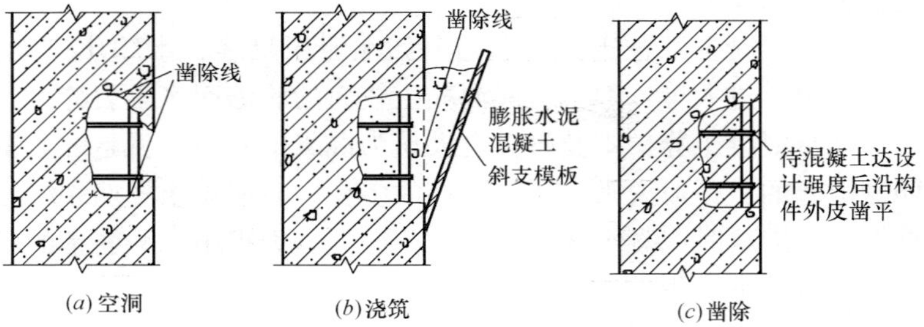

图3-15　一般混凝土缺陷的处理方法

（1）局部混凝土的剔凿必须方正，避免剔成斜茬，减少新老混凝土接合面上剪应力影响。

（2）剔凿混凝土时，必须凿至露出密实的混凝土为原则。

（3）钢筋清刷干净，混凝土剔凿面冲刷干净。

（4）浇筑补强混凝土前，老混凝土充分浇水润湿，并刷水泥砂浆结合层。

（5）每次喷射或压抹豆石混凝土（或砂浆）不可过厚。浇筑混凝土时必须振捣密实。加强补强混凝土的养护工作。总之，对于事故一定要认真处理，不应文过饰非，敷衍了事，要真正做到对工程质量和国家负责。

3-88　如何防止施工中混凝土结构轴线位移?

在施工中应采取以下措施防止混凝土结构轴线位移：

（1）模板和预埋件的固定要牢靠，以控制模板和预埋件在浇筑混凝土时不产生过大位移。

（2）构件位置线要弹正确，认真吊线找直，并及时检查、核对，调整误差，以消除误差累积，保证施工误差不超过允许偏差。

（3）振捣混凝土时，不得冲击振动钢筋、模板及预埋件，以免模板变形、预埋件位移或脱落。

（4）凡位移不影响结构质量时，只需进行少量局部剔凿和适当修整；凡位移影响结构性能和构件安装时，应会同有关部门研究结构加固或局部返工等处理方案后，按方案进行处理。

3-89　什么是混凝土碱—骨料反应?碱—骨料反应如何预防?

碱—骨料反应的机理：碱骨料反应是混凝土原材料水泥、外加剂、混合材和水中的碱（Na_2O和K_2O）与骨料中的活性成分反应。在混凝土浇筑成型后若干年（数年至二三十年）逐渐反应，反应生成物吸水膨胀使混凝土产生内部应力，膨胀开裂，导致混凝土丧失设计能力。

碱骨料反应又分为碱硅酸反应，碱碳酸盐反应和碱硅酸盐反应。迄今为止，世界各国发生的碱—骨料反应绝大多数为碱硅酸反应。碱硅酸反应是水泥、外加剂、混合材和水中的碱与骨料中的活性氧化硅成分反应产生碱硅酸凝胶或称碱硅凝胶，碱硅凝胶固相体积大于反应前的体积，而且有强烈的吸水性，吸水后膨胀引起混凝土内部膨胀应力，导致混凝土开裂。

能与碱发生反应的活性氧化硅矿物有蛋白石、玉髓、鳞石英、方英石、火山玻璃及结晶有缺陷的石英等，而这些活性矿物广泛存在于多种岩石中。

受碱—骨料反应膨胀开裂的过程较长，在这过程中往往又含有多种因素加速混凝土的劣化，导致混凝土的膨胀开裂并破坏。从破坏的外观看，在少钢筋约束的部位为网状裂缝，在受钢筋约束的部位多沿主筋方向开裂，很多情况下可以看到从裂缝溢出白色或透明胶体的痕迹。

碱—骨料反应的预防：混凝土工程发生碱—骨料反应需要具有三个条件：一是混凝土中含碱量高；二是骨料中有相当数量的活性成分；三是潮湿环境，有充分的水分或湿空气参与。

预防碱—骨料反应的措施，就是使混凝土工程不具备以上反应条件，主要有以下几种措施：一是控制水泥含碱量，一般规定水泥低于0.6%氧化钠含量（即 $Na_2O+0.658K_2O$）为预防发生碱—骨料反应的安全界限；二是控制混凝土中总含碱量，混凝土中碱的来源不仅是从水泥，而且从混合材、外加剂、水，甚至有时从骨料（如海砂）中来，一般规定每 m^3 混凝土全部原材料总碱一量（氧化钠当量）不超过 3kg；三是对骨料选择使用，如果混凝土碱含量低于 $3kg/m^3$，可以不做骨料活性检验，反之要对骨料进行活性检测，根据检测活性大小，决定使用条件；四是掺入混合材，在混凝土拌合物中掺入足够量的粉煤灰、矿渣，沸石粉或硅灰可以有效地缓解和抑制碱—骨料反应；五是采用密实的低水胶比混凝土，有效地隔绝水和空气的渗入，是缓和碱—骨料反应对混凝土损害的重要措施。

导致混凝土劣化的过程是很复杂的，无论是上述哪一种因素主导着混凝土的劣化过程，其共同点是混凝土体内需有水分和其他有害物质侵入，都与混凝土本身的渗透性和不出现有害裂缝有关。高性能混凝土必须大幅度提高其抗渗性并且不出现有害裂缝。

采用低水胶比和加入优质矿物掺合料是改变混凝土抗渗性的基本途径，也是高性能混凝土实现高耐久性的关键。优质矿物掺合料还能抑制某些有害介质的作用。混凝土耐久性问题除了上述因素外，还与外加剂品种、水泥品种、骨料的粒径和级配有关，同时施工质量、养护条件和设计等对混凝土耐久性都会有很大影响。

3-90　混凝土结构强度的评定怎样进行？

混凝土强度应分批进行验收。同一验收批的混凝土应由强度等级相同、龄期相同以及生产工艺条件和配合比基本相同的混凝土组成。对施工现场的现浇混凝土，在满足同一验收批的条件下，应按单位工程的分部工程划分；对多层或高层房屋结构的主体工程，同类混凝土批量较大时，也可划分为几个验收批，其具体划分方法应按照现行国家标准《建筑工程施工质量验收统一标准》（GB 50300）的规定确定。

（1）统计方法评定

预拌混凝土（搅拌站）、混凝土预制厂和施工现场集中搅拌混凝土的单位，其混凝土强度的检验评定应采用统计方法进行。

采用统计方法评定时，应按下列规定进行：

1）标准差已知

当连续生产的混凝土，生产条件在较长时间内保持一致，且同一品种、同一强度等级混凝土的强度变异性能保持稳定时，一个检验批的用于合格评定的混凝土试件组数应为连续的 3 组试件，其强度应同时符合下列规定：

$$mf_{cu} \geqslant f_{cu,k} + 0.7\sigma_0 \tag{3-20}$$

$$f_{cu,min} \geqslant f_{cu,k} - 0.7\sigma_0 \tag{3-21}$$

检验批混凝土立方体抗压强度的标准差应按下式计算：

$$\sigma = \sqrt{\frac{\sum_{i=1}^{n} f_{cu,i}^2 - nm_{fcu}^2}{n-1}} \tag{3-22}$$

当混凝土强度等级不高于 C20 时，其强度的最小值沿应满足下式要求：

$$f_{\mathrm{cu,min}} \geqslant 0.85 f_{\mathrm{cu,k}} \tag{3-23}$$

当混凝土强度等级高于 C20 时，其强度的最小值尚应满足下式要求：

$$f_{\mathrm{cu,min}} \geqslant 0.90 f_{\mathrm{cu,k}} \tag{3-24}$$

式中：mf_{cu}——同一检验批混凝土立方体抗压强度的平均值($\mathrm{N/mm^2}$)；

$f_{\mathrm{cu,k}}$——混凝土立方体抗压强度标准值（$\mathrm{N/mm^2}$）；

σ_0——检验批混凝土立方体抗压强度的标准差（$\mathrm{N/mm^2}$），当检验批混凝土强度标准差 σ_0 计算值小于 $2.5\mathrm{N/mm^2}$ 时，应取 $2.5\mathrm{N/mm^2}$；

$f_{\mathrm{cu},i}$——前一个检验期内同一品种、同一强度等级的第 i 组混凝土试件的立方体抗压强度的代表值（$\mathrm{N/mm^2}$），该检验期不应少于 60d，也不得大于 90d；

n——前一个检验期内的用于合格评定的混凝土试件组数，在该期间用于合格评定的混凝土试件组数不应少于 45；

$f_{\mathrm{cu,min}}$——同一检验批混凝土立方体抗压强度的最小值($\mathrm{N/mm^2}$)。

2）标准差未知统计法

当混凝土的生产条件不能满足上述方法的规定时，或在前一检验期内的同一品种混凝土没有足够的强度数据用以确定检验批混凝土强度标准差时，应由不少于 10 组的用于合格评定的混凝土试件代表一个检验批，其强度应同时符合下列要求：

$$mf_{\mathrm{cu}} \geqslant f_{\mathrm{cu,k}} + \lambda_1 Sf_{\mathrm{cu}} \tag{3-25}$$

$$f_{\mathrm{cu,min}} \geqslant \lambda_2 f_{\mathrm{cu,k}} \tag{3-26}$$

同一检验批混凝土立方体抗压强度的标准差应按下式计算：

$$Sf_{\mathrm{cu}} = \sqrt{\frac{\sum_{i=1}^{n} f_{\mathrm{cu},i}^2 - nm_{\mathrm{fcu}}^2}{n-1}} \tag{3-27}$$

式中　Sf_{cu}——同一检验批混凝土立方体抗压强度的标准差（N/mm^2），当检验批混凝土强度标准差 Sf_{cu} 计算值小于 2.5N/mm^2 时，应取 2.5N/mm^2；

λ_1、λ_2——合格评定系数，按表 3-50 选取；

n——本检验期内的用于合格评定的混凝土试件组数。

混凝土强度的合格评定系数　　表 3-50

试件组数	10～14	15～19	≥20
λ_1	1.15	1.05	0.95
λ_2	0.90	0.85	

（2）非统计方法评定

1）当用于评定的混凝土试件组数小于 10 组时，应采用非统计方法评定混凝土强度。

2）按非统计方法评定混凝土强度时，其强度应同时符合下列规定：

$$mf_{cu} \geqslant \lambda_3 f_{cu,k} \tag{3-28}$$

$$f_{cu,min} \geqslant \lambda_4 f_{cu,k} \tag{3-29}$$

式中：λ_3，λ_4——合格评定系数，按表 3-51 选取。

混凝土强度的非统计方法合格评定系数　　表 3-51

混凝土强度等级	<C60	≥60
λ_3	1.15	1.10
λ_4	0.95	

3-91　混凝土工程原材料质量验收项目有哪些?

（1）主控项目

1）水泥进场时应对其品种、级别、包装或散装仓号、出厂日期等进行检查，并应对其强度、安定性及其他必要的性能指标进行复验，其质量必须符合现行国家标准《通用硅酸盐水泥》（GB 175）等的规定。

当在使用中对水泥质量有怀疑或水泥出厂超过三个月（快硬

硅酸盐水泥超过一个月）时，应进行复验，并按复验结果使用。

钢筋混凝土结构、预应力混凝土结构中，严禁使用含氯化物的水泥。

水泥出厂检验报告应有氯化物含量测试项目。

检查数量：按同一生产厂家、同一等级、同一品种、同一批号且连续进场的水泥，袋装不超过 200t 为一批，散装不超过 500t 为一批，每批抽样不少于 1 次。

检验方法：检查产品合格证、出厂检验报告和进场复验报告。

2）水泥、外加剂、掺合料应入库妥善保管，按进场批量、生产厂家、品种、生产日期等分类（堆）储放，并挂牌标识，标明复验编号和质量状态。

检查数量：全数检查。

检验方法：观察，检查产品合格证、出厂检验报告和进场复验报告。

3）混凝土中掺用的外加剂的质量及应用技术应符合现行国家标准《混凝土外加剂》（GB 8076）、《混凝土外加剂应用技术规范》（GB 50119）等和有关环境保护的规定。

外加剂必须有质量证明书或合格证、有相应资质等级检测部门出具的检测报告、产品性能和使用说明书等。外加剂应按规定取样复验，具有复验报告。承重结构混凝土使用的外加剂应实行有见证取样和送检。

预应力混凝土结构中，严禁使用含氯化物的外加剂。钢筋混凝土结构中，当使用含氯化物的外加剂时，混凝土中氯化物的总含量应符合现行国家标准《混凝土质量控制标准》（GB 50164）的规定。

检查数量：按进场的批次和产品的抽样检验方案确定。

检验方法：检验产品合格证、出厂检验报告和进场复验报告。

4）混凝土中氯化物和碱的总含量应符合现行国家标准《混凝土结构设计规范》（GB 50010）和设计的要求。

检验方法：检查原材料试验报告和氯化物、碱的总含量计算书。

（2）一般项目

1）混凝土中掺用的矿物掺合料（主要包括粉煤灰、粒化高炉矿渣粉、沸石粉、硅灰和复合掺合料等。掺合料必须有出厂质量证明文件），其质量应符合现行国家标准《用于水泥和混凝土中的粉煤灰》（GB 1596）等的规定。矿物掺合料的掺量应通过试验确定。

用于结构工程的掺合料应按规定取样复试，有复试报告。

检查数量：按进场的批次和产品的抽样检验方案确定。

检验方法：检验产品合格证、进场复验报告。

2）普通混凝土所用的粗、细骨料的质量应符合国家现行标准《普通混凝土砂、石质量及检验方法标准》（JGJ 52）的规定。

砂、石使用前应按规定取样复试，有试验报告。按规定应预防碱-骨料反应的工程或结构部位所使用的砂、石，供应单位应提供砂、石的碱活性检验报告。

检查数量：按进场的批次和产品的抽样检验方案确定。

检验方法：检验进场复验报告。

注：1. 混凝土用的粗骨料，其最大颗粒粒径不得超过构件截面最小尺寸的 1/4，且不得超过钢筋最小净间距的 3/4。

2. 对混凝土实心板，骨料的最大粒径不宜超过板厚的 1/3，且不得超过 40mm。

3）拌制混凝土宜采用饮用水；当采用其他水源时，水质应符合国家现行标准《混凝土用水标准》（JGJ 63）的规定。

检查数量：同一水源检查不应少于一次。

检验方法：检查水质试验报告。

3-92 混凝土配合比设计质量验收项目有哪些?

（1）主控项目

1）混凝土应按国家现行标准《普通混凝土配合比设计规程》（JGJ 55）的有关规定，根据混凝土强度等级、耐久性和工作性等要求进行配合比设计。

对有特殊要求的混凝土，其配合比设计尚应符合国家现行有关标准的专门规定。

检验方法：检查配合比设计资料。

2）混凝土配合比，必须由试验室提供。

（2）一般项目

1）首次使用的混凝土配合比应进行开盘鉴定，其工作性应满足设计配合比的要求。开始生产时应至少留置一组标准养护试件，作为验证配合比的依据。

检验方法：检查开盘鉴定资料和试件强度试验报告。

2）混凝土拌制前，应测定砂、石含水率并根据测试结果调整材料用量，提出施工配合比。

检查数量：每工作班检查一次。

检验方法：检查含水率测试结果和施工配合比通知单。

3）现场搅拌的混凝土在浇筑地点的坍落度，每工作班至少检查四次。预拌混凝土进入施工现场时，对拌合物的质量应逐车验收；对坍落度的测试每工作班不应少于四次且每 10 车不应少于一次；混凝土的坍落度数值应符合合同要求。坍落度测试的偏差应符合表 3-52 规定。

混凝土坍落度允许偏差　　表 3-52

坍落度(mm)			
控制目标值(mm)	≤40	50～90	≥100
允许偏差(mm)	±10	±20	±30

3-93　混凝土分项工程的施工质量验收项目有哪些？

（1）主控项目

1）结构混凝土的强度等级必须符合设计要求。用于检查结构构件混凝土强度的试件，应在混凝土的浇筑地点随机抽取。取样与试件留置应符合下列规定：

a）每拌制 100 盘且不超过 100m^3 的同配合比的混凝土，取样不得少于一次；

b）每工作班拌制的同一配合比的混凝土不足100盘时，取样不得少于一次；

c）当一次连续浇筑超过1000m^3时，同一配合比的混凝土每200m^3取样不得少于一次；

d）每一楼层、同一配合比的混凝土，取样不得少于一次；

e）每次取样应至少留置一组标准养护试件，供结构拆模、出池、吊装等确定混凝土强度，同条件养护试件的留置组数应根据实际需要确定；

f）冬期施工的混凝土试件的留置，除应符合上述规定外，掺有防冻剂的混凝土，尚应增设不少于二组与结构同条件养护的试件，其中一组用于检验受冻前混凝土强度，另一组用于检验同条件养护28d、再标准养护28d的混凝土强度；未掺防冻剂的混凝土，尚应增设不少于两组与结构同条件养护的试件，其中一组用于检验受冻前混凝土强度，另一组用于检验转入常温养护28d的混凝土强度；

g）结构实体检验用同条件试块应按规定实行。

检验方法：检查施工记录及试件强度试验报告。

2）对有抗渗要求的混凝土结构，其混凝土试件应在浇筑地点随机取样。同一工程、同一配合比的混凝土，取样不应少于一次，留置组数可根据实际需要确定。

检验方法：检查试件抗渗试验报告。

3）混凝土原材料每盘称量的偏差应符合表3-53的规定。

原材料每盘称量的允许偏差　　表3-53

材料名称	允许偏差
胶凝材料	±2%
粗、细骨料	±3%
水、外加剂	±1%

注：1. 各种衡器应定期校验，每次使用前应进行零点校核，保持计量准确；

2. 当遇雨天或含水率有显著变化时，应增加含水率检测次数，并及时调整水和骨料的用量。

检查数量：每工作班抽查不应少于一次。

检验方法：复称。

4）混凝土运输、浇筑及间歇的全部时间不应超过混凝土的初凝时间。同一施工段的混凝土应连续浇筑，并应在底层混凝土初凝之前将上一层混凝土浇筑完毕。

当底层混凝土初凝后浇筑上一层混凝土时，应按施工技术方案中对施工缝的要求进行处理。

检查数量：全数检查。

检验方法：观察，检查施工记录。

（2）一般项目

1）施工缝的位置应在混凝土浇筑前按设计要求和施工技术方案确定。施工缝的处理应按施工技术方案执行。

检查数量：全数检查。

检验方法：观察，检查施工记录。

2）后浇带的留置位置应按设计要求和施工技术方案确定。后浇带混凝土浇筑应按施工技术方案进行。

检查数量：全数检查。

检验方法：观察，检查施工记录

3）混凝土浇筑层的厚度，应符合表3-54的规定。

混凝土浇筑层厚度（mm）　　表3-54

捣实混凝土的方法		浇筑层厚度
插入式振捣		振捣器作用部分长度的1.25倍
表面振动		200
人工振捣	在基础、无筋混凝土或配筋稀疏的结构中	250
	在梁、墙板、柱结构中	200
	在配筋密列的结构中	150

检查数量：全数检查。

检验方法：观察，检查施工记录。

4）混凝土浇筑完毕后，应按施工技术方案及时采取有效的养护措施，并应符合下列规定：

a）应在浇筑完毕后的 12h 以内对混凝土加以覆盖并保湿养护；

b）混凝土浇水养护的时间，对采用硅酸盐水泥、普通硅酸盐水泥或矿渣硅酸盐水泥拌制的混凝土，不得少于 7d；对掺用缓凝型外加剂或有抗渗要求的混凝土，不得少于 14d；

c）浇水次数应能保持混凝土处于湿润状态；混凝土养护用水应与拌制用水相同；

d）采用塑料布覆盖养护的混凝土，其敞露的全部表面应覆盖严密，并应保持塑料布内有凝结水；

e）混凝土强度达到 1.2N/mm^2 前，不得在其上踩踏或安装模板及支架。

注：1. 当日平均气温低于 5℃时，不得浇水；

2. 当采用其他品种水泥时，混凝土的养护时间应根据所采用水泥的技术性能确定；

3. 混凝土表面不便浇水或使用塑料布时，宜涂刷养护剂；

4. 对大体积混凝土的养护，应根据气候条件按施工技术方案采取控温措施。

检查数量：全数检查。

检验方法：观察，检查施工记录。

3-94 混凝土结构同条件养护试件的留置方式和取样数量是什么？

（1）同条件养护试件所对应的结构构件或结构部位，应由监理（建设）、施工等各方共同选定。

（2）对混凝土结构工程中的各混凝土强度等级，均应留置同条件养护试件。

（3）同一强度等级的同条件养护试件，其留置的数量应根据混凝土工程量和重要性确定，不宜少于 10 组，且不应少于 3 组。

（4）同条件养护试件拆模后，应放置在靠近相应结构构件或结构部位的适当位置，并应采取相同的养护方法。

（5）同条件养护试件应在达到等效养护龄期时进行强度试验。等效养护龄期应根据同条件养护试件强度与在标准条件下28d龄期试件强度相等的原则确定。

（6）同条件自然养护试件的等效养护龄期及相应的试件强度代表值，宜根据当地的气温和养护条件，按下列规定确定：

1）等效养护龄期可取按日平均温度逐日累计达到600℃·d时所对应的龄期，0℃及以下的龄期不计入；等效养护龄期不应小于14d，也不宜大于60d；

2）同条件养护试件的强度代表值应根据强度试验结果按现行国家标准《混凝土强度检验评定标准》（GBJ 107）的规定确定后，乘折算系数取用；折算系数宜取1.10，也可根据当地的试验统计结果作适当调整；

3）日平均温度可根据当日最高、最低温度确定。日平均温度可按大气测温记录。

（7）冬期施工、人工加热养护的结构构件，其同条件养护试件的等效养护龄期可按结构构件的实际养护条件，由监理（建设）、施工等各方根据第（5）条的规定共同确定。

3-95　混凝土结构实体钢筋保护层厚度如何检验？

（1）钢筋保护层厚度检验的结构部位和构件数量，应符合下列要求：

1）钢筋保护层厚度检验的结构部位，应由监理（建设）、施工等各方根据结构构件的重要性共同选定；

2）对梁类、板类构件，应各抽取构件数量的2%且不少于5个构件进行检验；当有悬挑构件时，抽取的构件中悬挑梁数、板类构件所占比例均不宜小于50%。

（2）对选定的梁类构件，应对全部纵向受力钢筋的保护层厚度进行检验；对选定的板类构件，应抽取不少于6根纵向受力钢筋的保护层厚度进行检验。对每根钢筋，应在有代表性的部位测量1点。

（3）钢筋保护层厚度的检验，可采用非破损或局部破损的方法，也可采用非破损并用局部破损方法进行校准。当采用非破损方法检验时，所使用的检测仪器应经过计量检验，检测操作应符合相应规程的规定。钢筋保护层厚度检验的检测误差不应大于1mm。

（4）钢筋保护层厚度检验时，纵向受力钢筋的保护层厚度的允许偏差，对梁类构件为＋10mm，－7mm；对板类构件为＋8mm，－5mm。

（5）对梁类、板类构件纵向受力钢筋的保护层厚度应分别进行验收。

结构实体钢筋保护层厚度验收合格应符合下列规定：

1）当全部钢筋保护层厚度检验的合格点率为90％及以上时，钢筋保护层厚度的检验结果应判为合格；

2）当全部钢筋保护层厚度检验的合格点率小于90％但不小于80％，可再抽取相同数量的构件进行检验；当按两次抽样总和计算的合格点率为90％及以上时，钢筋保护层厚度的检验结果仍应判为合格；

3）每次抽样检验结果中不合格点的最大偏差均不应大于第（4）条规定允许偏差的1.5倍。

3-96 装配式结构应如何进行深化设计？

装配式结构的深化设计应考虑工程的实际情况。对于采用标准预制构件的各类建筑结构，可使用标准图集的深化设计大样图及施工方法。对于结构较复杂而设计文件规定又不够详细的，则需要进行深化设计。深化设计计算应包括设计文件规定的荷载及施工过程中脱模、堆放、运输、吊装等各种工况的荷载不利组合验算，并应考虑施工顺序及支架拆除顺序的影响。

深化设计的完成单位可为原设计单位，也可为其他具备设计能力的相关单位。深化设计的结果应经原设计单位认可，以便于与结构的整体设计相协调。深化设计是设计工作的进一步延续，作为施工依据的设计文件和深化设计结果，应包括以下内容：

(1) 预制构件设计详图。包括平、立、剖面图，预埋吊件及其他埋件的细部构造图等；

(2) 预制构件装配详图。包括构件的装配位置、相关节点详图及临时斜撑、临时支架的设计结果等；

(3) 施工方法。包括构件制作、装配的施工及检查验收方法，装配顺序要求、临时斜撑及临时支架的拆除顺序要求等。

对于预制构件，除需考虑完整结构的自重、风、地震以及施工荷载外，尚应考虑施工各阶段脱模、堆放、运输、装配等临时荷载和变形对结构稳定性的影响。临时斜撑、支架的设计也应考虑施工过程中的全部荷载。重要的深化设计过程应保留完整的计算文件。

当吊运绳索与构件水平面存在夹角时，会产生与构件水平面方向相同的分力，在考虑构件变形的情况下，构件会承受在此分力作用下的压弯作用，当上述夹角过小时应考虑压弯作用对构件承载力计算的影响。构件吊运除在构件跨度方向可产生弯矩外，在横向方向也会产生弯矩，设计中也应予以考虑。

如施工顺序及支架拆除顺序对结构的稳定、特定部位的连接有影响，则应在设计文件或深化设计结果中予以注明，施工前应准备好装配图，并按其所示顺序施工。

3-97 装配式结构施工应如何编制专项施工方案?

装配式结构施工前应编制专项施工方案，施工方案应由施工单位、预制构件制作单位共同制定（预制构件分为“专业工厂预制”和“施工现场预制”）。施工方案应在完成深化设计的基础上进行。装配式结构的施工宜为一个完整的方案，根据工程实际情况也可由多个专项施工方案组成。施工方案应经监理审核批准后方可实施。

施工方案大体包括下列内容：

（1）预制构件制作方案、运输与堆放方案、吊装方案；

（2）预制构件吊装设备选型与配置、测量及调整就位方法、吊具及临时固定措施等；

（3）施工现场布置方案，包括预制构件堆放位置、内运通道以及吊装设备的布置等；

（4）预制构件装配连接的技术质量保证措施；

（5）施工全过程预制构件成品保护及修补的技术措施；

（6）预制构件安装施工安全管理、质量管理和环境保护措施。

预制构件装配、连接质量是保证装配式结构整体性的前提。预制构件连接处的钢筋连接与混凝土浇筑、叠合楼盖的后浇混凝土层浇筑、装配式楼盖与周边支承结构的连接等重要施工过程在施工方案中应特别强调，并提出保证质量的可靠措施。

质量管理措施应包括施工全过程的质量管理体系、各环节的质量负责人及组织、材料及施工质量控制点标准、质量记录表格、构件标识等。应通过可靠的质量管理措施保证预制构件、连接件及其他相关材料的可追塑性以便于在施工中发现质量问题并及时进行修补、更换。

3-98 装配式结构施工前如何进行施工验算?

装配式结构施工前应按设计要求和施工方案进行必要的施工验算。施工验算应包括以下内容：

（1）预制构件脱模、翻转过程中混凝土强度、构件承载力、构件变形以及吊具、预埋吊件承载力验算；

（2）预制构件的运输、存放及吊装过程中预制构件与起吊装置的承载力验算；

（3）预制构件安装过程中各种施工临时荷载作用下构件支架

系统和临时固定装置的承载力验算。

施工验算应考虑不同工况条件下荷载的不利组合。

吊运包括起吊、平吊及现场吊装。应将构件自重乘以动力系数，动力系数可取1.5。当有可靠经验时，动力系数可根据实际受力情况适当增减。进行预埋吊件、支架系统的承载力设计时，应考虑施工安全系数的影响。施工安全系数可按表3-55的规定确定，复杂或特殊结构的施工安全系数宜通过试验确定。

预埋吊件及临时斜撑的施工安全系数　　表3-55

项　目	施工安全系数
临时斜撑	≥2
临时斜撑的连接件预制构件中用于临时斜撑的预埋件	≥3
普通预埋吊件	≥4
多用途的预埋吊件	≥5

承载力设计时，可采用两种方式使用施工安全系数：对荷载标准值效应乘以施工安全系数进行放大或对材料强度标准值除以施工安全系数进行折减。施工安全系数的确定考虑了构件自重荷载分项系数、模具吸附作用、钢筋弯折后的应力集中对强度的折减、动力作用以及吊运角度的影响等因素。对于复杂的结构，设计预埋吊件、支架应进行必要的试验验证。

除经专门设计计算认可外，预埋吊件与用作连接件的预埋件宜采用不同类型。考虑到在施工过程中存在无法区分的可能，预埋吊件与用作连接件的预埋件建议采用不同的类型，除非在设计中已完全考虑不同状态的受力，并按本条表中“多用途”考虑了较大的施工安全系数。当采用专用预埋吊件、专用临时固定措施时，应按照相应的产品标准选用，或经过专用试验验证。

3-99　预制叠合构件的装配施工应注意些什么?

预制叠合构件的装配施工应注意：

（1）预制楼板，叠合板等板类的支撑应根据设计要求或施工方案设置。支撑处标高除应符合设计规定外，尚应考虑支承系统本身在施工荷载作用下的变形；在预制梁与预制楼板形成整体刚度前，支撑系统应能够承受预制楼板的重力荷载，以避免由于荷载不平衡而造成预制梁发生扭转、侧翻。对多层楼板系统未形成整体刚度前，整个结构的整体性较差，支撑系统应能确保避免意外荷载造成的建筑结构连续倒塌。

（2）施工荷载应符合设计规定，并应避免单个预制楼板承受较大的集中荷载；未经设计允许，施工单位不得对预制楼板进行切割、开洞。对于确实需要在施工现场完成的，应在吊装前完成。

（3）叠合构件后浇混凝土层施工前，应按设计要求检查结合面粗糙度，检查并扶正预制构件外露抗剪钢筋。

（4）叠合构件中后浇混凝土强度达到设计要求后方可拆除支撑或承受施工荷载。

3-100 简支梁板类预制构件的装配施工应注意什么?

简支梁板类预制构件的装配施工应注意：

（1）安装时应考虑最大施工偏差条件下梁板支座处的最小长度满足设计要求，支垫处的受力状态应保持均匀一致。支撑的设置和拆除应符合设计规定。在预制梁与预制楼板形成整体刚度前，支撑系统应能够承受预制楼板的重力荷载，以避免由于荷载不平衡而造成预制梁发生扭转、侧翻。对多层楼板系统未形成整体刚度前，整个结构的整体性较差，支撑系统应能确保避免意外荷载造成的建筑结构连续倒塌。

（2）梁板支座的连接应按设计要求施工检查，并应避免单个预制梁板在施工过程中承受过大的集中荷载；未经设计允许，施工单位不得对预制楼板进行切割、开洞。对于确实需要在施工现场完成的，应在吊装前完成。

（3）大跨度梁板的支座应保证梁板跨度方向可收缩变形要求。施工时宜将一端做成可纵向滑移铰。

四、预应力混凝土工程

4-1 什么是预应力混凝土？

对混凝土预施应力而使它获得预压应力，这样的混凝土叫做“预应力混凝土”。

进行预施应力的最普遍方法是利用钢筋的回弹力作用于混凝土，这种方法就是应用张拉机械或其他措施将构件中的钢筋加以张拉，这时钢筋因受拉而伸长，而当放松张拉力后，回弹力便对混凝土施预压力。

被张拉而利用其回弹力对混凝土预施压应力的钢筋称为“预应力钢筋”。在钢筋混凝土结构构件中，配置有预应力钢筋的，称为预应力混凝土结构构件；在预应力混凝土结构构件中，也可配有普通钢筋（即非预应力钢筋）。

预应力混凝土按预加应力的方法不同可分为：先张法预应力混凝土和后张法预应力混凝土。先张法是在混凝土浇筑前张拉钢筋，预应力是靠钢筋与混凝土之间的粘结力传递给混凝土。后张法是在混凝土达到一定强度后在预留孔道中张拉钢筋，预应力靠锚具传递给混凝土。在后张法中，按预应力筋粘结状态又可分为：有粘结预应力混凝土和无粘结预应力混凝土。前者在张拉后通过孔道灌浆使预应力筋与混凝土相互粘结，后者由于预应力筋涂有油脂，预应力只能永久地靠锚具传递给混凝土。

4-2 什么是先张法预应力混凝土和后张法预应力混凝土？

（1）先张法

在浇筑混凝土前对预应力钢筋加以张拉，在混凝土养护至达到一定强度后放松张拉力，使钢筋回弹力对混凝土施加压力，这种方法称为“先张法”。通常用于制作预制构件。

先张法的施工过程见图 4-1 的示意图，操作步骤如下：

1）设置具有足够承载力和刚度的传力架（一般用钢或混凝土制作），而把预制构件用的模板支在传力架内面。

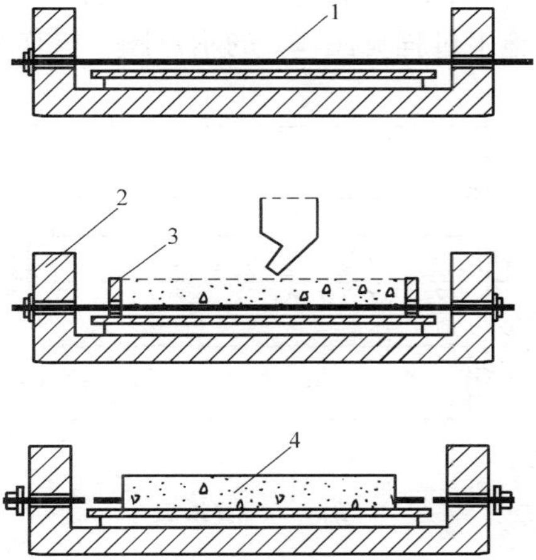

图 4-1　先张法

1—钢筋；2—传力架；3—模板；4—构件

2）将预应力钢筋穿过模板并引向传力架的两端，在一端加以固定（这端叫做固定端），而在另一端（张拉端）利用特制的机械加以张拉。

3）预应力钢筋在受张拉的状态下固定于张拉端，然后浇筑混凝土于模板内。

4）养护混凝土至达到要求强度（根据具体条件而有不同要求，一般不低于设计的混凝土强度标准值的 75%）后，切断外露于模板的钢筋端部。

5）对所制的构件进行脱模，吊出传力架之外。

切断钢筋之后，它的张拉力去除，这时回弹力促使钢筋企图缩回原来状态，但混凝土与钢筋之间保持着握裹力，阻止钢筋自由回缩，于是，回弹力就依靠混凝土的握裹传递给整个构件的混凝土，在其内建立了预压应力。

（2）后张法

混凝土硬化后在结构构件上张拉预应力钢筋的方法称为“后张法”。通常用于制作预制构件或在现浇结构构件上施工。

后张法的施工过程见图 4-2 的示意图，操作步骤如下：

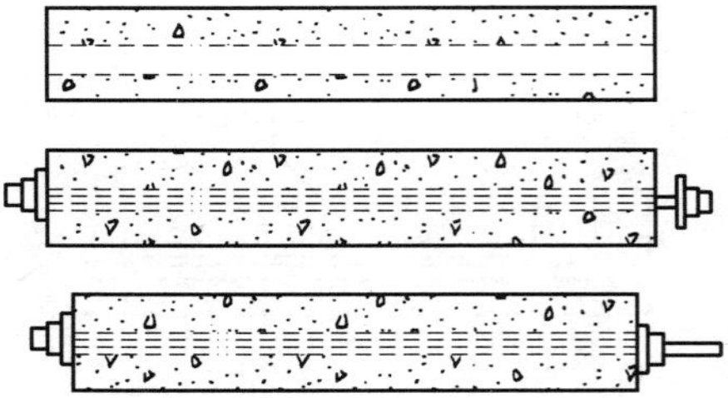

图 4-2 后张法

1）制成钢筋混凝土结构构件，并利用专门的设施（钢管抽芯、充压胶皮管抽芯、预埋铁皮管或预埋波纹管等）在结构构件体中预施应力的位置留出直径比预应力钢筋稍大的孔道。

2）当结构构件的混凝土达到足够强度（一般要求不低于设计的混凝土强度标准值的 75%）后，将预应力钢筋穿过预留孔道，并在结构构件的一端加以固定（这端叫做固定端）。

3）应用特制的机械在结构构件的另一端（张拉端）张拉钢筋，这时，张拉的反作用力直接传给结构构件的混凝土，使混凝土建立了预压应力。

有时，为了减轻预应力钢筋与预留孔道壁之间的摩擦程度，当预留孔道采用弯曲形状时，预应力钢筋也可从孔道的两端同时张拉（或从两端先后张拉）。

4）利用特制的锚定装置（锚具）在张拉端固定住预应力钢筋，使它永远处于张拉状态。

5）用水泥浆对预留孔道进行压力灌注以封闭。

4-3 为什么承担预应力混凝土施工或生产的专业施工单位或预制构件生产商，其深化设计应经原设计单位认可?

我国房屋建筑预应力混凝土的设计大致有两种情况，其一是由设计院提出完整的预应力混凝土施工图，专业施工单位依照施工即可；其二是，设计院只标出预应力混凝土的构件及区域或给出简单的设计参数，交由专业施工单位进行设计或进一步细化设计，如果专业公司有设计资质，且与原设计方有协议，可完全由专业公司提出设计并在相应栏内签字盖章，作为施工依据；若专业公司没有设计资质，则仍需由原设计单位出图并签字。后张法预应力工程的施工应由具有相应资质等级的预应力专业施工单位承担。预应力混凝土的深化设计中，除应明确采用的材料、工艺体系外，尚应明确预应力筋束形定位坐标图、预应力筋分段张拉锚固方案、张拉端及固定端的局部加强构造大样、锚具封闭大样、孔道摩擦系数取值等内容。

4-4 为什么预应力混凝土专业施工单位或预制构件厂应根据设计文件编制专项施工方案?

因为，与钢筋混凝土相比预应力混凝土的材料种类多，质量要求高，其施工顺序与所采用张拉锚固体系及设计假定密切相关，因此，在施工前，有必要根据设计意图，制定详细的施工组织设计或施工方案。

另外，预应力混凝土工程中，结构的施工顺序与施加预应力的关系影响构件内建立的预应力，且影响结构中非预应力构件，所以，必须按着施工组织设计规定施工，准确实现设计意图。

4-5 预应力筋有哪些品种？各种预应力筋的相关国家或行业标准有哪些？

（1）预应力筋按钢材品种可分为高强钢丝、钢绞线、高强钢筋和钢棒等。预应力筋所用钢材，要求高强度和低松弛率，同时要求一定的延伸率。目前常用的预应力筋材料的强度范围为800～1690MPa，预应力筋的形式有钢丝、钢绞线、钢棒、精轧螺纹钢筋、镀锌钢丝、镀锌钢绞线、环氧涂层钢绞线、无粘结钢绞线、缓粘结钢绞线等。

（2）各种预应力筋规格和力学性能相关的国家或行业产品标准有：钢绞线规格和力学性能应符合《预应力混凝土用钢绞线》（GB/T 5224）；高强钢丝应符合《预应力混凝土用钢丝》（GB/T 5223）；中强度钢丝应符合《中强度预应力混凝土用钢丝》（YB/T 156）；预应力混凝土用螺纹钢筋应符合《预应力混凝土用螺纹钢筋》（GB/T 20065）；预应力混凝土用钢棒应符合《预应力混凝土用钢棒》（GB/T 5223.3）；环氧涂层预应力钢绞线应符合《环氧涂层预应力钢绞线》（GB/T 21073）；镀锌钢绞线应符合《高强度低松弛预应力热镀锌钢绞线》（YB/T 152）；无粘结预应力钢绞线应符合《无粘结预应力钢绞线》（JG 161）。当所设计的预应力筋无国家或行业产品标准时，可采用该产品的企业标准。

4-6 什么是预应力钢丝？

用于预应力混凝土中的张拉钢丝叫预应力钢丝，其分类如下：

（1）冷拉钢丝

冷拉钢丝是经冷拔后直接用于预应力混凝土的钢丝。这种钢丝存在残余应力，屈强比低，伸长率小，仅用于铁路轨枕、压力水管、电杆等。

（2）消除应力钢丝（普通松弛型）

消除应力钢丝（普通松弛型）的比例极限、屈强比和弹性模量有效提高，并改善塑性；同时获得良好的伸直性，施工方便。这种钢丝已广泛应用。目前，随着技术进步，已逐步向低松弛方向发展。

（3）消除应力钢丝（低松弛型）

消除应力钢丝（低松弛型）弹性极限、屈服强度提高，松弛率降低，钢材用量减少，经济效益显著。这种钢丝已逐步在房屋、桥梁、市政、水利等大型工程中推广应用，具有较强的生命力。

（4）刻痕钢丝

刻痕钢丝见图 4-3，表面凹痕或凸纹可增加与混凝土的握裹力。这种钢丝可用于先张法预应力混凝土构件。

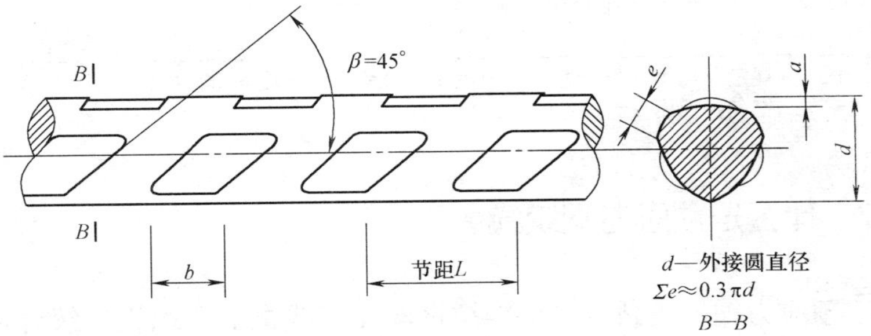

图 4-3 三面刻痕钢丝外形示意图

（5）螺旋肋钢丝

螺旋肋钢丝见图 4-4，钢丝表面螺旋肋可增加与混凝土的握

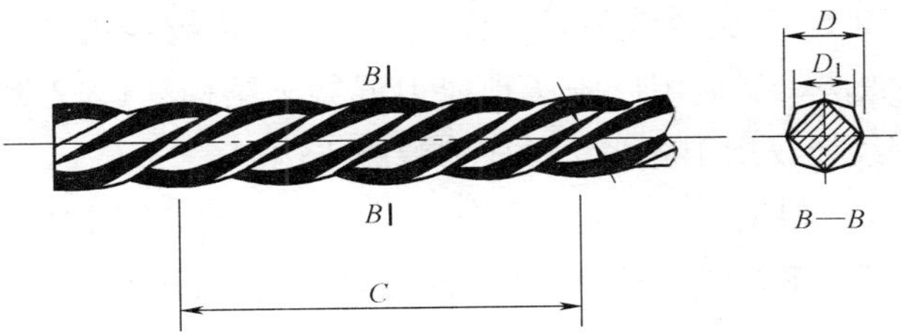

图 4-4 螺旋肋钢丝外形示意图

裹力。这种钢丝可用于先张法预应力混凝土构件。

低松弛光圆钢丝和螺旋肋钢丝的规格与力学性能，见表 4-1。

低松弛光圆钢丝和螺旋肋钢丝　　表 4-1

公称直径(mm)	直径允许偏差(mm)	公称截面积(mm^2)	每米参考重量(g/m)	抗拉强度 σ_b(MPa) 不小于	规定非比例伸长应力 $\sigma_{p0.2}$(MPa) 不小于	最大力下总伸长率 δ(%) 不小于	弯曲次数 次/180° 不小于	弯曲次数 弯曲半径(mm)	应力松弛性能 初始应力相当于公称抗拉强度的(%)	应力松弛性能 1000h 应力松弛率(%)不大于
5.00	±0.05	19.63	154	1670 1770 1860	1470 1560 1640	$L_0 \geq$ 200mm 3.5	4	15	60	1.0
6.00	±0.05	26.27	222	1570 1670 1770	1380 1470 1560		4	15	70	2.5
7.00	±0.05	36.48	302				4	20	80	4.5

注：1. 规定非比例伸长应力 $\sigma_{p0.2}$值不小于公称抗拉强度 σ_b 的 88%。

2. 钢丝弹性模量为（2.05±0.1）×10^5MPa。

4-7　什么是预应力钢绞线?

预应力钢绞线是由多根冷拉钢丝在绞线机上成螺旋形绞合，并经消除应力回火处理而成的总称。钢绞线的整根破断力大，柔性好，施工方便，具有广阔的发展前景。

预应力钢绞线按捻制结构不同可分为：1×2 钢绞线、1×3 钢绞线和 1×7 钢绞线等，见图 4-5。1×7 钢绞线用途广泛，既适用先张法，又适用后张法预应力混凝土结构。1×2 钢绞线和 1×3 钢绞线仅用于先张法预应力混凝土构件。

钢绞线根据加工要求不同又可分为：标准型钢绞线、刻痕钢绞线和模拔钢绞线。预应力钢绞线的规格及力学性能见表 4-2～表 4-4。

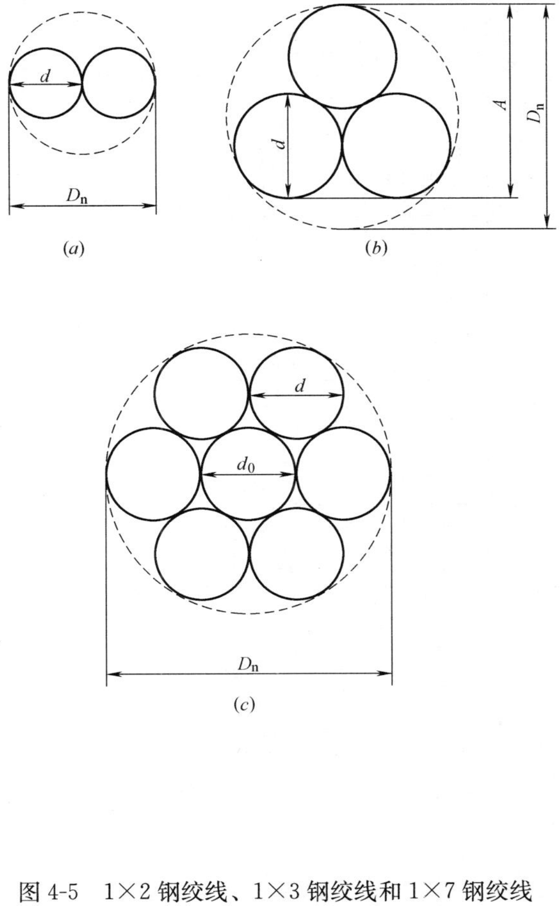

图 4-5　1×2 钢绞线、1×3 钢绞线和 1×7 钢绞线

（a）1×2 钢绞线；（b）1×3 钢绞线；（c）1×7 钢绞线

D_n—钢绞线直径；d—外层钢丝直径；d_0—中心钢丝直径；

A—1×3 钢绞线测量尺寸

1×2 结构钢绞线力学性能　　　表 4-2

钢绞线结构	钢绞线公称直径 D_n(mm)	抗拉强度 R_m (MPa) 不小于	整根钢绞线的最大力 F_m (kN) 不小于	规定非比例延伸力 $F_{p0.2}$ (kN) 不小于	最大力总伸长率 ($L_0 \geq$ 400mm) A_{gt}(%) 不小于	应力松弛性能	
						初始负荷相当于公称最大力的百分数(%)	1000h 后应力松弛率 r(%)不小于
1×2	5.00	1570	15.4	13.9	对所有规格	对所有规格	对所有规格
		1720	16.9	15.2			
		1860	18.3	16.5			
		1960	19.2	17.3			
	5.80	1570	20.7	18.6		60	1.0
		1720	22.7	20.4			
		1860	24.6	22.1			
		1960	25.9	23.3	3.5	70	2.5
	8.00	1470	36.9	33.2		80	4.5
		1570	39.4	35.5			
		1720	43.2	38.9			
		1860	46.7	42.0			
		1960	49.2	44.3			
	10.00	1470	57.8	52.0			
		1570	61.7	55.5			
		1720	67.6	60.8			
		1860	73.1	65.8			
		1960	77.0	69.3			
	12.00	1470	83.1	74.8			
		1570	88.7	79.8			
		1720	97.2	87.5			
		1860	105	94.5			

注：1. 表 4-2～表 4-4 摘自国家标准《预应力混凝土用钢绞线》(GB/T 5224—2003)。
2. 规定非比例延伸力 $F_{p0.2}$ 值不小于整根钢绞线公称最大力 F_m 的 90%。
3. 钢绞线弹性模量为 $(1.95 \pm 0.1) \times 10^5$ MPa。

1×3 结构钢绞线力学性能　　表 4-3

钢绞线结构	钢绞线公称直径 D_n(mm)	抗拉强度 R_m (MPa) 不小于	整根钢绞线的最大力 F_m (kN) 不小于	规定非比例延伸力 $F_{p0.2}$ (kN) 不小于	最大力总伸长率 ($L_0 \geqslant$ 400mm) A_{gt}(%) 不小于	应力松弛性能	
						初始负荷相当于公称最大力的百分数(%)	1000h 后应力松弛率 r(%)不小于
1×3	6.20	1570	31.1	28.0	对所有规格	对所有规格	对所有规格
		1720	34.1	30.7			
		1860	36.8	33.1			
		1960	38.8	34.9			
	6.50	1570	33.3	30.0			
		1720	36.5	32.9		60	1.0
		1860	39.4	35.5			
		1960	41.6	37.4			
	8.60	1470	55.4	49.9			
		1570	59.2	53.3			
		1720	64.8	58.3	3.5	70	2.5
		1860	70.1	63.1			
		1960	73.9	66.5			
	8.74	1570	60.6	54.5			
		1670	64.5	58.1			
		1860	71.8	64.6			
	10.80	1470	86.6	77.9			
		1570	92.5	83.3			
		1720	101	90.9			
		1860	110	99.0		80	4.5
		1960	115	104			
	12.90	1470	125	113			
		1570	133	120			
		1720	146	131		60	1.0
		1860	158	142		70	2.5
		1960	166	149	3.5	80	4.5
(1×3)	8.74	1570	60.6	54.5			
		1670	64.5	58.1			
		1860	71.8	64.6			

注：同表 4-2。

1×7 结构钢绞线力学性能　　表 4-4

钢绞线结构	钢绞线公称直径 D_n(mm)	抗拉强度 R_m (MPa) 不小于	整根钢绞线的最大力 F_m (kN) 不小于	规定非比例延伸力 $F_{p0.2}$ (kN) 不小于	最大力总伸长率 ($L_0 \geqslant$ 400mm) A_{gt}(%) 不小于	应力松弛性能	
						初始负荷相当于公称最大力的百分数(%)	1000h 后应力松弛率 r(%)不小于
1×7	9.50	1720	94.3	84.9	对所有规格	对所有规格	对所有规格
		1860	102	91.8			
		1960	107	96.3			
	11.10	1720	128	115	3.5	60	1.0
		1860	138	124		70	2.5
		1960	145	131		80	4.5
	12.70	1720	170	153			
		1860	184	166		60	1.0
		1960	193	174		70	2.5
	15.20	1470	206	185			
		1570	220	198			
		1670	234	211			
		1720	241	217	3.5		
		1860	260	234			
		1960	274	247			
	15.70	1770	266	239			
		1860	279	251		80	4.5
	17.80	1720	327	294			
		1860	353	318			
(1×7)	12.70	1860	208	187			
	15.20	1820	300	270			
	18.00	1720	384	346			

注：同表 4-2。

4-8 什么是钢棒?

钢棒具有强度高、韧性好和粘结力强等优点。

钢棒按表面形状，分为光圆、螺旋槽、螺旋肋、带肋钢棒四种，带肋钢棒又分为带纵肋和无纵肋两种，见图 4-6～图 4-8。钢棒的规格及力学性能性能见表 4-5。

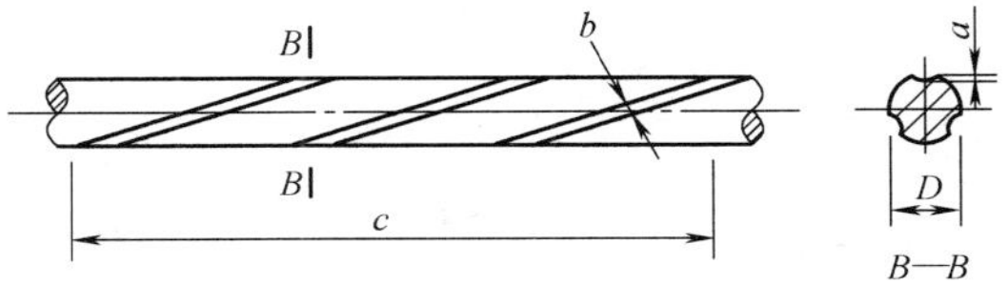

(a)

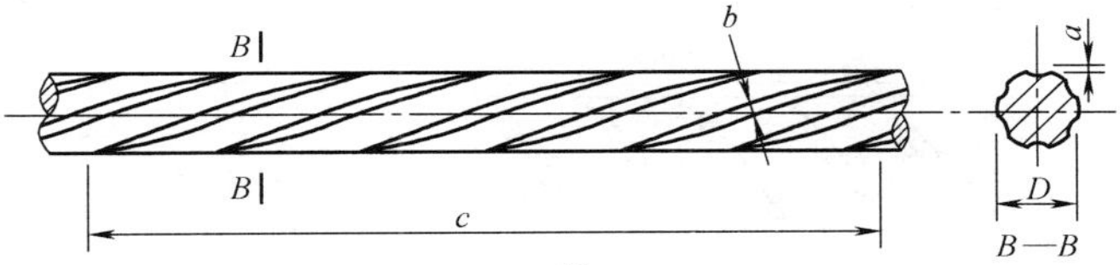

(b)

图 4-6 螺旋槽钢棒外形

(a) 3 条螺旋槽；(b) 6 条螺旋槽

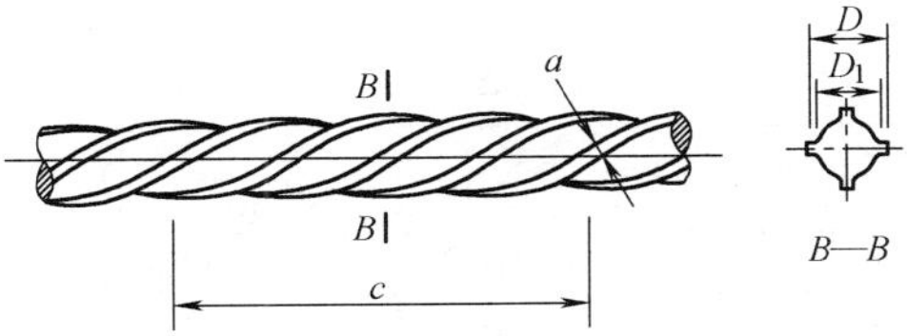

图 4-7 螺旋肋钢棒外形

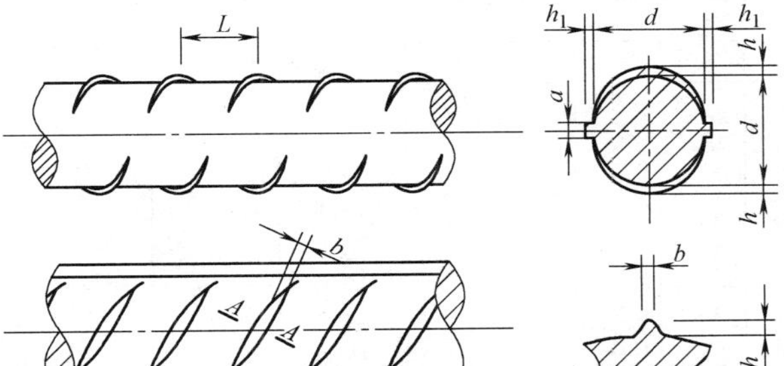

(a)

图 4-8 带肋钢棒外形（一）

(a) 有纵肋带肋钢棒

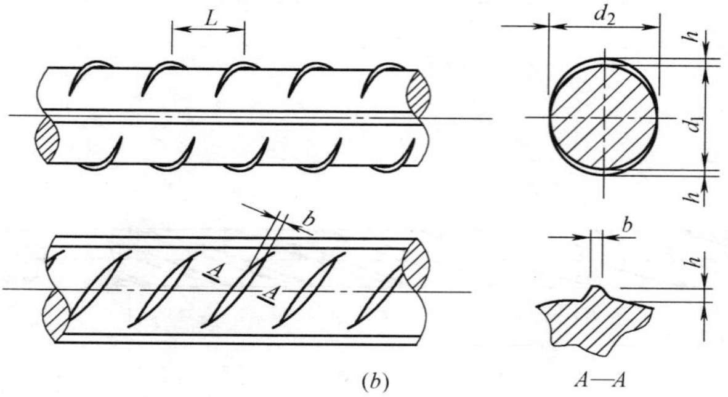

图 4-8　带肋钢棒外形（二）

（b）无纵肋带肋钢棒

钢棒规格及力学性能　　　　**表 4-5**

表面形状类型	公称直径 D_n（mm）	公称横截面积 S_n（mm^2）	横截面积 S（mm^2）		每米参考重量（g/m）	抗拉强度 R_m 不小于（MPa）	规定非比例延伸强度 $R_{p0.2}$ 不小于（MPa）	弯曲性能	
			最小	最大				性能要求	弯曲半径（mm）
光圆	6	28.3	26.8	29.0	222	对所有规格钢棒 1080 1230 1420 1570	对所有规格钢棒 930 1080 1280 1420	反复弯曲不小于 4 次/180°	15
	7	38.5	36.3	39.5	302				20
	8	50.3	47.5	51.5	394				20
	10	78.5	74.1	80.4	616				25
	11	95.0	93.1	97.4	746			弯曲 160°～180°后弯曲处无裂纹	弯心直径为钢棒公称直径的 10 倍
	12	113	106.8	115.8	887				
	13	133	130.3	136.3	1044				
	14	154	145.6	157.8	1209				
	16	201	190.2	206.0	1578				
螺旋槽	7.1	40	39.0	41.7	314				
	9	64	62.4	66.5	502				
	10.7	90	87.5	93.6	707				
	12.6	125	121.5	129.9	981				

续表

表面形状类型	公称直径 D_n (mm)	公称横截面积 S_n (mm^2)	横截面积 S(mm^2)		每米参考重量 (g/m)	抗拉强度 R_m 不小于 (MPa)	规定非比例延伸强度 $R_{p0.2}$ 不小于 (MPa)	弯曲性能	
			最小	最大				性能要求	弯曲半径 (mm)
螺旋肋	6	28.3	26.8	29.0	222	对所有规格钢棒 1080 1230 1420 1570	对所有规格钢棒 930 1080 1280 1420	反复弯曲不小于4次/180°	15
	7	38.5	36.3	39.5	302				20
	8	50.3	47.5	51.5	394				20
	10	78.5	74.1	80.4	616				25
	12	113	106.8	115.8	888			弯曲160°～180°后弯曲处无裂纹	弯曲直径为钢棒公称直径的10倍
	14	154	145.6	157.8	1209				
带肋	6	28.3	26.8	29.0	222				
	8	50.3	47.5	51.5	394				
	10	78.5	74.1	80.4	616			—	
	12	113	106.8	115.8	887				
	14	154	115.6	157.8	1209				
	16	201	190.2	206.0	1578				

4-9 什么是预应力混凝土用螺纹钢筋?

螺纹钢筋（精轧螺纹钢筋）是螺纹外形，见图 4-9，其规格见表 4-6，力学性能见表 4-7。钢筋的接长用连接器，端头锚固直接用螺母。这种钢筋具有连接可靠、锚固简单、施工方便、无

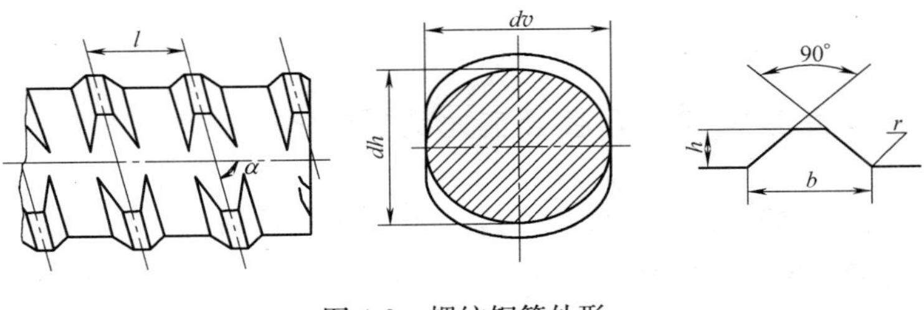

图 4-9 螺纹钢筋外形

dh—基圆直径；*dv*—基圆直径；*h*—螺纹高；

b—螺纹底宽；*l*—螺距；*r*—螺纹根弧；*α*—导角

需焊接等优点。

螺纹钢筋规格　　表 4-6

公称直径 (mm)	公称截面面积 (mm^2)	有效截面系数	理论截面面积 (mm^2)	理论重量 (kg/m)
18	254.5	0.95	267.9	2.11
25	490.9	0.94	522.2	4.10
32	804.2	0.95	846.5	6.65
40	1256.6	0.95	1322.7	10.34
50	1963.5	0.95	2066.8	16.28

注：本表摘自国家标准《预应力混凝土用螺纹钢筋》(GR/T 20065—2006)。

螺纹钢筋力学性能　　表 4-7

级别	屈服强度 R_{el} (MPa)	抗拉强度 R_m(MPa)	断后伸长率 A(%)	最大力下总伸长率 A_{gt}(%)	应力松弛性能	
	不小于				初始应力	10000h 后应力松弛率 V_r(%)
PSB785	785	980	7	3.5	$0.8R_{eL}$	≤3
PSB830	830	1030	6			
PSB930	930	1080	6			
PSB1080	1080	1230	6			

注：1. 无明显屈服时，用规定非比例延伸强度 ($R_{p0.2}$) 代替。
2. 本表摘自国家标准《预应力混凝土用螺纹钢筋》(GB/T 20065—2006)。
3. 弹性模量可取 (1.95～2.05)×10^5MPa。

4-10　什么是预应力混凝土无粘结筋？

无粘结预应力筋是以专用防腐润滑脂作涂料层、聚乙烯（或聚丙烯）塑料作护套的钢绞线制作而成。无粘结预应力钢绞线形状如图 4-10，规格与力学性能见表 4-8，是一种在施加预应力后沿全长与周围混凝土不粘结的预应力筋。

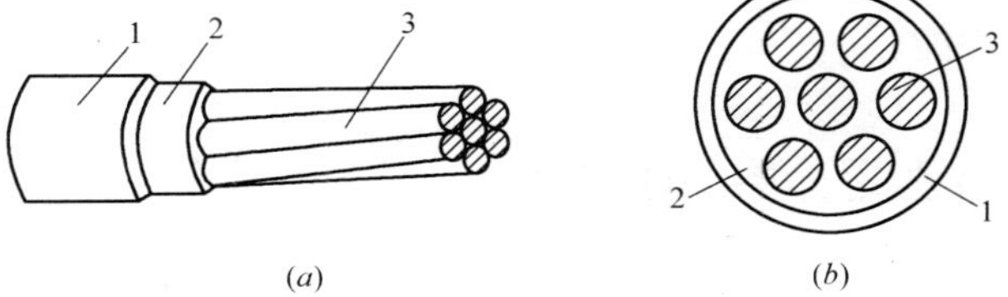

图 4-10　无粘结预应力筋

(a) 无粘结预应力筋；(b) 截面示意

1—聚乙烯塑料套管；2—保护油脂；3—钢绞线或钢丝束

无粘结预应力钢绞线规格及性能　　表 4-8

钢绞线			防腐润滑脂重量 W_3 (g/m) 不小于	护套厚度 (mm) 不小于	μ	κ
公称直径 (mm)	公称截面积 (mm^2)	公称强度 (MPa)				
9.50	54.8	1720	32	0.8	0.04～0.10	0.003～0.004
		1860				
		1960				
12.70	98.7	1720	43	1.0	0.04～0.10	0.003～0.004
		1860				
		1960				
15.20	140.0	1570	50	1.0	0.04～0.10	0.003～0.004
		1670				
		1720				
		1860				
		1960				
15.70	150.0	1770	53	1.0	0.04～0.10	0.003～0.004
		1860				

注：经供需双方协商，也生产供应其他强度和直径的无粘结预应力钢绞线。

无粘结预应力钢绞线主要用于后张预应力混凝土结构中的无粘结预应力筋，也可用于暴露、腐蚀或可更换要求环境中的体外索、拉索等。

防腐润滑油脂其质量应符合行业标准 JG 3007 的要求。

护套材料应采用高密度聚乙烯树脂，其质量应符合现行国家标准《高密度聚乙烯树脂》(GB 11116) 的规定。护套颜色宜采用黑色；也可采用其他颜色，但此时添加的颜色母材料不能损伤护套的性能。

4-11 什么是涂层预应力筋？

（1）镀锌钢丝和镀锌钢绞线

镀锌钢丝和镀锌钢绞线的抗腐蚀能力强，主要用于缆索、体外索及环境条件恶劣的工程结构等。镀锌钢丝应符合国家标准《桥梁缆索用热镀锌钢丝》（GB/T 17101—2008）的规定，镀锌钢绞线应符合行业标准《高强度低松弛预应力热镀锌钢绞线》（YB/T 152—1999）的规定。镀锌钢丝和镀锌钢绞线的力学性能见表 4-9 和表 4-10。钢丝和钢绞线经热镀锌后，其屈服强度稍有降低。

镀锌钢丝的力学性能　　表 4-9

公称直径（mm）	抗拉强度（MPa）	规定非比例伸长应力			伸长率	弯曲次数		松弛性能		
		无松弛要求（MPa）	Ⅰ级松弛要求（MPa）	Ⅱ级松弛要求（MPa）	L_0＝250mm（%）	次数/180°	弯曲半径（mm）	初始应力相当于公称抗拉强度的（%）	1000h 应力不大于（%）	
	不小于								Ⅰ级松弛	Ⅱ级松弛
5.00	1570	1180	1250	1330	4.0	4	15	70	8	2.5
	1670	1250	1330	1410						
	1770	1330	1410	1500						
7.00	1570	—	—	1330	4.0	5	20			
	1670	—	—	1410						

注：弹性模量为（2.0±0.1）×10^5MPa。

（2）环氧涂层钢绞线

环氧涂层使钢绞线在各种腐蚀环境中具有优良的耐蚀性，适用于腐蚀环境下的先张法或后张法构件、港湾构筑物、海洋构筑物、斜拉索、吊索等。环氧涂层钢绞线可参照柳州市建筑机械总厂企业标准《环氧树脂涂层预应力钢绞线》（Q/OVM011—1999）的规定。

镀锌钢绞线的规格和力学性能　　表 4-10

公称直径（mm）	公称截面积（mm^2）	理论重量（kg/m）	强度级别（MPa）	最大负荷 F_b（kN）	屈服负荷 $F_{p0.2}$（kN）	伸长率 δ（%）	松弛	
							初载为公称负荷的（%）	1000h 应力松弛损失 R_{1000}（%）
12.5	93	1.73	1770	164	146	≥3.5	70%	≤2.5
			1860	173	154			
12.9	100	0.785	1770	177	158			
			1860	186	166			
15.2	139	1.091	1770	246	220			
			1860	259	230			
15.7	150	1.178	1770	265	236			
			1860	279	248			

注：弹性模量为（1.95 ± 0.17）$\times10^5$MPa。

环氧涂层钢绞线，主要有两种类型：环氧涂层有粘结钢绞线、环氧涂层无粘结钢绞线，见图 4-11。其喷涂后的参数，见表 4-11。

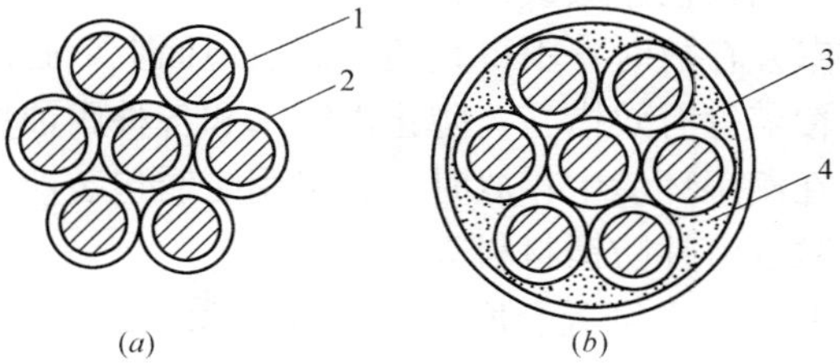

图 4-11　环氧涂层钢绞线

（a）有粘结型；（b）无粘结型

1—钢绞线；2—环氧树脂涂层；3—聚乙烯护套；4—油脂

环氧涂层钢绞线参数　　表 4-11

类型		涂层厚度（mm）	外径（mm）	涂层重（g/m）	无粘结涂包重（g/m）	合计重（g/m）
有粘结	Φ^S12.7	0.12～0.18	13.5	14.9	—	789
	Φ^S15.2	0.12～0.18	16.0	17.7	—	1119
无粘结	Φ^S12.7	0.12～0.18	15.8	14.9	98	887
	Φ^S15.2	0.12～0.18	18.3	17.7	116	1235

4-12 如何做好预应力筋的运输和存放?

预应力筋由于其强度高与塑性差，在无应力状态下对腐蚀作用比普通钢筋敏感。预应力筋在运输与存放过程中如遭受雨淋，易发生腐蚀生锈，不仅降低质量，而且将出现腐蚀坑，有时甚至会造成钢材脆断。

预应力筋运输与储存时，应满足下列要求：

（1）成盘卷的预应力筋，宜在出厂前加防潮纸、麻布等材料包装。

（2）装卸无轴包装的钢绞线、钢丝时，宜采用C形钩或3根吊索，也可采用叉车。每次吊运一件，避免碰撞而损害钢绞线。涂层预应力筋装卸时，宜采用柔性吊带或包裹橡胶、尼龙等柔性材料的金属吊索，并应轻装轻卸，不得摔掷或在地上拖拉。应避免锋利物品损伤涂层或护套。

（3）在室外存放时，不得直接堆放在地面上，必须采取垫枕木并用苫布覆盖等有效措施，防止雨露水和各种腐蚀性气体、介质的影响。在潮湿环境中存放时，宜采用防锈包装产品、防潮纸内包装、涂敷水溶性防锈材料等。

（4）长期存放应设置仓库，仓库应干燥、防潮、通风良好、无腐蚀气体和介质。

（5）如储存时间过长，宜用乳化防锈剂喷涂预应力筋表面。

（6）预应力钢丝或钢绞线盘卷存放时，应确保其盘径不致过小而影响预应力筋的力学性能。

（7）环氧涂层预应力筋不得存放在阳光直射的场所；

4-13 预应力筋如何进行质量检验?

预应力筋出厂时，在每捆（盘）上都挂有标牌，并附有出厂质量证明书。

预应力筋进场时，应按下列规定验收。见表 4-12～表 4-15。

1．预应力钢丝和钢绞线

检查数量：按进场的批次和产品的抽样检验方案确定。

检验方法：检查产品合格证、出厂检验报告和进场复验报告。

预应力钢丝验收 **表 4-12**

序号	验收项目	组批规则与检查数量	检查内容与结果判定
1	外观检查	外观质量，应逐盘检查 直径检查，按 10%盘选取，但不得少于 6 盘	钢丝表面不得有油污、氧化铁皮、裂纹或机械损伤，但表面上允许有浮锈和回火色。镀锌钢丝的锌层应光滑均匀，无裂纹
2	力学性能	每验收批应由同一牌号、同一规格、同一生产工艺制度的钢丝组成，重量不大于 60t 钢丝外观检查合格后，从同一批中任意选取 10%盘（不少于 6 盘）钢丝，每盘在任意位置截取 2 根试件，1 根做拉伸试验（抗拉强度与伸长率），1 根做反复弯曲试验 屈服强度和松弛试验每季度抽验一次，每次不少于 3 根	如有某一项试验结果不符合现行标准《预应力混凝土用钢丝》（GB/T 5223）、《桥梁缆索用热镀锌钢丝》（GB/T 17101）标准的要求，则该盘钢丝为不合格品；并从同一批未经试验的钢丝盘中再取双倍数量的试件进行复验，如仍有一项试验结果不合格，则该批钢丝判为不合格品，或逐盘检验取用合格品 对设计文件有指定要求的疲劳性能、可镦性等，应再进行抽样试验

预应力钢绞线验收 **表 4-13**

序号	验收项目	组批规则与检查数量	检查内容与结果判定
1	外观检查	外观质量，应逐盘检查 直径检查，按 10%盘选取，但不得少于 6 盘 无粘结顶应力筋的油脂重量与护套厚度，应按 60t 为一批，抽取 3 个试件进行检验	钢绞线的捻距应均匀，切断后不松散，其表面不得带有油污、锈斑或机械损伤，但允许有浮锈和回火色。镀锌或涂环氧钢绞线、无粘结钢绞线等涂层表面应均匀、光滑，无裂纹、无明显折皱。油脂重量，护套厚度应满足表 4-8 和无粘结筋的质量要求

续表

序号	验收项目	组批规则与检查数量	检查内容与结果判定
2	力学性能	每验收批应由同一牌号、同一规格、同一生产工艺制度的钢绞线组成，重量不大于60t 钢绞线外观检查合格后，从同一批中任意选取3盘钢绞线，每盘在任意位置截取1根试件进行试验	如有某一项试验结果不符合《预应力混凝土用钢绞线》（GB/T 5224—20031G1 —2008)《高强度低松弛预应力热镀锌钢绞线》(YB/T 152—1999)标准的要求(见表4-2～表4-4)，则不合格盘报废。再从未试验过的钢绞线中取双倍数量的试件进行复验。如仍有一项不合格，则该批钢绞线判为不合格品 对设计文件有指定要求的疲劳性能、偏斜拉伸性能等，应再进行抽样试验

2. 无粘结预应力筋的涂包质量应符合无粘结预应力钢绞线标准的规定。

检查数量：每60t为一批，每批抽取一组试件。

检验方法：观察，检查产品合格证、出厂检验报告和进场复验报告。

注：当有工程经验，并经观察认为质量有保证时，可不作油脂用量和护套厚度的进场复验。

无粘结预应力筋验收　　　　表4-14

序号	验收项目	组批规则与检查数量	检查内容与结果判定
1	外观检查	外观质量，应逐盘检查 无粘结预应力筋的油脂重量与护套厚度，应按30t为一批，进行检验	成品护套表面应光滑、无裂纹、无明显折皱 油脂重量与护套厚度由加工单位按出厂检验项目进行检验并提供合格数据
2	力学性能	每验收批应由同一牌号、同一规格、同一生产工艺制度的钢绞线组成，重量不大于30t 外观检查合格后，从同一批中任意选取3根钢绞线试件进行试验	如有某一项试验结果不符合《预应力混凝土用钢绞线》(GB/T 5224—2003/G1—2008)标准的要求，则不合格盘报废。再从未试验过的钢绞线中取双倍数量的试件进行复验。如仍有一项不合格，则该批钢绞线判为不合格品 对设计文件有指定要求的疲劳性能、偏斜拉伸性能等，应再进行抽样试验

精轧螺纹钢筋验收 **表 4-15**

序号	验收项目	检查数量	检查内容
1	外观检查	外观质量，每 20t 至少抽查 2 根	表面不得带有油污、锈斑、横向裂纹、结疤或机械损伤，但允许有不影响力学性能、工艺性能以及连接的其他缺陷
2	力学性能	每验收批应由同一牌号、同一规格、同一生产工艺制度的钢筋组成，重量不大于 60t 外观检查合格后，从同一批中任意选取 6 根，分为 2 组，一组进行拉力试验，一组进行冷弯试验	如有某一项试验结果不符合《预应力混凝土用螺纹钢筋》(GB/T 20065—2006)标准的要求，取双倍数量的试件进行复验，如仍有一项不合格，则该批高强精轧螺纹钢筋判为不合格品

3. 预应力筋质量应符合以下要求：

(1) 有粘结预应力筋展开后应平顺，不得有弯折，表面不应有裂纹、小刺、机械损伤、氧化铁皮和油污等；

(2) 无粘结预应力筋护套应光滑、无裂缝，无明显褶皱。

检查数量：全数检查。

检验方法：观察。

注：无粘结预应力筋护套轻微破损者应外包防水塑料胶带修补，严重破损者不得使用。

4-14 预应力筋用锚具、夹具和连接器有哪些种类？为什么锚夹具应根据预应力筋品种配套使用？

预应力筋用锚具，可分为夹片锚具、镦头锚具、螺母锚具、挤压锚具、压接锚具、压花锚具、冷铸锚具和热铸锚具等。预应力筋锚具通常与预应力钢材配套使用，制造商设计生产的锚具，都是针对特定的预应力筋开发的，所以必须配套使用，成套锚具包括锚板、夹片、垫板和螺旋筋等，并应遵守其相应的限制规定。其质量应符合产品现行国家标准《预应力筋用锚具、夹具和连接器》(GB/T 14370)，而使用可遵循现行行业标准《预应力筋用锚具、夹具和连接器应用技术规程》(JGJ 85) 的规定。

4-15 为什么对于特殊环境下的工程结构，锚具、夹具和连接器的性能尚应符合设计规定的特殊要求?

有些工程的环境条件特别，应注意常规锚具的适用性问题，比如国标中，并没有规定锚具的使用环境温度，采用常规锚具，可能容易出现锚具低温脆性破坏现象，所以必须同时满足设计提出的特殊要求。现行国家标准《预应力筋用锚具、夹具和连接器》(GB/T 14370) 只规定了锚具、夹具和连接器的性能要求，而将其应用于工程时出现的锚固区局部承压传力性能方面，没有给予相应的规定，致使锚具质量尽管符合标准规定，但工程中经常出现传力失效或出现裂缝等问题。

4-16 为什么说锚固系统是预应力技术的重要组成部分? 其作用是什么?

锚固体系是保证预应力混凝土结构的预加应力的准确性、永久性和正确位置的关键机械装置。

锚固系统通常是指锚具、夹具、连接器及锚下支承系统等。锚具锚固在构件端部，是保持预应力筋拉力并将其传递到混凝土上的永久性锚固装置，主要应用于后张法施工中。夹具是先张法构件施工时为了保持预应力筋拉力，并将其固定在张拉台座（钢模）上用的临时性锚固装置。后张法夹具又称工具锚，是将千斤顶的张拉力传递到预应力筋的临时性锚固装置。锚具和夹具也可互换使用。连接器是先张法和后张法施工中将预应力从一根预应力筋传递到另一根预应力筋的连接装置。锚下支承系统布置在锚固区混凝土中，作为预应力筋的定位件和锚具的支承件，并根据劈裂应力控制局部开裂，满足结构要求。

4-17 预应力筋用锚夹具和连接器有哪几种？其主要特点有哪些？

预应力筋用锚具、夹具和连接器按锚固方式不同，可分为夹片式（单孔与多孔夹片锚具）、支承式（镦头锚具、螺母锚具等）、锥塞式（钢质锥形锚具等）和握裹式（挤压锚具、压花锚具等）四类。

支承式锚具锚固过程中预应力筋的内缩量小，即锚具变形与预应力筋回缩引起的预应力损失小，适用于短束筋。但对预应力筋下料长度的准确度要求严格；夹片式锚具对预应力筋的下料长度要求不严，成束方便，但锚固过程中内缩量大，预应力筋在锚固端损失较大，适用于长束筋，当用于锚固短束筋时应采取专门的措施。

预应力钢丝、钢绞线应根据结构设计要求、产品技术性能和张拉施工方法等选用匹配的锚具、夹具和相应的连接器。

4-18 钢绞线锚固体系主要有哪些种类？

（1）单孔夹片锚固体系

单孔夹片锚固体系见图 4-12。单孔夹片锚具是由锚环与夹片组成，见图 4-13。

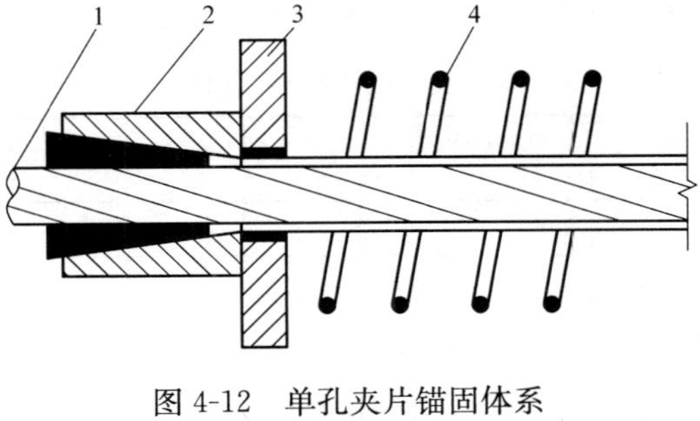

图 4-12 单孔夹片锚固体系

1—钢绞线；2—单孔夹片锚具；3—承压钢板；4—螺旋筋

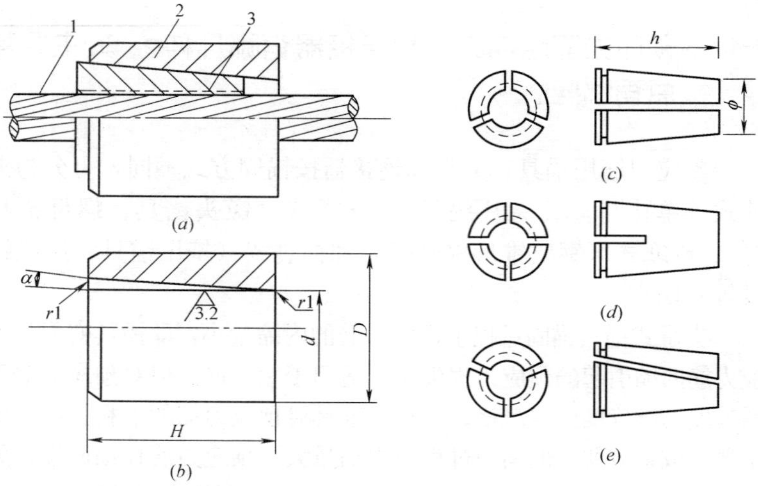

图 4-13　单孔夹片锚具

(a) 组装图；(b) 锚环；(c) 三片式夹片；(d) 二片式夹片；(e) 斜开缝夹片

1—钢绞线；2—锚杯；3—夹片

国内部分厂家产品型号与规格见表 4-16。

夹片的种类很多。按片数可分为三片式或两片式。两片式夹片的背面上部锯有一条弹性槽，以提高锚固性能，但夹片易沿纵向开裂；也有通过优化夹片尺寸和改进热处理工艺，取消了弹性槽。按开缝形式可分为直开缝和斜开缝。直开缝夹片最为常用；斜开缝夹片主要用于锚固 $7\phi^S5$ 平行钢丝束。

单孔夹片锚具规格（mm）　　**表 4-16**

锚具型号	锚环				夹片		
	D	H	d	α	ϕ	h	形式
XM15-1	44	50	—	—	—	—	三片斜开缝
QM13-1 QM15-1	40 46	42 48	16 18	5°40′	17 20	40 45	三片直开缝
OVM13-1 OVM15-1	43 46	43 48	16 18	6°00′	17 19	38 43	二片直开缝 (有弹性槽)

续表

锚具型号	锚环				夹片		
	D	H	d	α	ϕ	h	形式
HVMB-1 HVM15-1	43 46	43 48	16 18	6°00′	17 19	38 43	二片直开缝 (有弹性槽)
D&S	45	45	18	7°～8°		40	—

单孔夹片锚具主要用于锚固$\Phi^S15.2$、$\Phi^S12.7$钢绞线制成的无粘结预应力筋，也可用于先张法夹具；当用于锚固7Φ5钢丝组成的钢丝束时，必须采用斜开缝的夹片。

（2）多孔夹片锚固体系

多孔夹片锚固体系一般称为群锚，是由多孔夹片锚具、锚垫板（也称铸铁喇叭管、锚座）、螺旋筋等组成，见图4-14。这种

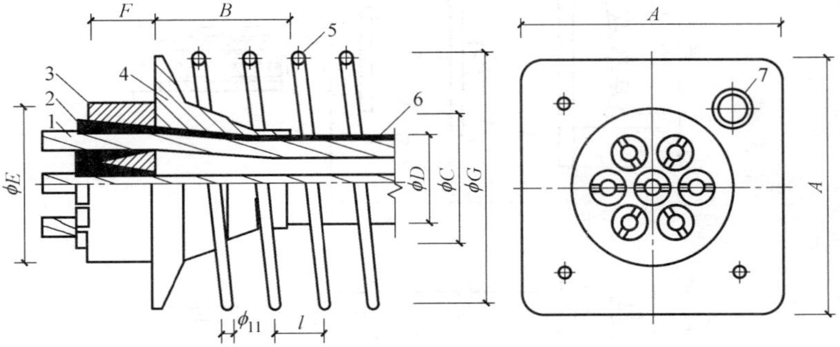

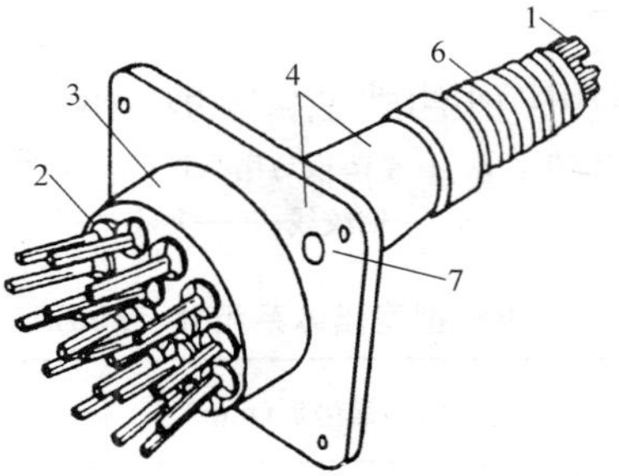

图4-14　多孔夹片锚固体系

1—钢绞线；2—夹片；3—锚板；4—锚垫板（铸铁喇叭管）；
5—螺旋筋；6—金属波纹管；7—灌浆孔

锚具是在一块多孔的锚板上，利用每个锥形孔装一副夹片，夹持1根钢绞线，可锚固多根预应力筋。其优点是任何1根钢绞线锚固失效，都不会引起整体锚固失效。每束钢绞线的根数不受限制。对锚板与夹片的要求。与单孔夹片锚具相同。

多孔夹片锚固体系在后张法有粘结预应力混凝土结构中用途最广。主要品牌有：QM、OVM、HVM、B&S、XM、YM、YLM、TM等。

（3）扁型夹片锚固体系

BM型扁锚体系是由扁型夹片锚具、扁型锚垫板等组成，见图4-15，该锚固体系的尺寸见表4-17。

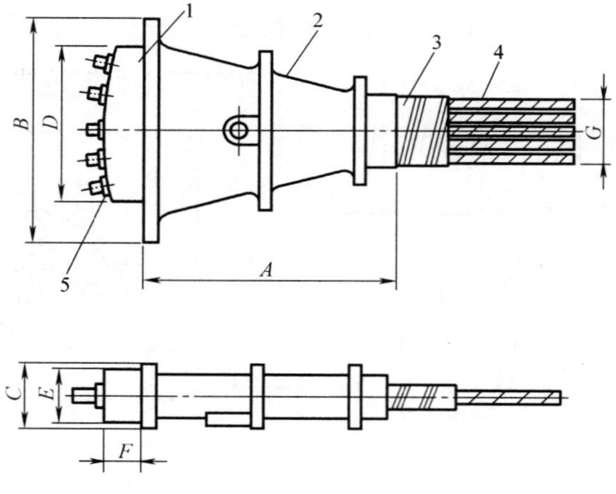

图4-15　扁锚结构示意图

1—扁锚板；2—扁型垫板与喇叭管；3—扁型螺旋管；4—钢绞线；5—夹片

BM型扁锚体系尺寸（mm）　　　　**表4-17**

锚具型号	扁形锚垫板(mm)			扁形锚板(mm)			扁形波纹管内径(mm)	
	A	*B*	*C*	*D*	*E*	*F*	*G*	*H*
BM15(13)-2	150	160	80	80	48	50	50	19
BM15(13)-3	190	200	90	115	48	50	60	19

续表

锚具型号	扁形锚垫板(mm)			扁形锚板(mm)			扁形波纹管内径(mm)	
	A	B	C	D	E	F	G	H
BM15(13)-4	235	240	90	150	48	50	70	19
BM15(13)-5	270	270	90	180	48	50	90	19

扁锚的优点：张拉槽口扁小，可减小混凝土板厚，钢绞线单根张拉，施工方便；主要适用于楼板、城市低高度箱梁，以及桥面横向预应力等。

(4) 固定端锚固体系

固定端锚固体系有：挤压锚具（图 4-16）、压花锚具（图 4-17）、U 形锚具（图 4-18）等类型。挤压锚具既可埋在混凝土结构内，也可安装在结构之外，对有粘结预应力钢绞线、无粘结预应力钢绞线均适用，应用范围最广。

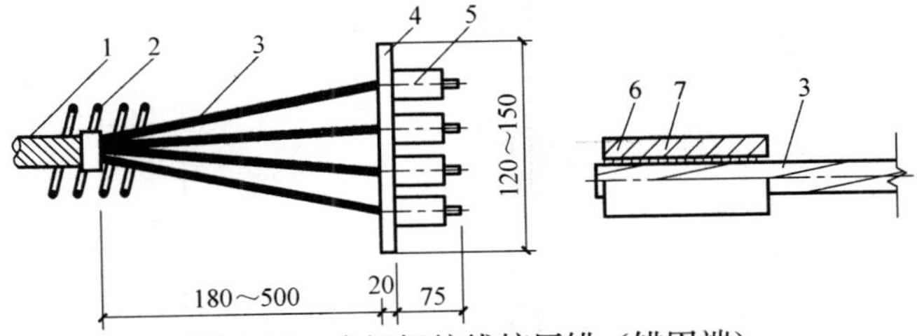

图 4-16 多根钢绞线挤压锚（锚固端）

1—螺旋管；2—螺旋筋；3—钢绞线；4—钢垫板；5—挤压锚具；6—套筒（挤压锚）；7—硬钢丝螺旋圈或开口直夹片

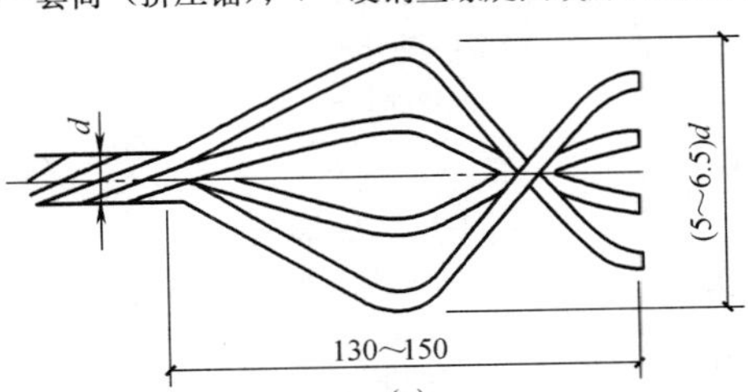

(*a*)

图 4-17 压花锚具（一）

(*a*) 单根钢绞线压花锚头

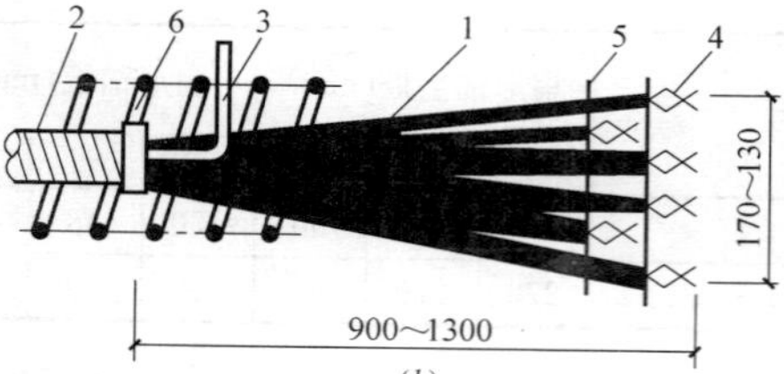

(*b*)

图 4-17　压花锚具（二）

（*b*）多根钢绞线压花锚头（锚固端）

1—钢绞线；2—金属波纹管；3—排气孔；4—压花锚具；

5—构造筋；6—螺旋筋

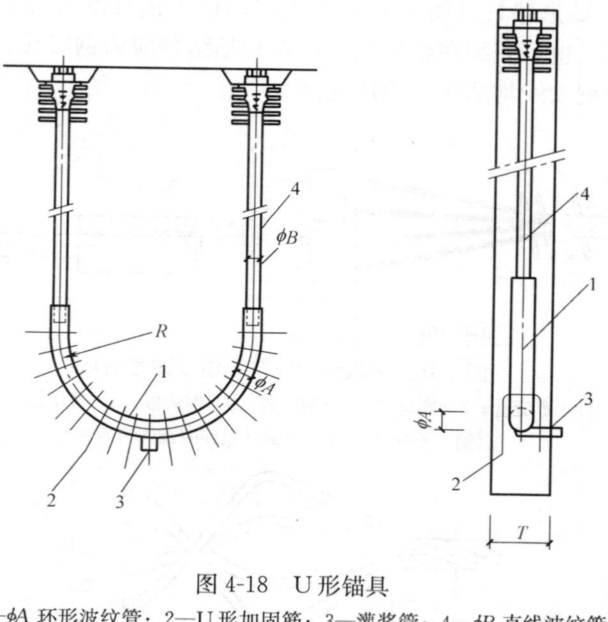

图 4-18　U 形锚具

1—φ*A* 环形波纹管；2—U 形加固筋；3—灌浆管；4—φ*B* 直线波纹管

因该锚具的特殊形状，预埋管后穿束难度大，因此一般采用预先将钢绞线穿入波纹管内，并置入结构中定位固定后浇筑混凝土的方法。

表 4-18 列出 U 形锚具的有关尺寸。U 形锚具的加固筋尺寸、数量与锚固长度应通过计算确定。

U 形锚具有关尺寸（mm）　　表 4-18

钢绞线束型号	ϕA 内径	ϕB 内径	R 最小
15-3	42	36	600
15-4	65	55	600
15-7	75	60	700
15-12	90	80	1000
15-19	110	95	1300

注：在工程中，也允许 $\phi A=\phi B$。

（5）钢绞线连接器

1）单根钢绞线连接器

① 单根钢绞线锚头连接器是由带外螺纹的夹片锚具、挤压锚具与带内螺纹的套筒组成，见图 4-19。前段筋采用带外螺纹夹片锚具锚固，后段筋的挤压锚具穿在带内螺纹的套筒内，利用该套筒的内螺纹拧在夹片锚具锚环的外螺纹上，达到连接作用。

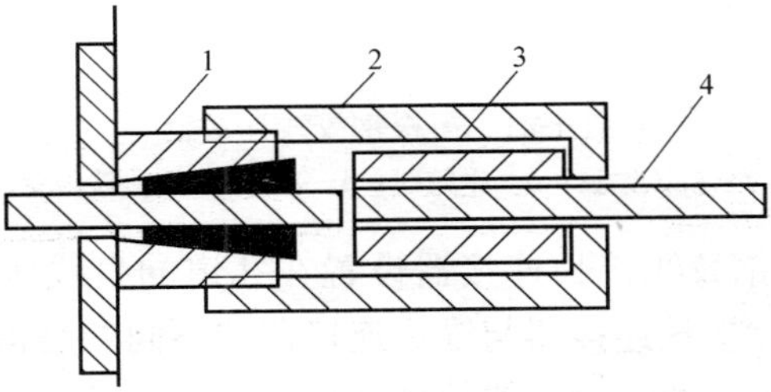

图 4-19　单根钢绞线锚头连接器

1—带外螺纹的锚环；2—带内螺纹的套筒；3—挤压锚具；4—钢绞线

② 单根钢绞线接长连接器是由 2 个带内螺纹的夹片锚具和 1 个带外螺纹的连接头组成，见图 4-20。为了防止夹片松脱，在连接头与夹片之间装有弹簧。

2）多根钢绞线连接器

① 多根钢绞线锚头连接器，见图 4-21。其连接体是一块增

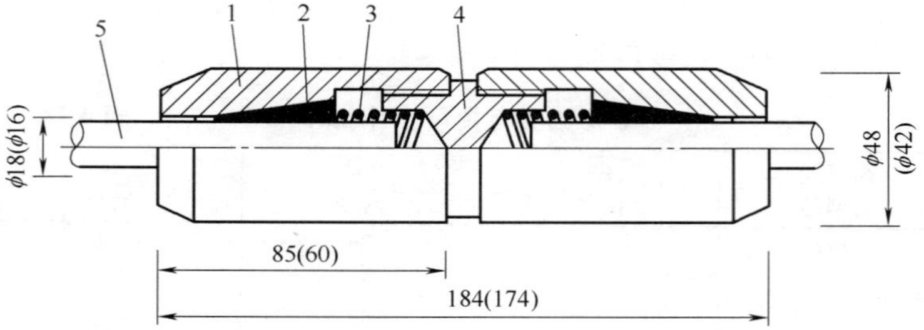

图 4-20　单根钢绞线接长连接器

1—带内螺纹加长锚环；2—夹片；3—弹簧；4—带外螺纹的连接头；5—钢绞线

大的锚板。锚板中部锥形孔用于锚固前段束，锚板外周边的槽口用于挂后段束的挤压锚具。OVM15 连接器规格见表 4-19。

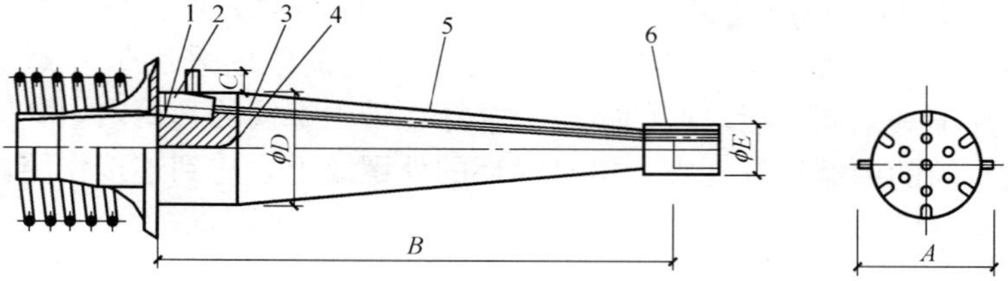

图 4-21　多根钢绞线连接器

1—连接体；2—挤压锚具；3—钢绞线；4—夹片；5—白铁护套；6—约束圈

② 多根钢绞线接长连接器设置在孔道的直线区段，用于接长预应力筋。接长连接器与锚头连接器的不同处是将锚板上的锥形孔改为孔眼，两段钢绞线的端部均用挤压锚具固定。接长连接器的构造见图 4-22。

OVM15 多根钢绞线连接器主要尺寸（mm）　　表 4-19

型号	预应力筋根数	A	B	C	ϕD	ϕE
OVM15L-3	3	209	678	25	169	59
OVM15L-4	4	209	678	25	169	59
OVM15L-5	5	221	730	25	181	59
OVM15L-6	6	239	748	25	199	73

续表

型号	预应力筋根数	A	B	C	ϕD	ϕE
OVM15L-7	7	239	748	25	199	73
OVM15L-9	9	261	801	25	221	83
OVM15L-12	12	281	845	25	241	93
OVM15L-19	19	323	985	25	283	103

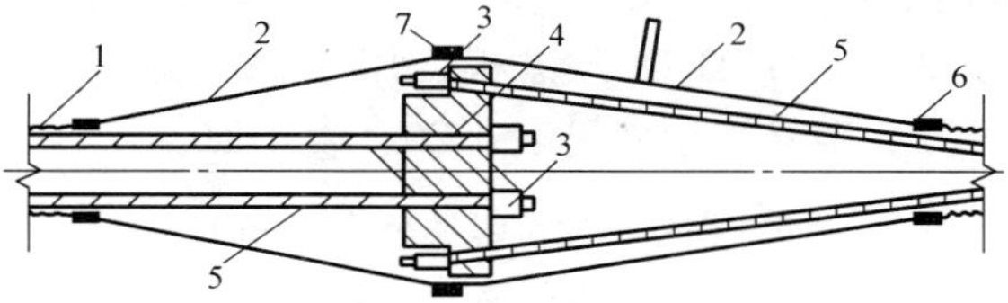

图 4-22　接长连接器的构造

1—波纹管；2—白铁护套；3—挤压锚具；4—锚板；5—钢绞线；6—钢环；7—打包钢条

（6）环锚

环锚，又称游动锚具，用于圆形结构的环状钢绞线束，或在两端不能安装普通张拉锚具的钢绞线束。见图 4-23。

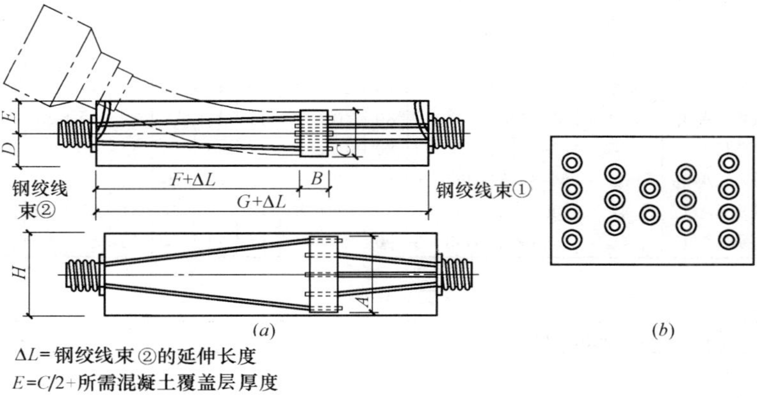

图 4-23　Z 型环锚

（a）环锚有关尺寸；（b）环锚锥孔

4-19 钢丝束锚固体系主要有哪些种类？

（1）镦头锚固体系

镦头锚固体系适用于任意根数ϕ^S5与ϕ^S7钢丝束。镦头锚具的形式与规格，可根据需要自行设计。

1）常用的镦头锚具分A型与B型。A型由锚杯与螺母组成，可用于张拉端；B型为锚板，用于固定端，其构造见图4-24、图4-25。型号与规格见表4-20、表4-21。

ϕ^S5钢丝束镦头锚具尺寸（mm）

（一）A型锚杯与螺母　　表4-20

型号	钢丝根数	螺纹D	螺纹D_0	H	H_0	n_1	n_2	n_3	d_1	d_2	d_3	H_1	D_1
DM5A-4	4	M36×2	M24×2	40	15	4			12			15	55
DM5A-7	7	M41×2	M27×2	45	20	6	1		16	0		20	65
DM5A-10	10	M49×2	M35×2	50	20	2	9		8	24		20	75
DM5A-12	12	M52×2	M37×2	60	25	3	9		10	26		22	80
DM5A-14	14	M56×2	M40×2	60	25	4	10		12	28		22	85
DM5A-16	16	M60×2	M42×2	70	30	5	11		14	30		25	90
DM5A-18	18	M64×3	M45×2	70	30	6	12		16	32		25	95
DM5A-20	20	M68×3	M48×2	70	30	7	13		19	35		25	95
DM5A-22	22	M68×3	M48×2	75	35	8	14		21	37		30	100
DM5A-24	24	M72×3	M52×3	75	35	9	15		24	40		30	100
DM5A-28	28	M76×3	M55×3	75	35	2	10	16	11	27	43	30	105
DM5A-32	32	M80×3	M57×3	80	40	4	11	17	13	29	45	35	110
DM5A-36	36	M84×3	M60×3	80	40	6	12	18	16	32	48	35	115
DM5A-39	39	M88×3	M63×3	85	42	7	13	19	10	35	61	35	120
DM5A-42	42	M91×3	M65×3	90	45	8	14	20	21	37	53	40	125
DM5A-45	45	M94×3	M68×3	90	45	9	15	21	24	40	56	40	130

（二）B型锚板

型号	钢丝根数	D_2	H_2	n_1	n_2	n_3	d_1	d_2	d_3
DM5B-4	4		15	4			12		
DM5B-7	7		20	6	1		16	0	
DM5B-10	10		20	2	9		8	24	
DM5B-12	12	75	25	3	9		10	26	

续表

型号	钢丝根数	D_2	H_2	n_1	n_2	n_3	d_1	d_2	d_3
DM5B-14	14	80	25	4	10		12	28	
DM5B-16	16	85	30	5	11		14	30	
DM5B-18	18	85	30	6	12		16	33	
DM5B-20	20	85	30	7	13		19	35	
DM5B-22	22	90	35	8	14		21	37	
DM5B-24	24	90	35	9	15		24	40	
DM5B-28	28	95	35	2	10	16	11	27	43
DM5B-32	32	95	40	4	11	17	13	29	45
DM5B-36	36	100	40	6	12	18	16	32	48
DM5B-39	39	100	42	7	13	19	19	35	51
DM5B-42	42	105	45	8	14	20	21	37	53
DM5B-45	45	105	45	9	15	21	24	40	56

ϕ^S7 钢丝束镦头锚具尺寸（mm）

（一）A 型锚杯与螺母　　表 4-21

型号	钢丝根数	螺纹 D	螺纹 D_0	H	H_0	n_1	n_2	d_1	d_2	H_1	D_1
DM7A-6	6	M52×2	M37×2	60	25	6		22		22	80
DM7A-8	8	M62×3	M44×2	60	25	8		30		25	90
DM7A-10	10	M68×3	M48×2	70	30	2	9	12	34	30	95
DM7A-12	12	M72×3	M52×3	75	35	3	9	14	36	30	100
DM7A-14	14	M76×3	M55×3	80	35	4	10	16	38	30	110
DM7A-16	16	M80×3	M57×3	85	40	5	11	19	41	35	115
DM7A-18	18	M84×3	M60×3	85	40	6	12	22	44	35	120
DM7A-20	20	M91×3	M63×3	95	45	7	13	26	48	35	125
DM7A-22	22	M96×3	M67×3	95	45	8	14	30	52	40	130
DA7A-24	24	M100×3	M70×3	100	50	9	15	33	55	42	135

（二）B 型锚板

型号	钢丝根数	D_2	H_2	n_1	n_2	d_1	d_2
DM7B-6	6	75	25	6		22	
DM7B-8	8	80	25	8		30	
DM7B-10	10	85	30	2	9	12	34
DM7B-12	12	95	35	3	9	14	36
DM7B-14	14	95	35	4	10	16	38
DM7B-16	16	95	40	5	11	19	11
DM7B-18	18	100	40	6	12	22	44
DM7B-20	20	100	45	7	13	26	48
DM7B-22	22	100	45	8	14	30	52
DM7B-24	24	120	50	9	15	33	55

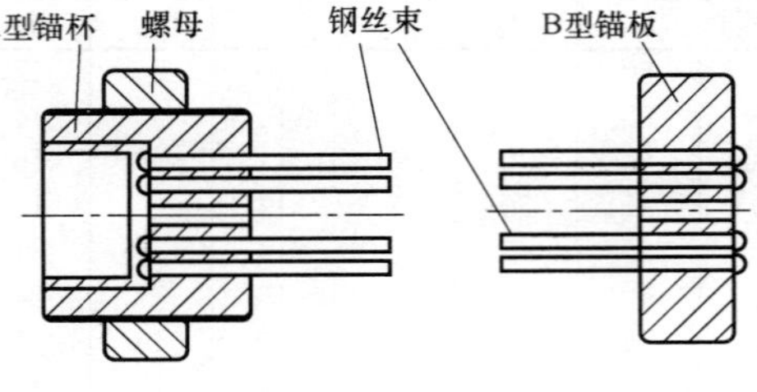

图 4-24 钢丝束镦头锚具装配图

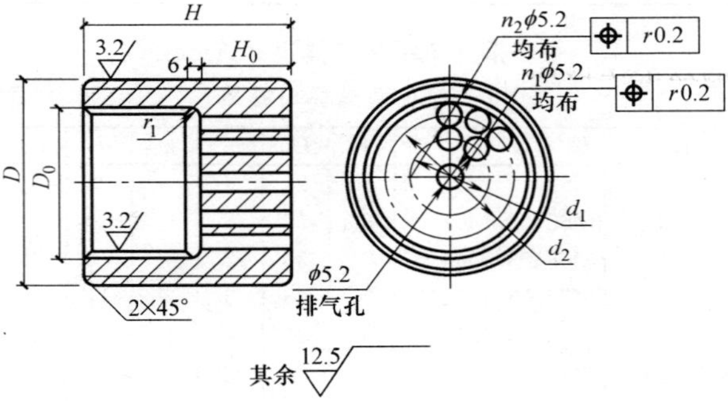

(*a*)

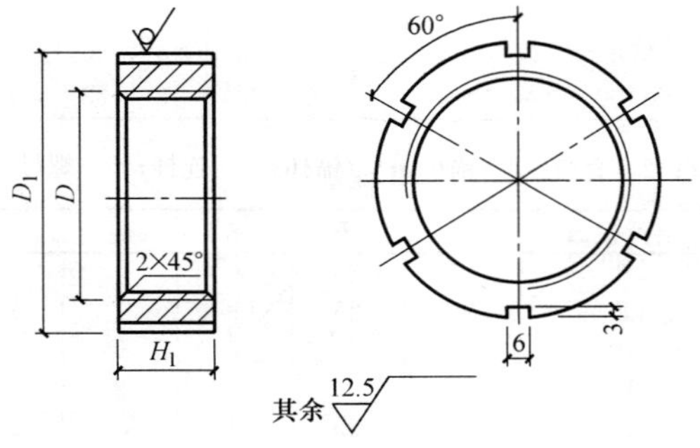

(*b*)

图 4-25 钢丝束镦头锚具（一）

（*a*）A 型锚杯；（*b*）螺母

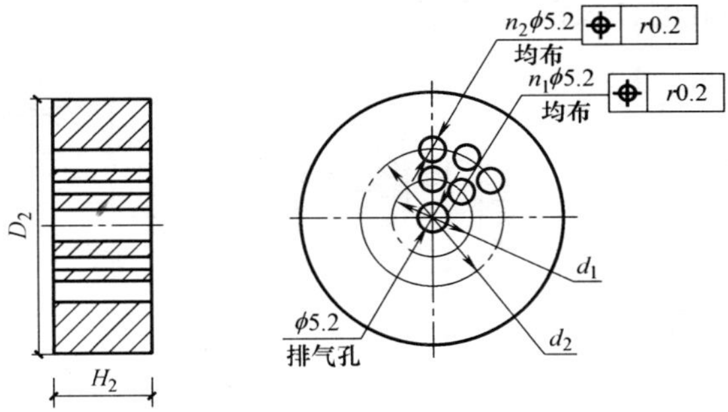

(c)

图 4-25 钢丝束镦头锚具（二）

（c）B型锚板

2）钢丝束连接器

可采用带内螺纹的套筒或带螺纹的连杆，见图 4-26。

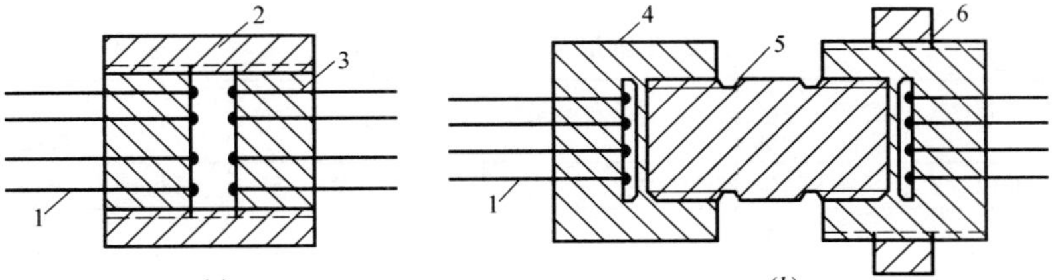

(a) (b)

图 4-26 钢丝束连接器

（a）带螺纹的套筒；（b）带外螺纹的连杆

1—钢丝；2—套筒；3—锚板；4—锚杯；5—连杆；6—螺母

（2）钢质锥形锚具

钢质锥形锚具（又称弗式锚具）由锚环与锚塞组成，适用于锚固 6～30ΦP5 和 12～24ΦP7 钢丝束。见图 4-27；其型号与规格见表 4-22。

（3）单根钢丝夹具

1）锥销夹具

锥销夹具由套筒与锥塞组成，见图 4-28，适用于夹持单根直径 4～5mm 的冷拔钢丝和消除应力钢丝，其规格见表 4-23。

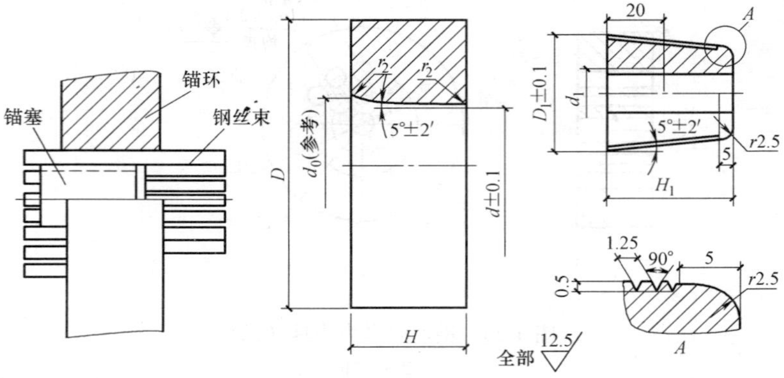

(a)　　(b)　　(c)

图 4-27　钢质锥形锚具

(a) 装配图；(b) 锚环；(c) 锚塞

钢质锥形锚具尺寸 (mm)　　　　表 4-22

型号	钢丝		D	H	d	d_0	D_1	H_1	d_1	留孔直径
	直径	根数								
GE5-12	5	12	65	45	27	34.9	27	50	M8×1	—
GE5-18	5	18	100	50	39	47.7	40	55	M16×15	50
GE5-24	5	24	110	55	49	58.6	51	60	M16×15	50
GE5-28	5	28	117	53	55	64.0	57	58	—	—
GE5-30	5	30	126	53	59	68.3	61	58	—	—
GE7-12	7	12	110	57	45	55.0	53	66	—	—
GE7-24	7	24	130	57	64	74.0	62	66	—	—

注：本表前三种型号为通用规格，后四种为柳州建筑机械总厂产品。

锥销夹具尺寸 (mm)　　　　表 4-23

预应力筋	套筒				锥塞	
	H	D	d_1	α	H_1	b_1
Φ4～5 冷拔钢丝	28	22	10	8.13°	30	7
Φ5 消除应力钢丝	30	25	13	4°	33	9.4

注：冷拔钢丝用夹具：采用 45 号钢，套筒不调质，锚塞热处理硬度为 40～45。

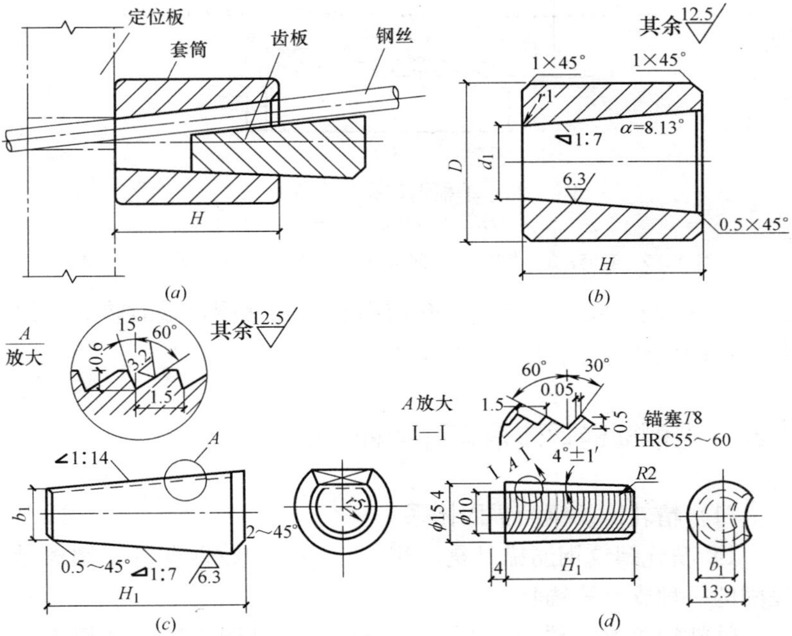

图 4-28　锥销夹具

(a) 装配图；(b) 套筒；(c) 冷拔钢丝用齿板式锚塞；(d) 消除应力钢丝用齿槽式锚塞

2）夹片夹具

夹片夹具由套筒和夹片组成，见图 4-29，适用于夹持单根

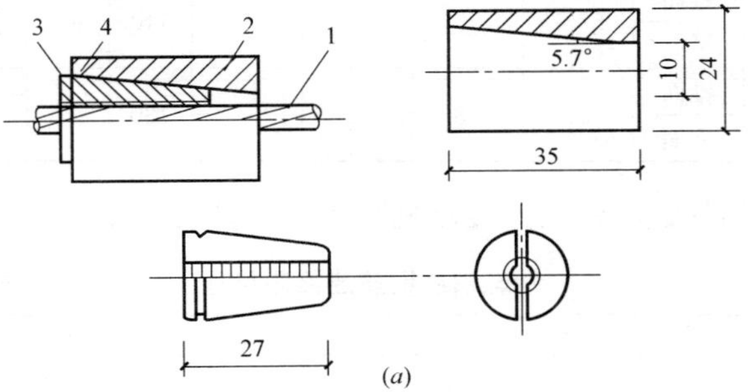

图 4-29　单根钢丝夹片夹具（一）

(a) 固定端夹片夹具

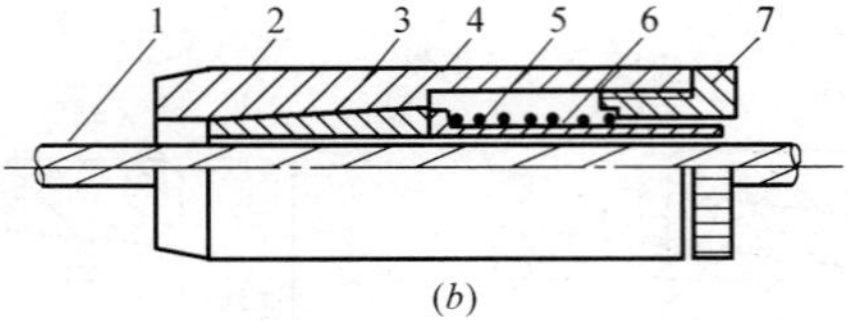

图 4-29 单根钢丝夹片夹具（二）

(b) 张拉端夹片夹具

1—钢丝；2—套筒；3—夹片；4—钢丝圈；5—弹簧圈；6—顶杆；7—顶盖

直径 5mm 的消除应力钢丝。套筒内装有弹簧圈，随时将夹片顶紧，以确保成组张拉时夹片不滑脱。

4-20 粗钢筋锚固体系有哪些种类？

(1) 精轧螺纹钢筋锚固体系

1) 精轧螺纹钢筋锚具是利用与该钢筋螺纹匹配的特制螺母锚固的一种支承式锚具。

精轧螺纹钢筋锚具包括螺母与垫板，见图 4-30，其规格见表 4-24。

精轧螺纹钢筋锚具尺寸 (mm)　　　表 4-24

钢筋直径 (mm)	螺母					垫板			
	分类	D	S	H	H_1	A	H	ϕ	ϕ'
25	锥面	57.1	50	65	15	110	25	30	55
	平面				—				—
32	锥面	67	58	72	18	130	32	38	70
	平面				—				—

2) 精轧螺纹钢筋连接器见图 4-31，其规格见表 4-25。

精轧螺纹钢筋连接器尺寸　　　表 4-25

公称直径 d_0(mm)	ϕ	ϕ'	L	L_1	d	d_1	l	b	r	c
	(mm)									
25	50	38	132	45	25.5	29.7	12	8	1.5	1.6
32	60	46	160	60	32.5	37.5	16	9	2.0	2.0

（2）冷轧螺纹锚具

冷轧螺纹锚具，又称轧丝锚具，是用冷滚压方法在光圆钢筋的端部滚压出一定长度的螺纹，并配有螺母，这种锚具在竖向筋中采用较多。

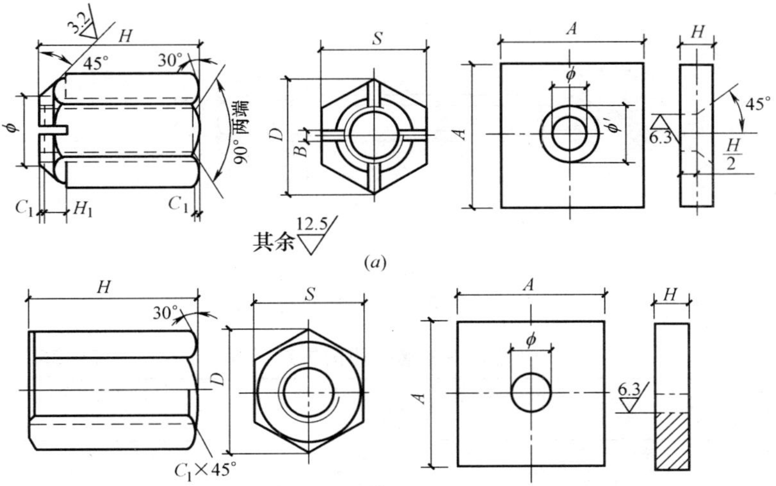

(b)

图 4-30　精轧螺纹钢筋锚具

（a）锥面螺母与垫板；（b）平面螺母与垫板

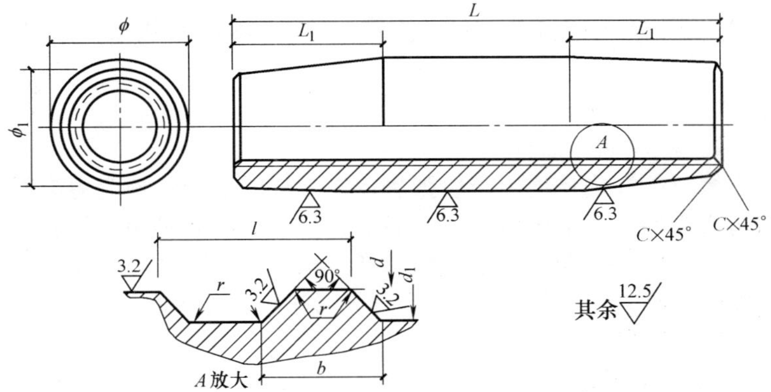

图 4-31　精轧螺纹钢筋连接器

张拉端冷轧螺纹锚固体系，见图 4-32。其规格见表 4-26。内埋式固定端的螺母与锚垫板合一，做成锥形螺母。锥形螺母尺寸：对 25 钢筋为外径 55mm、厚度 40mm；对 32 钢筋为外径 70mm、厚度 50mm。

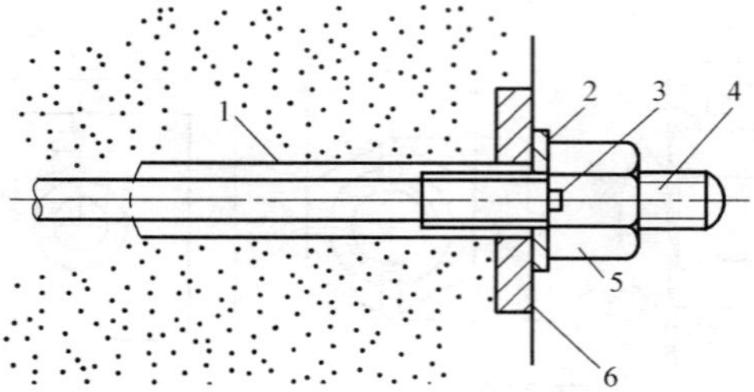

图 4-32　张拉端冷轧锚固体系

1—孔道；2—垫圈；3—排气槽；4—冷轧螺纹头；5—螺母；6—锚垫板

张拉端冷轧螺纹锚固体系尺寸　　表 4-26

钢筋直径(mm)	冷轧螺纹	螺母 $S\times H$ (mm)	垫圈		锚下垫板(mm)	
			$D\times t$(mm)	d	$a\times b\times t_1$	d_1
25	M27×3	41×40	70×6	30	100×100×14	36
32	M34×3	55×50	80×8	37	120×120×16	46

注：S—螺母六角形对边间距离；H—螺纹高度；D—垫圈直径；d—垫圈孔径；t—垫圈厚度；a、b—垫板边长；t_1—垫板厚度；d_1—垫板中心孔径。

4-21　先张法预应力混凝土施工常用锚夹具有哪几种?

（1）螺杆式

1）螺丝端杆锚具

螺丝端杆锚具适用于后张法、先张法或电张法预应力混凝土结构或构件，其中包括预应力混凝土水池、油罐等构筑物。

螺丝端杆锚具由螺丝端杆、螺母及垫板组成，见图 4-33，其型号规格如表 4-27 所示。使用时将螺丝端杆与预应力钢筋对焊连接。

2）螺杆销片夹具

螺杆销片夹具主要是在采用后张自锚工艺时，用于张拉和冷拉临时锚固成束的预应力螺纹钢筋。也可用于先张法工艺。

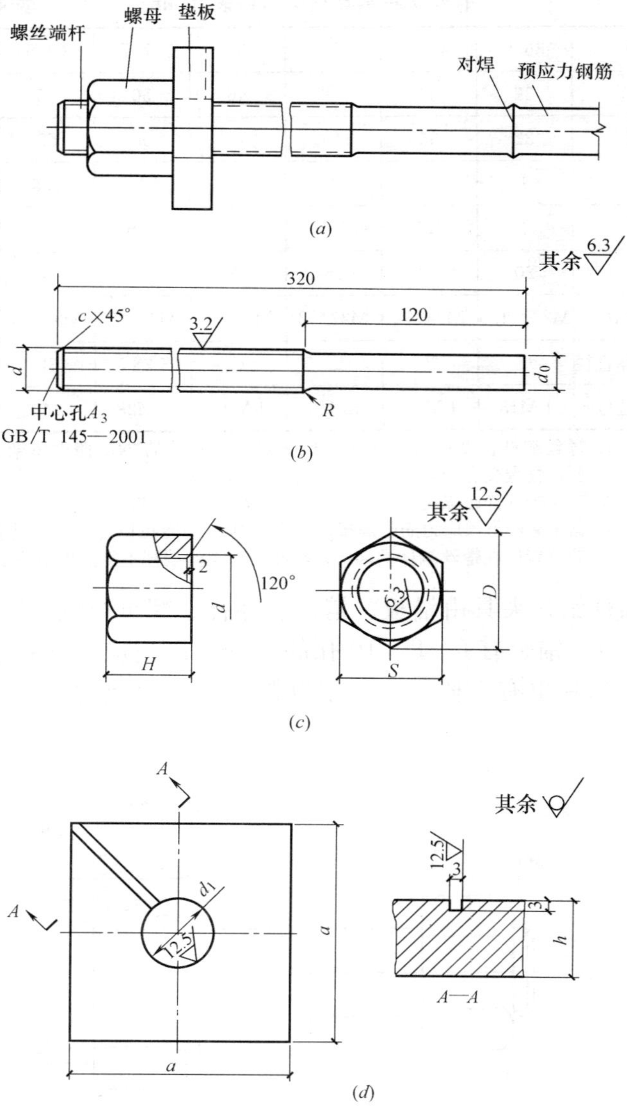

图 4-33　螺丝端杆锚具

（a）装配图；（b）螺丝端杆；（c）螺母；（d）垫板

螺丝端杆锚具型号规格表（mm）　　表 4-27

D	36.9	41.6	47.3	53.1	57.7	63.5	75
S	32	36	41	46	50	55	65
H	32	36	40	45	50	55	60
R	1	1	1	1	1	1.5	1.5
c	1	1.5	1.5	1.5	1.5	2	2
d_0	20	22	25	28	31	35	39
螺纹 d	M22×1.5	M24×2	M27×2	M30×2	M33×2	M39×3	M42×3
钢筋公称直径	18	20	22	25	28	32	36
锚具型号	LM18	LM20	LM22	LM25	LM28	LM32	LM36

注：1. 螺丝端杆长度均为 320mm，能满足两端张拉的 24m 跨度屋架下弦的需要。情况变化时，应根据实际计算予以增减。
2. 螺纹按《普通螺纹》（GB/T 192～197—2003）加工。
3. 螺丝端杆与预应力筋的焊接，应在预应力筋冷拉以前进行。冷拉时螺母的位置应在螺丝端杆的端部，经冷拉后螺丝端杆不得发生塑性变形。

螺杆销片夹具由锚板、销片、螺杆、螺母组成（图 4-34、图 4-35）。锚板有 6、8、10 孔的 3 种，以适应不同根数的钢筋束。销片也有 3 种，分别用以锚夹 3 种根数的钢筋（见表 4-28）。

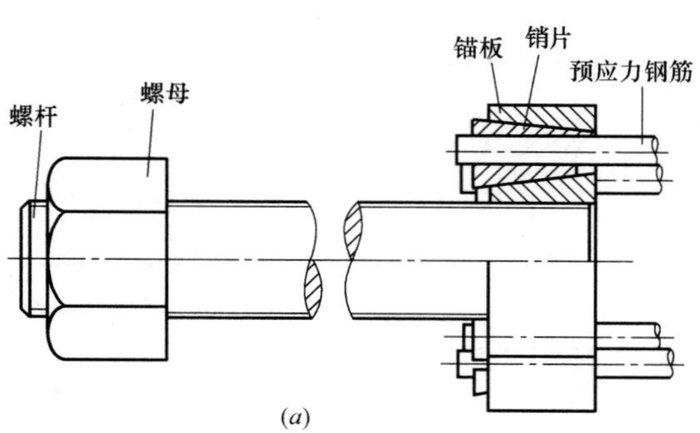

(a)

图 4-34　螺杆销片夹具之一（一）
（a）装配图

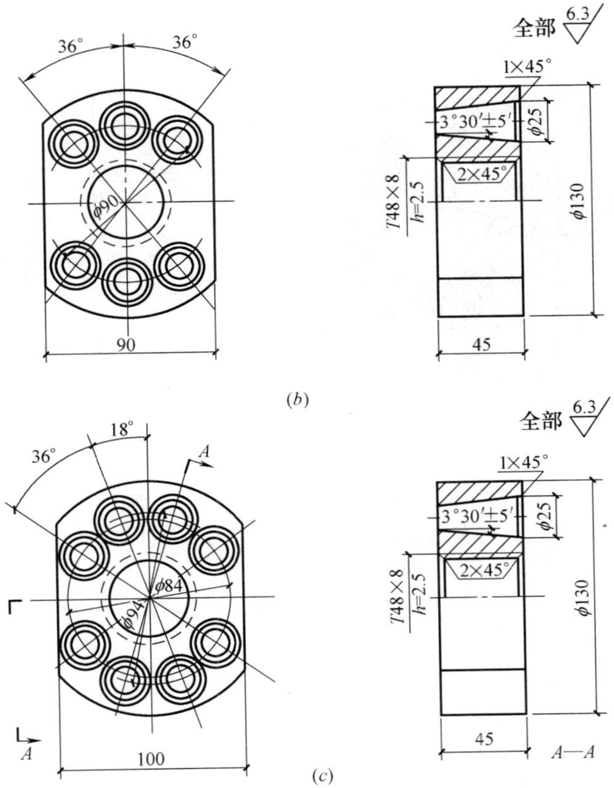

图 4-34 螺杆销片夹具之（二）

(b) 6 孔锚板；(c) 8 孔锚板

（2）镦头式

单根镦头夹具主要用于工业建筑物、构筑物等的先张法预应力混凝土构件。

（3）夹片式

1）JM5 型锚具

JM5 型锚具有 JM5-6 和 JM5-7 两种规格，分别用以锚固 6 根和 7 根ΦP5 碳素钢丝，可作为后张法锚具、先张法夹具和千斤顶的工具式夹具使用。

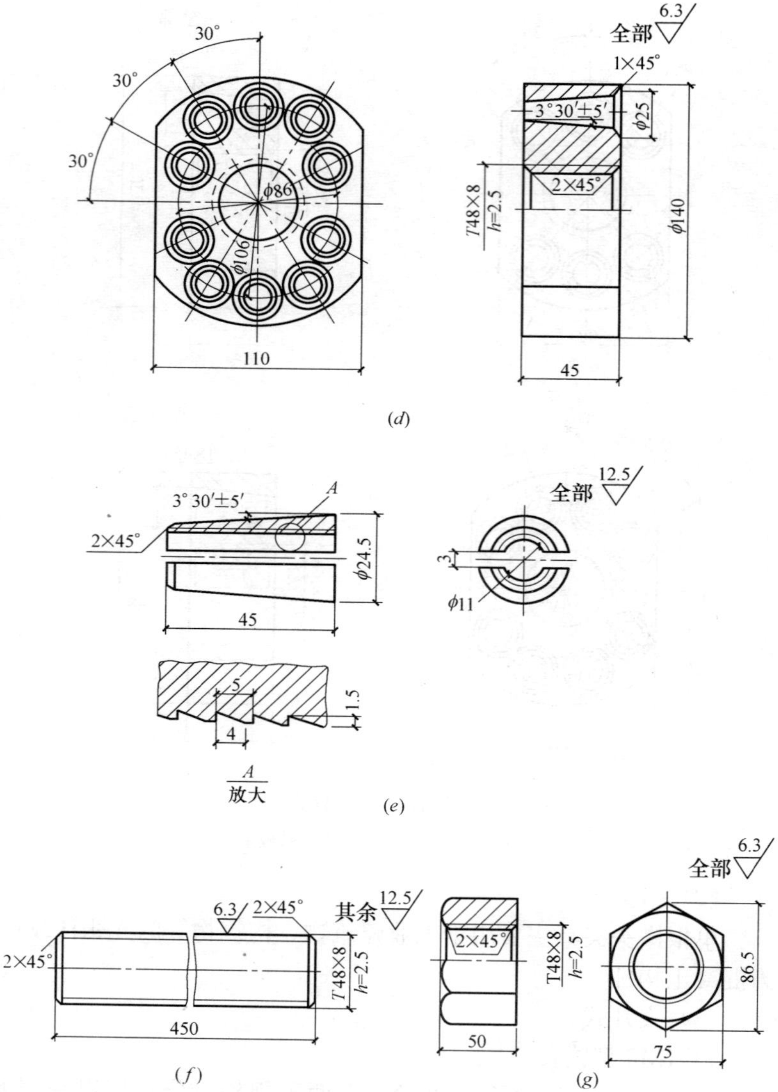

图 4-35　螺杆销片夹具之二

（*d*）10 孔锚板；（*e*）硬销片；（*f*）螺杆；（*g*）螺母

螺杆销片夹具型号及规格表　　　　表 4-28

夹具型号	最多可夹钢筋根数	夹具型号	最多可夹钢筋根数
LX12-6	6	LX12-10	10
LX12-8	8		

锚具由锚环和夹片组成，如图 4-36。

2）圆套筒三片式夹具

圆套筒三片式夹具由夹片和套筒两部分组成（图 4-37），其型号及规格见表 4-29。主要用在先张法预应力混凝土构件的生产。用以夹持直径为 12、14mm 的单根钢筋。

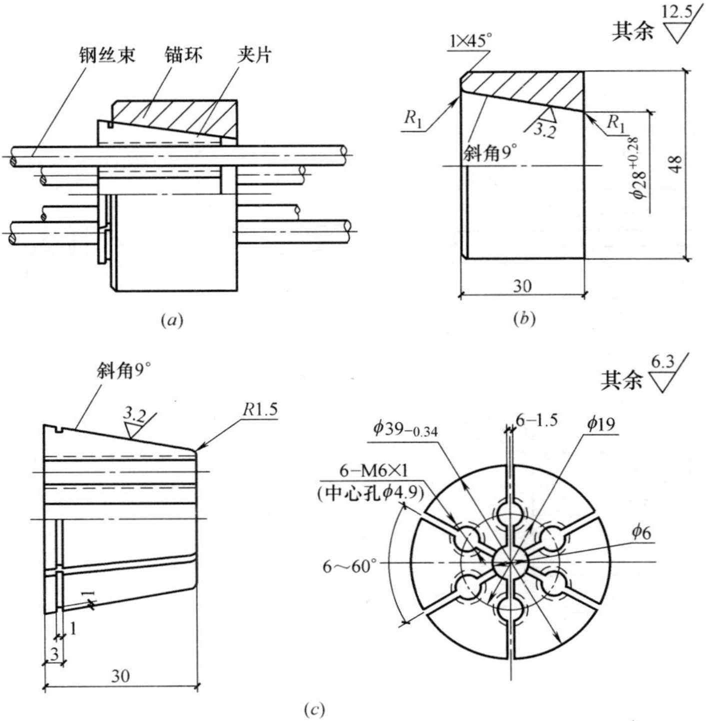

图 4-36　JM5 型锚具（一）

（*a*）装配图；（*b*）锚环；（*c*）JM5-6 夹片

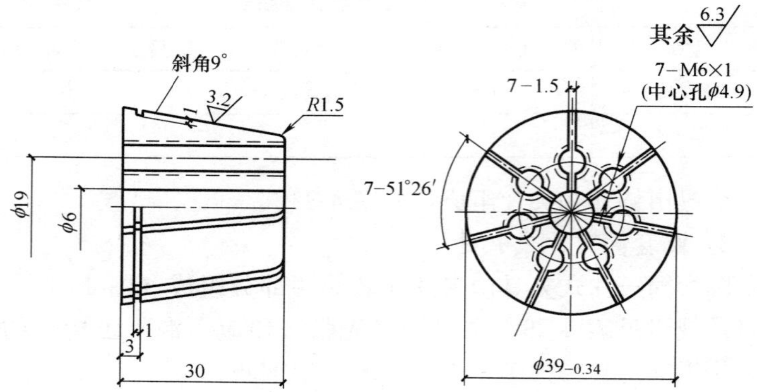

(*d*)

图 4-36　JM5 型锚具（二）

（*d*）JM5-7 夹片

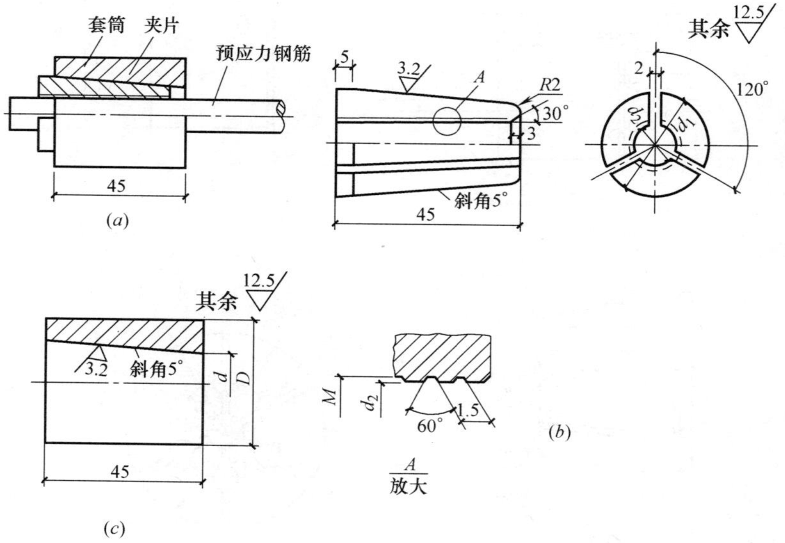

图 4-37　圆套筒三片式夹具

（*a*）装配图；（*b*）夹片；（*c*）套筒

圆套筒三片式夹具型号及规格表（mm）　　　　表 4-29

夹具型号	适用钢筋	d	D	d_1	d_2	M
YJ12	Φ′12	19±0.1	38	26	12	M13×1.5
YJ11	Φ′14	23±0.1	42	30	14	M15×1.5

注：M13×1.5、M15×1.5 为非标准螺纹，可自制丝锥攻丝或车削加工。

3）方套筒二片式夹具

方套筒二片式夹具用于先张法预应力混凝土的构件生产，夹持直径为 8.2mm 的热处理钢筋。

夹具的构造见图 4-38，其零件名称、材料和热处理要求见表 4-30。

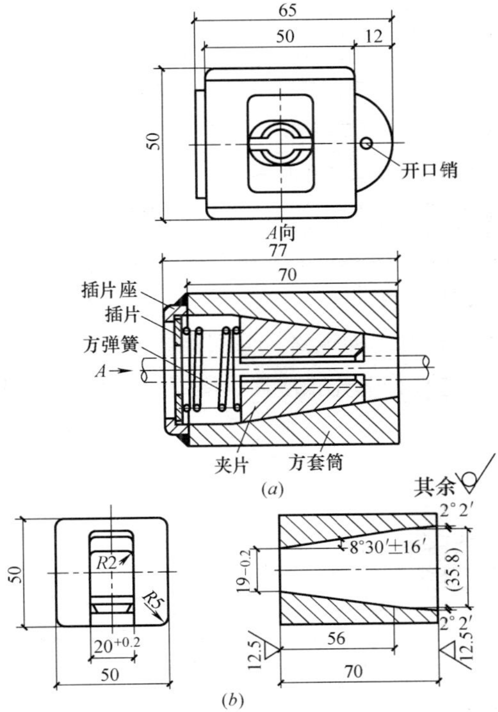

图 4-38　方套筒二片式夹具（一）

（a）装配图；（b）方套筒

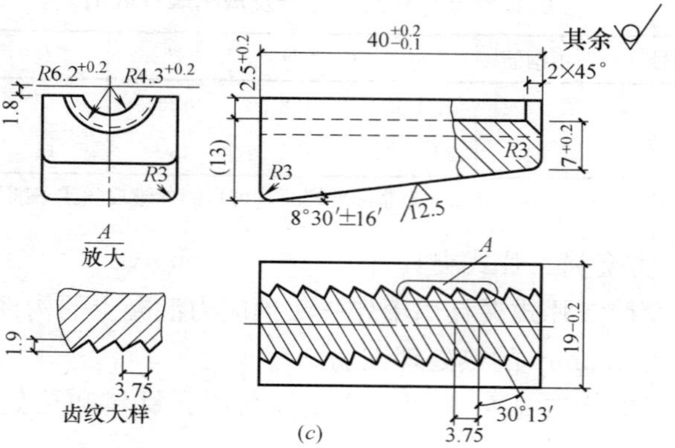

图 4-38　方套筒二片式夹具（二）

（c）夹片

方套筒二片式夹具零件表　　　　表 4-30

零件名称	材料	件数	热处理要求
方套筒	45 号钢	1	HRC40～45
夹片	20 铬钢	2	表面渗碳，深度 0.8～1.2mm，HRC58～62
方弹簧	弹簧钢丝	1	—
插片	Q235 钢	1	—
插片座	Q235 钢	1	—

4）单根钢绞线夹具

单根钢绞线夹具有两种规格，分别夹持$\Phi^{S}12$（7Φ4）和$\Phi^{S}15$（7Φ5）两种钢绞线。主要作为先张法夹具使用。见图 4-39 和表 4-31。

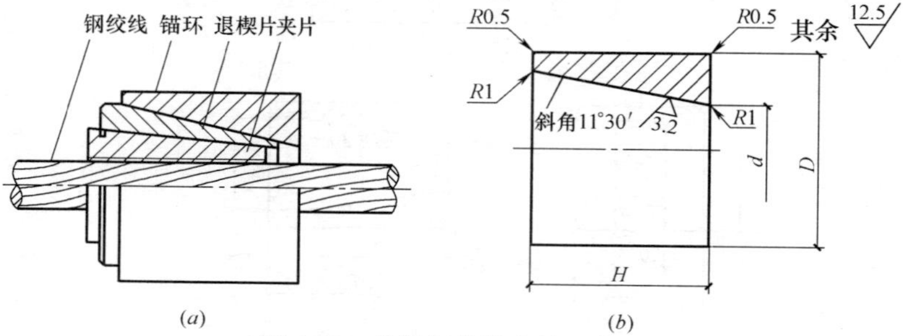

图 4-39　单根钢绞线夹具（一）

（a）装配图；（b）锚环

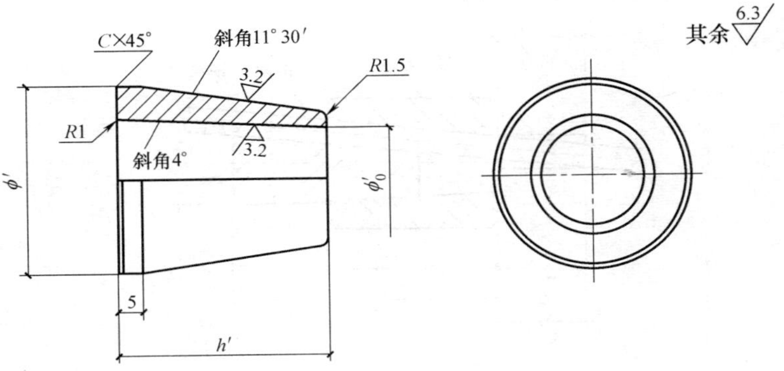

(c)

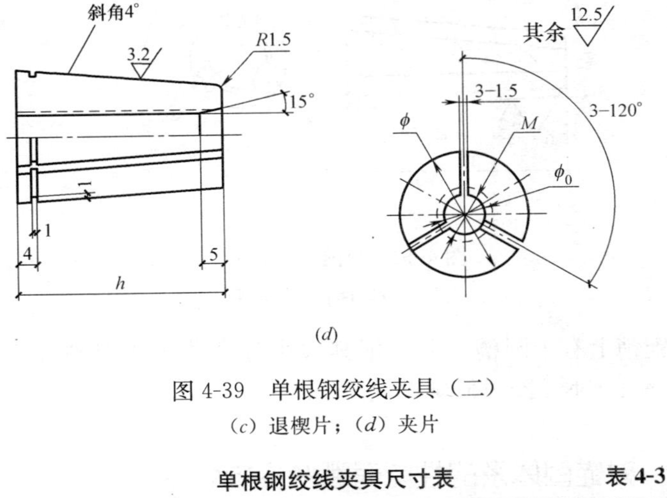

(d)

图 4-39　单根钢绞线夹具（二）

（c）退楔片；（d）夹片

单根钢绞线夹具尺寸表　　　　**表 4-31**

夹具形式	锚环			退楔片				夹片			
	D	d	H	ϕ'	ϕ'_0	h'	C	ϕ'	ϕ'_0	h	M
Φ^S12 型夹具	48	$24^{-0.28}$	40	40	$21.5^{-0.28}$	40	0.5	$27^{-0.28}$	10.9	40	M12×1
Φ^S15 型夹具	50	$24^{-0.28}$	45	42	$22^{-0.28}$	45	1.5	$29^{-0.28}$	14.5	45	M16×1

（4）锥销式

圆锥三槽式夹具由套筒和锥销组成（见图 4-40）。

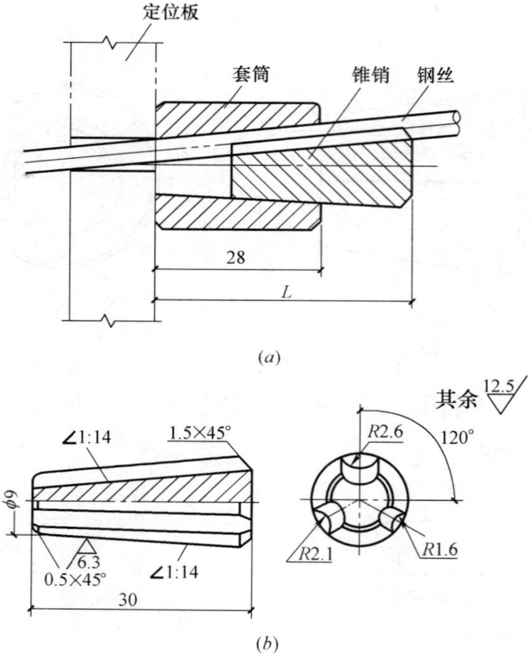

图 4-40　圆锥三槽式夹具

(a) 装配图；(b) 锥销

锥销上有半圆槽 3 条，依其大小分别适用于单独夹持 1 根 $\Phi^{b}5$、$\Phi^{b}4$ 或$\Phi^{b}3$ 冷拔低碳钢丝。

4-22　对锚固体系的性能有哪些要求?

锚具、夹具和连接器的性能应符合国家标准《预应力筋用锚具、夹具和连接器》(GB/T 14370—2007)，其锚具的性能要求如下：

在预应力筋强度等级已确定的条件下，预应力筋-锚具组装件的静载锚固性能试验结果，应同时满足锚具效率系数（η_a）等于或大于0.95和预应力筋总应变（ε_{apu}）等于或大于2.0%两项要求。

锚具的静载锚固性能，应由预应力筋-锚具组装件静载试验测定的锚具效率系数（η_a）和达到实测极限拉力时组装件受力长度的总应变（ε_{apu}）确定。锚具效率系数（η_a）应按下式计算：

$$\eta_a=\frac{F_{apu}}{\eta_p \cdot F_{pm}} \tag{4-1}$$

式中 F_{apu}——预应力筋-锚具组装件的实测极限拉力；

F_{pm}——预应力筋的实际平均极限抗拉力。由预应力钢材试件实测破断荷载平均值计算得出；

η_p——预应力筋的效率系数，它是指考虑预应力筋根数等因素影响的预应力筋应力不均匀的系数。η_p 应按下列规定取用：预应力筋-锚具组装件中预应力钢材为1至5根时，$\eta_p=1$；6至12根时，$\eta_p=0.99$；13至19根时，$\eta_p=0.98$；20根以上时，$\eta_p=0.97$。

当预应力筋-锚具（或连接器）组装件达到实测极限拉力（F_{apu}）时，应由预应力筋的断裂，而不应由锚具（或连接器）的破坏导致试验的终结。预应力筋拉应力未超过$0.8f_{ptk}$时，锚具主要受力零件应在弹性阶段工作，脆性零件不得断裂。

用于承受静、动荷载的预应力混凝土结构，其预应力筋-锚具组装件，除应满足静载锚固性能要求外，尚应满足循环次数为200万次的疲劳性能试验要求。在抗震结构中，预应力筋-锚具组装件还应满足循环次数为50次的周期荷载试验。

锚具尚应满足分级张拉、补张拉和放松拉力等张拉工艺的要求。锚固多根预应力筋的锚具，除应具有整束张拉的性能外，尚宜具有单根张拉的可能性。

4-23 如何进行静载锚固性能试验?

（1）一般规定

1）试验用预应力筋可由检测单位或受检单位提供，应先取3根试件进行力学性能试验。其实测抗拉强度平均值 f_{pm}应符合本工程选定的强度等级，如超过上一个等级时不应采用；如工程选定的是最高强度等级，试验用预应力筋实测抗拉强度平均值 f_{pm}不宜超过 1.05 倍抗拉强度标准值 f_{ptk}。

2）组装件中，预应力筋的受力长度不宜小于3m。单根钢绞线的组装件受力长度不小于0.8m（不包括夹持部位）。

3）如预应力筋在锚具夹持部位有偏转角度时，宜在该处安设轴向可移动的偏转装置（如钢环或多孔梳子板等）。

4）试验用锚固零件应擦拭干净，不得在锚固零件上添加影响锚固性能的介质，如金刚砂、石墨、润滑剂等（产品设计有规定者除外）。

5）试验用测力系统，其不确定度不得大于2%，测量总应变的量具，其标距（1m）的不确定度不得大于标距的0.2%；其指示应变的不确定度不得大于0.1%。

（2）试验方法

预应力筋-锚具组装件按图4-41装置进行静载试验。加载前应先将各根预应力筋的初应力（f_{ptk}的5%～10%）调匀。正式加载步骤为：按预应力筋抗拉强度标准值 f_{ptk} 的20%、40%、60%、80%，分4级等速加载，加载速度每分钟宜为100MPa；

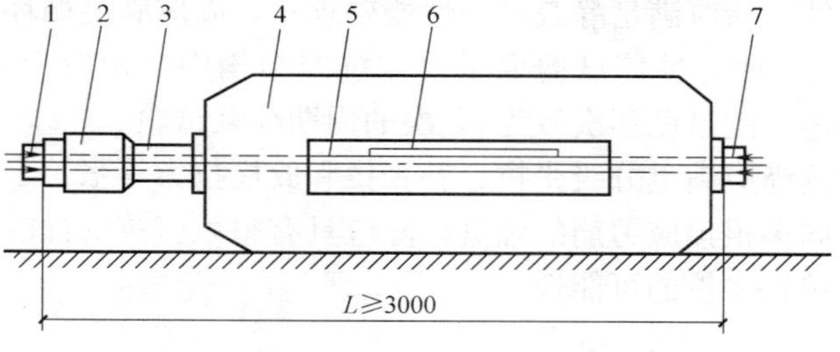

图4-41　预应力筋-锚具组装件静载试验装置

1—张拉端试验锚具；2—加荷载用千斤顶；3—荷载传感器；4—承力台座；5—预应力筋；6—测量总应变的装置；7—固定端试验锚具

达到 80%后，持荷 1h；随后逐渐加载至完全破坏，使荷载达到最大值（f_{apu}）。

用试验机进行单根预应力筋-锚具组装件静载试验时，在应力达到 $0.8f_{ptk}$时，持荷时间可以缩短，但不少于 10min。

4-24 后张预应力混凝土采用的锚具系统如何进行锚固区传力性能试验?

（1）锚固区传力性能检验可分为产品形式检验和工程检验。

形式检验时，对同一系列的产品，按下列规定分组并选定有代表性的锚具进行试验：1～5 孔锚具选 4 孔锚具；6～8 孔锚具选 7 孔锚具；9～12 孔锚具选 12 孔锚具；13～19 孔锚具选 19 孔锚具；20～37 孔锚具选 37 孔锚具；锚具孔数大于 37 时，可根据实际情况选择。

工程检验时，由设计单位选定有代表性的锚具进行试验。

每组锚具应进行 3 个相同试件的锚固区传力性能检验。

（2）锚固区传力性能检验试件所包含的锚垫板、加强钢筋和预应力筋孔道应配套且对中布置。试件尺寸、配筋及混凝土强度应符合下列规定（图 4-42）：

1）试件应为棱柱体，其横截面尺寸 a、b 应取为锚具应用技术参数或设计给定的锚具中心最小间距加 50mm 和锚具中心到构件边缘

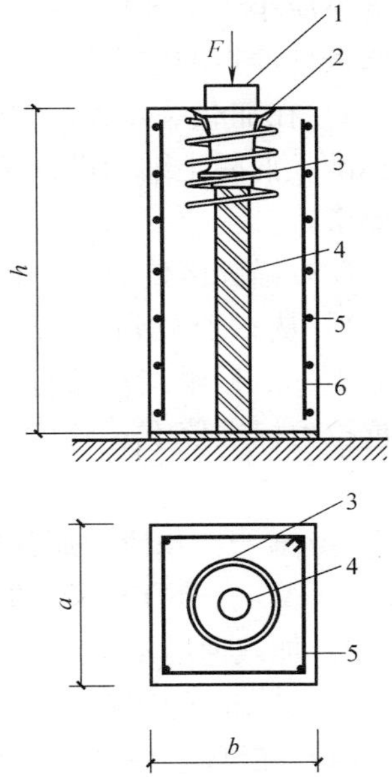

图 4-42　压力机加载的锚固区传力性能试验试件示意

1—锚板；2—锚垫板；3—加强钢筋；4—预应力筋孔道；5—附加表层箍筋；6—辅助纵向钢筋

最小距离 2 倍的较小值。采用压力机加载时，试件高度 h 不应小于 a 和 b 中较大值的 2 倍；采用千斤顶张拉加载时，试件高度 h 不应小于 a 和 b 中较大值的 3 倍。

2）沿整个试件的周边应均匀配置附加表层箍筋，形式检验时的体积配筋率不应大于 0.6%，工程检验时应按实际配置。在加载端 a 和 b 中较大值的高度范围内，辅助纵向钢筋面积配筋率不宜大于 0.3%，且总截面面积不宜大于 200mm^2。附加表层箍筋的混凝土保护层厚度不应小于 15mm，工程检验时尚应满足设计要求。

3）试验时混凝土的抗压强度与试件设计混凝土强度等级值之比不应小于 0.8 且不应大于 1.0，试验时的混凝土抗压强度应由同条件养护的立方体试块确定。

4）在加载端 a 和 b 中较大值的高度范围外，应满足现行国家标准《混凝土结构设计规范》（GB 50010）中正截面受压承载力要求。

（3）锚固区传力性能试验加载应满足下列规定：

1）从 0 加载到 $0.4F_{\text{ptk}}$，持荷 10min 之后加载到 $0.8F_{\text{ptk}}$，持荷 10min 后继续加载直至试件破坏（图 4-43）。预应力筋的极限抗拉力标准值 F_{ptk}（N）按下式确定：

$$F_{\text{ptk}}=f_{\text{ptk}}A_{\text{p}} \tag{4-2}$$

式中　f_{ptk}——预应力筋强度标准值（MPa）；

A_{p}——预应力筋的面积（mm^2）；

2）加载速度不宜超过 100MPa/min；

3）加载时应确保试件底部受力均匀，避免偏心、扭转和冲击。

（4）在试验过程中，应对试件侧面的裂缝和极限破坏荷载进行观察、量测，并记录下列信息：

1）试件侧面裂缝的发生、宽度及扩展情况；

2）试验极限荷载值 F_{u}；

3）锚垫板的变形和开裂情况；

4）试件破坏的形式。

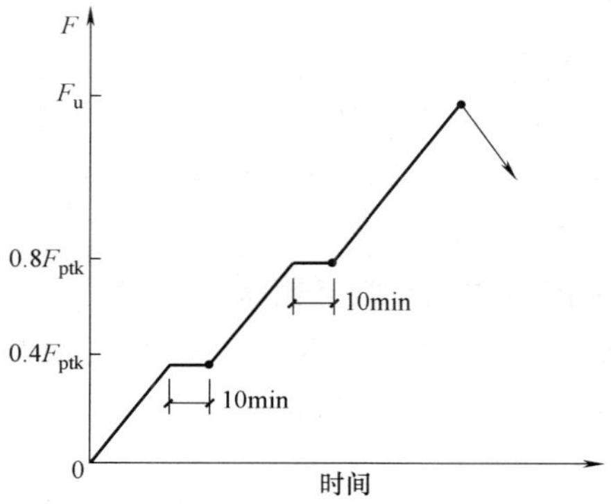

图 4-43　锚固区传力试验加载方式

(5) 当每组锚具的 3 个试件均满足下列要求时，可判定该组锚具的锚固区传力性能合格：

1) 加载到 $1.0F_{ptk}$ 时，锚垫板不应碎裂；

2) 加载控制工况和最大裂缝宽度应符合表 4-32 的规定。

最大裂缝宽度限值　　　　表 4-32

加载控制工况	最大裂缝宽度限值(mm)
加载到 $0.4F_{ptk}$ 持荷 10min 后	0.05
加载到 $0.8F_{ptk}$ 持荷 10min 后	0.25

3) 试验极限荷载值 F_u 应满足下列要求：

型式检验　　$$F_u \geqslant 1.2F_{ptk}\frac{f'_{cu}}{f_{cu,k}} \quad (4\text{-}3)$$

工程检验　　$$F_u \geqslant 1.5N_{pd}\frac{f'_{cu}}{f_{cu,k}} \quad (4\text{-}4)$$

式中　F_u——试验极限荷载值 (N)；

N_{pd}——锚固端预应力筋拉力最大值 (N)；

$f_{cu,k}$——试件设计混凝土抗压强度等级值 (MPa)；

f'_{cu}——试验时的同条件养护试块的抗压强度 (MPa)。

(6) 形式检验时，当一组试验中有检验项目不满足第 (5)

条的要求时，应再增加 3 个试件进行试验；如新试件检验结果全部合格，该组产品仍可判定为合格；如新试件仍有检验项目不满足第（5）条的要求，该组产品应判定为不合格。

工程检验时，当一组试验中有检验项目不满足第（5）条的要求时，应查明原因并改进设计。

（7）锚固区传力性能检验试验报告应包括下列内容：

1）检验试验基本情况，包括试验时间、委托单位、试验单位、记录人、审核人和批准人等信息；

2）检验的主要结论；

3）锚具产品的基本情况，包括锚垫板型号、重量以及和螺旋筋的圈径、螺距、圈数和钢筋种类等；

4）试件基本情况，包括试件尺寸；附加表层箍筋的钢筋种类、直径和间距；附加纵筋的钢筋种类、直径和布置情况；混凝土种类和试验时混凝土立方体抗压强度；

5）采用的试验方法和试验装置情况；

6）各工况量测裂缝和荷载数据；

7）相关的图片和照片。

4-25 如何进行锚夹具和连接器进场时的质量检验？

（1）预应力筋用锚具、夹具和连接器应按设计要求采用，其性能应符合现行国家标准《预应力筋用锚具、夹具和连接器》GB/T 14370 等的规定。

检查数量：按进场批次和产品的抽样检验方案确定。

检验方法：检查产品合格证、出厂检验报告和进场复验报告。

注：对锚具用量较少的一般工程，如供货方提供有效的试验报告，可不作静载锚固性能

（2）预应力筋用锚具、夹具和连接器使用前应进行外观检查，其表面应无污物、锈蚀、机械损伤和裂纹。

检查数量：全数检查。

检验方法：观察。

（3）预应力筋锚具、夹具、连接器应有出厂合格证，进场时应按规定验收。其性能要求与检验方法应符合现行行业标准《预应力筋用锚具、夹具和连接器应用技术规程》（JGJ 85—2010）的规定。进场验收时，需方应按合同核对产品质量证明书中所列的型号、数量及适用于何种强度等级的预应力钢材，确认无误后应按下述规定进行检验。检验合格后方可在工程中应用。

1）验收批划分　预应力筋锚具（夹具或连接器）进场验收批的划分，只有在同种材料和同一生产工艺条件下生产的产品，才可以列为同一批量。锚固多根预应力钢材的锚具（夹具）以不超过1000套为一个验收批；锚固单根预应力钢材的锚具（夹具），每个验收批可以扩大为2000套。连接器的每个验收批不宜超过500套。

2）锚具验收

① 外观检查：应从每批中抽取10%的样品，且不少于10套，检查其外观质量和外形尺寸，并按产品技术条件确定是否合格。所抽全部样品均不得有裂纹出现，如果有一套表面有裂纹，则应逐套检查，合格者方可进入后续检验组批。

② 硬度检验：对硬度有严格要求的锚具零件，应进行硬度检验。从每批中抽取5%的样品且不少于5套（多孔式夹片锚具的夹片，每套至少抽取5片），按产品设计规定的表面位置和硬度范围（该表面位置和硬度范围是品质保证条件，供货方应在供货合同中注明）做硬度检验。如有1个零件不合格，则应另取双倍数量的零件重做检验；如仍有1件不合格，则应对本批产品逐个检验，合格者可以进入后续检验组批。

③ 静载锚固性能试验：在通过外观检查和硬度检验的锚具（夹具或连接器）中抽取6套样品，与符合试验要求的预应力筋组装成3个预应力筋-锚具（夹具或连接器）组装件，由国家或省级质量技术监督局授权的质量检测机构进行静载锚固性能试验。试验结果应单独评定，每个试件都必须符合静载锚固性能的要求。

如组装件有1个试件不符合要求，则应取双倍数量的锚具（夹具或连接器）重做试验；如仍有1个试件不符合要求，则该批锚具（夹具或连接器）为不合格品。对锚具（夹具或连接器）用量较少的一般工程，如供货方提供有效的试验合格证明文件，经工程负责单位审议认可并正式备案，可不做静载锚固性能试验。

每个工程或标段不宜使用两个生产厂家提供的产品，以防产品零件被错误地交叉安装而导致险情或产生隐患。

3）夹具验收　预应力夹具的进场验收，只做静载锚固性能试验。试验方法与预应力筋锚具相同。

由于夹具的锚固性能不影响结构的使用性能，只要能满足工艺过程中的使用要求即可。为简化验收手续，可不作外观检查和硬度检验。

4）连接器验收　后张法预应力连接器的进场验收，应与预应力筋锚具相同；先张法预应力筋连接器进场验收，应与预应力筋夹具相同，但静载锚固性能试验时，可从同批中抽取3套连接器，组成3个预应力筋连接器组装件进行试验。

注：1. 对于锚具用量不多的工程，如由供货方提供有效试验合格证明文件，经工程负责单位审议认可并正式备案，可不必进行静载验收试验；

2. 用于主要承受动荷载的锚具，可按疲劳应力幅度进行疲劳荷载试验。

4-26　预应力张拉设备有哪几类？其用途？

张拉设备分为电动张拉和液压张拉两类，前者多用于先张法，后者可用于先张法、后张法。

（1）电动张拉设备

主要有电动螺杆张拉机（图4-44）和电动卷扬张拉机。

（2）液压张拉设备

液压张拉设备，按机型不同可分为：普通液压千斤顶、拉杆式千斤顶、穿心式千斤顶、锥锚式千斤顶和台座式千斤顶等；按

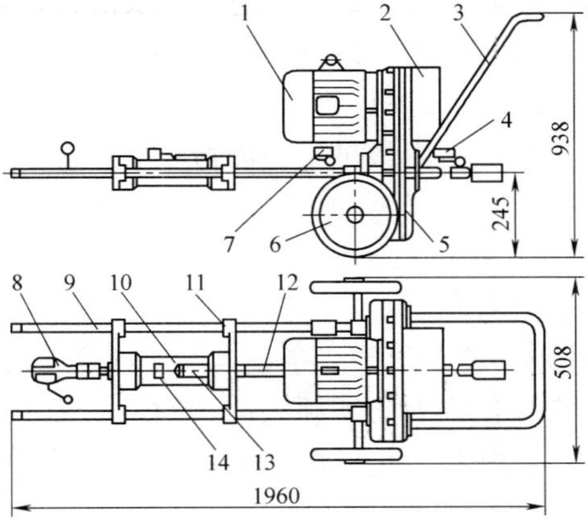

图 4-44 电动螺杆张拉机构造图

1—电动机；2—配电箱；3—手柄；4—前限位开关；5—减速箱；6—胶轮；7—后限位开关；8—钢丝钳；9—支撑杆；10—弹簧测力计；11—滑动架；12—梯形螺杆；13—计量标尺；14—微动开关

使用功能不同可分为：单作用千斤顶和双作用千斤顶；按张拉吨位大小可分为：小吨位（≤250kN）、中吨位（>250kN、<1000kN）和大吨位（≥1000kN）千斤顶。

1）普通液压千斤顶

先张法施工中采用钢台模以机组流水法或传送带法生产构件进行多根钢筋同步张拉，可用普通液压千斤顶进行张拉，张拉时

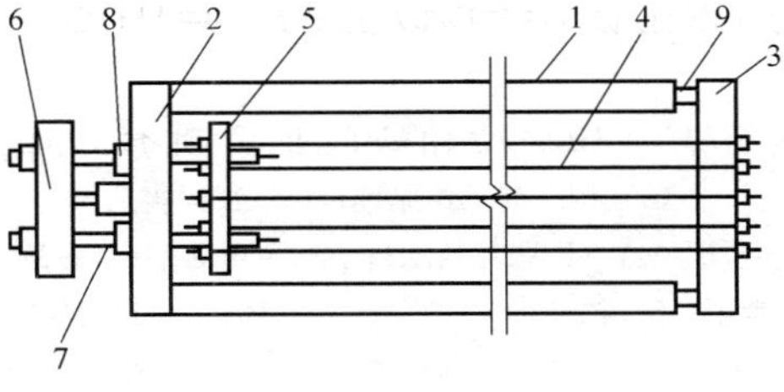

图 4-45 液压千斤顶成组张拉

1—台模；2、3—前后横梁；4—钢筋；5、6—拉力架横梁；7—大螺丝杆；8—油压千斤顶；9—放松装置

要求钢丝的长度基本相等，以保证张拉后各钢筋的预应力相同，事先应调整钢筋的初应力。液压千斤顶进行成组张拉见图 4-45。

2）拉杆式千斤顶

拉杆式千斤顶是国内最早生产的液压张拉千斤顶。由于该千斤顶只能张拉吨位不大（≤600kN）的支承式锚具，多年来已逐步被多功能的穿心式千斤顶代替。

3）穿心式千斤顶

① 双作用穿心式千斤顶：穿心式千斤顶是一种具有穿心孔，利用双液压缸张拉预应力筋和顶压锚具的双作用千斤顶。这种千斤顶配上撑脚与拉杆后，也可用于张拉螺杆锚具和镦头锚具。参见图 4-46。

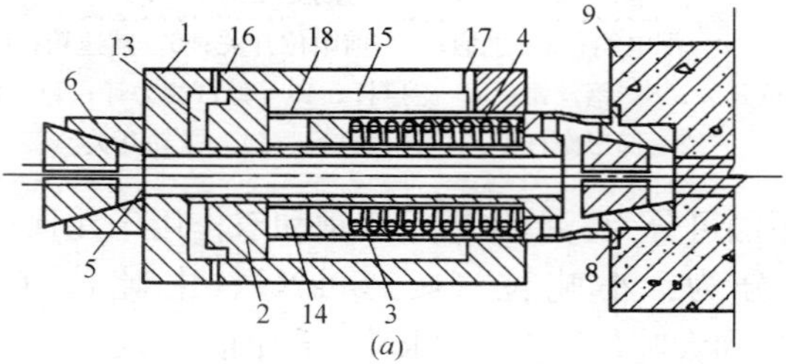

(*a*)

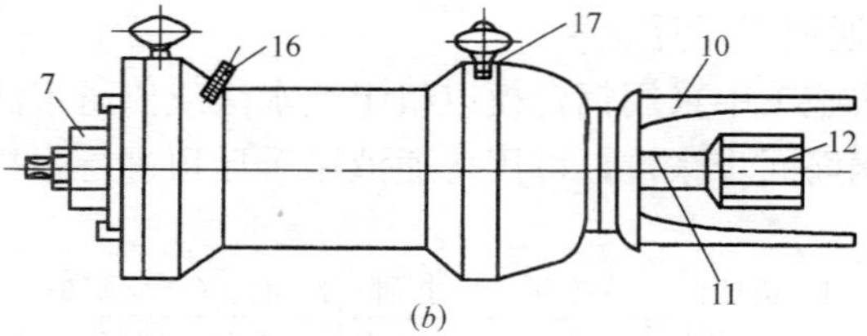

(*b*)

图 4-46 YC60 型千斤顶

（*a*）构造与工作原理；（*b*）加撑脚后

1—张拉油缸；2—顶压油缸（即张拉活塞）；3—顶压活塞；4—弹簧；5—预应力筋；6—工具锚；7—螺帽；8—锚环；9—构件；10—撑脚；11—张拉杆；12—连接器；13—张拉工作油室；14—顶压工作油室；15—张拉回程油室；16—张拉缸油嘴；17—顶压缸油嘴；18—油孔

② 无孔径穿心式千斤顶：又称群锚千斤顶，是一种具有一个大口径穿心孔，利用单液压缸张拉预应力筋的单作用千斤顶，

广泛用于张拉大吨位钢绞线束。配上撑脚与拉杆后也可作为拉杆式穿心千斤顶。参见图 4-47 和图 4-48。

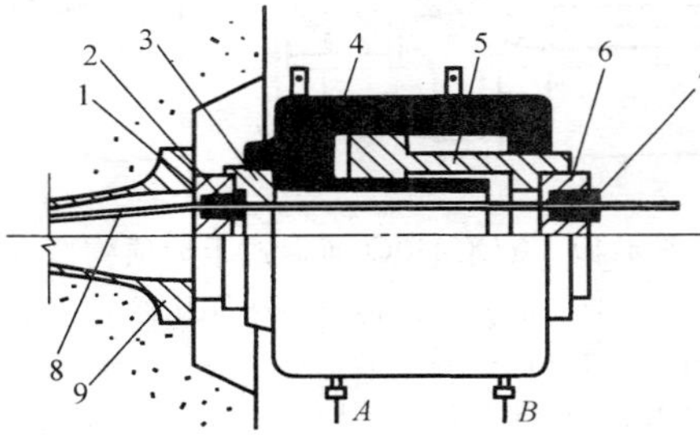

图 4-47　YCQ 型千斤顶的构造

1—工作锚板；2—夹片；3—限位板；4—缸体；5—活塞；6—工具锚板；7—工具夹片；8—钢绞线；9—喇叭形铸铁垫板

A—张拉时进油嘴；B—回缩时进油嘴

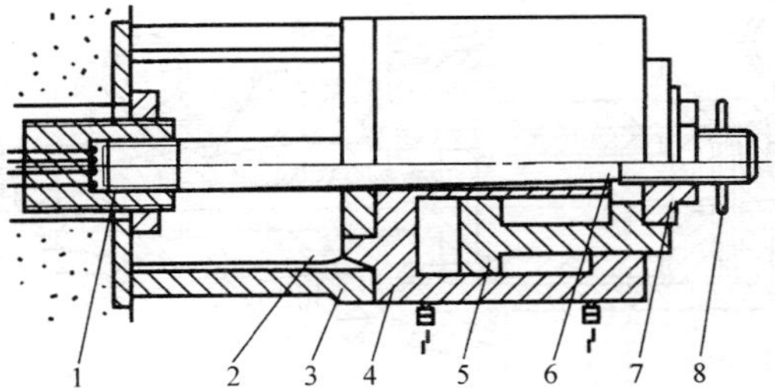

图 4-48　YCW 型千斤顶带撑脚的工作情况

1—锚具；2—支撑环；3—撑脚；4—油缸；5—活塞；6—张拉杆；7—张拉杆螺母；8—张拉杆手柄

③ 前置内卡式千斤顶：前置内卡式千斤顶是将工具锚安装在千斤顶前部的一种穿心式千斤顶。其中如 YDCQ 型前卡千斤顶主要适用于单根预应力筋（索）或成束预应力筋（索）单根张拉及预应力筋张拉中的事故处理，参见图 4-49。

4）锥锚式千斤顶

锥锚式千斤顶是具有张拉、顶锚和退楔功能三种作用的千斤

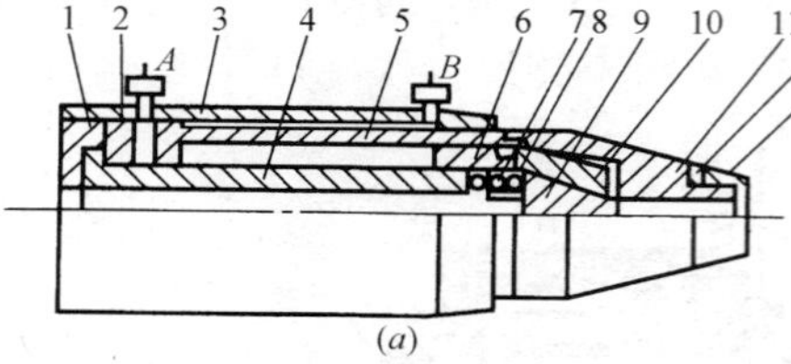

图 4-49　YDC240Q 前卡式千斤顶构造

(a) 前卡式千斤顶；(b) 顶压器

1—压板；2—堵头；3—外缸；4—穿心套；5—活塞；6—连接器；7—回程弹簧；8—导向管；9—夹片；10—锚杯；11—支撑套；12—垫圈；13—支撑套螺母；14—顶压缸；15—顶压活塞；A、B、C—油嘴

顶，用于张拉带锥形锚具的钢丝束。系列产品有：YZ38，YZ60 和 YZ85 型千斤顶。参见图 4-50。

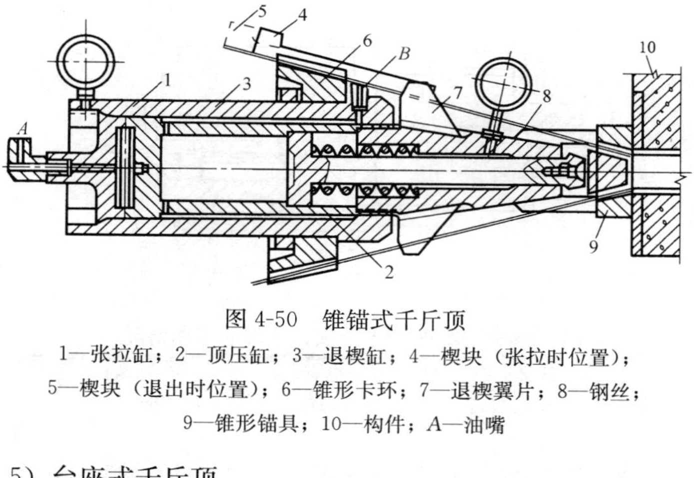

图 4-50　锥锚式千斤顶

1—张拉缸；2—顶压缸；3—退楔缸；4—楔块（张拉时位置）；5—楔块（退出时位置）；6—锥形卡环；7—退楔翼片；8—钢丝；9—锥形锚具；10—构件；A—油嘴

5）台座式千斤顶

台座式千斤顶是在台座上整体张拉或放松预应力筋的单作用千斤顶。

6）开口式双缸千斤顶

开口式双缸千斤顶是利用一对倒置的单活塞杆缸体将预应力筋卡在其间开口处的一种千斤顶。这种千斤顶主要用于单根超长钢绞线分段张拉。参见图 4-51。

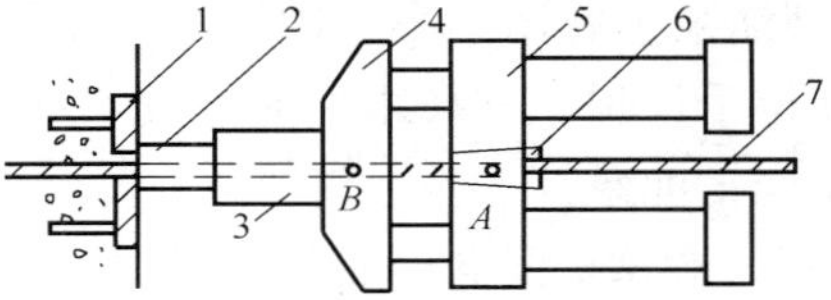

图 4-51　开口式双缸千斤顶

1—埋件；2—工作锚；3—顶压器；4—活塞支架；5—油缸支架；6—夹片；7—预应力筋；A、B—油嘴

4-27　常用的电动油泵有哪几种?

高压油泵是向液压千斤顶各个油缸供油，使其活塞按照一定速度伸出或回缩的主要设备。油泵的额定压力应等于或大于千斤顶的额定压力。高压油泵分手动和电动两类，预应力用电动油泵是用电动机带动与阀式配流的一种轴向柱塞泵。目前常使用的有：ZB4—500 型、ZB1—630 型、ZB10/320～4/800 型、ZB618（ZB6/1—800）型、ZB0.8—500 与 ZB0.6—630 型等几种，其额定压力为 40～80MPa。

（1）通用电动油泵

ZB4—500 型电动油泵是目前通用的预应力油泵，主要与额定压力不大于 50MPa 的中等吨位的预应力千斤顶配套使用，也可供对流量无特殊要求的大吨位千斤顶和小吨位千斤顶使用。其技术性能见表 4-33。

ZB4—500 型电动油泵技术性能表　　　　**表 4-33**

柱塞	直径	mm	ϕ10	电动机	功率	kW	3
	行程	mm	6.8		转数	r/min	1420
	个数	个	2×3	用油种类		10 号或 20 号机械油	
额定油压		MPa	50	油箱容量		L	42
额定流量		L/min	2	外形尺寸		mm	745×494×1052
出油嘴数		个	2	重量		kg	120

注：ZB4—500s 附加安装 1 个三位四通阀。

（2）小型电动油泵

ZB1—630 型油泵主要用于小吨位液压千斤顶和液压镦头器，也可用于中等吨位千斤顶。其技术性能见表 4-34。

（3）超高压变量油泵

1）ZB10/320—4/800 型电动油泵

ZB10/320—4/800 型电动油泵是一种大流量、超高压的变量油泵，主要与张拉力 1000kN 以上或工作压力在 50MPa 以上的预应力液压千斤顶配套使用。其技术性能见表 4-35。

ZB1—630 型电动油泵技术性能　　表 4-34

柱塞	直径	mm	φ8	电动机	功率	kW	1.1
	行程	mm	5.57		转数	r/min	1440
	个数	个	×3	用油种类		10 号或 20 号机械油	
额定油压		MPa	63	油箱容量		L	18
额定流量		L/min	1	外形尺寸		mm	501×306×575
油嘴数		个	2	空箱重量		kg	55

ZB10/320—4/800 型电动油泵的技术性能　　表 4-35

项目	单位	一级	二级
额定油压	MPa	32	80
公称流量	L/min	10	4
电动机功率	kW	7.5	
油泵转速	r/min	1450	
油箱容量	L	120	
空泵重量	kg	270	
外形尺寸	mm	1100×590×1120	

2）ZB618 型电动油泵

ZB618 型电动油泵，即 ZB6/1—800 型电动油泵，可用于各类型千斤顶的张拉。其技术性能见表 4-36。

ZB618 型电动油泵技术性能　　　　表 4-36

柱塞	直径	mm	10	电动机	型号	Y90 L2—4	
	行程	mm	9.5/1.67		功率	kW	1.5
	个数	个	6		转数	r/min	1420
油泵转数		r/min	1420	出油嘴数		2	2
理论排量		mL/r	6.3/1.1	用油种类		10 号或 20 号机械油	
额定油压		MPa	80	油箱容量		L	20
额定排量		L/min	6/1	重量		kg	70
				外形（长×宽×高）		mm	50×350×70

4-28　如何选用张拉设备？

在后张法施工中锚具及张拉设备的合理选择十分重要。施工时应根据所用预应力筋的种类及其张拉锚固工艺，选用配套的张拉设备。一般单束预应力筋（单锚系统）选用流量小、张拉速度稍慢的轻型电动油泵和便携式千斤顶。这种张拉设备重量轻、操作简便，适合在高空及狭小场地进行张拉。张拉多束预应力筋（群锚系统），选用流量大、张拉速度快的高压电动油泵和配套千斤顶。群锚系统也可以采用小型千斤顶单根张拉。张拉施工中，预应力筋的张拉力不应大于设备额定张拉力，预应力筋的一次张拉伸长量不应超过设备的最大张拉行程。当一次张拉不足时，可采取分级重复张拉的方法，但所用的锚具与夹具应适应重复张拉

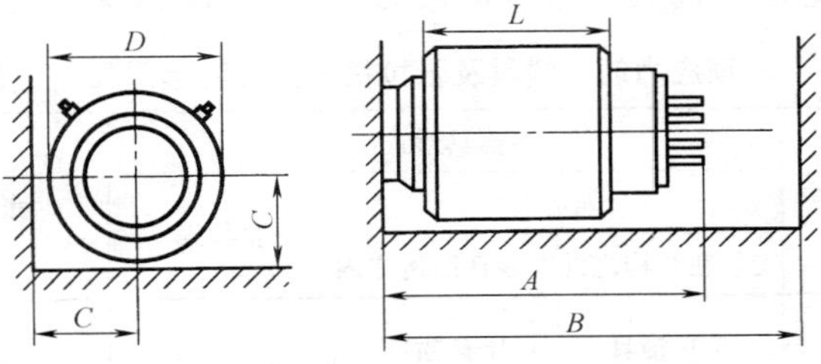

图 4-52　千斤顶张拉空间

的要求。大跨度结构、长钢丝束等引伸量大者，用穿心式千斤顶为宜。千斤顶张拉所需空间，见图 4-52 和表 4-37。

千斤顶张拉空间要求　　表 4-37

千斤顶型号	千斤顶外径 D(mm)	千斤顶长度 L(mm)	活塞行程(mm)	最小工作空间		钢绞线预留长度 A(mm)
				B(mm)	C(mm)	
YDC240Q	108	580	200	1000	70	200
YCW100B	214	370	200	1200	150	570
YCW150B	285	370	200	1250	190	570
YCW250B	344	380	200	1270	220	590
YCW350B	410	400	200	1320	255	620
YCW400B	432	400	200	1320	265	620

4-29　预应力筋、锚夹具和张拉设备如何配套选用?

预应力筋张拉机具设备及仪表，应定期维护和校验。张拉设备应配套标定，并配套使用。张拉设备的标定期限不应超过半年。当在使用过程中出现反常现象时或在千斤顶检修后，应重新标定。

注：1. 张拉设备标定时，千斤顶活塞的运行方向应与实际张拉工作状态一致；

2. 压力表的精度不应低于 1.5 级，标定张拉设备用的试验机或测力计精度不应低于±2%。

预应力筋、锚具及张拉机械的配套选用，见表 4-38。

预应力筋、锚具及张拉机械的配套选用表　　表 4-38

预应力筋品种	锚具形式			张拉机械
	固定端		张拉端	
	安装在结构之外	安装在结构之内		
钢绞线及钢绞线束	夹片锚具 挤压锚具	压花锚具 挤压锚具	夹片锚具	穿心式

续表

预应力筋品种	锚具形式			张拉机械
	固定端		张拉端	
	安装在结构之外	安装在结构之内		
高强钢丝束	夹片锚具 镦头锚具 挤压锚具	挤压锚具 镦头锚具	夹片锚具	穿心式
			镦头锚具	拉杆式
			锥塞锚具	锥锚式、拉杆式
精轧螺纹钢筋	螺母锚具		螺母锚具	拉杆式

4-30 预应力筋端部锚具的制作质量有哪些规定?

(1) 钢绞线挤压锚具应采用配套的挤压机制作，挤压套筒外表面应涂刷润滑油，压力表读数应符合设备说明书的规定。采用的摩擦衬套应沿挤压套筒全长均匀分布。挤压后预应力筋外端应露出挤压套筒 1～5mm;

(2) 钢绞线压花锚具应采用专用的压花机制作成型，梨形头尺寸和直线锚固段长度不应小于设计值，其表面应无污物。若设计无专门规定，可按表 4-39 的规定执行。

钢绞线压花锚具参数　　　　表 4-39

钢绞线规格	梨形头尺寸 mm ($\phi\times$A)	直线锚固段长度 mm	示意图
ϕ^s12.7	ϕ95×150	900	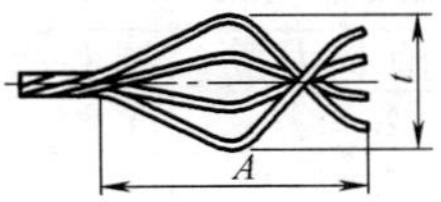 压花锚具
ϕ^s15.2	ϕ80×130	700	

(3) 钢丝束采用镦头锚具时，应首先确认该批预应力钢丝的可镦性。钢丝镦头的头型尺寸：直径应为 1.4～1.5d，高度应为 0.95～1.05d (d 为钢丝直径)。镦头的强度应不低于钢丝母材强度的 98%。

检查数量：对挤压锚，每工作班抽查5%，且不应小于5件；对压花锚，每工作班抽查3件；对钢丝镦头强度，每批钢丝检查6个镦头试件。

检验方法：观察，钢尺检查，检查镦头强度试验报告。

4-31 为什么要对进场的预应力钢丝、钢绞线进行外观检查?

预应力钢丝、钢绞线除按表4-12、表4-13进行外观检查外，还应对钢材的直径逐盘（卷）进行量测。因为，由于生产机具精度差，操作工艺不当，造成钢丝和钢绞线的直径超过规范允许偏差，这将直接影响锚、夹具的匹配性能和锚固的可靠度；偏差大的，在张拉过程中会出现滑丝（表4-40）。

所以，钢丝和钢绞线进入现场后，应逐盘（卷）作外观检查，包括量测钢材直径。预应力钢丝和钢绞线直径应符合现行国家标准《预应力混凝土用钢丝》（GB/T 5223）和《预应力混凝土用钢绞线》（GB/T 5224）中规定的允许偏差。常用的预应力钢丝和钢绞线尺寸及允许偏差见表4-41和表4-42。

直径超标的预应力钢丝和钢绞线视为不合格品，不得使用。

光圆钢丝尺寸及允许偏差、参考重量　　表4-40

公称直径 d_n(mm)	直径允许偏差 (mm)	公称横截面积 S_n(mm^2)	参考重量 (kg/m)
3.00	±0.04	7.07	0.058
4.00		12.57	0.099
5.00	±0.05	19.63	0.154
6.00		28.27	0.222
6.25		30.68	0.241
7.00		38.48	0.302
8.00	±0.06	50.26	0.394
9.00		63.62	0.499
10.00		78.54	0.616
12.00		113.1	0.888

1×3 结构钢绞线尺寸及允许偏差、每米参考重量　表 4-41

钢绞线结构	公称直径		钢绞线测量尺寸 A(mm)	测量尺寸 A 允许偏差(mm)	钢绞线参考截面积 S_n(mm^2)	每米钢绞线参考重量(g/m)
	钢绞线直径 D_n(mm)	钢丝直径 d(mm)				
1×3	6.20	2.90	5.41	±0.15 −0.15	19.8	155
	6.50	3.00	5.60		21.2	166
	8.60	4.00	7.46	±0.20 −0.10	37.7	296
	8.74	4.05	7.56		38.6	303
	10.80	5.00	9.33		58.9	462
	12.90	6.00	11.2		84.8	666
1×3	8.74	4.05	7.56		38.6	303

1×7 结构钢绞线的尺寸及允许偏差、参考重量　表 4-42

钢绞线结构	公称直径 D(mm)	直径允许偏差(mm)	钢绞线参考截面积 S_n(mm^2)	钢绞线参考重量(kg/m)	中心钢丝直径 d_0 加大范围(%)不小于
1×7	9.50	±0.30 −0.15	54.8	0.430	2.5
	11.10		74.2	0.582	
	12.70	±0.40 −0.20	98.7	0.775	
	15.20		140	1.101	
	15.70		150	11.78	
	17.80		190	1.500	
(1×7)C	12.70	+0.40 −0.20	112	0.890	
	15.20		165	1.295	
	18.00		223	1.750	

注：C—模拔钢绞线。

4-32　为什么预应力所用张拉设备要及时进行维修和校验？如何进行校验？

（1）预应力所用的机具设备、仪表应保持完好，定期校验，才能正常使用，否则无法确定仪表读数与张拉应力的关系曲线，无法保证其正常工作及准确施加预应力。

因为，用千斤顶张拉预应力筋时，张拉力的大小是通过油泵上的油压表的读数来控制。油压表的读数表示千斤顶张拉油缸活塞单位面积的油压力。实际张拉力往往比理论计算值小。其原因是一部分张拉力被油缸与活塞之间的摩阻力所抵消，而摩阻力的大小受多种因素的影响又难以计算确定。为保证预应力筋张拉应力的准确性，应定期标定、校验千斤顶，确定张拉力与油表读数的关系。

（2）施加预应力所用机具设备及仪表应由专人使用和管理，并应定期维护及校验（标定），校验（标定）期限不应超过半年；张拉设备（千斤顶、液压泵及压力表等）应配套校验，以确定压力表读数与千斤顶输出力之间的关系曲线。这种关系曲线对应于特定的一套张拉设备，故配套校验（标定）后应配套使用。由于千斤顶主动工作和被动工作时，压力表读数与千斤顶输出力之间的关系是不一致的，故要求标定时千斤顶活塞的运行方向应与实际张拉工作状态一致。压力表的精度不宜低于 1.5 级，最大量程不宜小于设备额定张拉力的 1.3 倍。标定张拉设备用的试验机或测力计精度不低于±2%。

当发生下列情况之一时，应对张拉设备重新标定：

1）新千斤顶初次使用前；

2）油压表指针不能退回零点；

3）千斤顶、油压表和油管进行过更换或维修后；

4）张拉 100～200 次或连续张拉 1～2 个月后；

5）千斤顶久置后重新使用；

6）压力表受过碰撞或出现失灵现象；

7）张拉中预应力筋发生多根破断事故或张拉伸长值误差较大。

4-33 如何确定预应力筋的下料长度？

预应力筋的下料长度，应由计算确定。计算时应考虑下列因素：结构的孔道长度、锚夹具厚度、千斤顶长度、镦头的预留量、冷拉伸长量、弹性回缩量、张拉伸长值和台座长度等。

（1）先张法构件采用长线台座生产工艺时，预应力筋的下料长度 L，可按下列公式计算（图 4-53）：

$$L'=l_1+l_2+l_3-l_4-l_5 \tag{4-5}$$

式中 l_1——长线台座长度；

l_2——张拉装置长度（含外露工具式拉杆长度）；

l_3——固定端所需长度；

l_4——张拉端工具式拉杆长度；

l_5——固定端工具式拉杆长度。

注：预应力筋下料长度应满足构件在台座上的排列要求。当预应力筋直接在钢横梁上张拉和锚固时，可取消 l_4 与 l_5 值。

（2）后张法预应力混凝土构件和钢构件中采用钢绞线束夹片锚具时，钢绞线的下料长度 L 可按下列公式计算（图 4-54）：

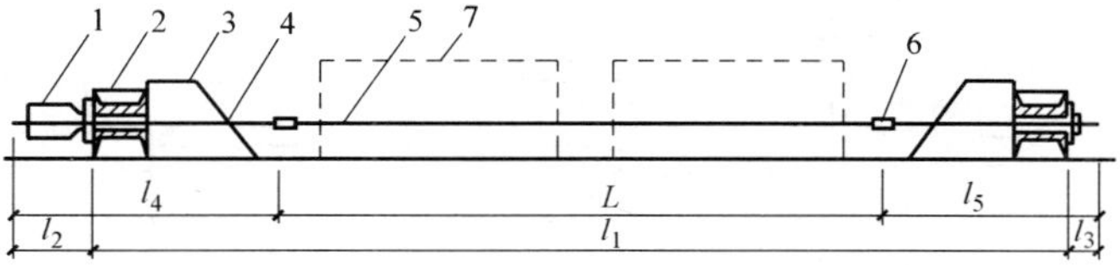

图 4-53 长线台座法预应力筋的下料长度

1—张拉装置；2—钢横梁；3—台座；4—工具式拉杆；5—预应力筋；6—连接器；7—待浇混凝土构件

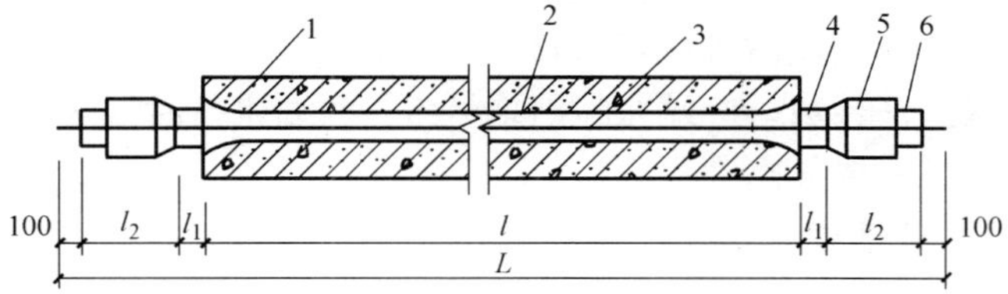

图 4-54 采用夹片锚具时钢绞线的下料长度

1—混凝土构件；2—预应力筋孔道；3—钢绞线；4—夹片式工作锚；5—张拉用千斤顶；6—夹片式工具锚

1）两端张拉

$$L=l+2(l_1+l_2+100) \tag{4-6}$$

2）一端张拉

$$L=l+2(l_1+100)+l_2 \tag{4-7}$$

式中 l——构件的孔道长度；

l_1——夹片式工作锚厚度；

l_2——张拉用千斤顶长度（含工具锚），采用前卡式千斤顶时仅算至千斤顶体内工具锚处。

（3）后张法混凝土构件中采用钢丝束镦头锚具时，钢丝的下料长度 L 可按预应力筋张拉后螺母位于锚杯中部计算（图 4-55）：

$$L=l+2(h+s)-K(h_2-h_1)-\Delta L-c \tag{4-8}$$

式中 l——构件的孔道长度，按实际尺寸；

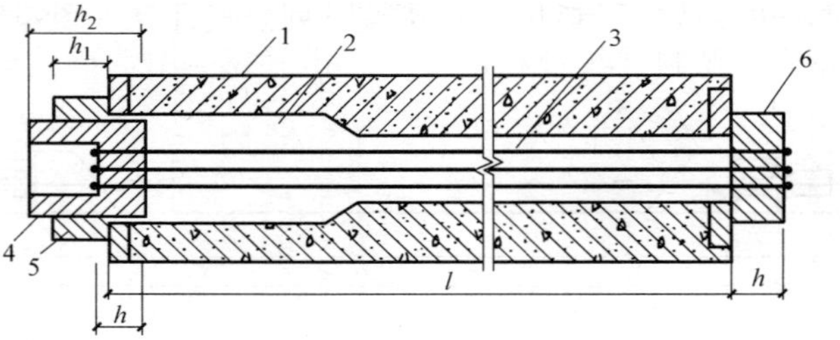

图 4-55 采用镦头锚具时钢丝的下料长度

1—混凝土构件；2—孔道；3—钢丝束；4—锚杯；5—螺母；6—锚板

h——锚杯底部厚度或锚板厚度；

s——钢丝镦头留量，对ΦP5 取 10mm；

K——系数，一端张拉时取 0.5，两端张拉时取 1.0；

h_2——锚杯高度；

h_1——螺母高度；

ΔL——钢丝束张拉伸长值；

c——张拉时构件的弹性压缩值。

4-34 预应力筋切割有哪些要求？

（1）预应力筋应采用砂轮锯或切断机下料，不得采用电弧切割。下料场地应平整、洁净。

（2）钢丝束两端采用镦头锚具时，同一束中各根钢丝下料长度的相对差值，应不大于钢丝束长度的 1/5000，且不应大于 5mm。当成组张拉长度不大于 10m 的钢丝时，同组钢丝长度的极差不得大于 2mm。

检查数量：每工作班抽查预应力筋总数的 3%，且不少于 3 束。

检验方法：观察，钢尺检查。

4-35 什么是制孔用管材？对管材的使用有哪些要求？

1. 后张预应力构件预埋制孔用管材有金属波纹管（螺旋管）、钢管、塑料波纹管和钢管等。孔道成型用管道应根据结构特点、施工工艺、施工周期及使用部位等合理选用，其规格应符合现行行业标准《预应力混凝土用金属螺旋管》JG/T 3013。

检查数量：按进场批次和产品的抽样检验方案确定。

检验方法：检查产品合格证、出厂检验报告和进场复验报告。

注：对金属螺旋管用量较少的一般工程，当有可靠依据时，可不作径向刚度、抗渗漏性能的进场复验。

2. 预应力混凝土用金属螺旋管在使用前应进行外观检查，其内外表面应清洁，无锈蚀，不应有油污、孔洞和不规则的褶皱，咬口不应有开裂或脱扣。

检查数量：全数检查。

检验方法：观察。

3. 梁类等构件宜采用圆形金属波纹管，板类构件宜采用扁形金属波纹管。施工周期较长时应选用镀锌金属波纹管。塑料波纹管宜用于曲率半径小、密封性能好以及抗疲劳要求高的孔道。钢管宜用于竖向分段施工的孔道，孔道成型用圆形管道的内径应至少比预应力筋或连接器的轮廓直径大 6mm，其内截面积应不小于预应力筋截面积的 2.5 倍。钢管的壁厚不应小于其内径的 1/50，且不宜小于 2mm。

4-36 制孔用管材规格有哪些?

金属波纹管和塑料波纹管的规格见表 4-43～表 4-46。

圆形金属波纹管规格（mm）　　　　表 4-43

圆管内径		10	15	50	55	60	65	70	75	80	85	90	95
最小钢带厚度	标准型	0.28	0.28	0.30	0.30	0.30	0.30	0.30	0.30	0.35	0.35	0.35	0.35
	增强型	0.30	0.30	0.35	0.35	0.35	0.35	0.10	0.40	0.40	0.45	0.45	—
允许偏差		±0.5											
最小波纹高度 h_c		2.5											

圆管内径		96	102	108	111	120	126	132
最小钢带厚度	标准型	0.40	0.40	0.40	0.40	0.40	0.40	0.40
	增强型	0.50	0.50	0.50	0.50	0.50	0.50	0.50
允许偏差		±0.5						
最小波纹高度 h_c		3.0						

注：1. 当有可靠工程经验时，金属波纹管的钢带厚度可进行适当调整；
2. 表中未列尺寸的规格由供需双方协议确定（直径 95mm 的波纹管仅用作连接用管）。

扁形金属波纹管规格（mm）　　　　表 4-44

		适用于 ϕ12.7 预应力钢绞线			适用于 ϕ15.2 预应力钢绞线		
短轴方向	长度 h	20	20	20	22	22	22
	允许偏差	0. +1.0			0,+1.5		
长轴方向	长度 b	52	65	78	60	76	90
	允许偏差	±1.0			±1.5		
最小钢带厚度	标准型	0.30	0.35	0.40	0.35	0.40	0.45
	增强型	0.35	0.40	0.45	0.40	0.45	0.50

注：表中未列尺寸的规格由供需双方协议确定。

圆形塑料波纹管规格（mm）　　　　表 4-45

管内径	50	75	85	95	100	120	130	140	150
管外径	61	89	99	109	114	136	146	157	177
允许偏差	±2.0								
管壁厚	2					2.5		3	

扁形塑料波纹管规格（mm） **表 4-46**

内短轴	长度	20		23	
	允许偏差	+1.5、-0.6			
内长轴	长度	46	60	72	90
	允许偏差	±1.0			
管壁厚	标准值	2			
	允许偏差	+0.6、-0.3			

注：1. 孔道直径的选择：孔道净面积比预应力筋的总面积大 3.5 倍以上，孔径比预应力筋组合外径大 10～15mm 以上，即可满足穿束要求和孔道压浆的通路。

2. 波纹管接头管取用大一号波纹管。

4-37 制孔用管材的质量要求是什么？如何检验？

孔道成型用管材其性能应符合现行行业标准《预应力混凝土用金属螺旋管》JG/T 3013 的规定

管材应具有足够的刚度和密封性，在搬运、安装和混凝土浇筑过程中应不易出现变形，其咬口、接头应严密，且不应漏浆。

无出厂合格证、进场后又未验收的金属波纹管，可能混有劣质产品，表现为管刚度差、咬口不牢、表面锈蚀等，造成浇筑混凝土时金属波纹管孔道漏进水泥浆，轻则减小孔道截面面积，增加摩阻力，重则堵孔，使穿束困难，甚至无法穿入。当采用先穿束工艺时，一旦漏入浆液将钢束凝固，将无法张拉。因此，必须进行认真检验。

（1）金属波纹管进场时，应从每批中抽取 6 根，先检查管的内径 d，再将其弯成半径为 $30d$ 的圆弧，高度不小于 1m，检查有无开裂与脱扣现象；同时作灌水试验，检查管壁有无渗漏现象。合格后方可使用。

（2）金属管外观应清洁，内外表面无油污、无锈蚀、无孔洞和不规则的褶皱，咬口无开裂、无脱扣。

4-38　制孔用管材应如何存放保管？

波纹管应分类、分规格存放。金属波纹管应垫枕木并用防水毡布覆盖，并应避免变形和损伤。塑料波纹管储存时应远离热源和化学品的污染，并应避免暴晒。

金属波纹管吊装时，不得在其中部单点起吊；搬运时，不得抛摔或拖拉。

4-39　灌浆用水泥有哪些要求？

（1）水泥浆宜采用普通硅酸盐水泥配制；

（2）可根据需要添加适宜的外加剂，外加剂的质量应符合有关规定；

（3）水泥及外加剂中不应含有对预应力筋有害的化学成分，其中氯离子的含量不应超过水泥重量的0.02%。

检查数量：按进场批次和产品的抽样检验方案确定。

检验方法：检查产品合格证、出厂检验报告和进场复验报告。

注：对孔道灌浆用水泥和外加剂用量较少的一般工程，当有可靠依据时，可不作材料性能的进场复验。

4-40　预应力筋制作与安装有哪些要求？

1. 预应力筋制作或安装时，其品种、级别、规格、数量必须符合设计要求。不得采用加热、焊接，并应防止预应力筋受焊接火花或接地电流的损伤。受损伤的预应力筋应予以更换。全数检查。

2. 先张法预应力施工时应选用非油质类模板隔离剂，并应避免沾污预应力筋。检查数量：全数检查。

3. 无粘结预应力筋在现场的搬运和铺设过程中，不应损伤其塑料护套。当出现轻微破损时，应及时用水密性密封胶带缠绕封闭。密封胶带可采用防水聚乙烯胶带，每圈胶带搭接宽度不应小于胶带宽度的1/2，缠绕层数不应少于2层，缠绕长度应超过破损长度30mm。严重破损的无粘结预应力筋应予以报废。

4. 后张法有粘结预应力筋预留孔道的规格、数量、位置和形状除应符合设计要求外，尚应符合下列规定：

（1）预留孔道的定位应牢固，浇筑混凝土时不应出现移位和变形；

（2）孔道应平顺，端部的预埋锚垫板应垂直于孔道中心线；

（3）成孔用管道应密封良好，接头应严密且不得漏浆；

（4）灌浆孔的间距：对预埋金属螺旋管不宜大于30m；对抽芯成型孔道不宜大于12m；

（5）在曲线孔道的曲线波峰部位应设置排气兼泌水管，必要时可在最低点设置排水孔；

（6）灌浆孔及泌水管的孔径应能保证浆液畅通。

检查数量：全数检查。

5. 预应力螺纹钢筋端部螺母必须旋入足够的长度，螺纹钢筋应露出端部螺母；当采用连接器接长预应力螺纹钢筋时，应确保两端均旋至连接器中央。

6. 预应力筋和预应力孔道的净间距和保护层应符合下列要求：

（1）先张法预应力筋之间的净间距不应小于其公称直径或等效直径的1.5倍，且应符合下列规定：对钢丝，不应小于15mm；对于三股钢绞线，不应小于20mm；对于七股钢绞线，不应小于25mm；

（2）对后张法预制构件，预应力孔道或无粘结预应力筋集束之间的水平净间距不宜小于30mm，且不应小于粗骨料直径的1.25倍；孔道至构件边缘的净间距不宜小于30mm，且不宜小于孔道直径的一半；

(3) 对后张法现浇构件，预应力孔道或无粘结预应力筋集束在竖直方向的净间距不应小于孔道外径，水平方向的净间距不应小于1.5倍孔道外径；从孔壁算起的混凝土保护层厚度，梁底不宜小于50mm，两侧不宜小于40mm；

(4) 当有充分的依据并能够保证混凝土浇筑密实时，管道可并排接触布置，但最多不应超过2束并排。

7. 预应力筋束形控制点的竖向位置允许偏差应符合表4-47的规定。凡制作时需要预先起拱的构件，预留孔道宜随构件同时起拱；

预应力筋束形控制点的竖向位置允许偏差　　表4-47

构件高(厚)度(mm)	$h \leqslant 300$	$300 < h \leqslant 1500$	$h > 1500$
允许偏差(mm)	±5	±10	±15

检查数量：在同一检验批内，抽查各类型构件中预应力筋总数的5%，且对各类型构件均不少于5束，每束不应小于5处。

8. 后张法有粘结预应力工程中，预应力筋的安装应根据结构特点、施工条件、预应力筋的张拉工艺和工期要求确定采用先穿束或后穿束工艺。对一端为埋入端，另一端为张拉端的预应力筋，只能采用先穿束工艺，而可两端张拉的预应力筋，宜采用后穿束工艺。

浇筑混凝土前穿入孔道的后张法有粘结预应力筋，宜采取防止锈蚀的措施。

检查数量：全数检查。

9. 无粘结预应力筋的铺设除应符合第7条的规定外，尚应符合下列要求：

(1) 无粘结预应力筋的定位应牢固，浇筑混凝土时不应出现移位和变形；

(2) 端部的预埋锚垫板应垂直于预应力筋；

(3) 内埋式固定端垫板不应重叠，锚具与垫板应贴紧；

(4) 无粘结预应力筋成束布置时应能保证混凝土密实并能裹住预应力筋；

（5）无粘结预应力筋的护套应完整，局部破损处应采用防水胶带缠绕紧密。

检查数量：全数检查。

4-41 锚具定位及连接器安装有什么要求？

（1）锚具和连接器应按设计规定的位置、方向和形状安装、固定，并配置锚固区加强钢筋；

（2）锚具的承压面应与预应力筋垂直。张拉端锚具后预应力筋应有与曲线段相切的直线段，该直线段长度不宜小于 400mm；

（3）预应力筋需接长时，应保证连接器在张拉方向上有足够的移动空间；

（4）内埋式固定端垫板不应重叠，锚具与垫板应贴紧；

（5）锚具安装时锚板应对中，夹片应挤紧且缝隙均匀。

4-42 制孔用管材的安装有哪些要求？

（1）不应使用出现损伤、变形的波纹管或内部有较重锈蚀的金属波纹管。锚垫板尾部与波纹管连接处及预应力筋连接处的管道应加强固定，防止出现脱开、漏浆等问题。采用可靠的连接和封闭措施，防止混凝土浇筑时出现移位或滑脱。

（2）圆截面金属波纹管需接长时，可采用大一规格的同波型波纹管作为接头管。接头管的长度宜取直径的 3～4 倍，两端旋入长度应大致相等。接头管的两端应采用防水胶带密封。

塑料波纹管需接长时，可采用塑料焊接机热熔焊接或采用专用连接管。

（3）梁中金属波纹管或塑料波纹管安装以及无粘结预应力筋集束布置前，应按设计要求在箍筋上标出预应力筋的束形坐标，并点焊支托钢筋。支托钢筋的直径不宜小于 10mm。对圆形金属波纹管，支托间距不宜大于 1.5m；对扁形金属波纹管和塑料波纹管，支托间距不宜大于1.0m。波纹管安装定位后，应与支托钢筋可靠固定。

平板中无粘结预应力筋的束形坐标宜采用马凳控制，马凳钢筋的直径不宜小于10mm，马凳间距不宜大于2.0m。无粘结预应力筋铺设后应与马凳可靠固定。平板中预应力筋的位置，可在模板上涂刷油漆标识。

4-43　预留孔道和穿筋有哪些要求？

(1) 曲线孔道的波峰部位应设置排气孔，该排气孔可兼作泌水孔或灌浆孔，排气兼泌水管与波纹管连接时，可在波纹管上开洞，覆盖海绵垫和塑料弧形压板并与波纹管扎牢，再用增强塑料管插在弧形压板的接口上（图4-56）。塑料管伸出构件顶面长度不宜小于500mm。

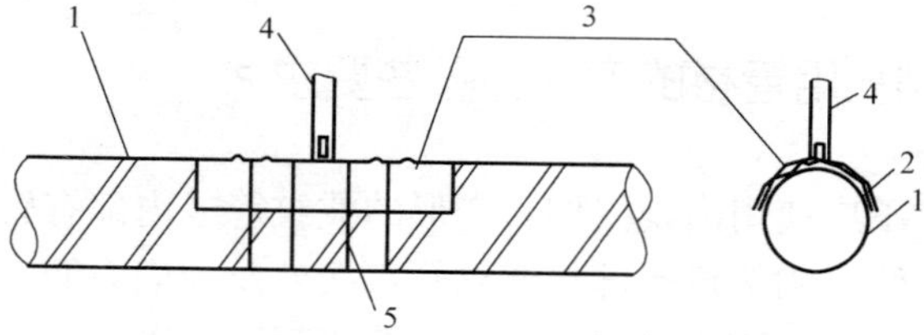

图4-56　波纹管开孔示意图

1—波纹管；2—海绵垫；3—塑料弧形压板；4—塑料管；5—铁丝扎紧

(2) 采用抽芯工艺成孔时，钢管、胶管的定位支架的间距宜分别为1.0～1.5m，0.6～0.8m。浇筑混凝土后应陆续转动钢管，抽芯时间应通过试验确定，以混凝土抗压强度达到0.4～0.8MPa时为宜。胶管内应预先冲入压缩空气或压力水，待混凝土达到合适强度后放出压缩空气或压力水，并抽出胶管。

(3) 混凝土浇筑前穿入孔道的后张有粘结预应力筋，宜采取防止锈蚀的措施。当无防锈措施时，预应力筋穿入孔道至张拉并灌浆的时间间隔应符合下列规定：

1）环境相对湿度大于70%或近海环境时，不宜超过14天；

2）环境相对湿度40%～70%时，不宜超过21天；

3）环境相对湿度小于40%时，不宜超过28天。

（4）采用真空辅助灌浆工艺灌浆时，孔道应全面密封，并设置排气兼泌水管。

4-44 为什么预应力筋、锚具、管道等安装后仍要采取保护措施？

预应力筋、管道、垫板及锚具等安装定位后，应采取适当的方式封闭垫板喇叭口、排气管口，并保护外露预应力筋。后续工程施工中应避免预应力筋管道、垫板及锚具损伤和移位。

因为，外露预应力筋如果没有采取保护措施，在后续混凝土浇筑施工中容易受混凝土的污染，而且长时间暴露于空气中，容易生锈，而垫板喇叭口和排气管口敞开时，容易造成养护水或雨水进入孔道，造成预应力筋和管道的锈蚀，影响张拉摩擦和钢材的力学性能，同时位于张拉槽内的垫板喇叭口不封闭时，甚至可造成混凝土进入，进而影响预应力筋的张拉。由于预应力系分项工程，其预应力筋及管道等安装后，仍有大量的后续工程在同一工位上进行，如果保护不当，很容易造成已安装工程的破损、移位等问题，影响工程质量，故应采取认真措施对完成工作进行保护。

另外，除自密实混凝土外，在混凝土浇筑时，应采用振捣棒等细致振捣，确保混凝土密实，并应避免损伤、移动预应力筋或预留孔道。

4-45 为什么预留孔道管材安装会出现固定不牢、标高不准的现象？如何防治？

（1）主要原因

1）固定各种成孔管道用的钢筋井字架间距过大，造成孔道不正、固定不牢，预应力筋混凝土保护层过小，引起构件施加预应力时发生侧弯和开裂。

2）控制孔道标高的钢筋井字架位置计算有误或安装不准；在钢筋安装与绑扎过程中，操作工人贪图方便省力，没有严格控制孔道位置，尤其在支座处纵横向钢筋较多，使曲线孔道难以安装到位，经常造成跨中处标高偏高与支座处标高偏低的现象，降低了预应力筋的 h_0 高度，影响梁的承载力和抗裂要求。

（2）防治措施

1）在设计图纸会审期间，应复核曲线预应力筋的坐标高度是否会引起芯管与梁的钢筋相碰，如在支座和跨中处遇到这种情况，应与设计人员商讨，能否调整钢筋的位置与排列方式，其他部位应遵循“非预应力筋避让预应力筋”的原则，不得影响芯管的位置与形状。

预应力筋的保护层，从芯管壁算起，在跨中和支座处均不得小于 50mm，需要起拱的构件，芯管应随构件同时起拱。

2）在预应力混凝土框架梁施工前，应将预应力筋曲线坐标图，支座（跨中）处钢筋与预应力筋孔道排列详图等发给有关操作人员。施工中加强督促检查，严格按图施工。

3）加工的钢筋井字架尺寸应准确，固定井字架的间距宜为：支垫钢管芯管不大于 1.5m；支垫波纹管不大于 1.0m；支垫曲线孔道芯管的宜加密为 0.15～0.20m。井字架下横筋表面高度（从箍筋内包尺寸量至芯管底面）应等于该点预应力筋坐标高度扣除芯管半径与保护层厚度 25mm 后得出，用粉笔标在箍筋上，井字架应点焊于箍筋上。

4）在浇筑混凝土前，应检查芯管的位置是否正确，并办理隐蔽工程验收记录。浇筑混凝土时振动器切勿碰动芯管，以防芯管偏移。

5）芯管坐标高度超出允许偏差，但不大于 5mm，可不必调整；如超出允许偏差大于 5mm，应局部拆开调整至允许偏差内；如超出允许偏差较大而又无法调整时，应会同设计人员根据实际受力情况商讨解决办法。

4-46　什么叫钢筋　头？　头质量有何要求？

将钢筋（或钢丝）的端头镦粗，加工成灯笼形圆头，这个操作过程叫做钢筋镦头。被镦粗的圆头，作为名词，也叫做钢筋镦头。

镦头是作为预应力钢筋的“锚具”（用于锚固）或“夹具”（用于夹住钢筋张拉）使用的。镦头方法分热镦（用于粗钢筋）和冷镦（用于钢丝）两种。

（1）粗钢筋热镦头

粗钢筋热镦头可选用 UN1—75 型或 UN1—100 型对焊机增加紫铜棒顶压头和紫铜镦头模（见图 4-57 及图 4-58），即可用以镦头。

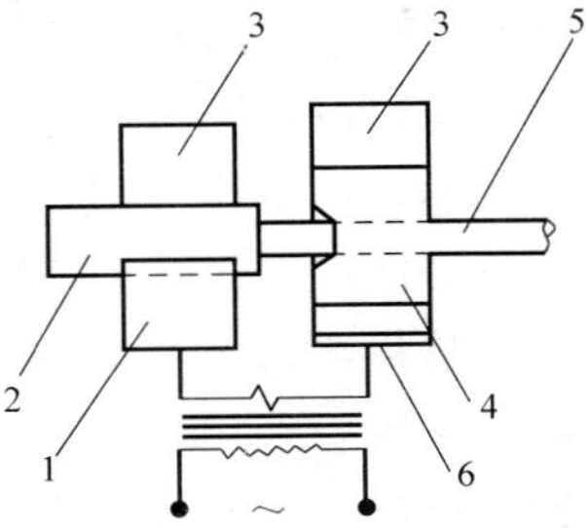

图 4-57　镦头机构造图

1—电极；2—顶压头；3—对焊机夹具；4—镦头模；5—粗钢筋；6—可调垫片

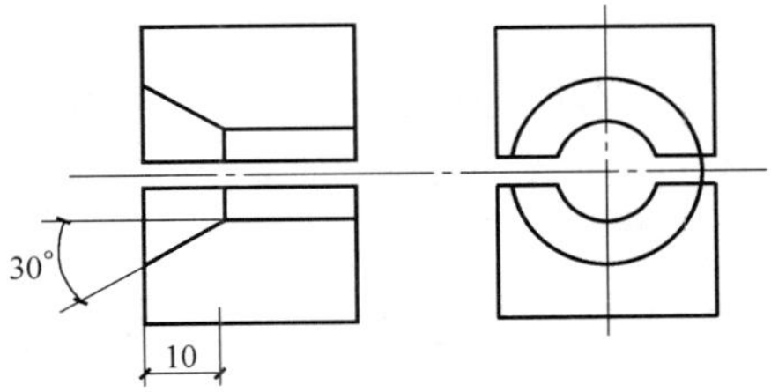

图 4-58　镦头模

1）粗筋夹持段约 150mm 应除净锈污，防止烧伤。

2）粗筋端头不得有马蹄形。钢筋中心应对准顶压头中心。

3）预温，反复通电对镦头部位充分加热。

4）挤压镦头挤压至预留量完全压缩为止。预留量为粗筋直径的 1.5～2 倍。

5）镦头作业环境温度不低于10℃。镦头完成后应缓慢自然冷却，严防雨水等使之突然冷却。

6）镦头质量标准：

① 镦头直径≥1.5d，d为钢筋直径。

② 镦头中心偏移≤2mm。

③ 两端均为镦头时，同组钢筋有效长度相对差，长度≥4.5m时，不大于3mm；长度<4.5m时，不大于2mm。

④ 拉断力不低于原材料拉断力标准值。

（2）钢丝冷镦头：LD—10型镦头器镦制作ϕ^s5钢丝，控制油压32～36MPa。先行试镦，外形稳定后，取6个试件做强度试验，合格后再进行批量生产。生产中目测发现外观外形不良者，随时切除。

镦头标准：同条件生产5000个镦头以下为一验收批。每批取6个试件检验。试验中有1个试件不合格时，可加倍取样复试。复试仍有1个试件不合格时，即认为该批镦头不合格。

1）Φ^s5钢丝镦头外径ϕ7.0～7.5mm（1.4～1.5d），高4.8～5.3mm（0.95～1.05d），d为钢丝直径。

2）镦头中心允许偏移不大于1mm。

3）镦头下方不得有明显的夹片刻痕，不得有与钢丝轴线垂直的横向裂纹。允许有平行于钢丝轴线的裂纹，但不得贯通至镦头颈部。

4）单根钢丝镦头的破断强度不得低于母材抗拉强度标准值的98％。

4-47　预应力筋张拉前应做好哪些施工准备工作？

预应力筋张拉前，应根据张拉控制应力和预应力筋面积确定张拉力，然后根据千斤顶标定结果确定千斤顶压力表读数，同时根据预应力筋曲线线形确定张拉伸长值，另外尚需确定张拉顺序并填写张拉申请单，为正式张拉做好准备工作。

锚垫板端面、喇叭管内和预应力筋表面应清理干净，保证张拉和锚固质量，防止出现断丝和滑丝现象。除此之外，张拉前，还应根据有关规程规定，对孔道摩擦、锚口摩擦等进行必要的测试，并根据测试结果对张拉力进行必要的调整。

4-48 为什么预应力筋张拉机具设备和仪表要定期维护、校验，并应配套标定?

预应力筋张拉机具设备及仪表，应定期维护和校验。张拉设备应配套标定，并配套使用。张拉设备的标定期限不应超过半年。当在使用过程中出现反常现象时或在千斤顶检修后，应重新标定。

这是因为：良好的张拉设备和仪表是保证张拉质量的前提。张拉设备由千斤顶、油泵及油管等组成，其输出力需通过油泵中的压力表读值来确定，所以需要使用前进行标定。为消除系统误差影响，要求设备必须配套标定并配套使用，此外千斤顶的活塞运行方向不同，其内摩擦也有差异，所以规定千斤顶活塞运行方向应与实际张拉工作状态一致。

注：1. 张拉设备标定时，千斤顶活塞的运行方向应与实际张拉工作状态一致；

2. 压力表的精度不应低于1.5级，标定张拉设备用的试验机或测力计精度不应低于±2%。

3. 压力表的量程应大于张拉工作压力读值。

4-49 施加预应力前，对结构混凝土有哪些要求?

施加预应力时，混凝土强度应符合设计要求；当设计无具体要求时，应符合下列规定：

1. 混凝土强度不应低于设计强度等级值的75%，且先张法预应力筋放张时，预应力构件的混凝土强度不应低于30MPa；

2. 不应低于所采用的锚固体系所要求的混凝土最低强度值；

3. 现浇结构混凝土的龄期：对后张楼板不宜小于5天，对后张梁不宜小于7天。

注：为防止混凝土早期出现的收缩裂缝，可不受上述限制，但必须保证局部承压的安全。

4-50 预应力张拉有哪些规定?

1. 预应力筋的张拉控制应力σ_{con}应符合设计及施工方案的规定，且不应小于$0.4f_{ptk}$。当设计无规定时，应符合表4-48的要求：

当施工需要超张拉时，最大张拉应力不应大于国家现行标准《混凝土结构设计规范》GB 50010的规定。

张拉控制应力限值 **表4-48**

项次	预应力钢筋种类	张拉控制应力(σ_{con})
1	钢丝、钢绞线、中强度预应力钢丝	$\leqslant 0.75f_{ptk}$
2	预应力螺纹钢筋	$\leqslant 0.85f_{ptk}$

注：当符合下列情况之一时，上述张拉控制应力限值可提高$0.05f_{ptk}$：

1. 要求提高构件在施工阶段的抗裂性能而在使用阶段受压区内设置的预应力钢筋；
2. 要求部分抵消由于应力松弛、摩擦、钢筋分批张拉以及预应力钢筋与张拉台座之间的温差等因素产生的预应力损失。

2. 张拉工艺应能保证同一束中各根预应力筋的应力均匀一致。

3. 后张法施工中，当预应力筋是逐根或逐束张拉时，应保证各阶段不出现对结构不利的应力状态；同时宜考虑后批张拉预应力筋所产生的结构构件的弹性压缩对先批张拉预应力筋的影响，确定张拉力。

4. 先张法预应力筋放张时，宜缓慢放松锚固装置，使各根预应力筋同时缓慢放松。

5. 预应力筋张拉前宜在现场进行孔道摩擦系数的测定。根据实测数据，可对张拉控制应力值进行调整，但应满足本条第1

项的规定。当有可靠工程经验时，可不进行孔道摩擦测试。预应力钢丝和钢绞线在不同孔道内的摩擦系数见表 4-49。

6. 预应力筋张拉或放张时的环境温度不宜低于－15℃。

7. 采用应力控制方法张拉时，应校核预应力筋张拉伸长值。实测伸长值与计算伸长值的偏差不应超过±6%。如超过允许偏差，应查明原因并采取措施后方可继续张拉。计算张拉伸长值所用的摩擦系数和预应力筋的弹性模量宜采用实测值。

预应力钢丝和钢绞线的摩擦系数　　表 4-49

孔道成型方式	κ	μ
预埋金属波纹管	0.0015～0.0030	0.25～0.30
预埋塑料波纹管	0.0012～0.0020	0.15～0.20
预埋钢管	0.0010～0.0015	0.30～0.35
橡胶管或钢管抽芯成型	0.0015～0.0020	0.50～0.55
无粘结预应力钢绞线	0.0030～0.0040	0.04～0.09

预应力筋张拉锚固后实际建立的预应力值与设计规定检验值的相对偏差不应超过±5%。

检查数量：对先张法施工，每工作班抽查预应力筋总数的1%，且不少于 3 根；对后张法施工，在同一检验批内，抽查预应力筋总数的 3%，且不少于 5 束。

检验方法：对先张法施工，检查预应力筋应力检测记录；对后张法施工，检查见证张拉记录。

8. 预应力筋的张拉顺序应符合设计要求，并应避免出现对结构不利的应力状态；当设计无具体要求时，应符合下列规定：

（1）预应力筋的张拉顺序，应根据结构受力特点、施工方便及操作安全等因素确定；

（2）预应力筋的张拉顺序，应遵循均匀、对称的张拉原则；

（3）对现浇预应力混凝土楼盖类结构，宜先张拉楼板、次梁，后张拉主梁；对预制屋架等平卧叠浇构件，应从上而下逐榀张拉。

9. 对同一束预应力筋，应采用相应吨位的千斤顶整束张拉，使各根预应力筋建立的应力比较均匀。在一些特殊情况下（如千斤顶吨位不足、张拉端局部受压承载力不够、张拉端预应力筋长度不够或张拉空间受限制等），对扁锚束、直线束或弯曲角度不大的单波曲线束，可采取单根张拉。即对直线形或平行编排的预应力钢绞线短束，在各根钢绞线不受叠压影响时，也可采用小型千斤顶逐根张拉。

10. 预应力筋的张拉工艺：应从零应力加载至初拉力，测量伸长值初读数，再以均匀速度分级加载并分级测量伸长值至张拉控制力，达到张拉控制力后，宜持荷 2 分钟。当成孔管道为塑料波纹管时，达到张拉控制力后，宜持荷 2～5 分钟。

注：预应力筋张拉的初拉力与预应力筋的长度、预应力筋线形以及张拉设备有关，初拉力不宜小于张拉控制力的 10%。张拉速度宜控制在 30MPa/min 内。

11. 锚固阶段张拉端预应力筋的内缩量应符合设计要求；当设计无具体要求时，应符合表 4-50 的规定。

张拉端预应力筋的内缩量限值　　表 4-50

锚具类别		内缩量限值(mm)
支承式锚具（螺母锚具、镦头锚具等）	螺帽缝隙	1
	每块后加垫板的缝隙	1
夹片式锚具	有顶压	5
	无顶压	6～8

12. 张拉过程中应避免预应力筋断裂或滑脱；当发生断裂或滑脱时，必须符合下列规定：

（1）对后张法预应力结构构件，断裂或滑脱的数量严禁超过同一截面预应力筋总根数的 3%，且每束钢丝不得超过一根；对多跨双向连续板，其同一截面应按每跨计算；

（2）对先张法预应力构件，在浇筑混凝土前发生断裂或滑脱的预应力筋必须予以更换。

检查数量：全数检查。

13. 先张法预应力筋张拉后与设计位置的偏差不得大于5mm，且不得大于构件截面短边边长的4%。

检查数量：每工作班抽查预应力筋总数的3%，且不少于3束。

4-51 后张有粘结超长预应力筋张拉如何降低孔道摩阻力?

对于超长的预应力筋，其孔道摩擦引起的预应力损失是很大的，影响预加力效应。采用减摩材料可有效降低孔道摩擦，有利于提高预加力效应。通常的后张有粘结预应力孔道减摩材料可选用石墨粉等，但是，减摩材料不应对预应力筋、管道及混凝土产生有害的影响；并且必须在灌浆前能够清除。如果灌浆前不予清除，会降低灌浆后的粘结力，影响有粘结效果。

4-52 预应力放张有哪些规定?

1. 先张法预应力筋的放张顺序应符合设计要求；当设计无具体要求时，可按下列规定放张：

（1）对轴心受压的构件（如压杆、桩），所有预应力筋应同时放张；

（2）对受弯或偏心受压的构件（如梁、板等），应先同时放张与压力较小区域的预应力筋，再同时放张与压应力较大区域的预应力筋；

（3）当不能按上述规定放张时，应分阶段、对称、相互交错放张；

（4）放张后张预应力筋的切断顺序，宜从张拉端开始，逐次切向另一端；

（5）预应力筋宜采取缓慢放张工艺，可采取千斤顶或螺杆式张拉设备等机具进行逐根或整体放张。

放张后预应力的切断顺序，宜由张拉端开始，逐次切向另一端。

2. 后张法预应力筋张拉锚固后，如遇特殊情况需放张时，应采用专门的设备和工具。

4-53 预应力筋张拉和放张有哪些记录要求？

预应力筋张拉或放张时，应对张拉力、压力表读数、张拉伸长值以及异常情况做出详细记录。

4-54 后张预应力筋灌浆和封锚有哪些规定？

1. 灌浆用水泥浆的抗压强度不应小于 $30N/mm^2$，配合比应经试验确定，其性能应符合下列规定：

（1）水泥浆应具有良好的流动性，并应以流动度控制。采用流锥法测定的水泥浆的流出时间应为 12～18s。流淌法测试时，其流淌直径不应小于 150mm；

（2）水灰比不应大于 0.45；

（3）搅拌后 3h 泌水率不应大于 2%，泌水应在 24h 内全部被水泥浆吸收；

（4）自由膨胀率不应大于 10%；

（5）边长为 70.7mm 的立方体水泥浆试块 28d 标准养护的抗压强度不应低于 30MPa。

2. 灌浆用水泥浆的质量控制应符合下列规定：

（1）灌浆施工前应进行水泥浆的配合比试验，以确认其稠度、泌水率、膨胀率及强度等性能符合第 1. 项的规定；

（2）施工过程中应在现场进行水泥浆的稠度、泌水率、膨胀率的抽样试验，并应进行氯离子含量检测。

3. 灌浆用水泥浆的搅拌及制备应符合下列规定：

（1）水泥浆应采用机械搅拌机搅拌，且宜采用高速搅拌机（一般为 1000rpm 以上），并应能在 5min 内将水泥浆搅拌均匀。

（2）经搅拌机拌合的水泥浆，应经不大于 1.2mm×1.2mm 的筛网过滤，泥浆拌合后至灌入孔道的时间不宜超过 30min。

注：如果水泥浆中掺入缓凝剂，其初凝时间较长，可不受搅拌至灌入孔道的时间间隔 30min 的限制。

4. 灌浆操作应符合下列规定：

（1）灌浆前应确认孔道、排气管及注浆孔畅通。对抽芯成型的孔道应用水冲洗孔道；对预埋管成型孔道，不宜冲水清除杂物，必要时可采用压缩空气清孔；

（2）浆体应充满孔道内、锚具及排气管的所有空隙。灌浆顺序宜先灌下层孔道，后灌上层孔道。灌浆应连续进行，直至排气管排出的浆体稠度与注浆孔处相同，且没有气泡排出后，顺浆体流动方向，将排气孔、出浆及回浆孔依次封闭，灌满孔道并全部封闭后，继续加压 0.5～0.7MPa，稳压 1～2min 后封闭灌浆口；

（3）因故停止灌浆时，应用压力水将孔道内已注入的水泥浆冲洗干净；

（4）水泥浆在搅拌合灌注期间的环境温度不应高于 35℃，也不应低于 5℃。当温度低于 5℃时，应采取抗冻保温措施。

5. 真空辅助灌浆应符合下列规定：

（1）孔道应具有良好的密封性；

（2）灌浆前应切除锚具外多余预应力筋，并进行封闭或采用专用灌浆帽封严；

（3）灌浆前，应先关闭灌浆口的阀门及孔道全程的所有排气阀。在排浆端启动真空泵，抽出孔道内的空气，使孔道真空度达到－0.08～－0.1MPa 并保持稳定，然后启动灌浆泵开始灌浆。在灌浆过程中，真空泵应保持连续工作，待浆体经过抽真空端时关闭通向真空泵的阀门，同时打开位于排浆端上方的排浆阀门，排除少许浆体后关闭。灌浆作业继续按常规方法完成。

6. 后张法预应力筋锚固后的外露部分宜采用机械切割。预应力筋的外露长度不宜小于其直径的 1.5 倍，且不小于 30mm。

7. 锚具封闭和先张法构件的端部预应力筋的保护应符合设计要求。当设计无具体要求时，应符合下列规定：

（1）凸出或内凹穴模内的锚具应采用与预应力结构构件相同强度等级的细石混凝土或无收缩砂浆封闭保护，封锚混凝土或砂浆应密实、无可视裂纹。

（2）凸出式锚具的保护层厚度不应小于 50mm，外露预应力筋的混凝土保护层厚度：处于正常环境时，不应小于 20mm；处于易受腐蚀环境时，不应小于 50mm。

（3）锚具封闭前应将周围混凝土界面凿毛并冲洗干净，凸出式锚具宜配置钢筋网片。

（4）后张无粘结预应力筋锚具封闭前，锚具和夹片应涂防腐油脂，并套上塑料帽；

（5）对处于二、三类环境条件下的无粘结预应力筋与锚具部件的连接处，应采取密封装置或采取连续密封措施；

（6）当采用涂刷防锈漆保护锚头时，应能确保日后可以重新涂刷。

（7）先张法构件的端部预应力筋，应根据环境条件进行必要的防锈保护。

4-55 为什么先张法预应力构件在预应力筋张拉后要尽快浇筑混凝土？

先张预应力筋张拉后，如果环境温度发生变化，其预应力筋内的应力将发生变化，温度升高时应力将降低，温度降低时，应力将提高。所以，应尽量选择与预应力筋张拉时温度相近的时段浇筑混凝土，以避免出现预应力值的波动，影响构件内建立的预应力值。

4-56 为什么后张预应力筋张拉完毕并经检查合格后，应尽早灌浆？

张拉后的预应力筋处于高应力状态，对腐蚀很敏感，同时全部拉力由锚具承担，故应尽快进行灌浆保护预应力筋，并提供预应力筋与混凝土之间的粘结力。对后张预制构件，孔道灌浆且水泥浆达到一定强度后吊装才是安全的。真空灌浆工艺更能保证灌浆质量，所以应优先采用。

4-57 为什么灌浆前对锚具夹片空隙和其他可能漏浆处需采取封堵措施？

锚具夹片空隙会产生负压力，使水泥浆沿空隙产生回流，因此必须进行封堵。封堵料应有一定强度以抵抗灌浆时的压力，可采用高强度水泥浆或结构胶等封堵，待封堵料达到一定强度后方可灌浆。

4-58 为什么孔道灌浆应填写灌浆记录？

灌浆质量的检测是比较困难的，所以，详细的填写有关灌浆记录，标明灌浆日期、水泥品种、强度等级、配合比、灌浆压力、灌浆量及灌浆情况，有利于灌浆质量的把握和今后的检查。

4-59 如何确立预应力总损失近似估计值？

预应力钢筋中的预应力损失值可按表 4-51 的规定计算。当计算求得的预应力总损失值小于下列数值时，应按下列数值取用：

先张法构件 100MPa；

后张法构件 80MPa。

预应力损失值（MPa）　　　　表 4-51

<table>
<tr><th colspan="2">引起损失的因素</th><th>符号</th><th>先张法构件</th><th>后张法构件</th></tr>
<tr><td colspan="2">张拉端锚具变形和钢筋内缩</td><td>σ_{l1}</td><td>计算直线预应力筋的锚固损失</td><td>计算直线、曲线和折线预应力筋的锚固损失</td></tr>
<tr><td rowspan="2">预应力钢筋的摩擦</td><td>与孔道壁之间的摩擦</td><td rowspan="2">σ_{l2}</td><td>—</td><td>计算预应力筋与孔道壁之间的摩擦损失</td></tr>
<tr><td>在转向装置处的摩擦</td><td colspan="2">按实际情况确定</td></tr>
<tr><td colspan="2">混凝土加热养护时，受张拉的钢筋与承受拉力的设备之间的温差</td><td>σ_{1}</td><td>$2\Delta t$</td><td>—</td></tr>
<tr><td colspan="2" rowspan="2">预应力钢筋的应力松弛</td><td rowspan="2">σ_{l1}</td><td colspan="2">预应力钢丝、钢绞线
普通松弛：
$$0.4\psi\left(\frac{\sigma_{con}}{f_{ptk}}-0.5\right)\sigma_{con}$$
此处，一次张拉 $\phi=1$，
超张拉 $\psi=0.9$
低松弛：
当 $\sigma_{con}\leqslant0.7f_{ptk}$时
$$0.125\left(\frac{\sigma_{con}}{f_{ptk}}-0.5\right)\sigma_{con}$$
当 $0.7f_{ptk}<\sigma_{con}\leqslant0.8f_{ptk}$时
$$0.2\left(\frac{\sigma_{con}}{f_{ptk}}-0.575\right)\sigma_{con}$$</td></tr>
<tr><td colspan="2">热处理钢筋
一次张拉　$0.05\sigma_{con}$
超张拉　$0.035\sigma_{con}$</td></tr>
<tr><td colspan="2">混凝土的收缩和徐变</td><td>σ_{l5}</td><td colspan="2">计算混凝土的收缩和徐变损失</td></tr>
<tr><td colspan="2">用螺旋式预应力钢筋作配筋的环形构件，当直径 $d\leqslant3$mm 时，由于混凝土的局部挤压</td><td>σ_{l6}</td><td>—</td><td>30</td></tr>
<tr><td colspan="2">先张法构件放张或后张法构件分批张拉时，由构件弹性压缩引起的预应力损失平均值</td><td>σ_{l7}</td><td colspan="2">计算由构件弹性压缩引起的预应力损失</td></tr>
</table>

注：1. 表中 Δt 为混凝土加热养护时，受张拉的预应力钢筋与承受拉力的设备之间的温差（℃）；

2. 表中超张拉的张拉程序为从应力为零开始张拉至 $1.03\sigma_{con}$；或从应力为零开始张拉至 $1.05\sigma_{con}$，持荷 2min 后，卸载至 σ_{con}；

3. 当 $\sigma_{con}/f_{ptk}\leqslant0.5$ 时，预应力钢筋的应力松弛损失值可取为零。

按照表 4-51 分项计算预应力筋的各项损失，然后再叠加的方法，不仅繁琐，也难以做到精确。为了简化，对一般用的预应力高强钢材与混凝土，在一般气候环境下制作与使用的预应力混凝土结构，其平均总损失值和各分项的平均损失值用百分比表达，如表 4-52。

用百分比表达的分项损失和总损失　　　表 4-52

引起损失因素	先张	后　张(%)			
		无粘结	有粘结		体外
			扁孔	圆孔	
1. 混凝土弹性压缩	4	1			
2. 混凝土收缩	7	6			
3. 混凝土徐变	6	5			
4. 钢材松弛	8	8			
$\sum$1～4	25	20			
5. 孔道摩擦损失	—	8～15	10～15	15～25	8～15
估算总损失	25	25～30	25～35	30～40	20～30

1. 锚固损失和摩擦损失不该叠加，这两种损失主要发生在后张法中。先张法除在短台座和机组流水生产线外，这两项损失都较小，通常可忽略。
2. 采用超张拉减少摩阻损失、锚固损失和松弛损失，三者不能叠加，超张拉只能解决三者中最大值，此表已考虑了适量超张拉。
3. 当条件偏离一般情况时，对估算值应进行适当调整，调整根据为平均压应力的大小。平均压应力达到 $7N/mm^2$ 时，估算值上调 5%；平均压应力为 $2N/mm^2$ 时，下调 5%。
4. 预应力筋中的“预应力”是指不包括任何荷载效应在内的预应力筋中的应力，即指不包括构件自重效应在内的预应力筋中的应力。
5. 当选用低松弛钢材时，表中估算总损失可按表中值下调 5%。

4-60　如何计算预应力筋张拉伸长值？

（1）预应力筋的张拉伸长值 ΔL_p^c，可按下列公式计算：

$$\Delta L_p^c = \frac{P_m L_p}{A_p E_s} \tag{4-9}$$

$$P_{\mathrm{m}}=P_j\left(\frac{1+e^{-k-\mu\theta}}{2}\right) \tag{4-10}$$

式中 P_{m}——预应力筋的平均张拉力，取张拉端拉力 P_j 与计算截面扣除孔道摩擦损失后的拉力平均值，见式(4-10)；

L_{p}——预应力筋的实际长度；

A_{p}——预应力筋的截面面积；

E_{s}——预应力筋的弹性模量。

（2）对多曲线段或直线段与曲线段组成的曲线预应力筋，张拉伸长值应分段计算后叠加：

$$\Delta L_{\mathrm{p}}^{\mathrm{c}}=\sum\frac{(\sigma_{i1}+\sigma_{i2})L_i}{2E_{\mathrm{s}}} \tag{4-11}$$

式中 L_i——第 i 线段预应力筋长度；

σ_{i1}、σ_{i2}——分别为第 i 线段两端预应力筋的应力。

（3）预应力筋的张拉伸长值，应在建立初拉力后进行测量。实际伸长值 $\Delta L_{\mathrm{p}}^{\mathrm{o}}$ 可按下列公式计算：

$$\Delta L_{\mathrm{p}}^{\mathrm{o}}=\Delta L_{\mathrm{p1}}^{\mathrm{o}}+\Delta L_{\mathrm{p2}}^{\mathrm{o}}-a-b-c \tag{4-12}$$

式中 $\Delta L_{\mathrm{p1}}^{\mathrm{o}}$——从初拉力至最大张拉力之间的实测伸长值；

$\Delta L_{\mathrm{p2}}^{\mathrm{o}}$——初拉力以下的推算伸长值，可用图解法或计算法确定；

a——千斤顶体内的预应力筋张拉伸长值；

b——张拉过程中工具锚和固定端工作锚楔紧引起的预应力筋内缩值；

c——张拉阶段构件的弹性压缩值。

4-61 灌浆浆体如何配制和测试？

（1）浆体配制

1）材料强度等级：孔道灌浆应采用不低于 32.5 级普通硅酸盐水泥配制的水泥浆，其质量应符合现行国家标准《通用硅酸盐水泥》(GB 175)的规定。

2)泌水率要求:灌浆用水泥浆的水灰比不应大于0.40;搅拌后3h泌水率不应大于1%,泌水应能在24h内全部重新被水泥浆吸收。

3)泌水率试验:可采用500mL玻璃量筒(带刻度)。

4)减水剂要求:为了改善水泥性能,可掺缓凝减水剂,其外加剂的质量及应用技术应符合现行国家标准《混凝土外加剂》(GB 8076)和《混凝土外加剂应用技术规范》(GB 50119)的规定。其掺量应经试验确定,水灰比可减至0.35~0.38。严禁掺入各种含氯化物或对预应力筋有腐蚀作用的外加剂。

孔道灌浆用水泥和外加剂进场时应附有质量证明书,并做进场复验。

注:对孔道灌浆用水泥和外加剂用量较少的一般工程,当有可靠依据时,可不做材料性能的进场复验。

(2)浆体流动度(稠度)及测试方法

1)流锥法

① 水泥浆流动度可通过测量一定体积的水泥浆从一个标准尺寸的流锥仪中流出的时间确定。水泥浆的流出时间为12~18s时,即可认为满足可灌性要求。

② 水泥浆流动度(稠度)流锥法测试用具应满足下列要求:

• 流锥仪应用不锈钢薄板或塑料制成,不得用与水泥起反应的铝材等制作,其尺寸应符合图4-59所示的要求;水泥浆总容积1725±50cm³,漏斗嘴内径12.7mm。

• 秒表最小读数不应大于0.5s。

• 铁支架应保持流锥体垂直稳定,锥斗下口与容量杯上口距离100~150mm。

• 容量杯的容积为1000cm³。

③ 采用流锥法测试水泥浆流动度(稠度)时,流锥仪安放稳固后,先用湿布湿润流锥内壁,向流锥内注水泥浆,任其流出部分浆体排出空气后,用手指按住出料口,并将容量杯放置在流

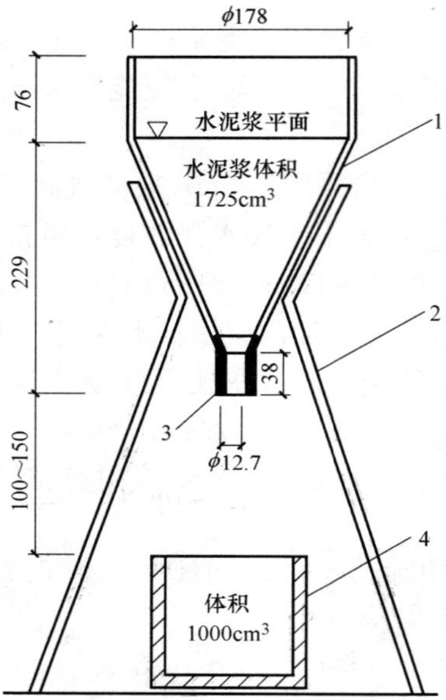

图 4-59　流锥仪

1—流锥仪；2—支架；3—漏斗口；4—容量杯

锥出料口下方，继续向锥体内注浆至规定刻度。打开秒表，同时松开手指；当从出料口连续不断流出水泥浆注满容量杯时停止秒表。秒表指示的时间即为水泥浆流出时间。测量中，如水泥浆流局部中断或完全中断，应重做试验。

④ 用流锥仪测定水泥浆流动度，连续做三次试验，取其平均值作为测试结果。

2）流淌法

① 水泥浆流动度可通过测量一定体积的水泥浆从一个标准尺寸的流淌仪提起后，在一定时间内流淌的直径确定。水泥浆的流淌直径为 130～180mm，即可认为满足可灌性要求。

② 水泥浆流动度（稠度）流淌法测试用具应满足下列要求：

• 流淌仪应用圆钢制成，其尺寸应符合图 4-60 所示的要求。

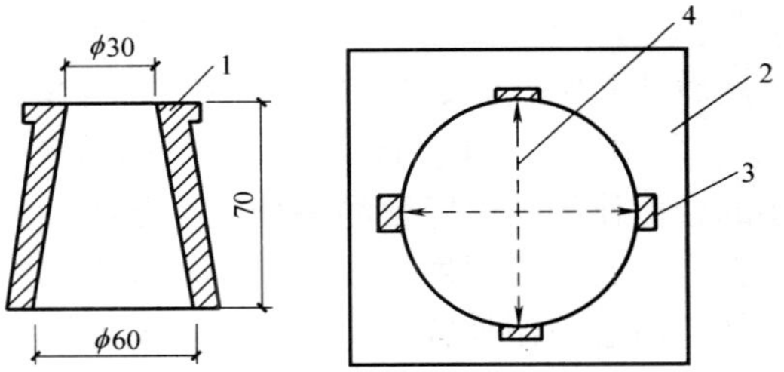

图 4-60 流淌仪

1—流淌仪；2—玻璃板；3—挡头；4—测量直径

- 玻璃板的平面尺寸为 250mm×250mm；
- 采用小铁块作为水泥浆流淌的挡头；
- 直钢尺的长度为 250mm，刻度为 1mm。

③ 采用流淌法测试水泥浆流动度（稠度）时，预先将流淌仪放在玻璃板上，再将拌好的水泥浆注入流淌仪内，抹平后双手迅速将流淌仪竖直提起，在水泥浆自然流淌 30s 后，量垂直两个方向的流淌直径，取平均值。

④ 用流淌仪测定水泥浆流动度，连续做三次试验，取其平均值作为测试结果。

注：1. 灌浆用水泥浆的抗压强度不应小于 30N/mm^2。水泥浆试块用边长 70.7mm 立方体制作。

2. 灌浆用水泥浆应采用机械搅拌，以确保拌合均匀。搅拌好的水泥浆必须过滤置于贮浆桶内，并不断搅拌，以防泌水沉淀。水泥浆停留时间过长发生沉淀离析时，应进行二次搅拌。

4-62 先张法施工要点和注意事项有哪些?

（1）施工工艺

1）先张法预应力混凝土构件的生产方法有两种：模板法与台座法。

① 模板法是利用模板作为锚定预应力筋的承力架，以浇筑混凝土后的模板为单元进行机组流水的一种生产方法，适合于工

厂化大量生产。是用离心法制作预应力电线杆和桩的主要方法，也是制作铁路轨枕和圆孔空心板等小构件的常用方法。

② 台座法是用专门设计的台座墩子承受预应力筋的张拉反力，用台座的台面作为构件底模的一种生产方法。由于台座长度长达一、二百米，因而也叫做长线法。这种方法一次可以同时生产很多根构件，适于制作长度较长、预加力吨位较大的大、中型预应力混凝土构件，应用范围较模板法要广得多，是当前国内外用得最多的一种预制预应力构件的生产方法。

2）锚夹具的类型很多，各有其一定的适用范围，现将先张法常用锚夹具按其构造特点分类，见表 4-53。

常用锚夹具配套选用参考表　　　　表 4-53

类型	类别	序号	名　称	适用范围		
				预应力筋	工艺方法	张拉机具
螺杆式	锚具	1	螺丝端杆锚具	带肋钢筋	先张法、后张法	YL60、YC60型千斤顶
	夹具	2	螺杆销片夹具	带肋钢筋和热处理钢筋束	后张自锚、先张法	
镦头式	夹具	3	单根镦头夹具	带肋钢筋	先张法	
夹片式	锚具	4	JM_5 型锚具	$\Phi^{p}5$ 钢丝束	后张法、先张法	YC20 型千斤顶
		5	单根钢绞线锚具	$\Phi^{s}12$、$\Phi^{s}15$ 钢绞线		
	夹具	6	圆套筒三片式夹具	$\Phi^{l}12$、$\Phi^{l}14$ 单根钢筋	先张法	YC20 型千斤顶
		7	方套筒二片式夹具	直径为 8.2mm 热处理钢筋		YC60 型千斤顶
		8	单根钢绞线夹具	$\Phi^{s}12$、$\Phi^{s}15$ 钢绞线		YC20 型千斤顶
锥销法	夹具	9	圆锥齿板式夹具	$\Phi^{b}4$～$\Phi^{b}5$ 冷拔低碳钢丝	先张法	DL_1 型电动螺杆张拉机、SL_1 型手动螺杆张拉器
		10	圆锥三槽式夹具			

3）预应力筋加工后的要求

预应力筋加工完成，经检验合格后，应按规格、型号或编号挂牌码放整齐。应有防雨、防潮、防污染措施。钢丝镦头宜用塑料袋防护。

预应力筋允许表面有轻微浮锈。但有肉眼可见的鳞片、锈坑等不准使用。张拉拉断的钢筋不准作为预应力筋再次使用。

4）预应力筋的铺设

铺放前，应在台面上刷涂隔离剂，刷涂隔离剂应避免沾污预应力筋，以免影响预应力筋与混凝土的粘结。为此，铺放前在预应力筋设计位置下面应先放置好垫块或定位钢筋，以防预应力筋因自重而下垂，破坏隔离剂，沾污预应力筋。一旦预应力筋被污染应立即清洗干净，生产时应保证台面上有一层隔离剂，防止雨水等冲掉。

预应力钢丝宜用牵引车铺设，铺设中如需接长钢丝，可使用图 4-61 所示的钢丝拼接器，用 20～22 号铁丝将钢丝连接段密排绑扎，对于冷拔低碳钢丝绑扎长度不得小于 $40d$，对高强刻痕钢丝不得小于 $80d$（d 为钢丝直径）。

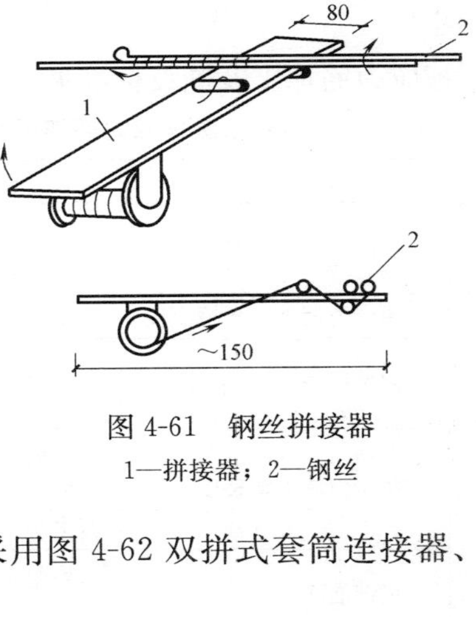

图 4-61　钢丝拼接器

1—拼接器；2—钢丝

预应力钢绞线宜逐根进行铺设，预应力筋与螺杆的连接或需要接长时，可采用图 4-62 双拼式套筒连接器、图 4-63 双拼式帮条连接器。

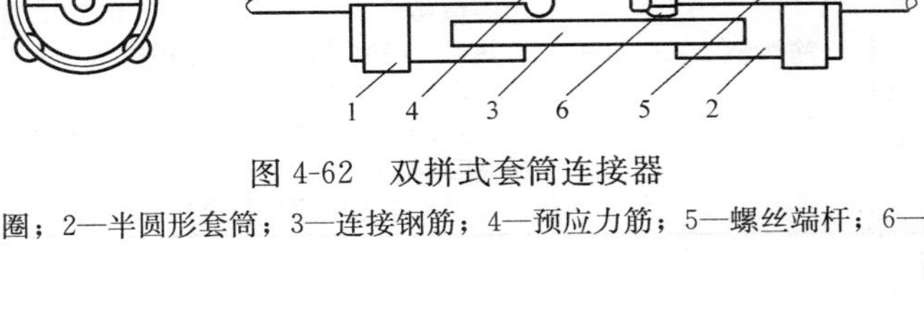

图 4-62　双拼式套筒连接器

1—钢圈；2—半圆形套筒；3—连接钢筋；4—预应力筋；5—螺丝端杆；6—螺母

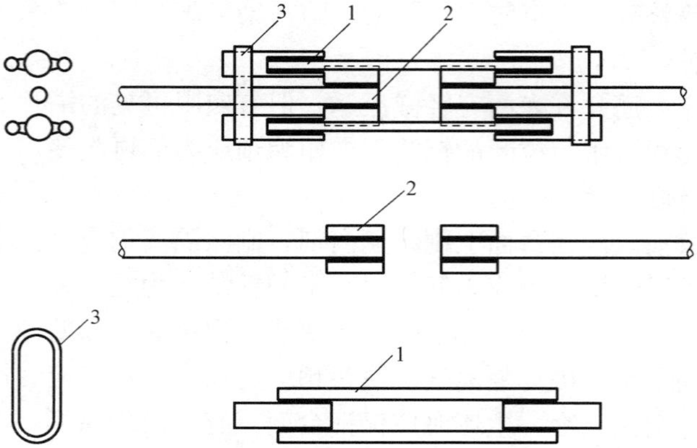

图 4-63　双拼式帮条连接器

1—连接器；2—被连接的钢筋；3—钢圈

预应力筋加工及铺设标准见表 4-54。

先张法预应力筋加工及铺设质量标准　　表 4-54

顺序	检 查 项 目	标　　准
1	顶应力筋原材料	“三关”通过：生产厂产品合格证，进厂复验，现场抽试
2	预应力筋加工环境温度	≥15℃
3	钢丝冷镦头	外观外形合格，镦头强度不低于母材标准强度 98%
4	预应力筋下料长度	一般±3mm。两端镦头时，同组(束)相对差不大于长度之 1/5000，且不大于 5mm，长度不大于 6m 者相对差不大于 2mm
5	粗钢筋冷拉	控制应力法，不超出最大冷拉率。控制冷拉率法，钢筋炉批号不清时不准采用
6	粗钢筋热镦头(d：钢筋直径)	环境温度不低于 10℃ 夹具夹持处不得有烧伤。镦头外径≥1.5d，中心偏移≤2mm 热镦Ⅳ级钢筋，应二次加热处理 两端均为热镦头时，同组有效长度相对差：长度≥4.5m 时，相对差不大于 3mm；长度<4.5m 时，相对差不大于 2mm 拉断力不低于原材料抗拉标准值

续表

顺序	检查项目	标　准
7	预应力筋铺设	平顺无交叉、扭绞；螺旋筋或网状筋安装位置准确，且螺旋筋螺距不大于、长度不小于设计规定
8	施工记录	完整、签署齐全

完工后通过“自检、互检、交接检验”合格。

5）预应力筋张拉

先张法预应力筋的张拉有两种常用方法，单根张拉和成组张拉。前者是将预应力筋一根一根地进行张拉并锚固；后者是将预应力筋分成若干组或作为一组，整组预应力筋在安装锚具后一次同时张拉。

① 张拉装置

单根张拉装置见图 4-64～图 4-66。

钢丝成组张拉时使用梳筋板和张拉钩，其装置如图 4-67。

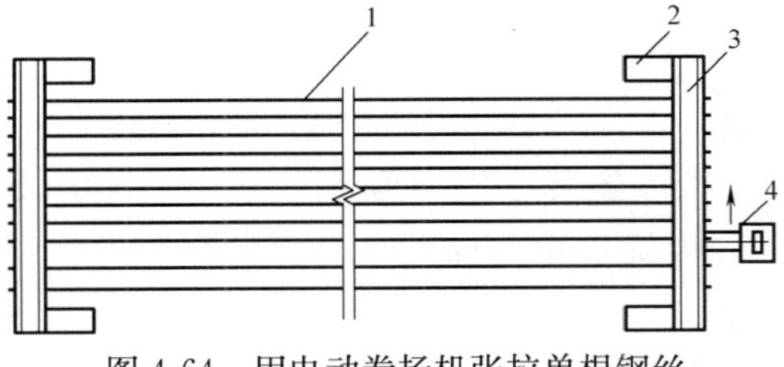

图 4-64　用电动卷扬机张拉单根钢丝

1—冷拔低碳钢丝；2—台墩；3—钢横梁；4—电动卷扬张拉机

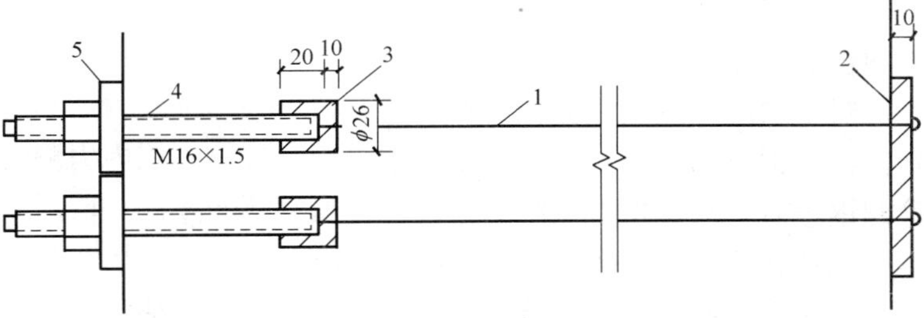

图 4-65　用镦头—螺杆夹具固定单根刻痕钢丝

1—刻痕钢丝；2—锚板；3—锚杯；4—螺杆；5—U 形垫板

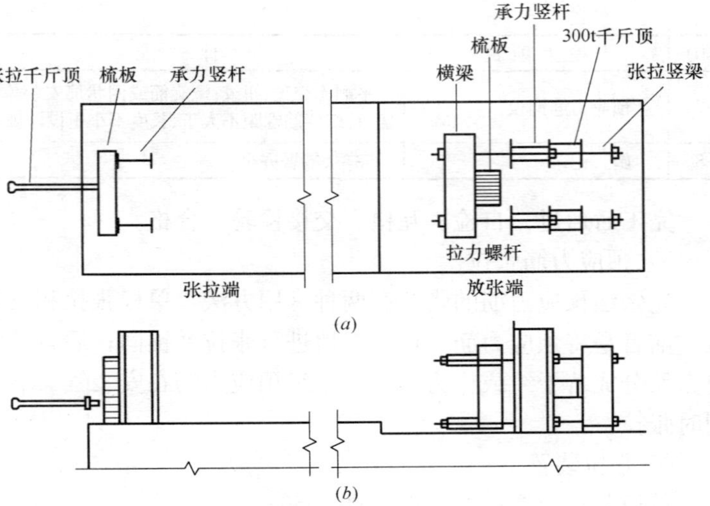

图 4-66　张拉钩

(a) 平面图；(b) 立面图

② 张拉程序

预应力钢丝宜采用一次张拉程序，0→1.03～1.05σ_{con}锚固。

粗钢筋（带肋钢筋、钢棒和钢绞线）宜采用超张拉程序，0→1.05σ_{con}（持荷 2min)→σ_{con}锚固。

③ 张拉方式

通常采用单端张拉。

6）预应力值的校核

对于粗钢筋，张拉力一般用伸长值校核。其实测伸长值与计算伸长值的允许偏差为±6％。

对于预应力钢丝，伸长值不做校核，而采用钢丝内力测定仪直接检测钢丝的预应力值来对张拉结果进行校核。用内力测定仪检测钢丝时，对每根被检测的钢丝都要反复测定 4 次，取后 3 次的平均值作为该钢丝预应力的实际检测值。图 4-68 为 2CN-1 型双控钢丝内力测定仪，当该仪器挠度表读数表明被测钢丝挠度为 2mm 时，其内力表上读数即为该预应力的实际测值。

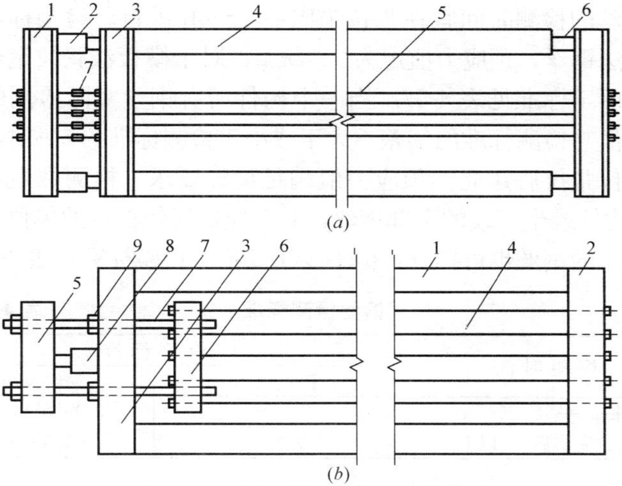

图 4-67　预应力钢筋成组张拉装置

（a）三横梁式成组张拉装置

1—活动横梁；2—千斤顶；3—固定横梁；4—槽式台座；

5—预应力筋；6—放松装置；7—连接器

（b）千斤顶四横梁张拉示意图

1—台座传力柱；2、3—后、前横梁；4—钢丝或钢筋；5、6—拉力架横梁；

7—大螺杆；8—台座式千斤顶；9—螺母

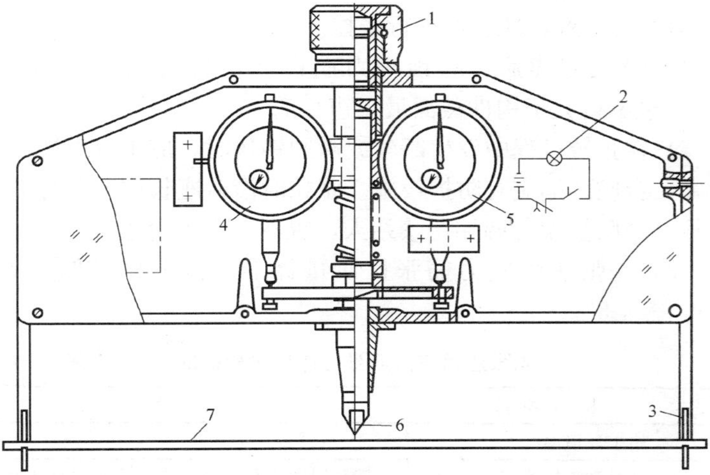

图 4-68　2CN-1 型双控钢丝内力测定仪

1—旋钮；2—指示灯；3—测钩；4—内力表；5—挠度表；6—测头；7—钢丝

钢丝的检测时间宜在张拉锚固后1～4h进行。检测标准：对于台座法钢丝，预应力值定为95%σ_{con}；对于模板法张拉钢丝，预应力值所定标准见表4-57。当一个构件所有钢丝实际检测的预应力平均值与检测标准的偏差不大于或小于检测标准的5%时，方表明该构件张拉后建立的预应力值满足设计要求。检测数量，一般为5%构件或生产线的全部钢丝，对于质量比较稳定的单位，一条生产线上的钢丝也可抽查，但不少于5根。检验标准见表4-55。

钢丝检测标准　　表4-55

检测时间	检测标准	
	钢丝长4m	钢丝长6m
张拉完毕后30min	95%σ_{con}	93.5%σ_{con}
张拉完毕后1h以上	91%σ_{con}	92.5%σ_{con}

（2）张拉注意事项

1）张拉机具应安放平稳，与预应力筋在一条直线上。

2）顶紧锚塞时，用力不要过猛，以防钢丝折断；在拧紧螺母时，应注意压力表读数始终保持所需的张拉力。

3）成组张拉时，张拉前应调整初应力，使每根预应力筋的初应力均匀一致，然后再进行张拉。

4）张拉完毕后，对预应力筋设计位置的偏差不得大于5mm，也不得大于构件截面最短边长的4%。

5）在张拉过程中发生断丝或滑脱钢丝时，应予以更换。

6）台座两端应有防护设施。张拉时沿台座长度方向每隔4～5m放一个防护架，两端严禁站人，也不准进入台座。

（3）先张法预应力筋张拉质量标准、施工允许偏差见表4-56、表4-57。

先张法预应力筋张拉操作质量标准　　表4-56

顺序	检查项目	标准
1	施工环境温度	≥－15℃　≤35℃
2	夹具和连接器	静载锚固效率系数η_a符合Ⅰ类锚具标准
3	锚具	符合Ⅰ类锚具标准

续表

顺序	检查项目	标准
4	预应力筋质量	通过“三关”：出厂合格证，进场复验，现场抽检
5	张拉设备计量标定	有计量标定报告，无失效问题 千斤顶与油压表编号与标定报告相符
6	张拉顺序和程序	符合规定
7	夹具下承压面表面	无灰渣，与预应力筋轴线相垂直
8	千斤顶安全	符合“三心一线”要求
9	放张用的砂箱或千斤顶等	正常
10	预应力筋张拉时	油压控制准确，千斤顶无漏油，无计量失效现象
11	预应力筋锚固后	锚具夹片尾端基本齐平。无断筋或滑脱
12	使用螺杆螺母锚固预应力筋时	用扳子扭紧螺母，螺母螺杆满扣配合
13	采用预应力筋集束一次张拉时	两端镦头时，控制下料有效长度相对差符合规定。或按规定调整预应力筋初应力一致
14	固定端	夹具钢丝镦头与支承面贴紧
15	预应力筋端部布置有螺旋筋或钢筋网片	位置、规格、数量符合图纸；绑扎牢固
16	预应力筋	不得有油污杂物污染
17	施工记录	完整、签署齐全
18	施工操作技术工人资质	持证上岗

先张法预应力筋张拉施工允许偏差　　　表 4-57

顺序	检查项目	标准
1	预应力筋偏离设计位置	≤5mm，并不大于结构截面最短边长度的 4%
2	张拉力校核(张拉后实测平均应力校核)(相对张拉伸长值校核)	比设计规定值偏差±0.05 设计应力值(抽测) 较理论计算值偏差±6%。(全检)
3	张拉锚固后预应力筋内缩值	摩擦式锚≤5mm，其他锚具≤1mm(抽测)

续表

顺序	检查项目	标准
4	预应力筋端设螺旋筋	间距不大于设计值，圈径、高度不小于设计值
5	预应力筋端设钢筋网片	位置偏移≤10mm

4-63 如何进行先张法预应力筋放张？

预应力筋在混凝土养护至一定强度后放松，使其张拉力传递到结构的混凝土截面上去，建立预应力。放张的方法很多，其目的是在放张过程中不使结构混凝土受到损伤，以致造成混凝土对预应力筋握裹力的削弱或使结构承受不正常的压力而形成裂纹之类的损害。因此采用什么方法放张，是由结构的条件决定的。对于承受轴心预压力的构件如桩、拉杆等，应该所有预应力筋同时放张以免构件承受偏心压力。对于梁结构，不宜承受对竖轴偏心的压力，以免发生侧弯乃至受拉区混凝土开裂，故应采取预应力筋全部一次放张或分批左右对称放张。对承受偏心预压力的构件，应先同时放张预压力较小区域的预应力筋，再同时放张预压力较大区域的预应力筋。当不能按上述规定放张时，考虑构件可能承受临时的较小的偏心压力，则可以分阶段、对称、相互交错地放张。

放张宜缓慢均匀进行，以避免预应力筋冲击结构端部的混凝土。

预应力筋放张时，混凝土强度必须符合设计要求；如设计无规定，不得低于混凝土设计标准值的75%。

预应力筋的放张顺序，如设计无规定时，可按下列要求进行：

（1）轴心受预压的构件（如拉杆、桩等），所有预应力筋应同时放张。

（2）偏心受预压的构件（如梁等），应先同时放张构件截面预压力较小区域的预应力筋；再同时放张截面预应力较大区域的预应力筋。

（3）上述两种情况以及其他情况放张时，都应分阶段、对称、交错地进行，以防放张过程中构件产生弯曲、裂纹和预应力筋断裂。

（4）长线台座生产的钢丝构件，剪断钢丝宜从台座中部开始；叠层生产的预应力构件，宜从中间开始，由上而下顺序进行。

4-64 先张法预应力筋放张有哪些方法?

预应力筋的放张工作，应缓慢进行，防止冲击。常用的放张方法如下：

（1）千斤顶放张

使用千斤顶放张时，由于混凝土与预应力筋已结成整体，松开螺母所需的间隙只能是最前端构件外露钢筋的伸长，因此，所施加的应力往往超过控制应力约10%，比较费力，有时由于最前端构件外露预应力筋很短，以致破断前其伸长也无法使螺母松动，造成千斤顶无法进行放张。因此为使用千斤顶便于进行放张，在设计、制作台座时就必须考虑保证最前端构件外露预应力筋具有一定长度。

用千斤顶单根放张时，应拟定合理的放张顺序并控制每一循环的放张力，以免构件在放张过程中受力不匀，防止先放张的预应力筋引起后放张的预应力筋内力增大，而造成最后几根拉不动或拉断。千斤顶成组预应力筋放张（整体放张）方法具体有：①用张拉千斤顶放张；②用专用千斤顶放张。

（2）砂箱放张

砂箱装置由钢制的套箱和活塞组成（图4-69），内装石英砂或铁砂，装砂量宜为砂箱长度的1/3～2/5。砂箱放置在台座与横梁之间。预应力筋张拉时，箱内砂被压实，承受横梁的反力。

预应力筋放张时，将出砂口打开，砂慢慢流出，从而使整批预应力筋徐徐放张。

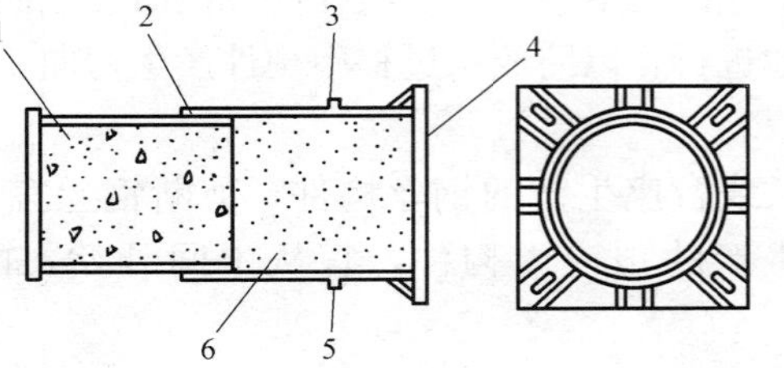

图 4-69　砂箱

1—活塞；2—钢套箱；3—进砂口；4—钢套箱底板；5—出砂口；6—砂子

砂箱中的砂应采用干砂，选用适宜的级配，防止出现砂压碎引起流不出现象或增加砂的空隙率，使预应力损失增大。施加预应力后砂箱的压缩值不大于 0.5mm，预应力损失可略去不计。采用两台砂箱时，放张速度应力求一致，以免构件受扭损伤。可用于张拉力不大于 1000kN 的情况。

(3) 楔块放张

楔块装置放置在台座与横梁之间，见图 4-70。预应力筋放张时，旋转螺母使螺杆向上运动，带动楔块向上移动，钢块间距变小，横梁向台座方向移动，从而同时放张预应力筋。

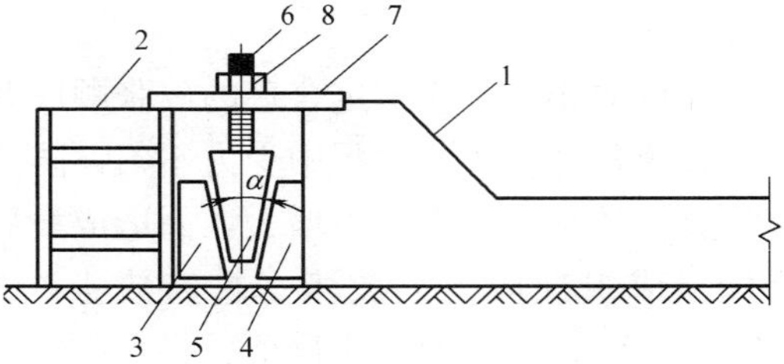

图 4-70　楔块放张

1—台座；2—横梁；3、4—钢块；5—钢楔块；6—螺杆；7—承力板；8—螺母

楔块放张，一般用于张拉力不大于 300kN 的情况。

(4) 缓冲块放松

在浇捣预应力构件的同时，在台座的一端浇捣一块混凝土缓冲块（图 4-71）。这样，可在应力状态下切割预应力筋，使构件不受或少受冲击。

（5）预热熔割

当钢筋数量较少，单根放松时，可用氧乙炔焰先将钢筋加热，使其局部伸长，然后逐根熔割切断。此法应注意防止烧伤构件。

（6）螺杆放松

如图 4-72 所示，放松时只要将螺母反向拧动即可。此法一般用于放松单根预应力钢筋。

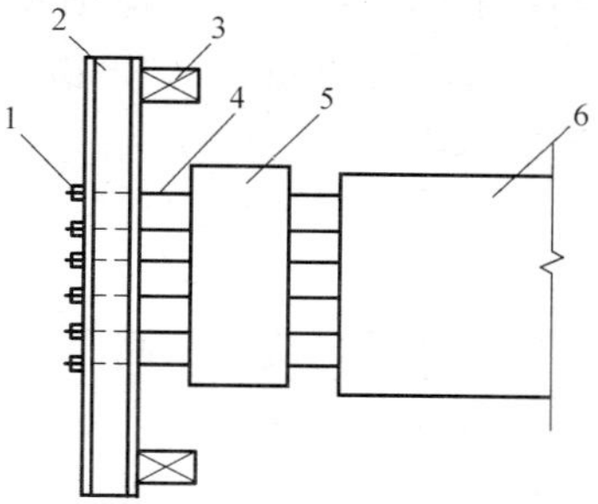

图 4-71　混凝土缓冲块放松示意图

1—钢丝夹具；2—横梁；3—承力架；4—钢丝；5—混凝土缓冲块；6—预应力构件

（7）钢丝钳切割。

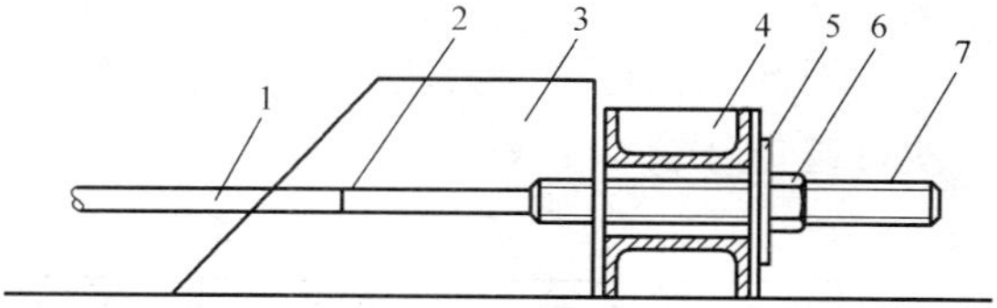

图 4-72　螺杆放松示意图

1—预应力筋；2—对焊接头；3—台座；4—钢横梁；5—钢垫板；6—螺母；7—螺丝端杆

对先张法板类构件的钢丝或细钢筋，放张时可直接用钢丝钳切割。放张工作宜从生产线中间处开始，以减少回弹量且有利于脱模；对每一块板，应从外向内对称放张，以免构件扭转而端部开裂。

4-65　先张法预应力筋放张注意事项有哪些?

（1）为了检查构件放张时钢丝与混凝土的粘结是否可靠，切断钢丝时应测定钢丝往混凝土内的回缩情况。

钢丝回缩值的简易测试方法是在板端贴玻璃片和在靠近板端的钢丝上贴胶带纸用游标卡尺读数，其精度可达 0.1mm。

钢丝的回缩值：对冷拔钢丝不应大于 0.6mm，对消除应力钢丝不应大于 1.2mm。如果最多只有 20％的测试数据超过上述规定值的 20％，则检查结果是令人满意的。如果回缩值大于上述数值，则应加强构件端部区域的分布钢筋、提高放张时混凝土强度等。

（2）放松前，应拆除侧模，使放松时构件能自由压缩，否则将损坏模板或使构件开裂。对有横肋的构件（如大型屋面板），其横肋断面应有适宜的斜度，或采用活动模板，以免放松钢筋时，构件端肋开裂。活动模板有两种形式。一种是将模板端部一段做成活动的，如图 4-73（*a*）。放松钢筋前，将活动部分拆走。因此，放松钢筋时，构件能自由移动而不致损坏。另一种方法是采用活动胎模。如图 4-73（*b*），胎模、滚杠及预埋钢板三者组成一个滚动摩擦体系。当预应力筋的总拉力大于滚动摩擦阻力时，便可自由移动。因此，放松预应力筋时，混凝土构件与胎模一同自由滚动，便可避免开裂。

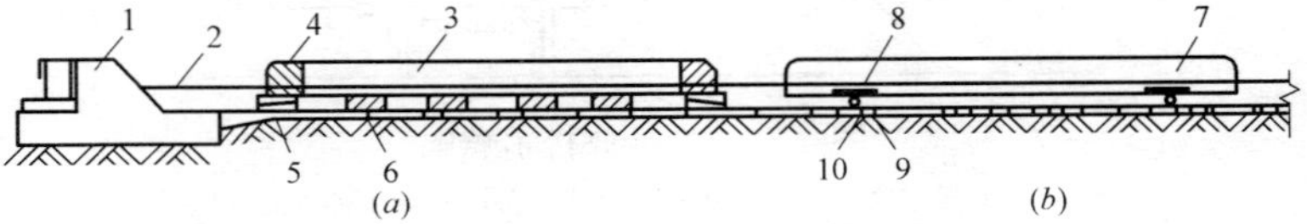

图 4-73　活动模板

1—台座；2—预应力筋；3—胎模；4—端部活动部分；5—楔块；6—支座；7—胎模；8—预埋在活动胎模内的钢板；9—ϕ30 圆钢条滚杠；10—预埋于地坪中的钢板

（3）预应力筋切割方法

预应力筋放松后，再切割构件两端的预应力筋。

粗钢筋、钢绞线一般用氧乙炔焰或电弧切割。

钢丝一般用钢丝钳、无齿锯或放张扳子等剪切。

用氧乙炔焰或电弧切割时，应采用隔热措施，防止烧伤构件端部混凝土。电弧切割时的地线应搭在切割点附近，不能搭在另一头，以防止过电后使应力筋伸长造成应力损失。

（4）预应力筋放张应注意的质量问题

1）首个制品放张应在放张后检查结构混凝土质量情况，如有异常损害，应采取措施改变放张方法或顺序。

2）放张后发现个别预应力筋滑脱、内缩或握裹松动，其数量不应超过同一截面预应力筋总根数的5%，且严禁相邻两根断裂或滑脱。

3）预应力筋张拉完，浇筑混凝土后，放张前检查预应力筋不允许出现断裂或滑脱。

4-66 后张法粘结预应力施工要点有哪些?

（1）钢绞线下料、编束与固定端锚具组装

1）下料

钢绞线的盘重大、盘卷小、弹力大，为了防止在下料过程中钢绞线紊乱并弹出伤人，事先应制作一简易的铁笼。下料时，应将钢绞线盘卷装在铁笼内，从盘卷中央逐步抽出，较为安全。

钢绞线的下料长度，应根据结构尺寸与构件之间间隔配合选用的各种锚夹具与连接器、张拉设备、张拉伸长值、弹性回缩值等各项参数进行计算确定。

钢绞线下料用砂轮切割机切割，不得采用电弧切割。砂轮切割机具有操作方便、效率高、切口规则无毛头等优点，尤其适合现场使用。

2）编束

钢绞线编束时，应先将钢绞线理顺，再用20号钢丝绑扎，间距2～3m，并尽量使各根钢绞线松紧一致。

3）固定端锚具组装

挤压锚具组装可采用YJ45型挤压机并按其操作注意事项进行。钢绞线挤压锚具挤压时，在挤压模内腔或挤压套外表面应涂润滑油，压力表读数应符合操作说明书的规定。钢绞线压花锚具成型时，应将表面的污物或油脂擦拭干净。梨形尺寸：对Φ^s15.2钢绞线不应小于ϕ95×150mm；对Φ^s12.7钢绞线不应小于ϕ80×130mm；直线段长度，对Φ^s15.2钢绞线不应小于900mm。

（2）预留孔道

顶留孔道是后张法工艺中的重要工序之一。它的成型、位置等直接影响结构构件质量，而且要先于浇筑混凝土之前进行。

1）孔道成型方法

预应力筋的孔道形状有直线、曲线和折线三种，孔道直径与布置根据预应力混凝土构件或结构受力性能，并参考预应力筋张拉锚固体系特点与尺寸确定。在现浇预应力混凝土结构中，对孔道的基本要求是：孔道的尺寸和位置正确，孔道应平顺，接头不漏浆，端头部预埋垫板应垂直于孔道中心线等。孔道成型的质量，对孔道摩阻损失的影响较大，应严格把关。

2）孔道直径和间距

① 预留孔道的直径应根据预应力筋的根数、曲线孔道形状和长度、穿筋难易程度等因素确定。孔道内径应比预应力筋或连接器外径大10～15mm，孔道面积宜为预应力筋净面积的3～3.5倍。其选用规格见表4-43～表4-47。

② 金属波纹管接长时应采用大一号同型波纹管作为接头管。接头管的长度宜取管径的3～4倍，一般接头管的长度：管径为ϕ40～65时取200mm；ϕ70～85时取250mm；ϕ90～100时取300mm。管两端用密封胶带或塑料热缩管密封。塑料波纹管接长时，可采用塑料焊接机热熔焊接或采用专用连接管。

③ 预应力筋孔道的间距与保护层应符合下列规定：

• 对预制构件，孔道的水平净间距不宜小于50mm，孔道至构件边缘的净间距不应小于30mm，且不应小于孔道直径的一半；

• 在框架梁中，预留孔道垂直方向净间距不应小于孔道外径，水平方向净间距不宜小于1.5倍孔道外径；从孔壁算起的混凝土最小保护层厚度，梁底为 50mm，梁侧为 40mm，板底为 30mm。

3）灌浆孔、排气孔、泌水孔

在预应力筋孔道两端，应设置灌浆孔和排气孔。灌浆孔可设置在轴垫板上或利用灌浆管引至构件外。对连续结构中的多波曲线束，且高差较大时，应在孔道的每个峰顶处设置泌水孔；起伏较大的曲线孔道，应在弯曲的低点处设置排水孔；对于较长的直线孔道，应每隔 12～15m 左右设置排气孔；孔径应能保证浆液畅通，一般不宜小于 20mm。泌水管伸出梁面的高度不宜小于 0.5m，泌水管也可兼作灌浆孔用。

灌浆孔的做法，对一般预制构件，可采用木塞留孔。木塞应抵紧钢管、胶管或波纹管，并应固定，严防混凝土振捣时脱开，见图 4-74。对现浇预应力结构金属波纹管留孔，其做法是在波纹管上开口，用带嘴的塑料弧形压板与海绵垫片覆盖并用铁丝扎牢，再接增强塑料管（外径 20mm，内径 16mm），见图 4-56。为保证留孔质量，金属螺旋管上可先不开孔，在外接塑料管内插 1 根钢筋，待孔道灌浆前，再用钢筋打穿螺旋管。

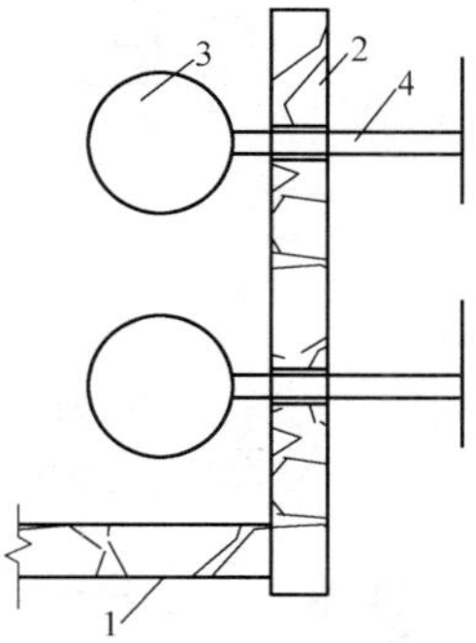

图 4-74　用木塞留灌浆孔

1—底模；2—侧模；3—抽芯管；4—ϕ20 木塞

（3）钢绞线束端锚头排列

钢绞线束夹片锚固体系锚垫板排列，可按下式计算（图 4-75）：

相邻锚具的中心距　　$a \geqslant D+20\text{mm}$　　(4-13)

锚垫板中心距构件边缘的距离　　$b \geqslant D/2+C$　　(4-14)

式中　D——螺旋筋直径（当螺旋筋直径小于锚垫板边长时，按锚垫板边长取值，mm）；

　　C——保护层厚度（最小 30mm）。

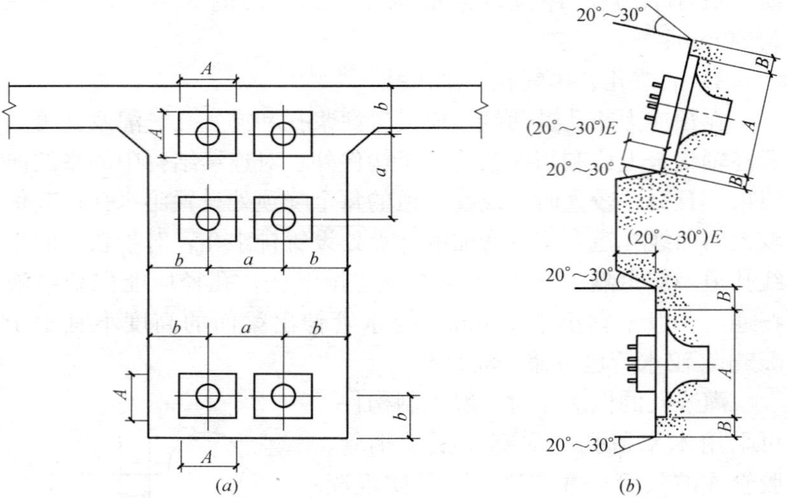

图 4-75　构件端部多孔夹片锚具排列

（a）锚具排列；（b）凹槽尺寸

B—凹槽底部加宽部分，参照千斤顶外径确定；

A—锚垫板边长；E—锚板厚度

（4）钢丝束端锚头排列

钢丝束镦头锚具的张拉端需要扩孔，扩孔直径＝锚杯外径＋6mm；

孔道间距 S，主要根据螺母直径 D_1 和锚板直径 D_2 确定，可按下式计算：

一端张拉时：
$$S \geqslant \frac{1}{2}(D_1 + D_2) + 5\text{mm} \tag{4-15}$$

两端张拉时：
$$S \geqslant D_1 + 5\text{mm} \tag{4-16}$$

扩孔长度 l，主要根据钢丝束伸长值 Δl 和穿束后另一端镦头时能抽出 300～450mm 操作长度确定，可按下式计算：

一端张拉时：
$$l_1 \geqslant \Delta l + 0.5H + 300 \sim 450\text{mm} \tag{4-17}$$

两端张拉时：
$$l_2 \geqslant 0.5(\Delta l + H) \tag{4-18}$$

式中　H——锚杯高度（mm）。

孔道布置见图 4-76。采用一端张拉时，张拉端交错布置，以便两束同时张拉，并可避免端部削弱过多，也可减少孔道间距。采用两端张拉时，主张拉端也应交错布置。

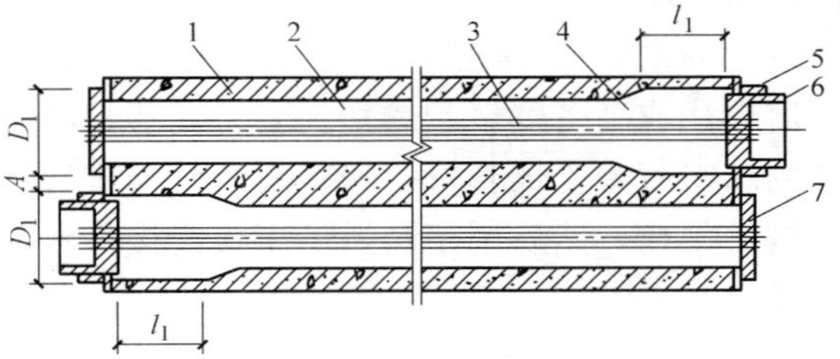

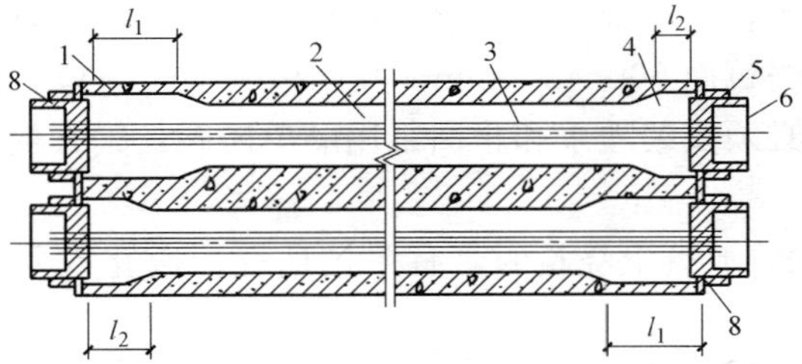

图 4-76 钢丝束镦头锚固系统端部扩大孔布置

(a) 一端张拉；(b) 两端张拉

1—构件；2—中间孔道；3—钢丝束；4——端部扩大孔；
5—螺母；6—锚杯；7—锚板；8—主张拉端

(5) 孔道管安装基本要求

孔道管作为预应力的套管有两项基本要求：一是在外荷载的作用下，有抵抗变形的能力；二是在浇筑混凝土过程中，水泥浆不能渗入管内。据此要求，需进行波纹管的合格性检验。

1) 波纹管安装过程中应尽量避免反复弯曲，以防管壁开裂，同时还应防止电焊火花烧伤管壁。波纹管安装后，管壁如有破损，应及时用粘胶带修补。

2) 金属波纹管或塑料波纹管安装前，应按设计要求在箍筋上标出预应力筋的曲线坐标位置，点焊 ϕ10～12 钢筋支托。金属波纹管支托间距：圆形宜取 1.0～1.2m，扁形宜取 0.8～1.0m。波纹管安装就位后，应与钢筋支托可靠固定，避免浇筑混凝土时波纹管上浮，引起严重质量事故。

塑料波纹管的钢筋支托间距不大于 0.8～1.0m。塑料波纹管接长，采用熔焊法或高密度聚乙烯塑料套管。塑料波纹管与锚垫板连接，采用高密度聚乙烯套管。塑料波纹管与排气管连接，在波纹管上热熔排气孔，然后用塑料弧形压板连接。塑料波纹管的最小弯曲半径为 0.9～1.5m。

3）竖向预应力结构采用钢管成孔时应采用定位支架固定，每段钢管的长度应根据施工分层浇筑高度确定。钢管接头处宜高于混凝土浇筑面 500～800mm，并用堵头临时封口。竖向预应力孔道底部必须安装灌浆和止回浆用的单向阀，钢管接长宜采用丝扣连接。

4）钢管混凝土浇筑时，宜采用通孔器通孔或采用其他孔道保护措施。

5）金属波纹管的长度，由于运输关系，每根取 4～6m。该管用量大时，生产厂也可带打卷机器到施工现场进场加工。这时，波纹管的长度可根据实际工程需要确定，既方便施工，又减少了螺旋管接头。

6）金属波纹管搬运与堆放：金属波纹管搬运时应轻拿轻放，不得抛甩或在地上拖拉，吊装时不得以 1 根绳索在当中拦腰捆扎起吊。

金属波纹管在室外保管时间不宜过长，不得直接堆放在地面上，并应采取有效措施防止雨露和各种腐蚀性气体的影响。

7）金属波纹管合格性检验：金属波纹管外观应清洁，内外表面无油污，无引起锈蚀的附着物，无孔洞和不规则的折皱，咬口无开裂、无脱扣。

（6）穿束

预应力筋可在浇筑混凝土前（先穿束法）或浇筑混凝土后

（后穿束法）穿入孔道，应根据结构特点、施工条件和工期等要求确定。

1）先穿束法，分为三种做法，即先装管后穿束；先装束后装管；束与管组装后置入。钢丝束应整束穿，钢绞线优先采用整束穿，也可采用单根穿。

2）后穿束法可在混凝土养护期内进行，不占工期，便于用通孔器或高压水通孔，穿束后即行张拉，易于防锈，但穿束较为费力。

3）穿束的方法可采用人力、卷扬机或穿束机单根穿或整束穿。对超长束、特重束、多波曲线束等宜采用卷扬机整束穿，束的前端应装有穿束网套或特制的牵引头。穿束机适用于穿大型桥梁与构筑物的单根钢绞线，穿束时钢绞线前头宜套一个弹头形壳帽。采用先穿束法穿多跨曲线束时，可在梁跨的中部处留设穿束助力段。

4）竖向孔道的穿束，宜采用整束由下向上牵引工艺，也可单根由上向下控制放盘速度穿入孔道。

5）一端锚固，一端张拉的预应力筋应从内埋式固定端穿入。应在浇筑混凝土前穿入。当固定端采用挤压锚具时，孔道末端至锚垫板的距离应满足成组挤压锚具的安装要求；当固定端采用压花锚具时，从孔道末端至梨形头的直线锚固段不应小于设计值。预应力筋从张拉端穿出的长度应满足张拉设备的操作要求。

6）混凝土浇筑前穿入孔道的预应力筋，应采取防腐措施。

（7）张拉

1）张拉依据和要求

① 设计单位应向施工单位提出预应力筋的张拉顺序、张拉力值及伸长值。

② 张拉时的混凝土强度，设计无要求时，不应低于设计强度的75%，并应有试验报告单。现浇结构施加预应力时，对后张楼板或大梁的混凝土龄期分别不宜小于5d和10d。为防止混凝土出现早龄期裂纹而施加预应力，可不受限制。

立缝处混凝土或砂浆强度，如设计无要求时，不应低于块体混凝土强度等级的 40%，且不得低于 15N/mm²。

③ 对构件（或块体）的几何尺寸、混凝土浇筑质量、孔道位置及孔道是否畅通、灌浆孔和排气孔是否符合要求、构件端部预埋铁件位置、焊渣及混凝土残渣（尤其预应力筋表面灰浆）的清理等进行全面检查处理。

④ 高空张拉预应力筋时，应搭设可靠的操作平台。

⑤ 张拉前必须对各种机具、设备及仪表进行配套校核及标定。

⑥ 对安装锚具与张拉设备的要求：

• 钢绞线束夹片锚固体系：安装锚具时应注意工作锚杯或锚板对中，夹片均匀打紧并外露一致；千斤顶上的工具锚孔位与构件端部工作锚的孔位排列要一致，以防钢绞线在千斤顶穿心孔内打叉。

• 安装张拉设备时，对直线预应力筋，应使张拉力的作用线与孔道中心重合；对曲线预应力筋，应使张拉力的作用线与孔道中心线末端的切线重合。

⑦ 工具锚的夹片，应注意保持清洁和良好的润滑状态。

⑧ 后张预应力束的张拉顺序应按设计要求进行，如设计无要求时，应遵守对称张拉的原则，还应考虑到尽量减少张拉设备的移动次数。

⑨ 预应力筋张拉控制应力应符合设计要求，施工时为减少预应力束松弛损失，可采用超张拉法，但张拉应力不得大于预应力束抗拉强度的 80%。

⑩ 多根钢绞线同时张拉时，构件截面中断丝和滑脱钢丝的数量不得大于钢绞线总数的 3%，但同一束钢丝只允许 1 根。

⑪ 实测伸长值与计算伸长值相差若超出 ±6%，应暂停张拉，在采取措施予以调整后，方可继续张拉。

⑫ 张拉后按设计要求拆除模板及支撑。

2）张拉方式

根据预应力混凝土结构特点、预应力筋形状与长度以及施工方法的不同，预应力筋张拉方式有以下几种：

① 一端张拉

预应力筋一端的张拉适用于长度≤30m 的直线预应力筋与锚固损失影响长度 $L_f \geqslant L/2$（L 为预应力筋长度）的曲线预应力筋；如设计人员根据计算资料或实际条件认为可以放宽以上限制的话，也可采用一端张拉，但张拉端宜分别设置在构件的两端。

② 两端张拉

预应力筋两端张拉适用于长度>40m 的直线预应力筋与锚固损失影响长度 $L_f < L/2$ 的曲线预应力筋。当张拉设备不足或由于张拉顺序安排关系等特殊因素，也可先在一端张拉完成后，再移至另一端张拉，补足张拉力后锚固。

③ 分批张拉

对配有多束预应力筋的构件或结构采用分批进行张拉的方式。由于后批预应力筋张拉所产生的混凝土弹性压缩对先批张拉的预应力筋造成预应力损失，所以先批张拉的预应力筋张拉力应加上该弹性压缩损失值或将弹性压缩损失平均值统一增加到每根预应力筋的张拉力内。

④ 分段张拉

在多跨连续梁板分段施工时，通长的预应力筋需要逐段进行张拉的方式。对大跨度多跨连续梁，在第一段混凝土浇筑与预应力筋张拉锚固后，第二段预应力筋利用锚头连接器接长，以形成通长的预应力筋。

⑤ 分阶段张拉

在后张传力梁结构中，为了平衡各阶段的荷载，采取分阶段逐步施加预应力的方式。所加荷载不仅是外载（如楼层重量），也包括由内部体积变化（如弹性缩短、收缩与徐变）产生的荷载。梁的跨中处下部与上部纤维应力应控制在容许范围内。这种张拉方式具有应力、挠度与反拱容易控制、材料省等优点。

⑥ 补偿张拉

在早期预应力损失基本完成后，再进行张拉的方式。采用这种补偿张拉，可克服弹性压缩损失，减小钢材应力松弛损失、混凝土收缩徐变损失等，以达到预期的预应力效果。此法在水利工程与岩土锚杆中应用较多。

3）张拉顺序

预应力的张拉顺序，应使混凝土不产生超应力、构件不扭转与侧弯、结构不变位等，因此，对称张拉是一项重要原则。同时，还应考虑尽量减少张拉设备的移动次数。

① 当构件截面平行配置 2 束预应力筋，不同时张拉时，其张拉力相差不应大于设计值的 50%，即先将第 1 束张拉 0～50%力，再将第 2 束张拉 0～100%力，最后将第 1 束张拉50%～100%力。

② 图 4-77 所示为预应力混凝土屋架下弦杆钢绞线的张拉顺序。钢绞线的长度不大于 30m，采用一端张拉的方式。图 4-77（*a*）预应力筋为 2 束，用两台千斤顶分别设置在构件两端，对称张拉，一次完成。图 7-77（*b*）预应力筋为 4 束，需要分两批张拉，用 2 台千斤顶分别张拉对角线上的 2 束，然后张拉另 2 束。由于分批张拉引起的预应力损失，统一增加到张拉力内。

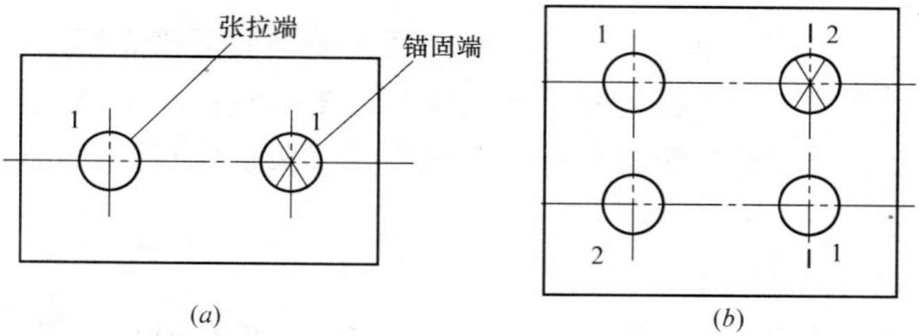

图 4-77　屋架弦杆预应力筋张拉顺序

（*a*）2 束；（*b*）4 束

注：图中 1、2 为预应力筋分批张拉顺序

③ 图 4-78 所示为双跨预应力混凝土框架梁钢绞线束的张拉顺序。钢绞线束为双跨曲线筋，长度达 40m，采用两端张拉方

式。图 4-78 中 4 束钢绞线分两批张拉，2 台千斤顶分别设置在梁的两端，按左右对称各张拉 1 束，待二批 4 束均进行一端张拉后，再分批在另端补张拉。这种张拉顺序，还可以减少先批张拉预应力筋的弹性压缩损失。

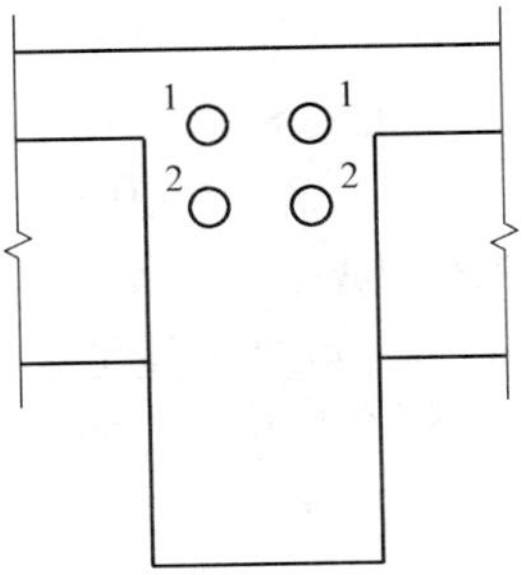

图 4-78 框架梁预应力筋的张拉顺序

④ 平卧重叠构件张拉：后张法预应力混凝土屋架等构件一般在施工现场平卧重叠制作，重叠层数为 3～4 层。其张拉顺序宜先上后下逐层进行。为了减少上下层之间因摩擦引起的预应力损失，可逐层加大张拉力。不同的预应力筋与不同隔离层的平卧重叠构件逐层增加的张拉力百分数，列于表 4-58。

平卧重叠浇筑构件逐层增加的张拉力百分数　　表 4-58

预应力筋类别	隔离剂类别	逐层增加的张拉力百分数(%)			
		顶层	第二层	第三层	底层
高强钢丝束	Ⅰ	0	1.0	2.0	3.0
	Ⅱ	0	1.5	3.0	4.0
	Ⅲ	0	2.0	3.5	5.0
Ⅱ级冷拉钢筋	Ⅰ	0	2.0	4.0	6.0
	Ⅱ	1.0	3.0	6.0	9.0
	Ⅲ	2.0	4.0	7.0	10.0

注：预应力钢绞线参照高强钢丝束。

4）张拉操作程序

预应力筋的张拉操作程序，主要根据构件类型、张拉锚固体系、松弛损失等因素确定。

① 采用低松弛钢绞线时，张拉操作程序为：

$$0 \rightarrow P_j \text{ 锚固}$$

② 采用普通松弛预应力筋时，按下列超张拉程序进行操作：

对镦头锚具等可卸载锚具　$0 \rightarrow 1.05P_j \text{ 锚固} \xrightarrow{\text{持荷2min}} P_j \text{ 锚固}$

对夹片锚具等不可卸载锚具　　$0 \rightarrow 1.03P_j$ 锚固

以上各种张拉程序，均可分级加载，对曲线预应力束，一般以 0.2～$0.25P_j$ 为伸长起点，分 3 级加载（$0.2P_j$、$0.6P_j$ 及 $1.0P_j$）或 4 级加载（$0.25P_j$、$0.5P_j$,、$0.75P_j$ 及 $1.0P_j$），每级加载均应量测张拉伸长值。

当预应力筋长度较长，千斤顶张拉行程不够时，应采取分级张拉、分级锚固。第二级初始油压为第一级最终油压。

预应力筋张拉到规定油压后，持荷复验伸长值，合格后进行锚固。

5）张拉伸长值校核

预应力筋张拉时，通过伸长值的校核，可以综合反映张拉力是否足够，孔道摩阻损失是否增大，以及预应力筋是否有异常现象等。因此，对张拉伸长值的校核，要引起重视。

预应力筋伸长值的量测，应在建立初应力之后进行。其实际伸长值 ΔL 应等于：

$$\Delta L = \Delta L_1 + \Delta L_2 - A - B - C \tag{4-19}$$

式中　ΔL_1——从初始张拉力至最大张拉力之间的实测伸长值（mm）；

ΔL_2——初始张拉力以下的推算伸长值（mm）；

A——张拉过程中锚具楔紧引起的预应力筋内缩值，包括工具锚具、远端工作锚、远端补张拉工具锚等回缩值（mm）；

B——千斤顶体内预应力筋的张拉伸长值（mm）；

C——施加预应力时，后张法混凝土构件的弹性压缩值（其值微小时可略去不计，mm）。

关于推算伸长值，初应力以下的推算伸长值 ΔL_2，可根据弹性范围内张拉力与伸长值成正比的关系，用计算法或图解法确定。

采用图解法时，图 4-79 以伸长值为横坐标，张拉力为纵坐标，将各级张拉力的实测伸长值标在图上，绘成张拉力与伸长值关系线 CAB，然后延长此线与横坐标交于 O' 点，则 OO' 段即为推算伸长值。

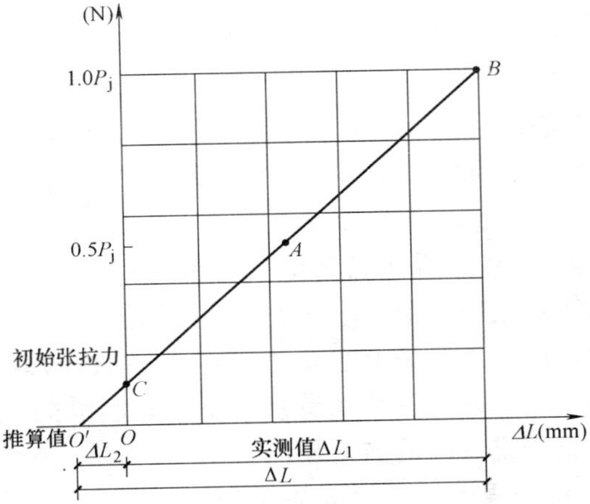

图 4-79　预应力筋实际张拉伸长值图示

此外，在锚固时应检查张拉端预应力筋的内缩值，以免由于锚固引起的预应力损失超过设计值。如实测的预应力筋内缩量大于规定值，则应改善操作工艺，更换限位板或采取超张拉办法弥补。

6）张拉安全注意事项

① 在预应力作业中，必须特别注意安全。因为预应力持有很大的能量，万一预应力筋被拉断或锚具与张拉千斤顶失效，巨大的能量急剧释放，可能造成很大的危害。因此，在任何情况下作业人员不得站在预应力筋的两端，同时在张拉千斤顶的后面应设立防护装置。

② 操作千斤顶和测量伸长值时，操作人员应站在千斤顶侧面，严禁用手扶摸缸体，并应严格遵守操作规程。油泵开动过程中，不得擅自离开岗位。如需离开，必须把油阀门全部松开或切断电路。

③ 张拉时应认真做到孔道、锚环与千斤顶三对中，以便张拉工作顺利进行，避免张拉过程中钢筋被切断及增加孔道摩擦

损失。

④ 采用锥锚千斤顶张拉钢丝束时，先使千斤顶张拉缸进油，至压力表略有启动时暂停，检查每根钢丝的松紧并进行调整，然后再打紧楔块。

⑤ 钢丝束镦头锚固体系在张拉过程中应随时拧上螺母，以保证安全。锚固时如遇钢丝束偏长或偏短，应增加螺母或用连接器解决。

⑥ 工具锚夹片，应注意保持清洁和良好的润滑状态。新的工具锚夹片第一次使用前，应在夹片背面涂上润滑脂。以后每使用5～10次，应将工具锚上的夹片卸下，向锚板的锥形孔中重新涂上一层润滑剂，以防夹片在退楔时卡住。润滑剂可采用石墨、二硫化钼、石蜡或专用退锚灵等。

⑦ 多根钢绞线束夹片锚固体系如遇到个别钢绞线滑移，可更换夹片，用小型千斤顶单根张拉。

(8) 孔道灌浆及封锚

预应力筋张拉后，孔道应立即灌浆，可以避免预应力筋锈蚀和减少应力松弛损失约20%～30%。利用水泥浆的强度将预应力筋和混凝土粘结成整体共同工作，以控制超载时裂缝的间距与宽度，并减轻梁端锚具的负荷状况。因此对孔道灌浆质量必须重视。

1) 准备工作

① 灌浆前应全面检查预应力筋孔道、灌浆孔、排气孔、泌水管等是否畅通。对抽芯成型的混凝土孔道宜用压力水冲洗后灌浆；对预埋管成型的孔道不得用水冲洗孔道，必要时可采用压缩空气清孔。

② 灌浆设备的配备必须确保连续工作条件，根据灌浆高度、长度、形态等条件选用合适的灌浆泵。灌浆泵应配备计量校验合格的压力表。灌浆前应检查配套设备、输浆管和阀门的可靠性。在锚垫板上灌浆孔处宜安装单向阀门。注入泵体的水泥浆应经筛滤，滤网孔径不宜大于2mm。与输浆管连接的出浆孔孔径不宜

小于 10mm。

③ 灌浆前对锚具夹片空隙和其他可能漏浆处需采用高强度等级水泥浆或结构胶等方法封堵，待封堵材料达到一定强度后方可灌浆。

2）浆体制作，见第 61 条。

3）灌浆设备选用及注意事项

灌浆泵应根据灌浆高度、长度、形态等选用，并配备计量校验合格的压力表。灌浆泵使用注意事项：

① 使用前应检查球阀是否损坏或存有干灰浆等；

② 启动时应进行清水试车，检查各管道接头和泵体盘根是否漏水；

③ 使用时应先开动灌浆泵，然后再放灰浆；

④ 使用时应随时搅拌灰斗内灰浆，防止沉淀；

⑤ 用完后，泵和管道必须清理干净，不得留有余灰。喷浆嘴（图 4-80）必须接上阀门，以保安全和节省灰浆。橡胶管宜用 5～7 层帆布夹层的厚胶管。

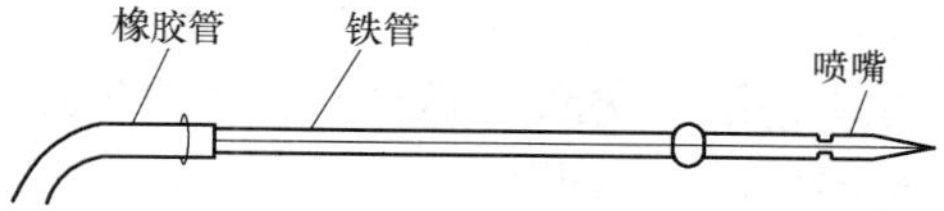

图 4-80 喷浆嘴

4）灌浆工艺

① 灌浆顺序

灌浆顺序宜先灌下层孔道，后灌上层孔道。灌浆应缓慢连续进行，不得中断，并应排气通顺。在灌满孔道封闭排气孔后，应再继续加压至 0.5～0.7MPa，稳压 1～2min，稍后封闭灌浆孔。

当发生孔道阻塞、串孔或中断灌浆时，应及时冲洗孔道或采取其他措施重新灌浆。

② 灌浆方法

• 单跨孔道灌浆：对单跨结构的孔道应一次连续灌完。发现“串孔”，即一个孔道灌浆，另外孔道也溢出灰浆时，应及时将串浆孔道优先灌浆。特殊情况下，无法对全部孔道一次连续灌完时，应将未灌浆的孔道逐根用清水冲洗至溢出清水为止，留待下次灌浆。

对使用连接器的多跨连续结构，应在一跨预应力筋张拉完，即对该跨全部孔道灌注灰浆。不得在各跨都张拉完之后再一次灌浆。

• 冬季灌浆：当室外温度低于＋5℃时，孔道灌浆应采取抗冻保温措施，防止浆体冻胀使混凝土沿孔道产生裂缝。抗冻保温措施：采用早强型普通硅酸盐水泥，掺入一定量的防冻剂；水泥用温水拌合；灌浆后将构件保温，宜采用木模，待水泥浆强度上升后，再拆除模板。

• 二次灌浆：二次灌浆的方法是在水泥浆泌水后进行二次灌浆，以减少因泌水而造成孔道上方的空隙，例如，第一次灌浆的泌水率高达 5%，待其泌水后孔道上方存留泌水造成的空隙（积水）后，再第二次灌入泌水率达 3%的水泥浆，挤出积水，灌入二次浆，结果泌水率为 5%×3%＝0.15%，即 ϕ70mm 孔道上方空隙是 70×0.15%＝0.105mm，达到孔道灌浆丰满的目的。二次灌浆的操作方法是第一次灌入泌水率较大的灰浆（使孔道上方因泌水而形成足够压灌二次浆的空隙），同时在一玻璃容器内注入一次浆，观察一次浆泌水后，及时再压灌二次泌水率较小的灰浆，溢浆口首先排出清水，待溢出浓浆后即完成灌浆工作。二次灌浆的时机很重要，主要看二次压浆溢浆口是否能溢出清水。过早，就不能排出清水，过晚，灰浆硬化二次压浆进不去，因此要专人掌握，一次成功。一次与二次灌浆时间间隔在夏季约 0.5h，春秋季约 1h，冬季约 1.5～2.0h，时间长短以观察一次浆泌水而定。二次灌浆时机要求较严格，适用于孔径 ϕ70mm 以上的孔道灌浆，ϕ150mm 小孔径的孔道二次浆压不进去，说明不需采用二次灌浆工艺。

• 重量补浆：在孔道最高点 300mm 以上连续不断地补浆，直至浆体不下沉为止。

③ 试块制作与养护

灰浆试件边长标准尺寸为70.7mm。水泥浆取样应取用流动度目测较大者。同条件同班制作试件3组（9块）。一组标准养护，一组同条件养护以鉴定强度，一组备用。强度计算与统计方法与混凝土试件相同，但允许现场养护的试件加盖麻袋，随时充分洒水湿润，因为这样做可取得与孔道内的灰浆相近的养护条件。

④ 施工故障处理

• 孔道堵塞：主要成因是孔道内存有杂物或水泥浆结块。此时可将灌浆压力提高至0.8MPa。如仍不见效，可改用邻近的原泌水口作为进浆口，反向压灌，如果原进浆口溢出浓浆，说明该段已经灌通。如果仍不见效，应立即用清水清洗孔道，在混凝土上打孔分段重灌。打孔应防止伤害预应力筋。

• 泄漏，压力上不去：近孔道的混凝土有局部不密实，会造成泄漏，应立即停止灌浆，查出泄漏处，用毡片衬垫再用木板顶紧，继续压浆堵漏。单用木板不垫毡片是不能堵漏的。

• 串孔：孔道间混凝土不密实可能造成一根孔道灌浆多根孔道溢浆，应优先压灌或交叉压灌串孔的孔道，争取时间，灰浆终凝后就会压不通了。

• 目测灰浆流动度：流动度跌落太大，应及时在允许范围内调整。

⑤ 灌浆后的工作

• 施工记录：填写完整，施工过程中调整用水量或故障情况处理，必须详细记录。

• 质量检查：执行三检制，专职检验员应在施工现场旁站监督。施工期间应通知监理监督检查。

• 水泥浆强度试验：水泥浆强度达20MPa，即可交工。标准养护强度试验允许28d后补交。

⑥ 安全要求

孔道灌浆的安全保障重点在于对操作者的保护，例如操作者很难避免皮肤与水泥浆的接触而造成手、脸皮肤烧伤，对眼睛的保护更为重要，因此必须戴手套和眼镜。灌浆作业时环境潮湿，必须穿绝缘胶鞋并对可能的设备漏电严加控制。孔道灌浆常处于压力下作业，对输浆管路和接口应保证牢固可靠。输浆管接头除应与接头钢衬管捆牢外，还必须用8号铁丝对称纵向拉紧。

（9）施工质量验收

1）预留孔道成型操作标准及施工允许偏差。

① 预留孔道成型操作标准（表4-59）

预留孔道成型操作标准　　表4-59

顺次	检查项目	标准
1	锚具下的承压板与端模板紧固	牢固、贴严
2	定位井字架	固定牢固
3	预埋管外观	平顺无小弯，接头裹严扎紧不漏浆
4	预设灌浆孔	接缝裹严扎紧，进浆塑料管无堵塞
5	埋入固定端	端部预埋管管口堵严
6	锚下钢筋网片或螺旋筋	数量和位置符合图纸要求
7	端部预留孔道口	无扁孔、歪孔、塌孔
8	沿孔道混凝土外观检查	无塌孔、拉裂
9	施工记录	记录完整，无涂改、漏项，签署齐全

② 预留孔道成型施工允许偏差（表4-60）

预留孔道成型施工允许偏差　　表4-60

顺次	检查项目	标准
1	预埋管位置偏离设计位置	≤5mm（以底、侧模为基准）
2	锚具下设钢筋网片间距	±10mm
3	锚具下螺旋筋圈数	不小于规定圈数
4	承压板锚具底范围内外表面平整度	≤0.3mm
5	埋入固定端预应力筋净保护层	≥30mm
6	预埋管和承压板不垂直度	<1/10

注：偏差标准各有不同规范（如铁路、公路施工规范）规定不尽相同，应取用相应标准。

2）后张法（有粘结）预应力筋加工、布筋、张拉操作质量标准和施工允许偏差及预应力分项工程制作与安装检验批质量验收记录、预应力分项工程张拉检验批质量验收记录。

① 后张（有粘结）预应力筋加工、布筋、张拉操作质量标准（表4-61）。

后张（有粘结）预应力筋加工、布筋、张拉操作质量标准

表4-61

顺次	检查项目	标准
1	预应力筋材质检查	有出厂合格证，进场复验，现场抽检力学试验报告并可追溯
2	钢丝镦头外观检查	外观合格，镦头强度不低于母材标准强度的98%，并有记录
3	锚具、连接器(包括挤压锚)	有出厂合格证或试验报告，符合锚具相应标准
4	千斤顶—油压表计量标定	合格，无失效
5	锚具下承压板外表面及孔口	平整无残渣，孔道口无歪孔、扁孔
6	千斤顶安装	符合"三心一线"规定
7	固定端检查	锚具或钢丝镦头与支承件贴紧
8	结构混凝土质量及外形	工序检查合格
9	混凝土强度	有试验报告，符合规定
10	分阶段张拉顺序，张拉程序	符合规定
11	使用螺母螺杆锚固时	用专用扳子扭紧螺母，张拉端锚下不得插入U形垫板
12	夹片锚锚固预应力筋后	夹片尾端齐平
13	施工记录	完整、齐全并有签署
14	施工技术工人资质认证	持证上岗

② 后张（有粘结）预应力筋加工、布筋、张拉施工允许偏差（表4-62）

后张（有粘结）预应力筋加工、布筋、张拉施工允许偏差

表4-62

顺次	检查项目	标准
1	钢丝镦头尺寸	直径1.4～1.5d，高0.95～1.05d，d：钢丝直径
2	5mm钢丝镦头	直径7.0～7.5mm，高4.8～5.3mm

续表

顺次	检查项目	标准
3	钢丝镦头中心偏差	≤1mm
4	两端镦头的钢丝束长短相对差	≤1mm
5	全长 L≤6m	≤2mm
6	全长 L>6m	不超过 L/5000 并≤5mm
7	钢丝镦头强度	≥98%母材标准强度
8	一般钢丝下料长度	宜取±30mm
9	预应力筋张拉相对伸长值	偏离理论计算值±6%
10	预应力筋内缩值	夹片式锚≤5mm. 其他瞄具≤1mm
11	钢质锥形锚锚固后外露	高出锚环顶≥3mm
12	张拉完成后，锚外多余筋切断	露出锚具外≥30mm(另有规定时，按规定办理)
13	预应力筋锚固后，断裂或滑脱	总根数占该结构断面内全部预应力筋根数不多于3%，同一束不得断、滑多于1根

③ 预应力分项工程制作与安装检验批质量验收记录（表 4-63）

预应力分项工程制作与安装检验批质量验收记录　表 4-63

施工执行标准	《混凝土结构工程施工质量验收规范》(GB 50204—2002)
质量验收规范的规定	
主控项目	1. 预应力筋品种、级别、规格和数量必须符合设计要求
	2. 应避免电火花损伤预应力筋
	3. 锚固区埋件与加强筋应符合施工详图的要求
一般项目	1. 挤压、压花和镦头锚具的制作质量应符合施工操作规程的要求
	2. 预应力筋孔道规格、数量、位置、形状、排气泌水管等应符合施工详图的要求
	3. 预应力束形(孔道)控制点的竖向位置允许偏差：截面高度 h≤300mm 时±5mm；h≤1500mm 时±10mm；h>1500mm 时±15mm，其合格点率应达到 90%，附检查记录
	4. 预应力筋束形(孔道)的定位应牢固，孔道接头应密封良好
	5. 预应力筋张拉端锚垫板应垂直于束形(孔道)中心线
	6. 内埋式固定端锚垫板不应重叠，锚具与锚垫板应贴紧

④ 预应力分项工程张拉检验批质量验收记录（表 4-64）

预应力分项工程张拉检验批质量验收记录　　表 4-64

施工执行标准	《混凝土结构工程施工质量验收规范》(GB 502041—2002)
	质量验收规范的规定
主控项目	1. 预应力筋张拉时混凝土的强度与龄期应符合设计与施工要求
	2. 预应力筋的张拉、张拉顺序及张拉工艺应符合设计及施工技术方案的要求
	3. 预应力筋张拉伸长计算值与实际值的相对允许偏差为±6°,其合格点率应达到 90%,附张拉记录
	4. 预应力筋张拉时的断裂或滑脱数量严禁超过同一截面预应力筋总根数的 3%
一般项目	1. 锚固阶段张拉端预应力筋的内缩值应符合设计要求；当设计无具体要求时，应符合下列规定：对支承式锚具不大于 1mm；对锥塞式锚具不大于 5mm；对夹片式锚具，有顶压不大于 5mm、无顶压不大于 8mm
	2. 预应力筋锚固时锚具夹片顶面宜平整，错位不宜大于 2mm，且不应大于 1mm

3）后张（有粘结）孔道灌浆、封堵操作标准和检验批质量验收记录

① 后张（有粘结）孔道灌浆、封堵操作标准（表 4-65）

后张（有粘结）孔道灌浆、封堵操作标准　　表 4-65

顺次	检 查 项 目	标　　准
1	水泥、外加剂、掺合料等材料质量	有合格证或试验报告
2	设备状况	设备正常，输浆管畅通，压力表完整
3	施工环境温度	低于 35℃，高于 0℃
4	冬期施工温度控制	搅拌热水不高于 55℃，出浆温度不宜低于 10℃
5	水泥浆配合比通知	有书面通知单
6	水泥浆净搅拌时间	≥2min

续表

顺次	检查项目	标　　准
7	冬期施工孔道状况	确保无积冰
8	灌浆顺序	符合规定
9	灌浆时溢浆口	有正常浓浆溢出(二次灌浆法,前期有清水挤出)
10	泌水口及端部孔道	灰浆丰满
11	水泥浆搅拌完到灌入孔道	时间不超过45min,输浆系统不放空
12	水泥浆搅拌各材料配料计量偏差	±12%
13	水泥浆强度	≥20MPa(不同规范要求不同,按相应规范执行)
14	施工记录	完整、签署齐全
15	技术工人资质	持证上岗

② 后张（有粘结）孔道灌浆、封堵检验批质量验收记录（表4-66）

后张（有粘结）孔道灌浆、封堵检验批质量验收记录

表4-66

施工执行标准	《混凝土结构工程施工质量验收规范》(GD 50204—2002)
质量验收规范的规定	
主控项目	1. 预应力筋孔道内的水泥浆应饱满密实,附灌浆记录
	2. 凸出式锚固端锚具的保护层不应小于50mm
	3. 外露预应力筋的保护层厚度:对正常环境,不应小于20mm;对易腐蚀环境不应小于50mm
一般项目	1. 预应力筋锚固后的外露长度不宜小于预应力筋直径的1.5倍,且不宜小于30mm
	2. 灌浆用水泥浆的水灰比不应大于0.45;搅拌后3h泌水率不宜大于2%,且不应大于3%
	3. 灌浆用水泥浆28d抗压强度不应小于30MPa或7d强度不小于20MPa
	4. 封锚混凝土应密实,无裂纹

4-67 什么是后张法无粘结预应力成套技术？包括哪些内容？

无粘结预应力筋由单根钢绞线涂抹建筑油脂外包塑料套管组成，它可像普通钢筋一样配置于混凝土结构内，待混凝土硬化达到一定强度后，通过张拉预应力筋并采用专用锚具将张拉力永久锚固在结构中。

无粘结预应力成套技术内容包括材料及设计技术、预应力筋安装、张拉锚固技术、锚头保护技术等。

4-68 无粘结预应力成套技术的特点和适用范围有哪些？

（1）技术特点

1）跨度大，预应力梁、板的经济跨度比普通混凝土大50%～100%，可增加使用面积，使室内布置更为灵活并能适用于室内功能改变；

2）在多层、高层楼盖建筑中，由于楼板较薄，有利于降低建筑物层高，减轻结构自重与总高度；

3）提高结构性能，易于控制结构的挠度、变形和裂缝的产生；

4）具有良好的抗震性能，无粘结预应力平板结构是一种比较理想的刚性水平隔板，能将所承受的水平地震力按刚度传递给各抗侧力构件结构；

5）具有良好的抗腐蚀性能；

6）能简化施工工艺，加快施工速度，经济效益显著。

（2）适用范围

无粘结预应力技术适用于多、高层房屋建筑的楼盖结构、基础底板、地下室墙板等，用于承担大跨度或超长混凝土结构在荷载、温度或收缩等效应下产生的裂缝，提高结构、构件的性能。也可用于筒仓、水池等承受拉应力的特种结构，还可以应用于桥梁和加固工程。

4-69 无粘结预应力成套技术采用的材料和设备是哪些?

(1) 材料

1) 混凝土

无粘结预应力混凝土结构中，用于板的混凝土强度等级不应低于C30，用于梁等其他构件不宜低于C40。

2) 无粘结筋

无粘结预应力筋是以专用防腐润滑脂作涂料层、高密度低压聚乙烯塑料作护套的钢绞线制作而成，其断面图见图4-81。

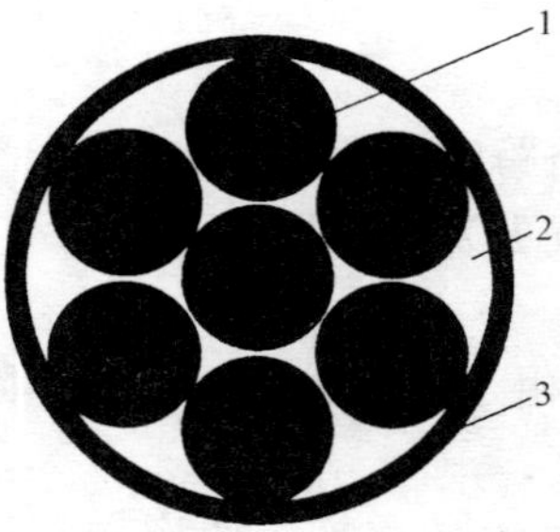

图4-81 无粘结钢绞线断面图
1—钢绞线；2—油脂；3—塑料护套

① 钢绞线的常用规格与性能

钢绞线宜选用高强度低松弛预应力钢绞线，性能应符合现行国家标准《预应力混凝土用钢绞线》（GB/T 5224—2003）和建筑工业行业标准《无粘结预应力钢绞线》（JG 161—2003）。其常用规格与性能见表4-67。

无粘结预应力筋常用规格与性能　　表4-67

名　称	项　目	钢绞线规格及性能	
钢绞线	外径(mm)	12.70	15.20
	抗拉强度(N/mm^2)	1860	1860
	弹性模量(N/mm^2)	1.95×10^5	1.95×10^5
	延伸率(%)	3.5	3.5
	无粘结筋与护套壁的摩擦系数μ	0.04～0.10	0.04～0.10

续表

名称	项目	钢绞线规格及性能	
钢绞线	无粘结筋护套壁(每米)局部偏差对摩擦影响系数 κ	0.003～0.004	0.003～0.004
	截面积(mm^2)	98.7	140
防腐润滑脂	重量(g/m)不小于	43	50
高密度低压聚乙烯	护套厚度(mm)不小于	1.0	1.0

注：1. 根据不同的用途及工程要求，可供应其他强度和直径的无粘结预应力筋。
2. 表内 μ、κ 值也可根据实测值确定。

② 专用防腐润滑油脂技术要求

无粘结预应力筋涂层采用防腐润滑脂应符合现行中华人民共和国建筑工业行业标准（JG 3007—93）的规定。油脂的涂层厚度以重量计，涂层要连续且均匀，不能夹带气泡。应根据施工温度不同选择不同型号的无粘结专用防腐润滑油脂，一般夏季宜采用Ⅱ号，冬季宜采用Ⅰ号。其技术要求见表 4-68。

无粘结筋专用防腐润滑脂技术要求　　表 4-68

项目	质量指标		试验方法(应用标准)
	Ⅰ号	Ⅱ号	
工作锥入度 1/10mm	296～325	265～295	《润滑脂和石油脂锥入度测定法》(GB/T 269)
滴点(℃)不低于	160		《润滑脂滴点测定法》(GB/T 4929)
水分(%)不大于	0.1		《润滑脂水分测定法》(GB/T 512)
钢网分油量(100℃,24h)(%)不大于	8.0		《润滑脂钢网分油测定法(静态法)》(SH/T 0 324)
腐蚀试验(45 号钢片,100℃,24h)	合格		《润滑脂腐蚀试验法》(SH/T 0 381)
蒸发量(99℃,24h)(%)不大于	2.0		《润滑脂和润滑油蒸发损失测定法》(GB/T 7325)
低温性能(-40℃,30min)	合格		附录二《钢丝绳表面脂》(SH/T 0387)

续表

项　　目	质量指标		试验方法（应用标准）
	Ⅰ号	Ⅱ号	
湿热试验（45 号钢片，30d）（级）不大于	2		《防锈油脂湿热试验方法》（GB/T 2361）
盐雾试验（45 号钢片，30d）（级）不大于	2		《防锈油脂盐雾试验法》（SH/T 0081）
氧化安定性（99℃，100h，78.5×10^4Pa） A 氧化后压力降，（Pa）不大于 B 氧化后酸值，（mgKOH/g）不大于	 14.7×10^4 1.0		《润滑脂氧化安定性测定法》（SH/T 0325） 《石油产品酸值测定法》（GB/T 264）
对套管的兼容性（65℃，40d） A 吸油率（%）不大于 B 拉伸强度变化率（%）不大于	 10 30		《塑料耐油性试验方法》（HG2-146） 《塑料拉伸试验方法》（GB 1040）

③ 无粘结筋用塑料技术性能

无粘结筋塑料护套宜选用高密度低压聚乙烯，这种材料具有强度高、韧性好、低温下不易产生脆裂、对擦伤和徐变都有较高的抵抗能力，技术性能应符合国家标准 GB 11116《高密度聚乙烯树脂》的规定。

（2）锚固系统

无粘结预应力筋锚固系统应按设计图纸要求选用，其锚固性能的质量检验和合格验收应符合现行国家标准《预应力筋用锚具、夹具和连接器》（GB/T 14370）、《混凝土结构工程施工质量验收规范》（GB 50204）及国家现行标准《预应力筋用锚具、夹具和连接器应用技术规程》（JGJ 85）的规定。

无粘结预应力混凝土结构体系中的无粘结筋与混凝土没有粘结，永远处于自由状态，预应力筋借助锚具与混凝土共同工作，因此，锚具是保证结构质量和安全的主要因素。除锚具质量必须达到国家规范Ⅰ类标准外，其锚固系统必须达到完整、统一。特别是使用期间的保护、防锈蚀等应做出严格规定。锚固系统分张拉端和固定端两种形式。锚具选用应考虑无粘结预应力筋的品种及工程应用的环境类别，对常用的单根钢绞线无粘结预应力筋，其张拉端宜采用夹片锚具（圆套筒式或垫板连体式夹片锚具），埋入式固定端宜采用挤压锚具或经预紧的垫板连体式夹片锚具。

1）张拉端

张拉端锚固系统构造有两种形式：

① 锚具凸出混凝土表面。当建筑允许有外包混凝土小梁时，采用此种端部做法。

由夹片、锚环、承压板、螺旋筋组成，详见图 4-82。

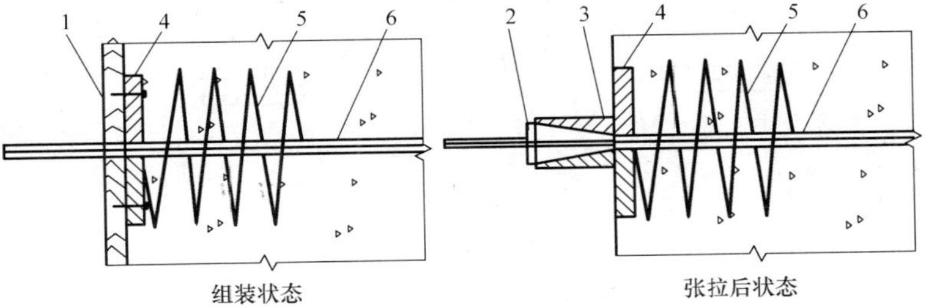

图 4-82　锚具凸出混凝土表面

1—端部模板；2—夹片；3—锚环；4—承压板；5—螺旋筋；6—预应力筋

② 锚具凹进混凝土表面。当建筑物不允许有外包混凝土小梁时，采用此种端部做法。由夹片、锚环、承压板、螺旋筋、塑料穴模和塑料护杯套组成。详见图 4-83。

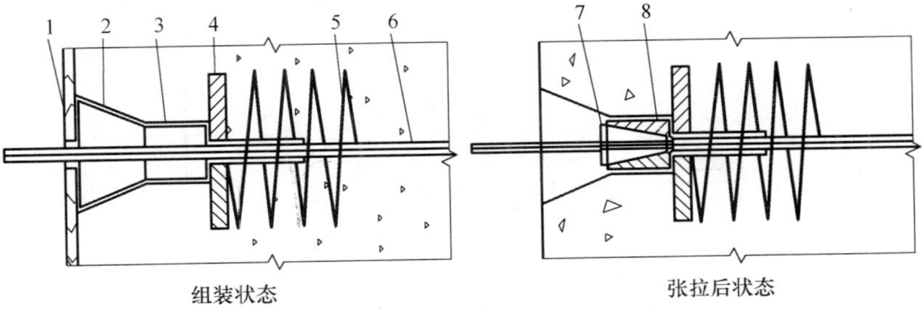

图 4-83　锚具凹进混凝土表面

1—端部模板；2—穴模；3—护杯套；4—承压板；5—螺旋筋；6—预应力筋；7—夹片；8—锚环

2）固定端

固定端一般采用挤压式锚具和垫板联体式夹片锚具，固定端必须埋设在结构构件的混凝土中，做法有两种：

① 挤压锚具，其构造由挤压锚具（由套筒、直夹片或硬钢丝螺旋圈组成）、承压板、螺旋筋组成。挤压锚具由专用挤压设备将挤压锚套筒、夹片（或硬钢丝螺旋圈）组装在端部。详见图 4-84。

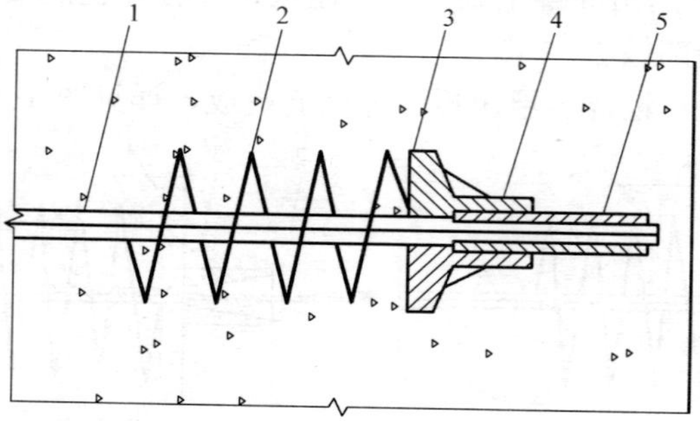

图 4-84　挤压锚具构造图

1—预应力筋；2—螺旋筋；3—承压板；4—挤压锚具；5—套筒

② 垫板连体式夹片锚具，其构造由铸造锚具、夹片和螺旋筋、外盖组成，该锚具应预先用专用紧楔器以预应力筋张拉力的 0.75 倍顶紧力使夹片预紧，并安装带螺母外盖。详见图 4-85。

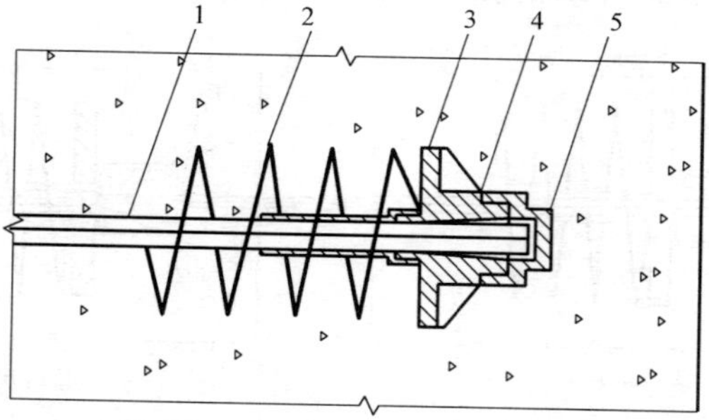

图 4-85　垫板连体式夹片锚具构造图

1—预应力筋；2—螺旋筋；3—承压板；4—铸造锚环；5—外盖

（3）常用设备

无粘结预应力钢绞线为工厂生产，预应力筋制作（下料和端部组装）可在工厂和现场进行。无粘结筋宜采用适用单根张拉的多功能轻型穿心式千斤顶及配套油泵，其常用制作及张拉设备见表4-69。

制作设备及张拉设备 **表4-69**

设备名称	型号	功能
砂轮切割机		切断钢绞线
挤压机及配套油泵	JY-45型挤压机 ZB4-500型油泵 ZB1-630型挤压机	制作挤压锚或组装整体锚
小型千斤顶张拉设备及配套油泵	YC20D型千斤顶 ZB4-500型油泵 ZB1-630型油泵	预应力筋张拉

注：设备技术性能详见第26、27条或根据技术要求选用适用产品

4-70 无粘结预应力成套技术的施工要点有哪些？

无粘结筋的塑料套管取代了有粘结筋的孔道成型，套管内润滑油脂取代了有粘结孔道内浆体，因此在无粘结预应力混凝土结构施工中，不需要预留孔道、穿筋、灌浆等工序，是将已组装好的无粘结筋在浇筑混凝土之前，同非预应力筋一起按设计要求铺放在模板内，然后浇筑混凝土，待混凝土达到强度后，利用无粘结筋与周围混凝土不粘结，在结构内可做纵向滑动的特性，进行张拉锚固，借助两端锚具，达到对结构产生预应力的效果。

（1）无粘结筋制作

预应力筋应具有产品合格证、复验报告、抽样力学性能报告。无粘结筋的塑料套管应着重检查，凡发现套管完整但普遍有渗漏油现象（夏季高温情况）、褶皱脆裂（冬季低温情况）等异常现象，必须经过妥善处理或更换后方能使用。制作过程中使用

挤压锚具及配件，应符合锚具标准，并按相关标准规定取样送检。

1）无粘结筋吊装和下料的要点

① 无粘结筋吊运应用软钩起吊，吊点应衬垫软垫层，防止损伤外套管。

② 无粘结筋下料长度及数量应按设计图纸及施工工艺计算确定，以书面下料单作为依据，下料应用砂轮锯切割，长度偏差宜为±30mm（两端均使用镦头锚具，同束中多根钢丝长度最大相对差不大于全长1/5000，且不大于5mm）。

③ 下料过程中应随时检查无粘结筋的外套有无破裂，发现后应立即用水密性胶带缠绕修补，胶带搭接不小于带宽的一半，缠绕层数不少于2层，缠绕长度超过破裂长度30mm。无粘结筋外套破损严重的应予以报废。

2）固定端挤压锚制作

无粘结筋固定端挤压锚安装制作，利用JY-45型挤压机挤压成型，挤压力应控制在320～420kN。挤压成型后，钢绞线端头应露出挤压套5～15mm左右，完成挤压后，塑料密封套管应与挤压锚具头贴紧靠拢。

3）无粘结筋制作安全措施

① 成盘预应力筋开盘时，应采取措施防止尾端弹击伤人。

② 严格防止与电源搭接，不准电源裸露。

（2）无粘结筋铺设

1）铺筋

① 应在模板面上按设计图纸要求标出无粘结筋的位置和走向，以便核查根数，并留下标记。

② 铺放无粘结筋之前，应预设支撑钢筋或马凳，间距为0.8～1.2m，以控制无粘结筋的曲线高度，对平板一般隔2m设一马凳，跨中、支座处可直接分别与底筋、上筋绑扎。无粘结筋的垂直偏差在梁内为10mm，在板内为5mm，水平偏差30mm，目测横平竖直。在铺设时，应尽量避免各种管线将无粘结筋的矢

高抬高或降低。为了保证无粘结筋的单向曲线矢高要求，同方向无粘结筋和非预应力筋应配置在同一水平位置。

③ 无粘结筋双向曲线配置时，必须事先编排铺放顺序，避免无粘结筋互相穿插，确保曲线矢高。双向筋交叉点处标高如有矛盾，应优先保证较小跨度方向的预应力筋定位，并使另一方向的预应力筋顺滑通过。

④ 无粘结筋与其他预埋管线位置发生矛盾时，后者应予避让。

⑤ 多根无粘结筋组成集团束配置时，每根无粘结筋应保持平行走向，不得相互扭绞，铺放时可单根顺次铺设，最后以间距为 1.2～1.5m 用铁丝捆扎并束，其集团束最小净距大于粗骨料最大直径的 4/3；曲线集团束竖直方向的净距为 1.5 倍的束径；曲线集团束的曲率半径应大于 4m，折线预应力筋弯折处，宜采用圆弧过渡，其曲率半径可适当减小；单根钢绞线最小曲率半径为 2.5m。

⑥ 平板结构开洞要求及无粘结预应力混凝土保护层厚度应满足以下要求：

• 平板结构开洞，要求预应力筋避让时，应按如图 4-86 布置。预应力筋折转坡度应大于 1∶6，预应力筋的高度定位不变。施工时满足不了上述布置要求时，应与设计单位协商采取措施解决。

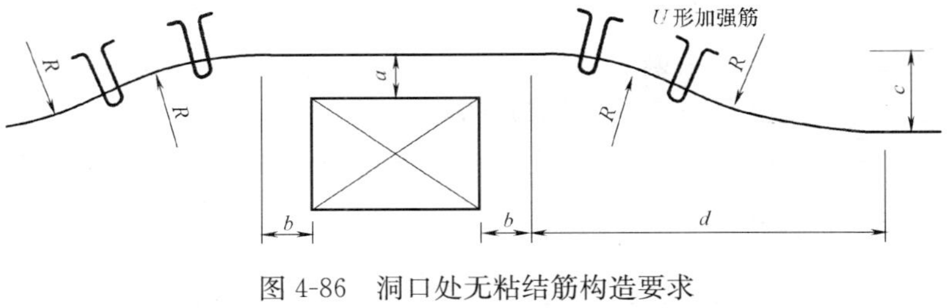

图 4-86　洞口处无粘结筋构造要求

注：$a \geqslant 150$mm，$b > 300$mm，$R > 6.5$m，$d/c > 6$。

• 为满足不同耐火等级的要求，无粘结预应力筋的混凝土保护层最小厚度，应符合表 4-70 和表 7-71 的规定。

板的混凝土保护层最小厚度（mm）　　表 4-70

约束条件	耐火极限(h)			
	1	1.5	2	3
简支	25	30	40	55
连续	20	20	25	30

梁的混凝土保护层最小厚度（mm）　　表 4-71

约束条件	梁　宽	耐火极限(h)			
		1	1.5	2	3
简支	$200 \leqslant b < 300$	45	50	65	采取特殊措施
	≥300	40	45	50	65
连续	$200 \leqslant b < 300$	40	40	45	50
	≥300	40	40	40	45

注：当防火等级较高、混凝土保护层厚度不能满足表列要求时，应使用防火涂料。

2）端部节点安装

无粘结预应力筋张拉端锚垫板可固定在端部模板上，或利用短钢筋与四周钢筋焊牢。无粘结预应力筋曲线段的起始点至张拉锚固点应有一段不小于 300mm 的直线段。且锚具应垂直于预应力筋。当张拉端采用凹入式做法时，可采用塑料穴模或其他穴模，穴模外端面与端模之间应加泡沫塑料以防止漏浆。张拉端无粘结筋外露长度与所使用的千斤顶有关，应根据实际情况核定，并适当留有余量。无粘结预应力筋固定端的锚垫板应先组装好，按设计要求的位置固定。在梁、筒体等结构中，无粘结预应力集束布置时，应采用钢筋支托、定位支架或其他构造措施控制其位置。同一束的预应力筋应保持平行，防止互相扭绞。

3）无粘结预应力筋铺设操作质量标准及铺放施工允许偏差见表 4-72、表 4-73。

无粘结预应力筋铺设操作质量标准　　表 4-72

序号	检查项目	标　准
1	施工环境温度	≥−15℃
2	张拉端预应力筋轴线与承压板外表面	垂直

续表

序号	检查项目	标准
3	布筋后预应力筋走向平顺，无扭绞，无小弯	合格
4	无粘结筋塑料外套无破损	有破损处允许修补合格
5	锚下螺旋筋或网片	螺旋筋螺距全长位置符合图纸要求。网片间距偏差±10mm，数量位置符合图纸要求
6	埋入固定端与承压板	贴紧
7	埋入固定端纵向位置错开	宜大于100mm
8	埋入固定端不互相重叠	不重叠
9	平板开洞避让	符合图纸需求或变更措施
10	平板结构单根预应力筋	边距大于规定，间距大于规定
11	施工记录	完整，有签署

无粘结预应力筋铺设施工允许偏差　　　表4-73

序号	检查项目	标准
1	预应力筋定位与设计位置偏差（平板双向筋交叉点发生空间冲突，则不受此限）	垂直偏差：板内±5mm；梁内±10mm 横向偏差：板内平顺；梁内±5mm
2	埋入端锚具保护层	简支梁≥70mm，连续梁≥60mm，简支板≥60mm，连续板≥10mm，压花锚、钢绞线≥30mm
3	承压板锚具底范围内外表面平整度	≤0.3mm

注：有些标准在现行技术规程无明确规定，是为便于施工具体的可操作性而增加的。实施中以技术规程为准，其余只作参考。

（3）预应力筋张拉

1）张拉依据和要求

① 设计单位应向施工单位交代无粘结筋张拉顺序、张拉值及伸长值。张拉时混凝土强度应以设计图纸要求为准，如无设计要求时，不应低于设计强度的75%，并应有试验报告单。现浇结构施加预应力时，混凝土的龄期应遵循：后张板不宜小于5d，后张大梁不宜小于10d。

② 预应力筋的张拉顺序应按设计要求进行，如设计无特殊要求时，可依次张拉。为了减少无粘结筋松弛、摩擦等损失，实际施工时可采用超张拉法，一般超张拉 103%～105%，张拉应力不得大于无粘结筋抗拉强度标准值的 80%。

③ 张拉前必须对各种机具设备和仪表进行配套校核及标定。

④ 为避免大跨度梁施加预应力过程中产生压缩变形、柱顶附加弯矩及柱支座约束的影响，梁端支座可采用铰接钢支座，待预应力施加后，支座再与梁端埋件焊接，并用混凝土封堵平整。

2）张拉前准备

端头清理：端部预埋钢板与锚具接触处的焊渣、毛刺、混凝土残渣等应清除干净。检查锚具承压板下混凝土质量，如有缺陷应首先修复完整。

张拉操作平台搭设：高空张拉预应力筋时，应搭设可靠的操作平台。张拉操作平台应能承受操作人员与张拉设备的重量，并装有防护栏杆。

3）锚具及设备安装

张拉前后均应认真测量无粘结筋外露尺寸，并做好记录。

安装钢绞线夹片式锚固系统锚具时，应注意锚环或锚板对中，夹片均匀打紧并外露一致；千斤顶的工具锚孔位与构件端部工作锚具的孔位排列要一致，以防钢绞线在千斤顶穿心孔内打叉，引起断筋。安装设备时，对直线预应力筋应使张拉力的作用线与预应力筋中心线重合。对曲线预应力筋，应使张拉力的作用线与预应力筋中心线末端的切线重合，避免预应力筋张拉时被承压板切断。

4）预应力筋张拉操作

① 预应力筋的张拉方法，应根据设计和施工计算要求采取一端张拉或两端张拉。无粘结筋曲线配置或长度超过 40m 时，宜采取两端张拉。采取两端张拉时，宜两端同时张拉，也可一端先张拉，另一端补张拉。对现浇预应力混凝土楼面结构，宜先张拉楼板、次梁，后张拉主梁。

② 预应力筋的张拉步骤：应从零应力开始张拉，以均匀速度分级加载至1.03倍预应力筋的张拉控制应力直接锚固，对多根钢绞线束宜持荷2min。当采用应力控制方法张拉时，应校核预应力筋伸长值。实际伸长值与计算伸长值的允许偏差为±6%，如超过允许偏差，应查明原因并采取措施后方可继续张拉。对特殊构造的预应力筋，应根据设计和施工要求采取专门的张拉工艺，如采用分阶段张拉、分批张拉、分级张拉、分段张拉、变角张拉等。

③ 对多波曲线预应力筋，可采取超张拉回缩技术，提高内支座的张拉应力并减少锚具下口的张拉应力。

④ 预应力筋张拉时，应对张拉力、压力表读数、张拉伸长值、异常现象做出详细记录。

无粘结预应力筋张拉操作质量要求及施工允许偏差见表4-74、表4-75。

无粘结预应力筋张拉操作质量要求　　　　表4-74

序号	检查项目	质量要求
1	施工环境温度	≥-15℃
2	锚具、连接器(包括挤压锚)	有出厂合格证或试验报告，符合Ⅰ类锚具标准
3	千斤顶、油压表计量标定	合格，无失效。有标定报告
4	锚具下承压板	平整、无残渣，预应力筋与承压板外表面垂直
5	千斤顶安装	符合“三心一线”
6	固定端检查	锚具与支承件贴紧
7	结构混凝土质量及外形	合格，特别是平板结构锚具承压板下混凝土应密实
8	混凝土强度	有试验报告，符合规定
9	分阶段张拉顺序，张拉程序	符合规定。平板单根无粘结筋可无顺序张拉
10	使用夹片锚具时	夹片尾端基本齐平，分布均匀
11	施工记录	完整、齐全，并有签署
12	施工技术工人资质认证	持证上岗

无粘结预应力筋张拉施工允许偏差　　表 4-75

序号	检查项目	标准
1	预应力张拉相对伸长值	偏离理论计算值±6%
2	预应力筋内缩值	夹片式锚≤5mm，其他锚具≤1mm
3	预应力筋锚固后，断裂或滑脱	总根数不超过结构同一截面全部预应力筋根数之3%，同一束只允许1根钢丝断裂，断、滑筋束按比例相应降低张拉力

5）端部处理

① 锚固区的保护层应有充分防腐蚀和防火保护措施。锚具的位置通常从混凝土端面缩进一定距离，前面预留一个凹槽。张拉后，采用液压切筋器或砂轮切除超长部分，无粘结筋严禁用电弧焊切断；将外露出锚具夹片外至少 30mm 的无粘结筋切除后，涂防腐油脂并加盖塑料封端罩，最后浇筑混凝土。当采用穴模时，应用微膨胀混凝土或低收缩防水砂浆、环氧砂浆将凹槽堵平。

② 锚固区的混凝土或砂浆保护层最小厚度，对于梁应不小于 25mm，对于板应不小于 20mm。

（4）施工质量验收

后张法预应力施工质量，应按现行国家标准《混凝土结构工程施工质量验收规范》（GB 50204—2002）的规定进行验收，主要验收项目和一般验收项目的验收要点见表 4-76。

施工质量验收主要控制项目表　　表 4-76

控制项目		检查内容	相关标准
主控项目	预应力筋进场检查	A. 外观检查 无粘结钢绞线涂层表面应均匀、光滑、无裂痕、无明显褶皱。钢绞线的捻距应均匀，切断后不松散	《预应力混凝土用钢绞线》(GB/T 5224)
		B. 力学性能试验 钢绞线的力学性能，应抽样检验。每验收批应由同一规格、同一生产工艺制作的钢绞线组成，重量不大于60t。对设计文件有指定要求的疲劳性能、偏斜拉伸性能等，应再进行抽样试验	

续表

<table>
<tr><th colspan="2">控制项目</th><th>检查内容</th><th>相关标准</th></tr>
<tr><td rowspan="4">主控项目</td><td rowspan="3">锚具、连接器性能检查</td><td>A. 外观检查
从每批抽10%的锚具且不少于10套，检查其外观质量和外形尺寸。其表面应无污物、锈蚀、机械损伤和裂纹。如果有1套表面有裂纹，则本批应逐套检查，合格者方可进入后续检验组批</td><td rowspan="3">《预应力筋用锚具、夹具和连接器》(GB/T 14370—2007)</td></tr>
<tr><td>B. 硬度检验
对硬度有严格要求的锚具零件，应进行硬度检验。从每批中抽取5%的样品且不少于5套，按产品设计规定的表面位置和硬度范围做硬度检验</td></tr>
<tr><td>C. 静载锚固性能试验
在通过外观检查和硬度检验的锚具中取6套样品，与符合试验要求的预应力筋组装成3个预应力筋-锚具组装件，由国家或省级质量技术监督部门授权的专业质量检测机构进行静载锚固性能试验
说明：对于锚具用量不多的工程，如由供货方提供有效试验合格证明文件，经工程负责单位审议认可并正式备案，可不必进行静载验收试验</td></tr>
<tr><td>涂包质量检查数量</td><td>无粘结筋的塑料套管应完整无渗漏油(夏季高温情况)、无褶皱脆裂(冬季低温情况)</td><td>《无粘结预应力钢绞线》(JG 161—2004)</td></tr>
<tr><td colspan="2">一般项目</td><td>1. 无粘结预应力筋使用前应进行外观检查，检查方式为目测，其护套表面应光滑、无裂纹、无明显褶皱
2. 预应力筋用锚具和连接器使用前应进行外观检查，检查方式为目测，其表面应无污物、锈蚀、机械损伤和裂纹</td><td></td></tr>
</table>

续表

控制项目	检查内容	相关标准
一般项目	3. 预应力筋端部挤压锚具制作时，压力表读数应符合操作说明书的规定，挤压后预应力筋外端应露出挤压套筒 1～5mm。检查方式为每工作班抽查 5%，目测或钢尺检查 4. 无粘结筋的铺设应符合表 4-73的要求，检查方式为目测 5. 锚固阶段张拉端预应力筋的内缩量应符合设计要求，但设计无要求时，应符合表 4-75 的规定 6. 后张法预应力筋锚固后的外露部分，宜采用机械方法切割，其外露长度不宜小于预应力筋直径的 1.5 倍，且不宜小于 30mm，检查方式为抽查总数的 3%，目测或钢尺检查	

五、冬期、高温和雨期施工

（一）冬期施工

5-1　冬期施工的冬期划分原则是什么？

根据当地多年气象资料统计，当室外日平均气温连续 5 日稳定低于 5℃时，应采取冬期施工措施；当室外日平均气温连续 5 日稳定高于 5℃时，可退出冬期施工。

5-2　冬期施工方案应包括哪些内容？

冬期施工方案应包括混凝土施工工艺、材料和机具设备选择、作业条件和计划等内容。

5-3　混凝土结构工程冬期施工的基本要求是什么？

混凝土结构工程冬期施工应考虑混凝土结构的特点、气温条件、施工进度、造价以及能耗等因素，选择适宜的养护方法，并应对混凝土的搅拌、运输、浇筑、养护过程进行热工计算。

5-4　冬期浇筑混凝土的受冻临界强度有哪些规定？

冬期浇筑的混凝土，其受冻临界强度应符合下列规定：

1. 采用蓄热法、暖棚法、加热法等施工的普通混凝土，采用硅酸盐水泥、普通硅酸盐水泥配制时，其受冻临界强度不应小于设计混凝土强度等级值的30%；采用矿渣硅酸盐水泥、粉煤灰硅酸盐水泥、火山灰质硅酸盐水泥、复合硅酸盐水泥时，不应小于设计混凝土强度等级值的40%；

2. 当室外最低气温不低于−15℃时，采用综合蓄热法、负温养护法施工的混凝土受冻临界强度不应小于4.0MPa；当室外最低气温不低于−30℃时，采用负温养护法施工的混凝土受冻临界强度不应小于5.0MPa；

3. 对强度等级等于或高于C50的混凝土，不宜小于设计混凝土强度等级值的30%；

4. 对有抗渗要求的混凝土，不宜小于设计混凝土强度等级值的50%；

5. 对有抗冻耐久性要求的混凝土，不宜小于设计混凝土强度等级值的70%；

6. 当采用暖棚法施工的混凝土中掺入早强剂时，可按综合蓄热法受冻临界强度取值；

7. 当施工需要提高混凝土强度等级时，应按提高后的强度等级确定受冻临界强度。

5-5 什么是混凝土结构施工的蓄热法和综合蓄热法？

混凝土冬期施工方法的选择主要是指混凝土浇筑后，在养护期间选择何种养护措施，使混凝土能尽快增长强度并防止混凝土早期遭受冻害。根据热源条件和所使用的原材料，我国《建筑工程冬期施工规程》中给出的各种施工方法可分为两大类，即混凝土养护期间不加热的方法和加热的方法。

混凝土养护期间不加热的方法主要有蓄热法和综合蓄热法。当外界气温不很低时，结构尺寸较厚大，混凝土浇筑时可提高混凝土拌合物的初始温度，加之水泥初期水化时利用水泥的水化热，使混凝土在入模后有一定的温度，加上模板外面用保温材料进行保温蓄热，不需在养护期间额外加热，即可使混凝土在短期内，或混凝土内温度降低到0℃以前即可获得必要的允许受冻临界强度的施工方法。

（1）蓄热法

混凝土拌合前原材料进行加热，浇筑后利用原材料加热及水泥水化热的热量，通过适当保温延缓混凝土冷却，或者地下工程利用土的热量使混凝土冷却到0℃以前达到预期要求强度的施工方法。这种方法主要适用最低气温不低于－15℃，表面系数不大于$5m^{-1}$或地下结构工程。

（2）综合蓄热法

掺化学外加剂的混凝土在配制过程中掺入适量的减水剂、引气作用的早强剂或早强型防冻剂，搅拌时原材料加热，浇筑后利用原材料加热及水泥的水化热热量，通过适当保温延缓混凝土冷却，使混凝土温度降低到0℃或防冻剂规定的设计温度前，达到预期要求的强度的一种施工方法。该方法适用于采用蓄势法不能满足要求时，结构表面系数为$5m^{-1}$～$15m^{-1}$的工程。围护层散热系数宜控制在$50kJ/(m^3 \cdot h \cdot K)$～$200kJ/(m^3 \cdot h \cdot K)$之间。

综合蓄热法施工的混凝土中应掺入早强剂或早强型复合外加剂，并应具有减水、引气作用。

混凝土浇筑后应采用塑料布等防水材料对裸露表面覆盖并保温。对边、棱角部位的保温层厚度应增大到面部位的2倍～3倍。混凝土在养护期间应防风、防失水。

除上述两种方法外，还有负温养护法、硫（铁）铝酸盐水泥混凝土。以上四种方法的特点和适用条件，见表5-1。

混凝土冬期施工常用不加热方法比较　　　　表5-1

施工方法	施工方法的特点	适用条件
蓄热法	1. 原材料加热； 2. 混凝土表面用塑料薄膜覆盖后，上铺高效保温材料进行保温蓄热，防止水分或热量散失； 3. 混凝土温度降低到0℃以前要达到早期允许受冻临界强度值； 4. 混凝土强度增长较慢，费用较低	1. 室外最低气温不低于－15℃； 2. 表面系数M不大于$5m^{-1}$的结构； 3. 地下结构； 4. 大体积混凝土结构

续表

施工方法	施工方法的特点	适用条件
综合蓄热法	1. 原材料加热； 2. 混凝土中掺早强剂或早强型防冻剂； 3. 混凝土表面用塑料薄膜覆盖后，铺以高效保温材料进行保温蓄热。防止水分和热量散失； 4. 混凝土内温度降低到外加剂设计温度前要达到早期允许受冻临界强度值； 5. 混凝土早期强度增长较好，费用较低	1. 混凝土结构表面系数为 $5\leqslant M\leqslant 15$； 2. 混凝土养护期间平均气温不低于－12℃； 3. 适用于梁、板、柱及框架结构，大模板墙等结构
负温养护法（防冻外加剂法）	1. 原材料加热视气温条件； 2. 混凝土掺加防冻剂，亦可适当保温防护，防止失水； 3. 混凝土内温度降低到防冻剂规定的设计温度前要达到早期允许受冻临界强度值； 4. 混凝土强度增长慢，但费用低，方法简便	1. 自然气温不低于－25℃； 2. 适用于表面系数大于 $15m^{-1}$ 或不易保温的结构，野外裸露结构，高空框架，圈梁，且对混凝土强度增长无特别要求的结构； 3. 防冻剂的品种及掺量选定根据气温及结构实际状况选用
硫（铁）铝酸盐早强水泥混凝土	1. 原材料加热视气温条件； 2. 水泥采用硫（铁）铝酸盐早强水泥，并掺用亚硝酸钠及其他专用外加剂； 3. 混凝土浇筑后要用塑料薄膜覆盖防护，可适当用保温材料保温； 4. 混凝土早期强度增长快，具有早强防冻性能； 5. 水泥价格较贵	1. 适用于－25℃以内气温； 2. 适用于梁、板、柱及预制构件接头的现浇混凝土； 3. 表面系数小于 $6m^{-1}$ 的大体积结构不宜用； 4. 使用条件处于100℃以上及高温条件下的结构不适用

5-6 冬期施工对混凝土材料的使用有哪些要求？

1. 水泥

冬期施工的水泥品种取决于水泥中的混合材料对混凝土早期强度、抗渗、抗冻等性能的影响，并与混凝土养护条件、结构特点和结构在使用期间所处的环境。

为了及早获得抵抗早期冻害的强度，就应该选择活性高、水化热大的水泥品种。因此一般混凝土冬期施工的蓄热法、综合蓄热法、外加剂法、暖棚法等都优先选用硅酸盐水泥或普通硅酸盐水泥。采取蒸汽湿热养护的混凝土则正好相反，希望水泥的水化热发生较迟、水化热量较小的水泥品种，因为这样会减轻由于急速湿热高温给混凝土带来的损害，宏观表面为后期强度损失小，宜选用矿渣硅酸盐水泥。

采用其他水泥时，应经试验确定适宜的防冻剂与养护方法。

冬期混凝土采用大模板或滑模施工时，所用水泥除强度外，尚应考虑施工期间实际环境温度测定其凝结时间。

2. 骨料

冬期施工时，混凝土用骨料应符合现行国家相关标准的规定，并不得含有冰、雪冻块及其他易冻裂物质外，还要求清洁、级配良好、质地坚硬，不应含有易被冻环的矿物。

骨料中不应含有机物质，如腐殖酸能延缓混凝土的硬化，尤其当采用不加热的施工方法时危害性更大，因为要中和骨料中所含的有机物质，就要消耗掉大量的水化产物，从而延缓水泥的水化速度和强度增长过程，同时还会降低后期强度。

在掺有外加剂的混凝土中，要注意检查骨料中活性二氧化硅的成分，防止发生碱骨料反应而导致混凝土破坏。含有活性二氧化硅的矿物如蛋白石、王髓、燧石、磷石英、方英石等在火成岩、沉积岩、变质岩中都可能存在，所以要进行骨料成分的检验。

骨料多处于露天堆置条件，进入冬期水洗工作很难进行，因此含泥量超过规定，需要进行水洗的骨料，事先要做好贮备。冬期混凝土所用骨料的贮备地点应选择地势较高，不积水的地方。如果通过干筛能使含泥量达到要求，则只要含水不是高到使骨料结块的程度，可利用冬期多风的条件筛净骨料。

3. 外加剂

冬期施工混凝土用外加剂除应符合现行国家相关标准的规定

外，尚应符合下列规定：

（1）当使用具有碱活性骨料时，混凝土用防冻剂、早强剂等外加剂的碱含量应符合现行国家标准《混凝土外加剂应用技术规范》（GB 50119）的有关规定。

（2）使用含有强电解质无机盐成分的早强剂、防冻剂、早强减水剂等，应符合现行国家标准《混凝土外加剂应用技术规范》（GB 50119）的相关规定。

（3）采用非加热养护方法时，混凝土中宜掺入引气剂、引气型减水剂或含有引气组分的复合型外加剂，混凝土含气量宜控制在3.0%～5.0%。

目前冬期施工常用的外加剂多为定型产品，其组分中包括防冻、早强、减水、引气和阻锈等。要选用通过技术鉴定、符合质量标准、而且清楚地掌握其对混凝土拌合物和硬化混凝土影响的外加剂，不应引起任何不期望的副作用，例如对钢筋的锈蚀和增加混凝土的渗透性等。向混凝土掺入外加剂之前，应对其进行适应性试验，试验要采用最大计划掺量。

（4）碱骨料反应条件除了骨料中含有活性矿物成分外，尚需要有碱。在混凝土中带入碱成分因素主要是水泥和外加剂。特别是在冬季施工中使用的防冻剂，含碱量都比较高，所以施工中要注意严格控制碱含量。一般认为每立方米混凝土中含碱的总量（Na_2O当量）不超过3.0kg可以接受。并应符合现行国家标准《混凝土外加剂应用技术规范》（GB 50119）的规定。

我国冬季施工中使用的防冻剂、早强剂含碱量如表5-2，可供参考。

某些物质碱含量 **表5-2**

序	名　　称	化　学　式	每kg物质含碱量(kg)	备注
1	硫酸钠	Na_2SO_4	0.436	
2	亚硝酸钠	$NaNO_2$	0.449	
3	碳酸钾	K_2CO_3	0.448	

续表

序	名　称	化　学　式	每 kg 物质含碱量(kg)	备注
4	硝酸钠	$NaNO_3$	0.365	
5	氯化钠＋氯化钙	$NaCl+CaCl_2$	0.464	1∶1
6	氯化钠＋亚硝酸钠	$NaCl+NaNO_2$	0.486	1∶1

另外，采用非加热养护方法时，混凝土中掺入的引气剂、引气型减水剂等，混凝土中含气量宜控制在3.0％～5.0％。

（5）钢筋混凝土掺用氯盐类防冻剂时，氯盐掺量不得大于水泥质量的1.0％。掺用氯盐的混凝土应振捣密实，且不宜采用蒸汽养护。

在下列情况下，不得在钢筋混凝土结构中掺用氯盐：

1）排出大量蒸汽的车间、浴池、游泳馆、洗衣房和经常处于空气相对湿度大于80％的房间以及有顶盖的钢筋混凝土蓄水池等在高湿度空气环境中使用的结构；

2）处于水位升降部位的结构；

3）露天结构或经常受雨、水淋的结构；

4）有镀锌钢材或铝铁相接触部位的结构和有外露钢筋、预埋件而无防护措施的结构；

5）与含有酸、碱或硫酸盐等侵蚀介质相接触的结构；

6）使用过程中经常处于环境温度为60℃以上的结构；

7）使用冷拉钢筋或冷拔低碳钢丝的结构；

8）薄壁结构，中级和重级工作制吊车梁、屋架、落锤或锻锤基础结构；

9）电解车间和直接靠近直流电源的结构；

10）直接靠近高压电源（发电站、变电所）的结构；

11）预应力混凝土结构。

4. 矿物掺合料

矿物掺合料的性能除应符合现行有关标准外，在配制时尚应考虑混凝土在负温条件下的强度发展特点，经试配后使用。

（1）粉煤灰

在混凝土中掺入一定量的粉煤灰，能达到改善混凝土的性能，提高工程质量，节约水泥，降低成本的优点。但其不足之处是，掺加粉煤灰的混凝土早期强度发展缓慢，这对冬期施工不利，但在掺入粉煤灰同时，再掺加能激发其活性的外加剂，如早强剂、早强型减水剂或早强型防冻剂，可弥补这一缺点，也会获得满意的效果。

在寒冷地区选用粉煤灰时，应考虑如下要求：

1）应选用Ⅰ级粉煤灰，或细度小于12%的超细粉煤灰；

2）掺量不宜大于15%，大体积混凝土掺量可适量增大；

3）为提高混凝土早期强度，可掺加早强剂或早强型减水剂，亦可和磨细矿渣粉复掺使用；

4）当气温低于5℃以下时，通过试验根据气温情况掺入早强型防冻外加剂；

5）提高混凝土入模温度，一般不低于15℃。

（2）磨细矿渣

在所有矿物掺合料中，磨细矿渣的活性比粉煤灰、浮石粉等材料都好，所以它既可以代替部分熟料生产水泥，又可以等量代替水泥生产混凝土。

1）掺磨细矿渣的混凝土，和同强度等级混凝土的基准混凝土相比，早期强度稍低，对冬期施工不利，可以掺加早强剂或低温早强剂加以解决。

2）特别适用于大体积混凝土中应用，可以降低水化热峰值，延迟峰值出现的时间。

3）掺加磨细矿渣的混凝土，由于二次水化效应，可以使混凝土更加致密，孔径细化，有利于提高混凝土的抗渗性、抗冻性和抗氯离子渗透能力。

4）当等量取代水泥用于混凝土中时，由于水泥用量降低，及矿渣的碱吸收能力，使混凝土中的 $Ca(OH)_2$ 减少，有利于抗硫酸盐侵蚀能力和抑制碱骨料反应。

5）用于生产泵送混凝土时，混凝土坍落度能增大，但混凝土拌合物黏度也增大，使得混凝土黏稠，工作性不太好，可以采用掺加部分粉煤灰的双掺技术加以解决，复掺比例通过试验确定，一般取 1∶1～1∶2.5。

（3）沸石粉

掺加沸石粉的混凝土，沸石中的分子水具有调节水泥水化和提高初始温度的作用，从而能提高混凝土强度，增强混凝土的早期抗冻能力，这对混凝土冬期施工颇为有利。

沸石粉检测和应用应遵照现行《天然沸石粉在混凝土与砂浆中应用技术规程》（JGJ/T 112）的规定执行。

沸石粉应用注意事项如下：

1）沸石粉根据铵吸收值、细度、需水量及 28 天性能分为三个等级。其中Ⅰ级沸石粉宜用于强度等级不低于 C60 级的混凝土；Ⅱ级沸石粉可用于低于 C60 级的混凝土；Ⅲ级沸石粉主要用于砌筑砂浆或抹灰砂浆中，经试验也可用于低于 C60 的混凝土中。

2）由于沸石颗粒内表面积大，因此需水量偏高。例如以 10％沸石粉置换相应量的水泥，拌制混凝土时，当用水量相同时，坍落度要比基准混凝土小 20mm 左右。因此为达到相同坍落度要求的混凝土，不宜增加用水量，可多掺些减水剂解决。

（4）硅粉

硅灰是铁合金厂在冶炼硅铁合金或金属硅时，从烟尘中收集起来的一种飞灰，颗粒极细，主要呈球状，平均粒径 0.1μm，比表面积达 18000m^2/kg。硅灰主要成分为无定形 SiO_2，含量达 85％以上，所以活性极高，对混凝土的早期强度发展极其有利，所以特别适于冬期施工。由于我国硅粉产量较少，价格较贵，通常在冬期施工中和磨细粉煤灰或磨细矿渣复合使用，掺量一般不超过 10％。硅粉的质量应满足表 5-3 规定。

硅粉质量要求 **表 5-3**

SiO_3 含量（%）	烧失量（%）	需水量比（%）	比表面积（m^2/kg）	28d 活性指数（%）
≥85	≤6	≤125	≥18000	≥85

（5）保温材料

冬期施工所用保温材料，应根据工程类型、结构特点、施工条件和当地气温情况选用。一般应就地取材，综合利用。

在选择保温材料时，以导热系数小，密封性好，坚固耐用，防风防潮，价格低廉、重量轻，便于搬运和支设，能够多次重复使用者为优。

保温材料必须保持干燥，受潮后保温性能成倍降低。不应将保温材料直接铺盖在潮湿的混凝土表面，新浇混凝土表面应铺一层塑料薄膜。特别要加强保温材料堆放管理，注意不要与冰雪混杂在一起堆放。

（6）拌合用水

与常温施工相同。

5-7 冬期施工对混凝土使用的原材料检查及质量控制有哪些要求？

（1）水泥进场经二次检验，合格后方准使用。

（2）外加剂

1）对外加剂的选择，应按现行《混凝土外加剂应用技术规范》（GB 50119）下述规定严格控制："严禁使用对人体产生危害、对环境产生污染的外加剂"。

2）掺外加剂混凝土所用水泥，应检查外加剂与水泥的适应性，符合要求后方可使用。当工程所用原材料发生变化时，还要进行外加剂适应性检验。

3）选用的外加剂应有供货单位提供的下列技术文件：

① 产品说明书，必要时应表明产品主要成分；

② 出厂检验报告及合格证；

③ 掺外加剂混凝土性能检验报告；

④ 碱含量、氯离子的检验报告；

⑤ 产品供应备案管理手册；

⑥ 产品工程应用实例（有需要时）；

⑦ 产品质量、供货保证性文件（对大型或重要工程）。

以上文件中碱含量、氯离子的检验报告及掺外加剂混凝土检验报告应为当年度的，并由法定质量监督检验（带有“CAL”及“CMA”受权标志）的机构提供。

外加剂运到工地（或混凝土搅拌站）应立即取代表性样品进行检验，进货与工程试配时一致，方可入库、使用。对商品混凝土搅拌站只检查试配试验数据。

4）下列结构中严禁采用含有氯盐配置的早强剂及早强减水剂：

① 预应力混凝土结构；

② 相对湿度大于80%环境中使用的结构、处于水位变化部位的结构、露天结构及经常受水淋、受水冲刷的结构；

③ 大体积混凝土；

④ 直接接触酸、碱或其他侵蚀性介质的结构；

⑤ 经常处于温度为60℃以上的结构，须经蒸养的钢筋混凝土预制构件；

⑥ 有装饰要求的混凝土，特别是要求色彩一致的或是表明有金属装饰的混凝土；

⑦ 薄壁混凝土结构，中级和重级工作制吊车的梁、屋架、落锤及锻锤混凝土基础等结构；

⑧ 使用冷拉钢筋或冷拔低碳钢丝的混凝土；

⑨ 骨料具有碱活性的混凝土结构。

5）在下列混凝土结构中严禁采用含有强电解质无机盐类的早强剂及早强减水剂：

① 与镀锌钢材或铝铁相接触部位的结构，以及有外露钢筋

预埋铁件而无防护措施的结构；

② 使用直流电源的结构以及距高压直流电源 100m 以内的结构。

6）含亚硝酸盐、碳酸盐的防冻剂严禁用于预应力混凝土结构。

冬施期间的外加剂，主要是早强剂（包括早强减水剂）和防冻剂，都应按规定进行检查和控制，其中包括见证取样检测；并均应提供符合相关标准的检测和复试报告。

7）有害物质的规定

① 碱含量的限制规定：

• 掺入混凝土的外加剂的碱总量（$Na_2O+0.658K_2O$）应符合表 5-4 的规定。

• 掺入混凝土的外加剂的碱总量计算方法：首先按照每 m^3 混凝土 400kg 水泥计算外加剂的用量 M（kg），如外加剂碱含量为 $R\%$，则带入每 m^3 混凝土的碱总量为 $M\times R\%$。

由外加剂带入混凝土的碱总量的限值　　表 5-4

外加剂品种	碱含量限值（kg/m^3）
防水剂类外加剂	≤0.7
除防水剂及泵送防水剂外其他外加剂	≤1.0

②所选用外加剂的氯离子含量应符合表 5-5 规定。

掺入混凝土中外加剂氯离子（Cl^-）含量的限制规定　表 5-5

混凝土种类	氯离子含量（kg/m^3）	混凝土种类	氯离子含量（kg/m^3）
预应力混凝土	0.02 以下	无筋混凝土	0.20～0.60
钢筋混凝土	0.02～0.20		

③ 用于房屋建筑工程中的外加剂，应符合现行《混凝土外加剂中释放氨的限量》（GB 18588—2001）标准中的规定，其氨含量应不大于 0.1%。

④ 混凝土外加剂中含有的游离甲醛、游离萘等有害身体健

康的成分含量应符合国家有关标准的规定；用于饮水工程及与食品相接触的部位时，混凝土外加剂应进行检测，符合相应标准和规范要求；混凝土外加剂掺入后，不应对周围环境及大气产生污染，并符合《民用建筑工程室内环境污染控制规范》（GB 50325—2010）中的要求。

⑤ 混凝土外加剂供货方应对外加剂的存放和运输提供必要的说明，混凝土外加剂运到使用方后，使用方应保证其存放过程中按规定执行。

⑥ 混凝土外加剂的包装除符合《混凝土外加剂》（GB 8076—2008）中有关要求外，还应标明其在使用中的注意事项以及必要的安全措施，即是否含有苛性碱、毒性或腐蚀性。

8）外加剂的验收

① 外加剂进入现场后，应按照批次进行有见证取样，并送具有检验资格的检验机构对该样品进行复试，检验项目除包括本节规定外还应包括其工程要求的其他特殊指标。

② 工程应用单位对外加剂的包装，按照《混凝土外加剂》（GB 8076—2008）中的规定验收。

5-8 冬期施工混凝土最小水泥用量、水胶比和坍落度有何要求?

冬期施工混凝土配合比应根据施工期环境气温、原材料、养护方法、混凝土性能要求等经试验确定，并宜选择较小的水胶比和坍落度。

冬期施工的混凝土一般采用的水泥强度等级不应低于 42.5 级，在有充分依据时，也可采用 32.5 级水泥，最小水泥用量不小于 $280kg/m^3$，水胶比不大于 0.55，但对厚大体积混凝土的最小水泥用量，应根据实际情况确定；对于强度等级不大于 C20 的混凝土，其最大水胶比和最小水泥用量亦可不受上述限制。

5-9 冬期施工对混凝土拌制有哪些要求?

1. 原材料加热

(1) 混凝土原材料加热宜采用加热水的方法。当加热水仍不能满足要求时，可对骨料进行加热。水、骨料加热的最高温度应符合表5-6的规定。

当水和骨料的温度仍不能满足热工计算要求时，可提高水温到100℃，但水泥不得与80℃以上的水直接接触。

拌合水及骨料加热最高温度　　　　表5-6

水泥强度等级	拌合水(℃)	骨料(℃)
小于42.5	80	60
42.5、42.5R及以上	60	40

(2) 水加热宜采用蒸汽加热、电加热、汽水热交换罐或其他加热方法。水箱或水池容积及水温应能满足连续施工的要求。

(3) 砂加热应在开盘前进行，加热应均匀。当采用保温加热料斗时，宜配备两个，交替加热使用。每个料斗容积可根据机械可装高度和侧壁厚度等要求进行设计，每一个斗的容量不宜小于3.5m^3。

砂应提前备足，要进行保温覆盖。

(4) 水泥不宜直接加热，袋装水泥应采取保暖措施。

2. 加热方法

(1) 水加热方法

水加热的方法有直接和间接加热两种。

直接加热就是用铁桶、大锅或热水锅炉直接用燃料提高水的温度。这种方法在施工场地狭窄、零星分散的工程中，或没有汽源的情况下是很实用的，也是常用的简便加热方法。

间接加热又分为两种：一种是直接向贮水箱内通蒸汽，利用蒸汽提高水的温度；另一种是水箱内装置蒸汽加热器、电加热器或汽水热交换罐提高水的温度。间接加热比直接加热安全，节省人力，但需要设置相应设备。

水加热的最高允许温度是以水与水泥接触后不致引起水泥假凝为依据的。在砂、石不加热时，采取适当的投料顺序，使水在搅拌机内先与骨料接触，将热量传递给骨料，在混凝土不超过40℃的条件下可以将水温加热到100℃。

对拌合水加热的要求是水温准确，供应及时，保持先后用水温度一致。为此，应有足够的热水量，以免拌合物前后的温度有过大差异，甚至造成混凝土坍落度不一致，以致影响混凝土的施工质量。

（2）骨料加热方法

当自然气温较低，只加热拌合水尚无法满足拌合物出机温度的要求时，对于骨料，首先是砂，其次是石子也要加热。

骨料加热以加热砂比较方便，砂子加热的方法分为烘烤法、直接加热法和间接加热法三种形式。

烘烤法用砖砌成火道，顶面覆盖钢板，在其上面烘炒砂子。此法设备简单，但加热不易均匀，还要避免因砂子局部灼热而造成石质破坏或引起拌合物温度失调。烘烤亦可在砂堆周围巧妙安设红外线灯，该方法对除去砂堆表面上的冻结层最有效。

直接加热法是在砂堆内插入蒸汽花管，直接向砂堆排放蒸汽，以提高砂的温度。此法也称湿热法，该方法设备简单、加热迅速有效，但务必注意勤移动蒸汽管，使各处均匀加热。湿热法往往使砂子的含水率变化较大，因此应及时测定含水率，并将由骨料带入的水分从拌合水中扣除，避免因水胶比和坍落度发生变化而影响混凝土的浇筑和强度的增长。

间接加热法是在砂堆中安设蒸汽排管或采用保温加燃料斗。此法也称干热法，该方法砂子含水率变化小，但加热时间长，投资大，费用高。当采用保温加热料斗时，宜配备两个以上，以便交替使用，每个料斗容积可根据机械可装高度和侧壁斜度等进行设计，每个料斗容量一般不小手3.5m^3。

无论采用直接加热或间接加热，砂堆均应以帆布覆盖，有条件时可将热空气吹入帆布内，以及将带有低压电加热器的柔性隔热垫或将电热器埋入堆置砂子的混凝土地坪中，从而使砂堆内的含水率和温度均匀，并避免表面形成冰冻壳。

石子在通常情况下尽量不加热，当气温较低时，为提高拌合物的温度，可根据情况，按砂的加热方法加热。

3. 混凝土搅拌

(1) 搅拌机的选择

冬期施工，应考虑水胶比的减少、外加剂的掺入等因素。为了加强搅拌效果，应选择强制式搅拌机。

混凝土搅拌机的规格常以“装料容积”表示，装料容积通常只为搅拌机几何容积的1/2～1/3。一次搅拌好的混凝土体积称为“出料容积”，约为装料容积的55％～75％。

为确保混凝土的质量，冬期施工时除合理选择搅拌机型号外，还必须确定搅拌制度，如搅拌筒转数、搅拌时间、装料容积和投料顺序等。一般自由坠落式搅拌机转筒的最佳圆周速度为60m/min左右；强制式搅拌机鼓筒的转速为6～7r/min，叶片转轴的转速为30r/min。转速过小，不能拌匀；转速过大，由于离心力作用，也会影响混凝土拌合物的均匀性。因此，绝不能用增大转速的方法来缩短搅拌时间。

混凝土搅拌前应对搅拌机保温或用蒸汽进行预热。

(2) 投料顺序

合理的投料顺序，既能使混凝土获得良好的和易性，并使拌合物的温度均匀，有利于强度发展，又可提高搅拌机的效率。冬期搅拌混凝土的合理投料顺序应与材料加热条件相适应。一般是先投入骨料和加热的水，待搅拌一定时间后、水温降低到40℃左右时，再投入水泥继续搅拌到规定的时间。避免水泥和含引气组分外加剂与60℃水直接接触。要绝对避免水泥假凝。

投料量要与搅拌机的规格、容量相匹配，在任何情况下均不宜超载。如装料超过容积的10％，会影响拌合物的均匀性；若装料过少，又不能充分发挥搅拌机的效能。

对搅拌好的混凝土，应经常检查其温度及和易性。若有较大差异，应检查材料加热温度、投料顺序或骨料含水率是否有误，以便及时调整。

投料时应注意不要把冰雪或冻团骨料装入搅拌机内，因为这会给拌合物温度带来很大的损失，而且大于 8cm 的冻块便很难通过搅拌被粉碎和融化，热量尚未平衡的冻团骨料除给成型带来困难外，更主要的是要影响混凝土的质量。另外，防冻剂使用前应搅拌均匀，防冻剂带入的水分应从拌合水中扣除。

（3）搅拌时间

搅拌时间是影响混凝土质量和搅拌机生产效率的重要因素之一。搅拌时间短，拌合不均匀，混凝土的和易性和施工性能差，强度会降低；搅拌时间过长，不仅会影响搅拌机的生产效率，还会使混凝土的和易性又重新降低或产生不利施工的分层离析现象。搅拌时间与搅拌机的类型、容量、骨料的品种、粒径、干湿度、外加剂的种类、原材料的温度以及混凝土的坍落度等有关。自落式和强制式搅拌机在常温下搅拌的最短时间（自全部材料装入拌筒中起，到卸料止）可按表 5-4 采用。为满足各组成材料间的热平衡，冬期混凝土搅拌的最短时间应符合表 5-7 的规定。

混凝土搅拌的最短时间　　表 5-7

混凝土坍落度(mm)	搅拌机容积(L)	混凝土搅拌最短时间(s)
≤80	<250	90
	250～500	135
	>500	180
>80	<250	90
	250～500	90
	>500	135

注：采用自落式搅拌机时，应较上表搅拌时间延长 30s～60s；采用预拌混凝土时，应较常温下预拌混凝土搅拌时间延长 15s～30s。

（4）混凝土拌合物

① 拌合物的和易性

在目前的施工技术中，和易性即反映拌合物的流动性、可塑性、稳定性和易密实性等施工性能，又关系到混凝土硬化后的强度、变形和耐久性能。所以在施工中应严格控制。测定和易性的方法，一是坍落度试验方法；二是维勃稠度法。现场通常采用坍落度试验方法。

混凝土浇筑时的坍落度要求，见表5-8。

混凝土浇筑时的坍落度要求　　表5-8

结构种类	坍落度(cm)
基础或地面等的垫层，无配筋的厚大结构（挡土墙、基础或厚大的块体等）或配筋稀疏的结构	1～3
板、梁和大型及中型断面的柱等	3～5
配筋密列的结构（薄壁、斗仓、筒仓、细柱等）	5～7
配筋特密的结构	7～9

注：1. 本表系指采用机械振捣的坍落度，采用人工捣实时可适当增大。
2. 需要配大坍落度混凝土时，应掺用外加剂。

② 拌合物的温度

混凝土拌合物的温度主要由出机温度控制。而出机温度则应根据气温和施工的热损失，满足入模温度要求。一般混凝土拌合物的温度应通过热工计算予以确定。出机温度不宜低于15℃，入模温度不低于5℃，对预拌混凝土或需远距离输送的混凝土，混凝土拌合物的出机温度不宜低于15℃，具体可根据运输和输送距离经热工计算确定。大体积混凝土的入模温度可不受上述限制。

5-10　冬期施工混凝土运输有哪些要求？

混凝土拌合物出机后，应及时运到浇筑地点。在运输过程中，要注意防止混凝土热量散失、表面冻结、混凝土离析、水泥砂浆流失、坍落度变化等现象。在运输距离长、倒运次数多的情况下，要改善运输条件，加强运输工具的保温覆盖，在可能的条件下，制作定型保温车或运输采暖设备。途中混凝土温度不能降低过快，一般每小时温度降低不宜超过5～6℃。如混凝土从运输到浇筑过程中发生冻结现象时，必须在浇筑前进行人工二次加热拌合。为防止混凝土坍落度的变化，运输工具除保温防风外，还必须严密、不漏浆、不吸水并应在使用中经常清除容器中粘附的硬化混凝土残渣并及时清除冰雪冻块，容器用后要盖严。

混凝土的运输过程是热损失的关键阶段。混凝土浇筑时入模温度除与拌合物的出机温度有关外，主要取决于运输过程中的蓄热程度。因此，运输速度要快，运输距离要短，倒运次数要少，保温效果要好。

采用泵送混凝土时，泵管应保温，采用与混凝土同一配合比的砂浆进行预热。

混凝土运输过程中的温度降低值，应通过热工计算求得，并在实施中严加控制和进行测温。

5-11 冬期施工采用蓄热法和综合蓄热法对混凝土浇筑有哪些要求?

（1）在浇筑前，应清除模板和钢筋上的冰雪和污垢。浇筑时，拌合物由拌板、料斗、漏斗或各类运输工具中卸出砂浆容易与容器冻结，故在浇筑前应采取防风、防冻保护措施，一旦发现混凝土遭冻应进行二次加热搅拌，使拌合物具有适宜的施工和易性后再浇筑。

（2）冬期施工浇筑混凝土时，不宜留置施工缝。如因技术或组织上的原因不能连续浇筑时，若其停顿时间有可能超过混凝土的初凝时间，则应正确留置施工缝。施工缝的位置宜留在结构剪力较小，且便于施工的部位，具体要求与常温施工相同。

当浇筑露天挑台或考虑温度应力影响的长度较大的构件时，为避免裂缝，亦应留置施工缝，施工缝的留置位置应会同设计单位按热工计算或根据需要留置。

（3）在施工缝处接着浇筑混凝土时，应先除掉水泥薄膜和松动石子，将表面湿润冲洗干净，并使接缝处原混凝土的温度高于2℃，然后铺抹水泥浆或与混凝土砂浆成分相同的砂浆一层，待已浇筑的混凝土强度高于1.2MPa时，允许继续浇筑。

（4）木质类模板更适合混凝土的冬期施工。模板各棱角部位应注意做加强保温。混凝土浇筑前宜采用热风机清除冰雪和对钢筋、模板进行预热。

（5）混凝土应分层浇筑，每层厚度不得超过表5-9的规定。

混凝土浇筑层的厚度　　表5-9

项次	捣实混凝土的方法		浇筑层厚度(mm)
1	插入式振捣		振捣器作用部分长度的1.25倍
2	表面振捣		200
3	人工捣固 (1)在基础、无筋混凝土或配筋稀疏的结构中 (2)在梁、墙板、柱结构中 (3)在配筋密列的结构中		 250 200 150
4	轻骨料混凝土	插入式振捣 表面振捣(振动时需加荷)	300 200

分层浇筑厚大体积结构时，已浇筑层的混凝土温度，在被上一层混凝土覆盖前，不应降至热工计算的数值以下，也不得低于2℃。

（6）浇筑承受内力接头的混凝土（或砂浆），宜先将结合处的表面加热到正温。浇筑后的接头混凝土（或砂浆）在温度不超过45℃的条件下，应养护至设计要求强度，当设计无要求时，其强度不得低于设计强度等级的70%。

型钢混凝土组合结构，浇筑混凝土前应对型钢进行预热，预热温度宜大于混凝土入模温度。

（7）施工浇筑地面以下结构混凝土时，常会遇到在不同类别地基土上和冻结层上浇筑混凝土的问题。冬期一般不得在强冻胀性地基上浇筑混凝土，这类土含水率高，冻胀变形大，如果地基土遭冻，必然要引起混凝土的冻害及变形。在弱冻胀性地基土上浇筑时，地基土应保温，这类土冻胀性略小，施工时尽量勿使地基土受冻，以免地基土冻胀，危及混凝土。在非冻胀性地基上浇筑混凝土时，可不考虑土对混凝土的冻胀影响，但在受冻前，混凝土的抗压强度不得低于受冻临界强度。尤其应监测与冻结层接触处的混凝土温度。春融期间，根据融沉土类别允许残留冻土层的厚度列于表5-10，供施工时参考。

允许残留冻土层厚度 **表5-10**

融沉土类别	不融沉土	微融沉土	融沉土	强融沉土
允许残留冻土层厚度(cm)	100	70	50	30

（8）提高和控制混凝土的入模温度是冬期施工的主要措施之一，入模温度应通过热工设计确定。

5-12 混凝土结构工程冬期施工的养护方法有哪些要求?

（1）当室外最低气温不低于－15℃时，对地面以下的工程或表面系数不大于$5m^{-1}$的结构，宜采用蓄热法养护，并应对结构易受冻部位加强保温措施。对于较厚大体积的结构，由于散热较慢，冷却到摄氏零度的持续时间较长，宜使用蓄热法养护。一般判定条件为：平均气温 $T_{max}\geqslant -5$℃；结构表面系数$\leqslant 5m^{-1}$。蓄热法施工的混凝土养护，其关键是需计算设计和确定混凝土冷却到0℃时所需要的保温材料、冷却时间和所达到的强度。

① 根据既定的保温模板、混凝土入模温度及室外气温来计算混凝土降到0℃时所需要的保温材料、冷却时间和所达到的强度。

② 根据混凝土温度降至0℃这段时间及其平均温度来计算混凝土是否达到要求的受冻临界强度。

③ 如计算满足不了要求，再采用增加或改变防水、保温材料品种或厚度，改变水泥品种或提高入模温度等措施，使之达到

要求。

④ 混凝土在降至摄氏零度时，采用蓄热法养护的混凝土受冻临界强度应符合表 5-11 的要求。

蓄热法养护混凝土降至零度时的受冻临界强度　表 5-11

序号	配制混凝土的水泥品种	强度下限值	备　注
1	硅酸盐水泥或普通硅酸盐水泥	设计强度的 30%	
2	矿渣硅酸盐水泥	设计强度的 40%	
3	混凝土强度等级≤C15	5MPa	应与序号 1、2 规定同时满足

（2）当采用蓄热法不能满足要求时，对表面系数为 $5m^{-1}$～$15m^{-1}$的结构，可采用综合蓄热法养护。采用综合蓄热法养护时，混凝土应掺用具有减水、引气作用的早强剂或早强型复合防冻剂。

一般使用于表面系数 $5m^{-1}$～$15m^{-1}$，最低气温不低于－15℃（或平均气温－12℃）的条件下的冬期施工。水泥宜选用硅酸盐水泥，普通硅酸盐水泥。要通过热工计算确定：①保温层总传热系数 K；②混凝土冷却阶段在平均气温（Tm、a）下冷却至 0℃时混凝土应达到受冻临界强度；③混凝土冷却时间和平均温度。使混凝土通过适当保温延缓混凝土冷却到 0℃或设计规定温度前，其强度达到或超过规定的受冻临界强度。

（3）混凝土浇筑后，应对裸露表面采用防水保湿材料覆盖并进行保温，对边、棱角及易受冻部位的保温层厚度应提高 2 倍至 3 倍。在混凝土养护和越冬期间，应采取防风、防失水措施，并不得直接向负温混凝土表面浇水养护。

5-13　冬期施工对大体积混凝土的要求有哪些？

（1）大体积混凝土的特点

1）建筑工程大体积混凝土的特点

随着经济的发展，高层建筑和大型（超大型）公共建筑不断出现，其基础多采用箱基、筏基，同时出现了高层或超高层结构转换层等大体积混凝土。它与水工结构大体积混凝土相比，具有以下的特点：

① 块体较薄，体积较小；

② 混凝土设计强度较高，单方水泥用量较多，水化热引起的混凝土内部温度较一般混凝土要大得多；

③ 构件断面内配筋较多，整体性要求高；

④ 基础结构大多埋置地下，虽然受外界温度的影响较小，但要求抗渗性较高。

因此，如何控制混凝土的内外温差和温度变化而造成的裂缝，提高混凝土的抗渗、抗裂和抗侵蚀性能，是建筑工程大体积混凝土施工中的关键问题。

2）大体积混凝土冬期施工特点

大体积混凝土的特点是结构厚、体形大、钢筋密，一次浇筑量大，施工时间长，受环境影响大，水化热大，温度场梯度大，特别是在冬期室外气温较低，极易产生裂缝。大体积混凝土一旦出现裂缝，对建筑物基础承载的整体性、抗渗性和耐久性都会产生影响，即使是封闭加固也会留下质量缺陷，带来经济损失。

在实际工程中，混凝土裂缝的产生常见的有：

① 收缩裂缝

大体积混凝土浇筑后，因水泥水化放热，混凝土内部温度急剧上升，在2～4d内达到最高峰，然后缓慢下降，在降温过程中，混凝土产生冷缩；水泥在水化硬化过程中，化学反应后的体积比反应前缩小。混凝土拌合水中有大部分没有参加化学反应，而是存在于硬化后的混凝土的孔隙和毛细孔中，毛细水在干燥环境下蒸发则会造成混凝土干缩。当混凝土处于内外约束下，这些收缩会使混凝土内部产生拉应力，当某时刻的拉应力超过当时混凝土的抗拉强度时，混凝土就会开裂，这就是我们常说的收缩裂缝。

② 温度裂缝

当混凝土内部温度升高后，室外温度较低，因而在混凝土表面和内部产生温度差，当此温差达到一定值后，表面产生的裂缝为温度裂缝。

冬施中浇筑大体积混凝土，由于结构截面尺寸大，水泥在水化反应中释放的水化热所产生的温度变化和混凝土收缩的共同作用，会产生较大的温度应力和收缩应力，成为大体积混凝土出现裂缝的主要原因。因此大体积混凝土中控制好温度应力的产生，在施工期间特别是严寒地区如何控制好混凝土内外温差。如何控制好混凝土内部中心最高温度是冬施防止裂缝的关键。

（2）防止裂缝的措施

1）控制混凝土内部中心温度

① 选用低强度等级混凝土

混凝土强度等级对混凝土中心温度影响较大，一般随混凝土强度等级提高而中心温度相应提高，如C30混凝土与C40混凝土对比，其3d温度可提高7℃，从表5-12数据对比可以说明，选用较低强度等级混凝土对降低混凝土中心温度有益从而减少温差影响。

C30、C40混凝土内部中心温度对比（℃）　　表5-12

	3d		6d		9d	
	C30	C40	C30	C40	C30	C40
T_j	20	20	20	20	20	20
ξ、T_h	24.2	31	20.4	26.2	15.6	20
混凝土计算温度	44.2	51	40.4	46.2	35.6	40
对比温度	6.8		5.8		4.4	

注：T_j—混凝土浇筑温度；ξ—降温系数；T_h—绝热温升。

② 采用低水化热、低强度等级水泥

一般普通水泥每千克水泥发热量要比矿渣水泥高一些，如强度等级为42.5矿渣水泥，其3d的水化热为180kJ/kg，而同样强度等级为42.5普通硅酸盐水泥，其3d的水化热为250kJ/kg；而同样强度等级为42.5的火山灰水泥，相比矿渣水泥，其3d的水化热为仅为同强度等级普通混凝土水泥的60%。

同一品种水泥不同强度等级主要反映在早期强度，水泥强度等级越高，早期强度亦高，早期水化热也高。

因此，采用不同强度等级水泥配制同强度等级混凝土，由于水泥发热量的不同而对混凝土中心温度有一定影响，因此选用较低强度等级水泥配制同强度等级混凝土对降低混凝土中心温度有利。

③ 适宜选择混凝土浇筑温度

浇筑温度的高低直接影响混凝土中心温度。浇筑温度越高，中心温度也高，因此应加以控制，一般不宜过高，应结合混凝土浇筑厚度及气候条件加以适当选择。

2）减少混凝土内外温差的影响

① 要考虑混凝土厚度的因素

大体积混凝土中心及表面温度随浇筑厚度不同而变化，其规律为混凝土厚度越大其中心温度越高，相对表面温差越大。一般混凝土每增加 200mm 时其混凝土中心温度相对增加 10%左右，表面温差增加 2℃。因此厚大箱基混凝土在冬期施工时，为了减少混凝土内外温差影响而防止产生裂缝，应采取措施及在管理上加以控制。

② 要考虑气温高低的影响

大体积混凝土中心温度及表面温度的温差随气温高低而变化。其规律为大气温度越低其内外温差越大，保温材料总传热阻（R）值越小其内外温差越大。在同样条件下混凝土中心及表面温差微寒及高寒地区对比相差 4～5℃，因此大体积混凝土在高寒地区要注意保温覆盖及掌握好撤除保温层的时间与降温速度，防止产生裂缝。

③ 要考虑靠近混凝土表面的局部环境温度的影响

如果对处于降温阶段的大体积混凝土采取保温养护措施，如覆盖保温材料，那么，保温材料下的局部环境温度就会高于大气温度，在养护阶段，混凝土表面温度就不致降低过快，混凝土内外温差就会减小，在混凝土早龄期抗拉强度还不高时就可能避免出现温度裂缝。减缓降温速度也有利于混凝土强度增长和应力松弛发挥作用，同样有利于防止裂缝产生。

3）减少混凝土收缩的影响

① 选择干缩率低的水泥品种

在表 5-13 列出的测试结果中，不同水泥品种收缩值也不同，后期差别不大，但早期却差别很大，因此应选用早期干缩率低的水泥品种。

水泥品种不同对干缩的影响　　　　表 5-13

水泥品种	坍落度 10cm 时用水量（kg/m^3）	干缩率（$\times10^{-4}$）				
		7d	28d	56d	90d	200d
纯大坝水泥	151	0.44	3.02	4.17	4.71	5.14
普通水泥	151	0.46	2.58	3.75	4.48	4.77
矿渣水泥	151	0.17	2.56	3.69	4.88	5.46

② 降低水泥用量和混凝土水灰比

在一定范围内，水泥用量越低，混凝土干缩越小。表 5-14 为水泥用量不同，对干缩的影响。

水泥用量（42.5 级普通硅酸盐水泥）对混凝土干缩的影响

表 5-14

水泥用量（kg/m^3）	用水量（kg/m^3）	水灰比	砂率	灰骨比	150d 干缩率（$\times10^{-4}$）
238	190	0.80	0.39	1∶8.25	2.48
271	190	0.70	0.39	1∶7.11	2.70
317	190	0.60	0.39	1∶5.98	3.04
380	190	0.50	0.39	1∶4.85	3.18
475	190	0.40	0.39	1∶3.70	3.30

通过表 5-11 可见，只要能满足强度和可操作性的要求，应通过试配尽量降低水泥用量，采用掺加减水剂、引气剂和粉煤灰等方法，在保证和易性、可泵性的前提下，把水灰比和坍落度降下来。

③ 加强早期养护

研究表明，早期湿养护对大体积混凝土施工至关重要，但也不能认为早期采取保湿养护措施，在湿养护撤除后，就不会产生干缩，就可忽视后期湿养护的必要性。早期湿养护可在混凝土早期抗拉强度不高的情况下防止干缩和冷缩过早地叠加，对于冷缩，只能通过放慢降温速度来减缓冷缩的累计，但对于干缩，可以通过早前湿养护来推迟干缩的发生，随着混凝龄期的发展，混凝土抗拉强度得到提高，混凝土内应力松弛作用得以发挥，此时再撤销湿养护，就可以减少干缩的危害。表 5-15 为养护后的干燥时间对干缩的影响，从表 5-15 中见，湿养护不得少于 7d。

养护后的干燥时间对干缩的影响　　　　表 5-15

养护后的干燥时间(d)	干缩率($\times10^{-4}$)		
	湿养护 7d	湿养护 10d	湿养护 28d
7	1.44	1.40	1.53
14	2.26	2.10	2.18
28	3.37	3.14	3.28
56	4.47	4.23	4.12
112	4.98	5.06	4.92

④ 配筋率对混凝土的收缩也有影响

大体积混凝土的配筋率总是低的，但是如果能在容易发生混凝土表面开裂的地方增加一些构造钢筋，对防止裂缝的出现无疑是有利的。

⑤ 改善大体积混凝土的约束条件

各种结构在变形过程中，受到一定的约束或抑制而阻碍变形，阻碍变形的因素称为约束条件。大体积混凝土因温度变化而发生变形也要受到不同程度的约束，因而产生了约束应力。

大体积混凝土与地基浇筑在一起，当温度变化时，受到下部地基的限制，因而产生外部约束应力。混凝土在早期温度上升时，产生的膨胀变形受到模板等约束而形成压应力，此时混凝土的弹性模量小，徐变和应力松弛度大，因而产生的压应力较小，但当温度下降时，则产生较大的拉应力，若超过混凝土的抗拉强度，混凝土将出现垂直裂缝。据有关资料介绍，由外约束应力产生垂直裂缝的部位和裂缝最大值，常发生在结构断面的中点，并靠近基岩，这证明水平应力是引起裂缝的主要应力。

改变外约束的办法有：降低素混凝土垫层的强度等级；在垫层上干铺油毡或砂层。改变内约束的办法有：在混凝土表面加设细直径、小间距的防裂构造钢筋网片；在混凝土初凝前进行二次振捣；保温保湿养护以减少混凝土内部各部位间的温湿度梯度，对于个别体形超大、内部温差过大时的大体积混凝土，甚至可以借鉴水工混凝土中的施工经验，在混凝土内部设置循环冷却水管，强制降低混凝土内部温度。

因此，对于大体积混凝土，应认真考虑上述所说的多种因素，才能防止混凝土裂缝的产生。

5-14　冬期施工混凝土拆模有哪些要求？

（1）冬期混凝土模板拆除的时间，应按结构特点、自然气温和混凝土所达到的强度来确定，除遵循表 5-16 的规定外，一般以缓拆为宜。

底模拆除时的混凝土强度要求　　表 5-16

构件类型	构件跨度(m)	达到设计的混凝土立方体抗压强度标准值的百分率(%)
板	≤2	≥50
	>2,≤8	≥75
	>8	≥100
梁、拱、壳	≤8	≥75
	>8	≥100
悬臂构件	—	≥100

（2）对承重模板拆除时混凝土的强度，一般应根据施工荷载，结构的跨度等情况，在模板方案中通过计算确定。要求在达到规定强度并冷却到 5℃时方可拆模。

（3）要求混凝土达到强度龄期的确定，应通过同条件试件试验确定，但试件的同条件应认真模拟结构，不具代表性的试件不应作为确定结构强度的依据。有条件时可采用成熟度方法通过计算确定强度，与同条件试件共同对强度进行双控。在下列情况下，测温数据可靠；采用专题成熟度试验确定强度方程的，可单独采用成熟度方法确定强度。

（4）对于墙、板等类型构件，应延长拆模时间，利用模板进行保温。凡混凝土拆模后与环境温差仍大于20℃时，应立即进行保温覆盖。

5-15　冬期施工混凝土测温工作有哪些要求?

气温、原材料和混凝土温度的测量工作应按如下规定执行：

（1）气温的测量，每昼夜发8、12、14、20点钟共测4次。

（2）对拌合材料和防冻剂温度的测量，每工作班不少于3次。

（3）对出搅拌机时混凝土拌合物的温度，至少每2h测量1次。

（4）对浇灌前和振捣过程的温度，对于柱墙等已有保温模板的构件至少每2h测量1次；对于楼板如板底空间不加热，由于楼板散热面积大，至少每10min测量1次，并应尽量缩短浇筑时间，尽早完成覆盖保温；对整个过程（出罐、运输、浇筑和保温覆盖）应有方案，应事先进行热工计算，并按计算的阶段温度进行控制，并有补救预案。如果因气温与预计气温出现不利冬施的变化时，应立即启动补救预案，以确保混凝土冬施质量。

（5）对养护期间混凝土温度的测量：在终凝前，蓄热和综合蓄热法养护的混凝土每4h应进行1次；负温混凝土前三天每昼夜应进行4次，以后每昼夜应进行2次。

（6）在超过养护期后，混凝土温度可以在气温发生大变化时抽测。

（7）为了测量混凝土内部温度，应在灌筑混凝土时预留测温孔（如预埋一端封闭的白铁管，直径1cm），孔（管）口应用保温材料塞住，测温时将温度计或测温元件插入测温孔中，并立即加以覆盖，以免受外界气温影响，温度计在孔中至少停留 5min（或按说明进行），然后取出，迅速记下温度值。

（8）测温孔应设在混凝土温度较低、易散热和有代表性的地方。采用不加热养护方法时，应在易冷却部件设置；采用加热养护方法时，应在离热源不同位置分别设置，厚大结构应在表面及内部分别设置。

所有测温孔均应编号，并绘制测温孔布置图。测温人员应同时检查覆盖保温情况，并了解结构的灌筑日期、养护期限，以及混凝土的允许最低温度等有关要求。如发现问题，应立即通知有关人员，以便及时采取措施，加强保温或按预案进行补救。

5-16 冬期施工对混凝土试块的留置和强度检验有哪些要求？

现行《混凝土结构工程施工质量验收规范》（GB 50204—2002）第十章“混凝土结构子分部工程”第一节“结构实体检验”中规定：“对涉及混凝土结构安全的重要部位应进行结构实体检验。……结构实体检验的内容应包括混凝土强度、……对混凝土强度的检验，应以在混凝土浇筑地点制备并与结构实体同条件养护的试件强度为依据。混凝土强度检验用同条件养护试件的留置、养护和强度代表值应符合本规范附录 D 的规定。”附录 D. 0. 2 中规定：“同条件养护试件应在达到等效养护龄期时进行强度试验。”对等效养护龄期的规定：“等效养护龄期可取按日平均温度逐日累计达到 600℃ · d 时所对应的龄期，0℃及以下的龄期不计入；等效养护龄期不应小于 14d，也不宜大于 60d；”混凝土冬期施工应按规范要求进行操作。

（1）实体检验范围

考虑到目前的检验手段，并为了控制检验工作量，结构实体检验仅对重要结构构件的混凝土强度；检验的范围仅限于涉及安全的柱、墙、梁等结构构构件的重要部位。

（2）实体检验试件

应以在混凝土浇筑地点制备并与结构实体同条件养护的试件。也可根据合同的约定，采用非破损或局部破损的检测方法，按国家现行有关标准的规定进行。

（3）同条件试件的留置

同条件试件的留置应符合下列要求：

1）同条件养护试件所对应的结构构件或结构部位，应由监理（建设）、施工等各方共同选定；推荐由施工单位编制实体检验专题方案，再由监理（建设）单位审核后确定，以方便操作，并保持公正性。

2）对混凝土结构工程中的各强度等级，均应留置试件。

3）同一强度等级的同条件养护试件，其留置的数量应根据混凝土工程量和重要性确定，不宜少于 10 组，且不应少于 3 组。

4）同条件养护试件拆模后，应放置在靠近相应的结构构件或结构部位的适当位置，并应采取相同的养护方法。

（4）同条件养护试块检验

应在解冻后进行试压见表 5-17。

同条件养护试块试压时间　　表 5-17

项　　次	条　　件	试块尺寸(mm)	解冻时间(h)
1	20℃+3℃	100×100×100	4
2		150×150×150	6

5-17　混凝土冬期施工方案的编制和实施有哪些要求？

（1）施工方案的编制

1）按照现行《建筑工程冬期施工规程》（JGJ 104）计算总传热系数 K 值，选用保温材料及其厚度；计算混凝土成型后的温度以及进行混凝土冷却的时间 t 和冷却期间的平均温度 T_w。

2）冬期施工方案的选择，应根据具体工程条件，进行可行性判断，以便调整措施，确保方法可行、可靠。

（2）施工方案的实施和监控

建立质量保证体系，对审核确认后的方案进行交底，对方案规定的资源进行准备和投入，实施方案并进行过程控制。对结构进行测温，据以通过成熟度计算，估算其早期强度；制作试件（标养和两种同条件试件），据以判定相关的早期强度（与成熟度方法平行进行双控）和规范规定的实体检验试件强度。除对以上过程进行监控处，在技术方面监控的重点为：检查测温记录，检查现场试件养护方法，包括判定早期强度的同条件试件和进行实体检验的同条件试件的养护方法，是否与方案一致（是否具代表性）；此外应尽量运用测温记录进行成熟度计算混凝土的早期强度，并比较同条件试件强度报告，发现疑问时应查明原因，研究解决的办法和措施。

5-18 混凝土蒸汽养护有哪些要求？

1. 混凝土蒸汽养护法可采用棚罩法、蒸汽套法、热模法、内部通汽法等方式进行，其适用范围应符合下列规定：

（1）棚罩法适用于预制梁、板、地下基础、沟道等；

（2）蒸汽套法适用于现浇梁、板、框架结构，墙、柱等；

（3）热模法适用于墙、柱及框架架构；

（4）内部通汽法适用于预制梁、柱、桁架，现浇梁、柱、框架单梁。

2. 蒸汽养护法应采用低压饱和蒸汽，当工地有高压蒸汽时，应通过减压阀或过水装置后方可使用。

3. 蒸汽养护的混凝土，采用普通硅酸盐水泥时最高养护温度不得超过 80℃，采用矿渣硅酸盐水泥时可提高到 85℃。但采用内部通汽法时，最高加热温度不应超过 60℃。

4. 整体浇筑的结构，采用蒸汽加热养护时，升温和降温速度不得超过表 5-18 规定。

蒸汽加热养护混凝土升温和降温速度　　　　表 5-18

结构表面系数(m^{-1})	升温速度(℃/h)	降温速度(℃/h)
≥6	15	10
<6	10	5

5. 蒸汽养护应包括升温——恒温——降温三个阶段，各阶段加热延续时间可根据养护结束时要求的强度确定。

6. 采用蒸汽养护的混凝土，可掺入早强剂或非引气型减水剂。

7. 蒸汽加热养护混凝土时，应排除冷凝水，并应防止渗入地基土中。当有蒸汽喷出口时，喷嘴与混凝土外露面的距离不得小于 300mm。

5-19　混凝土电加热养护有哪些要求?

1. 电加热法养护混凝土的温度应符合表 5-19 的规定。

电加热法养护混凝土的温度（℃）　　　　表 5-19

水泥强度等级	结构表面系数(m^{-1})		
	<10	10～15	>15
32.5	70	50	45
42.5	40	40	35

注：采用红外线辐射加热法，其辐射表面温度可采用 70～90℃。

2. 电极加热法养护混凝土的适用范围宜符合表 5-20 的规定。

电极加热法养护混凝土的适用范围　　　　表 5-20

分类		常用电极规格	设置方法	适用范围
内部电极	棒形电极	ϕ6～ϕ12 的钢筋短棒	混凝土浇筑后,将电极穿过模板或在混凝土表面插入混凝土体内	梁、柱、厚度大于 150mm 的板、墙及设备基础

续表

分类		常用电极规格	设 置 方 法	适用范围
内部电极	弦形电极	ϕ6～ϕ12 的钢筋，长为 2.0m～2.5m	在浇筑混凝土前将电极装入，与结构纵向平行。电极两端弯成直角，由模板孔引出	含筋较少的墙、柱、梁、大型柱基础以及厚度大于 200mm 单侧配筋的板
表面电极		ϕ6 钢筋或厚 1～2mm、宽 30～60mm 的扁钢	电极固定在模板内侧，或装在混凝土的外表面	条形基础、墙及保护层大于 50mm 的大体积结构和地面等

3. 混凝土采用电极加热法养护应符合下列规定：

（1）电路接好应经检查合格后方可合闸送电。当结构工程量较大，需边浇筑边通电时，应将钢筋接地线。电加热现场应设安全围栏。

（2）棒形和弦形电极应固定牢固，并不得与钢筋直接接触。电极与钢筋之间的距离应符合表 5-21 的规定；当因钢筋密度大而不能保证钢筋与电极之间的距离满足表 5-21 的规定时，应采取绝缘措施。

电极与钢筋之间的距离　　表 5-21

工作电压(V)	最小距离(mm)	工作电压(V)	最小距离(mm)
65.0	50～70	106.0	120～150
87.0	80～100		

（3）电极加热法应采用交流电。电极的形式、尺寸、数量及配置应能保证混凝土各部位加热均匀，且应加热到设计的混凝土强度标准值的 50％。在电极附近的辐射半径方向每隔 10mm 距离的温度差不得超过 1℃。

（4）电极加热应在混凝土浇筑后立即送电，送电前混凝土表面应保温覆盖。混凝土在加热养护过程中，洒水应在断电后进行。

4. 混凝土采用电热毯法养护应符合下列规定：

（1）电热毯宜由四层玻璃纤维布中间夹以电阻丝制成。其几何尺寸应根据混凝土表面或模板外侧与龙骨组成的区格大小确定。电热毯的电压宜为60～80V，功率宜为75～100W。

（2）布置电热毯时，在模板周边的各区格应连续布毯，中间区格可间隔布毯，并应与对面模板错开。电热毯外侧应设置岩棉板等性质的耐热保温材料。

（3）电热毯养护的通电持续时间应根据气温及养护温度确定，可采取分段、间断或连续通电养护工序。

5. 混凝土采用工频涡流法养护应符合下列规定：

（1）工频涡流法养护的涡流管应采用钢管，其直径宜为12.5mm，壁厚宜为3mm。钢管内穿铝芯绝缘导线，其截面宜为25～35mm^2，技术参数宜符合表5-22的规定。

工频涡流管技术参数　　　　表5-22

项　目	取　值	项　目	取　值
饱和电压降值(V/m)	1.05	钢管极限功率(W/m)	195
饱和电流值(A)	200	涡流管间距(mm)	150～250

（2）各种构件涡流模板的配置应通过热工计算确定，也可按下列规定配置：

1）柱：四面配置；

2）梁：当高宽比大于2.5时，侧模宜采用涡流模板，底模宜采用普通模板；当高宽比小于等于2.5时，侧模和底模皆宜采用涡流模板；

3）墙板：距墙板底部600mm范围内，应在两侧对称拼装涡流板；600mm以上部位，应在两侧采用涡流和普通钢模交错拼装，并应使涡流模板对应面为普通模板；

4）梁、柱节点：可将涡流钢管插入节点内，钢管总长度应根据混凝土量按6.0kW/m^{3}功率计算；节点外围应保温养护。

（3）当采用工频涡流法养护时，各阶段送电功率应使预养与恒温阶段功率相同，升温阶段功率应大于预养阶段功率的2.2倍。预养、恒温阶段的变压器一次接线为Y形，升温阶段接线应为△形。

6. 线圈感应加热法养护宜用于梁、柱结构，以及各种装配式钢筋混凝土结构的接头混凝土的加热养护；亦可用于型钢混凝土组合结构的钢体、密筋结构的钢筋和模板预热，以及受冻混凝土结构构件的解冻。

7. 混凝土采用线圈感应加热养护应符合下列规定：

（1）变压器宜选择 50kVA 或 100kVA 低压加热变压器，电压宜在 36V～110V 间调整。当混凝土量较少时，也可采用交流电焊机。变压器的容量宜比计算结果增加 20%～30%。

（2）感应线圈宜选用截面面积为 $35mm^2$ 铝质或铜质电缆，加热主电缆的截面面积宜为 $150mm^2$。电流不宜超过 400A。

（3）当缠绕感应线圈时，宜靠近钢模板。构件两端线圈导线的间距应比中间加密一倍，加密范围宜由端部开始向内至一个线圈直径的长度为止。端头应密缠 5 圈。

（4）最高电压值宜为 80V，新电缆电压值可采用 100V，但应确保接头绝缘。养护期间电流不得中断，并应防止混凝土受冻。

（5）通电后应采用钳形电流表和万能表随时检查测定电流，并应根据具体情况随时调整参数。

8. 采用电热红外线加热器对混凝土进行辐射加热养护，宜用于薄壁钢筋混凝土结构和装配式钢筋混凝土结构接头处混凝土加热，加热温度应符合本规程第 6.5.1 条的规定。

5-20 什么是暖棚法？ 有哪些要求？

1. 暖棚法施工适用于地下结构工程和混凝土构件比较集中的工程。

2. 暖棚法施工应符合下列规定：

（1）应设专人监测混凝土及暖棚内温度，暖棚内各测点温度不得低于 5℃。测温点应选择具有代表性位置进行布置，在离地面 500mm 高度处应设点，每昼夜测温不应少于 4 次。

（2）养护期间应监测暖棚内的相对湿度，混凝土不得有失水现象，否则应及时采取增湿措施或在混凝土表面洒水养护。

（3）暖棚的出入口应设专人管理，并应采取防止棚内温度下降或引起风口处混凝土受冻的措施。

（4）在混凝土养护期间应将烟或燃烧气体排至棚外，并应采取防止烟气中毒和防火的措施。

5-21　什么是负温养护法？有哪些要求？

1. 混凝土负温养护法适用于不易加热保温，且对强度增长要求不高的一般混凝土结构工程。

2. 负温养护法施工的混凝土，应以浇筑后5d内的预计日最低气温来选用防冻剂，起始养护温度不应低于5℃。

3. 混凝土浇筑后，裸露表面应采取保湿措施；同时，应根据需要采取必要的保温覆盖措施。

4. 负温养护法施工应按本规程第6.9.3条规定加强测温；混凝土内部温度降到防冻剂规定温度之前，混凝土的抗压强度应符合本规程第6.1.1条的规定。

5-22　硫铝酸盐水泥混凝土负温施工有哪些要求？

1. 硫铝酸盐水泥混凝土可在不低于－25℃环境下施工，适用于下列工程：

（1）工业与民用建筑工程的钢筋混凝土梁、柱、板、墙的现浇结构；

（2）多层装配式结构的接头以及小截面和薄壁结构混凝土工程；

（3）抢修、抢建工程及有硫酸盐腐蚀环境的混凝土工程。

2. 使用条件经常处于温度高于80℃的结构部位或有耐火要求的结构工程，不宜采用硫铝酸盐水泥混凝土施工。

3. 硫铝酸盐水泥混凝土冬期施工可选用 $NaNO_2$ 防冻剂或 $NaNO_2$ 与 Li_2CO_3 复合防冻剂，其掺量可按表 5-23 选用。

硫铝酸盐水泥用防冻剂掺量表　　表 5-23

环境最低气温(℃)		≥−5	−5～−15	−15～−25
单掺 $NaNO_2$(%)		0.50～1.00	1.00～3.00	3.00～4.00
复掺 $NaNO_2$ 与 Li_2CO_3(%)	$NaNO_2$	0.00～1.00	1.00～2.00	2.00～4.00
	Li_2CO_3	0.00～0.02	0.02～0.05	0.05～0.10

注：防冻剂掺量按水泥质量百分比计。

4. 拼装接头或小截面构件、薄壁结构施工时，应适当提高拌合物温度，并应加强保温措施。

5. 硫铝酸盐水泥可与硅酸盐类水泥混合使用，硅酸盐类水泥的掺用比例应小于 10%。

6. 硫铝酸盐水泥混凝土可采用热水拌合，水温不宜超过 50℃，拌合物温度宜为 5～15℃，坍落度应比普通混凝土增加 10mm～20mm。水泥不得直接加热或直接与 30℃以上热水接触。

7. 采用机械搅拌和运输车运输，卸料时应将搅拌筒及运输车内混凝土排空，并应根据混凝土凝结时间情况，及时清洗搅拌机和运输车。

8. 混凝土应随拌随用，并应在拌制结束 30min 内浇筑完毕，不得二次加水拌合使用。混凝土入模温度不得低于 2℃。

9. 混凝土浇筑后，应立即在混凝土表面覆盖一层塑料薄膜防止失水，并应根据气温情况及时覆盖保温材料。

10. 混凝土养护不宜采用电热法或蒸汽法。当混凝土结构体积较小时，可采用暖棚法养护，但养护温度不宜高于 30℃；当混凝土结构体积较大时，可采用蓄热法养护。

5-23　冬期混凝土施工对质量有哪些要求？

1. 混凝土冬期施工质量检查除应符合现行国家标准《混凝土结构工程施工质量验收规范》(GB 50204) 以及国家现行有关

标准规定外，尚应符合下列规定：

（1）应检查外加剂质量及掺量；外加剂进入施工现场后应进行抽样检验，合格后方准使用；

（2）应根据施工方案确定的参数检查水、骨料、外加剂溶液和混凝土出机、浇筑、起始养护时的温度；

（3）应检查混凝土从入模到拆除保温层或保温模板期间的温度；

（4）采用预拌混凝土时，原材料、搅拌、运输过程中的温度检查及混凝土质量检查应由预拌混凝土生产企业进行，并应将记录资料提供给施工单位。

2. 施工期间的测温项目与频次应符合表5-24规定。

施工期间的测温项目与频次　　　　表5-24

测温项目	频　次
室外气温	测量最高、最低气温
环境温度	每昼夜不少于4次
搅拌机棚温度	每一工作班不少于4次
水、水泥、矿物掺合料、砂、石及外加剂溶液温度	每一工作班不少于4次
混凝土出机、浇筑、入模温度	每一工作班不少于4次

3. 混凝土养护期间的温度测量应符合下列规定：

（1）采用蓄热法或综合蓄热法时，在达到受冻临界强度之前应每隔4～6h测量一次；

（2）采用负温养护法时，在达到受冻临界强度之前应每隔2h测量一次；

（3）采用加热法时，升温和降温阶段应每隔1h测量一次，恒温阶段每隔2h测量一次；

（4）混凝土在达到受冻临界强度后，可停止测温；

（5）大体积混凝土养护期间的温度测量尚应符合现行国家标准《大体积混凝土施工规范》、（GB 50496）的相关规定。

4. 养护温度的测量方法应符合下列规定：

（1）测温孔应编号，并应绘制测温孔布置图，现场应设置明显标识；

(2) 测温时，测温元件应采取措施与外界气温隔离；测温元件测量位置应处于结构表面下20mm处，留置在测温孔内的时间不应少于3min；

(3) 采用非加热法养护时，测温孔应设置在易于散热的部位；采用加热法养护时，应分别设置在离热源不同的位置。

5. 混凝土质量检查应符合下列规定：

(1) 应检查混凝土表面是否受冻、粘连、收缩裂缝，边角是否脱落，施工缝处有无受冻痕迹；

(2) 应检查同条件养护试块的养护条件是否与结构实体相一致；

(3) 按本规程附录B成熟度法推定混凝土强度时，应检查测温记录与计算公式要求是否相符；

(4) 采用电加热养护时，应检查供电变压器二次电压和二次电流强度，每一工作班不应少于两次。

6. 模板和保温层在混凝土达到要求强度并冷却到5℃后方可拆除。拆模时混凝土表面与环境温差大于20℃时，混凝土表面应及时覆盖，缓慢冷却。

7. 混凝土抗压强度试件的留置除应按现行国家标准《混凝土结构工程施工质量验收规范》(GB 50204) 规定进行外，尚应增设不少于2组同条件养护试件。

5-24 冬期混凝土施工热工计算有何规定？

1. 混凝土搅拌、运输、浇筑温度计算

(1) 混凝土拌合物温度可按下式计算：

$$T_0=0.92(m_{ce}T_{ce}+m_sT_s+m_{sa}T_{sa}+m_gT_g)+4.2T_w(m_w-w_{sa}m_{sa}-w_gm_g)+c_w(w_{sa}m_{sa}T_{sa}+w_gm_gT_g)-c_i(w_{sa}m_{sa}+w_gm_g)/4.2m_w+0.92(m_{ce}+m_s+m_{sa}+m_g) \tag{5-1}$$

式中：T_0——混凝土拌合物温度（℃）；

T_s——掺合料的温度（℃）；

T_{ce}——水泥的温度（℃）；

T_{sa}——砂子的温度（℃）；

T_g——石子的温度（℃）；

T_w——水的温度（℃）；

m_w——拌合水用量（kg）；

m_{ce}——水泥用量（kg）；

m_s——掺合料用量（kg）；

m_{sa}——砂子用量（kg）；

m_g——石子用量（kg）：

w_{sa}——砂子的含水率（%）；

w_g——石子的含水率（%）；

c_w——水的比热容［kJ/(kg·K)］；

c_i——冰的溶解热（kJ/kg）；当骨料温度大于0℃时：$c_w=4.2$，$c_i=0$；当骨料温度小于或等于0℃时：$c_w=2.1$，$c_i=335$。

（2）混凝土拌合物出机温度可按下式计算：

$$T_1=T_0-0.16(T_0-T_p) \tag{5-2}$$

式中：T_1——混凝土拌合物出机温度（℃）；

T_p——搅拌机棚内温度（℃）。

（3）混凝土拌合物运输与输送至浇筑地点时的温度可按下列公式计算：

1）现场拌制混凝土采用装卸式运输工具时：

$$T_2=T_1-\Delta T_y \tag{5-3}$$

2）现场拌制混凝土采用泵送施工时：

$$T_2=T_1-\Delta T_b \tag{5-4}$$

3）采用商品混凝土泵送施工时：

$$T_2=T_1-\Delta T_y-\Delta T_b \tag{5-5}$$

其中，ΔT_y、ΔT_b 分别为采用装卸式运输工具运输混凝土时的温度降低和采用泵管输送混凝土时的温度降低，可按下列公式计算：

$$\Delta T_{\mathrm{y}}=(\alpha t_1+0.032n)\times(T_1-T_{\mathrm{a}}) \tag{5-6}$$

$$\Delta T_{\mathrm{b}}=4\omega\times\frac{3.6}{0.04+\dfrac{d_{\mathrm{b}}}{\lambda_{\mathrm{b}}}}\times\Delta T_1\times t_2\times\frac{D_{\mathrm{w}}}{c_{\mathrm{c}}\cdot\rho_{\mathrm{c}}\cdot D_l^2} \tag{5-7}$$

式中：T_2——混凝土拌合物运输与输送到浇筑地点时温度（℃）；

ΔT_{y}——采用装卸式运输工具运输混凝土时的温度降低（℃）；

ΔT_{b}——采用泵管输送混凝土时的温度降低（℃）；

ΔT_1——泵管内混凝土的温度与环境气温差（℃），当现场拌制混凝土采用泵送工艺输送时：$\Delta T_1=T_1-T_{\mathrm{a}}$；当商品混凝土采用泵送工艺输送时：$\Delta T_1=T_1-T_{\mathrm{y}}-T_{\mathrm{a}}$；

T_{a}——室外环境气温（℃）；

t_1——混凝土拌合物运输的时间（h）；

t_2——混凝土在泵管内输送时间（h）；

n——混凝土拌合物运转次数；

c_{c}——混凝土的比热容［kJ/(kg·K)］；

ρ_{c}——混凝土的质量密度（kg/m³）；

λ_{b}——泵管外保温材料导热系数［W/(m·K)］；

d_{b}——泵管外保温层厚度（m）；

D_l——混凝土泵管内径（m）；

D_{w}——混凝土泵管外围直径（包括外围保温材料）（m）；

ω——透风系数，可按本规程表5-26取值；

α——温度损失系数（h^{-1}）；采用混凝土搅拌车时：$\alpha=0.25$；采用开敞式大型自卸汽车时：$\alpha=0.20$；采用开敞式小型自卸汽车时$\alpha=0.30$；采用封闭式自卸汽车时：$\alpha=0.1$；采用手推车或吊斗时：$\alpha=0.50$。

（4）考虑模板和钢筋的吸热影响，混凝土浇筑完成时的温度可按下式计算：

$$T_3=\frac{c_{\mathrm{c}}m_{\mathrm{c}}T_2+c_{\mathrm{f}}m_{\mathrm{f}}T_{\mathrm{f}}+c_{\mathrm{s}}m_{\mathrm{s}}T_{\mathrm{s}}}{c_{\mathrm{c}}m_{\mathrm{c}}+c_{\mathrm{f}}m_{\mathrm{f}}+c_{\mathrm{s}}m_{\mathrm{s}}} \tag{5-8}$$

式中：T_3——混凝土浇筑完成时的温度（℃）；

c_{f}——模板的比热容［kJ/(kg·K)］；

c_{s}——钢筋的比热容［kJ/(kg·K)］；

m_{c}——每立方米混凝土的重量（kg）；

m_{f}——每立方米混凝土相接触的模板重量（kg）；

m_{s}——每立方米混凝土相接触的钢筋重量（kg）；

T_{f}——模板的温度（℃），未预热时可采用当时的环境温度；

T_{s}——钢筋的温度（℃），未预热时可采用当时的环境温度。

2. 混凝土蓄热养护过程中的温度计算

（1）混凝土蓄热养护开始到某一时刻的温度、平均温度可按下列公式计算：

$$T_4=\eta e^{-\theta V_{\mathrm{ce}}\cdot t_3}-\varphi e^{V_{\mathrm{ce}}\cdot t_3}+T_{\mathrm{m,a}} \tag{5-9}$$

$$T_{\mathrm{m}}=\frac{1}{V_{\mathrm{ce}}\cdot t_3}\left(\varphi e^{-V_{\mathrm{ce}}\cdot t_3}-\frac{\eta}{\theta}e^{-\theta\cdot V_{\mathrm{ce}}\cdot t_3}+\frac{\eta}{\theta}-\varphi\right)+T_{\mathrm{m,a}} \tag{5-10}$$

其中 θ、φ、η 为综合参数，可按下列公式计算：

$$\theta=\frac{\omega\cdot K\cdot M_{\mathrm{s}}}{V_{\mathrm{ce}}\cdot c_{\mathrm{c}}\cdot \rho_{\mathrm{c}}} \tag{5-11}$$

$$\varphi=\frac{V_{\mathrm{ce}}\cdot Q_{\mathrm{ce}}\cdot m_{\mathrm{ce,1}}}{V_{\mathrm{ce}}\cdot c_{\mathrm{c}}\cdot \rho_{\mathrm{c}}-\omega\cdot K\cdot M_{\mathrm{s}}} \tag{5-12}$$

$$\eta=T_3-T_{\mathrm{m,a}}+\varphi \tag{5-13}$$

$$K=\frac{3.6}{0.04+\sum_{i=1}^{n}\frac{d_i}{\lambda_i}} \tag{5-14}$$

式中：T_4——混凝土蓄热养护开始到某一时刻的温度（℃）：

T_m——混凝土蓄热养护开始到某一时刻的平均温度（℃）；

t_3——混凝土蓄热养护开始到某一时刻的时间（h）；

$T_{m,a}$——混凝土蓄热养护开始到某一时刻的平均气温（℃），可采用蓄热养护开始至 t_3 时气象预报的平均气温，亦可按每时或每日平均气温计算；

M_s——结构表面系数（m^{-1}）；

K——结构围护层的总传热系数［$kJ/(m^2 \cdot h \cdot K)$］；

Q_{ce}——水泥水化累积最终放热量（kJ/kg）；

V_{ce}——水泥水化速度系数（h^{-1}）；

$m_{ce,1}$——每立方米混凝土水泥用量（kg/m^3）；

d_i——第 i 层围护层厚度（m）；

λ_i——第 i 层围护层的导热系数［$W/(m \cdot K)$］。

（2）水泥水化累积最终放热量 Q_{ce}、水泥水化速度系数 V_{ce} 及透风系数 ω 取值可按表 5-25、表 5-26 选用。

水泥水化累积最终放热量 Q_{ce} 和水泥水化速度系数 V_{ce}

表 5-25

水泥品种及强度等级	Q_{ce}(kJ/kg)	V_{ce}(h^{-1})
硅酸盐、普通硅酸盐水泥 52.5	400	0.018
硅酸盐、普通硅酸盐水泥 42.5	350	0.015
矿渣、火山灰质、粉煤灰、复合硅酸盐水泥 42.5	310	0.013
矿渣、火山灰质、粉煤灰、复合硅酸盐水泥 32.5	260	0.011

透风系数 ω　　　　表 5-26

围护层种类	透风系数 ω		
	V_w＜3m/s	3m/s≤V_w≤5m/s	V_w＞5m/s
围护层有易透风材料组成	2.0	2.5	3.0
易透风保温材料外包不易透风材料	1.5	1.8	2.0
围护层由不易透风材料组成	1.3	1.45	1.6

注：V_w——风速。

（3）当需要计算混凝土蓄热冷却至0℃的时间时，可根据本规程公式（A. 2. 1-1）采用逐次逼近的方法进行计算。当蓄热养护条件满足 $\frac{\varphi}{T_{m,a}} \geqslant 1.5$，且 $KM_s \geqslant 50$ 时，也可按下式直接计算：

$$t_0 = \frac{1}{V_{ce}} \ln \frac{\varphi}{T_{m,a}} \tag{5-15}$$

式中：t_0——混凝土蓄热养护冷却至 0℃的时间（h）。

混凝土冷却至 0℃ 的时间内，其平均温度可根据式（5-2）取 $t_3 = t_0$ 进行计算。

（二）高温施工

5-25 高温施工的含义是什么?

当室外大气温度达到 35℃及以上时，应按高温施工要求采取措施。

5-26 高温混凝土施工对材料贮存有何要求?

高温施工时，应对水泥、砂、石的贮存仓、料堆等采取遮阳防晒措施，或在水泥贮存仓、砂、石料堆上喷水降温。

5-27 高温混凝土施工对混凝土的配制有何要求?

高温施工混凝土配合比设计除应满足本书“三、混凝土工程”中关于配制的要求外，尚应符合以下要求：

（1）应考虑原材料温度、大气温度、混凝土运输方式与时间对混凝土初凝时间、坍落度损失等性能指标的影响，根据环境温度、湿度、风力和采取温控措施的实际情况，对混凝土配合比进行调整。

（2）宜在近似现场运输条件、时间和预计混凝土浇筑作业最高气温的天气条件下，通过混凝土试拌合与试运输的工况试验后，调整并确定适合高温天气条件下施工的混凝土配合比。

（3）宜采用低水泥用量的原则，并可采用粉煤灰取代部分水泥。宜选用水化热较低的水泥。

（4）混凝土坍落度不宜小于 70mm。当掺用缓凝型减水剂时，可根据气温适当增加坍落度。

5-28 高温施工对混凝土搅拌有何要求?

（1）应对搅拌站料斗、储水器、皮带运输机、搅拌楼采取遮阳措施；

（2）对原材料进行直接降温时，宜采用对水、粗骨料进行降温的方法：可采用冷却装置冷却拌合用水，并对水管及水箱加设遮阳和隔热设施，也可在水中加碎冰作为拌合用水的一部分。混凝土拌合时掺加的固体冰应确保在搅拌结束前融化，且其重量并应在拌合用水中扣除；

（3）原材料进入搅拌机的最高温度不宜超过表 5-27 的规定；

（4）混凝土拌合物出机温度可按表 5-27 估算，且不宜大于 30℃。必要时，应采取附加控温措施；

（5）必要时，可采取喷液态氮和干冰措施，降低混凝土出机温度。

原材料最高入机温度（℃） **表 5-27**

原　材　料	最高温度	原　材　料	最高温度
水泥	70	水	20
骨料	30	粉煤灰等掺合料	60

5-29 高温施工混凝土采用运输搅拌车运送时，有何要求?

宜采用混凝土运输搅拌车运输混凝土，且混凝土运输搅拌车宜采用白色涂装；运输时间不宜超过60min，现场等待卸料时间不宜超过30min。对混凝土输送管应进行遮阳覆盖，并洒水降温。

5-30 高温施工对混凝土浇筑有哪些要求？

（1）混凝土浇筑入模温度不应大于35℃。

（2）混凝土浇筑宜在早间或晚间进行，且宜连续浇筑。当水分蒸发速率大于1kg/（m^2·h）时，应在施工作业面采取挡风、遮阳、喷雾等措施。

（3）混凝土浇筑前，施工作业面应遮阳，并应对模板、钢筋和施工机具采用洒水等降温措施，但在浇筑时模板内不得有积水。

5-31 高温施工对混凝土养护有何要求？

混凝土浇筑完成后，应及时进行保湿养护。侧模拆除前宜采用带模湿润养护。

（三）雨期施工

5-32 雨期施工对模板工程有何要求？

（1）支承模板支架的地基面应设置排水设施。雨后应检查地基沉降，并应对模板及支架进行检查，已验收合格的模板及支架需重新办理验收手续。

（2）应采取措施防止基槽或模板内积水。基槽或模板内出现积水时，排水后方可浇筑混凝土；混凝土浇筑面出现积水时，排水后方可继续浇筑混凝土。

（3）台风来临前，应对尚未浇筑混凝土的模板及支架采取临时加固措施；台风结束后，应检查模板及支架进行，已验收合格的模板及支架需重新办理验收手续。

5-33 雨期施工对钢筋工程有何要求?

在雨天进行钢筋焊接时，应采取挡雨措施。

5-34 雨期施工对混凝土工程有何要求?

(1) 雨期施工时，应对水泥和掺合料采取防水和防潮措施，并应对粗、细骨料含水率实时监测，及时调整混凝土配合比。模板隔离剂应具有防雨水冲刷性能。

(2) 雨期施工期间，对混凝土搅拌、运输设备和浇筑作业面应采取防雨措施，并应加强施工机械检查维修及接地接零检测工作。

(3) 除采用防护措施外，小到中雨天气不宜进行混凝土露天浇筑，并不应开始大面积作业面的混凝土露天浇筑；大到暴雨天气严禁进行混凝土露天浇筑。

(4) 混凝土浇筑过程中，对因雨水冲刷致使水泥浆流失严重的部位，应采取补救措施后（可采用补充水泥砂浆、铲除表层混凝土、插短钢筋等）方可继续施工。

(5) 混凝土浇筑完毕后，应及时采取覆盖塑料薄膜等防雨措施。

六、环境保护

6-1 混凝土结构工程施工对环境保护工作应有哪些组织管理措施?

（1）施工单位应制订环境保护管理体系文件。现场施工项目部应建立环境保护的组织机构，落实相关责任部门和责任人员。

即施工单位应建立必要的环境保护制度，采取相应的环境保护措施。混凝土结构施工应遵循国家有关环境保护的法律法规，并符合环境保护管理体系文件的要求。

（2）现场施工项目部应针对施工项目，制订施工环境保护计划，并组织实施。

施工环境保护计划一般包括环境因素分析、控制原则、控制措施、组织机构与运行管理、应急准备和响应、检查和纠正措施、文件管理、施工用地保护和生态复原等内容。环境因素控制措施一般包括对扬尘、噪声与振动、光、气、水污染的控制措施，建筑垃圾的减量计划和处理措施，地下各种设施以及文物保护措施等。

混凝土结构工程施工时，应针对不同工种和工程部位，对环境因素进行识别，制订防止环境污染的具体措施，并认真组织实施。施工过程中，应尽可能使用或占用较少资源，将对场地环境的干扰降低到最小，施工后尽可能复原或改良原有地貌和生态环境。

（3）对施工中产生的固体废弃物应进行分类、统计、处理

对建造过程中产生的固体废弃物进行分类，区分可循环使用

和不可循环使用的材料，可促进资源节约和循环利用。对固体废弃物进行数量或重量统计，可进一步掌握废弃物产生来源，为制订建筑垃圾减量化和循环利用方案提供基础数据。

（4）对混凝土结构施工过程的环境保护效果，宜进行评估。

对施工环境保护计划的执行情况和实施效果应进行评估，以利于总结经验教训，并进一步改进完善。施工竣工资料中宜包括环境影响评估报告。环境影响评估报告应针对施工环境保护计划的各项内容，阐述执行情况和实施效果，并给出总体评估结论。

6-2　混凝土结构工程施工对环境因素控制有哪些要求？

（1）施工过程中，应采取防尘、降尘措施，控制作业区扬尘。对施工现场的主要道路，宜进行硬化处理或采取扬尘控制措施。

施工现场扬尘是大气总悬浮颗粒物的贡献源之一。建筑施工扬尘升空并由大气环流搬运，成为大气总悬浮颗粒物的组成部分。因此，控制施工现场的扬尘，有利于大气环境保护。施工现场应采用多种防尘、降尘措施，减少建筑扬尘的产生。如对易产生扬尘的细粒建筑材料应密闭存放保管；对大面积的裸露地面、坡面、集中堆放的土方等应采用覆盖或固化的降尘措施；建立施工现场的洒水降尘、清扫制度；清理模板内钢筋安装后的残留灰尘和垃圾时使用吸尘器；机械剔凿作业时应局部遮挡、掩盖或水淋；高层或多层建筑清理垃圾应搭设封闭性临时专用道或采用容器吊运。为做好施工操作人员健康防护，应重点控制作业区扬尘。施工现场的主要道路，由于建筑材料运输等因素，较易引起较大的扬尘量，可采取道路硬化、覆盖、洒水等措施控制扬尘。

（2）施工过程中，应对材料搬运、施工设备和机具作业等采取可靠的降低噪声措施。

钢筋加工、混凝土拌制、振捣等作业的允许噪声级，昼间为70dB（A声级），夜间为55dB（A声级）。

建筑施工的噪声污染，往往是居民投诉最多的对象。为此，在施工中（尤其是在噪声敏感区域施工时），要采取有效措施，降低施工噪声。如避免在夜间及午休时进行高噪声的作业；在模板制作安装、混凝土振捣、钢筋加工等工序中将噪声控制在有关规定范围内；对金属构件和其他物件应尽可能轻取轻放；使用低噪声、低振动的机具；对产生强噪声的机械设备设置封闭式机棚，并设置在远离居民区一侧；采用隔声布和隔振措施。施工中，对可能产生惊吓的噪声，宜事先预警。本条的允许噪声级即现行国家标准《建筑施工场界噪声限值》（GB 12523）中的噪声限值，指与敏感区域相应的建筑施工场地边界线处的限值。

（3）施工过程中，应采取光污染控制措施。对可能产生强光的施工作业，应采取防护和遮挡措施。夜间施工应采用低角度灯光照明。

电焊作业产生的弧光即使在白昼也会造成光污染。对电焊等可能产生强光的施工作业，应对施工操作人员采取防护措施，采取避免弧光外泄的遮挡措施，并尽量避免在夜间进行电焊作业。

夜间施工光照太强而不采取遮光措施，往往会影响附近居民的休息，发生投诉现象。对夜间室外照明灯应加设灯罩，将透光方向集中在施工范围内。对于离居民区较近的施工地段，夜间施工时可设密目网屏障遮挡光线。

（4）对结构施工中产生的污水，应采取沉淀、隔油等措施进行处理，不得直接排放。

（5）塔吊等强电磁干扰设备应有防护设施。

塔吊电机等强电磁干扰设备安装位置高，对周围电视信号等可产生强烈干扰，另外有些采用变频调速的逆变器装置也会造成高次谐波，应采取措施予以避免或减轻。

（6）需在现场拌制混凝土时，应采取扬尘和噪声控制措施，并对污水进行处理。

（7）宜选用环保型隔离剂。涂刷模板隔离剂时，应防止洒漏。对含有污染环境成分的隔离剂，使用后剩余的隔离剂及其包装等应由厂家或有资质的单位回收处理，禁止与普通垃圾混放。

目前使用的隔离剂大多数是矿物油基的反应型隔离剂。这类隔离剂是由不可再生资源制备的，不可生物降解，并可向空气中释放出具有挥发性的有机物。因此，剩余的隔离剂和包装等应由厂家或者有资质的单位回收处理，不能与普通垃圾混放。随着环保意识的增强和隔离剂相关产品的创新与发展，也出现了环保型的隔离剂，其成分对环境不会产生污染。对于这类隔离剂，可不要求厂家或者有资质的单位回收。

(8) 施工过程中，对施工设备和机具维修、运行、存储时的漏油应采取有效的隔离措施，不得直接污染土壤。漏油应统一收集并进行无害化处理。

(9) 混凝土外加剂、养护剂的使用应满足相关标准对环境保护的要求。

外加剂、养护剂材料组成中，有的是工业副产品、废料，有的可能是有毒的，有的会污染环境。如某些早强剂、防冻剂中含有有毒的重铬酸盐、亚硝酸盐，有的使洗刷混凝土搅拌机后排出的水污染周围环境。又如，以尿素为主要成分的防冻剂，在建筑物使用中有氨气逸出，污染环境，危害人体健康。因此要求外加剂、养护剂在混凝土生产、养护及结构使用过程中不能危害人体健康，不能污染环境。(相关标准对环境保护的要求。)

(10) 进行挥发性有害物质施工时，施工操作人员应采取有效的防护方法，配备相应的防护用品。

(11) 在施工过程中，施工单位应对建筑垃圾应进行分类、统计，并采取建筑垃圾的减量化措施。对不可循环使用的建筑垃圾，应收集到现场封闭式垃圾站，并及时清运至有关部门指定的地点。对可循环使用的建筑垃圾，应加强回收利用，并做好记录。

我国的建筑垃圾占到了城市固体垃圾的 1/3 左右，对城市垃圾处理造成了很大的压力。我国目前对建筑垃圾的分类处理、回收做得还很不够，大多数建筑垃圾被堆放或填埋，占用了大量土地，对环境产生了不利影响。如建筑垃圾淋滤液渗入土层和含水层，将破坏土壤环境，污染地下水；同时，有害物质的分解与挥发，将影响大气质量。减少建筑垃圾的产生，对环境保护有着重要的意义。施工阶段的方方面面都会直接产出建筑垃圾，因此施工中建筑垃圾的减量化计划需要考虑各个层次。从大的方面来说，要对招标文件有透彻的理解，对建筑物用料做精细化分析，重视材料订购和材料管理，提高施工技术水平；从小的方面来说，要注意施工中下料的经济性、工艺的先进性，并且注重材料的重复利用和回收利用，减少建筑垃圾。

建筑垃圾的分类、统计是建筑垃圾重复利用和回收利用的关键步骤。建筑垃圾的分类工作要从源头做起。在产生建筑垃圾的各工序中，就要做好建筑垃圾的分类工作，以免不同建筑垃圾混合在一起，给后续的建筑垃圾管理工作带来麻烦。建筑垃圾分类除了需要分出有毒有害、无毒无害可回收、无毒无害不可回收等外，还应该进一步按照可回收的类别细分，以达到可以直接回收的目的，建筑垃圾在场地暂时存放时，要做到密封，以免造成微粒和有害气体向大气空间扩散。

施工单位应按照相关部门的规定处置建筑垃圾，将不可循环使用的建筑垃圾收集到现场封闭式垃圾站，并及时清运至有关部门指定的地点。

建筑垃圾的回收利用，包括在施工阶段对边角废料在本工程中的直接利用，比如利用短的钢筋头制作楼板钢筋的上铁支撑、地锚拉环等，利用剩余混凝土浇筑构造柱、女儿墙、后浇带预制盖板等小型构件等，还包括在其他工程中的利用，如建筑垃圾中的碎砂石块用于其他工程中作为路基材料、地基处理材料、再生混凝土中的骨料等。

建筑物拆除将产生大量的建筑垃圾，应采取措施提高拆除产生建筑垃圾的回收利用率。建筑物拆除前就要做好拆除材料的回收利用规划，有针对性地做好拆除材料的分类和回收工作。有些拆除材料可以直接用于其他工程，如门窗、预制构件等；有些拆除材料回收加工后可生产再生材料，如利用拆除混凝土制作混凝土砌块、水泥制品和再生混凝土。

参 考 文 献

[1] 建筑施工手册（四版）缩印本．北京：中国建筑工业出版社，2003.

[2] 扬嗣信．余志成．侯君伟．建筑工程模板施工手册（二版）．北京：中国建筑工业出版社，2004.

[3] 侯君伟，张玉明．钢筋工程实用手册．北京：中国建筑工业出版社，2004.

[4] 林寿．扬嗣信．建筑工程新技术丛书②新型模板、高效钢筋、高性能混凝土技术，北京：中国建筑工业出版社，2009.

[5] 林寿．扬嗣信．建筑工程新技术丛书③预应力混凝土技术，北京：中国建筑工业出版社，2009.

[6] 混凝土结构工程施工规范（征求意见稿）[S]．2009.

[7] 吴中伟，廉慧珍．高性能混凝土．北京：中国铁道出版社，1999.

[8] 《混凝土结构工程施工质量验收规定》GB 50204—2002（2011 年版）.

[9] 《建筑工程冬期施工规程》JGJ/T 104—2011（备案号 J 189—2011）.

[10] 《普通混凝土配合比设计规定》JGJ 55—2011，备案号 J 64—2011.